EQUAÇÕES DIFERENCIAIS

Richard Bronson, Ph.D., é professor de Matemática na Universidade Fairleigh Dickinson. Em 1968, recebeu seu Ph.D. em matemáticas aplicadas no Stevens Institute of Technology. Dr. Bronson tem atuado como editor associado do jornal *Simulation*, como editor contribuinte para a *SIAM News* e como consultor dos laboratórios Bell. Tem orientado pesquisas conjuntas em modelagem matemática e simulação computacional no Technion - Instituto Tecnológico de Israel e na Escola de Negócios Wharton da Universidade de Pensilvânia. Dr. Bronson já publicou mais de 30 artigos técnicos e livros, incluindo os mais recentes Schaum's Outline of Matrix Operations e Schaum's Outline of Operations Research.

Gabriel B. Costa, Ph.D., é padre católico e professor associado de Matemática na Academia Militar dos Estados Unidos, West Point, NY, onde também atua como capelão associado. Padre Costa está de licença prolongada da Universidade Seton Hall, South Orange, NJ. Em 1984, recebeu seu Ph.D. em equações diferenciais no Stevens Institute of Technology. Os interesses acadêmicos do Padre Costa incluem, além das equações diferenciais, educação matemática e *sabermetrics*, a busca de conhecimento objetivo a respeito de baseball.

B869e   Bronson, Richard.
           Equações diferenciais / Richard Bronson, Gabriel Costa;
         tradução Fernando Henrique Silveira. – 3. ed. – Porto Alegre:
         Bookman, 2008.
           400p. ; 28 cm. – (Coleção Schaum).

           ISBN 978-85-7780-183-1

           1. Matemática. I. Costa, Gabriel. I. Título.

           CDU 51

Catalogação na publicação: Juliana Lagôas Coelho – CRB 10/1798

RICHARD BRONSON, Ph.D.
Professor de Matemática e Ciência da Computação
Universidade Fairleigh Dickinson

GABRIEL B. COSTA, Ph.D.
Professor Associado de Matemática, Academia Militar dos Estados Unidos
Professor Associado de Matemática e Ciência da Computação
Universidade Seton Hall

EQUAÇÕES DIFERENCIAIS

3ª Edição

Tradução:
Fernando Henrique Silveira
Doutor em Engenharia Elétrica pela UFMG

Consultoria, supervisão e revisão técnica desta edição:
Antonio Pertence Júnior
Professor titular de Matemática da Faculdade de Sabará/MG
Membro efetivo da SBM

Bookman®

2008

Obra originalmente publicada sob o título
Schaum's Outline: Differential Equations, 3rd Edition
ISBN 0-07-145687-2

Copyright © 2006, The McGraw-Hill Companies,Inc.
All rights reserved.
Portuguese-language translation copyright © 2008, Bookman Companhia Editora Ltda., a division of Artmed Editora S.A.
All rights reserved.

Capa: *Rogério Grilho*

Leitura final: *Verônica de Abreu Amaral*

Supervisão editorial: *Denise Weber Nowaczyk*

Editoração eletrônica: *Techbooks*

Reservados todos os direitos de publicação, em língua portuguesa, à
ARTMED® EDITORA S. A.
(BOOKMAN® COMPANHIA EDITORA é uma divisão da ARTMED® EDITORA S.A.)
Av. Jerônimo de Ornelas, 670 - Santana
90040-340 Porto Alegre RS
Fone (51) 3027-7000 Fax (51) 3027-7070

É proibida a duplicação ou reprodução deste volume, no todo ou em parte, sob quaisquer
formas ou por quaisquer meios (eletrônico, mecânico, gravação, fotocópia, distribuição na
Web e outros), sem permissão expressa da Editora.

SÃO PAULO
Av. Angélica, 1091 - Higienópolis
01227-100 São Paulo SP
Fone (11) 3665-1100 Fax (11) 3667-1333

SAC 0800 703-3444

IMPRESSO NO BRASIL
PRINTED IN BRAZIL

Para Ignace e Gwendolyn Bronson, Samuel e Rose Feldschuh – RB

Aos grandes matemáticos e educadores, os quais fui abençoado por conhecer: Professor Bloom, Brady, Bronson, Dostal, Goldfarb, Levine, Manogue, Pollara e Suffel... e, é claro, senhor Rod! – GBC

Prefácio

As equações diferenciais constituem um dos intrumentos-chave da matemática moderna que, juntamente com as matrizes, são essenciais para análise e solução de problemas complexos de engenharia, ciências naturais, economia e, até mesmo, negócios. O surgimento de computadores de baixo custo e com alta velocidade tem impulsionado o desenvolvimento de novas técnicas para a solução de equações diferenciais, permitindo modelar e resolver problemas complexos baseados em sistemas de equações diferenciais.

Tal como nas duas edições anteriores, este livro descreve não apenas a teoria clássica das equações diferenciais, como também várias técnicas de solução, incluindo matrizes, métodos de série, transformadas de Laplace e diversos métodos numéricos. Adicionamos um capítulo sobre modelagem e apresentamos alguns métodos qualitativos que podem ser aplicados quando soluções analíticas forem de difícil obtenção. Um capítulo sobre equações diferenciais clássicas (como as equações de Hermite, Legendre, etc.) foi adicionado para expor ao leitor esta rica e histórica área da matemática.

Esta edição também contempla um capítulo sobre equações de diferença, traçando um paralelo destas com as equações diferenciais. Além disso, apresentamos ao leitor uma introdução às equações diferenciais parciais e às técnicas de solução para integração e separação de variáveis. Finalmente, incluímos um apêndice tratando de tecnologias, como a calculadora portátil **TI-89** e o software *MATHEMATICA*.

Alguns tópicos, como as equações integrais de convolução, os números de Fibonacci, as funções harmônicas, a equação do calor e a equação de onda, foram apresentados nos problemas resolvidos e suplementares. Fizemos alusão, também, à ortogonalidade e às funções de peso para equações diferenciais clássicas e suas soluções polinomiais. Mantivemos a ênfase nos problemas de valor inicial e nas equações diferenciais sem condições auxiliares. É nosso objetivo apresentar de fato todos os tipos de problema que o estudante pode encontrar em um curso de equações diferenciais com duração de um semestre.

Cada capítulo deste livro é dividido em três partes. A primeira parte destaca aspectos relevantes da teoria e resume os procedimentos de resolução, chamando a atenção para dificuldades e sutilezas potenciais que facilmente poderiam passar despercebidas. A segunda parte consiste em problemas resolvidos destinados a esclarecer e, eventualmente, aumentar o conteúdo apresentado na primeira parte. Finalmente, existe uma seção de problemas com respostas, que permite ao leitor testar sua compreensão dos conceitos apresentados.

Os autores gostariam de agradecer as seguintes pessoas pelo apoio e pelo auxílio inestimável com respeito à realização deste livro. Não poderíamos tê-lo feito tão rapidamente sem o apoio e encorajamento dessas pessoas. Somos particularmente agradecidos ao Reitor John Snyder e ao Dr. Alfredo Tan da Universidade Fairleigh Dickinson. O apoio contínuo do Reverendo John J. Myers, J.C.D., D.D., Arcebispo de Newark, N.J., é também reconhecido. Da Universidade Seton Hall, somos agradecidos ao Reverendo Monsenhor James M. Cafone e aos membros da Comunidade de Sacerdotes; ao Dr. Fredrick Travis, Dr. James Van Oosting, Dr. Molly Smith e Dr. Bert Wachsmuth e aos membros do departamento de Matemática e Ciência da Computação. Agradecemos também ao Coronel Gary W. Krahn da Academia Militar dos Estados Unidos.

Agradecemos a Barbara Gilson e Adrinda Kelly da McGraw-Hill que sempre estiveram prontas a nos conceder qualquer auxílio, e a Dra. Carol Cooper, nosso contato no Reino Unido, que foi igualmente útil.

Obrigado a todos vocês.

Sumário

CAPÍTULO 1	**Conceitos Básicos**	**15**
	Equações diferenciais	15
	Notação	16
	Soluções	16
	Problemas de valores iniciais e de valores de contorno	16
CAPÍTULO 2	**Uma Introdução à Modelagem e aos Métodos Qualitativos**	**23**
	Modelos matemáticos	23
	O "ciclo de modelagem"	23
	Métodos qualitativos	24
CAPÍTULO 3	**Classificações de Equações Diferenciais de Primeira Ordem**	**28**
	Forma padrão e forma diferencial	28
	Equações lineares	28
	Equações de Bernoulli	29
	Equações homogêneas	29
	Equações separáveis	29
	Equações exatas	29
CAPÍTULO 4	**Equações Diferenciais de Primeira Ordem Separáveis**	**35**
	Solução geral	35
	Soluções do problema de valor inicial	35
	Redução de equações homogêneas	36
CAPÍTULO 5	**Equações Diferenciais de Primeira Ordem Exatas**	**45**
	Propriedades definidoras	45
	Método de resolução	45
	Fatores integrantes	46

CAPÍTULO 6	**Equações Diferenciais de Primeira Ordem Lineares**	**56**
	Método de solução	56
	Redução da equação de Bernoulli	56
CAPÍTULO 7	**Aplicações das Equações Diferenciais de Primeira Ordem**	**64**
	Problemas de crescimento e decaimento	64
	Problemas de temperatura	64
	Problemas de queda dos corpos	65
	Problemas de diluição	66
	Circuitos elétricos	66
	Trajetórias ortogonais	67
CAPÍTULO 8	**Equações Diferenciais Lineares: Teoria das Soluções**	**87**
	Equações diferenciais lineares	87
	Soluções linearmente independentes	88
	O Wronskiano	88
	Equações não-homogêneas	89
CAPÍTULO 9	**Equações Diferenciais Homogêneas Lineares de Segunda Ordem com Coeficientes Constantes**	**97**
	Observação introdutória	97
	A equação característica	97
	A solução geral	98
CAPÍTULO 10	**Equações Diferenciais Homogêneas Lineares de Ordem *n* com Coeficientes Constantes**	**103**
	A equação característica	103
	A solução geral	104
CAPÍTULO 11	**O Método dos Coeficientes Indeterminados**	**108**
	Forma simples do método	108
	Generalizações	109
	Modificações	109
	Limitações do método	109
CAPÍTULO 12	**Variação dos Parâmetros**	**117**
	O método	117
	Objetivo do método	118
CAPÍTULO 13	**Problemas de Valor Inicial para Equações Diferenciais Lineares**	**124**

CAPÍTULO 14	**Aplicações das Equações Diferenciais Lineares de Segunda Ordem**	**128**
	Problemas de mola	128
	Problemas de circuitos elétricos	129
	Problemas de flutuação	130
	Classificação de soluções	131
CAPÍTULO 15	**Matrizes**	**145**
	Matrizes e vetores	145
	Adição de matrizes	146
	Multiplicação por escalar e multiplicação matricial	146
	Potências de uma matriz quadrada	146
	Diferenciação e integração de matrizes	146
	A equação característica	147
CAPÍTULO 16	e^{At}	**154**
	Definição	154
	Cálculo de e^{At}	154
CAPÍTULO 17	**Redução de Equações Diferenciais Lineares para um Sistema de Equações de Primeira Ordem**	**162**
	Um exemplo	162
	Redução de uma equação de ordem n	163
	Redução de um sistema	164
CAPÍTULO 18	**Métodos Gráficos e Numéricos para Solução de Equações Diferenciais de Primeira Ordem**	**171**
	Métodos qualitativos	171
	Campos de direção	171
	Método de Euler	172
	Estabilidade	172
CAPÍTULO 19	**Métodos Numéricos para Solução de Equações Diferenciais de Primeira Ordem**	**190**
	Observações gerais	190
	Método de Euler modificado	191
	Método Runge-Kutta	191
	Método de Adams-Bashforth-Moulton	191
	Método de Milne	191
	Valores de partida	192
	Ordem de um método numérico	192

CAPÍTULO 20   Métodos Numéricos para Solução de Equações Diferenciais de Segunda Ordem Via Sistemas   209

Equações diferencias de segunda ordem   209
Método de Euler   210
Método de Runge-Kutta   210
Método de Adams-Bashforth-Moulton   210

CAPÍTULO 21   A Transformada de Laplace   225

Definição   225
Propriedades das transformadas de Laplace   225
Funções de outras variáveis independentes   226

CAPÍTULO 22   Transformadas Inversas de Laplace   238

Definição   238
Manipulação de denominadores   238
Manipulação de numeradores   239

CAPÍTULO 23   Convoluções e a Função Degrau Unitário   247

Convoluções   247
Função degrau unitário   247
Translações   248

CAPÍTULO 24   Soluções de Equações Diferenciais com Coeficientes Constantes por Transformadas de Laplace   256

Transformadas de Laplace de derivadas   256
Soluções de equações diferenciais   257

CAPÍTULO 25   Soluções de Sistemas Lineares por Transformadas de Laplace   263

O método   263

CAPÍTULO 26   Soluções de Equações Diferenciais Lineares com Coeficientes Constantes por Métodos Matriciais   268

Solução do problema de valor inicial   268
Soluções sem condições iniciais   269

CAPÍTULO 27   Soluções em Séries de Potências de Equações Diferenciais Lineares com Coeficientes Variáveis   276

Equações de segunda ordem   276
Funções analíticas e pontos ordinários   276

Soluções de equações homogêneas na vizinhança da origem 277
Soluções de equações não-homogêneas na vizinhança da origem 278
Problemas de valor inicial 278
Soluções na vizinhança de outros pontos 278

CAPÍTULO 28 Soluções em Séries na Vizinhança de um Ponto Singular Regular 289

Pontos singulares regulares 289
Método de Frobenius 289
Solução geral 290

CAPÍTULO 29 Algumas Equações Diferenciais Clássicas 304

Equações diferenciais clássicas 304
Soluções polinomiais e conceitos associados 304

CAPÍTULO 30 Função Gama e Funções de Bessel 309

Função gama 309
Funções de Bessel 310
Operações algébricas com séries infinitas 310

CAPÍTULO 31 Uma Introdução às Equações Diferenciais Parciais 318

Conceitos introdutórios 318
Soluções e técnicas de solução 319

CAPÍTULO 32 Problemas de Valores de Contorno de Segunda Ordem 323

Forma padrão 323
Soluções 324
Problemas de autovalores 324
Problemas de Sturm-Liouville 324
Propriedades dos problemas de Sturm-Liouville 324

CAPÍTULO 33 Expansões em Autofunções 332

Funções parcialmente suaves 332
Séries de senos de Fourier 333
Séries de co-senos de Fourier 333

CAPÍTULO 34 Uma Introdução às Equações de Diferença 339

Introdução 339
Classificações 339
Soluções 340

| APÊNDICE A | **Transformadas de Laplace** | **344** |

| APÊNDICE B | **Alguns Comentários sobre Tecnologia** | **350** |

        Observações introdutórias   350
        TI-89   351
        Mathematica   351

Respostas dos Problemas Complementares   **353**

Índice   **397**

Capítulo 1

Conceitos Básicos

EQUAÇÕES DIFERENCIAIS

Uma equação diferencial é uma equação que envolve uma função incógnita e suas derivadas.

Exemplo 1.1 Algumas equações diferenciais envolvendo a função incógnita y são apresentadas a seguir.

$$\frac{dy}{dx} = 5x + 3 \tag{1.1}$$

$$e^y \frac{d^2y}{dx^2} + 2\left(\frac{dy}{dx}\right)^2 = 1 \tag{1.2}$$

$$4\frac{d^3y}{dx^3} + (\text{sen } x)\frac{d^2y}{dx^2} + 5xy = 0 \tag{1.3}$$

$$\left(\frac{d^2y}{dx^2}\right)^3 + 3y\left(\frac{dy}{dx}\right)^7 + y^3\left(\frac{dy}{dx}\right)^2 = 5x \tag{1.4}$$

$$\frac{\partial^2 y}{\partial t^2} - 4\frac{\partial^2 y}{\partial x^2} = 0 \tag{1.5}$$

Uma *equação diferencial ordinária* é aquela em que a função incógnita depende de apenas uma variável independente. Se a função incógnita depender de duas ou mais variáveis independentes, temos uma *equação diferencial parcial*. Com exceção dos Capítulos 31 e 34, o foco principal deste livro se refere às equações diferenciais ordinárias.

Exemplo 1.2 As equações (1.1) a (1.4) são exemplos de equações diferenciais ordinárias, pois a função incógnita y depende somente da variável x. A equação (1.5) é uma equação diferencial parcial, pois y depende de ambas as variáveis independentes t e x.

A *ordem* de uma equação diferencial é a ordem da mais alta derivada desta equação.

Exemplo 1.3 A equação (1.1) é uma equação diferencial de primeira ordem; as equações (1.2), (1.4) e (1.5) são equações diferenciais de segunda ordem. [Note que a *derivada* de maior ordem da equação (1.4) é dois.] A equação (1.3) é uma equação diferencial de terceira ordem.

NOTAÇÃO

As expressões y', y'', y''', $y^{(4)}$,..., $y^{(n)}$ geralmente são utilizadas para representar as derivadas primeira, segunda, terceira, quarta,..., enésima de y em relação à variável independente considerada. Assim, y'' representa d^2y/dx^2 se a variável independente for x, mas representa d^2y/dp^2 se a variável independente for p. Observe o uso dos parênteses em $y^{(n)}$ para distingui-la da enésima potência, y^n. Se a variável independente for o tempo, usualmente denotada por t, as linhas são, em geral, substituídas por pontos. Assim, $\dot{y}$, $\ddot{y}$ e $\dddot{y}$ representam dy/dt, d^2y/dt^2 e d^3y/dt^3, respectivamente.

SOLUÇÕES

Uma *solução* de uma equação diferencial na função incógnita y e na variável independente x no intervalo $\mathcal{I}$ é uma função $y(x)$ que satisfaz a equação diferencial identicamente para todo x em $\mathcal{I}$.

Exemplo 1.4 $y(x) = c_1 \text{sen } 2x + c_2 \cos 2x$, com constantes arbitrárias c_1 e c_2, é solução de $y'' + 4y = 0$?

Diferenciando y, temos

$$y' = 2c_1 \cos 2x - 2c_2 \text{sen } 2x \quad \text{e} \quad y'' = -4c_1 \text{sen } 2x - 4c_2 \cos 2x$$

Logo,
$$y'' + 4y = (-4c_1 \text{sen } 2x - 4c_2 \cos 2x) + 4(c_1 \text{sen } 2x + c_2 \cos 2x)$$
$$= (-4c_1 + 4c_1) \text{sen } 2x + (-4c_2 + 4c_2) \cos 2x$$
$$= 0$$

Assim, $y(x) = c_1 \text{sen } 2x + c_2 \cos 2x$ satisfaz a equação diferencial para todos os valores de x e é, conseqüentemente, uma solução no intervalo $(-\infty, \infty)$.

Exemplo 1.5 Determine se $y = x^2 - 1$ é solução de $(y')^4 + y^2 = -1$.

Note que o membro esquerdo da equação diferencial dever ser não-negativo para toda função real $y(x)$ e todo x, pois é a soma de duas potências pares, enquanto o membro direito da equação é negativo. Como não há função $y(x)$ que satisfaça esta equação, a equação diferencial dada não possui solução.

Observamos que algumas equações diferenciais admitem infinitas soluções (Exemplo 1.4), enquanto outras não apresentam solução (Exemplo 1.5). Também é possível que uma equação diferencial possua exatamente *uma* solução. Consideremos $(y')^4 + y^2 = 0$, que por motivos idênticos aos apresentados no Exemplo 1.5, admite apenas uma solução $y \equiv 0$.

Uma *solução particular* de uma equação diferencial é qualquer solução. Uma *solução geral* de uma equação diferencial é o conjunto de todas as soluções.

Exemplo 1.6 Pode-se mostrar que a solução geral da equação diferencial do Exemplo 1.4 é $y(x) = c_1 \text{sen } 2x + c_2 \cos 2x$ (ver Capítulos 8 e 9). Isto é, toda solução particular da equação diferencial possui essa forma geral. Algumas soluções particulares são: (a) $y = 5 \text{sen } 2x - 3 \cos 2x$ (adotando $c_1 = 5$ e $c_2 = -3$), (b) $y = \text{sen } 2x$ (adotando $c_1 = 1$ e $c_2 = 0$) e (c) $y \equiv 0$ (adotando $c_1 = c_2 = 0$).

Nem sempre se pode expressar a solução geral de uma equação diferencial por meio de uma fórmula única. Como exemplo, considere a equação diferencial $y' + y^2 = 0$ que possui duas soluções particulares $y = 1/x$ e $y \equiv 0$.

PROBLEMAS DE VALORES INICIAIS E DE VALORES DE CONTORNO

Uma equação diferencial juntamente com condições auxiliares sobre a função incógnita e suas derivadas (todas especificadas para o mesmo valor da variável independente), constituem um *problema de valores iniciais*. As condições auxiliares são *condições iniciais*. Se as condições auxiliares são especificadas para mais de um valor da variável independente, temos um *problema de valores de contorno* e as condições são *condições de contorno*.

Exemplo 1.7 O problema $y'' + 2y' = e^x$; $y(\pi) = 1$, $y'(\pi) = 2$ é um problema de valores iniciais porque as duas condições auxiliares são especificadas para $x = \pi$. O problema $y'' + 2y' = e^x$; $y(0) = 1$, $y(1) = 1$ é um problema de valores de contorno, pois ambas as condições auxiliares são especificadas para valores distintos $x = 0$ e $x = 1$.

Uma *solução* de um problema de valores iniciais ou de valores de contorno é uma função $y(x)$ que, simultaneamente, resolve a equação diferencial e satisfaz todas as condições auxiliares especificadas.

Problemas Resolvidos

1.1 Determine a ordem, a função incógnita e a variável independente em cada uma das seguintes equações diferenciais:

(a) $y''' - 5xy' = e^x + 1$

(b) $t\ddot{y} + t^2\dot{y} - (\operatorname{sen} t)\sqrt{y} = t^2 - t + 1$

(c) $s^2 \dfrac{d^2 t}{ds^2} + st \dfrac{dt}{ds} = s$

(d) $5\left(\dfrac{d^4 b}{dp^4}\right)^5 + 7\left(\dfrac{db}{dp}\right)^{10} + b^7 - b^5 = p$

(a) Terceira ordem, porque a derivada de maior ordem é a terceira. A função incógnita é y; a variável independente é x.
(b) Segunda ordem, porque a derivada de maior ordem é a segunda. A função incógnita é y; a variável independente é t.
(c) Segunda ordem, porque a derivada de maior ordem é a segunda. A função incógnita é t; a variável independente é s.
(d) Quarta ordem, porque a derivada de maior ordem é a quarta. A elevação de derivadas à potências arbitrárias não modifica o número de derivadas envolvidas. A função incógnita é b; a variável independente é p.

1.2 Determine a ordem, a função incógnita e a variável independente para cada uma das equações diferenciais seguintes.

(a) $y \dfrac{d^2 x}{dy^2} = y^2 + 1$

(b) $y\left(\dfrac{dx}{dy}\right)^2 = x^2 + 1$

(c) $2\ddot{x} + 3\dot{x} - 5x = 0$

(d) $17y^{(4)} - t^6 y^{(2)} - 4{,}2y^5 = 3 \cos t$

(a) Segunda ordem. A função incógnita é x; a variável independente é y.
(b) Primeira ordem, porque a derivada de maior ordem é a primeira, embora esteja elevada à segunda potência. A função incógnita é x; a variável independente é y.
(c) Terceira ordem. A função incógnita é x; a variável independente é t.
(d) Quarta ordem. A função incógnita é y; a variável independente é t. Note a diferença de notação entre a derivada de ordem quatro $y^{(4)}$, com parênteses, e a quinta potência y^5, sem parênteses.

1.3 Determine se $y(x) = 2e^{-x} + xe^{-x}$ é uma solução de $y'' + 2y' + y = 0$.

Diferenciando $y(x)$, temos

$$y'(x) = -2e^{-x} + e^{-x} - xe^{-x} = -e^{-x} - xe^{-x}$$
$$y''(x) = e^{-x} - e^{-x} + xe^{-x} = xe^{-x}$$

Substituindo esses valores na equação diferencial, obtemos

$$y'' + 2y' + y = xe^{-x} + 2(-e^{-x} - xe^{-x}) + (2e^{-x} + xe^{-x}) = 0$$

Assim, $y(x)$ é uma solução.

1.4 $y(x) \equiv 1$ é uma solução de $y'' + 2y' + y = x$?

De $y(x) \equiv 1$, temos $y'(x) \equiv 0$ e $y''(x) \equiv 0$. Substituindo esses valores na equação diferencial, obtemos

$$y'' + 2y' + y = 0 + 2(0) + 1 = 1 \neq x$$

Assim, $y(x) \equiv 1$ não é uma solução.

1.5 Mostre que $y = \ln x$ é solução de $xy'' + y' = 0$ em $\mathscr{I} = (0, \infty)$, mas não é solução em $\mathscr{I} = (0, \infty)$.

Em $(0, \infty)$ temos $y' = 1/x$ e $y'' = -1/x^2$. Substituindo esses valores na equação diferencial, obtemos

$$xy'' + y' = x\left(-\frac{1}{x^2}\right) + \frac{1}{x} = 0$$

Assim, $y = \ln x$ é solução em $(0, \infty)$.

Note que $y = \ln x$ não pode ser solução em $(-\infty, \infty)$, pois o logaritmo não é definido para números negativos e zero.

1.6 Mostre que $y = 1/(x^2 - 1)$ é solução de $y' + 2xy^2 + = 0$ em $\mathscr{I} = (-1, 1)$, mas não é solução em nenhum outro intervalo maior contendo $\mathscr{I}$.

Em $(-1, 1)$, $y = 1/(x^2 - 1)$ e sua derivada $y' = -2x/(x^2 - 1)^2$ são funções bem definidas. Substituindo esses valores na equação diferencial, obtemos

$$y' + 2xy^2 = -\frac{2x}{(x^2-1)^2} + 2x\left[\frac{1}{x^2-1}\right]^2 = 0$$

Assim, $y = 1/(x^2 - 1)$ é solução em $\mathscr{I} = (-1, 1)$.

Note, todavia, que $y = 1/(x^2 - 1)$ não é definida em $x \pm 1$ e, por isso, não pode ser solução em nenhum intervalo que contenha qualquer um desses dois pontos.

1.7 Determine se qualquer uma das funções (a) $y_1 = \text{sen } 2x$, (b) $y_2(x) = x$ ou (c) $y_3(x) = \frac{1}{2}\text{sen}2x$ é solução do problema de valor inicial $y'' + 4y = 0$; $y(0) = 0$, $y'(0) = 1$.

(a) $y_1(x)$ é solução da equação diferencial e satisfaz a primeira condição inicial $y(0) = 0$. Todavia, $y_1(x)$ não satisfaz a segunda condição inicial ($y_1'(x) = 2 \cos 2x$; $y_1'(0) = 2 \cos 0 = 2 \neq 1$); sendo assim, não é solução do problema de valor inicial. (b) $y_2(x)$ satisfaz ambas as condições iniciais, porém não satisfaz a equação diferencial; logo, $y_2(x)$ não é solução. (c) $y_3(x)$ satisfaz a equação diferencial e ambas as condições iniciais, sendo, portanto, solução do problema de valor inicial.

1.8 Especifique a solução do problema de valor inicial $y' + y = 0$; $y(3) = 2$, sabendo (ver Capítulo 8) que a solução geral da equação diferencial é $y(x) = c_1 e^{-x}$, com c_1 sendo uma constante arbitrária.

Como $y(x)$ é solução da equação diferencial para qualquer valor de c_1, devemos calcular o valor de c_1 que também satisfaça a condição inicial. Observe que $y(3) = c_1 e^{-3}$. Para satisfazer a condição inicial $y(3) = 2$, basta escolher c_1 de tal forma que $c_1 e^{-3} = 2$, isto é, $c_1 = 2e^3$. Substituindo este valor de c_1 em $y(x)$, obtemos $y(x) = 2e^3 e^{-x} = 2e^{3-x}$ como solução do problema de valor inicial.

1.9 Determine uma solução do problema de valor inicial $y'' + 4y = 0$; $y(0) = 0$, $y'(0) = 1$, considerando a solução geral da equação diferencial como sendo (ver Capítulo 9) $y(x) = c_1 \text{ sen } 2x + c_2 \cos 2x$.

Como $y(x)$ é solução da equação diferencial para todos os valores de c_1 e c_2 (ver Exemplo 1.4), calcularemos os valores de c_1 e c_2 que também satisfaçam as condições iniciais. Observe que $y(0) = c_1 \text{ sen } 0 + c_2 \cos 0 = c_2$. Para satisfazer a primeira condição inicial, $y(0) = 0$, escolhemos $c_2 = 0$. Além disso, $y'(x) = 2 c_1 \cos 2x - 2 c_2 \text{ sen } 2x$; assim, $y'(0) = 2 c_1 \cos 0 - 2 c_2 \text{ sen } 0 = 2 c_1$. Para satisfazer a segunda condição inicial, $y'(0) = 1$, escolhemos $2 c_1 = 1$

ou $c_1 = \frac{1}{2}$. Substituindo estes valores de c_1 e c_2 em $y(x)$, obtemos $y(x) = \frac{1}{2}\text{sen}\, 2x$ como solução do problema de valor inicial.

1.10 Determine uma solução para o problema de valores de contorno $y'' + 4y = 0$; $y(\pi/8) = 0$, $y(\pi/6) = 1$, considerando a solução geral da equação diferencial como sendo $y(x) = c_1 \text{ sen } 2x + c_2 \cos 2x$.

Observe que

$$y\left(\frac{\pi}{8}\right) = c_1 \text{sen}\left(\frac{\pi}{4}\right) + c_2 \cos\left(\frac{\pi}{4}\right) = c_1\left(\frac{1}{2}\sqrt{2}\right) + c_2\left(\frac{1}{2}\sqrt{2}\right)$$

Para satisfazer a condição $y(\pi/8) = 0$, é necessário que

$$c_1\left(\frac{1}{2}\sqrt{2}\right) + c_2\left(\frac{1}{2}\sqrt{2}\right) = 0 \tag{1}$$

Além disso, $\quad y\left(\frac{\pi}{6}\right) = c_1 \text{sen}\left(\frac{\pi}{3}\right) + c_2 \cos\left(\frac{\pi}{3}\right) = c_1\left(\frac{1}{2}\sqrt{3}\right) + c_2\left(\frac{1}{2}\right)$

Para satisfazer a segunda condição, $y(\pi/6) = 1$, é necessário que

$$\frac{1}{2}\sqrt{3}\,c_1 + \frac{1}{2}c_2 = 1 \tag{2}$$

Solucionando (1) e (2) simultaneamente, obtemos

$$c_1 = -c_2 = \frac{2}{\sqrt{3}-1}$$

Substituindo esses valores em $y(x)$, obtemos

$$y(x) = \frac{2}{\sqrt{3}-1}(\text{sen}\, 2x - \cos 2x)$$

como solução do problema de valores de contorno.

1.11 Especifique uma solução para o problema de valores de contorno $y'' + 4y = 0$; $y(0) = 1$, $y(\pi/2) = 2$ considerando a solução geral da equação diferencial como sendo $y(x) = c_1 \text{ sen } 2x + c_2 \cos 2x$.

Como $y(0) = c_1 \text{ sen } 0 + c_2 \cos 0 = c_2$, devemos escolher $c_2 = 1$ para satisfazer a condição $y(0) = 1$. Como $y(\pi/2) = c_1 \text{ sen } \pi + c_2 \cos \pi = -c_2$, devemos escolher $c_2 = -2$ para satisfazer a segunda condição $y(\pi/2) = 2$. Assim, para que ambas as condições de contorno sejam simultaneamente satisfeitas, é necessário que c_2 seja igual a 1 e –2, o que é impossível. Sendo assim, este problema não admite solução.

1.12 Determine c_1 e c_2 de modo que $y(x) = c_1 \text{ sen } 2x + c_2 \cos 2x + 1$ satisfaça as condições $y(\pi/8) = 0$, $y'(\pi/8) = \sqrt{2}$.

Observe que

$$y\left(\frac{\pi}{8}\right) = c_1 \text{sen}\left(\frac{\pi}{4}\right) + c_2 \cos\left(\frac{\pi}{4}\right) + 1 = c_1\left(\frac{1}{2}\sqrt{2}\right) + c_2\left(\frac{1}{2}\sqrt{2}\right) + 1$$

Para satisfazer a condição $y(\pi/8) = 0$, é necessário que $c_1(\frac{1}{2}\sqrt{2}) + c_2(\frac{1}{2}\sqrt{2}) + 1 = 0$, ou, de forma equivalente,

$$c_1 + c_2 = -\sqrt{2} \tag{1}$$

Como $y'(x) = 2c_1 \cos 2x - 2c_2 \sen 2x$,

$$y'\left(\frac{\pi}{8}\right) = 2c_1 \cos\left(\frac{\pi}{4}\right) - 2c_2 \sen\left(\frac{\pi}{4}\right)$$
$$= 2c_1\left(\frac{1}{2}\sqrt{2}\right) - 2c_2\left(\frac{1}{2}\sqrt{2}\right) = \sqrt{2}c_1 - \sqrt{2}c_2$$

Para satisfazer a condição $y'(\pi/8) = \sqrt{2}$, é necessário que $\sqrt{2}c_1 - \sqrt{2}c_2 = \sqrt{2}$ ou, de forma equivalente,

$$c_1 - c_2 = 1 \tag{2}$$

Resolvendo (1) e (2) simultaneamente, obtemos $c_1 = -\frac{1}{2}(\sqrt{2}-1)$ e $c_2 = -\frac{1}{2}(\sqrt{2}+1)$.

1.13 Determine c_1 e c_2 de modo que $y(x) = c_1 e^{2x} + c_2 e^x + 2 \sen x$ satisfaça as condições $y(0) = 0$ e $y'(0) = 1$.

Como $\sen 0 = 0$, $y(0) = c_1 + c_2$. Para satisfazer a condição $y(0) = 0$, é necessário que

$$c_1 + c_2 = 0 \tag{1}$$

De $\quad y'(x) = 2c_1 e^{2x} + c_2 e^x + 2 \cos x$

temos $y'(0) = 2c_1 + c_2 + 2$. Para satisfazer a condição $y'(0) = 1$, exige-se que $2c_1 + c_2 + 2 = 1$, ou

$$2c_1 + c_2 = -1 \tag{2}$$

Resolvendo (1) e (2) simultaneamente, obtemos $c_1 = -1$ e $c_2 = 1$.

Problemas Complementares

Nos Problemas 1.14 a 1.23, determine (a) a ordem, (b) a função incógnita e (c) a variável independente para cada uma das equações diferenciais dadas.

1.14 $(y'')^2 - 3yy' + xy = 0$

1.15 $x^4 y^{(4)} + xy''' = e^x$

1.16 $t^2 \ddot{s} - t\dot{s} = 1 - \sen t$

1.17 $y^{(4)} + xy''' + x^2 y'' - xy' + \sen y = 0$

1.18 $\dfrac{d^n x}{dy^n} = y^2 + 1$

1.19 $\left(\dfrac{d^2 r}{dy^2}\right)^2 + \dfrac{d^2 r}{dy^2} + y\dfrac{dr}{dy} = 0$

1.20 $\left(\dfrac{d^2 y}{dx^2}\right)^{3/2} + y = x$

1.21 $\dfrac{d^7 b}{dp^7} = 3p$

1.22 $\left(\dfrac{db}{dp}\right)^7 = 3p$

1.23 $y^{(6)} + 2y^4 y^{(3)} + 5y^8 = e^x$

1.24 Quais das seguintes funções são soluções da equação diferencial $y' - 5y = 0$?

(a) $y = 5$, (b) $y = 5x$, (c) $y = x^5$, (d) $y = e^{5x}$, (e) $y = 2e^{5x}$, (f) $y = 5e^{2x}$

1.25 Quais das seguintes funções são soluções da equação diferencial $y' - 3y = 6$?

(a) $y = -2$, (b) $y = 0$, (c) $y = e^{3x} - 2$, (d) $y = e^{2x} - 3$, (e) $y = 4e^{3x} - 2$

1.26 Quais das seguintes funções são soluções da equação diferencial $\dot{y} - 2ty = t$?

(a) $y = 2$, (b) $y = -\frac{1}{2}$, (c) $y = e^{t^2}$, (d) $y = e^{t^2} - \frac{1}{2}$, (e) $y = -7e^{t^2} - \frac{1}{2}$

1.27 Quais das seguintes funções são soluções da equação diferencial $dy/dt = y/t$?

(a) $y = 0$, (b) $y = 2$, (c) $y = 2t$, (d) $y = -3t$, (e) $y = t^2$

1.28 Quais das seguintes funções são soluções da equação diferencial

$$\frac{dy}{dx} = \frac{2y^4 + x^4}{xy^3}$$

(a) $y = x$, (b) $y = x^8 - x^4$, (c) $y = \sqrt{x^8 - x^4}$, (d) $y = (x^8 - x^4)^{1/4}$

1.29 Dentre as funções abaixo, quais são soluções da equação diferencial $y'' - y = 0$?

(a) $y = e^x$, (b) $y = \text{sen}\, x$, (c) $y = 4e^{-x}$, (d) $y = 0$, (e) $y = \frac{1}{2}x^2 + 1$

1.30 Dentre as funções abaixo, quais são soluções da equação diferencial $y'' - xy' + y = 0$?

(a) $y = x^2$, (b) $y = x$, (c) $y = 1 - x^2$, (d) $y = 2x^2 - 2$, (e) $y = 0$

1.31 Dentre as funções abaixo, quais são soluções da equação diferencial $\ddot{x} - 4\dot{x} + 4x = e^t$?

(a) $x = e^t$, (b) $x = e^{2t}$, (c) $x = e^{2t} + e^t$, (d) $x = te^{2t} + e^t$, (e) $x = e^{2t} + te^t$

Nos Problemas 1.32 a 1.35, determine c de modo que $x(t) = ce^{2t}$ satisfaça a condição inicial indicada.

1.32 $x(0) = 0$ **1.33** $x(0) = 1$ **1.34** $x(1) = 1$ **1.35** $x(2) = -3$

Nos Problemas 1.36 a 1.39, determine c de modo que $y(x) = c(1 - x^2)$ satisfaça a condição inicial indicada.

1.36 $y(0) = 1$ **1.37** $y(1) = 0$ **1.38** $y(2) = 1$ **1.39** $y(1) = 2$

Nos Problemas 1.40 a 1.49, especifique c_1 e c_2 de modo que $y(x) = c_1 \text{sen}\, x + c_2 \cos x$ satisfaça as condições iniciais indicadas. Determine se tais condições são condições iniciais ou condições de contorno.

1.40 $y(0) = 1$, $y'(0) = 2$ **1.41** $y(0) = 2$, $y'(0) = 1$

1.42 $y\left(\dfrac{\pi}{2}\right) = 1$, $y'\left(\dfrac{\pi}{2}\right) = 2$ **1.43** $y(0) = 1$, $y\left(\dfrac{\pi}{2}\right) = 1$

1.44 $y'(0) = 1$, $y'\left(\dfrac{\pi}{2}\right) = 1$ **1.45** $y(0) = 1$, $y'(\pi) = 1$

1.46 $y(0) = 1$, $y(\pi) = 2$ **1.47** $y(0) = 0$, $y'(0) = 0$

1.48 $y\left(\dfrac{\pi}{4}\right) = 0$, $y\left(\dfrac{\pi}{6}\right) = 1$ **1.49** $y(0) = 0$, $y'\left(\dfrac{\pi}{2}\right) = 1$

Nos Problemas 1.50 a 1.54, calcule os valores de c_1 e c_2 de modo que as funções dadas satisfaçam as condições iniciais indicadas.

1.50 $y(x) = c_1 e^x + c_2 e^{-x} + 4 \text{sen}\, x;$ $y(0) = 1$, $y'(0) = -1$

1.51 $y(x) = c_1 x + c_2 + x^2 - 1;$ $\quad y(1) = 1, \quad y'(1) = 2$

1.52 $y(x) = c_1 e^x + c_2 e^{2x} + 3e^{3x};$ $\quad y(0) = 0, \quad y'(0) = 0$

1.53 $y(x) = c_1 \operatorname{sen} x + c_2 \cos x + 1;$ $\quad y(\pi) = 0, \quad y'(\pi) = 0$

1.54 $y(x) = c_1 e^x + c_2 x e^x + x^2 e^x;$ $\quad y(1) = 1, \quad y'(1) = -1$

Capítulo 2

Uma Introdução à Modelagem e aos Métodos Qualitativos

MODELOS MATEMÁTICOS

Modelos matemáticos podem ser imaginados como equações. Neste capítulo e em outras partes deste livro (ver Capítulos 7, 14 e 31, por exemplo), consideraremos equações que modelam determinadas situações práticas.

Por exemplo, quando consideramos um circuito elétrico simples de corrente contínua, a equação $V=RI$ modela a queda de tensão (medida em volts) através do resistor (medido em ohms), onde I é a corrente (medida em ampères). Essa equação é conhecida como Lei de Ohm, nomeada em homenagem a G. S. Ohm (1787 – 1854), físico alemão.

Uma vez projetado, alguns modelos podem ser aplicados para predizer diversas situações físicas. Por exemplo, a previsão do tempo, o crescimento de um tumor ou o resultado de um jogo de roleta podem estar associados a alguma forma de modelagem matemática.

Neste capítulo, consideramos variáveis que sejam contínuas, além de investigarmos como as *equações diferenciais* podem ser aplicadas em modelagens. O Capítulo 34 introduz o conceito de *equações de diferença*. Estas são equações que consideram variáveis *discretas*; isto é, variáveis que podem assumir apenas determinados valores, como números inteiros. Com poucas modificações, todos os conceitos apresentados sobre modelagem com equações diferenciais também são válidos para modelagem utilizando equações de diferença.

O "CICLO DE MODELAGEM"

Suponha que tenhamos uma situação prática (queremos determinar a quantidade de material radioativo em algum elemento). *Pesquisa* pode ser capaz de modelar essa situação (na forma de uma equação diferencial "muito difícil" de ser resolvida). *Tecnologia* pode ser aplicada para nos auxiliar a resolver essa equação (programas de computador nos dão uma resposta). As respostas são então *interpretadas* no contexto da situação prática (a quantidade de material radioativo). A Figura 2-1 ilustra esse ciclo.

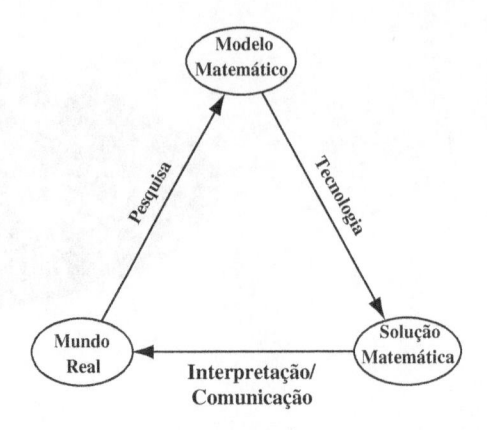

Figura 2-1

MÉTODOS QUALITATIVOS

Projetar um modelo pode ser um processo longo e árduo, envolvendo muitos anos de pesquisa. Uma vez formulados, os modelos podem ser, na prática, impossíveis de ser resolvidos. Então, o pesquisador tem duas opções:

- Simplificar o modelo de modo que possa ser utilizado de forma mais fácil. Essa é uma abordagem válida, desde que as simplificações adotadas não invalidem a utilidade do modelo.

- Manter o modelo como ele é e utilizar outras técnicas, como métodos numéricos ou gráficos (ver Capítulos 18, 19 e 20). Essa é uma abordagem *qualitativa*. Enquanto não possuímos uma solução analítica exata, obteremos *alguma* informação que projete *alguma* luz sobre o modelo e sua aplicação. Ferramentas tecnológicas podem ser extremamente úteis com essa abordagem (ver Apêndice B).

Problemas Resolvidos

Os Problemas 2.1 a 2.11 envolvem vários modelos, muitos deles representando situações práticas. Assuma que os modelos sejam válidos, mesmo para os casos nos quais as variáveis sejam discretas.

2.1 Discuta o modelo: $T_F = 32 + 1{,}8\, T_C$.

Este modelo converte temperatura em graus na escala Celcius para graus na escala Fahrenheit.

2.2 Discuta o modelo: $PV = nRT$.

Esta equação modela gases ideais e é conhecida como Lei do Gás Perfeito. Aqui, P é a pressão (em atmosferas), V é o volume (em litros), n é o número de mols, R é a constante universal dos gases ($R = 8{,}3145$ J/mol K) e T é a temperatura (em graus Kelvin).

2.3 O que nos diz a Lei de Boyle?

A Lei de Boyle afirma que, para um gás ideal a uma temperatura constante, $PV = k$, onde P (atmosferas), V (litros) e k é uma constante (atmosferas-litros).

Outra forma de indicar isso é que a pressão e o volume são inversamente proporcionais.

2.4 Discuta o modelo: $I = \dfrac{dq}{dt}$.

Esta fórmula é aplicada em eletricidade; I representa a corrente (em ampères), q representa a carga (em coulombs), t é o tempo (em segundos). Problemas envolvendo este modelo serão apresentados nos Capítulos 7 e 14.

2.5 Discuta o modelo: $m\dfrac{d^2y}{dt^2} + a\dfrac{dy}{dt} + ky = F(t)$.

Trata-se de um modelo clássico; um sistema massa-mola forçado. Aqui, y é o deslocamento (m), t é o tempo (s), m é a massa (kg), a é uma constante de amortecimento ou atrito (kg/s), k é a constante da mola (kg/s^2) e $F(t)$ é uma função forçante (N).

Variações deste modelo podem ser aplicadas em problemas de absorção de impacto em um automóvel, respondendo às questões sobre a coluna espinhal humana.

A equação diferencial utiliza uma série de conceitos clássicos, incluindo a segunda Lei de Newton e a lei Hooke. Revisaremos esta equação no Capítulo 14.

2.6 Admita que $M(t)$ represente a massa de um elemento em kg. Suponha também que pesquisas tenham mostrado que a taxa de decaimento instantânea desse elemento (kg/ano) é proporcional à quantidade de massa presente: $M'(t) \propto M(t)$. Projete um modelo para essa relação.

A relação de proporcionalidade $M'(t) \propto M(t)$ pode ser convertida em uma equação introduzindo-se uma constante de proporcionalidade, k (1/ano). Assim, nosso modelo se escreve $M'(t) = kM(t)$. É importante notar que $k < 0$, pois $M(t)$ está se reduzindo.

Esta equação será classificada como uma "equação separável" (ver Capítulo 3). A solução desta equação diferencial, qualitativamente descrita como "decaimento exponencial", será investigada no Capítulo 4.

2.7 Considere o problema anterior. Admita que pesquisas tenham revelado que a taxa de decaimento é proporcional à raiz quadrada da quantidade de massa presente. Modele essa situação.

$M'(t) \propto \sqrt{M(t)}$ implica em $M'(t) = k\sqrt{M(t)}$. Notemos que a unidade de k é $\dfrac{\text{kg}^{1/2}}{\text{ano}}$. A solução desse tipo de equação diferencial será investigada no Capítulo 4.

2.8 Uma população $P(t)$ possui taxa de crescimento proporcional à quantidade presente no instante de tempo t. Modele essa população.

Trata-se de um problema semelhante ao Problema 2.6; neste caso, porém, temos um modelo de "crescimento exponencial", $P'(t) = kP(t)$, com $k > 0$.

2.9 Admita que a população descrita no Problema 2.8 tenha uma composição inicial igual a 1000. Isto é, $P(0) = 1000$. Além disso, sabemos também que a solução da equação diferencial $P'(t) = kP(t)$ é dada por $P(t) = 1000e^{kt}$, onde t é dado em anos. Discuta esse modelo.

Como $k > 0$, sabemos que $P(t)$ irá crescer exponencialmente com $t \to \infty$. Somos forçados a concluir que este (muito provavelmente) não é um modelo razoável pelo fato do nosso crescimento ser ilimitado.

Entretanto, este modelo pode ser útil sobre um curto período de tempo. "Como pode ser útil?" e "Para qual período de tempo?" são questões que devem ser vistas qualitativamente e dependem das limitações e necessidades do problema particular proposto.

2.10 Considere as hipóteses apresentadas nos dois problemas anteriores. Além disso, suponha que a taxa de crescimento de $P(t)$ seja proporcional ao produto da quantidade presente por um termo de "população máxima", $100.000 - P(t)$, onde 100.000 representa a capacidade limite. Isto é, $P(t) \to 100.000$ para $t \to \infty$. A introdução de uma constante de proporcionalidade k leva a equação diferencial $P'(t) = kP(t)(100.000 - P(t))$. Discuta esse modelo.

Se $P(t)$ for muito menor que 100.000, a equação diferencial pode ser aproximada por $P'(t) \approx kP(t)(100.000) = KP(t)$, onde $K = k(100.000)$. Esse comportamento seria próximo ao do crescimento exponencial. Assim, para "pequenos" $P(t)$, existiria pouca diferença entre este modelo e o modelo anterior discutido nos Problemas 2.8 e 2.9.

Se $P(t)$ for próximo a 100.000 (o que significaria $100.000 - P(t) \approx 0$), então a equação diferencial pode ser aproximada por $P'(t) \approx kP(t)(0)$. Uma solução aproximada para essa equação é $P(t) = 100.000$, pois apenas uma constante possui derivada igual a 0. Então, no limite, $P(t)$ resultaria em 100.000, a capacidade limite da população.

Neste problema, utilizamos uma abordagem qualitativa: fomos capazes de decifrar alguma informação e expressá-la de forma descritiva, apesar de não possuirmos a solução da equação diferencial. Esse tipo de equação é um exemplo de um modelo de população logística e é extensivamente utilizado em estudos sociológicos. Veja também o Problema 7.7.

2.11 Algumas vezes temos equações diferenciais "acopladas" (ver Capítulos 17 e 25); considere o sistema a seguir:

$$\begin{cases} \dfrac{dR}{dt} = 2R - 3RF \\ \dfrac{dF}{dt} = -4F + 5RF \end{cases} \quad (1)$$

Aqui, R representa o número de coelhos em uma população, enquanto F se refere ao número de raposas, e t é o tempo (em meses). Admita que este modelo reflita a relação entre coelhos e raposas. O que este modelo nos diz?

Esse sistema de equação (1) espelha uma relação "predador-presa". O termo RF em ambas as equações pode ser interpretado como um "termo de interação". Isto é, ambos os fatores são necessários para que se tenha um efeito nas equações.

Notamos que o coeficiente de R na primeira equação é +2, se não existisse termo RF nesta equação, R cresceria indefinidamente. O coeficiente –3 de RF causa um impacto negativo na população de coelhos.

Voltando nossa atenção para a segunda equação, observamos que F é multiplicado por –4, indicando que a população de raposas decresceria caso não existisse interação com os coelhos. O coeficiente positivo para RF indica um impacto positivo para a população de raposas.

Modelos "predador-presa" são extensivamente aplicados em diversos campos, desde estudos de populações selvagens ao planejamento de estratégias militares. Métodos qualitativos são empregados em muitos desses modelos.

Problemas Complementares

2.12 Utilizando o Problema 2.1, determine um modelo que converta temperatura na escala graus Fahrenheit para a escala graus Celsius.

2.13 A lei de Charles afirma que, para um gás ideal a uma pressão constante, $\dfrac{V}{T} = k$, onde V (litros), T (graus Kelvin) e k (litros/°K) é uma constante. O que esse modelo nos diz?

2.14 Discuta a segunda lei do movimento de Newton: $F = ma = m\dfrac{dv}{dt} = m\dfrac{d^2x}{dt^2}$.

2.15 Suponha que um quarto esteja sendo resfriado de acordo com o modelo $T(t) = \sqrt{576 - t}$, onde t (horas) e T (graus Celsius). Se iniciarmos o processo de resfriamento em $t = 0$, quando esse modelo deixará de ser válido? Por quê?

2.16 Admita que o quarto do Problema 2.15 seja resfriado de tal forma que $T(t) = t^2 - 20t + \sqrt{576}$, com as mesmas condições e variáveis citadas anteriormente. Quanto tempo seria necessário para que a temperatura do quarto atingisse a temperatura mínima? Por quê?

2.17 Considere o modelo discutido no Problema 2.5. Se assumirmos que o sistema é "livre" e "não-amortecido", isto é, $F(t) \equiv 0$ e $a = 0$, a equação se reduz para $m\dfrac{d^2y}{dt^2} + ky = 0$. Admitindo $m = 1$ e $k = 4$ por questão de simplicidade, temos $\dfrac{d^2y}{dt^2} + 4y = 0$. Supondo que $y(t) = \operatorname{sen} 2t$ satisfaça o modelo, descreva o movimento de deslocamento, $y(t)$.

2.18 Considere o problema anterior. Determine (a) a função velocidade; (b) a função aceleração.

2.19 Considere a equação diferencial $\dfrac{dy}{dx} = (y-1)(y-2)$. Descreva (a) o comportamento de y em $y = 1$ e $y = 2$; (b) o que ocorre com y se $y < 1$; (c) o que ocorre com y se $1 < y < 2$; (d) o que ocorre com y se $y > 2$.

2.20 Considere um componente químico com massa X, de tal modo que sua taxa de decaimento seja proporcional ao cubo da diferença entre sua massa e uma determinada quantidade M, onde ambos X e M são dadas em gramas e o tempo é medido em horas. Modele essa relação utilizando uma equação diferencial.

2.21 Suponha que A e B sejam dois barris interconectados por um determinado número de canos. Se $A(t)$ e $B(t)$ representam a quantidade de litros de açúcar líquido para cada barril, respectivamente, em um instante de tempo t (horas), o que representam $A'(t)$ e $B'(t)$?

2.22 Considere o Problema 2.21. Suponha que o seguinte sistema de equações diferenciais modele a mistura dos barris:

$$\begin{cases} \dfrac{dA}{dt} = aA + bB + c \\ \dfrac{dB}{dt} = dA + eB + f \end{cases} \quad (1)$$

onde a, b, c, d, e e f são constantes. O que está ocorrendo com o açúcar líquido e quais são as unidades das seis constantes?

Capítulo 3

Classificações de Equações Diferenciais de Primeira Ordem

FORMA PADRÃO E FORMA DIFERENCIAL

A *forma padrão* de uma equação diferencial de primeira ordem na função incógnita $y(x)$ é

$$y' = f(x, y) \tag{3.1}$$

onde a derivada y' aparece apenas no membro esquerdo de (3.1). Muitas (porém não todas) equações diferenciais de primeira ordem podem ser escritas na forma padrão por meio da solução algébrica em relação a y', e igualando $f(x, y)$ ao membro direito da equação resultante.

O membro direito de (3.1) pode ser sempre escrito como o quociente de duas outras funções $M(x,y)$ e $-N(x,y)$. Assim, (3.1) se torna $dy/dx = M(x,y) / -N(x,y)$, que equivale à *forma diferencial*

$$M(x, y)dx + N(x, y)dy = 0 \tag{3.2}$$

EQUAÇÕES LINEARES

Considere uma equação diferencial na forma padrão (3.1). Se $f(x,y)$ puder ser escrita como $f(x,y) = -p(x)y + q(x)$ (ou seja, como uma função de x vezes y, mais outra função de x), então a equação diferencial é *linear*. Equações diferenciais de primeira ordem podem sempre ser expressas como

$$y' + p(x)y = q(x) \tag{3.3}$$

O Capítulo 6 trata da resolução das equações lineares.

EQUAÇÕES DE BERNOULLI

Uma equação diferencial de *Bernoulli* é uma equação da forma

$$y' + p(x)y = q(x)y^n \qquad (3.4)$$

onde n é um número real. Quando $n = 1$ ou $n = 0$, a equação de Bernoulli se reduz a uma equação linear. O Capítulo 6 trata da solução das equações de Bernoulli.

EQUAÇÕES HOMOGÊNEAS

Uma equação diferencial na forma padrão (3.1) é *homogênea* se

$$f(tx, ty) = f(x, y) \qquad (3.5)$$

para todo número real t. No Capítulo 4 será abordada a resolução das equações homogêneas.

Nota: No contexto das equações diferenciais, a palavra "homogênea" possui um significado completamente diferente (ver Capítulo 8). Somente no contexto das equações diferenciais de primeira ordem, a palavra "homogênea" possui o significado definido anteriormente.

EQUAÇÕES SEPARÁVEIS

Consideremos uma equação diferencial na forma (3.2). Se $M(x,y) = A(x)$ (função somente de x) e $N(x,y) = B(y)$ (função somente de y), a equação diferencial é *separável*, ou de *variáveis separáveis*. No Capítulo 4 estudaremos tais equações.

EQUAÇÕES EXATAS

Uma equação diferencial na forma (3.2) é *exata* se

$$\frac{\partial M(x,y)}{\partial y} = \frac{\partial N(x,y)}{\partial x} \qquad (3.6)$$

As equações exatas são abordadas no Capítulo 5 (onde será apresentada uma definição mais precisa do conceito "exata").

Problemas Resolvidos

3.1 Escreva a equação diferencial $xy' - y^2 = 0$ na forma padrão.

Resolvendo em relação a y', obtemos $y' = y^2/x$ que é da forma (3.1) com $f(x, y) = y^2/x$.

3.2 Escreva a equação diferencial $e^x y' + e^{2x} y = \operatorname{sen} x$ na forma padrão.

Resolvendo em relação a y', obtemos

$$e^x y' = -e^{2x} y + \operatorname{sen} x$$

$$y' = -e^x y + e^{-x} \operatorname{sen} x$$

que é da forma (3.1) com $f(x, y) = -e^x y + e^{-x} \operatorname{sen} x$.

3.3 Escreva a equação diferencial $(y' + y)^5 = \operatorname{sen}(y'/x)$ na forma padrão.

Esta equação não pode ser resolvida algebricamente em relação a y' nem pode ser escrita na forma padrão.

3.4 Escreva a equação diferencial $y(yy' - 1) = x$ na forma diferencial.

Resolvendo em relação a y', obtemos

$$y^2 y' - y = x$$
$$y^2 y' = x + y$$

ou
$$y' = \frac{x+y}{y^2} \qquad (1)$$

que está na forma padrão com $f(x, y) = (x + y)/y^2$. Existem infinitas formas diferenciais diferentes associadas a (1). Quatro dessas formas são apresentadas a seguir:

(a) Adotando $M(x, y) = x + y$, $N(x, y) = -y^2$, temos

$$\frac{M(x,y)}{-N(x,y)} = \frac{x+y}{-(-y^2)} = \frac{x+y}{y^2}$$

e (1) é equivalente à forma diferencial

$$(x+y)dx + (-y^2)dy = 0$$

(b) Adotando $M(x, y) = -1$, $N(x,y) = \dfrac{y^2}{x+y}$, temos

$$\frac{M(x,y)}{-N(x,y)} = \frac{-1}{-y^2/(x+y)} = \frac{x+y}{y^2}$$

e (1) é equivalente à forma diferencial

$$(-1)dx + \left(\frac{y^2}{x+y}\right)dy = 0$$

(c) Adotando $M(x,y) = \dfrac{x+y}{2}$, $N(x,y) = \dfrac{-y^2}{2}$, temos

$$\frac{M(x,y)}{-N(x,y)} = \frac{(x+y)/2}{-(-y^2/2)} = \frac{x+y}{y^2}$$

e (1) é equivalente à forma diferencial

$$\left(\frac{x+y}{2}\right)dx + \left(\frac{-y^2}{2}\right)dy = 0$$

(d) Adotando $M(x,y) = \dfrac{-x-y}{x^2}$, $N(x,y) = \dfrac{y^2}{x^2}$, temos

$$\frac{M(x,y)}{-N(x,y)} = \frac{(-x-y)/x^2}{-y^2/x^2} = \frac{x+y}{y^2}$$

e (1) é equivalente à forma diferencial

$$\left(\frac{-x-y}{x^2}\right)dx + \left(\frac{y^2}{x^2}\right)dy = 0$$

3.5 Escreva a equação diferencial $dy/dx = y/x$ na forma diferencial.

Esta equação admite infinitas formas diferenciais. Uma dela é

$$dy = \frac{y}{x}dx$$

que pode ser escrita na forma (3.2) como

$$\frac{y}{x}dx + (-1)dy = 0 \tag{1}$$

Multiplicando (1) por x, obtemos

$$y\,dx + (-x)dy = 0 \tag{2}$$

como uma segunda forma diferencial. Multiplicando (1) por $1/y$, obtemos

$$\frac{1}{x}dx + \frac{-1}{y}dy = 0 \tag{3}$$

como uma terceira forma diferencial. Outras formas diferenciais podem ser obtidas a partir de (1) pela multiplicação desta equação por qualquer outra função de x ou y.

3.6 Escreva a equação diferencial $(xy + 3)dx + (2x - y^2 + 1)dy = 0$ na forma padrão.

Esta equação está na forma diferencial. Ela pode ser reescrita como

$$(2x - y^2 + 1)dy = -(xy + 3)dx$$

que possui forma padrão

$$\frac{dy}{dx} = \frac{-(xy+3)}{2x - y^2 + 1}$$

ou

$$y' = \frac{xy + 3}{y^2 - 2x - 1}$$

3.7 Determine se as seguintes equações diferenciais são lineares:

(a) $y' = (\operatorname{sen} x)y + e^x$ (b) $qy' = x\operatorname{sen} y + e^x$ (c) $y' = 5$ (d) $y' = y^2 + x$

(e) $y' + xy^5 = 0$ (f) $xy' + y = \sqrt{y}$ (g) $y' + xy = e^x y$ (h) $y' + \dfrac{x}{y} = 0$

(a) A equação é linear; neste caso $p(x) = -\operatorname{sen} x$ e $q(x) = e^x$.
(b) A equação não é linear por causa do termo sen y.
(c) A equação é linear; neste caso $p(x) = 0$ e $q(x) = 5$.
(d) A equação não é linear em virtude do termo y^2.
(e) A equação não é linear por causa do termo y^5.
(f) A equação não é linear por causa do termo $y^{1/2}$.
(g) A equação é linear, podendo ser reescrita como $y' + (x - e^x)y = 0$ com $p(x) = x - e^x$ e $q(x) = 0$.
(h) A equação não é linear em virtude do termo $1/y$.

3.8 Determine quais das equações diferenciais do Problema 3.7 são equações de Bernoulli.

Todas as equações lineares são equações de Bernoulli com $n = 0$. Além disso, três das equações não-lineares, (e), (f) e (h), também são equações de Bernoulli. Basta reescrever (e) como $y' = -xy^5$; esta equação possui a forma (3.4) com $p(x) = 0$, $q(x) = -x$ e $n = 5$. (f) pode ser rescrita como

$$y' + \frac{1}{x}y = \frac{1}{x}y^{1/2}$$

que possui a forma (3.4) com $p(x) = q(x) = 1/x$ e $n = 1/2$. Por sua vez, (h) pode ser reescrita como $y' = -xy^{-1}$ com $p(x) = 0$, $q(x) = -x$ e $n = 1$.

3.9 Determine se as equações diferenciais apresentadas a seguir são homogêneas:

(a) $y' = \dfrac{y+x}{x}$ (b) $y' = \dfrac{y^2}{x}$ (c) $y' = \dfrac{2xye^{x/y}}{x^2 + y^2\operatorname{sen}\dfrac{x}{y}}$ (d) $y' = \dfrac{x^2 + y}{x^3}$

(a) A equação é homogênea, pois

$$f(tx, ty) = \frac{ty + tx}{tx} = \frac{t(y + x)}{tx} = \frac{y + x}{x} = f(x, y)$$

(b) A equação não é homogênea, pois

$$f(tx, ty) = \frac{(ty)^2}{tx} = \frac{t^2 y^2}{tx} = t\frac{y^2}{x} \neq f(x, y)$$

(c) A equação é homogênea, pois

$$f(tx, ty) = \frac{2(tx)(ty)e^{tx/ty}}{(tx)^2 + (ty)^2 \operatorname{sen}\frac{tx}{ty}} = \frac{t^2 2xy e^{x/y}}{t^2 x^2 + t^2 y^2 \operatorname{sen}\frac{x}{y}}$$

$$= \frac{2xy e^{x/y}}{x^2 + y^2 \operatorname{sen}\frac{x}{y}} = f(x, y)$$

(d) A equação não é homogênea, pois

$$f(tx, ty) = \frac{(tx)^2 + ty}{(tx)^3} = \frac{t^2 x^2 + ty}{t^3 x^3} = \frac{tx^2 + y}{t^2 x^3} \neq f(x, y)$$

3.10 Determine se as equações diferenciais seguintes são separáveis:

(a) $\operatorname{sen} x \, dx + y^2 dy = 0$ (b) $xy^2 dx - x^2 y^2 dy = 0$ (c) $(1 + xy)dx + y\, dy = 0$

(a) A equação diferencial é separável; neste caso $M(x, y) = A(x) = \operatorname{sen} x$ e $N(x, y) = B(y) = y^2$.
(b) A equação não é separável na sua forma dada, pois $M(x, y) = xy^2$ não é função apenas de x. Porém, se dividirmos ambos os membros da equação por $x^2 y^2$, obteremos a equação $(1/x)dx + (-1)dy = 0$, que é separável. Neste caso, $A(x) = 1/x$ e $B(y) = -1$.
(c) A equação não é separável, pois $M(x, y) = 1 + xy$, que não é função apenas de x.

3.11 Determine se as equações diferenciais seguintes são exatas:

(a) $3x^2 y \, dx + (y + x^3)dy = 0$ (b) $xy\, dx + y^2 dy = 0$

(a) A equação é exata; neste caso $M(x, y) = 3x^2 y$, $N(x, y) = y + x^3$ e $\partial M/\partial y = \partial N/\partial x = 3x^2$.
(b) A equação não é exata neste caso $M(x, y) = xy$ e $N(x, y) = y^2$; logo $\partial M/\partial y = x$, $\partial N/\partial x = 0$ e $\partial M/\partial y \neq \partial N/\partial x$.

3.12 Determine se a equação diferencial $y' = y/x$ é exata.

O conceito de *exatidão* é definido apenas para as equações na forma diferencial, e não para as equações na forma padrão. A equação diferencial apresentada possui inúmeras formas diferenciais. Uma dessas formas é dada no Problema 3.5, Eq.(1), como

$$\frac{y}{x}dx + (-1)dy = 0$$

onde $M(x, y) = y/x$, $N(x, y) = -1$.

$$\frac{\partial M}{\partial y} = \frac{1}{x} \neq 0 = \frac{\partial N}{\partial x}$$

e a equação não é exata. Uma segunda forma diferencial para a mesma equação é dada na Eq.(3) do Problema 3.5 como

$$\frac{1}{x}dx + \frac{-1}{y}dy = 0$$

Neste caso, $M(x, y) = 1/x$, $N(x, y) = -1/y$,

$$\frac{\partial M}{\partial y} = 0 = \frac{\partial N}{\partial x}$$

e a equação é exata. Assim, a equação diferencial dada possui inúmeras formas diferenciais, algumas delas podendo ser exatas.

3.13 Prove que uma equação separável é sempre exata.

Para uma equação diferencial separável, $M(x, y) = A(x)$ e $N(x, y) = B(y)$. Assim,

$$\frac{\partial M(x,y)}{\partial y} = \frac{\partial A(x)}{\partial y} = 0 \quad \text{e} \quad \frac{\partial N(x,y)}{\partial x} = \frac{\partial B(y)}{\partial x} = 0$$

Como, $\partial M/\partial y = \partial N/\partial x$, a equação diferencial é exata.

3.14 Um teorema de equações diferenciais de primeira ordem afirma que se $f(x, y)$ e $\partial f(x, y)/\partial y$ são contínuas em um retângulo $\mathcal{R}$: $|x - x_0| \leq a$, $|y - y_0| \leq b$, então existe um intervalo centrado em x_0 no qual o problema de valor inicial $y' = f(x, y)$; $y(x_0) = y_0$ admite solução única. O problema de valor inicial $y' = 2\sqrt{|y|}$; $y(0) = 0$ admite as duas soluções $y = x|x|$ e $y \equiv 0$. Esse resultado viola o teorema?

Não. Aqui, $f(x, y) = 2\sqrt{|y|}$ e, portanto, $\partial f/\partial y$ não existe na origem.

Problemas Complementares

Nos Problemas 3.15 a 3.25, escreva as equações diferenciais na forma padrão.

3.15 $xy' + y^2 = 0$

3.16 $e^x y' - x = y'$

3.17 $(y')^3 + y^2 + y = \text{sen } x$

3.18 $xy' + \cos(y' + y) = 1$

3.19 $e^{(y' + y)} = x$

3.20 $(y')^2 - 5y' + 6 = (x + y)(y' - 2)$

3.21 $(x - y)dx + y^2 dy = 0$

3.22 $\dfrac{x + y}{x - y}dx - dy = 0$

3.23 $dx + \dfrac{x + y}{x - y}dy = 0$

3.24 $(e^{2x} - y)dx + e^x dy = 0$

3.25 $dy + dx = 0$

Nos Problemas 3.26 a 3.35, equações diferenciais são apresentadas nas formas padrão e diferencial. Determine se as equações na forma padrão são homogêneas e/ou lineares; e, para os casos em que não sejam lineares, se são equações de Bernoulli; determine se as equações na forma diferencial, *conforme apresentadas*, são separáveis e/ou exatas.

3.26 $y' = xy$; $xydx - dy = 0$

3.27 $y' = xy$; $x\,dx - \dfrac{1}{y}dy = 0$

3.28 $y' = xy + 1$; $(xy + 1)dx - dy = 0$

3.29 $y' = \dfrac{x^2}{y^2}$; $\dfrac{x^2}{y^2}dx - dy = 0$

3.30 $y' = \dfrac{x^2}{y^2}$; $-x^2 dx + y^2 dy = 0$

3.31 $y' = -\dfrac{2y}{x}$; $2xy\,dx + x^2 dy = 0$

3.32 $y' = \dfrac{xy^2}{x^2 y + y^3}$; $xy^2 dx - (x^2 y + y^3)dy = 0$

3.33 $y' = \dfrac{-xy^2}{x^2 y + y^2}$; $xy^2 dx + (x^2 y + y^2)dy = 0$

3.34 $y' = x^3 y + xy^3$; $(x^2 + y^2)dx - \dfrac{1}{xy}dy = 0$

3.35 $y' = 2xy + x$; $(2xye^{-x^2} + xe^{-x^2})dx - e^{-x^2}dy = 0$

Capítulo 4

Equações Diferenciais de Primeira Ordem Separáveis

SOLUÇÃO GERAL

A solução de uma equação diferencial de primeira ordem separável (ver Capítulo 3)

$$A(x)\,dx + B(y)\,dy = 0 \tag{4.1}$$

é

$$\int A(x)\,dx + \int B(y)\,dy = c \tag{4.2}$$

onde c representa uma constante arbitrária.

As integrais apresentadas na Eq. (4.2) nem sempre podem ser calculadas efetivamente. Nesses casos, técnicas numéricas (ver Capítulos 18, 19, 20) são aplicadas para se obter uma solução aproximada. Mesmo que seja possível efetuar as integrações indicadas em (4.2), nem sempre se pode resolver algebricamente em relação a y em termos de x. Nesse caso, a solução é deixada em forma implícita.

SOLUÇÕES DO PROBLEMA DE VALOR INICIAL

A solução para o problema de valor inicial

$$A(x)\,dx + B(y)\,dy = 0; \quad y(x_0) = y_0 \tag{4.3}$$

pode ser obtida, usualmente, primeiro utilizando a Eq. (4.2) para resolver a equação diferencial e depois aplicando a condição inicial diretamente para determinar c.

Alternativamente, a solução para Eq. (4.3) pode ser obtida a partir de

$$\int_{x_0}^{x} A(x)\,dx + \int_{y_0}^{y} B(y)\,dy = 0 \tag{4.4}$$

Entretanto, a Equação (4.4) pode não determinar de *modo único* a solução de (4.3); ou seja, (4.4) pode ter muitas soluções, das quais apenas uma irá satisfazer o problema de valor inicial.

REDUÇÃO DE EQUAÇÕES HOMOGÊNEAS

A equação diferencial homogênea

$$\frac{dy}{dx} = f(x, y) \tag{4.5}$$

possuindo a propriedade de que $f(tx, ty) = f(x, y)$ (ver Capítulo 3), pode ser transformada em uma equação separável por meio da substituição

$$y = xv \tag{4.6}$$

juntamente com sua derivada correspondente

$$\frac{dy}{dx} = v + x\frac{dv}{dx} \tag{4.7}$$

A equação resultante nas variáveis v e x é resolvida como uma equação diferencial separável; a solução da Eq. (4.5) é obtida por retrossubstituição.

Alternativamente, a solução de (4.5) pode ser obtida reescrevendo-se a equação diferencial como

$$\frac{dx}{dy} = \frac{1}{f(x, y)} \tag{4.8}$$

e então substituindo

$$x = yu \tag{4.9}$$

e a derivada correspondente

$$\frac{dx}{dy} = u + y\frac{du}{dy} \tag{4.10}$$

na Eq. (4.8). Após simplificação, obtém-se uma equação diferencial com variáveis (neste caso, u e t) separáveis.

Geralmente, o método a ser aplicado não é relevante (ver Problemas 4.12 e 4.13). Entretanto, existem casos em que uma das substituições (4.6) ou (4.9) é claramente superior à outra. Nesses casos, a própria forma da equação diferencial indica a melhor substituição (ver Problema 4.17).

Problemas Resolvidos

4.1 Solucione $x\,dx - y^2\,dy = 0$.

Para essa equação diferencial, $A(x) = x$ e $B(y) = -y^2$. Substituindo esses valores na Eq. (4.2), temos

$$\int x\,dx + \int (-y^2)\,dy = c$$

que, após o cálculo das integrações indicadas, se torna $x^2/2 - y^3/3 = c$. Resolvendo explicitamente para y, obtemos a solução

$$y = \left(\frac{3}{2}x^2 + k\right)^{1/3}; \quad k = -3c$$

4.2 Solucione $y' = y^2 x^3$.

Inicialmente, reescrevemos a equação em sua forma diferencial (ver Capítulo 3) $x^3 dx - (1/y^2)dy = 0$. Temos $A(x) = x^3$ e $B(y) = -1/y^2$. Substituindo esses valores na Eq. (4.2), obtemos

$$\int x^3\,dx + \int (-1/y^2)\,dy = c$$

ou, efetuando as integrações indicadas, $x^4/4 + 1/y = c$. Resolvendo explicitamente para y, obtemos a solução

$$y = \frac{-4}{x^4 + k}, \quad k = -4c$$

4.3 Resolva $\dfrac{dy}{dx} = \dfrac{x^2 + 2}{y}$.

Esta equação pode ser escrita na forma diferencial

$$(x^2 + 2)\,dx - y\,dy = 0$$

que é separável com $A(x) = x^2 + 2$ e $B(y) = -y$. Sua solução é

$$\int (x^2 + 2)\,dx - \int y\,dy = c$$

ou

$$\frac{1}{3}x^3 + 2x - \frac{1}{2}y^2 = c$$

Resolvendo em relação a y, obtemos a solução na forma implícita

$$y^2 = \frac{2}{3}x^3 + 4x + k$$

com $k = -2c$. Resolvendo em relação a y, obtemos as duas soluções

$$y = \sqrt{\frac{2}{3}x^3 + 4x + k} \quad \text{e} \quad y = -\sqrt{\frac{2}{3}x^3 + 4x + k}$$

4.4 Resolva $y' = 5y$.

Inicialmente, reescrevemos essa equação na forma diferencial $5\,dx - (1/y)dy = 0$, que é separável. Sua solução é

$$\int 5\,dx + \int (-1/y)\,dy = c$$

ou, calculando, $5x - \ln|y| = c$.

Para resolver em relação a y, explicitamente, primeiro reescrevemos a solução como $\ln|y| = 5x - c$ e então tomamos a exponencial de ambos os membros. Assim, $e^{\ln|y|} = e^{5x-c}$. Notando que $e^{\ln|y|} = |y|$, obtemos $|y| = e^{5x}e^{-c}$ ou $y \pm e^{-c}\,e^{5x}$. A solução é dada explicitamente por $y = ke^{5x}$, $k = \pm e^{-c}$.

Note que a presença do termo $(-1/y)$ na forma diferencial da equação exige a restrição $y \neq 0$ na dedução da solução. Essa restrição equivale à restrição $k \neq 0$, pois $y = ke^{5x}$. Todavia, por inspeção, $y \equiv 0$ é uma solução da equação diferencial em sua forma original. Assim, $y = ke^{5x}$ é solução para todo k.

A equação diferencial na sua forma original também é linear. Veja o Problema 6.9 para um método alternativo de solução.

4.5 Resolva $y' = \dfrac{x+1}{y^4 + 1}$.

Essa equação na forma diferencial é $(x+1)dx + (-y^4 - 1)dy = 0$, que é separável. Sua solução é

$$\int (x+1)\,dx + \int (-y^4 - 1)\,dy = c$$

ou, calculando,

$$\frac{x^2}{2} + x - \frac{y^5}{5} - y = c$$

Como é impossível resolver algebricamente essa equação explicitamente em termos de y, a solução deve ser deixada na forma implícita.

4.6 Resolva $dy = 2t(y^2 + 9)dt$.

Esta equação pode ser reescrita como

$$\frac{dy}{y^2 + 9} - 2t\,dt = 0$$

que é separável nas variáveis y e t. Sua solução é

$$\int \frac{dy}{y^2 + 9} - \int 2t\,dt = c$$

ou, calculando as integrais dadas

$$\frac{1}{3}\arctg\left(\frac{y}{3}\right) - t^2 = c$$

Resolvendo em relação a y, obtemos

$$\arctg\left(\frac{y}{3}\right) = 3(t^2 + c)$$

$$\frac{y}{3} = \tg(3t^2 + 3c)$$

ou
$$y = 3\,\tg(3t^2 + k)$$

com $k = 3c$.

4.7 Resolva $\dfrac{dx}{dt} = x^2 - 2x + 2$.

Esta equação pode ser reescrita na forma diferencial

$$\frac{dx}{x^3 - 2x + 2} - dt = 0$$

que é separável nas variáveis x e t. Sua solução é

$$\int \frac{dx}{x^3 - 2x + 2} - \int dt = c$$

Calculando a primeira integral (completando quadrado), obtemos

$$\int \frac{dx}{(x - 1)^2 + 1} - \int dt = c$$

ou
$$\arctg(x - 1) - t = c$$

Resolvendo em relação a x como função de t, temos

$$\arctg(x - 1) = t + c$$
$$x - 1 = \tg(t + c)$$
ou
$$x = 1 + \tg(t + c)$$

4.8 Resolva $e^x dx - y\,dy = 0$; $y(0) = 1$.

A solução da equação diferencial é dada pela Eq. (4.2) como

$$\int e^x\,dx + \int (-y)\,dy = c$$

ou, calculando, $y^2 = 2e^x + k$, $k = -2c$. Aplicando a condição inicial, obtemos $(1)^2 = 2e^0 + k$, $1 = 2 + k$ ou $k = -1$. Assim, a solução para o problema de valor inicial é

$$y^2 = 2e^x - 1 \quad \text{ou} \quad y = \sqrt{2e^x - 1}$$

[Note que não podemos escolher a raiz quadrada negativa, pois $y(0) = -1$, o que viola a condição inicial.]

Para garantir que y permaneça real, precisamos restringir x de tal modo que $2e^x - 1 \geq 0$. Para garantir que y' exista [observe que $y'(x) = dy/dx = e^x/y$], precisamos restringir x de tal modo que $2e^x - 1 \neq 0$. Essas condições em conjunto implicam em $2e^x - 1 > 0$ ou $x > \ln\frac{1}{2}$.

4.9 Utilize a Eq. (4.4) para resolver o Problema 4.8.

Para este problema, $x_0 = 0$, $y_0 = 1$, $A(x) = e^x$ e $B(y) = -y$. Substituindo esses valores na Eq. (4.4), obtemos

$$\int_0^x e^x \, dx + \int_1^y (-y) \, dy = 0$$

Calculando essas integrais, temos

$$e^x \Big|_0^x + \left(\frac{-y^2}{2}\right)\Big|_1^y = 0 \quad \text{ou} \quad e^x - e^0 + \left(\frac{-y^2}{2}\right) - \left(-\frac{1}{2}\right) = 0$$

Assim, $y^2 = 2e^x - 1$, e, como no Problema 4.8, $y = \sqrt{2e^x - 1}$, $x > \ln\frac{1}{2}$.

4.10 Resolva $x \cos x \, dx + (1 - 6y^5) \, dy = 0$; $y(\pi) = 0$.

Neste caso, $x_0 = \pi$, $y_0 = 0$, $A(x) = x \cos x$ e $B(y) = 1 - 6y^5$. Substituindo esses valores na Eq. (4.4), temos

$$\int_\pi^x x \cos x \, dx + \int_0^y (1 - 6y^5) \, dy = 0$$

Calculando essas integrais (a primeira delas utilizando integração por partes), obtemos

$$x \operatorname{sen} x \Big|_\pi^x + \cos x \Big|_\pi^x + (y - y^6)\Big|_0^y = 0$$

ou
$$x \operatorname{sen} x + \cos x + 1 = y^6 - y$$

Como não podemos resolver esta última equação explicitamente em relação a y, temos que nos contentar com esta forma implícita.

4.11 Resolva $y' = \dfrac{y + x}{x}$.

Esta equação diferencial não é separável, mas é homogênea conforme anteriormente apresentado no Problema 3.9(a). Substituindo as Eqs.(4.6) e (4.7) nesta equação, obtemos

$$v + x\frac{dv}{dx} = \frac{xv + x}{x}$$

que pode ser simplificada algebricamente como

$$x\frac{dv}{dx} = 1 \quad \text{ou} \quad \frac{1}{x}dx - dv = 0$$

Esta última equação é separável. Sua solução é

$$\int \frac{1}{x}dx - \int dv = c$$

que, quando calculada, dá $v = \ln |x| - c$ ou

$$v = \ln |kx| \tag{1}$$

onde fizemos $c = -\ln |k|$ e notamos que $\ln |x| + \ln |k| = \ln |kx|$. Finalmente, fazendo $v = y/x$ de volta em (1), obtemos a solução da equação diferencial dada: $y = x \ln |kx|$.

4.12 Resolva $y' = \dfrac{2y^4 + x^4}{xy^3}$.

Esta equação diferencial não é separável. Mas tem a forma $y' = f(x, y)$ com

$$f(x,y) = \frac{2y^4 + x^4}{xy^3}$$

onde $\quad f(tx, ty) = \dfrac{2(ty)^4 + (tx)^4}{(tx)(ty)^3} = \dfrac{t^4(2y^4 + x^4)}{t^4(xy^3)} = \dfrac{2y^4 + x^4}{xy^3} = f(x, y)$

de modo que é homogênea. Substituindo Eqs (4.6) e (4.7) na equação diferencial original, obtemos

$$v + x\frac{dv}{dx} = \frac{2(xv)^4 + x^4}{x(xv)^3}$$

que pode ser simplificada algebricamente como

$$x\frac{dv}{dx} = \frac{v^4 + 1}{v^3} \quad \text{ou} \quad \frac{1}{x}dx - \frac{v^3}{v^4 + 1}dv = 0$$

Esta última equação é separável; sua solução é

$$\int \frac{1}{x}dx - \int \frac{v^3}{v^4 + 1}dv = c$$

Integrando, obtemos $\ln |x| - \tfrac{1}{4}\ln(v^4 + 1) = c$, ou

$$v^4 + 1 = (kx)^4 \tag{1}$$

onde fizemos $c = -\ln |k|$ e utilizamos as identidades

$$\ln |x| + \ln |k| = \ln |kx| \quad \text{e} \quad 4\ln |kx| = \ln (kx)^4$$

Finalmente, substituindo $v = y/x$ de volta em (1), obtemos

$$y^4 = c_1 x^8 - x^4 \quad (c_1 = k^4) \tag{2}$$

4.13 Resolva a equação diferencial do Problema 4.12 aplicando as Eqs. (4.9) e (4.10).

Inicialmente, reescrevemos a equação diferencial como

$$\frac{dx}{dy} = \frac{xy^3}{2y^4 + x^4}$$

Em seguida, substituindo (3.9) e (3.10) nesta nova equação diferencial, obtemos

$$u + y\frac{du}{dy} = \frac{(yu)y^3}{2y^4 + (yu)^4}$$

que pode ser simplificada algebricamente como

$$y\frac{du}{dy} = -\frac{u + u^5}{2 + u^4}$$

ou $\quad \dfrac{1}{y}dy + \dfrac{2 + u^4}{u + u^5}du = 0 \tag{1}$

A equação (1) é separável; sua solução é

$$\int \frac{1}{y} dy + \int \frac{2+u^4}{u+u^5} du = c$$

A primeira integral é $\ln |y|$. Para calcular a segunda integral, aplicamos frações parciais no integrando, obtendo

$$\frac{2+u^4}{u+u^5} = \frac{2+u^4}{u(1+u^4)} = \frac{2}{u} - \frac{u^3}{1+u^4}$$

Além disso,

$$\int \frac{2+u^4}{u+u^5} du = \int \frac{2}{u} du - \int \frac{u^3}{1+u^4} du = 2\ln |u| - \frac{1}{4} \ln (1+u^4)$$

A solução de (1) é $\ln |y| + 2\ln |u| - \frac{1}{4} \ln (1+u^4) = c$, que pode ser reescrita como

$$ky^4 u^8 = 1 + u^4 \quad (2)$$

onde $c = -\frac{1}{4} \ln |k|$. Substituindo $u = x/y$ de volta em (2), temos novamente (2) do Problema 4.12.

4.14 Resolva $y' = \dfrac{2xy}{x^2 - y^2}$.

Esta equação diferencial não é separável. Ela tem a forma $y' = f(x, y)$ com

$$f(x,y) = \frac{2xy}{x^2 - y^2}$$

onde
$$f(tx, ty) = \frac{2(tx)(ty)}{(tx)^2 - (ty)^2} = \frac{t^2(2xy)}{t^2(x^2 - y^2)} = \frac{2xy}{x^2 - y^2} = f(x, y)$$

que é homogênea. Substituindo as Eqs. (4.6) e (4.7) na equação diferencial original, obtemos

$$v + x \frac{dv}{dx} = \frac{2x(xv)}{x^2 - (xv)^2}$$

que pode ser simplificada algebricamente para

$$x \frac{dv}{dx} = -\frac{v(v^2 + 1)}{v^2 - 1}$$

ou
$$\frac{1}{x} dx + \frac{v^2 - 1}{v(v^2 + 1)} dv = 0 \quad (1)$$

Utilizando frações parciais, podemos expandir (1) para

$$\frac{1}{x} dx + \left(-\frac{1}{v} + \frac{2v}{v^2 + 1} \right) dv = 0 \quad (2)$$

A solução desta equação separável é calculada por meio da integração de ambos os membros de (2). Assim, obtemos $\ln |x| - \ln |v| + \ln (v^2 + 1) = c$, que pode ser simplificada como

$$x(v^2 + 1) = kv \quad (c = \ln |k|) \quad (3)$$

Substituindo $v = y/x$ em (3), determinamos a solução da equação diferencial dada: $x^2 + y^2 = ky$.

4.15 Resolva $y' = \dfrac{x^2 + y^2}{xy}$.

Esta equação diferencial é homogênea. Substituindo as Eqs. (4.6) e (4.7) nesta equação diferencial, obtemos

$$v + x\frac{dv}{dx} = \frac{x^2 + (xv)^2}{x(xv)}$$

que pode ser simplificada algebricamente para

$$x\frac{dv}{dx} = \frac{1}{v} \quad \text{ou} \quad \frac{1}{x}dx - v\,dv = 0$$

A solução desta equação separável é $\ln|x| - v^2/2 = c$, ou, de forma equivalente,

$$v^2 = \ln x^2 + k \quad (k = -2c) \tag{1}$$

Substituindo $v = y/x$ em (1), obtemos a solução para a equação diferencial dada:

$$y^2 = x^2 \ln x^2 + kx^2$$

4.16 Resolva $y' = \dfrac{x^2 + y^2}{xy}$; $y(1) = -2$.

A solução desta equação diferencial é dada no Problema 3.15 como sendo $y^2 = x^2 \ln x^2 + kx^2$. Aplicando a condição inicial, obtemos $(-2)^2 = (1)^2 \ln(1)^2 + k(1)^2$, ou $k = 4$ (lembre-se que $\ln 1 = 0$). Assim, a solução para o problema de valor inicial é

$$y^2 = x^2 \ln x^2 + 4x^2 \quad \text{ou} \quad y = -\sqrt{x^2 \ln x^2 + 4x^2}$$

Apresenta-se a raiz quadrada negativa por motivos de consistência com a condição inicial.

4.17 Resolva $y' = \dfrac{2xye^{(x/y)^2}}{y^2 + y^2 e^{(x/y)^2} + 2x^2 e^{(x/y)^2}}$.

Esta equação diferencial não é separável, mas é homogênea. Por causa da presença do termo (x/y) na exponencial, tentamos a substituição $u = x/y$, que é uma forma equivalente de (4.9). Reescrevendo a equação diferencial como

$$\frac{dx}{dy} = \frac{y^2 + y^2 e^{(x/y)^2} + 2x^2 e^{(x/y)^2}}{2xye^{(x/y)^2}}$$

Temos, pelas substituições (4.9) e (4.10) e simplificações,

$$y\frac{du}{dy} = \frac{1 + e^{u^2}}{2ue^{u^2}} \quad \text{ou} \quad \frac{1}{y}dy - \frac{2ue^{u^2}}{1 + e^{u^2}}du = 0$$

Esta equação é separável. Sua solução é

$$\ln|y| - \ln(1 + e^{u^2}) = c$$

que pode ser reescrita como

$$y = k(1 + e^{u^2}) \quad (c = \ln|k|) \tag{1}$$

Substituindo $u = x/y$ em (1), obtemos a solução para a equação diferencial dada:

$$y = k[1 + e^{(x/y)^2}]$$

4.18 Prove que toda solução da Eq. (4.2) satisfaz a Eq. (4.1).

Reescrevemos (4.1) como $A(x) + B(y)y' = 0$. Se $y(x)$ for uma solução, deve satisfazer identicamente esta equação em x; assim,

$$A(x) + B[y(x)]y'(x) = 0$$

Integrando ambos os membros desta última equação em relação a x, obtemos

$$\int A(x)\,dx + \int B[y(x)]y'(x)\,dx = c$$

Na segunda integral, adotando a mudança de variável $y = y(x)$, donde $dy = y'(x)dx$. O resultado dessa substituição é (4.2).

4.19 Prove que toda solução do sistema (4.3) é uma solução de (4.4).

Seguindo o mesmo raciocínio aplicado ao Problema 4.18, apenas adotando agora a integração de $x = x_0$ a $x = x$, obtemos

$$\int_{x_0}^{x} A(x)\,dx + \int_{x_0}^{x} B[y(x)]y'(x)\,dx = 0$$

A substituição $y = y(x)$ novamente dá o resultado desejado. Note que, ao variar x de x_0 a x, y variará de $y(x_0) = y_0$ a $y(x) = y$.

4.20 Prove que se $y' = f(x, y)$ é homogênea, então a equação diferencial pode ser reescrita como $y' = g(y/x)$, onde $g(y/x)$ depende apenas do quociente y/x.

Temos que $f(x, y) = f(tx, ty)$. Como essa equação é válida para todo t, deve ser verdadeira, em particular, para $t = 1/x$. Assim, $f(x, y) = f(1, y/x)$. Se agora definirmos $g(y/x) = f(1, y/x)$, temos $y' = f(x, y) = f(1, y/x) = g(y/x)$ conforme queríamos.

Note que essa forma sugere a substituição $v = y/x$, que é equivalente a (4.6). Se, anteriormente, tivéssemos feito a substituição $t = 1/y$, então $f(x, y) = f(x/y, 1) = h(x/y)$, que sugere a substituição alternativa (4.9).

4.21 Uma função $g(x, y)$ é *homogênea de grau n* se $g(tx, ty) = t^n g(x, y)$ para todo t. Determine se as seguintes funções são homogêneas e, caso sejam, encontre o seu grau:

(a) $xy + y^2$, (b) $x + y\,\text{sen}(y/x)^2$, (c) $x^3 + xy^2 e^{x/y}$ e (d) $x + xy$

(a) $(tx)(ty) + (ty)^2 = t^2(xy + y^2)$; homogênea de grau dois.

(b) $tx + ty\,\text{sen}\left(\dfrac{ty}{tx}\right)^2 = t\left[x + y\,\text{sen}\left(\dfrac{y}{x}\right)^2\right]$; homogênea de grau um.

(c) $(tx)^3 + (tx)(ty)^2 e^{tx/ty} = t^3(x^3 + xy^2 e^{x/y})$; homogênea de grau três.

(d) $tx + (tx)(ty) = tx + t^2 xy$; não-homogênea.

4.22 Uma definição alternativa para as equações diferenciais homogêneas é apresentada a seguir. Uma equação diferencial $M(x, y)dx + N(x, y)dy = 0$ é *homogênea* se $M(x, y)$ e $N(x, y)$ forem homogêneas de mesmo grau (ver Problema 4.21). Mostre que essa definição implica a definição apresentada no Capítulo 3.

Se $M(x, y)$ e $N(x, y)$ são homogêneas de grau n, então

$$f(tx, ty) = \frac{M(tx, ty)}{-N(tx, ty)} = \frac{t^n M(x, y)}{-t^n N(x, y)} = \frac{M(x, y)}{-N(x, y)} = f(x, y)$$

Problemas Complementares

Nos problemas 4.23 a 4.45, resolva as equações diferenciais dadas ou os problemas de valor inicial.

4.23 $x\,dx + y\,dy = 0$

4.24 $x\,dx - y^3\,dy = 0$

4.25 $dx + \dfrac{1}{y^4}dy = 0$

4.26 $(t+1)dt - \dfrac{1}{y^2}dy = 0$

4.27 $\dfrac{1}{x}dx - \dfrac{1}{y}dy = 0$

4.28 $\dfrac{1}{x}dx + dy = 0$

4.29 $x\,dx + \dfrac{1}{y}dy = 0$

4.30 $(t^2 + 1)\,dt + (y^2 + y)\,dy = 0$

4.31 $\dfrac{4}{t}dt - \dfrac{y-3}{y}dy = 0$

4.32 $dx - \dfrac{1}{1+y^2}dy = 0$

4.33 $dx - \dfrac{1}{y^2 - 6y + 13}dy = 0$

4.34 $y' = \dfrac{y}{x^2}$

4.35 $y' = \dfrac{xe^x}{2y}$

4.36 $\dfrac{dy}{dx} = \dfrac{x+1}{y}$

4.37 $\dfrac{dy}{dx} = y^2$

4.38 $\dfrac{dx}{dt} = x^2 t^2$

4.39 $\dfrac{dx}{dt} = \dfrac{x}{t}$

4.40 $\dfrac{dy}{dt} = 3 + 5y$

4.41 $\operatorname{sen} x\,dx + y\,dy = 0;\quad y(0) = -2$

4.42 $(x^2 + 1)dx + \dfrac{1}{y}dy = 0;\quad y(-1) = 1$

4.43 $xe^{x^2}dx + (y^5 - 1)dy = 0;\quad y(0) = 0$

4.44 $y' = \dfrac{x^2 y - y}{y+1};\quad y(3) = -1$

4.45 $\dfrac{dx}{dt} = 8 - 3x;\quad x(0) = 4$

Nos problemas 4.46 a 4.54, determine se a equação diferencial apresentada é homogênea. Se for, resolva-a.

4.46 $y' = \dfrac{y-x}{x}$

4.47 $y' = \dfrac{2y+x}{x}$

4.48 $y' = \dfrac{x^2 + 2y^2}{xy}$

4.49 $y' = \dfrac{2x + y^2}{xy}$

4.50 $y' = \dfrac{x^2 + y^2}{2xy}$

4.51 $y' = \dfrac{2xy}{y^2 - x^2}$

4.52 $y' = \dfrac{y}{x + \sqrt{xy}}$

4.53 $y' = \dfrac{y^2}{xy + (xy^2)^{1/3}}$

4.54 $y' = \dfrac{x^4 + 3x^2 y^2 + y^4}{x^3 y}$

Capítulo 5

Equações Diferenciais de Primeira Ordem Exatas

PROPRIEDADES DEFINIDORAS

Uma equação diferencial

$$M(x, y)\, dx + N(x, y)\, dy = 0 \tag{5.1}$$

é *exata* se existe uma função $g(x, y)$ tal que

$$dg(x, y) = M(x, y)\, dx + N(x, y)\, dy \tag{5.2}$$

TESTE DE EXATIDÃO: Se $M(x, y)$ e $N(x, y)$ são funções contínuas que apresentam derivadas parciais de primeira ordem contínuas em um retângulo do plano xy, então (5.1) será exata se e somente se

$$\frac{\partial M(x,y)}{\partial y} = \frac{\partial N(x,y)}{\partial x} \tag{5.3}$$

MÉTODO DE RESOLUÇÃO

Para resolvermos a Eq. (5.1), supondo-a exata, inicialmente solucionamos as equações

$$\frac{\partial g(x,y)}{\partial x} = M(x,y) \tag{5.4}$$

$$\frac{\partial g(x,y)}{\partial y} = N(x,y) \tag{5.5}$$

em relação a $g(x, y)$. A solução de (5.1) é então dada implicitamente por

$$g(x, y) = c \tag{5.6}$$

onde *c* é uma constante arbitrária.

A Equação (5.6) é conseqüência imediata das Eqs. (5.1) e (5.2). Substituindo (5.2) em (5.1), obtemos $dg(x, y(x)) = 0$. Integrando essa equação (note que 0 pode ser escrito como $0dx$), temos $\int dg(x, y(x)) = \int 0\, dx$, que, por sua vez, implica (5.6).

FATORES INTEGRANTES

Em geral, a Equação (5.1) não é exata. Eventualmente, é possível transformar (5.1) em uma equação diferencial exata mediante uma multiplicação adequada. Uma função $I(x,y)$ é um *fator integrante* de (5.1) se a equação

$$I(x, y)[M(x, y)dx + N(x, y)dy] = 0 \tag{5.7}$$

for exata. Obtém-se uma solução de (5.1) resolvendo-se a equação diferencial exata definida por (4.7). Alguns fatores integrantes bastante comuns são apresentados na Tabela 5-1 com as seguintes condições:

Se $\dfrac{1}{N}\left(\dfrac{\partial M}{\partial y} - \dfrac{\partial N}{\partial x}\right) \equiv g(x)$ é função somente de *x*, então

$$I(x, y) = e^{\int g(x)dx} \tag{5.8}$$

Se $\dfrac{1}{M}\left(\dfrac{\partial M}{\partial y} - \dfrac{\partial N}{\partial x}\right) \equiv h(y)$ é função somente de *y*, então

$$I(x, y) = e^{-\int h(y)dy} \tag{5.9}$$

Tabela 5-1

Grupo de termos	Fator integrante $I(x, y)$	Diferencial exata $dg(x, y)$
$y\,dx - x\,dy$	$-\dfrac{1}{x^2}$	$\dfrac{x\,dy - y\,dx}{x^2} = d\left(\dfrac{y}{x}\right)$
$y\,dx - x\,dy$	$\dfrac{1}{y^2}$	$\dfrac{y\,dx - x\,dy}{y^2} = d\left(\dfrac{x}{y}\right)$
$y\,dx - x\,dy$	$-\dfrac{1}{xy}$	$\dfrac{x\,dy - y\,dx}{xy} = d\left(\ln\dfrac{y}{x}\right)$
$y\,dx - x\,dy$	$-\dfrac{1}{x^2 + y^2}$	$\dfrac{x\,dy - y\,dx}{x^2 + y^2} = d\left(\operatorname{arctg}\dfrac{y}{x}\right)$
$y\,dx + x\,dy$	$\dfrac{1}{xy}$	$\dfrac{y\,dx + x\,dy}{xy} = d(\ln xy)$
$y\,dx + x\,dy$	$\dfrac{1}{(xy)^n},\quad n > 1$	$\dfrac{y\,dx + x\,dy}{(xy)^n} = d\left[\dfrac{-1}{(n-1)(xy)^{n-1}}\right]$
$y\,dy + x\,dx$	$\dfrac{1}{x^2 + y^2}$	$\dfrac{y\,dy + x\,dx}{x^2 + y^2} = d\left[\dfrac{1}{2}\ln(x^2 + y^2)\right]$
$y\,dy + x\,dx$	$\dfrac{1}{(x^2 + y^2)^n},\quad n > 1$	$\dfrac{y\,dy + x\,dx}{(x^2 + y^2)^n} = d\left[\dfrac{-1}{2(n-1)(x^2 + y^2)^{n-1}}\right]$
$ay\,dx + bx\,dy$ (*a, b* constantes)	$x^{a-1}y^{b-1}$	$x^{a-1}y^{b-1}(ay\,dx + bx\,dy) = d(x^a y^b)$

Se $M = yf(xy)$ e $N = xg(xy)$, então

$$I(x,y) = \frac{1}{xM - yN} \tag{5.10}$$

Em geral, é difícil descobrir os fatores integrantes. Se uma equação diferencial não apresenta uma das formas indicadas acima, é provável que a procura de um fator integrante não dê resultado, sendo recomendado, então, a utilização de outros métodos de solução.

Problemas Resolvidos

5.1 Determine se a equação diferencial $2xy\,dx + (1 + x^2)dy = 0$ é exata.

Essa equação tem a forma da Eq. (5.1) com $M(x, y) = 2xy$ e $N(x, y) = 1 + x^2$. Como $\partial M/\partial y = \partial N/\partial x = 2x$, a equação diferencial é exata.

5.2 Resolva a equação diferencial dada no Problema 5.1.

Já vimos que essa equação é exata. Devemos agora determinar uma função $g(x, y)$ que satisfaça as Eqs. (5.4) e (5.5). Substituindo $M(x, y) = 2xy$ em (5.4), obtemos $\partial g/\partial x = 2xy$. Integrando ambos os membros dessa equação em relação a x, temos

$$\int \frac{\partial g}{\partial x} dx = \int 2xy\,dx$$

ou
$$g(x, y) = x^2 y + h(y) \tag{1}$$

Note que ao integrar em relação a x, a constante (*em relação a x*) de integração pode depender de y.

Determinemos agora $h(y)$. Diferenciando (1) em relação a y, obtemos $\partial g/\partial y = x^2 + h'(y)$. Substituindo essa equação, juntamente com $N(x, y) = 1 + x^2$, em (5.5), temos

$$x^2 + h'(y) = 1 + x^2 \quad \text{ou} \quad h'(y) = 1$$

Integrando esta última equação em relação a y, obtemos $h(y) = y + c_1$ (c_1 = constante). Substituindo essa expressão em (1), obtemos

$$g(x, y) = x^2 y + y + c_1$$

A solução da equação diferencial, que é dada implicitamente por (5.6) como $g(x, y) = c$, é

$$x^2 y + y = c_2 \qquad (c_2 = c - c_1)$$

Resolvendo explicitamente em relação a y, obtemos a solução $y = c_2/(x^2 + 1)$.

5.3 Determine se a equação diferencial $y\,dx - x\,dy = 0$ é exata.

Essa equação tem a forma da Eq. (5.1) com $M(x, y) = y$ e $N(x, y) = -x$. Nesse caso,

$$\frac{\partial M}{\partial y} = 1 \quad \text{e} \quad \frac{\partial N}{\partial x} = -1$$

que não são iguais. Logo, a equação diferencial não é exata.

5.4 Determine se a equação diferencial

$$(x + \text{sen } y)\,dx + (x \cos y - 2y)\,dy = 0$$

é exata.

Nesse caso, $M(x, y) = x + \text{sen } y$ e $N(x, y) = x \cos y - 2y$. Assim $\partial M/\partial y = \partial N/\partial x = \cos y$, e a equação diferencial é exata.

5.5 Resolva a equação diferencial dada no Problema 5.4.

Já vimos que essa equação é exata. Devemos agora determinar uma função $g(x, y)$ que satisfaça as Eqs. (5.4) e (5.5). Substituindo $M(x, y)$ em (5.4), obtemos $\partial g/\partial x = x + \text{sen } y$. Integrando ambos os membros dessa equação em relação a x, temos

$$\int \frac{\partial g}{\partial x} dx = \int (x + \text{sen } y) dx$$

ou
$$g(x, y) = \frac{1}{2}x^2 + x \text{ sen } y + h(y) \qquad (1)$$

Para determinarmos $h(y)$, diferenciamos (1) em relação a y, obtendo $\partial g/\partial y = x \cos y + h'(y)$. Substituindo esse resultado, juntamente com $N(x, y) = x \cos y - 2y$, em (5.5), temos

$$x \cos y + h'(y) = x \cos y - 2y \quad \text{ou} \quad h'(y) = -2y$$

de onde decorre $h(y) = -y^2 + c_1$. Substituindo esse valor de $h(y)$ em (1), obtemos

$$g(x, y) = \frac{1}{2}x^2 + x \text{ sen } y - y^2 + c_1$$

A solução da equação diferencial é dada implicitamente por (5.6) como sendo

$$\frac{1}{2}x^2 + x \text{ sen } y - y^2 = c_2 \quad (c_2 = c - c_1)$$

5.6 Resolva $y' = \dfrac{2 + ye^{xy}}{2y - xe^{xy}}$

Reescrevendo essa equação na forma diferencial, obtemos

$$(2 + ye^{xy}) dx + (xe^{xy} - 2y) dy = 0$$

Neste caso, $M(x, y) = 2 + ye^{xy}$ e $N(x, y) = xe^{xy} - 2y$, e, como $\partial M/\partial y = \partial N/\partial x = e^{xy} + xye^{xy}$, a equação diferencial é exata. Substituindo $M(x, y)$ em (5.4), obtemos $\partial g/\partial x = 2 + ye^{xy}$. Integrando em relação a x, obtemos

$$\int \frac{\partial g}{\partial x} dx = \int [2 + ye^{xy}] dx$$
ou
$$g(x, y) = 2x + e^{xy} + h(y) \qquad (1)$$

Para determinar $h(y)$, primeiro diferenciamos (1) em relação a y, obtendo $\partial g/\partial y = xe^{xy} + h'(y)$; substituindo este resultado juntamente com $N(x, y)$ em (5.5), obtemos

$$xe^{xy} + h'(y) = xe^{xy} - 2y \quad \text{ou} \quad h'(y) = -2y$$

Segue-se que $h(y) = -y^2 + c_1$. Substituindo esse valor de $h(y)$ em (1), obtemos

$$g(x, y) = 2x + e^{xy} - y^2 + c_1$$

A solução da equação diferencial é dada implicitamente por (5.6) como

$$2x + e^{xy} - y^2 = c_2 \quad (c_2 = c - c_1)$$

5.7 Determine se a equação diferencial $y^2 dt + (2yt + 1) dy = 0$ é exata.

Trata-se de uma equação na função incógnita $y(t)$. Em termos das variáveis t e y, temos $M(t, y) = y^2$, $N(t, y) = 2yt + 1$, e

$$\frac{\partial M}{\partial y} = \frac{\partial}{\partial y}(y^2) = 2y = \frac{\partial}{\partial t}(2yt+1) = \frac{\partial N}{\partial t}$$

logo, a equação diferencial é exata.

5.8 Resolva a equação diferencial dada no Problema 5.7.

Já vimos que essa equação é exata. Assim, o processo de solução indicado pelas Eqs. (5.4) a (5.6), com t substituindo x, pode ser aplicado. Neste caso,

$$\frac{\partial g}{\partial t} = y^2$$

Integrando ambos os membros em relação a t, temos

$$\int \frac{\partial g}{\partial t} dt = \int y^2 dt$$

ou
$$g(y, t) = y^2 t + h(y) \tag{1}$$

Diferenciando (1) em relação a y, obtemos

$$\frac{\partial g}{\partial y} = 2yt + \frac{dh}{dy}$$

Logo, $$2yt + \frac{dh}{dy} = 2yt + 1$$

onde o membro direito da última equação é o coeficiente de dy na equação diferencial original. Segue-se que

$$\frac{dh}{dy} = 1$$

$h(y) = y + c_1$, e (1) se torna $g(t, y) = y^2 t + y + c_1$. A solução da equação diferencial é dada implicitamente por (5.6) como

$$y^2 t + y = c_2 \qquad (c_2 = c - c_1) \tag{2}$$

Podemos resolver explicitamente em relação a y com auxílio da forma quadrática:

$$y = \frac{-1 \pm \sqrt{1 + 4c_2 t}}{2t}$$

5.9 Determine se a equação diferencial

$$(2x^2 t - 2x^3) \, dt + (4x^3 - 6x^2 t + 2xt^2) \, dx = 0$$

é exata.

Trata-se de uma equação na função incógnita $x(t)$. Em termos das variáveis t e x, temos

$$\frac{\partial}{\partial x}(2x^2 t - 2x^3) = 4xt - 6x^2 = \frac{\partial}{\partial t}(4x^3 - 6x^2 t + 2xt^2)$$

logo, a equação diferencial é exata.

5.10 Resolva a equação diferencial dada no Problema 5.9.

Já vimos que esta equação é exata. Assim, o processo de solução indicado pelas Eqs. (5.4) a (5.6), com t e x substituindo x e y, respectivamente, pode ser aplicado. Determinemos uma função $g(t, x)$ de tal forma que dg seja o membro direito da equação diferencial. Neste caso,

$$\frac{\partial g}{\partial t} = 2x^2 t - 2x^3$$

Integrando ambos os membros em relação a t, temos

$$\int \frac{\partial g}{\partial t} dt = \int (2x^2 t - 2x^3) dt$$

ou
$$g(x, t) = x^2 t - 2x^3 t + h(x) \qquad (1)$$

Diferenciando (1) em relação a x, obtemos

$$\frac{\partial g}{\partial x} = 2xt^2 - 6x^2 t + \frac{dh}{dx}$$

Logo,
$$2xt^2 - 6x^2 t + \frac{dh}{dx} = 4x^3 - 6x^2 t + 2xt^2$$

onde o membro direito da última equação é o coeficiente de dx na equação diferencial original. Segue-se que

$$\frac{dh}{dx} = 4x^3$$

Mas $h(x) = x^4 + c_1$, e (1) se torna

$$g(t, x) = x^2 t^2 - 2x^3 t + x^4 + c_1 = (x^2 - xt)^2 + c_1$$

A solução da equação diferencial é dada implicitamente por (5.6) como

$$(x^2 - xt)^2 = c_2 \qquad (c_2 = c - c_1)$$

ou, calculando as raízes quadradas de ambos os membros,

$$x^2 - xt = c_3 \quad c_3 = \pm \sqrt{c_2} \qquad (2)$$

Podemos resolver explicitamente em relação a x com auxílio da forma quadrática:

$$x = \frac{t \pm \sqrt{t^2 + 4c_3}}{2}$$

5.11 Resolva $y' = \frac{-2xy}{1 + x^2};\quad y(2) = -5$.

A equação tem a forma diferencial dada no Problema 5.1. Sua solução é indicada em (2) do Problema 5.2 como sendo $x^2 y + y = c_2$. Aplicando a condição inicial $y = -5$ quando $x = 2$, obtemos $(2)^2(-5) + (-5) = c_2$ ou $c_2 = -25$. A solução do problema de valor inicial é, assim, $x^2 y + y = -25$ ou $y = -25/(x^2 + 1)$.

5.12 Resolva $\dot{y} = \frac{-y^2}{2yt + 1};\quad y(1) = -2$

Esta equação na forma padrão tem a forma diferencial dada no Problema 5.7. Sua solução é indicada em (2) do Problema 5.8 como sendo $y^2 t + y = c_2$. Aplicando a condição inicial $y = -2$ quando $t = 1$, obtemos $(-2)^2(1) + (-2) = c_2$ ou $c_2 = 2$.

A solução do problema de valor inicial é $y^2t + y = 2$, em forma implícita. Resolvendo diretamente em relação a y, aplicando a forma quadrática, temos

$$y = \frac{-1 - \sqrt{1+8t}}{2t}$$

O sinal negativo diante do radical foi adotado para manter a consistência com as condições iniciais dadas.

5.13 Resolva $\dot{x} = \dfrac{2x^2(x-t)}{4x^3 - 6x^2t + 2xt^2}; \quad x(2) = 3$.

Esta equação na forma padrão tem a forma diferencial dada no Problema 5.9. Sua solução é indicada em (2) do Problema 5.10 como sendo $x^2 - xt = c_3$. Aplicando a condição inicial $x = 3$ quando $t = 2$, obtemos $(3)^2 - 3(2) = c_3$ ou $c_3 = 3$. A solução do problema de valor inicial é $x^2 - xt = 3$ em forma implícita. Resolvendo diretamente em relação a x, aplicando a forma quadrática, temos

$$x = \frac{1}{2}(t + \sqrt{t^2 + 12})$$

O sinal positivo diante do radical foi adotado para manter a consistência com as condições iniciais dadas.

5.14 Determine se $-1/x^2$ é fator integrante da equação diferencial $y\,dx - x\,dy = 0$.

No Problema 5.3, vimos que a equação diferencial não é exata. Multiplicando-a por $-1/x^2$, obtemos

$$\frac{-1}{x^2}(y\,dx - x\,dy) = 0 \quad \text{ou} \quad \frac{-y}{x^2}dx + \frac{1}{x}dy = 0 \tag{1}$$

A Equação (1) tem a forma da Eq. (5.1) com $M(x, y) = -y/x^2$ e $N(x, y) = 1/x$. Mas,

$$\frac{\partial M}{\partial y} = \frac{\partial}{\partial y}\left(\frac{-y}{x^2}\right) = \frac{-1}{x^2} = \frac{\partial}{\partial x}\left(\frac{1}{x}\right) = \frac{\partial N}{\partial x}$$

Logo, (1) é exata, o que implica $-1/x^2$ como sendo fator integrante da equação diferencial original.

5.15 Resolva $y\,dx - x\,dy = 0$.

Com os resultados do Problema 5.14, podemos reescrever a equação diferencial dada como

$$\frac{x\,dy - y\,dx}{x^2} = 0$$

que é exata. A Equação (1) pode ser resolvida seguindo os passos descritos nas Eqs (5.4) a (5.6).

Alternativamente, com base na Tabela 5-1, observamos que (1) pode ser reescrita como $d(y/x) = 0$. Assim, por integração direta, temos $y/x = c$ ou $y = cx$, como solução.

5.16 Determine se $-1/(xy)$ também é um fator integrante da equação diferencial definida no Problema 5.14.

Multiplicando a equação diferencial $y\,dx - x\,dy = 0$ por $-1/(xy)$, obtemos

$$\frac{-1}{xy}(y\,dx - x\,dy) = 0 \quad \text{ou} \quad -\frac{1}{x}dx + \frac{1}{y}dy = 0 \tag{1}$$

A Equação (1) tem a forma da Eq. (5.1) com $M(x, y) = -1/x$ e $N(x, y) = 1/y$. Mas,

$$\frac{\partial M}{\partial y} = \frac{\partial}{\partial y}\left(-\frac{1}{x}\right) = 0 = \frac{\partial}{\partial x}\left(\frac{1}{y}\right) = \frac{\partial N}{\partial x}$$

Logo, (1) é exata, o que implica $-1/xy$ como também sendo fator integrante da equação diferencial original.

5.17 Resolva o Problema 5.15 utilizando o fator integrante dado no Problema 5.16.

Com os resultados do Problema 5.16, podemos reescrever a equação diferencial como

$$\frac{x\,dy - y\,dx}{xy} = 0 \tag{1}$$

que é exata. A Equação (1) pode ser resolvida seguindo as etapas indicadas nas Eqs (5.4) a (5.6).

Alternativamente, com base na Tabela 5-1, observamos que (1) pode ser reescrita como $d[\ln(y/x)] = 0$. Assim, por integração direta, temos $\ln(y/x) = c_1$. Aplicando a exponencial em ambos os membros, temos $y/x = e^{c_1}$, ou, finalmente,

$$y = cx \quad (c = e^{c_1})$$

5.18 Resolva $(y^2 - y)\,dx + x\,dy = 0$.

Esta equação diferencial não é exata, nem tampouco sugere de imediato algum fator integrante. Observe, entretanto, que se os termos forem reagrupados convenientemente, a equação diferencial pode ser reescrita como

$$-(y\,dx - x\,dy) + y^2\,dx = 0 \tag{1}$$

O grupo de termos entre parênteses admite muitos fatores integrantes (ver Tabela 5-1). Testando cada um deles separadamente, verificamos que o único fator integrante que torna exata a equação dada é $I(x, y) = 1/y^2$. Aplicando esse fator, podemos reescrever (1) como

$$-\frac{y\,dx - x\,dy}{y^2} + 1\,dx = 0 \tag{1}$$

Como (2) é exata, pode ser resolvida seguindo as etapas indicadas nas Eqs (5.4) a (5.6).

Alternativamente, com base na Tabela 5-1, observamos que (2) pode ser reescrita como $-d(x/y) + 1\,dx = 0$, ou como $d(x/y) = 1\,dx$. Integrando, obtemos a solução

$$\frac{x}{y} = x + c \quad \text{ou} \quad y = \frac{x}{x + c}$$

5.19 Resolva $(y - xy^2)\,dx + (x + x^2y^2)\,dy = 0$.

Esta equação diferencial não é exata, nem tampouco sugere de imediato algum fator integrante. Observe, entretanto, que a equação diferencial pode ser reescrita como

$$(y\,dx + x\,dy) + (-xy^2\,dx + x^2y^2\,dy) = 0 \tag{1}$$

O primeiro grupo de termos admite muitos fatores integrantes (ver Tabela 5-1). Um desses fatores, $I(x, y) = 1/(xy)^2$, é um fator integrante para a equação dada. Multiplicando (1) por $1/(xy)^2$, obtemos

$$\frac{y\,dx + x\,dy}{(xy)^2} + \frac{-xy^2\,dx + x^2y^2\,dy}{(xy)^2} = 0$$

ou, equivalentemente,

$$\frac{y\,dx + x\,dy}{(xy)^2} = \frac{1}{x}\,dx - 1\,dy \tag{2}$$

Como (2) é exata, pode ser resolvida seguindo os passos descritos nas Eqs (5.4) a (5.6).

Alternativamente, com base na Tabela 5-1, observamos que

$$\frac{y\,dx + x\,dy}{(xy)^2} = d\left(\frac{-1}{xy}\right)$$

ou seja, (2) pode ser reescrita como

$$d\left(\frac{-1}{xy}\right) = \frac{1}{x}dx - 1\,dy$$

Integrando ambos os membros dessa última equação, obtemos

$$\frac{-1}{xy} = \ln|x| - y + c$$

que é solução em forma implícita.

5.20 Resolva $y' = \dfrac{3yx^2}{x^3 + 2y^4}$

Reescrevendo a equação em forma diferencial, temos

$$(3yx^2)\,dx + (-x^3 - 2y^4)\,dy = 0$$

que não é exata. Além disso, não há um fator integrante que seja imediatamente aparente. Entretanto, podemos reescrever a equação como

$$x^2(3y\,dx - x\,dy) - 2y^4\,dy = 0 \qquad (1)$$

A expressão entre parênteses é da forma $ay\,dx + bx\,dy$, com $a = 3$ e $b = -1$, admitindo o fator integrante x^2y^2. Como a expressão entre parênteses já está multiplicada por x^2, tentaremos um fator integrante da forma $I(x, y) = y^2$. Multiplicando (1) por y^{-2}, temos

$$x^2y^{-2}(3y\,dx - x\,dy) - 2y^2\,dy = 0$$

que pode ser simplificada (ver Tabela 5-1) para

$$d(x^3y^{-1}) = 2y^2\,dy \qquad (2)$$

Integrando ambos os membros de (2), obtemos

$$x^3y^{-1} = \frac{2}{3}y^3 + c$$

como solução em forma implícita.

5.21 Converta $y' = 2xy - x$ em uma equação diferencial exata.

Reescrevendo esta equação na forma diferencial, temos

$$(-2xy + x)dx + dy = 0 \qquad (1)$$

Neste caso, $M(x, y) = -2xy + x$ e $N(x, y) = 1$. Como

$$\frac{\partial M}{\partial y} = -2x \quad \text{e} \quad \frac{\partial N}{\partial x} = 0$$

não são iguais, (1) não é exata. Mas

$$\frac{1}{N}\left(\frac{\partial M}{\partial y} - \frac{\partial N}{\partial x}\right) = \frac{(-2x) - (0)}{1} = -2x$$

é função somente de x. Utilizando a Eq. (5.8), temos $I(x, y) = e^{\int -2x\,dx} = e^{-x^2}$ como um fator integrante. Multiplicando (1) por e^{-x^2}, obtemos

$$(-2xye^{-x^2} + xe^{-x^2})\,dx + e^{-x^2}\,dy = 0 \qquad (2)$$

que é exata.

5.22 Converta $y^2\,dx + xy\,dy$ em uma equação diferencial exata.

Neste caso, $M(x, y) = y^2$ e $N(x, y) = xy$. Como

$$\frac{\partial M}{\partial y} = 2y \quad \text{e} \quad \frac{\partial N}{\partial x} = y$$

não são iguais, (1) não é exata. Mas

$$\frac{1}{M}\left(\frac{\partial M}{\partial y} - \frac{\partial N}{\partial x}\right) = \frac{2y - y}{y^2} = \frac{1}{y}$$

é função somente de y. Utilizando a Eq. (5.9), temos como um fator integrante $I(x, y) = e^{-\int(1/y)dy} = e^{-\ln y} = 1/y$. Multiplicando a equação diferencial dada por $I(x, y) = 1/y$, obtemos a equação exata $y\,dx + x\,dy = 0$.

5.23 Converta $y' = \dfrac{xy^2 - y}{x}$ em uma equação diferencial exata.

Reescrevendo esta equação na forma diferencial, temos

$$y(1 - xy)\,dx + x\,dy = 0 \tag{1}$$

Neste caso, $M(x, y) = y(1 - xy)$ e $N(x, y) = x$. Como

$$\frac{\partial M}{\partial y} = 1 - 2xy \quad \text{e} \quad \frac{\partial N}{\partial x} = 1$$

não são iguais, (1) não é exata. Entretanto, podemos aplicar a Equação (5.10), que nos dá o fator integrante

$$I(x, y) = \frac{1}{x[y(1 - xy)] - yx} = \frac{-1}{(xy)^2}$$

Multiplicando (1) por $I(x, y)$, obtemos

$$\frac{xy - 1}{x^2 y}dx - \frac{1}{xy^2}dy = 0$$

que é exata.

Problemas Complementares

Nos Problemas 5.24 a 5.40, teste se as equações diferenciais são exatas e resolva aquelas que o são.

5.24 $(y + 2xy^3)\,dx + (1 + 3x^2y^2 + x)\,dy = 0$

5.25 $(xy + 1)\,dx + (xy - 1)\,dy = 0$

5.26 $e^{x^3}(3x^2y - x^2)\,dx + e^{x^3}\,dy = 0$

5.27 $3x^2y^2\,dx + (2x^3y + 4y^3)\,dy = 0$

5.28 $y\,dx + x\,dy = 0$

5.29 $(x - y)\,dx + (x + y)\,dy = 0$

5.30 $(y \operatorname{sen} x + xy \cos x)\,dx + (x \operatorname{sen} x + 1)\,dy = 0$

5.31 $-\dfrac{y^2}{t^2}dt + \dfrac{2y}{t}dy = 0$

5.32 $-\dfrac{2y}{t^3}dt + \dfrac{1}{t^2}dy = 0$

5.33 $y^2\,dt + t^2\,dy = 0$

5.34 $(4t^3y^3 - 2ty)\,dt + (3t^4y^2 - t^2)\,dy = 0$

5.35 $\dfrac{ty - 1}{t^2 y}dt - \dfrac{1}{ty^2}dy = 0$

5.36 $(t^2 - x) dt - t\, dx = 0$

5.37 $(t^2 + x^2) dt + (2tx - x) dx = 0$

5.38 $2xe^{2t} dt + (1 + e^{2t}) dx = 0$

5.39 $\text{sen}\, t \cos x\, dt - \text{sen}\, x \cos t\, dx = 0$

5.40 $(\cos x + x \cos t) dt + (\text{sen}\, t - t\, \text{sen}\, x) dx = 0$

Nos Problemas 5.41 a 5.55, determine um fator integrante apropriado para cada equação diferencial e resolva-a.

5.41 $(y + 1) dx - x\, dy = 0$

5.42 $y\, dx + (1 - x) dy = 0$

5.43 $(x^2 + y + y^2) dx - x\, dy = 0$

5.44 $(y + x^3 y^3) dx + x\, dy = 0$

5.45 $(y + x^4 y^2) dx + x\, dy = 0$

5.46 $(3x^2 y - x^2) dx + dy = 0$

5.47 $dx - 2xy\, dy = 0$

5.48 $2xy\, dx + y^2\, dy = 0$

5.49 $y\, dx + 3x\, dy = 0$

5.50 $\left(2xy^2 + \dfrac{x}{y^2}\right) dx + 4x^2 y\, dy = 0$

5.51 $xy^2\, dx + (x^2 y^2 + x^2 y) dy = 0$

5.52 $xy^2\, dx + x^2 y\, dy = 0$

5.53 $(y + x^3 + xy^2) dx - x\, dy = 0$

5.54 $(x^3 y^2 - y) dx + (x^2 y^4 - x) dy = 0$

5.55 $3x^2 y^2\, dx + (2x^3 y + x^3 y^4) dy = 0$

Nos Problemas 5.56 a 5.65, resolva os problemas de valor inicial.

5.56 Problema 5.10 com $x(0) = 2$

5.57 Problema 5.10 com $x(2) = 0$

5.58 Problema 5.10 com $x(1) = -5$

5.59 Problema 5.24 com $y(1) = -5$

5.60 Problema 5.26 com $y(0) = -1$

5.61 Problema 5.31 com $y(0) = -2$

5.62 Problema 5.31 com $y(2) = -2$

5.63 Problema 5.32 com $y(2) = -2$

5.64 Problema 5.36 com $x(1) = 5$

5.65 Problema 5.38 com $x(1) = -2$

Capítulo 6

Equações Diferenciais de Primeira Ordem Lineares

MÉTODO DE SOLUÇÃO

Uma equação diferencial *linear* de primeira ordem tem a forma (ver Capítulo 3)

$$y' + p(x)y = q(x) \tag{6.1}$$

Um fator integrante para a Eq.(6.1) é

$$I(x) = e^{\int p(x)\,dx} \tag{6.2}$$

que depende apenas de x e independe de y. Multiplicando ambos os membros de (6.1) por $I(x)$, a equação resultante

$$I(x)y' + p(x)I(x)y = I(x)q(x) \tag{6.3}$$

é exata. Essa equação pode ser resolvida pelo método descrito no Capítulo 5. Um procedimento mais simples consiste em reescrever (6.3) como

$$\frac{d(yI)}{dx} = Iq(x)$$

integrar ambos os membros desta última equação em relação a x, e resolver a equação resultante em relação a y.

REDUÇÃO DA EQUAÇÃO DE BERNOULLI

Uma equação diferencial de Bernoulli tem a forma

$$y' + p(x)y = q(x)y^n \tag{6.4}$$

onde n é um número real. A substituição

$$z = y^{1-n} \tag{6.5}$$

transforma (6.4) em uma equação diferencial linear na função incógnita $z(x)$.

Problemas Resolvidos

6.1 Determine um fator integrante para $y' - 3y = 6$.

A equação diferencial tem a forma da Eq. (6.1), com $p(x) = -3$ e $q(x) = 6$, e é linear. Neste caso,

$$\int p(x)\,dx = \int -3\,dx = -3x$$

de forma que (6.2) se torna

$$I(x) = e^{\int p(x)\,dx} = e^{-3x} \tag{1}$$

6.2 Resolva a equação diferencial do problema anterior.

Multiplicando a equação diferencial pelo fator integrante definido por (1) do Problema 6.1, obtemos

$$e^{-3x}y' - 3e^{-3x}y = 6e^{-3x} \quad \text{ou} \quad \frac{d}{dx}(ye^{-3x}) = 6e^{-3x}$$

Integrando ambos os membros da última equação em relação a x, temos

$$\int \frac{d}{dx}(ye^{-3x})\,dx = \int 6e^{-3x}\,dx$$
$$ye^{-3x} = -2e^{-3x} + c$$
$$y = ce^{3x} - 2$$

6.3 Determine um fator integrante para $y' - 2xy = x$.

A equação diferencial tem a forma da Eq. (6.1), com $p(x) = -2x$ e $q(x) = x$, e é linear. Neste caso,

$$\int p(x)\,dx = \int (-2x)\,dx = -x^2$$

de forma que (6.2) se torna

$$I(x) = e^{\int p(x)\,dx} = e^{-x^2} \tag{1}$$

6.4 Resolva a equação diferencial do problema anterior.

Multiplicando a equação diferencial pelo fator integrante definido por (1) do Problema 6.3, obtemos

$$e^{-x^2}y' - 2xe^{-x^2}y = xe^{-x^2} \quad \text{ou} \quad \frac{d}{dx}[ye^{-x^2}] = xe^{-x^2}$$

Integrando ambos os membros da última equação em relação a x, temos

$$\int \frac{d}{dx}(ye^{-x^2})\,dx = \int xe^{-x^2}\,dx$$
$$ye^{-x^2} = -\frac{1}{2}e^{-x^2} + c$$
$$y = ce^{x^2} - \frac{1}{2}$$

6.5 Determine um fator integrante para $y' + (4/x)y = x^4$.

A equação diferencial tem a forma da Eq. (6.1), com $p(x) = 4/x$ e $q(x) = x^4$, e é linear. Neste caso,

$$\int p(x)\,dx = \int \frac{4}{x}\,dx = 4\ln|x| = \ln x^4$$

de forma que (6.2) se torna

$$I(x) = e^{\int p(x)\,dx} = e^{\ln x^4} = x^4 \tag{1}$$

6.6 Resolva a equação diferencial do problema anterior.

Multiplicando a equação diferencial pelo fator integrante definido por (1) no Problema 6.5, obtemos

$$x^4 y' + 4x^3 y = x^8 \quad \text{ou} \quad \frac{d}{dx}(yx^4) = x^8$$

Integrando ambos os membros da última equação em relação a x, temos

$$yx^4 = \frac{1}{9}x^9 + c \quad \text{ou} \quad y = \frac{c}{x^4} + \frac{1}{9}x^5$$

6.7 Resolva $y' + y = \operatorname{sen} x$

Neste caso, $p(x) = 1$; logo $I(x) = e^{\int 1\,dx} = e^x$. Multiplicando a equação diferencial por $I(x)$, obtemos

$$e^x y' + e^x y = e^x \operatorname{sen} x \quad \text{ou} \quad \frac{d}{dx}(ye^x) = e^x \operatorname{sen} x$$

Integrando ambos os membros da última equação em relação a x (para integrar o membro direito, adotamos a integração por partes), temos

$$ye^x = \frac{1}{2}e^x(\operatorname{sen} x - \cos x) + c \quad \text{ou} \quad y = ce^{-x} + \frac{1}{2}\operatorname{sen} x - \frac{1}{2}\cos x$$

6.8 Resolva o problema de valor inicial $y' + y = \operatorname{sen} x$; $y(\pi) = 1$.

Pelo Problema 6.7, a solução da equação diferencial é

$$y = ce^{-x} + \frac{1}{2}\operatorname{sen} x - \frac{1}{2}\cos x$$

Aplicando a condição inicial diretamente, obtemos

$$1 = y(\pi) = ce^{-\pi} + \frac{1}{2} \quad \text{ou} \quad c = \frac{1}{2}e^\pi$$

Assim,
$$y = \frac{1}{2}e^\pi e^{-x} + \frac{1}{2}\operatorname{sen} x - \frac{1}{2}\cos x = \frac{1}{2}(e^{\pi-x} + \operatorname{sen} x - \cos x)$$

6.9 Resolva $y' - 5y = 0$.

Neste caso, $p(x) = -5$; logo $I(x) = e^{\int(-5)\,dx} = e^{-5x}$. Multiplicando a equação diferencial por $I(x)$, obtemos

$$e^{-5x}y' - 5e^{-5x}y = 0 \quad \text{ou} \quad \frac{d}{dx}(ye^{-5x}) = 0$$

Integrando, obtemos $ye^{-5x} = c$ ou $y = ce^{5x}$.

Note que a equação diferencial também é separável (ver Problema 4.4).

6.10 Resolva $\dfrac{dz}{dx} - xz = -x$.

Trata-se de uma equação diferencial linear na função incógnita $z(x)$. Tem a forma da Eq. (6.1) com y substituído por z e $p(x) = q(x) = -x$. O fator integrante é

$$I(x) = e^{\int(-x)\,dx} = e^{-x^2/2}$$

Multiplicando a equação diferencial por $I(x)$, obtemos

$$e^{-x^2/2}\frac{dz}{dx} - xe^{-x^2/2}z = -xe^{-x^2/2}$$

ou
$$\frac{d}{dx}(ze^{-x^2/2}) = -xe^{-x^2/2}$$

Integrando ambos os membros desta última equação, temos

$$ze^{-x^2/2} = e^{-x^2/2} + c$$

portanto,
$$z(x) = ce^{x^2/2} + 1$$

6.11 Resolva o problema de valor inicial $z' - xz = -x$; $z(0) = -4$.

A solução desta equação diferencial é dada no Problema 6.10 como sendo

$$z(x) = 1 + ce^{x^2/2}$$

Aplicando diretamente a condição inicial, obtemos

$$-4 = z(0) = 1 + ce^0 = 1 + c$$

ou $c = -5$. Assim,

$$z(x) = 1 - 5e^{x^2/2}$$

6.12 Resolva $z' - \frac{2}{x}z = \frac{2}{3}x^4$.

Trata-se de uma equação diferencial linear na função incógnita $z(x)$. Tem a forma da Eq. (6.1) com y substituído por z. O fator integrante é

$$I(x) = e^{\int(-2/x)dx} = e^{-2\ln|x|} = e^{\ln x^{-2}} = x^{-2}$$

Multiplicando a equação diferencial por $I(x)$, obtemos

$$x^{-2}z' - 2x^{-3}z = \frac{2}{3}x^2$$

ou
$$\frac{d}{dx}(x^{-2}z) = \frac{2}{3}x^2$$

Integrando ambos os membros desta última equação, temos

$$x^{-2}z = \frac{2}{9}x^3 + c$$

portanto,
$$z(x) = cx^2 + \frac{2}{9}x^5$$

6.13 Resolva $\frac{dQ}{dt} + \frac{2}{10 + 2t}Q = 4$.

Trata-se de uma equação diferencial linear na função incógnita $Q(t)$. Tem a forma da Eq. (6.1) com y substituído por Q, x substituído por t, $p(t) = 2/(10 + 2t)$ e $q(t) = 4$. O fator integrante é

$$I(t) = e^{\int[2/(10+2t)]\,dt} = e^{\ln[10+2t]} = 10 + 2t \quad (t > -5)$$

Multiplicando a equação diferencial por $I(t)$, obtemos

$$(10 + 2t)\frac{dQ}{dt} + 2Q = 40 + 8t$$

ou

$$\frac{d}{dt}[(10 + 2t)Q] = 40 + 8t$$

Integrando ambos os membros desta última equação, temos

$$(10 + 2t)Q = 40t + 4t^2 + c$$

portanto,

$$Q(t) = \frac{40t + 4t^2 + c}{10 + 2t} \quad (t > -5)$$

6.14 Resolva o problema de valor inicial $\dfrac{dQ}{dt} + \dfrac{2}{10 + 2t}Q = 4;\ Q(2) = 100$.

A solução desta equação diferencial é dada no Problema 6.13 como sendo

$$Q(t) = \frac{40t + 4t^2 + c}{10 + 2t} \quad (t > -5)$$

Aplicando a condição inicial diretamente, obtemos

$$100 = Q(2) = \frac{40(2) + 4(4) + c}{10 + 2(2)}$$

ou $c = 1304$. Assim,

$$Q(t) = \frac{4t^2 + 40t + 1304}{2t + 10} \quad (t > -5)$$

6.15 Resolva $\dfrac{dT}{dt} + kT = 100k$, onde k representa uma constante.

Trata-se de uma equação diferencial linear na função incógnita $T(t)$. Tem a forma da Eq. (6.1) com y substituído por T, x substituído por t, $p(t) = k$ e $q(t) = 100k$. O fator integrante é

$$I(t) = e^{\int k\, dt} = e^{kt}$$

Multiplicando a equação diferencial por $I(t)$, obtemos

$$e^{kt}\frac{dT}{dt} + ke^{kt}T = 100ke^{kt}$$

ou

$$\frac{d}{dt}(Te^{kt}) = 100ke^{kt}$$

Integrando ambos os membros desta última equação, temos

$$Te^{kt} = 100e^{kt} + c$$

portanto,

$$T(t) = ce^{-kt} + 100$$

6.16 Resolva $y' + xy = xy^2$.

Esta equação não é linear. Entretanto, é uma equação diferencial de Bernoulli com a forma da Eq.(6.4), com $p(x) = q(x) = x$ e $n = 2$. Façamos a substituição sugerida em (6.5), a saber, $z = y^{1-2} = y^{-1}$, da qual decorre

$$y = \frac{1}{z} \quad \text{e} \quad y' = -\frac{z'}{z^2}$$

Substituindo estas equações na equação diferencial, obtemos

$$-\frac{z'}{z^2} + \frac{x}{z} = \frac{x}{z^2} \quad \text{ou} \quad z' - xz = -x$$

Esta última equação é linear. Pelo Problema 6.10, sua solução é $z = ce^{x^2/2} + 1$. A solução da equação diferencial original é, então,

$$y = \frac{1}{z} = \frac{1}{ce^{x^2/2} + 1}$$

6.17 Resolva $y' - \frac{3}{4}y = x^4 y^{1/3}$.

Esta é uma equação diferencial de Bernoulli com $p(x) = -3/x$, $q(x) = x^4$ e $n = \frac{1}{3}$. Aplicando a Eq. (6.5), fazemos a substituição $z = y^{1-(1/3)} = y^{2/3}$. Assim, $y = z^{3/2}$ e $y' = \frac{3}{2} z^{1/2} z'$. Substituindo estes valores na equação diferencial, obtemos

$$\frac{3}{2} z^{1/2} z' - \frac{3}{x} z^{3/2} = x^4 z^{1/2} \quad \text{ou} \quad z' - \frac{2}{x} z = \frac{2}{3} x^4$$

Esta última equação é linear. Pelo Problema 6.12, sua solução é $z = cx^2 + \frac{2}{9} x^5$. Como $z = y^{2/3}$, a solução do problema original é dada implicitamente por $y^{2/3} = cx^2 + \frac{2}{9} x^5$, ou explicitamente por $y = \pm (cx^2 + \frac{2}{9} x^5)^{3/2}$.

6.18 Mostre que o fator integrante determinado no Problema 6.1 também é um fator integrante tal como definido no Capítulo 5, Eq. (5.7).

A equação diferencial do Problema 6.1 pode ser reescrita como

$$\frac{dy}{dx} = 3y + 6$$

que admite a forma diferencial

$$dy = (3y + 6)\, dx$$

ou
$$(3y + 6)\, dx + (-1)\, dy = 0 \tag{1}$$

Multiplicando (1) pelo fator integrante $I(x) = e^{-3x}$, obtemos

$$(3ye^{-3x} + 6e^{-3x})\, dx + (-e^{-3x})\, dy = 0 \tag{2}$$

Adotando $\quad M(x, y) = 3ye^{-3x} + 6e^{-3x} \quad$ e $\quad N(x, y) = -e^{-3x}$

temos
$$\frac{\partial M}{\partial y} = 3e^{-3x} = \frac{\partial N}{\partial x}$$

de onde concluímos que (2) é uma equação diferencial exata.

6.19 Determine a forma geral da solução da Eq. (6.1).

Multiplicando (6.1) por (6.2), temos

$$e^{\int p(x)\, dx} y' + e^{\int p(x)\, dx} p(x) y = e^{\int p(x)\, dx} q(x) \tag{1}$$

Como
$$\frac{d}{dx}[e^{\int p(x)\, dx}] = e^{\int p(x)\, dx} p(x)$$

segue-se, da regra do produto para diferenciação, que o membro esquerdo de (1) é igual a $\frac{d}{dx}[e^{\int p(x)dx}y]$. Assim, (1) pode ser reescrita como

$$\frac{d}{dx}[e^{\int p(x)dx}y] = e^{\int p(x)dx}q(x) \quad (2)$$

Integrando ambos os membros de (2) em relação a x, resulta

$$\int \frac{d}{dx}[e^{\int p(x)dx}y]\,dx = \int e^{\int p(x)dx}q(x)\,dx$$

ou, $\qquad e^{\int p(x)dx}y + c_1 = \int e^{\int p(x)dx}q(x)\,dx \quad (3)$

Finalmente, adotando $c_1 = -c$ e resolvendo (3) em relação a y, obtemos

$$y = ce^{-\int p(x)dx} + e^{-\int p(x)dx}\int e^{\int p(x)dx}q(x)\,dx \quad (4)$$

Problemas Complementares

Nos Problemas 6.20 a 6.49, resolva as equações diferenciais indicadas.

6.20 $\dfrac{dy}{dx} + 5y = 0$ \qquad **6.21** $\dfrac{dy}{dx} - 5y = 0$

6.22 $\dfrac{dy}{dx} - 0{,}01y = 0$ \qquad **6.23** $\dfrac{dy}{dx} + 2xy = 0$

6.24 $y' + 3x^2y = 0$ \qquad **6.25** $y' - x^2y = 0$

6.26 $y' - 3x^4y = 0$ \qquad **6.27** $y' + \dfrac{1}{x}y = 0$

6.28 $y' + \dfrac{2}{x}y = 0$ \qquad **6.29** $y' - \dfrac{2}{x}y = 0$

6.30 $y' - \dfrac{2}{x^2}y = 0$ \qquad **6.31** $y' - 7y = e^x$

6.32 $y' - 7y = 14x$ \qquad **6.33** $y' - 7y = \operatorname{sen} 2x$

6.34 $y' + x^2y = x^2$ \qquad **6.35** $y' - \dfrac{3}{x^2}y = \dfrac{1}{x^2}$

6.36 $y' = \cos x$ \qquad **6.37** $y' + y = y^2$

6.38 $xy' + y = xy^3$ \qquad **6.39** $y' + xy = 6x\sqrt{y}$

6.40 $y' + y = y^2$ \qquad **6.41** $y' + y = y^{-2}$

6.42 $y' + y = y^2e^x$ \qquad **6.43** $\dfrac{dy}{dt} + 50y = 0$

6.44 $\dfrac{dz}{dt} - \dfrac{1}{2t}z = 0$ \qquad **6.45** $\dfrac{dN}{dt} = kN$, ($k =$ uma constante)

6.46 $\dfrac{dp}{dt} - \dfrac{1}{t}p = t^2 + 3t - 2$

6.47 $\dfrac{dQ}{dt} + \dfrac{2}{20-t}Q = 4$

6.48 $25\dfrac{dT}{dt} + T = 80e^{-0,04t}$

6.49 $\dfrac{dp}{dz} + \dfrac{2}{z}p = 4$

Resolva os seguintes problemas de valor inicial

6.50 $y' + \dfrac{2}{x}y = x;\ y(1) = 0$

6.51 $y' + 6xy = 0;\ y(\pi) = 5$

6.52 $y' + 2xy = 2x^3;\ y(0) = 1$

6.53 $y' + \dfrac{2}{x}y = -x^9 y^5;\ y(-1) = 2$

6.54 $\dfrac{dv}{dt} + 2v = 32;\ v(0) = 0$

6.55 $\dfrac{dq}{dt} + q = 4\cos 2t;\ q(0) = 1$

6.56 $\dfrac{dN}{dt} + \dfrac{1}{t}N = t;\ N(2) = 8$

6.57 $\dfrac{dT}{dt} + 0,069T = 2,07;\ T(0) = -30$

Capítulo 7

Aplicações das Equações Diferenciais de Primeira Ordem

PROBLEMAS DE CRESCIMENTO E DECAIMENTO

Seja $N(t)$ a quantidade de substância (ou população) sujeita a crescimento ou decaimento. Admitindo que dN/dt, a taxa de variação da quantidade de substância em relação ao tempo, seja proporcional à quantidade de substância inicial, então $dN/dt = kN$, ou

$$\frac{dN}{dt} - KN = 0 \tag{7.1}$$

onde k é a constante de proporcionalidade (ver Problemas 7.1 – 7.7).

Estamos assumindo que $N(t)$ seja uma função de tempo, diferenciável e, portanto, contínua. Para problemas de população nos quais $N(t)$ é discreta e só admite valores inteiros, tal suposição é incorreta. Apesar disso, ainda assim (7.1) constitui uma boa aproximação das leis físicas que regem tais sistemas (ver Problema 7.5).

PROBLEMAS DE TEMPERATURA

A lei do resfriamento de Newton, igualmente aplicável ao aquecimento, determina que *a taxa de variação temporal da temperatura de um corpo é proporcional à diferença de temperatura entre o corpo e o meio circundante*. Seja T a temperatura do corpo e T_m a temperatura do meio circundante. Então, a taxa de variação da temperatura do corpo em relação ao tempo é dT/dt, e a lei do resfriamento de Newton pode ser formulada como $dT/dt = -k(T - T_m)$, ou

$$\frac{dT}{dt} + kT = kT_m \tag{7.2}$$

onde k é uma constante *positiva* de proporcionalidade. Escolhendo k como sendo positivo, torna-se necessário o uso do sinal de menos na Lei de Newton, a fim de tornar dT/dt negativo em um processo de resfriamento, quando $T > T_m$, e positivo em um processo de aquecimento, quando $T < T_m$ (ver Problemas 7.8 – 7.10).

PROBLEMAS DE QUEDA DOS CORPOS

Consideremos um corpo de massa *m* em queda vertical, influenciado apenas pela gravidade *g* e por uma resistência do ar proporcional a velocidade do corpo. Admitamos que tanto a massa quanto a gravidade permaneçam constantes e, por questão de conveniência, adotemos a direção para baixo como a direção positiva.

Segunda lei do movimento de Newton: *A força resultante que atua sobre um corpo é igual à taxa de variação do momento deste corpo em relação ao tempo, ou, para uma massa constante,*

$$F = m\frac{dv}{dt} \qquad (7.3)$$

onde F é a força resultante que atua sobre o corpo e v é a velocidade do corpo, ambas no instante de tempo t.

No problema em questão, existem duas forças atuando sobre o corpo: (1) a força devido à gravidade representada pelo peso *w* do corpo, igual a *mg*, e (2) a força devido à resistência do ar dada por $-kv$, onde $k \geq 0$ é uma constante de proporcionalidade. O uso do sinal menos é necessário, pois essa força se opõe à velocidade; ou seja, atua para cima, na direção negativa (ver Fig. 7-1). A força resultante *F* que atua sobre o corpo é, então, $F = mg - kv$. Substituindo esse resultado em (7.3), obtemos

$$mg - kv = m\frac{dv}{dt}$$

ou
$$\frac{dv}{dt} + \frac{k}{m}v = g \qquad (7.4)$$

como a equação de movimento do corpo.

Se a resistência do ar for desprezível ou inexistente, então $k = 0$ e (7.4) é simplificada para

$$\frac{dv}{dt} = g \qquad (7.5)$$

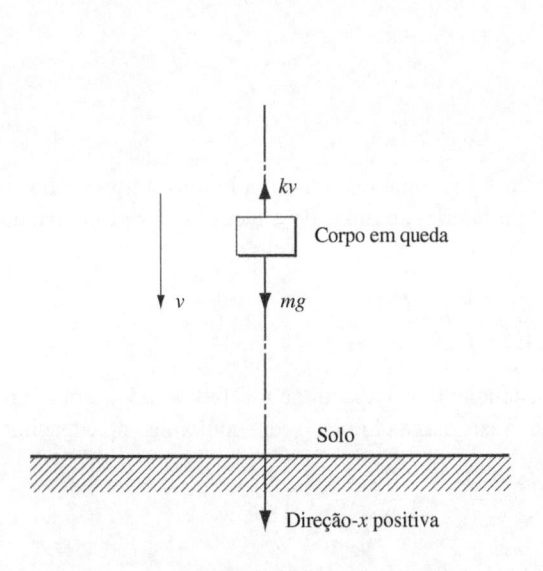

Figura 7-1

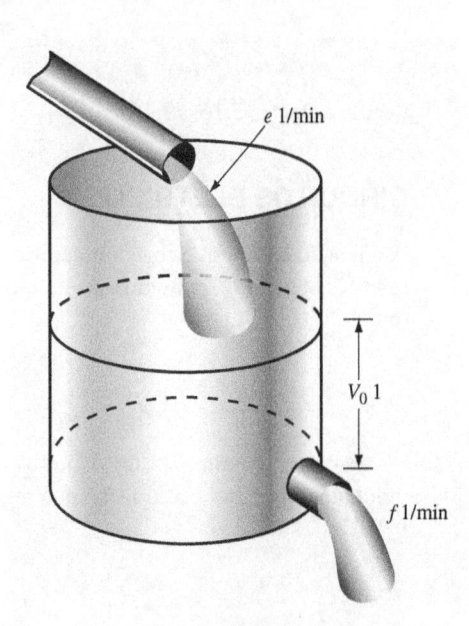

Figura 7-2

(Ver Problema 7.11.) Quando $k > 0$, a velocidade limite v_l é definida por

$$v_l = \frac{mg}{k} \tag{7.6}$$

Atenção: As Equações (7.4), (7.5) e (7.6) são válidas somente se as condições iniciais forem satisfeitas. Essas equações não são válidas, por exemplo, se a resistência do ar não for proporcional à velocidade, mas for proporcional ao quadrado da velocidade, ou se a direção para cima for considerada como a direção positiva (ver Problemas 7.14 e 7.15).

PROBLEMAS DE DILUIÇÃO

Consideremos um tanque que contenha inicialmente V_0 litros de salmoura com a kg de sal. Outra solução de salmoura, contendo b kg de sal por litro, é derramada nesse tanque a uma taxa de e l/min, enquanto, simultaneamente, a mistura, bem agitada e homogeneizada, deixa o tanque à taxa de f l/min (Fig. 7-2). O problema consiste em determinar a quantidade de sal no tanque no instante de tempo t.

Seja Q a quantidade (em kg) de sal no tanque em um instante de tempo t. A taxa de variação temporal de Q, dQ/dt, é igual à taxa na qual o sal é adicionado ao tanque menos a taxa na qual o sal sai do tanque. O sal entra no tanque à taxa de be kg/min. Para determinar a taxa com a qual o sal sai do tanque, inicialmente calculamos o volume de salmoura no tanque no instante de tempo t, que é igual ao volume inicial V_0 mais o volume de salmoura adicionado et menos o volume de salmoura removido ft. Assim, o volume de salmoura no instante arbitrário t é

$$V_0 + et - ft \tag{7.7}$$

A concentração de sal no tanque no instante de tempo t é $Q/(V_0 + et - ft)$, de onde decorre que o sal deixa o tanque à taxa

$$f\left(\frac{Q}{V_0 + et - ft}\right) \text{ kg/min}$$

Assim,
$$\frac{dQ}{dt} = be - f\left(\frac{Q}{V_0 + et - ft}\right)$$

ou
$$\frac{dQ}{dt} + \frac{f}{V_0 + (e - f)t}Q = be \tag{7.8}$$

(Ver Problemas 7.16 – 7.18.)

CIRCUITOS ELÉTRICOS

A equação básica que rege a quantidade de corrente I (em ampères) em um circuito simples RL (Fig. 7-3), com uma resistência R (em ohms), uma indutância L (em henries) e uma força eletromotriz (abreviadamente fem) E (em volts) é

$$\frac{dI}{dt} + \frac{R}{L}I = \frac{E}{L} \tag{7.9}$$

Para um circuito RC consistindo em uma resistência, uma capacitância C (em farads), uma fem, e nenhuma indutância (Fig. 7-4), a equação que rege a quantidade de carga elétrica q (em coulombs) no capacitor é

$$\frac{dq}{dt} + \frac{1}{RC}q = \frac{E}{R} \tag{7.10}$$

A relação entre q e I é

$$I = \frac{dq}{dt} \tag{7.11}$$

(Ver Problemas 7.19 – 7.22). Para circuitos mais complexos, ver Capítulo 14.

Figura 7-3   *Figura 7-4*

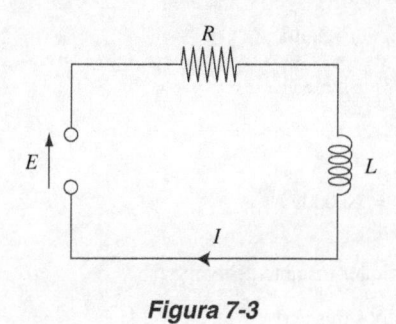

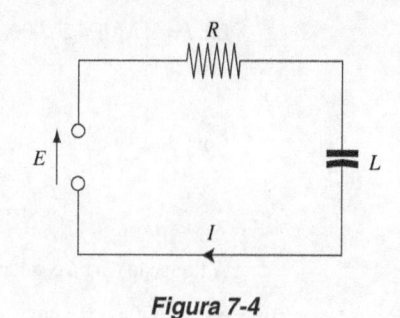

TRAJETÓRIAS ORTOGONAIS

Considere uma família de curvas a um parâmetro no plano x–y definidas por

$$F(x, y, c) = 0 \tag{7.12}$$

onde c representa o parâmetro. O problema consiste em determinar outra família de curvas a um parâmetro, chamadas trajetórias ortogonais da família (7.12) e dadas analiticamente por

$$G(x, y, k) = 0 \tag{7.13}$$

de tal forma que toda curva dessa nova família (7.13) intercepte cada curva da família original (7.12).

Inicialmente, diferenciamos implicitamente (7.12) em relação a x e, em seguida, eliminamos c entre essa equação derivada e (7.12). Isso resulta em uma equação entre x, y e y', que resolvemos em relação a y', obtendo uma equação diferencial da forma

$$\frac{dy}{dx} = f(x, y) \tag{7.14}$$

As trajetórias ortogonais de (7.12) são as soluções de

$$\frac{dy}{dx} = -\frac{1}{f(x, y)} \tag{7.15}$$

(Ver Problemas 7.23 – 7.25.)

Em muitas famílias de curvas, não é possível resolver explicitamente em relação a dy/dx e obter uma equação diferencial na forma (7.14). Tais curvas não serão consideradas neste livro.

Problemas Resolvidos

7.1 Uma pessoa deposita $ 20.000,00 em uma poupança que paga 5% de juros ao ano, compostos continuamente. Determine (a) o saldo na conta após três anos e (b) o tempo necessário para que a quantia inicial duplique, admitindo que não tenha havido retiradas ou depósitos adicionais.

Seja $N(t)$ o saldo na conta no instante t. Inicialmente, $N(0) = 20.000$. O saldo cresce em função do pagamento de juros acumulados, que são proporcionais ao saldo na conta. A constante de proporcionalidade é a taxa de juros. Neste caso, $k = 0,05$ e a Eq. (7.1) é escrita como

$$\frac{dN}{dt} - 0,05N = 0$$

Esta equação diferencial é linear e separável. Sua solução é

$$N(t) = ce^{0,05t} \tag{1}$$

Em $t = 0$, $N(0) = 20.000$, que, substituído em (1), resulta

$$20.000 = ce^{0,05(0)} = c$$

Com esse valor de c, (1) se escreve como

$$N(t) = 20.000 e^{0,05t} \qquad (2)$$

A Equação (2) dá o saldo em conta para qualquer instante de tempo t.

(a) Substituindo $t = 3$ em (2), obtemos o saldo após três anos

$$N(3) = 20.000 e^{0,05(3)} = 20.000(1,161834) = \$23.236,68$$

(b) Devemos determinar t para o qual $N(t) = 40.000,00$. Substituindo esses valores em (2) e resolvendo em relação a t, obtemos

$$40.000 = 20.000 e^{0,05t}$$
$$2 = e^{0,05t}$$
$$\ln|2| = 0,05t$$
$$t = \frac{1}{0,05} \ln|2| = 13,86 \text{ anos}$$

7.2 Uma pessoa deposita $5.000,00 em uma conta que paga juros compostos continuamente. Admitindo que não haja depósitos adicionais nem retiradas, qual será o saldo da conta após 7 anos, se a taxa de juros for de 8,5% durante os quatro primeiros anos e de 9,25% durante os últimos três anos?

Seja $N(t)$ o saldo na conta no instante t. Inicialmente, $N(0) = 5.000$. Para os primeiros quatro anos, $k = 0,085$ e Eq.(7.1) se escreve

$$\frac{dN}{dt} - 0,085N = 0$$

Sua solução é

$$N(t) = ce^{0,085t} \qquad (0 \leq t \leq 4) \qquad (1)$$

Em $t = 0$, $N(0) = 5.000$, que, substituído em (1), resulta

$$5000 = ce^{0,085(0)} = c$$

e (1) se escreve

$$N(t) = 5000 e^{0,085t} \qquad (0 \leq t \leq 4) \qquad (2)$$

Substituindo $t = 4$ em (2), obtemos o saldo após quatro anos:

$$N(t) = 5000 e^{0,085(4)} = 5000(1,404948) = \$7024,74$$

Essa quantia também representa o saldo inicial para o período dos três últimos anos. Nesses três anos, a taxa de juros é de 9,25% ao ano e (7.1) pode ser escrita como

$$\frac{dN}{dt} - 0,0925N = 0 \qquad (4 \leq t \leq 7)$$

Sua solução é

$$N(t) = ce^{0,0925t} \qquad (4 \leq t \leq 7) \qquad (3)$$

Em $t = 4$, $N(4) = 7.024,74$, que, substituído em (3), resulta

$$7024,74 = ce^{0,0925(4)} = c(1,447735) \qquad \text{ou} \qquad c = 4852,23$$

e (3) se escreve

$$N(t) = 4852,23 e^{0,0925t} \qquad (4 \leq t \leq 7) \qquad (4)$$

Substituindo $t = 7$ em (4), obtemos o saldo após sete anos:

$$N(7) = 4852{,}23 e^{0{,}0925(7)} = 4852{,}23(1{,}910758) = \$9271{,}44$$

7.3 Uma conta rende juros compostos continuamente; qual é a taxa de juros necessária para que um depósito feito na conta duplique em seis anos?

O saldo $N(t)$ na conta em um instante de tempo t é regido por (7.1).

$$\frac{dN}{dt} - kN = 0$$

que tem como solução

$$N(t) = ce^{kt} \tag{1}$$

Como não sabemos o valor do depósito inicial, podemos indicá-lo como sendo N_0. Em $t = 0$, $N(0) = N_0$, que, substituído em (1), resulta

$$N_0 = ce^{k(0)} = c$$

e (1) pode ser reescrita como

$$N(t) = N_0 e^{kt} \tag{2}$$

Devemos determinar o valor de k para o qual $N = 2N_0$ quando $t = 6$. Substituindo esses valores em (2) e resolvendo em relação a k, obtemos

$$2N_0 = N_0 e^{k(6)}$$

$$e^{6k} = 2$$

$$6k = \ln|2|$$

$$k = \frac{1}{6}\ln|2| = 0{,}1155$$

A taxa de juros deve ser de 11,55% ao ano.

7.4 Sabe-se que uma cultura de bactérias cresce a uma taxa proporcional à quantidade presente. Após uma hora, observam-se 1.000 fileiras de bactérias na cultura, e, após quatro horas, observam-se 3.000 fileiras. Determine (a) a expressão do número aproximado de fileiras de bactérias presentes na cultura no instante t e (b) o número aproximado de fileiras de bactérias no início da cultura.

(a) Seja $N(t)$ o número de fileiras de bactérias na cultura no instante t. Por (7.1), $dN/dt - kN = 0$, que é uma equação linear e separável. Sua solução é

$$N(t) = ce^{kt} \tag{1}$$

Em $t = 1$, $N = 1.000$, logo

$$1000 = ce^{k} \tag{2}$$

Em $t = 4$, $N = 3.000$, logo

$$3000 = ce^{4k} \tag{3}$$

Resolvendo (2) e (3) para k e c, obtemos

$$k = \frac{1}{3}\ln 3 = 0{,}366 \quad \text{e} \quad c = 1000 e^{-0{,}366} = 694$$

Substituindo esses valores de k e c em (1), resulta

$$N(t) = 694 e^{0{,}366 t} \tag{4}$$

como expressão do número de bactérias presentes no instante t.

(b) Desejamos N em $t = 0$. Substituindo $t = 0$ em (4), obtemos $N(0) = 694e^{(0,366)(0)} = 694$.

7.5 Sabe-se que a população de determinado país aumenta a uma taxa proporcional ao número de habitantes do país. Se, após dois anos, a população duplicou, e, após três anos, a população é de 20.000 habitantes, estime o número inicial de habitantes.

Seja N o número de habitantes do país no instante t, e seja N_0 o número inicial de habitantes. Então, de (7.1)

$$\frac{dN}{dt} - kN = 0$$

que tem como solução

$$N = ce^{kt} \qquad (1)$$

Em $t = 0$, $N = N_0$; logo, pela expressão (1), $N_0 = ce^{k(0)}$ ou $c = N_0$. Assim,

$$N = N_0 \, e^{kt} \qquad (2)$$

Em $t = 2$, $N = 2N_0$. Substituindo esses valores em (2), resulta

$$2N_0 = N_0 e^{2k} \quad \text{do qual} \quad k = \frac{1}{2} \ln 2 = 0,347$$

Substituindo esse valor em (2), temos

$$N = N_0 e^{0,347t} \qquad (3)$$

Em $t = 3$, $N = 20.000$. Substituindo esses valores em (3), obtemos

$$20.000 = N_0 e^{(0,347)(3)} = N_0(2,832) \quad \text{ou} \quad N_0 = 7062$$

7.6 Certo material radioativo decai a uma taxa proporcional à quantidade presente. Se existem inicialmente 50 miligramas de material, e se, após duas horas, o material perdeu 10% de sua massa original, determine (a) a expressão da massa remanescente em um instante t, (b) a massa do material após quatro horas e (c) o tempo para o qual o material perde metade de sua massa original.

(a) Seja N a quantidade de material presente no instante t. Então, por (7.1)

$$\frac{dN}{dt} - kN = 0$$

Essa equação diferencial é linear e separável. Sua solução é

$$N = ce^{kt} \qquad (1)$$

Em $t = 0$, $N = 50$. Portanto, de (1), $50 = ce^{k(0)}$, ou $c = 50$. Assim,

$$N = 50 \, e^{kt} \qquad (2)$$

Em $t = 2$, houve perda de 10% da massa original de 50 mg, ou seja, 5 mg. Logo, em $t = 2$, $N = 50 - 5 = 45$. Substituindo esses valores em (2) e resolvendo em relação a k, temos

$$45 = 50e^{2k} \quad \text{ou} \quad k = \frac{1}{2} \ln \frac{45}{50} = -0,053$$

Substituindo esse valor em (2), obtemos a quantidade de massa presente no instante de tempo t

$$N = 50 \, e^{-0,053t} \qquad (3)$$

onde t é medido em horas.

(b) Queremos N em $t = 4$. Substituindo $t = 4$ em (3) e resolvendo em relação a N, obtemos

$$N = 50e^{(-0,053)(4)} = 50 \, (0,809) = 40,5 \text{ mg}$$

(c) Desejamos t quando $N = 50/2 = 25$. Substituindo $N = 25$ em (3), e resolvendo em relação a t, obtemos

$$25 = 50e^{-0.053t} \quad \text{ou} \quad -0.053t = \ln\frac{1}{2} \quad \text{ou} \quad t = 13 \text{ horas}$$

O tempo necessário para reduzir um material em decaimento para a metade de sua massa original é chamado de *meia-vida* do material. Neste problema, a meia-vida é de 13 horas.

7.7 Cinco ratos em uma população estável de 500 são intencionalmente infectados com uma doença contagiosa para testar uma teoria de disseminação de epidemia, segundo a qual a taxa de variação da população infectada é proporcional ao produto entre o número de ratos infectados e o número de ratos sem a doença. Admitindo que essa teoria seja correta, qual o tempo necessário para que metade da população contraia a doença?

Seja $N(t)$ o número de ratos infectados em um instante de tempo t. Sabemos que $N(0) = 5$, e que $500 - N(t)$ é o número de ratos sem a doença no instante t. A teoria prediz que

$$\frac{dN}{dt} = kN(500 - N) \tag{1}$$

onde k é uma constante de proporcionalidade. Essa equação é diferente de (7.1) porque a taxa de variação não é mais proporcional a apenas o número de ratos que possuem a doença. A Equação (1) tem a forma diferencial

$$\frac{dN}{N(500-N)} - k\,dt = 0 \tag{2}$$

que é separável. Aplicando decomposição em frações parciais, temos

$$\frac{1}{N(500-N)} = \frac{1/500}{N} + \frac{1/500}{500-N}$$

logo (2) pode ser reescrita como

$$\frac{1}{500}\left(\frac{1}{N} + \frac{1}{500-N}\right) dN - k\,dt = 0$$

Sua solução é

$$\frac{1}{500}\int\left(\frac{1}{N} + \frac{1}{500-N}\right) dN - \int k\,dt = c$$

ou

$$\frac{1}{500}(\ln|N| - \ln|500-N|) - kt = c$$

que pode ser reescrita como

$$\ln\left|\frac{N}{500-N}\right| = 500(c + kt)$$

$$\frac{N}{500-N} = e^{500(c+kt)} \tag{3}$$

Mas $e^{500(c+kt)} = e^{500c}e^{kt}$. Adotando $c_1 = e^{500c}$, podemos escrever (3) como

$$\frac{N}{500-N} = c_1 e^{500kt} \tag{4}$$

Em $t = 0$, $N = 50$. Substituindo esses valores em (4), obtemos

$$\frac{5}{495} = c_1 e^{500k(0)} = c_1$$

logo $c_1 = 1/99$ e (4) se escreve

$$\frac{N}{500-N} = \frac{1}{99}e^{500kt} \tag{5}$$

Poderíamos resolver (5) em relação a N, mas não é necessário. Procuramos um valor de t quando $N = 250$, metade da população. Substituindo $N = 250$ em (5) e resolvendo em relação a t, obtemos

$$1 = \frac{1}{99} e^{500kt}$$
$$99 = e^{500kt}$$
$$\ln 99 = 500kt$$

ou $t = 0{,}00919/k$ unidades de tempo. Sem informação adicional, não podemos obter o valor numérico para a constante de proporcionalidade k para sermos mais precisos em relação a t.

7.8 Uma barra de metal à temperatura de $100°\,F$ é colocada em um quarto à temperatura de $0°F$. Se após 20 minutos a temperatura da barra for de $50°\,F$, determine (a) o tempo necessário para a barra atingir a temperatura de $25°\,F$ e (b) a temperatura da barra após 10 minutos.

Aplicaremos a Eq. (7.2) com $T_m = 0$; o meio em questão é o quarto que está sendo mantido a uma temperatura constante de $0°F$. Logo, temos

$$\frac{dT}{dt} + kT = 0$$

cuja solução é

$$T = ce^{-kt} \qquad (1)$$

Como $T = 100$ em $t = 0$ (inicialmente, a temperatura da barra é de $100°F$), decorre de (1) que $100 = ce^{-k(0)}$ ou $100 = c$. Substituindo esse valor em (1), obtemos

$$T = 100e^{-kt} \qquad (2)$$

Em $t = 20$, temos $T = 50$; logo, de (2)

$$50 = 100e^{-20k} \qquad \text{onde} \qquad k = \frac{-1}{20}\ln\frac{50}{100} = \frac{-1}{20}(-0{,}693) = 0{,}035$$

Substituindo esse valor em (2), obtemos a temperatura da barra para qualquer instante de tempo t:

$$T = 100e^{-0{,}035t} \qquad (3)$$

(a) Queremos determinar t quando $T = 25$. Substituindo $T = 25$ em (3), temos

$$25 = 100e^{-0{,}035t} \qquad \text{ou} \qquad -0{,}035t = \ln\frac{1}{4}$$

Resolvendo, obtemos $t = 39{,}6$ min.

(b) Desejamos T quando $t = 10$. Substituindo $t = 10$ em (3), e resolvendo em relação a T, obtemos

$$T = 100e^{(-0{,}035)(10)} = 100(0{,}705) = 70{,}5°\ F$$

Note que, como a lei de Newton é válida apenas para pequenas diferenças de temperatura, os cálculos anteriores representam apenas uma primeira aproximação da situação física.

7.9 Um corpo à temperatura de $50°\,F$ é colocado ao ar livre onde a temperatura é de $100°\,F$. Se após 5 minutos a temperatura do corpo for de $60°\,F$, determine (a) o tempo necessário para o corpo atingir a temperatura de $75°\,F$ e (b) a temperatura do corpo após 20 minutos.

Aplicando a Eq. (7.2) com $T_m = 100$ (o meio circundante é o ar livre), temos

$$\frac{dT}{dt} + kT = 100k$$

Essa equação diferencial é linear. Sua solução é indicada no Problema 6.15:

$$T = ce^{-kt} + 100 \tag{1}$$

Como $T = 50$ quando $t = 0$, decorre de (1) que $50 = ce^{-k(0)} + 100$, ou $c = -50$. Substituindo esse valor em (1), obtemos

$$T = -50e^{-kt} + 100 \tag{2}$$

Em $t = 5$, temos $T = 60$; logo, de (2), $60 = -50e^{-5k} + 100$. Resolvendo em relação a k, obtemos

$$-40 = -50e^{-5k} \quad \text{ou} \quad k = \frac{-1}{5}\ln\frac{40}{50} = \frac{-1}{5}(-0,223) = 0,045$$

Substituindo esse valor em (2), obtemos a temperatura do corpo para qualquer instante de tempo t:

$$T = -50e^{-0,045t} + 100 \tag{3}$$

(a) Desejamos t quando $T = 75$. Substituindo $T = 75$ em (3), temos

$$75 = -50e^{-0,045t} + 100 \quad \text{ou} \quad e^{-0,045t} = \frac{1}{2}$$

Resolvendo em relação a t, obtemos

$$-0,045t = \ln\frac{1}{2} \quad \text{ou} \quad t = 15,4 \text{ min}$$

(b) Para determinar T quando $t = 20$, substituímos $t = 20$ em (3), e resolvemos em relação a T:

$$T = -50e^{(-0,045)(20)} + 100 = -50(0,41) + 100 = 79,5° \text{ F}$$

7.10 Um corpo com temperatura desconhecida é colocado em um quarto que é mantido a uma temperatura constante de $30°$ F. Se após 10 minutos a temperatura do corpo for de $0°$ F e após 20 minutos a temperatura do corpo for de $15°$ F, determine a temperatura inicial desconhecida.

De (7.2),

$$\frac{dT}{dt} + kT = 30k$$

Resolvendo, obtemos

$$T = ce^{-kt} + 30 \tag{1}$$

Em $t = 10$, temos $T = 0$; logo, de (1),

$$0 = ce^{-10k} + 30 \quad \text{ou} \quad ce^{-10k} = -30 \tag{2}$$

Em $t = 20$, temos $T = 15$; logo, de (1),

$$15 = ce^{-20k} + 30 \quad \text{ou} \quad ce^{-20k} = -15 \tag{3}$$

Resolvendo (2) e (3) em relação a k e c, obtemos

$$k = \frac{1}{10}\ln 2 = 0,069 \quad \text{e} \quad c = -30e^{10k} = -30(2) = -60$$

Substituindo esses valores em (1), obtemos a temperatura do corpo para qualquer instante de tempo t:

$$T = -60e^{-0,069t} + 30 \qquad (4)$$

Como desejamos T para o instante inicial $t = 0$, decorre de (4) que

$$T_0 = -60e^{(-0,069)(0)} + 30 = -60 + 30 = -30° \text{ F}$$

7.11 Um corpo de 75 kg cai de uma altura de 30 m com velocidade zero. Admitindo que não haja resistência do ar, determine (a) a expressão da velocidade do corpo no instante t, (b) a expressão para a posição do corpo no instante t e (c) o tempo necessário para o corpo atingir o solo.

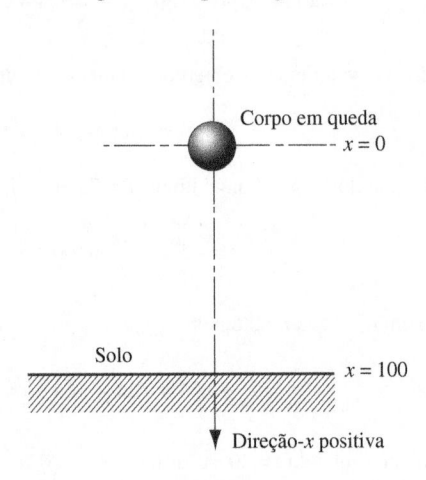

Figura 7-5

(a) Escolhamos o sistema de coordenadas da Fig. 7-5. Como não há resistência do ar, aplica-se (7.5): $dv/dt = g$. Trata-se de uma equação diferencial linear separável, cuja solução é $v = gt + c$. Quando $t = 0$, $v = 0$ (inicialmente, a velocidade do corpo é zero); logo $0 = g(0) + c$, ou $c = 0$. Assim, $v = gt$, ou, assumindo $g = 9,81$ m/s^2,

$$v = 9,81 \qquad (1)$$

(b) Lembremos que a velocidade é a taxa de variação de deslocamento de x em relação ao tempo. Logo, $v = dx/dt$, e (1) se escreve $dx/dt = 9,81t$. Essa também é uma equação diferencial linear separável, cuja solução é dada por

$$x = 4,905 t^2 + c_1 \qquad (2)$$

Mas em $t = 0$, $x = 0$ (ver Fig. 7-5). Logo, $0 = (4,905)(0)^2 + c_1$, ou $c_1 = 0$. Substituindo esse valor em (2), temos

$$x = 4,905 t^2 \qquad (3)$$

(c) Devemos determinar t quando $x = 30$. De (3), $t = \sqrt{(30)/(4,905)} = 2,47$s.

7.12 Uma bola de aço de 1 kg cai de uma altura de 1.000 m sem velocidade inicial. Na queda, a bola experimenta uma resistência do ar proporcional a $\frac{1}{4} v$, em kg, onde v indica a velocidade da bola (em m/s). Determine (a) a velocidade limite da bola e (b) o tempo necessário para a bola atingir o solo.

Escolhamos o sistema de coordenadas da Fig. 7-5, com o solo situado agora a 1.000 m. Neste caso, $w = 1$ kg e $k = \frac{1}{4}$. Admitindo $g = 9,81$ m/s^2, temos pela fórmula $w = mg$, que $1 = m(9,81)$, ou que massa da bola é aproximadamente $m = 0,10$ kg. A Equação (7.4) pode ser escrita como

$$\frac{dv}{dt} + 2,5v = 9,81$$

cuja solução é

$$v(t) = ce^{-2,5t} + 3,92 \qquad (1)$$

Em $t = 0$, $v = 0$. Substituindo esses valores em (1), obtemos

$$0 = ce^{-2,5(0)} + 3,92 = c + 3,92$$

a partir do qual concluímos que $c = -3,92$ e (1) se escreve

$$v(t) = -3,92\, e^{-2,5t} + 3,92 \qquad (2)$$

(a) De (1) ou (2), vemos que, quando $t \to \infty$, $v \to 3,92$ e, assim, a velocidade limite é 3,92 m/s.

(b) Para determinar o tempo necessário para a bola atingir o solo ($x = 1.000$), necessitamos da expressão da posição da bola no instante t. Como $v = dx/dt$, (2) pode ser reescrita como

$$\frac{dx}{dt} = -3,92\, e^{-2,5t} + 3,92$$

Integrando ambos os membros desta última equação em relação a t, temos

$$x(t) = 1,568\, e^{-2,5t} + 3,92t + c_1 \qquad (3)$$

onde c_1 corresponde a uma constante de integração. Em $t = 0$, $x = 0$. Substituindo esses valores em (3), obtemos

$$0 = 1,568 e^{-2,5(0)} + 3,92(0) + c_1 = 1,568 + c_1$$

onde concluímos que $c_1 = -1,568$; (3) se escreve então

$$x(t) = 1,568\, e^{-2,5t} + 3,92t - 1,568 \qquad (4)$$

A bola atinge o solo quando $x(t) = 1.000$. Substituindo este valor em (4), temos

$$1000 = 1,568 e^{-2,5t} + 3,92t - 1,568$$

ou

$$124,804 = 0,196\, e^{-2,5t} + 0,49t \qquad (5)$$

Embora (5) não possa ser resolvida explicitamente em relação a t, podemos aproximar a solução por tentativa e erro, substituindo diferentes valores de t em (5) até obtermos uma solução com o grau de exatidão desejado. Como para qualquer valor elevado de t, a exponencial será desprezível, obtém-se uma boa aproximação fazendo $0,49t = 124,804$ ou $t = 255$ s. Para esse valor de t, a exponencial é essencialmente zero.

7.13 Uma bola de 30 kg cai de uma altura de 30 m com uma velocidade inicial de 3 m/s. Consideremos que a resistência do ar seja proporcional à velocidade do corpo. Se a velocidade limite é de 43 m/s, determine (a) a expressão da velocidade do corpo no instante t e (b) a expressão da posição do corpo no instante t.

Escolhamos o sistema de coordenadas da Fig. 7-5. Neste caso, $w = 30$ kg. Como $w = mg$, segue-se que $mg = 30$, ou $m(9,81) = 30$, ou $m = 3,06$ kg. Substituindo esses valores em (7.4), obtemos a equação diferencial linear

$$\frac{dv}{dt} + 0,23\, v = 9,81$$

cuja solução é

$$v = ce^{-0,23t} + 42,65 \qquad (1)$$

Em $t = 0$, $v = 3$. Substituindo esses valores em (1), obtemos $3 = c + 42,65$ ou $c = -39,65$. A velocidade no instante t é dada por

$$v = -39,65 e^{-0,23t} + 42,65 \qquad (2)$$

(b) Como $v = dx/dt$, sendo x o deslocamento, (2) pode ser reescrita como

$$\frac{dx}{dt} = -39{,}65\,e^{-0{,}23t} + 42{,}65$$

Trata-se de uma equação diferencial separável, cuja solução

$$x = 172e^{-0{,}23t} + 42{,}65t + c_1 \qquad (3)$$

Em $t = 0$, $x = 0$ (ver Fig. 7-5). Logo, (3) resulta em

$$0 = 172e^0 + (42{,}65)(0) + c_1 \quad \text{ou} \quad c_1 = -172$$

O deslocamento no instante t é dado por

$$x = 172e^{-0{,}23t} + 42{,}65\,t - 172$$

7.14 Um corpo de massa m é lançado verticalmente para cima com uma velocidade inicial v_0. Se o corpo encontra uma resistência do ar proporcional à sua velocidade, determine (a) a equação do movimento no sistema de coordenadas da Fig. 7-6, (b) uma expressão da velocidade do corpo para o instante t, e (c) o tempo necessário para o corpo atingir a altura máxima.

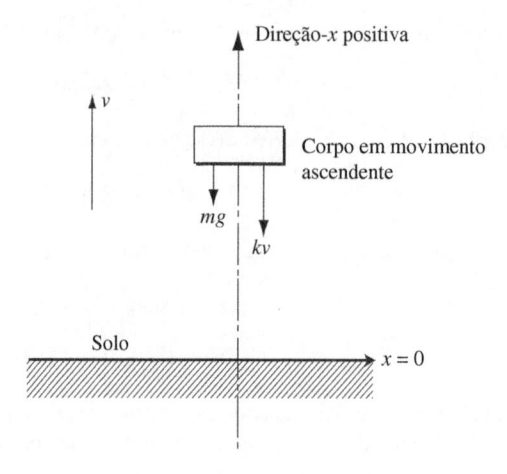

Figura 7-6

(a) Neste sistema de coordenadas, a Eq. (7.4) pode não ser a equação do movimento. Para estabelecer a equação apropriada, note que duas forças atuam sobre o corpo: (1) a força da gravidade dada por mg e (2) a força da resistência do ar dada por kv, responsável por retardar a velocidade do corpo. Como essas forças atuam na direção negativa (para baixo), a força resultante que atua sobre o corpo é $-mg - kv$. Aplicando (7.3) e reagrupando os termos, obtemos

$$\frac{dv}{dt} + \frac{k}{m}v = -g \qquad (1)$$

como equação do movimento.

(b) A Equação (1) é uma equação diferencial linear, cuja solução é $v = ce^{-(k/m)t} - mg/k$. Em $t = 0$, $v = v_0$; logo, $v_0 = ce^{-(k/m)0} - (mg/k)$, ou $c = v_0 + (mg/k)$. A velocidade do corpo no instante t é

$$v = \left(v_0 + \frac{mg}{k}\right)e^{-(k/m)t} - \frac{mg}{k} \qquad (1)$$

(c) O corpo atinge a altura máxima quando $v = 0$. Logo, devemos calcular t quando $v = 0$. Substituindo $v = 0$ em (2) e resolvendo em relação a t, temos

$$0 = \left(v_0 + \frac{mg}{k}\right)e^{-(k/m)t} - \frac{mg}{k}$$

$$e^{-(k/m)t} = \frac{1}{1 + \frac{v_0 k}{mg}}$$

$$-(k/m)t = \ln\left(\frac{1}{1 + \frac{v_0 k}{mg}}\right)$$

$$t = \frac{m}{k}\ln\left(1 + \frac{v_0 k}{mg}\right)$$

7.15 Um corpo com massa de 2,548 kg cai sem velocidade inicial e encontra uma resistência do ar proporcional ao quadrado de sua velocidade. Determine uma expressão para a velocidade do corpo no instante t.

A força devido à resistência do ar é $-kv^2$; assim, a segunda lei de Newton se escreve

$$m\frac{dv}{dt} = mg - kv^2 \quad \text{ou} \quad 2{,}548\,\frac{dv}{dt} = 25 - kv^2$$

Reescrevendo essa equação na forma diferencial, temos

$$\frac{2{,}548}{25 - kv^2}dv - dt = 0 \tag{1}$$

que é uma equação separável. Pelo método das frações parciais,

$$\frac{2{,}548}{25 - kv^2} = \frac{2{,}548}{(5 - \sqrt{k}v)(5 + \sqrt{k}v)} = \frac{0{,}2548}{5 - \sqrt{k}v} + \frac{0{,}2548}{5 + \sqrt{k}v}$$

Logo, (1) pode ser reescrita como

$$0{,}65\left(\frac{1}{5 - \sqrt{k}v} + \frac{1}{5 + \sqrt{k}v}\right)dv - dt = 0$$

Essa equação tem como solução

$$0{,}2548\left[\frac{\sqrt{k}}{5 + \sqrt{k}v} - \frac{-\sqrt{k}}{5 - \sqrt{k}v}\right]dv - \frac{\sqrt{k}}{2{,}548}dt = 0$$

ou

$$\left(\frac{\sqrt{k}}{5 + \sqrt{k}v} - \frac{-\sqrt{k}}{5 - \sqrt{k}v}\right)dv - \frac{\sqrt{k}}{0{,}65}dt = 0$$

Integrando esta última equação, temos

$$\ln\frac{5 + \sqrt{k}v}{5 - \sqrt{k}v} - \frac{\sqrt{k}}{0{,}65}t = c$$

ou

$$\frac{5 + \sqrt{k}v}{5 - \sqrt{k}v} = ce^{\left(\frac{\sqrt{k}}{0{,}65}\right)t}$$

Em $t = 0$, $v = 0$. Isso implica $c = 1$, e a velocidade é dada por

$$\frac{5 + \sqrt{k}v}{5 - \sqrt{k}v} = e^{\left(\frac{\sqrt{k}}{0{,}65}\right)t} \quad \text{ou} \quad v = \frac{5}{\sqrt{k}}\,\text{tgh}\,0{,}77\sqrt{k}t$$

Observe que, sem informação adicional, não podemos obter o valor da constante k.

7.16 Um tanque contém inicialmente 350 l de salmoura com 10 kg de sal. Em $t = 0$, água pura começa a ser adicionada ao tanque a uma taxa de 20 l por minuto, enquanto a mistura bem homogeneizada sai do tanque à mesma taxa. Determine a quantidade de sal no tanque no instante t.

Neste caso, $V_0 = 350$, $a = 10$, $b = 0$ e $e = f = 20$. A Equação (7.8) é escrita como

$$\frac{dQ}{dt} + 0{,}057 Q = 0$$

A solução desta equação linear é

$$Q = ce^{-0{,}057t} \tag{1}$$

Em $t = 0$, $Q = a = 10$. Substituindo esses valores em (1), obtemos $c = 10$, de modo que (1) pode ser reescrita como $Q = 10e^{-0{,}057t}$. Note que, quando $t \to \infty$, $Q \to 0$, como era de se esperar, pois somente água pura está sendo adicionada ao tanque.

7.17 Um tanque contém inicialmente 350 l de salmoura com 10 kg de sal. Em $t = 0$, outra solução de salmoura com 1 kg de sal por litro começa a ser adicionada ao tanque à razão de 10 l/min, enquanto a mistura bem homogeneizada sai do tanque a mesma taxa. Determine (a) a quantidade de sal no tanque no instante t e (b) o instante em que a mistura no tanque contém 2 kg de sal.

(a) Neste caso, $V_0 = 350$, $a = 1$, $b = 1$, $e = f = 10$; logo, (7.8) é escrita como

$$\frac{dQ}{dt} + 0{,}029\, Q = 10$$

A solução desta equação diferencial linear é

$$Q = ce^{-0{,}029t} + 345 \tag{1}$$

Em $t = 0$, $Q = a = 1$. Substituindo esses valores em (1), obtemos $1 = ce^0 + 345$ ou $c = -344$. Então, (1) se escreve

$$Q = -344 e^{-0{,}029t} + 345 \tag{2}$$

(b) Queremos achar t quando $Q = 2$. Substituindo $Q = 2$ em (2), obtemos

$$2 = -344 e^{-0{,}029t} + 345 \quad \text{ou} \quad e^{-0{,}029t} = \frac{343}{344}$$

de onde

$$t = -\frac{1}{0{,}029} \ln \frac{343}{344} = 0{,}100 \text{ min}$$

7.18 Um tanque de 50 litros contém inicialmente 10 litros de água pura. Em $t = 0$, começa a ser adicionada no tanque uma solução de salmoura contendo 0,1 kg de sal por litro, à razão de 4 l/min, enquanto a mistura bem homogeneizada sai do tanque à razão de 2 l/min. Determine (a) o instante em que ocorre o transbordamento e (b) a quantidade de sal no tanque neste instante t.

(a) Neste caso, $a = 0$, $b = 0{,}1$, $e = 4$, $f = 2$, $V_0 = 50$. O volume de salmoura no tanque no instante t é dado por (7.7) como $V_0 + et - ft = 10 + 2t$. Queremos determinar t quando $10 + 2t = 50$; logo, $t = 20$ min.

(b) Neste problema, (7.8) é reescrita como

$$\frac{dQ}{dt} + \frac{2}{10 + 2t} Q = 0{,}4$$

Esta é uma equação linear; sua solução é dada no Problema 6.13 como sendo

$$Q = \frac{4t + 0{,}4t^2 + c}{10 + 2t} \tag{1}$$

Em $t = 0$, $Q = a = 0$. Substituindo esses valores em (1), obtemos $c = 0$. Queremos determinar o valor de Q no momento do transbordamento, que, de acordo com (a) ocorre em $t = 20$. Logo,

$$Q = \frac{4(20) + 0{,}4(20)^2}{10 + 2(20)} = 4{,}8 \text{ kg}$$

7.19 Um circuito RL tem uma fem de 5 volts, uma resistência de 50 ohms, uma indutância de 1 henry e não tem corrente inicial. Determine a corrente no circuito no instante de tempo t.

Neste caso, $E = 5$, $R = 50$, e $L = 1$; logo, (7.9) pode ser escrita como

$$\frac{dI}{dt} + 50I = 5$$

Esta equação é linear; sua solução é

$$I = ce^{-50t} + \frac{1}{10}$$

Em $t = 0$, $I = 0$; logo, $0 = ce^{-50(0)} + \frac{1}{10}$, ou $c = -\frac{1}{10}$. A corrente no instante t é então

$$I = -\frac{1}{10} e^{-50t} + \frac{1}{10} \tag{1}$$

A quantidade $-\frac{1}{10} e^{-50t}$ em (1) é denominada *corrente transitória*, pois tende a zero ("morre") quando $t \to \infty$. A quantidade $\frac{1}{10}$ em (1) é denominada *corrente de estado estacionário*. Quando $t \to \infty$, a corrente I tende para a corrente de estado estacionário.

7.20 Um circuito RL tem uma fem (em volts) de 3 sen $2t$, uma resistência de 10 ohms, uma indutância de 0,5 henry e uma corrente inicial de 6 ампères. Determine a corrente no circuito no instante de tempo arbitrário t.

Neste caso, $E = 3$ sen $2t$, $R = 10$ e $L = 0{,}5$; logo, (7.9) pode ser escrita como

$$\frac{dI}{dt} + 20I = 6 \operatorname{sen} 2t$$

Esta equação é linear, com solução (ver Capítulo 6)

$$\int d(Ie^{20t}) = \int 6e^{20t} \operatorname{sen} 2t\, dt$$

Efetuando as integrações (a segunda integral requer duas integrações por partes), obtemos

$$I = ce^{-20t} + \frac{30}{101} \operatorname{sen} 2t - \frac{3}{101} \cos 2t$$

Em $t = 0$, $I = 6$; logo,

$$6 = ce^{-20(0)} + \frac{30}{101} \operatorname{sen} 2(0) - \frac{3}{101} \cos 2(0) \quad \text{ou} \quad 6 = c - \frac{3}{101}$$

donde $c = 609/101$. A corrente no instante t é

$$I = \frac{609}{101} e^{-20t} + \frac{30}{101} \operatorname{sen} 2t - \frac{3}{101} \cos 2t$$

Tal como no Problema 7.18, a corrente é a soma de uma corrente transitória, neste caso $(609/101)e^{-20t}$, e uma corrente de estado estacionário,

$$\frac{30}{101} \operatorname{sen} 2t - \frac{3}{101} \cos 2t$$

7.21 Reescreva a corrente de estado estacionário do Problema 7.20 na forma $A \operatorname{sen}(2t - \phi)$. O ângulo ϕ é denominado *ângulo de fase*.

Como $A \operatorname{sen}(2t - \phi) = A(\operatorname{sen} 2t \cos \phi - \cos 2t \operatorname{sen} \phi)$, desejamos

$$I_s = \frac{30}{101}\operatorname{sen}2t - \frac{3}{101}\cos 2t = A\cos\phi \operatorname{sen}2t - A\operatorname{sen}\phi \cos 2t$$

Logo, $A\cos\phi = \frac{30}{101}$ e $A\operatorname{sen}\phi = \frac{3}{101}$. Segue-se então que

$$\left(\frac{30}{101}\right)^2 + \left(\frac{3}{101}\right)^2 = A^2\cos^2\phi + A^2\operatorname{sen}^2\phi = A^2(\cos^2\phi + \operatorname{sen}^2\phi) = A^2$$

e

$$\operatorname{tg}\phi = \frac{A\operatorname{sen}\phi}{A\cos\phi} = \left(\frac{3}{101}\right)\bigg/\left(\frac{30}{101}\right) = \frac{1}{10}$$

Conseqüentemente, I_s tem a forma desejada se

$$A = \sqrt{\frac{909}{(101)^2}} = \frac{3}{\sqrt{101}} \quad \text{e} \quad \phi = \operatorname{arctg}\frac{1}{10} = 0{,}0997 \text{ radianos}$$

7.22 Um circuito RC tem uma fem (em volts) de $400\cos 2t$, uma resistência de 100 ohms, e uma capacitância de 10^{-2} farad. Inicialmente, não existe carga no capacitor. Determine a corrente no circuito no instante de tempo t.

Primeiro, determinamos a carga q e em seguida utilizamos (7.11) para obter a corrente. Neste caso, $E = 400\cos 2t$, $R = 100$ e $C = 10^{-2}$; logo, (7.10) se escreve

$$\frac{dq}{dt} + q = 4\cos 2t$$

Essa equação é linear e tem como solução (são necessárias duas integrações por partes)

$$q = ce^{-t} + \frac{8}{5}\operatorname{sen}2t + \frac{4}{5}\cos 2t$$

Em $t = 0$, $q = 0$; logo,

$$0 = ce^{-(0)} + \frac{8}{5}\operatorname{sen}2(0) + \frac{4}{5}\cos 2(0) \quad \text{ou} \quad c = -\frac{4}{5}$$

Assim

$$q = -\frac{4}{5}e^{-t} + \frac{8}{5}\operatorname{sen}2t + \frac{4}{5}\cos 2t$$

e, aplicando (7.11), obtemos

$$I = \frac{dq}{dt} = \frac{4}{5}e^{-t} + \frac{16}{5}\cos 2t - \frac{8}{5}\operatorname{sen}2t$$

7.23 Determine as trajetórias ortogonais da família de curvas $x^2 + y^2 = c^2$.

A família, que é dada por (7.12) com $F(x, y, c) = x^2 + y^2 - c^2$, consiste em círculos com centros na origem e raios c. Diferenciando implicitamente a equação dada em relação a x, obtemos

$$2x + 2yy' = 0 \quad \text{ou} \quad \frac{dy}{dx} = -\frac{x}{y}$$

Neste caso, $f(x, y) = -x/y$, de tal forma que (7.15) se escreve

$$\frac{dy}{dx} = \frac{y}{x}$$

Essa equação é linear (e, em forma diferencial, separável); sua solução é

$$y = kx \tag{1}$$

que representa trajetórias ortogonais.

Na Fig. 7-7, apresentam-se em traços cheios alguns membros da família de círculos, e, em linhas tracejadas, alguns membros da família (1), que são retas que passam pela origem. Observe que cada reta intercepta cada círculo ortogonalmente.

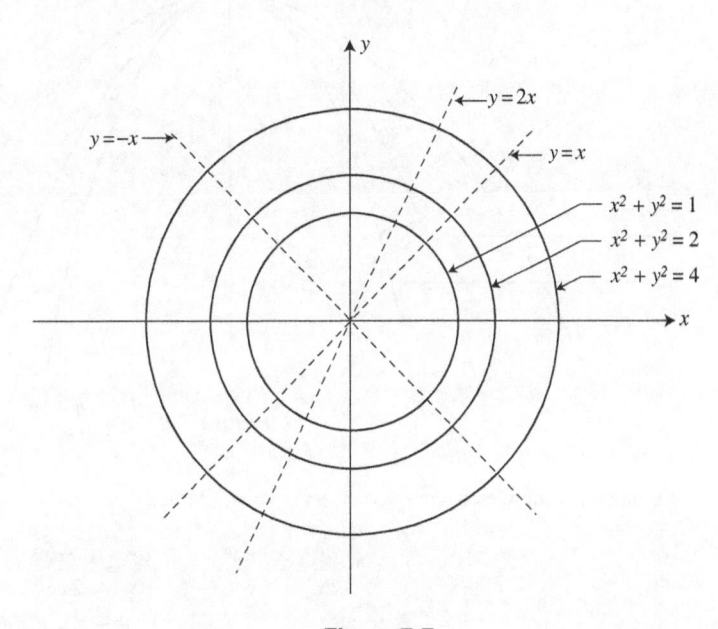

Figura 7-7

7.24 Determine as trajetórias ortogonais da família de curvas $y = cx^2$.

A família, que é dada por (7.12) com $F(x, y, c) = y - cx^2$, consiste em parábolas simétricas em relação ao eixo y com seus vértices na origem. Diferenciando a equação dada em relação a x, obtemos $dy/dx = 2cx$. Para eliminar c, notamos, da equação dada, que $c = y/x^2$; logo, $dy/dx = 2y/x$. Para este caso, $f(x, y) = 2y/x$, de modo que (7.15) se escreve

$$\frac{dy}{dx} = \frac{-x}{2y} \quad \text{ou} \quad x\,dx + 2y\,dy = 0$$

A solução dessa equação separável é $\frac{1}{2}x^2 + y^2 = k$. Essas trajetórias ortogonais são elipses. A Figura 7-8 apresenta alguns membros dessa família, juntamente com alguns membros da família original de parábolas. Note que cada elipse intercepta cada parábola ortogonalmente.

7.25 Determine as trajetórias ortogonais da família de curvas $x^2 + y^2 = cx$.

Neste caso, $F(x, y, c) = x^2 + y^2 - cx$. Diferenciando implicitamente a equação dada em relação a x, obtemos

$$2x + 2y\frac{dy}{dx} = c$$

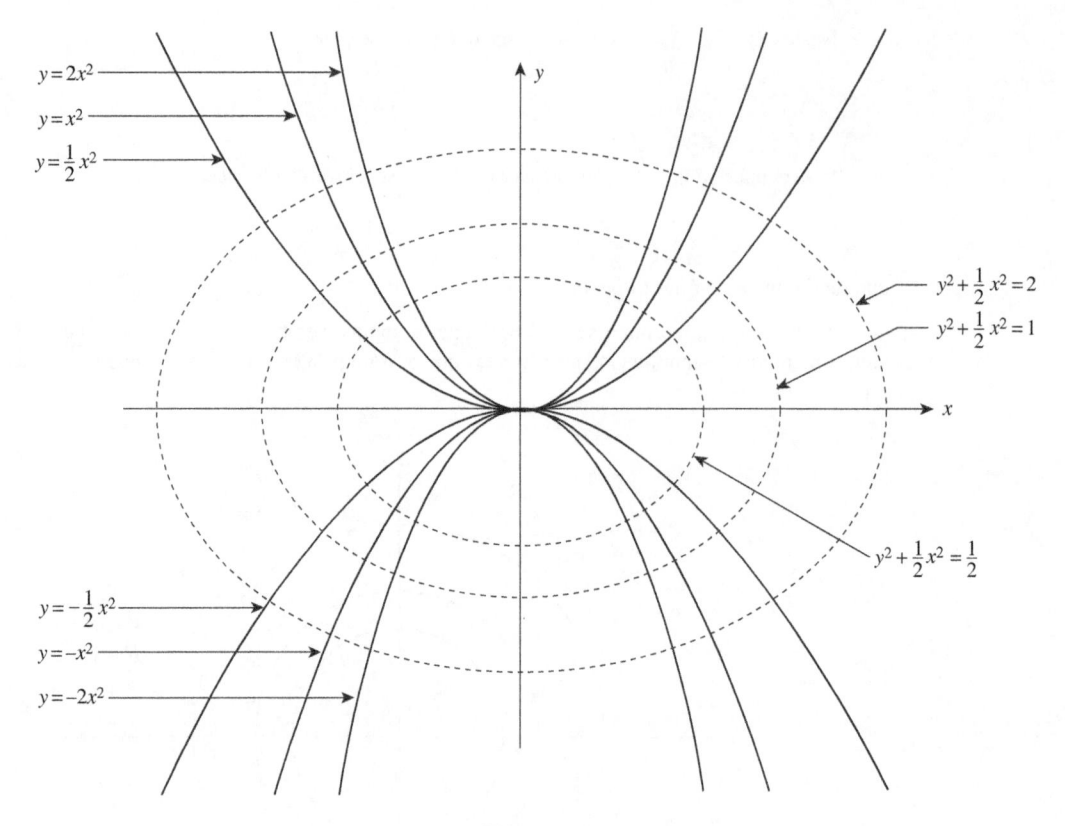

Figura 7-8

Eliminando c entre essa equação e $x^2 + y^2 - cx = 0$, temos

$$2x + 2y\frac{dy}{dx} = \frac{x^2 + y^2}{x} \quad \text{ou} \quad \frac{dy}{dx} = \frac{y^2 - x^2}{2xy}$$

Para este caso, $f(x, y) = (y^2 - x^2)/2xy$, de modo que (7.15) se escreve

$$\frac{dy}{dx} = \frac{2xy}{x^2 - y^2}$$

Essa equação é homogênea, e sua solução (ver Problema 4.14) dá as trajetórias ortogonais de $x^2 + y^2 = ky$.

Problemas Complementares

7.26 Bactérias crescem em uma solução nutriente a uma taxa proporcional à quantidade inicial. Inicialmente, existem 250 fileiras de bactérias na solução, as quais aumentam para 800 fileiras após sete horas. Determine (a) uma expressão para o número aproximado de fileiras na cultura em um instante de tempo t, e (b) o tempo necessário para que o número de bactérias atinja 1600 fileiras.

7.27 Bactérias crescem em uma cultura a uma taxa proporcional à quantidade inicial. Inicialmente, existem 300 fileiras de bactérias na cultura e após duas horas esse número aumenta em 20%. Determine (a) uma expressão para o número aproximado de fileiras na cultura em um instante de tempo t, e (b) o tempo necessário para a duplicação do número de bactérias original.

7.28 Uma substância cresce a uma taxa proporcional ao seu volume inicial. Inicialmente há 2 kg da substância e dois dias depois, 3 kg. Determine (a) a quantidade após um dia e (b) a quantidade após dez dias.

7.29 Uma substância cresce a uma taxa proporcional ao seu volume inicial. Se a quantidade original duplica em um dia, qual será a quantidade existente em cinco dias? *Dica*: Denomine a quantidade inicial como sendo N_0. Não é necessário determinar N_0 explicitamente.

7.30 Um fermento cresce a uma taxa proporcional à sua quantidade inicial. Se a quantidade original duplica em duas horas, quantas horas serão necessárias para que a quantidade de fermento triplique?

7.31 A população de um certo país tem crescido a uma taxa proporcional ao número de habitantes. No momento, existem 80 milhões de habitantes. Dez anos atrás, havia 70 milhões. Admitindo que esta tendência permaneça, determine (a) a expressão aproximada do número de habitantes no instante t (adotando $t = 0$ como o instante inicial) e (b) o número aproximado de habitantes no país ao fim dos próximos 10 anos.

7.32 Sabe-se que a população de um certo estado cresce a uma taxa proporcional ao número inicial de habitantes. Se após dez anos a população triplicou, e se após 20 anos a população é de 150.000 pessoas, determine o número de habitantes iniciais do estado.

7.33 Certo material radioativo decai a uma taxa proporcional à quantidade inicial. Se, inicialmente, há 100 miligramas de material, e se, após dois anos, observou-se o decaimento de 5% do material, determine (a) a expressão da massa para um instante de tempo arbitrário t e (b) o tempo necessário para o decaimento de 10% do material.

7.34 Certo material radioativo decai a uma taxa proporcional à quantidade presente. Se após uma hora observou-se o decaimento de 10% do material, determine a meia-vida do material. *Dica*: Designe por N_0 a massa inicial do material. Não é necessário determinar N_0 explicitamente.

7.35 Determine $N(t)$ para a situação descrita no Problema 7.7.

7.36 Um depositante aplica $ 10.000,00 em um certificado de depósito que paga 6% de juros ao ano, compostos continuamente. Qual será o montante ao final de sete anos, considerando que não haja depósitos adicionais nem retiradas?

7.37 Qual será o montante para o problema anterior, caso a taxa anual de juros seja de $7\frac{1}{2}\%$?

7.38 Um depositante aplica $ 5.000,00 em uma conta em favor de um recém-nascido. Admitindo que não haja depósitos adicionais nem retiradas, de quanto a criança disporá ao atingir a idade de 21 anos, considerando que o banco pague 5% de juros ao ano compostos continuamente durante todo o período?

7.39 Determine a taxa de juros necessária para dobrar o valor de um investimento em oito anos sob capitalização contínua.

7.40 Determine a taxa de juros necessária para triplicar o valor de um investimento em dez anos sob capitalização contínua.

7.41 Qual o tempo necessário para que um depósito bancário triplique de valor considerando que os juros sejam compostos continuamente à taxa de $5\frac{1}{4}\%$ ao ano?

7.42 Qual o tempo necessário para que um depósito bancário duplique de valor considerando que os juros sejam compostos continuamente à taxa de $8\frac{3}{4}\%$ ao ano?

7.43 Uma pessoa possui $6.000,00 e planeja investir esse dinheiro em uma conta que paga juros capitalizados continuamente. Qual deve ser a taxa anual a ser paga pelo banco para o caso em que o depositante necessite de $10.000,00 em quatro anos?

7.44 Uma pessoa possui $8.000,00 e planeja investir esse dinheiro em uma conta que paga juros capitalizados continuamente à taxa de $6\frac{1}{4}\%$. Em quanto tempo o montante atingirá $13.500,00?

7.45 Um corpo à temperatura de 0°F é colocado em um quarto cuja temperatura é mantida a 100°F. Se após 10 minutos a temperatura do corpo for de 25°F, determine (a) o tempo necessário para o corpo atingir a temperatura de 50°F, e (b) a temperatura do corpo após 20 minutos.

7.46 Um corpo com temperatura desconhecida é colocado em um refrigerador com uma temperatura constante de 0°F. Se após 20 minutos a temperatura do corpo for de 40°F, e, após 40 minutos, for de 20°F, determine a temperatura inicial do corpo.

7.47 Um corpo à temperatura de 50°F é colocado em um forno cuja temperatura é mantida em 150°F. Se após 10 minutos a temperatura do corpo for de 75°F, determine o tempo necessário para que o corpo atinja a temperatura de 100°F.

7.48 Uma torta quente que foi cozida a uma temperatura constante de 325°F, é retirada diretamente de um forno e colocada ao ar livre, na sombra, para resfriar, em um dia em que a temperatura ambiente é de 85°F. Após 5 minutos na sombra, a temperatura da torta foi reduzida a 250°F. Determine (a) a temperatura da torta após 20 minutos e (b) o tempo necessário para que a temperatura da torta seja de 275°F.

7.49 Prepara-se chá em uma taça pré-aquecida com água quente de modo que a temperatura, tanto da taça, quanto do chá, esteja inicialmente em 190°F. Deixa-se então a taça resfriar em um quarto mantido à temperatura constante de 72°F. Dois minutos depois, a temperatura do chá é de 150°F. Determine (a) a temperatura do chá após 5 minutos e (b) o tempo necessário para que a temperatura do chá atinja 100°F.

7.50 Uma barra de ferro previamente aquecida a 1.200°C é resfriada em um tanque com água mantida à temperatura constante de 50°C. A barra resfria 200°C no primeiro minuto. Quanto tempo levará para resfriar outros 200°C?

7.51 Um corpo de massa 15 kg cai de uma altura de 150 m, sem velocidade inicial. Desprezando a resistência do ar, determine (a) a expressão da velocidade do corpo no instante t e (b) a expressão da posição do corpo no instante t em relação ao sistema de coordenadas descrito na Fig. 7-5.

7.52 (a) Determine o tempo necessário para que o corpo descrito no problema anterior atinja o solo. (b) Qual seria o tempo necessário se a massa do corpo fosse de 30 kg?

7.53 Deixa-se cair um corpo de uma altura de 150 m com uma velocidade inicial de 10 m/s. Desprezando a resistência do ar, determine (a) a expressão da velocidade do corpo no instante t e (b) o tempo necessário para o corpo atingir o solo.

7.54 Deixa-se cair um corpo de 30 kg de uma altura de 135 m, com uma velocidade inicial de 3 m/s. Desprezando a resistência do ar, determine (a) a expressão da velocidade do corpo no instante t e (b) o tempo necessário para o corpo atingir o solo.

7.55 Lança-se uma bola verticalmente para cima com uma velocidade inicial de 150 m/s no vácuo, sem resistência do ar. Qual o tempo necessário para que a bola retorne ao solo?

7.56 Lança-se uma bola verticalmente para cima com uma velocidade inicial de 80 m/s no vácuo, sem resistência do ar. Qual altura a bola atingirá?

7.57 Um corpo de massa m é lançado verticalmente para cima com velocidade inicial v_0. Não existe resistência do ar. Determine (a) a equação do movimento no sistema de coordenadas da Fig. 7-6, (b) a expressão da velocidade do corpo no instante t, (c) o tempo t_m no qual o corpo atinge a altura máxima, (d) a expressão da posição do corpo no instante t e (e) a altura máxima atingida pelo corpo.

7.58 Refaça o Problema 7.51 admitindo que exista resistência do ar, responsável por criar uma força de $-2v$ kg sobre o corpo.

7.59 Refaça o Problema 7.54 admitindo que exista resistência do ar, responsável por criar uma força de $-\frac{1}{2}v$ kg sobre o corpo.

7.60 Deixa-se cair uma bola de 75 kg de uma altura de 300 m. Determine a velocidade limite da bola, considerando que a força de resistência do ar seja de $-\frac{1}{2}v$.

7.61 Um corpo de massa 2 kg é deixado cair de uma altura de 200 m. Determine a velocidade limite do corpo, considerando que a força de resistência do ar seja de $-50v$.

7.62 Deixa-se cair um corpo de 145 kg de massa de uma altura de 300 m, sem velocidade inicial. O corpo encontra uma resistência do ar proporcional à sua velocidade. Se a velocidade limite é de 100 m/s, determine (a) a expressão da velocidade no instante t, (b) a expressão da posição do corpo no instante t e (c) o tempo necessário para que o corpo atinja uma velocidade de 50 m/s.

7.63 Deixa-se cair de uma grande altura um corpo pesando 3,6 kg, sem velocidade inicial. Na queda, o corpo experimenta uma força devido à resistência do ar proporcional à sua velocidade. Se a velocidade limite do corpo for de 1,20 m/s, determine (a) a expressão da velocidade do corpo no instante t e (b) a expressão para a posição do corpo no instante t.

7.64 Deixa-se cair um corpo de 72 kg de uma altura de 600 m, sem velocidade inicial. Na queda, o corpo experimenta uma força devido à resistência do ar proporcional à sua velocidade. Se a velocidade limite do corpo for de 100 m/s, determine (a) a expressão da velocidade do corpo no instante t e (b) a expressão da posição do corpo no instante t.

7.65 Um tanque contém inicialmente 35 l de água pura. Uma solução de salmoura contendo $\frac{1}{2}$ kg de sal por litro começa a entrar no tanque à razão de 7 l/min, enquanto a mistura homogeneizada sai do tanque a mesma taxa. Determine (a) a quantidade e (b) a concentração de sal no tanque no instante t.

7.66 Um tanque contém inicialmente 300 l de solução de salmoura com 0,225 kg de sal por litro. Em $t = 0$, começa a entrar no tanque outra solução de salmoura com 0,120 kg de sal por litro, à razão de 15 l/min, enquanto a mistura bem homogeneizada sai do tanque à razão de 30 l/min. Determine a quantidade de sal no tanque quando este contém exatamente 150 litros de solução.

7.67 Um tanque contém 380 l de salmoura obtida dissolvendo-se 36 kg de sal na água. Água pura começa a entrar no tanque à razão de 15 l/min, enquanto a mistura bem homogeneizada sai do tanque à mesma razão. Determine (a) a quantidade de sal no tanque no instante t e (b) o tempo necessário para que a metade do sal saia do tanque.

7.68 Um tanque contém 380 l de salmoura obtida dissolvendo-se 27 kg de sal na água. Água salgada, com 0,10 l de sal por litro, entra no tanque à razão de 7,5 l/min, enquanto a mistura bem homogeneizada sai do tanque à mesma taxa. Determine a quantidade de sal no tanque após 30 minutos.

7.69 Um tanque contém 40 l de solução com 2 g de substância por litro. Água salgada contendo 3 g desta substância por litro entra no tanque à razão de 4 l/min, e a mistura homogeneizada sai do tanque à mesma taxa. Determine a quantidade de sal no tanque após 15 minutos.

7.70 Um tanque contém 40 l de uma solução química obtida pela dissolução, em água pura, de 80 g de uma substância solúvel. Um fluido contendo 2 g dessa substância por litro entra no tanque à razão de 3 l/min, e a mistura homogeneizada sai do tanque à mesma taxa. Determine a quantidade de sal no tanque após 20 minutos.

7.71 Um circuito RC possui uma fem de 5 volts, uma resistência de 10 ohms, uma capacitância de 10^{-2} farad, e, inicialmente, uma carga de 5 coulombs no capacitor. Determine (a) a corrente transitória e (b) a corrente de estado estacionário.

7.72 Um circuito RC possui uma fem de 100 volts, uma resistência de 10 ohms, uma capacitância de 0,02 farad, e, inicialmente, uma carga de 5 coulombs no capacitor. Determine (a) a expressão da carga no capacitor no instante t e (b) a corrente no circuito no instante t.

7.73 Um circuito RC sem fem aplicada tem uma resistência de 10 ohms, uma capacitância de 0,04 farad e inicialmente uma carga de 10 coulombs no capacitor. Determine (a) a expressão da carga no capacitor no instante t e (b) a corrente no circuito no instante t.

7.74 Um circuito RC possui uma fem de 10 sen t volts, uma resistência de 100 ohms, uma capacitância de 0,005 farad e nenhuma carga inicial no capacitor. Determine (a) a carga no capacitor no instante t e (b) a corrente de estado estacionário.

7.75 Um circuito RC possui uma fem de 300 cos $2t$ volts, uma resistência de 150 ohms, uma capacitância de 1/6 $\times 10^{-2}$ farad e uma carga inicial no capacitor de 5 coulombs. Determine (a) a carga no capacitor no instante t e (b) a corrente de estado estacionário.

7.76 Um circuito RL possui uma fem de 5 volts, uma resistência de 50 ohms, uma indutância de 1 henry e não tem corrente inicial. Determine (a) a corrente no circuito no instante t e (b) sua componente de estado estacionário.

7.77 Um circuito RL sem fem aplicada possui uma resistência de 50 ohms, uma indutância de 2 henries e uma corrente inicial de 10 ampères. Determine (a) a corrente no circuito no instante t e (b) sua componente transitória.

7.78 Um circuito RL possui uma resistência de 10 ohms, uma indutância de 1,5 henries, uma fem aplicada de 9 volts e uma corrente inicial de 6 ampères. Determine (a) a corrente no circuito no instante t e (b) sua componente transitória.

7.79 Um circuito RL possui uma fem dada (em volts) por 4 sen t, uma resistência de 100 ohms, uma indutância de 4 henries e não tem corrente inicial. Determine a corrente no instante t.

7.80 Sabe-se que a corrente em estado estacionário em um circuito é $\frac{5}{17}$ sen $t - \frac{3}{17}$ cos t. Reescreva essa corrente sob a forma A sen $(t - \phi)$.

7.81 Reescreva a corrente de estado estacionário do Problema 7.21 sob a forma A cos $(2t + \phi)$. *Sugestão*: Use a identidade cos $(x + y) \equiv$ cos x cos y − sen x sen y.

7.82 Determine as trajetórias ortogonais da família de curvas $x^2 - y^2 = c^2$.

7.83 Determine as trajetórias ortogonais da família de curvas $y = ce^x$.

7.84 Determine as trajetórias ortogonais da família de curvas $x^2 - y^2 = cx$.

7.85 Determine as trajetórias ortogonais da família de curvas $x^2 + y^2 = cy$.

7.86 Determine as trajetórias ortogonais da família de curvas $y^2 = 4cx$.

7.87 Cem fileiras de bactérias são colocadas em uma solução nutriente com suprimento constante de alimento, mas o espaço é limitado. A competição por espaço força a população de bactérias a se estabilizar em 1000 fileiras. Sob tais condições, a taxa de crescimento das bactérias é proporcional ao produto da quantidade de bactérias presentes na cultura pela diferença entre a população máxima suportável na solução e a população atual. Estime a quantidade de bactérias na solução no instante t, sabendo-se que existem 200 fileiras de bactérias na solução após sete horas.

7.88 Deve-se testar um novo produto, fornecendo-o grátis a 1000 pessoas em uma cidade com um milhão de habitantes (população que se assume permanecer constante durante o período do teste). Admite-se também que a taxa de adoção do produto seja proporcional ao número de pessoas que possuem o produto com o número de pessoas que não o possuem. Estime em função do tempo o número de pessoas que adotarão o produto, sabendo-se que 3000 pessoas o adotaram após quatro semanas.

7.89 Deixa-se cair um corpo com 3,26 kg de massa e com velocidade inicial de 1 m/s. Esse corpo encontra uma resistência do ar dada exatamente por $-8v^2$. Determine a velocidade no instante t.

Capítulo 8

Equações Diferenciais Lineares: Teoria das Soluções

EQUAÇÕES DIFERENCIAIS LINEARES

Uma equação diferencial linear de ordem n tem a forma

$$b_n(x)y^{(n)} + b_{n-1}(x)y^{(n-1)} + \cdots + b_2(x)y'' + b_1(x)y' + b_0(x)y = g(x) \tag{8.1}$$

onde $g(x)$ e os coeficientes $b_j(x)$ ($j = 0, 1, 2,..., n$) dependem apenas da variável x. Em outras palavras, não dependem de y ou qualquer derivada de y.

Se $g(x) \equiv 0$, então a Eq. (8.1) é *homogênea*; caso contrário, é *não-homogênea*. Uma equação diferencial linear possui coeficientes constantes se todos os coeficientes $b_j(x)$ em (8.1) forem constantes; se um ou mais desses coeficientes não forem constantes, (8.1) possui *coeficientes variáveis*.

Teorema 8.1 Considere o problema de valor inicial dado pela equação diferencial linear (8.1) e n condições iniciais

$$y(x_0) = c_0, \qquad y'(x_0) = c_1, \qquad y''(x_0) = c_2,..., y^{(n-1)}(x_0) = c_{n-1} \tag{8.2}$$

Se $g(x)$ e $b_j(x)$ ($j = 0, 1, 2,..., n$) são contínuas em um intervalo $\mathcal{I}$ contendo x_0 e se $b_n(x) \neq 0$ em $\mathcal{I}$, então o problema de valor inicial dado por (8.1) e (8.2) possui uma única (e apenas uma) solução definida para todo o intervalo $\mathcal{I}$.

Quando as condições sobre $b_n(x)$ no Teorema 8.1 se verificam, podemos dividir a Eq. (8.1) por $b_n(x)$, obtendo

$$y^{(n)} + a_{n-1}y^{(n-1)} + \cdots + a_2(x)y'' + a_1(x)y' + a_0(x)y = \phi(x) \tag{8.3}$$

onde $a_j(x) = b_j(x)/b_n(x)$ ($j = 0, 1, 2,..., n$) e $\phi(x) = g(x)/b_n(x)$.

Definamos o operador diferencial $\mathbf{L}(y)$ por

$$\mathbf{L}(y) \equiv y^{(n)} + a_{n-1}(x)\,y^{(n-1)} + \cdots + a_2(x)y'' + a_1(x)y' + a_0(x)y \tag{8.4}$$

onde $a_i(x)$ ($i = 0, 1, 2,..., n - 1$) é contínua em um intervalo de interesse. Assim, (8.3) pode ser reescrita como

$$\mathbf{L}(y) = \phi(x) \qquad (8.5)$$

e, em particular, uma equação diferencial homogênea linear pode ser expressa como

$$\mathbf{L}(y) = 0 \qquad (8.6)$$

SOLUÇÕES LINEARMENTE INDEPENDENTES

Um conjunto de funções $\{y_1(x), y_2(x),..., y_n(x)\}$ é *linearmente independente* em $a \leq x \leq b$ se existem constantes $c_1, c_2,..., c_n$, *não simultaneamente nulas*, de tal forma que

$$c_1 y_1(x) + c_2 y_2(x) + \cdots + c_n y_n(x) \equiv 0 \qquad (8.7)$$

em $a \leq x \leq b$.

Exemplo 8.1 O conjunto $\{x, 5x, 1, \operatorname{sen} x\}$ é linearmente dependente em $[-1, 1]$ pois existem constantes $c_1 = -5, c_2 = 1, c_3 = 0$ e $c_4 = 0$, *não simultaneamente nulas*, de tal forma que (8.7) é satisfeita. Em particular,

$$-5 \cdot x + 1 \cdot 5x + 0 \cdot 1 + 0 \cdot \operatorname{sen} x \equiv 0$$

Note que $c_1 = c_2 = ... = c_n = 0$ é um conjunto de constantes que sempre satisfazem (8.7). Um conjunto de funções é linearmente dependente se existe *outro* conjunto de constantes, não simultaneamente nulas, que também satisfazem (8.7). Se a *única* solução de (8.7) for $c_1 = c_2 = ... = c_n = 0$, então o conjunto de funções $\{y_1(x), y_2(x),..., y_n(x)\}$ é *linearmente independente* em $a \leq x \leq b$.

Teorema 8.2 A equação diferencial linear *homogênea* de ordem n $\mathbf{L}(y) = 0$ sempre possui n soluções linearmente independentes. Se $y_1(x), y_2(x),..., y_n(x)$ representam essas soluções, então, a solução geral de $\mathbf{L}(y)$ é

$$y(x) = c_1 y_1(x) + c_2 y_2(x) + \cdots + c_n y_n(x) \qquad (8.8)$$

onde $c_1, c_2,...c_n$ representam constantes arbitrárias.

O WRONSKIANO

O *Wronskiano* de um conjunto de funções $\{z_1(x), z_2(x),..., z_n(x)\}$ no intervalo $a \leq x \leq b$, tendo a propriedade de que cada função possui $n - 1$ derivadas nesse intervalo, é o determinante

$$W(z_1, z_2,..., z_n) = \begin{vmatrix} z_1 & z_2 & \cdots & z_n \\ z_1' & z_2' & \cdots & z_n' \\ z_1'' & z_2'' & \cdots & z_n'' \\ \vdots & \vdots & & \vdots \\ z_1^{(n-1)} & z_2^{(n-1)} & \cdots & z_n^{(n-1)} \end{vmatrix}$$

Teorema 8.3 Se o Wronskiano de um conjunto de n funções definidas no intervalo $a \leq x \leq b$, é não-zero para pelo menos um ponto do intervalo, então o conjunto de funções é linearmente independente neste intervalo. Se o Wronskiano for identicamente nulo nesse intervalo, e se cada uma das funções é solução para a mesma equação diferencial linear, então o conjunto de funções é linearmente dependente.

Atenção: O Teorema 8.3. nada nos diz quando o Wronskiano for identicamente nulo *e* as funções não forem reconhecidas como soluções da mesma equação diferencial linear. Neste caso, é necessário testar diretamente se (8.7) é satisfeita.

EQUAÇÕES NÃO-HOMOGÊNEAS

Seja y_p uma solução *particular* da Eq. (8.5) (ver Capítulo 3) e seja y_h (de agora em diante denominada *solução homogênea* ou *complementar*) representando a solução geral da equação homogênea associada $\mathbf{L}(y) = 0$.

Teorema 8.4 A solução geral para $\mathbf{L}(y) = \phi(x)$ é

$$y = y_h + y_p \tag{8.9}$$

Problemas Resolvidos

8.1 Indique a ordem de cada uma das equações diferenciais e determine quais são lineares:

(a) $2xy'' + x^2 y' - (\operatorname{sen} x)y = 2$

(b) $yy''' + xy' + y = x^2$

(c) $y'' - y = 0$

(d) $3y' + xy = e^{-x^2}$

(e) $2e^x y''' + e^x y'' = 1$

(f) $\dfrac{d^4 y}{dx^4} + y^4 = 0$

(g) $y'' + \sqrt{y'} + y = x^2$

(h) $y' + 2y + 3 = 0$

(a) Segunda ordem. Neste caso, $b_2(x) = 2x$, $b_1(x) = x^2$, $b_0(x) = -\operatorname{sen} x$ e $g(x) = 2$. Como nenhum destes termos depende de y ou de qualquer derivada de y, a equação diferencial é linear.

(b) Terceira ordem. Como $b_3(x) = y$, que depende de y, a equação diferencial é não-linear.

(c) Segunda ordem. Como $b_2(x) = 1$, $b_1(x) = 0$, $b_0(x) = 1$ e $g(x) = 0$. Nenhum destes termos depende de y ou de qualquer derivada de y; logo, a equação diferencial é linear.

(d) Primeira ordem. Aqui, $b_1(x) = 3$, $b_0(x) = x$ e $g(x) = e^{-x^2}$; logo, a equação diferencial é linear (ver também Capítulo 5).

(e) Terceira ordem. Aqui, $b_3(x) = 2e^x$, $b_2(x) = e^x$, $b_1(x) = b_0(x) = 0$ e $g(x) = 1$. Nenhum destes termos depende de y ou de qualquer derivada de y; logo, a equação é linear.

(f) Quarta ordem. A equação é não-linear porque y está elevado a uma potência superior à unidade.

(g) Segunda ordem. A equação é não-linear pois a primeira derivada de y está elevada à potência ½, diferente da unidade.

(h) Primeira ordem. Neste caso, $b_1(x) = 1$, $b_0(x) = 2$ e $g(x) = -3$. Nenhum destes termos depende de y ou de qualquer derivada de y; logo, a equação é linear.

8.2 Quais das equações diferenciais dadas no Problema 8.1 são homogêneas?

Com os resultados do Problema 8.1, notamos que a única equação diferencial linear que possui $g(x) \equiv 0$ é a (c), então esta é a única equação homogênea. Equações (a), (d), (e) e (h) são equações diferenciais lineares não-homogêneas.

8.3 Quais das equações diferenciais dadas no Problema 8.1 possuem coeficientes constantes?

Na forma dada, apenas (c) e (h) possuem coeficientes constantes, pois apenas nestas equações todos os coeficientes são constantes. A equação (e) pode ser transformada em uma equação de coeficientes constantes multiplicando-a por e^{-x}. A equação se escreve então

$$2y''' + y'' = e^{-x}$$

8.4 Determine a forma geral de uma equação diferencial linear de (a) ordem dois e (b) ordem um.

(a) Para uma equação diferencial de segunda ordem, (8.1) se escreve como

$$b_2(x)y'' + b_1(x)y' + b_0(x)y = g(x)$$

Se $b_2(x) \neq 0$, podemos dividi-la por b_2 e (8.3) toma a forma

$$y'' + a_1(x)y' + a_0(x)y = \phi(x)$$

(b) Para uma equação diferencial de primeira ordem, (8.1) se escreve

Se $b_1(x) \neq 0$, podemos dividi-la por b_1, e (8.3) toma a forma

$$y' + a_0(x)y = \phi(x)$$

Essa última equação é idêntica a (6.1) com $p(x) = a_0(x)$ e $q(x) = \phi(x)$.

8.5 Determine o Wronskiano do conjunto $\{e^x, e^{-x}\}$

$$W(e^x, e^{-x}) = \begin{vmatrix} e^x & e^{-x} \\ \dfrac{de^x}{dx} & \dfrac{de^{-x}}{dx} \end{vmatrix} = \begin{vmatrix} e^x & e^{-x} \\ e^x & -e^{-x} \end{vmatrix}$$

$$= e^x(-e^{-x}) - e^{-x}(e^x) = -2$$

8.6 Determine o Wronskiano do conjunto $\{\text{sen } 3x, \cos 3x\}$

$$W(\text{sen } 3x, \cos 3x) = \begin{vmatrix} \text{sen } 3x & \cos 3x \\ \dfrac{d(\text{sen } 3x)}{dx} & \dfrac{d(\cos 3x)}{dx} \end{vmatrix} = \begin{vmatrix} \text{sen } 3x & \cos 3x \\ 3\cos 3x & -3\text{sen } 3x \end{vmatrix}$$

$$= -3(\text{sen}^2 3x + \cos^2 3x) = -3$$

8.7 Determine o Wronskiano do conjunto $\{x, x^2, x^3\}$

$$W(x, x^2, x^3) = \begin{vmatrix} x & x^2 & x^3 \\ \dfrac{d(x)}{dx} & \dfrac{d(x^2)}{dx} & \dfrac{d(x^3)}{dx} \\ \dfrac{d^2(x)}{dx^2} & \dfrac{d^2(x^2)}{dx^2} & \dfrac{d^2(x^3)}{dx^2} \end{vmatrix}$$

$$= \begin{vmatrix} x & x^2 & x^3 \\ 1 & 2x & 3x^2 \\ 0 & 2 & 6x \end{vmatrix} = 2x^3$$

Este exemplo mostra que o Wronskiano é, em geral, uma função não-constante.

8.8 Determine o Wronskiano do conjunto $\{1 - x, 1 + x, 1 - 3x\}$

$$W(1-x, 1+x, 1-3x) = \begin{vmatrix} 1-x & 1+x & 1-3x \\ \dfrac{d(1-x)}{dx} & \dfrac{d(1+x)}{dx} & \dfrac{d(1-3x)}{dx} \\ \dfrac{d^2(1-x)}{dx^2} & \dfrac{d^2(1+x)}{dx^2} & \dfrac{d^2(1-3x)}{dx^2} \end{vmatrix}$$

$$= \begin{vmatrix} 1-x & 1+x & 1-3x \\ -1 & 1 & -3 \\ 0 & 0 & 0 \end{vmatrix} = 0$$

8.9 Determine se o conjunto $\{e^x, e^{-x}\}$ é linearmente dependente em $(-\infty, \infty)$.

O Wronskiano desse conjunto é dado no Problema 8.5 como sendo -2. Como é diferente de zero em ao menos um ponto do intervalo de interesse, (na verdade, é diferente de zero para todos os pontos do intervalo), decorre do Teorema 8.3 que esse conjunto é linearmente independente.

8.10 Refaça o Problema 8.9 testando diretamente como a Eq. (8.7) pode ser satisfeita.

Considere a equação

$$c_1 e^x + c_2 e^{-x} \equiv 0 \qquad (1)$$

Devemos determinar se existem valores de c_1 e c_2, *não simultaneamente nulos*, que satisfazem (1). Reescrevendo (1), temos $c_2 e^{-x} \equiv -c_1 e^x$ ou

$$c_2 \equiv -c_1 e^{2x} \qquad (2)$$

Para qualquer valor não-nulo de c_1, o membro esquerdo de (2) é uma constante, enquanto o membro direito não o é; logo, a igualdade em (2) não é válida. Assim, a *única* solução de (2) e, por conseguinte, de (1), é $c_1 = c_2 = 0$. Assim, o conjunto não é linearmente dependente; é, ao contrário, linearmente independente.

8.11 O conjunto $\{x^2, x, 1\}$ é linearmente dependente em $(-\infty, \infty)$?

O Wronskiano desse conjunto foi determinado no Problema 8.7 como sendo $2x^3$. Como é diferente de zero em pelo menos um ponto do intervalo de interesse, (em particular, $x = 3$, $W = 54 \neq 0$), segue-se do Teorema 8.3 que esse conjunto é linearmente independente.

8.12 Refaça o Problema 8.11 testando diretamente como a Eq. (8.7) é satisfeita.

Considere a equação

$$c_1 x^2 + c_2 x + c_3 \equiv 0 \qquad (1)$$

Como esta equação é válida para todo x apenas se $c_1 = c_2 = c_3 = 0$, o conjunto dado é linearmente independente. Note que se qualquer um dos cs não fosse zero, então a equação quadrática (1) seria válida para no máximo dois valores de x (as raízes da equação), e *não para todo* x.

8.13 Determine se o conjunto $\{1 - x, 1 + x, 1 - 3x\}$ é linearmente dependente em $(-\infty, \infty)$.

O Wronskiano desse conjunto foi determinado no Problema 8.8 como sendo identicamente zero. Neste caso, o Teorema 8.3 não nos dá informação alguma; devemos testar diretamente se a Eq. (8.7) é satisfeita.

Considere a equação

$$c_1(1 - x) + c_2(1 + x) + c_3(1 - 3x) \equiv 0 \qquad (1)$$

que pode ser reescrita como

$$(-c_1 + c_2 - 3c_3)x + (c_1 + c_2 + c_3) \equiv 0$$

A equação linear pode ser satisfeita para todo x apenas se ambos os coeficientes forem zero. Assim,

$$-c_1 + c_2 - 3c_3 = 0 \qquad \text{e} \qquad c_1 + c_2 + c_3 = 0$$

Resolvendo essas equações simultaneamente, obtemos $c_1 = -2c_3$, $c_2 = c_3$, com c_3 arbitrário. Adotando $c_3 = 1$ (qualquer outro número diferente de zero poderia ser aplicado), obtemos $c_1 = -2$, $c_2 = 1$ e $c_3 = 1$ como conjunto de constantes, não simultaneamente nulas, que satisfazem (1). Assim, o conjunto dado de funções é linearmente dependente.

8.14 Refaça o Problema 8.13 sabendo que todas as funções do conjunto dado são soluções da equação diferencial $y'' = 0$.

O Wronskiano é identicamente zero *e* todas as funções do conjunto são soluções da mesma equação diferencial linear, de modo que, de acordo com o Teorema 8.3, o conjunto é linearmente dependente.

8.15 Determine a solução geral de $y'' + 9y = 0$, sabendo que duas soluções são

$$y_1(x) = \operatorname{sen} 3x \qquad \text{e} \qquad y_2(x) = \cos 2x$$

No Problema 8.6, vimos que o Wronskiano das duas soluções é -3, que é sempre diferente de zero. Decorre, primeiro do Teorema 8.3, que as duas soluções são linearmente independentes e, então, do Teorema 8.2, que a solução geral é

$$y(x) = c_1 \operatorname{sen} 3x + c_2 \cos 2x$$

8.16 Determine a solução geral de $y'' - y = 0$, sabendo que duas soluções são

$$y_1(x) = e^x \quad \text{e} \quad y_2(x) = e^{-x}$$

Nos Problemas 8.9 e 8.10, mostramos que essas duas funções são linearmente independentes. Segue-se do Teorema 8.2 que a solução geral é

$$y(x) = c_1 e^x + c_2 e^{-x}$$

8.17 e^{-x} e $5e^{-x}$ são duas soluções de $y'' - 2y' + y = 0$. A solução geral é $y = c_1 e^{-x} + c_2 5e^{-x}$?

Calculamos

$$W(e^{-x}, 5e^{-x}) = \begin{vmatrix} e^{-x} & 5e^{-x} \\ -e^{-x} & -5e^{-x} \end{vmatrix} \equiv 0$$

Portanto, as funções e^{-x} e $5e^{-x}$ são linearmente dependentes (ver Teorema 8.3), e concluímos, a partir do Teorema 8.2, que $y = c_1 e^{-x} + c_2 5e^{-x}$ *não* é solução geral.

8.18 e^x e xe^x são duas soluções de $y'' - 2y' + y = 0$. A solução geral é $y = c_1 e^x + c_2 xe^x$?

Calculamos

$$W(e^x, xe^x) = \begin{vmatrix} e^x & xe^x \\ e^x & e^x + xe^x \end{vmatrix} = e^{2x} \not\equiv 0$$

Segue-se, primeiro do Teorema 8.3, que as duas soluções particulares são linearmente independentes e, em seguida, do Teorema 8.2, que a solução geral é

$$y = c_1 e^x + c_2 xe^x$$

8.19 x^2, x e 1 são três soluções de $y''' = 0$. A solução geral é $y = c_1 x^2 + c_2 x + c_3$?

Sim. Foi mostrado nos Problemas 8.11 e 8.12 que as três soluções são linearmente independentes, de modo que o resultado é imediato, de acordo com o Teorema 8.3.

8.20 e^x e e^{2x} são duas soluções de $y''' - 6y'' + 11y' - 6y = 0$. A solução geral é $y = c_1 e^x + c_2 e^{2x}$?

Não. O Teorema 8.2 afirma que a solução geral de uma equação linear homogênea de *terceira* ordem é uma combinação de *três* soluções linearmente independentes, e não de duas.

8.21 Use os resultados do Problema 8.16 para determinar a solução geral de

$$y'' - y = 2 \operatorname{sen} x$$

sabendo-se que $- \operatorname{sen} x$ é uma solução particular.

Temos que $y_p = - \operatorname{sen} x$, e, pelo Problema 8.16, sabemos que a solução geral associada à equação diferencial homogênea é $y_h = c_1 e^x + c_2 e^{-x}$. Segue-se do Teorema 8.4 que a solução geral da equação diferencial não-homogênea dada é

$$y = y_h + y_p = c_1 e^x + c_2 e^{-x} - \operatorname{sen} x$$

8.22 Use os resultados do Problema 8.18 para determinar a solução geral de

$$y'' - 2y' + y = x^2$$

sabendo que $x^2 + 4x + 6$ é uma solução particular.

Pelo Problema 8.18, a solução geral da equação diferencial homogênea associada é

$$y_h = c_1 e^x + c_2 xe^x$$

Como $y_p = x^2 + 4x + 6$, decorre do Teorema 8.4 que

$$y = y_h + y_p = c_1 e^x + c_2 x e^x + x^2 + 4x + 6$$

8.23 Use os resultados do Problema 8.18 para determinar a solução geral de

$$y'' - 2y' + y = e^{3x}$$

sabendo que $\frac{1}{4} e^{3x}$ é uma solução particular.

Pelo Problema 8.18, a solução geral da equação diferencial homogênea associada é

$$y_h = c_1 e^x + c_2 x e^x$$

Além disso, $y_p = \frac{1}{4} e^{3x}$. Segue-se diretamente do Teorema 8.4 que

$$y = y_h + y_p = c_1 e^x + c_2 x e^x + \frac{1}{4} e^{3x}$$

8.24 Determine se o conjunto $\{x^3, |x^3|\}$ é linearmente dependente em $[-1, 1]$.

Considere a equação

$$c_1 x^3 + c_2 |x^3| \equiv 0 \qquad (1)$$

Lembrando que $|x^3| = x^3$ se $x \geq 0$ e $|x^3| = -x^3$ se $x < 0$. Logo, para $x \geq 0$, (1) se torna

$$c_1 x^3 + c_2 x^3 \equiv 0 \qquad (2)$$

Enquanto que para $x < 0$, (1) se torna

$$c_1 x^3 - c_2 x^3 \equiv 0 \qquad (3)$$

Resolvendo (2) e (3) simultaneamente em relação a c_1 e c_2, obtemos a *única* solução $c_1 = c_2 = 0$. Portanto, o conjunto dado é linearmente independente.

8.25 Determine $W(x^3, |x^3|)$ em $[-1, 1]$.

Temos

$$|x^3| = \begin{cases} x^3 & \text{se } x \geq 0 \\ -x^3 & \text{se } x < 0 \end{cases} \qquad \frac{d(|x^3|)}{dx} = \begin{cases} 3x^2 & \text{se } x > 0 \\ 0 & \text{se } x = 0 \\ -3x^2 & \text{se } x < 0 \end{cases}$$

Então, para $x > 0$,

$$W(x^3, |x^3|) = \begin{vmatrix} x^3 & x^3 \\ 3x^2 & 3x^2 \end{vmatrix} \equiv 0$$

Para $x < 0$,

$$W(x^3, |x^3|) = \begin{vmatrix} x^3 & -x^3 \\ 3x^2 & -3x^2 \end{vmatrix} \equiv 0$$

Para $x = 0$,

$$W(x^3, |x^3|) = \begin{vmatrix} 0 & 0 \\ 0 & 0 \end{vmatrix} = 0$$

Assim, $W(x^3, |x^3|) \equiv 0$ em $[-1, 1]$.

8.26 Os resultados do Problema 8.24 e 8.25 contradizem o Teorema 8.3?

Não. Como o Wronskiano de duas funções linearmente independentes é identicamente zero, decorre do Teorema 8.3 que estas duas funções x^3 e $|x^3|$ *não* são simultaneamente soluções da *mesma* equação diferencial linear homogênea da forma $\mathbf{L}(y) = 0$.

8.27 $y = x^3$ e $y = |x^3|$ são duas soluções de $y'' - (2/x)y' = 0$ em $[-1, 1]$. Esse resultado contradiz a solução do Problema 8.26?

Não. Embora $W(x^3, |x^3|) \equiv 0$ e $y = x^3$ e $y = |x^3|$ serem soluções linearmente independentes da mesma equação diferencial linear homogênea $y'' - (2/x)y' = 0$, essa equação diferencial não é da forma $\mathbf{L}(y) = 0$. O coeficiente $-2/x$ é descontínuo em $x = 0$.

8.28 O problema de valor inicial $y' = 2\sqrt{|y|}$ $y(0) = $ admite as duas soluções $y = x|x|$ e $y \equiv 0$. Isso viola o Teorema 8.1?

Não. Neste caso, $\phi = 2\sqrt{|y|}$, que depende de y; portanto a equação diferencial não é linear e o Teorema 8.1 não se aplica.

8.29 Determine todas as soluções do problema de valor inicial $y'' + e^x y' + (x+1)y = 0$; $y(1) = 0$, $y'(1) = 0$.

Neste caso, $b_2(x) = 1$, $b_1(x) = e^x$, $b_0(x) = x+1$ e $g(x) \equiv 0$ satisfazem as hipóteses do Teorema 8.1; assim, a solução do problema de valor inicial é única. Por inspeção, $y \equiv 0$ é uma solução. Segue-se que $y \equiv 0$ é a única solução.

8.30 Demonstre que o operador de segunda ordem $\mathbf{L}(y)$ é linear; isto é

$$\mathbf{L}(c_1 y_1 + c_2 y_2) = c_1 \mathbf{L}(y_1) + c_2 \mathbf{L}(y_2)$$

onde c_1 e c_2 são constantes arbitrárias e y_1 e y_2 são funções arbitrárias n vezes diferenciáveis.

Em geral,

$$\mathbf{L}(y) = y'' + a_1(x) y' + a_0(x) y$$

Assim,
$$\begin{aligned}\mathbf{L}(c_1 y_1 + c_2 y_2) &= (c_1 y_1 + c_2 y_2)'' + a_1(x)(c_1 y_1 + c_2 y_2)' + a_0(x)(c_1 y_1 + c_2 y_2) \\ &= c_1 y_1'' + c_2 y_2'' + a_1(x) c_1 y_1' + a_1(x) c_2 y_2' + a_0(x) c_1 y_1 + a_0(x) c_2 y_2 \\ &= c_1 [y_1'' + a_1(x) y_1' + a_0(x) y_1] + c_2 [y_2'' + a_1(x) y_2' + a_0(x) y_2] \\ &= c_1 \mathbf{L}(y_1) + c_2 \mathbf{L}(y_2)\end{aligned}$$

8.31 Prove o *princípio da superposição* para as equações diferenciais lineares homogêneas; isto é, se y_1 e y_2 são duas soluções de $\mathbf{L}(y) = 0$, então $c_1 y_1 + c_2 y_2$ também é uma solução de $\mathbf{L}(y) = 0$ para duas constantes arbitrárias c_1 e c_2.

Sejam y_1 e y_2 duas soluções de $\mathbf{L}(y) = 0$; isto é $\mathbf{L}(y_1) = 0$ e $\mathbf{L}(y_2) = 0$. Com os resultados do Problema 8.30, decorre que

$$\mathbf{L}(c_1 y_1 + c_2 y_2) = c_1 \mathbf{L}(y_1) + c_2 \mathbf{L}(y_2) = c_1(0) + c_2(0) = 0$$

Assim, $c_1 y_1 + c_2 y_2$ também é solução de $\mathbf{L}(y) = 0$.

8.32 Prove o Teorema 8.4.

Como $\mathbf{L}(y_h) = 0$ e $\mathbf{L}(y_p) = \phi(x)$, decorre da linearidade de $\mathbf{L}$ que

$$\mathbf{L}(y) = \mathbf{L}(y_h + y_p) = \mathbf{L}(y_h) + \mathbf{L}(y_p) = 0 + \phi(x) = \phi(x)$$

Assim, y é uma solução.

Para provar que essa é a solução geral, devemos mostrar que toda solução de $\mathbf{L}(y) = \phi(x)$ é da forma (8.9). Seja y uma solução arbitrária de $\mathbf{L}(y) = \phi(x)$ e adotemos $z = y - y_p$. Então

$$\mathbf{L}(z) = \mathbf{L}(y - y_p) = \mathbf{L}(y) - \mathbf{L}(y_p) = \phi(x) - \phi(x) = 0$$

de tal forma que z é uma solução da equação homogênea $\mathbf{L}(y) = 0$. Como $z = y - y_p$, decorre que $y = z + y_p$, onde z é uma solução de $\mathbf{L}(y) = 0$.

Problemas Complementares

8.33 Determine quais das seguintes equações diferenciais são lineares:

(a) $y'' + xy' + 2y = 0$

(b) $y''' - y = x$

(c) $y' + 5y = 0$

(d) $y^{(4)} + x^2 y''' + xy'' - e^x y' + 2y = x^2 + x + 1$

(e) $y'' + 2xy' + y = 4xy^2$

(f) $y' - 2y = xy$

(g) $y'' + yy' = x^2$

(h) $y''' + (x^2 - 1)y'' - 2y' + y = 5 \operatorname{sen} x$

(i) $y' + y(\operatorname{sen} x) = x$

(j) $y' + x(\operatorname{sen} y) = x$

(k) $y'' + e^y = 0$

(l) $y'' + e^x = 0$

8.34 Determine quais das equações diferenciais lineares do Problema 8.33 são homogêneas.

8.35 Determine quais das equações diferenciais lineares do Problema 8.33 possuem coeficientes constantes.

Nos Problemas de 8.36 a 8.49, determine o Wronskiano do conjunto de funções dadas e, quando possível, use essa informação para determinar se os conjuntos dados são linearmente independentes.

8.36 $\{3x, 4x\}$

8.37 $\{x^2, x\}$

8.38 $\{x^3, x^2\}$

8.39 $\{x^3, x\}$

8.40 $\{x^2, 5\}$

8.41 $\{x^2, -x^2\}$

8.42 $\{e^{2x}, e^{-2x}\}$

8.43 $\{e^{2x}, e^{3x}\}$

8.44 $\{3e^{2x}, 5e^{2x}\}$

8.45 $\{x, 1, 2x - 7\}$

8.46 $\{x + 1, x^2 + x, 2x^2 - x - 3\}$

8.47 $\{x^2, x^3, x^4\}$

8.48 $\{e^{-x}, e^x, e^{2x}\}$

8.49 $\{\operatorname{sen} x, 2 \cos x, 3 \operatorname{sen} x + \cos x\}$

8.50 Prove diretamente que o conjunto dado no Problema 8.36 é linearmente dependente.

8.51 Prove diretamente que o conjunto dado no Problema 8.41 é linearmente dependente.

8.52 Prove diretamente que o conjunto dado no Problema 8.44 é linearmente dependente.

8.53 Prove diretamente que o conjunto dado no Problema 8.45 é linearmente dependente.

8.54 Prove diretamente que o conjunto dado no Problema 8.46 é linearmente dependente.

8.55 Prove diretamente que o conjunto dado no Problema 8.49 é linearmente dependente.

8.56 Utilizando os resultados do Problema 8.42, escreva a solução geral de $y'' - 4y = 0$.

8.57 Utilizando os resultados do Problema 8.43, escreva a solução geral de $y'' - 5y' + 6y = 0$.

8.58 O que se pode dizer da solução geral de $y'' + 16y = 0$, sabendo-se que duas soluções particulares são $y_1 = \operatorname{sen} 4x$ e $y_2 = \cos 4x$?

8.59 O que se pode dizer da solução geral de $y'' - 8y' = 0$, sabendo-se que duas soluções particulares são $y_1 = e^{8x}$ e $y_2 = 1$?

8.60 O que se pode dizer da solução geral de $y'' + y' = 0$, sabendo-se que duas soluções particulares são $y_1 = 8$ e $y_2 = 1$?

8.61 O que se pode dizer da solução geral de $y''' - y'' = 0$, sabendo-se que duas soluções particulares são $y_1 = x$ e $y_2 = e^x$?

8.62 O que se pode dizer da solução geral de $y''' + y'' + y' + y = 0$, sabendo-se que três soluções particulares são as funções dadas no Problema 8.49?

8.63 O que se pode dizer da solução geral de $y''' - 2y'' - y' + 2y = 0$, sabendo-se que três soluções particulares são as funções dadas no Problema 8.48?

8.64 O que se pode dizer da solução geral de $d^5y/dx^5 = 0$, sabendo-se que três soluções particulares são as funções dadas no Problema 8.47?

8.65 Determine a solução geral de $y'' + y' = x^2$, se uma solução é $y = x^2 - 2$, e se duas soluções de $y'' + y' = 0$ são sen x e cos x.

8.66 Determine a solução geral de $y'' - y = x^2$, se uma solução é $y = -x^2 - 2$, e se duas soluções de $y'' - y = 0$ são e^x e $3e^x$.

8.67 Determine a solução geral de $y''' - y'' - y' + y = 5$, se uma solução é $y = 5$, e se duas soluções de $y''' - y'' - y' + y = 0$ são e^x, e^{-x} e xe^x.

8.68 O problema de valor inicial $y' - (2/x)y = 0$; $y(0) = 0$ admite duas soluções $y \equiv 0$ e $y = x^2$. Por que esse resultado não viola o Teorema 8.1?

8.69 O Teorema 8.1 se aplica ao problema de valor inicial $y' - (2/x)y = 0$; $y(1) = 3$?

8.70 O problema de valor inicial $xy' - 2y = 0$; $y(0) = 0$ admite as duas soluções $y \equiv 0$ e $y = x^2$. Por que esse resultado não viola o Teorema 8.1?

Capítulo 9

Equações Diferenciais Homogêneas Lineares de Segunda Ordem com Coeficientes Constantes

OBSERVAÇÃO INTRODUTÓRIA

Até o momento nos concentramos nas equações diferenciais de primeira ordem. Agora, vamos voltar nossa atenção para o caso das equações diferenciais de segunda ordem. Após a investigação das técnicas de solução, discutiremos as aplicações destas equações diferenciais (ver Capítulo 14).

A EQUAÇÃO CARACTERÍSTICA

A equação diferencial

$$y'' + a_1 y' + a_0 y = 0 \tag{9.1}$$

na qual a_1 e a_0 são constantes, corresponde à equação algébrica

$$\lambda^2 + a_1 \lambda + a_0 = 0 \tag{9.2}$$

obtida da Eq. (9.1) substituindo-se y'', y' e y por λ^2, λ^1 e $\lambda^0 = 1$, respectivamente. A Equação (9.2) é denominada *equação característica* de (9.1).

Exemplo 9.1 A equação característica de $y'' + 3y' - 4y = 0$ é $\lambda^2 + 3\lambda - 4 = 0$; a equação característica de $y'' - 2y' + y = 0$ é $\lambda^2 - 2\lambda + 1 = 0$.

Obtém-se de maneira análoga as equações características de equações diferenciais em outras variáveis dependentes que não y substituindo a j-ésima derivada da variável dependente por λ^j ($j = 0, 1, 2$).

$$(\lambda - \lambda_1)(\lambda - \lambda_2) = 0 \tag{9.3}$$

A SOLUÇÃO GERAL

A solução geral de (9.1) é obtida diretamente a partir das raízes de (9.3). Existem três casos a serem considerados.

Caso 1 λ_1 **e** λ_2 **são ambas reais e distintas.** $e^{\lambda_1 x}$ e $e^{\lambda_2 x}$ são duas soluções linearmente independentes, e a solução geral é (Teorema 8.2)

$$y = c_1 e^{\lambda_1 x} + c_2 e^{\lambda_2 x} \tag{9.4}$$

Para o caso especial $\lambda_2 = -\lambda_1$, a solução (9.4) pode ser reescrita como $y = k_1 \cosh \lambda_1 x + k_2 \operatorname{senh} \lambda_1 x$.

Caso 2 $\lambda_1 = a + ib$**, um número complexo.** Como a_1 e a_0 em (9.1) e (9.2) são assumidas reais, as raízes de (9.2) devem aparecer em pares conjugados; assim, a outra raiz é $\lambda_2 = a - ib$. $e^{(a+ib)x}$ e $e^{(a-ib)x}$ são duas soluções linearmente independentes, e a solução geral complexa é

$$y = d_1 e^{(a+ib)x} + d_2 e^{(a-ib)x} \tag{9.5}$$

que é algebricamente equivalente a (ver Problema 9.16)

$$y = c_1 e^{ax} \cos bx + c_2 e^{ax} \operatorname{sen} bx \tag{9.6}$$

Caso 3 $\lambda_1 = \lambda_2$. $e^{\lambda_1 x}$ e $xe^{\lambda_1 x}$ são duas soluções linearmente independentes, e a solução geral é

$$y = c_1 e^{\lambda_1 x} + c_2 x e^{\lambda_1 x} \tag{9.7}$$

Importante: As soluções anteriores não são válidas se a equação diferencial não for linear ou não possuir coeficientes constantes. Consideremos, por exemplo, a equação $y'' - x^2 y = 0$. As raízes da equação característica são $\lambda_1 = x$ e $\lambda_2 = -x$, mas a solução *não é*

$$y = c_1 e^{(x)x} + c_2 e^{(-x)x} = c_1 e^{x^2} + c_2 e^{-x^2}$$

Nos Capítulos 27, 28 e 29 estudaremos equações lineares com coeficientes variáveis.

Problemas Resolvidos

9.1 Resolva $y'' - y' - 2y = 0$.

A equação característica é $\lambda^2 - \lambda - 2 = 0$, que pode ser fatorada como $(\lambda + 1)(\lambda - 2) = 0$. Como as raízes $\lambda_1 = -1$ e $\lambda_2 = 2$ são reais e distintas, a solução é dada por (9.4) como sendo

$$y = c_1 e^{-x} + c_2 e^{2x}$$

9.2 Resolva $y'' - 7y' = 0$.

A equação característica é $\lambda^2 - 7\lambda = 0$, que pode ser fatorada como $(\lambda - 0)(\lambda - 7) = 0$. Como as raízes $\lambda_1 = 0$ e $\lambda_2 = 7$ são reais e distintas, a solução é dada por (9.4) como sendo

$$y = c_1 e^{0x} + c_2 e^{7x} = c_1 + c_2 e^{7x}$$

9.3 Resolva $y'' - 5y = 0$.

A equação característica é $\lambda^2 - 5\lambda = 0$, que pode ser fatorada como $(\lambda - \sqrt{5})(\lambda + \sqrt{5}) = 0$. Como as raízes $\lambda_1 = \sqrt{5}$ e $\lambda_2 = -\sqrt{5}$ são reais e distintas, a solução é dada por (9.4) como

$$y = c_1 e^{\sqrt{5}x} + c_2 e^{-\sqrt{5}x}$$

9.4 Reescreva a solução do Problema 9.3 em termos de funções hiperbólicas.

Utilizando os resultados do Problema 9.3 com as identidades

$$e^{\lambda x} = \cosh \lambda x + \operatorname{senh} \lambda x \quad \text{e} \quad e^{-\lambda x} = \cosh \lambda x - \operatorname{senh} \lambda x$$

obtemos

$$\begin{aligned} y &= c_1 e^{\sqrt{5}x} + c_2 e^{-\sqrt{5}x} \\ &= c_1(\cosh \sqrt{5}x + \operatorname{senh}\sqrt{5}x) + c_2(\cosh\sqrt{5}x - \operatorname{senh}\sqrt{5}x) \\ &= (c_1 + c_2)\cosh\sqrt{5}x + (c_1 - c_2)\operatorname{senh}\sqrt{5}x \\ &= k_1 \cosh\sqrt{5}x + k_2 \operatorname{senh}\sqrt{5}x \end{aligned}$$

onde $k_1 = c_1 + c_2$ e $k_2 = c_1 - c_2$.

9.5 Resolva $\ddot{y} + 10\dot{y} + 21y = 0$.

Neste caso, a variável independente é t. A equação característica é

$$\lambda^2 + 10\lambda + 21 = 0$$

que pode ser fatorada em

$$(\lambda + 3)(\lambda + 7) = 0$$

As raízes $\lambda_1 = -3$ e $\lambda_2 = -7$ são reais e distintas, e a solução geral é

$$y = c_1 e^{-3t} + c_2 e^{-7t}$$

9.6 Resolva $\ddot{x} - 0{,}01x = 0$.

A equação característica é

$$\lambda^2 - 0{,}01 = 0$$

que pode ser fatorada em

$$(\lambda - 0{,}1)(\lambda + 0{,}1) = 0$$

As raízes $\lambda_1 = 0{,}1$ e $\lambda_2 = -0{,}1$ são reais e distintas, e a solução geral é

$$y = c_1 e^{0{,}1t} + c_2 e^{-0{,}1t}$$

ou, equivalentemente,

$$y = k_1 \cosh 0{,}1t + k_2 \operatorname{senh} 0{,}1t$$

9.7 Resolva $y'' + 4y' + 5y = 0$.

A equação característica é

$$\lambda^2 + 4\lambda + 5 = 0$$

Aplicando a fórmula quadrática, obtemos as raízes

$$\lambda = \frac{-(4) \pm \sqrt{(4)^2 - 4(5)}}{2} = -2 \pm i$$

Essas raízes constituem um par complexo conjugado. Então, a solução geral é dada por (9.6) (com $a = -2$ e $b = 1$)

$$y = c_1 e^{-2x} \cos x + c_2 e^{-2x} \sen x$$

9.8 Resolva $y'' + 4y' = 0$.

A equação característica é

$$\lambda^2 + 4\lambda = 0$$

que pode ser fatorada como

$$(\lambda - 2i)(\lambda + 2i) = 0$$

Essas raízes constituem um par complexo conjugado; a solução geral é dada por (9.6) (com $a = 0$ e $b = 2$)

$$y = c_1 \cos 2x + c_2 \sen 2x$$

9.9 Resolva $y'' - 3y' + 4y = 0$.

A equação característica é

$$\lambda^2 - 3\lambda + 4 = 0$$

Aplicando a fórmula quadrática, obtemos as raízes

$$\lambda = \frac{-(-3) \pm \sqrt{(-3)^2 - 4(4)}}{2} = \frac{3}{2} \pm i\frac{\sqrt{7}}{2}$$

Essas raízes constituem um par complexo conjugado; a solução geral é dada por (9.6)

$$y = c_1 e^{(3/2)x} \cos\frac{\sqrt{7}}{2}x + c_2 e^{(3/2)x} \sen\frac{\sqrt{7}}{2}x$$

9.10 Resolva $\ddot{y} - 6\dot{y} + 25y = 0$.

A equação característica é

$$\lambda^2 - 6\lambda + 25 = 0$$

Aplicando a fórmula quadrática, obtemos as raízes

$$\lambda = \frac{-(-6) \pm \sqrt{(-6)^2 - 4(25)}}{2} = 3 \pm i4$$

Essas raízes constituem um par complexo conjugado; a solução geral é

$$y = c_1 e^{3t} \cos 4t + c_2 e^{3t} \sen 4t$$

9.11 Resolva $\dfrac{d^2 I}{dt^2} + 20\dfrac{dI}{dt} + 200I = 0$.

A equação característica é

$$\lambda^2 - 20\lambda + 200 = 0$$

Aplicando a fórmula quadrática, obtemos as raízes

$$\lambda = \frac{-(20) \pm \sqrt{(20)^2 - 4(200)}}{2} = -10 \pm i10$$

Essas raízes constituem um par complexo conjugado e a solução geral é

$$I = c_1 e^{-10t} \cos 10t + c_2 e^{-10t} \sen 10t$$

9.12 Resolva $y'' - 8y' + 16y = 0$.

A equação característica é
$$\lambda^2 - 8\lambda + 16 = 0$$

que pode ser fatorada em
$$(\lambda - 4)^2 = 0$$

As raízes $\lambda_1 = \lambda_2 = 4$ são reais e iguais, e a solução geral é dada por (9.7) como
$$y = c_1 e^{4x} + c_2 x e^{4x}$$

9.13 Resolva $y'' = 0$.

A equação característica é $\lambda^2 = 0$, com raízes $\lambda_1 = \lambda_2 = 0$. A solução é dada por (9.7) como sendo
$$y = c_1 e^{0x} + c_2 x e^{0x} = c_1 + c_2 x$$

9.14 Resolva $\ddot{x} + 4\dot{x} + 4x = 0$.

A equação característica é
$$\lambda^2 + 4\lambda + 4 = 0$$

que pode ser fatorada em
$$(\lambda + 2)^2 = 0$$

As raízes $\lambda_1 = \lambda_2 = -2$ são reais e iguais, e a solução geral é
$$x = c_1 e^{-2t} + c_2 t e^{-2t}$$

9.15 Resolva $100\dfrac{d^2 N}{dt^2} - 20\dfrac{dN}{dt} + N = 0$.

Dividindo por 100 os membros da equação diferencial, para reduzir o coeficiente da mais alta derivada à unidade, obtemos
$$\frac{d^2 N}{dt^2} - 0{,}2\frac{dN}{dt} + 0{,}01 N = 0$$

Sua equação característica é
$$\lambda^2 - 0{,}2\lambda + 0{,}01 = 0$$

que pode ser fatorada como
$$(\lambda - 0{,}1)^2 = 0$$

As raízes $\lambda_1 = \lambda_2 = 0{,}1$ são reais e iguais, e a solução geral é
$$N = c_1 e^{-0{,}1t} + c_2 t e^{-0{,}1t}$$

9.16 Prove que (9.6) é algebricamente equivalente a (9.5).

Utilizando as relações de Euller,
$$e^{ibx} = \cos bx + i\,\operatorname{sen} bx \qquad e^{-ibx} = \cos bx - i\,\operatorname{sen} bx$$

podemos reescrever (9.5) como

$$y = d_1 e^{ax} e^{ibx} + d_2 e^{ax} e^{-ibx} = e^{ax}(d_1 e^{ibx} + d_2 e^{-ibx})$$
$$= e^{ax}[d_1(\cos bx + i\operatorname{sen} bx) + d_2(\cos bx - i\operatorname{sen} bx)]$$
$$= e^{ax}[(d_1 + d_2)\cos bx + i(d_1 - d_2)\operatorname{sen} bx]$$
$$= c_1 e^{ax} \cos bx + c_2 e^{ax} \operatorname{sen} bx \tag{1}$$

onde $c_1 = d_1 + d_2$ e $c_2 = i(d_1 - d_2)$.

A Equação (1) é real se e somente se c_1 e c_2 forem ambos reais, o que só pode ocorrer se d_1 e d_2 forem complexos conjugados. Como estamos interessados na solução geral *real* de (9.1), restringimos d_1 e d_2 a um par conjugado.

Problemas Complementares

Resolva as seguintes equações diferenciais.

9.17 $y'' - y = 0$

9.18 $y'' - y' - 30y = 0$

9.19 $y'' - 2y' + y = 0$

9.20 $y'' + y = 0$

9.21 $y'' + 2y' + 2y = 0$

9.22 $y'' - 7y = 0$

9.23 $y'' + 6y' + 9y = 0$

9.24 $y'' + 2y' + 3y = 0$

9.25 $y'' - 3y' - 5y = 0$

9.26 $y'' + y' + \dfrac{1}{4}y = 0$

9.27 $\ddot{x} - 20\dot{x} + 64x = 0$

9.28 $\ddot{x} + 60\dot{x} + 500x = 0$

9.29 $\ddot{x} - 3\dot{x} + x = 0$

9.30 $\ddot{x} - 10\dot{x} + 25x = 0$

9.31 $\ddot{x} + 25x = 0$

9.32 $\ddot{x} + 25\dot{x} = 0$

9.33 $\ddot{x} + \dot{x} + 2x = 0$

9.34 $\ddot{u} - 2\dot{u} + 4u = 0$

9.35 $\ddot{u} - 4\dot{u} + 2u = 0$

9.36 $\ddot{u} - 36\dot{u} = 0$

9.37 $\ddot{u} - 36u = 0$

9.38 $\dfrac{d^2Q}{dt^2} - 5\dfrac{dQ}{dt} + 7Q = 0$

9.39 $\dfrac{d^2Q}{dt^2} - 7\dfrac{dQ}{dt} + 5Q = 0$

9.40 $\dfrac{d^2P}{dt^2} - 18\dfrac{dP}{dt} + 81P = 0$

9.41 $\dfrac{d^2P}{dx^2} + 2\dfrac{dP}{dx} + 9P = 0$

9.42 $\dfrac{d^2N}{dx^2} + 5\dfrac{dN}{dx} - 24N = 0$

9.43 $\dfrac{d^2N}{dx^2} + 5\dfrac{dN}{dx} + 24N = 0$

9.44 $\dfrac{d^2T}{d\theta^2} + 30\dfrac{dT}{d\theta} + 225T = 0$

9.45 $\dfrac{d^2R}{d\theta^2} + 5\dfrac{dR}{d\theta} = 0$

Capítulo 10

Equações Diferenciais Homogêneas Lineares de Ordem *n* com Coeficientes Constantes

A EQUAÇÃO CARACTERÍSTICA

A equação característica da equação diferencial

$$y^{(n)} + a_{n-1}y^{(n-1)} + \cdots + a_1 y' + a_0 y = 0 \tag{10.1}$$

com coeficientes constantes a_j ($j = 0, 1, ..., n-1$) é

$$\lambda^n + a_{n-1}\lambda^{n-1} + \cdots + a_1 \lambda + a_0 = 0 \tag{10.2}$$

A equação característica (10.2) é obtida a partir de (10.1) substituindo-se $y^{(j)}$ por $\lambda^{(j)}$ ($j = 0, 1, ..., n-1$). Obtém-se de modo análogo as equações características de equações diferenciais com outras variáveis dependentes que não y, substituindo a j-ésima derivada da variável dependente por λ^j ($j = 0, 1, ..., n-1$).

Exemplo 10.1 A equação característica de $y^{(4)} - 3y''' + 2y'' - y = 0$ é $\lambda^4 - 3\lambda^3 + 2\lambda^2 - 1 = 0$. A equação característica de

$$\frac{d^5 x}{dt^5} - 3\frac{d^3 x}{dt^3} + 5\frac{dx}{dt} - 7x = 0$$

é

$$\lambda^5 - 3\lambda^3 + 5\lambda - 7 = 0$$

Atenção: As equações características são definidas apenas para equações diferenciais lineares homogêneas com coeficientes constantes.

A SOLUÇÃO GERAL

As raízes da equação característica determinam a solução de (10.1). Se as raízes $\lambda_1, \lambda_2, ..., \lambda_n$ forem todas reais e distintas, a solução é

$$y = c_1 e^{\lambda_1 x} + c_2 e^{\lambda_2 x} + \cdots + c_n e^{\lambda_n x} \tag{10.3}$$

Se as raízes forem distintas, mas se algumas delas forem complexas, a solução é ainda dada por (10.3). Assim como no Capítulo 9, aqueles termos envolvendo exponenciais complexas podem ser combinados de modo a originar termos em senos e co-senos. Se λ_k for uma raiz de multiplicidade p [isto é, se $(\lambda - \lambda_k)^p$ é um fator da equação característica, mas $(\lambda - \lambda_k)^{p+1}$ não o é], então existirão p soluções linearmente independentes associadas a λ_k dadas por $e^{\lambda_k x}, x e^{\lambda_k x}, x^2 e^{\lambda_k x}, ..., x^{p-1} e^{\lambda_k x}$. Essas soluções são combinadas de maneira usual com as soluções associadas às outras raízes, para formar a solução completa.

Teoricamente, sempre é possível fatorar a equação característica, mas, na prática, isto pode tornar-se extremamente difícil, especialmente no caso de equações diferenciais de ordem elevada. Em tais casos, devemos utilizar técnicas numéricas para obter soluções aproximadas. Veja os Capítulos 18, 19 e 20.

Problemas Resolvidos

10.1 Resolva $y''' - 6y'' + 11y' - 6y = 0$.

A equação característica é $\lambda^3 - 6\lambda^2 + 11\lambda - 6 = 0$, que pode ser fatorada como

$$(\lambda - 1)(\lambda - 2)(\lambda - 3) = 0$$

As raízes são $\lambda_1 = 1$, $\lambda_2 = 2$ e $\lambda_3 = 3$; logo, a solução é

$$y = c_1 e^x + c_2 e^{2x} + c_3 e^{3x}$$

10.2 Resolva $y^{(4)} - 9y'' + 20y = 0$.

A equação característica é $\lambda^4 - 9\lambda^2 + 20 = 0$, que pode ser fatorada em

$$(\lambda - 2)(\lambda + 2)(\lambda - \sqrt{5})(\lambda + \sqrt{5}) = 0$$

As raízes são $\lambda_1 = 2$, $\lambda_2 = -2$, $\lambda_3 = \sqrt{5}$ e $\lambda_4 = -\sqrt{5}$; logo, a solução é

$$\begin{aligned} y &= c_1 e^{2x} + c_2 e^{-2x} + c_3 e^{\sqrt{5}x} + c_4 e^{-\sqrt{5}x} \\ &= k_1 \cosh 2x + k_2 \operatorname{senh} 2x + k_3 \cosh\sqrt{5}x + k_4 \operatorname{senh}\sqrt{5}x \end{aligned}$$

10.3 Resolva $y' - 5y = 0$.

A equação característica é $\lambda - 5 = 0$, que possui a raiz única $\lambda_1 = 5$. A solução é, então, $y = c_1 e^{5x}$. (Compare este resultado com o Problema 6.9.)

10.4 Resolva $y''' - 6y'' + 2y' + 36y = 0$.

A equação característica é $\lambda^3 - 6\lambda^2 + 2\lambda + 36 = 0$, possui raízes $\lambda_1 = -2$, $\lambda_2 = 4 + i\sqrt{2}$ e $\lambda_3 = 4 - i\sqrt{2}$. A solução é

$$y = c_1 e^{-2x} + d_2 e^{(4+i\sqrt{2})x} + d_3 e^{(4-i\sqrt{2})x}$$

que pode ser reescrita, usando as relações de Euler (ver Problema 9.16) como

$$y = c_1 e^{-2x} + c_2 e^{4x} \cos\sqrt{2}x + c_3 e^{4x} \operatorname{sen}\sqrt{2}x$$

10.5 Resolva $\dfrac{d^4x}{dt^4} - 4\dfrac{d^3x}{dt^3} + 7\dfrac{d^2x}{dt^2} - 4\dfrac{dx}{dt} + 6x = 0$.

A equação característica, $\lambda^4 - 4\lambda^3 + 7\lambda^2 - 4\lambda + 6 = 0$, possui raízes $\lambda_1 = 2 + i\sqrt{2}$, $\lambda_2 = 2 - i\sqrt{2}$, $\lambda_3 = i$ e $\lambda_4 = -i$. A solução é

$$x = d_1 e^{(2+i\sqrt{2})t} + d_2 e^{(2-i\sqrt{2})t} + d_3 e^{it} + d_4 e^{-it}$$

Se, utilizando as relações de Euler, combinarmos os dois primeiros termos e da mesma forma os dois últimos termos, podemos reescrever a solução como

$$x = c_1 e^{2t} \cos\sqrt{2}t + c_2 e^{2x} \operatorname{sen}\sqrt{2}t + c_3 \cos t + c_4 \operatorname{sen} t$$

10.6 Resolva $y^{(4)} + 8y''' + 24y'' + 32y' + 16y = 0$.

A equação característica, $\lambda^4 + 8\lambda^3 + 24\lambda^2 + 32\lambda + 16 = 0$, pode ser fatorada em $(\lambda + 2)^4$. Neste caso, $\lambda_1 = -2$ é uma raiz de multiplicidade 4; logo, a solução é

$$y = c_1 e^{-2x} + c_2 x e^{-2x} + c_3 x^2 e^{-2x} + c_4 x^3 e^{-2x}$$

10.7 Resolva $\dfrac{d^5P}{dt^5} - \dfrac{d^4P}{dt^4} - 2\dfrac{d^3P}{dt^3} + 2\dfrac{d^2P}{dt^2} + \dfrac{dP}{dt} - P = 0$.

A equação característica pode ser fatorada em $(\lambda - 1)^3(\lambda + 1)^2 = 0$; logo, $\lambda_1 = 1$ é uma raiz de multiplicidade 3 e $\lambda_2 = -1$ é uma raiz de multiplicidade 2. A solução é

$$P = c_1 e^t + c_2 t e^t + c_3 t^2 e^t + c_4 e^{-t} + c_5 t e^{-t}$$

10.8 Resolva $\dfrac{d^4Q}{dx^4} - 8\dfrac{d^3Q}{dx^3} + 32\dfrac{d^2Q}{dx^2} - 64\dfrac{dQ}{dx} + 64Q = 0$.

A equação característica possui raízes $2 \pm i2$ e $2 \pm i2$; logo, $\lambda_1 = 2 + i2$ e $\lambda_2 = 2 - i2$ são raízes de multiplicidade 2. A solução é

$$\begin{aligned}Q &= d_1 e^{(2+i2)x} + d_2 x e^{(2+i2)x} + d_3 e^{(2-i2)x} + d_4 x e^{(2-i2)x} \\ &= e^{2x}(d_1 e^{i2x} + d_3 e^{-i2x}) + x e^{2x}(d_2 e^{i2x} + d_4 e^{-i2x}) \\ &= e^{2x}(c_1 \cos 2x + c_3 \operatorname{sen} 2x) + x e^{2x}(c_2 \cos 2x + c_4 \operatorname{sen} 2x) \\ &= (c_1 + c_2 x) e^{2x} \cos 2x + (c_3 + c_4 x) e^{2x} \operatorname{sen} 2x\end{aligned}$$

10.9 Determine a solução geral para uma equação diferencial homogênea linear em $y(x)$ de quarta ordem, com coeficientes reais, sabendo que uma solução é dada por $x^3 e^{4x}$.

Se $x^3 e^{4x}$ é uma solução, então também o são $x^2 e^{4x}$, $x e^{4x}$ e e^{4x}. Temos então quatro soluções linearmente independentes para uma equação diferencial homogênea linear de quarta ordem, de modo que a solução geral pode ser escrita como

$$y(x) = c_4 x^3 e^{4x} + c_3 x^2 e^{4x} + c_2 x e^{4x} + c_1 e^{4x}$$

10.10 Determine a equação diferencial descrita no Problema 10.9.

A equação característica de uma equação diferencial de quarta ordem é um polinômio de quarto grau tendo exatamente quatro raízes. Como $x^3 e^{4x}$ é uma solução, sabemos que $\lambda = 4$ é raiz de multiplicidade quatro da equação característica correspondente, de modo que a equação característica deve ser $(\lambda - 4)^4 = 0$, ou

$$\lambda^4 - 16\lambda^3 + 96\lambda^2 - 256\lambda + 256 = 0$$

A equação diferencial associada é

$$y^{(4)} - 16y''' + 96y'' - 256y' + 256y = 0$$

10.11 Determine a solução geral para uma equação diferencial homogênea linear de terceira ordem em $y(x)$, com coeficientes reais, sabendo que e^{-2x} e sen $3x$ são duas soluções.

Se sen $3x$ é uma solução, então cos $3x$ também é. Juntamente com e^{-2x} temos então três soluções linearmente independentes para uma equação diferencial homogênea linear de terceira ordem, de modo que a solução geral pode ser escrita como

$$y(x) = c_1 e^{-2x} + c_2 \cos 3x + c_3 \text{ sen } 3x$$

10.12 Determine a equação diferencial descrita no Problema 10.11.

A equação característica de uma equação diferencial de terceira ordem deve ter três raízes. Como e^{-2x} e sen $3x$ são soluções, sabemos que $\lambda = -2$ e $\lambda = \pm i3$ são raízes da equação característica correspondentes, de modo que esta equação deve ser

$$(\lambda + 2)(\lambda - i3)(\lambda + i3) = 0$$

ou
$$\lambda^3 + 2\lambda^2 + 9\lambda + 18 = 0$$

A equação diferencial associada é

$$y''' + 2y'' + 9y' + 18y = 0$$

10.13 Determine a solução geral para uma equação diferencial homogênea linear de sexta ordem em $y(x)$, com coeficientes reais, sabendo que $x^2 e^{7x} \cos 5x$ é uma solução.

Se $x^2 e^{7x} \cos 5x$ é uma solução, então $xe^{7x} \cos 5x$ e $e^{7x} \cos 5x$ também são. Além disso, como as raízes complexas de uma equação característica existem como pares conjugados, a toda solução contendo um termo em co-seno corresponde outra solução contendo um termo em seno. Conseqüentemente, $x^2 e^{7x}$ sen $5x$, xe^{7x} sen $5x$ e e^{7x} sen $5x$ também são soluções. Temos agora seis soluções linearmente independentes para uma equação diferencial homogênea linear de sexta ordem, de modo que a solução geral pode ser escrita como

$$y(x) = c_1 x^2 e^{7x} \cos 5x + c_2 x^2 e^{7x} \text{ sen } 5x + c_3 x e^{7x} \cos 5x + c_4 x e^{7x} \text{ sen } 5x + c_5 e^{7x} \cos 5x + c_6 e^{7x} \text{ sen } 5x$$

10.14 Refaça o Problema 10.13 considerando que a equação diferencial seja de ordem 8.

Uma equação diferencial linear de oitava ordem possui oito soluções linearmente independentes, e como podemos identificar apenas seis delas, como fizemos no Problema 10.13, não dispomos de informação suficiente para resolver o problema. Sendo assim, podemos dizer que a solução do Problema 10.13 é, *em parte*, solução deste problema.

10.15 Resolva $\dfrac{d^4 y}{dx^4} - 4\dfrac{d^3 y}{dx^3} - 5\dfrac{d^2 y}{dx^2} + 36\dfrac{dy}{dx} - 36y = 0$ se xe^{2x} é uma solução.

Se xe^{2x} é uma solução, então e^{2x} também é, o que implica que $(\lambda - 2)^2$ é fator da equação característica $\lambda^4 - 4\lambda^3 - 5\lambda^2 + 36\lambda - 36 = 0$. Mas,

$$\frac{\lambda^4 - 4\lambda^3 - 5\lambda^2 + 36\lambda - 36}{(\lambda - 2)^2} = \lambda^2 - 9$$

de modo que outras duas raízes da equação característica são $\lambda = \pm 3$, com as soluções correspondentes e^{3x} e e^{-3x}. Tendo identificado quatro soluções linearmente independentes de uma equação diferencial linear de quarta ordem, podemos escrever a solução geral:

$$y(x) = c_1 e^{2x} + c_2 x e^{2x} + c_3 e^{3x} + c_4 e^{-3x}$$

Problemas Complementares

Resolva as equações diferenciais dos Problemas 10.16 a 10.34.

10.16 $y''' - 2y'' - y' + 2y = 0$

10.17 $y''' - y'' - y' + y = 0$

10.18 $y''' - 3y'' + 3y' - y = 0$

10.19 $y''' - y'' + y' - y = 0$

10.20 $y^{(4)} + 2y'' + y = 0$

10.21 $y^{(4)} - y = 0$

10.22 $y^{(4)} + 2y''' - 2y' - y = 0$

10.23 $y^{(4)} - 4y'' + 16y' + 32y = 0$

10.24 $y^{(4)} + 5y''' = 0$

10.25 $y^{(4)} + 2y''' + 3y'' + 2y' + y = 0$

10.26 $y^{(6)} - 5y^{(4)} + 16y''' + 36y'' - 16y' - 32y = 0$

10.27 $\dfrac{d^4x}{dt^4} + 4\dfrac{d^3x}{dt^3} + 6\dfrac{d^2x}{dt^2} + 4\dfrac{dx}{dt} + x = 0$

10.28 $\dfrac{d^3x}{dt^3} = 0$

10.29 $\dfrac{d^4x}{dt^4} + 10\dfrac{d^2x}{dt^2} + 9x = 0$

10.30 $\dfrac{d^3x}{dt^3} - 5\dfrac{d^2x}{dt^2} + 25\dfrac{dx}{dt} - 125x = 0$

10.31 $q^{(4)} + q'' - 2q = 0$

10.32 $q^{(4)} - 3q'' + 2q = 0$

10.33 $N'''' - 12N'' - 28N + 480N = 0$

10.34 $\dfrac{d^5r}{d\theta^5} + 5\dfrac{d^4r}{d\theta^4} + 10\dfrac{d^3r}{d\theta^3} + 10\dfrac{d^2r}{d\theta^2} + 5\dfrac{dr}{d\theta} + r = 0$

Nos Problemas 10.35 a 10.41, dá-se um conjunto completo de raízes para a equação característica de uma equação diferencial linear homogênea de ordem n em $y(x)$, com coeficientes reais. Determine a solução geral da equação diferencial.

10.35 2, 8, –14

10.36 0, $\pm i19$

10.37 0, 0, $2 \pm i9$

10.38 $2 \pm i9, 2 \pm i9$

10.39 5, 5, 5, –5, –5

10.40 $\pm i6, \pm i6, \pm i6$

10.41 $-3 \pm i, -3 \pm i, 3 \pm i, 3 \pm i$

10.42 Determine a equação diferencial associada às raízes dadas no Problema 10.35.

10.43 Determine a equação diferencial associada às raízes dadas no Problema 10.36.

10.44 Determine a equação diferencial associada às raízes dadas no Problema 10.37.

10.45 Determine a equação diferencial associada às raízes dadas no Problema 10.38.

10.46 Determine a equação diferencial associada às raízes dadas no Problema 10.39.

10.47 Determine a solução geral para uma equação diferencial homogênea linear de quarta ordem em $y(x)$, com coeficientes reais, sabendo que $x^3 e^{-x}$ é uma solução.

10.48 Determine a solução geral para uma equação diferencial homogênea linear de quarta ordem em $y(x)$, com coeficientes reais, sabendo que $\cos 4x$ e $\operatorname{sen} 3x$ são duas soluções.

10.49 Determine a solução geral para uma equação diferencial homogênea linear de quarta ordem em $y(x)$, com coeficientes reais, sabendo que $x \cos 4x$ é uma solução.

10.50 Determine a solução geral para uma equação diferencial homogênea linear de quarta ordem em $y(x)$, com coeficientes reais, sabendo que xe^{2x} e xe^{5x} são duas soluções.

Capítulo 11

O Método dos Coeficientes Indeterminados

A solução geral de uma equação diferencial linear $\mathbf{L}(y) = \phi(x)$ é dada pelo Teorema 8.4 como $y = y_h + y_p$, onde y_p denota uma solução da equação diferencial e y_h é a solução geral da equação homogênea associada $\mathbf{L}(y) = 0$. Métodos para obtenção de y_h, quando a equação diferencial possui coeficientes constantes, constituem os Capítulos 9 e 10. Neste e no próximo capítulo, serão apresentados métodos para obtenção de uma solução particular y_p quando y_h *é conhecida*.

FORMA SIMPLES DO MÉTODO

O *método dos coeficientes indeterminados* é aplicável apenas se $\phi(x)$ e todas as suas derivadas puderem ser escritas em termos do mesmo conjunto *finito* de funções linearmente independentes, as quais denotamos por $\{y_1(x), y_2(x),..., y_n(x)\}$. Inicia-se o método assumindo-se uma solução particular da forma

$$y_p(x) = A_1 y_1(x) + A_2 y_2(x) + \cdots + A_n y_n(x)$$

onde $A_1, A_2,..., A_n$ representam constantes multiplicativas arbitrárias. Essas constantes arbitrárias são calculadas substituindo-se a solução proposta na equação diferencial dada e igualando-se os coeficientes nos termos semelhantes.

Caso 1 $\phi(x) = p_n(x)$, **polinômio de grau *n* em *x*.** Admitir uma solução da forma

$$y_p = A_n x^n + A_{n-1} x^{n-1} + \cdots + A_1 x + A_0 \tag{11.1}$$

onde A_j ($j = 0, 1, 2,..., n$) são constantes a serem determinadas.

Caso 2 $\phi(x) = ke^{\alpha x}$ **onde *k* e α são constantes conhecidas.** Admitir uma solução da forma

$$y_p = Ae^{\alpha x} \tag{11.2}$$

onde A é uma constante a ser determinada.

Caso 3 $\phi(x) = k_1 \operatorname{sen} \beta x + k_2 \cos \beta x$ **onde k_1, k_2 e β são constantes conhecidas.** Admitir uma solução da forma

$$y_p = A \operatorname{sen} \beta x + B \cos \beta x \tag{11.3}$$

onde A e B são constantes a determinar.

Nota: Deve-se tomar (11.3) integralmente, mesmo que k_1 e k_2 sejam zero, porque as derivadas de senos e co-senos envolvem tanto senos quanto co-senos.

GENERALIZAÇÕES

Se $\phi(x)$ é o produto de termos considerados nos Casos 1 a 3, devemos tomar y_p como o produto das soluções supostas correspondentes e combinar constantes algebricamente, sempre que possível. Em particular, se $\phi(x) = e^{\alpha x} p_n(x)$ for o produto de um polinômio e uma exponencial, admitiremos

$$y_p = e^{\alpha x}(A_n x^n + A_{n-1} x^{n-1} + \cdots + A_1 x + A_0) \tag{11.4}$$

onde A_j é tal como no Caso 1. Se, $\phi(x) = e^{\alpha x} p_n(x) \operatorname{sen} \beta x$ for o produto de um polinômio, uma exponencial e um termo em senos, ou se $\phi(x) = e^{\alpha x} p_n(x) \cos \beta x$ for o produto de um polinômio, uma exponencial e um termo em co-senos, então admitimos

$$y_p = e^{\alpha x} \operatorname{sen} \beta x \, (A_n x^n + \cdots + A_1 x + A_0) + e^{\alpha x} \cos \beta x \, (B_n x^n + \cdots + B_1 x + B_0) \tag{11.5}$$

onde A_j e B_j ($j = 0, 1, ..., n$) são constantes a serem determinadas.

Se $\phi(x)$ for a soma (ou diferença) dos termos já considerados, então devemos tomar y_p como a soma (ou diferença) das soluções assumidas correspondentes e combinar algebricamente as constantes arbitrárias, sempre que possível.

MODIFICAÇÕES

Se qualquer termo da solução suposta, desconsiderando-se as constantes multiplicativas, também for um termo de y_h (a solução homogênea), então a solução suposta deve ser modificada multiplicando-a por x^m, onde m é o menor inteiro positivo tal que o produto de x^m pela solução suposta não tenha termos em comum com y_h.

LIMITAÇÕES DO MÉTODO

Em geral, se $\phi(x)$ não for um dos tipos de funções consideradas acima, ou se a equação diferencial *não possuir coeficientes constantes*, então o método apresentado no Capítulo 12 deve ser aplicado.

Problemas Resolvidos

11.1 Resolva $y'' - y' - 2y = 4x^2$.

Pelo Problema 9.1, $y_h = c_1 e^{-x} + c_2 e^{2x}$. Logo, $\phi(x) = 4x^2$, um polinômio de segundo grau. Utilizando (11.1), assumimos que

$$y_p = A_2 x^2 + A_1 x + A_0 \tag{1}$$

Assim, $y'_p = 2A_2 x + A_1$ e $y''_p = 2A_2$. Substituindo esses resultados na equação diferencial, temos

$$2A_2 - (2A_2 x + A_1) - 2(A_2 x^2 + A_1 x + A_0) = 4x^2$$

ou, de forma equivalente,

$$(-2A_2)x^2 + (-2A_2 - 2A_1)x + (2A_2 - A_1 - 2A_0) = 4x^2 + (0)x + 0$$

Igualando os coeficientes das potências semelhantes de x, obtemos

$$-2A_2 = 4 \quad -2A_2 - 2A_1 = 0 \quad 2A_2 - A_1 - 2A_0 = 0$$

Resolvendo esse sistema, chegamos a $A_2 = -2$, $A_1 = 2$ e $A_0 = -3$. Deste modo, (1) se escreve como

$$y_p = -2x^2 + 2x - 3$$

e a solução geral é

$$y = y_h + y_p = c_1 e^{-x} + c_2 e^{2x} - 2x^2 + 2x - 3$$

11.2 Resolva $y'' - y' - 2y = e^{3x}$.

Pelo Problema 9.1, $y_h = c_1 e^{-x} + c_2 e^{2x}$. Logo, $\phi(x)$ possui a forma apresentada pelo Caso 2 com $k = 1$ e $\alpha = 3$. Utilizando (11.2), assumimos que

$$y_p = Ae^{3x} \tag{1}$$

Assim, $y'_p = 3Ae^{3x} + A_1$ e $y''_p = 9Ae^{3x}$. Substituindo esses resultados na equação diferencial, temos

$$9Ae^{3x} - 3Ae^{3x} - 2Ae^{3x} = e^{3x} \quad \text{ou} \quad 4Ae^{3x} = e^{3x}$$

Segue-se que $4A = 1$, ou $A = \frac{1}{4}$, de modo que (1) se escreve $y_p = \frac{1}{4} e^{3x}$. A solução geral é então

$$y = c_1 e^{-x} + c_2 e^{2x} + \frac{1}{4} e^{3x}$$

11.3 Resolva $y'' - y' - 2y = \operatorname{sen} 2x$.

Novamente pelo Problema 9.1, $y_h = c_1 e^{-x} + c_2 e^{2x}$. Logo, $\phi(x)$ tem a forma apresentada pelo caso 3, com $k_1 = 1$, $k_2 = 0$ e $\beta = 2$. Utilizando (11.3), assumimos

$$y_p = A \operatorname{sen} 2x + B \cos 2x \tag{1}$$

Assim, $y'_p = 2A \cos 2x - 2B \operatorname{sen} 2x$ e $y''_p = -4A \operatorname{sen} 2x - 4B \cos 2x$. Substituindo esses resultados na equação diferencial, temos

$$(-4A \operatorname{sen} 2x - 4B \cos 2x) - (2A \cos 2x - 2B \operatorname{sen} 2x) - 2(A \operatorname{sen} 2x + B \cos 2x) = \operatorname{sen} 2x$$

ou, de forma equivalente,

$$(-6A + 2B) \operatorname{sen} 2x + (-6B - 2A) \cos 2x = (1) \operatorname{sen} 2x + (0) \cos 2x$$

Igualando os coeficientes de termos semelhantes, obtemos

$$-6A + 2B = 1 \quad -2A - 6B = 0$$

Resolvendo esse sistema, chegamos a $A = -3/20$ e $B = 1/20$. Então, de (1),

$$y_p = -\frac{3}{20} \operatorname{sen} 2x + \frac{1}{20} \cos 2x$$

e a solução geral é

$$y = c_1 e^{-x} + c_2 e^{2x} - \frac{3}{20} \operatorname{sen} 2x + \frac{1}{20} \cos 2x$$

11.4 Resolva $\ddot{y} - 6\dot{y} + 25y = 2\operatorname{sen}\dfrac{t}{2} - \cos\dfrac{t}{2}$.

Pelo Problema 9.10,
$$y_h = c_1 e^{3t} \cos 4t + c_2 e^{3t} \operatorname{sen} 4t$$

Logo, $\phi(x)$ possui a forma apresentada pelo Caso 3 com a variável independente t substituindo x, $k_1 = 2$, $k_2 = -1$ e $\beta = \tfrac{1}{2}$. Utilizando (11.3), com t em lugar de x, admitimos

$$y_p = A\operatorname{sen}\dfrac{t}{2} + B\cos\dfrac{t}{2} \tag{1}$$

Conseqüentemente,
$$\dot{y}_p = \dfrac{A}{2}\cos\dfrac{t}{2} - \dfrac{B}{2}\operatorname{sen}\dfrac{t}{2}$$

e
$$\ddot{y}_p = -\dfrac{A}{4}\operatorname{sen}\dfrac{t}{2} - \dfrac{B}{4}\cos\dfrac{t}{2}$$

Substituindo esses resultados na equação diferencial, obtemos

$$\left(-\dfrac{A}{4}\operatorname{sen}\dfrac{t}{2} - \dfrac{B}{4}\cos\dfrac{t}{4}\right) - 6\left(\dfrac{A}{2}\cos\dfrac{t}{2} - \dfrac{B}{2}\operatorname{sen}\dfrac{t}{2}\right) + 25\left(A\operatorname{sen}\dfrac{t}{2} + B\cos\dfrac{t}{2}\right) = 2\operatorname{sen}\dfrac{t}{2} - \cos\dfrac{t}{2}$$

ou, de forma equivalente

$$\left(\dfrac{99}{4}A + 3B\right)\operatorname{sen}\dfrac{t}{2} + \left(-3A + \dfrac{99}{4}B\right)\cos\dfrac{t}{2} = 2\operatorname{sen}\dfrac{t}{2} - \cos\dfrac{t}{2}$$

Igualando os coeficientes de termos semelhantes, temos

$$\dfrac{99}{4}A + 3B = 2; \quad -3A + \dfrac{99}{4}B = -1$$

Segue-se que $A = 56/663$ e $B = -20/663$. Então, (1) se torna

$$y_p = \dfrac{56}{663}\operatorname{sen}\dfrac{t}{2} - \dfrac{20}{663}\cos\dfrac{t}{2}$$

A solução geral é

$$y = y_h + y_p = c_1 e^{3t} \cos 4t + c_2 e^{3t} \operatorname{sen} 4t + \dfrac{56}{663}\operatorname{sen}\dfrac{t}{2} - \dfrac{20}{663}\cos\dfrac{t}{2}$$

11.5 Resolva $\ddot{y} - 6\dot{y} + 25y = 64e^{-t}$.

Pelo Problema 9.10,
$$y_h = c_1 e^{3t} \cos 4t + c_2 e^{3t} \operatorname{sen} 4t$$

Neste caso, $\phi(x)$ possui a forma apresentada pelo Caso 2 com a variável independente t substituindo x, $k = 64$, $\alpha = -1$. Utilizando (11.2), com t em lugar de x, assumimos que

$$y_p = Ae^{-t} \tag{1}$$

Conseqüentemente, $\dot{y}_p = -Ae^{-t}$ e $\ddot{y}_p = Ae^{-t}$. Substituindo esses resultados na equação diferencial, obtemos

$$Ae^{-t} - 6(-Ae^{-t}) + 25(Ae^{-t}) = 64e^{-t}$$

ou, de forma equivalente $32Ae^{-t} = 64e^{-t}$. Segue-se que $32A = 64$ ou $A = 2$. Então, (1) se torna $y_p = 2e^{-t}$. A solução geral é

$$y = y_h + y_p = c_1 e^{3t} \cos 4t + c_2 e^{3t} \operatorname{sen} 4t + 2e^{-t}$$

11.6 Resolva $\ddot{y} - 6\dot{y} + 25y = 50t^3 - 36t^2 - 63t + 18$.

Novamente pelo Problema 9.10,

$$y_h = c_1 e^{3t} \cos 4t + c_2 e^{3t} \operatorname{sen} 4t$$

Neste caso, $\phi(t)$ é um polinômio de terceiro grau em t. Utilizando (11.1), com t substituindo x, assumimos que

$$y_p = A_3 t^3 + A_2 t^2 + A_1 t + A_0 \tag{1}$$

Conseqüentemente,

$$\dot{y}_p = 3A_3 t^2 + 2A_2 t + A_1$$

e

$$\ddot{y}_p = 6A_3 t + 2A_2$$

Substituindo esses resultados na equação diferencial, obtemos

$$(6A_3 t + 2A_2) - 6(3A_3 t^2 + 2A_2 t + A_1) + 25(A_3 t^3 + A_2 t^2 + A_1 t + A_0) = 50t^3 - 36t^2 - 63t + 18$$

ou, de forma equivalente

$$(25A_3)t^3 + (-18A_3 + 25A_2)t^2 + (6A_3 - 12A_2 + 25A_1) + (2A_2 - 6A_1 + 25A_0) = 50t^3 - 36t^2 - 63t + 18$$

Igualando os coeficientes de termos semelhantes de t, temos

$$25A_3 = 50; \quad -18A_3 + 25A_2 = -36; \quad 6A_3 - 12A_2 + 25A_1 = -63; \quad 2A_2 - 6A_1 + 25A_0 = 18$$

Resolvendo simultaneamente essas quatro equações algébricas, obtemos $A_3 = 2$, $A_2 = 0$, $A_1 = -3$, e $A_0 = 0$, de modo que (1) se escreve

$$y_p = 2t^3 - 3t$$

A solução geral é

$$y = y_h + y_p = c_1 e^{3t} \cos 4t + c_2 e^{3t} \operatorname{sen} 4t + 2t^3 - 3t$$

11.7 Resolva $y''' - 6y'' + 11y' - 6y = 2xe^{-x}$.

Pelo Problema 10.1, $y_h = c_1 e^x + c_2 e^{2x} + c_3 e^{3x}$. Neste caso, $\phi(x) = e^{\alpha x} p_n(x)$, onde $\alpha = -1$ e $p_n(x) = 2x$, um polinômio de primeiro grau. Utilizando (11.4), assumimos que $y_p = e^{-x}(A_1 x + A_0)$, ou

$$y_p = A_1 x e^{-x} + A_0 e^{-x} \tag{1}$$

Assim,

$$y'_p = -A_1 x e^{-x} + A_1 e^{-x} - A_0 e^{-x}$$

$$y''_p = A_1 x e^{-x} - 2A_1 e^{-x} + A_0 e^{-x}$$

$$y'''_p = -A_1 x e^{-x} + 3A_1 e^{-x} - A_0 e^{-x}$$

Substituindo esses resultados na equação diferencial e simplificando, obtemos

$$-24A_1 x e^{-x} + (26A_1 - 24A_0)e^{-x} = 2xe^{-x} + (0)e^{-x}$$

Igualando os coeficientes de termos semelhantes, temos

$$-24A_1 = 2 \quad 26A_1 - 24A_0 = 0$$

com $A_1 = -1/12$ e $A_0 = -13/144$.

A Equação (1) se escreve

$$y_p = -\frac{1}{12} x e^{-x} - \frac{13}{144} e^{-x}$$

e a solução geral é

$$y = c_1 e^x + c_2 e^{2x} + c_3 e^{3x} - \frac{1}{12} x e^{-x} - \frac{13}{144} e^{-x}$$

11.8 Determine a forma da solução particular de $y'' = 9x^2 + 2x - 1$.

Neste caso, $\phi(x) = 9x^2 + 2x - 1$, e a solução da equação diferencial homogênea associada $y'' = 0$ é $y_h = c_1 x + c_0$. Como $\phi(x)$ é um polinômio de segundo grau, tentamos primeiro $y_p = A_2 x^2 + A_1 x + A_0$. Note, entretanto, que essa suposta solução possui termos, desconsiderando as constantes multiplicativas, em comum com y_h: em particular, o termo em primeira potência e o termo constante. Logo, devemos determinar o menor inteiro positivo m de modo que $x^m(A_2 x^2 + A_1 x + A_0)$ não tenha termos em comum com y_h.

Para $m = 1$, obtemos

$$x(A_2 x^2 + A_1 x + A_0) = A_2 x^3 + A_1 x^2 + A_0 x$$

que ainda tem um termo de primeira potência em comum com y_h. Para $m = 2$, obtemos

$$x^2(A_2 x^2 + A_1 x + A_0) = A_2 x^4 + A_1 x^3 + A_0 x^2$$

que não tem termos em comum com y_h; portanto, assumimos uma expressão desta forma para y_p.

11.9 Resolva $y'' = 9x^2 + 2x - 1$.

Utilizando os resultados do Problema 11.8, temos $y_h = c_1 x + c_0$ e admitimos

$$y_p = A_2 x^4 + A_1 x^3 + A_0 x^2 \tag{1}$$

Substituindo (1) na equação diferencial, obtemos

$$12 A_2 x^2 + 6 A_1 x + 2 A_0 = 9x^2 + 2x - 1$$

para a qual $A_2 = 3/4$, $A_1 = 1/3$ e $A_0 = -1/2$. Então (1) se escreve como

$$y_p = \frac{3}{4}x^4 + \frac{1}{3}x^3 - \frac{1}{2}x^2$$

e a solução geral é

$$y = c_1 x + c_0 + \frac{3}{4}x^4 + \frac{1}{3}x^3 - \frac{1}{2}x^2$$

A solução também pode ser obtida integrando-se duas vezes ambos os membros da equação em relação a x.

11.10 Resolva $y' - 5y = 2e^{5x}$.

Pelo Problema 10.3, $y_h = c_1 e^{5x}$. Como, $\phi(x) = 2e^{5x}$, decorreria da Eq. (11.2) que uma forma plausível para y_p seria $y_p = A_0 e^{5x}$. Note, entretanto, que esse y_p tem exatamente a mesma forma de y_h; portanto devemos modificar y_p. Multiplicando y_p por x ($m = 1$), obtemos

$$y_p = A_0 x e^{5x} \tag{1}$$

Como essa expressão não possui termos em comum com y_h, é candidata a solução particular. Substituindo (1) e $y'_p = A_0 e^{5x} + 5 A_0 x e^{5x}$ na equação diferencial e simplificando, obtemos $A_0 e^{5x} = 2e^{5x}$, da qual $A_0 = 2$. A Equação (1) se escreve $y_p = 2x e^{5x}$ e a solução geral é $y = (c_1 + 2x)e^{5x}$.

11.11 Determine a forma de uma solução particular de

$$y' - 5y = (x - 1)\operatorname{sen} x + (x + 1)\cos x$$

Neste caso, $\phi(x) = (x-1)\operatorname{sen} x + (x+1)\cos x$, e, pelo Problema 10.3, sabemos que a solução da equação homogênea associada $y' - 5y = 0$ é $y_h c_1 e^{5x}$. Uma possível solução para $(x-1)\operatorname{sen} x$ é dada pela Eq. (11.5) (com $\alpha = 0$) como

$$(A_1 x + A_0)\operatorname{sen} x + (B_1 x + B_0)\cos x$$

Uma possível solução para $(x+1)\cos x$ também é dada pela Eq. (11.5) como

$$(C_1x + C_0)\operatorname{sen} x + (D_1x + D_0)\cos x$$

(Note que C e D foram utilizadas na última expressão, pois as constantes A e B já tinham sido adotadas.)

Tomamos, portanto,

$$y_p = (A_1x + A_0)\operatorname{sen} x + (B_1x + B_0)\cos x + (C_1x + C_0)\operatorname{sen} x + (D_1x + D_0)\cos x$$

Combinando termos semelhantes, obtemos

$$y_p = (E_1x + E_0)\operatorname{sen} x + (F_1x + F_0)\cos x$$

como possível solução, onde $E_j = A_j + C_j$ e $F_j = B_j + D_j$ ($j = 0, 1$).

11.12 Resolva $y' - 5y = (x-1)\operatorname{sen} x + (x+1)\cos x$.

Pelo Problema 10.3, $y_h = c_1 e^{5x}$. Utilizando os resultados do Problema 11.11, supomos que

$$y_p = (E_1x + E_0)\operatorname{sen} x + (F_1x + F_0)\cos x \tag{1}$$

Assim, $\qquad y_p' = (E_1 - F_1x - F_0)\operatorname{sen} x + (E_1x + E_0 + E_1)\cos x$

Substituindo esses valores na equação diferencial e simplificando, obtemos

$$(-5E_1 - F_1)x\operatorname{sen} x + (-5E_0 + E_1 - F_0)\operatorname{sen} x + (-5F_1 + E_1)x\cos x + (-5F_0 + E_0 + F_1)\cos x$$
$$= (1)x\operatorname{sen} x + (-1)\operatorname{sen} x + (1)x\cos x + (1)\cos x$$

Igualando coeficientes de termos semelhantes, temos

$$-5E_1 - F_1 = 1$$
$$-5E_0 + E_1 - F_0 = -1$$
$$E_1 - 5F_1 = 1$$
$$E_0 - 5F_0 + F_1 = 1$$

Resolvendo, obtemos $E_1 = -2/13$, $E_0 = 71/338$, $F_1 = -3/13$ e $F_0 = -69/338$. Então, de (1),

$$y_p = \left(-\frac{2}{13}x + \frac{71}{338}\right)\operatorname{sen} x + \left(-\frac{3}{13}x + \frac{69}{338}\right)\cos x$$

e a solução geral é

$$y = c_1 e^{5x} + \left(\frac{-2}{13}x + \frac{71}{338}\right)\operatorname{sen} x - \left(\frac{3}{13}x + \frac{69}{338}\right)\cos x$$

11.13 Resolva $y' - 5y = 3e^x - 2x + 1$.

Pelo Problema 10.3, $y_h = c_1 e^{5x}$. Aqui, podemos escrever $\phi(x)$ como a soma de duas funções de fácil manejo: $\phi(x) = (3e^x) + (-2x + 1)$. Para o termo $3e^x$ podemos assumir uma solução na forma Ae^x; para o termo $-2x + 1$ podemos assumir uma solução na forma $B_1x + B_0$. Tentamos, assim,

$$y_p = Ae^x + B_1x + B_0 \tag{1}$$

Substituindo (1) na equação diferencial e simplificando, obtemos

$$(-4A)e^x + (-5B_1)x + (B_1 - 5B_0) = (3)e^x + (-2)x + (1)$$

Igualando coeficientes de termos semelhantes, temos $A = -3/4$, $B_1 = 2/5$ e $B_0 = -3/25$. Assim, (1) se torna

$$y_p = -\frac{3}{4}e^x + \frac{2}{5}x - \frac{3}{25}$$

e a solução geral é

$$y = c_1 e^{5x} - \frac{3}{4}e^x + \frac{2}{5}x - \frac{3}{25}$$

11.14 Resolva $y' - 5y = x^2 e^x - xe^{5x}$.

Pelo Problema 10.3, $y_h = c_1 e^{5x}$. Aqui, $\phi(x) = x^2 e^x - xe^{5x}$, que é a diferença de dois termos de fácil manejo. Para $x^2 e^x$ supomos uma solução da forma

$$e^x(A_2 x^2 + A_1 x + A_0) \tag{1}$$

Para xe^{5x} tentamos inicialmente uma solução da forma

$$e^{5x}(B_1 x + B_0) = B_1 x e^{5x} + B_0 e^{5x}$$

Porém, essa possível solução teria, desconsiderando as constantes multiplicativas, o termo e^{5x} em comum com y_h. Somos, portanto, levados à expressão modificada

$$xe^{5x}(B_1 x + B_0) = e^{5x}(B_1 x^2 + B_0 x) \tag{2}$$

Tomamos agora y_p como sedo a soma de (1) e (2):

$$y_p = e^x(A_2 x^2 + A_1 x + A_0) + e^{5x}(B_1 x^2 + B_0 x) \tag{3}$$

Substituindo (3) na equação diferencial e simplificando, obtemos

$$e^x[(-4A_2)x^2 + (2A_2 - 4A_1)x + (A_1 - 4A_0)] + e^{5x}[(2B_1)x + B_0]$$
$$= e^x[(1)x^2 + (0)x + (0)] + e^{5x}[(-1)x + (0)]$$

Igualando coeficientes de termos semelhantes, temos

$$-4A_2 = 1 \quad 2A_2 - 4A_1 = 0 \quad A_1 - 4A_0 = 0 \quad 2B_1 = -1 \quad B_0 = 0$$

de onde

$$A_2 = -\frac{1}{4} \quad A_1 = -\frac{1}{8} \quad A_0 = -\frac{1}{32}$$

$$B_1 = -\frac{1}{2} \quad B_0 = 0$$

A Equação (3) então resulta em

$$y_p = e^x\left(-\frac{1}{4}x^2 - \frac{1}{8}x - \frac{1}{32}\right) - \frac{1}{2}x^2 e^{5x}$$

e a solução geral é

$$y = c_1 e^{5x} + e^x\left(-\frac{1}{4}x^2 - \frac{1}{8}x - \frac{1}{32}\right) - \frac{1}{2}x^2 e^{5x}$$

Problemas Complementares

Nos Problemas 11.15 a 11.26, determine a forma de uma solução particular de $\mathbf{L}(y) = \phi(x)$ para $\phi(x)$ dada, se a solução da equação homogênea associada $\mathbf{L}(y) = 0$ for $y_h = c_1 e^{2x} + c_2 e^{3x}$.

11.15 $\phi(x) = 2x - 7$ **11.16** $\phi(x) = -3x^2$

11.17 $\phi(x) = 132x^2 - 388x + 1077$

11.18 $\phi(x) = 0{,}5e^{-2x}$

11.19 $\phi(x) = 13e^{5x}$

11.20 $\phi(x) = 4e^{2x}$

11.21 $\phi(x) = 2\cos 3x$

11.22 $\phi(x) = \dfrac{1}{2}\cos 3x - 3\operatorname{sen} 3x$

11.23 $\phi(x) = x\cos 3x$

11.24 $\phi(x) = 2x + 3e^{8x}$

11.25 $\phi(x) = 2xe^{5x}$

11.26 $\phi(x) = 2xe^{3x}$

Nos Problemas 11.27 a 11.36, determine a forma de uma solução particular de $\mathbf{L}(y) = \phi(x)$ para $\phi(x)$ dada, se a solução da equação homogênea associada $\mathbf{L}(y) = 0$ for $y_h = c_1 e^{5x}\cos 3x + c_2 e^{5x}\operatorname{sen} 3x$.

11.27 $\phi(x) = 2e^{3x}$

11.28 $\phi(x) = xe^{3x}$

11.29 $\phi(x) = -23e^{5x}$

11.30 $\phi(x) = (x^2 - 7)e^{5x}$

11.31 $\phi(x) = 5\cos\sqrt{2}x$

11.32 $\phi(x) = x^2 \operatorname{sen}\sqrt{2}x$

11.33 $\phi(x) = -\cos 3x$

11.34 $\phi(x) = 2\operatorname{sen} 4x - \cos 7x$

11.35 $\phi(x) = 31e^{-x}\cos 3x$

11.36 $\phi(x) = -\dfrac{1}{6}e^{5x}\cos 3x$

Nos Problemas 11.37 a 11.43, determine a forma de uma solução particular de $\mathbf{L}(x) = \phi(t)$ para $\phi(t)$ dada, se a solução da equação homogênea associada $\mathbf{L}(x) = 0$ for $x_h = c_1 + c_2 e^t + c_3 t e^t$.

11.37 $\phi(t) = t$

11.38 $\phi(t) = 2t^2 - 3t + 82$

11.39 $\phi(t) = te^{-2t} + 3$

11.40 $\phi(t) = -6e^t$

11.41 $\phi(t) = te^t$

11.42 $\phi(t) = 3 + t\cos t$

11.43 $\phi(t) = te^{2t}\cos 3t$

Nos Problemas 11.44 a 11.52, determine as soluções gerais das equações diferenciais dadas.

11.44 $y'' - 2y' + y = x^2 - 1$

11.45 $y'' - 2y' + y = 3e^{2x}$

11.46 $y'' - 2y' + y = 4\cos x$

11.47 $y'' - 2y' + y = 3e^x$

11.48 $y'' - 2y' + y = xe^x$

11.49 $y' - y = e^x$

11.50 $y' - y = xe^{2x} + 1$

11.51 $y' - y = \operatorname{sen} x + \cos 2x$

11.52 $y''' - 3y'' + 3y' - y = e^x + 1$

Capítulo 12

Variação dos Parâmetros

A variação de parâmetros se constitui em um outro método (veja o Capítulo 11) para determinar uma solução particular de uma equação diferencial linear de ordem n

$$\mathbf{L}(y) = \phi(x) \tag{12.1}$$

desde que se conheça a solução da equação homogênea associada $\mathbf{L}(y) = 0$. Recordemos do Teorema 8.2 que se $y_1(x), y_2(x), ..., y_n(x)$ são n soluções linearmente independentes de $\mathbf{L}(y) = 0$, então, a solução geral de $\mathbf{L}(y) = 0$ é

$$y_h = c_1 y_1(x) + c_2 y_2(x) + \cdots + c_n y_n(x) \tag{12.2}$$

O MÉTODO

Uma solução particular de $\mathbf{L}(y) = \phi(x)$ tem a forma

$$y_p = v_1 y_1 + v_2 y_2 + \cdots + v_n y_n \tag{12.3}$$

onde $y_i = y_i(x)$ ($i = 1, 2, ..., n$) são dados pela Eq. (12.2) e v_i ($i = 1, 2, ..., n$) são funções incógnitas de x a serem determinadas.

Para determinarmos os v_i, primeiro resolvemos simultaneamente as seguintes equações lineares para v_i':

$$\begin{aligned} v_1' y_1 + v_2' y_2 + \cdots + v_n' y_n &= 0 \\ v_1' y_1' + v_2' y_2' + \cdots + v_n' y_n' &= 0 \\ &\vdots \\ v_1' y_1^{(n-2)} + v_2' y_2^{(n-2)} + \cdots + v_n' y_n^{(n-2)} &= 0 \\ v_1' y_1^{(n-1)} + v_2' y_2^{(n-1)} + \cdots + v_n' y_n^{(n-1)} &= \phi(x) \end{aligned} \tag{12.4}$$

Integramos então cada v_i' para obtermos v_i, desconsiderando todas as constantes de integração. Isso é permitido pois estamos interessados em apenas *uma* solução particular.

Exemplo 12.1 Para o caso especial $n = 3$, as Eqs. (12.4) se reduzem para

$$v_1'y_1 + v_2'y_2 + v_3'y_3 = 0$$
$$v_1'y_1' + v_2'y_2' + v_3'y_3' = 0$$
$$v_1'y_1'' + v_2'y_2'' + v_3'y_3'' = \phi(x)$$
(12.5)

Para o caso $n = 2$, as Eqs. (12.4) se escrevem como

$$v_1'y_1 + v_2'y_2 = 0$$
$$v_1'y_1' + v_2'y_2' = \phi(x)$$
(12.6)

e para o caso $n = 1$, obtemos a equação única

$$v_1'y_1 = \phi(x)$$
(12.7)

Como $y_1(x), y_2(x),..., y_n(x)$ são n soluções linearmente independentes da mesma equação $\mathbf{L}(y) = 0$, seu Wronskiano não é zero (Teorema 8.3). Isso significa que o sistema (12.4) tem um determinante não-nulo e pode ser resolvido de modo único em relação à $v_1'(x), v_2'(x),..., v_n'(x)$.

OBJETIVO DO MÉTODO

O método de variação dos parâmetros pode ser aplicado para *todas* as equações diferenciais lineares. É, assim, mais poderoso que o método dos coeficientes indeterminados, que se restringe a equações diferenciais lineares com coeficientes constantes e formas particulares de $\phi(x)$. Apesar disso, para aqueles casos em que ambos os métodos são aplicáveis, o método dos coeficientes indeterminados é mais eficiente, devendo, assim, ser preferido.

Do ponto de vista prático, a integração de $v_i'(x)$ nem sempre é possível. Em tais casos, outros métodos (em particular, técnicas numéricas) devem ser adotados.

Problemas Resolvidos

12.1 Resolva $y''' + y' = \sec x$.

Essa é uma equação diferencial de terceira ordem com

$$y_h = c_1 + c_2 \cos x + c_3 \operatorname{sen} x$$

(ver Capítulo 10); decorre da Eq. (12.3) que

$$y_p = v_1 + v_2 \cos x + v_3 \operatorname{sen} x$$
(1)

Neste caso, $y_1 = 1$, $y_2 = \cos x$, $y_3 = \operatorname{sen} x$, e $\phi(x) = \sec x$. Então, (12.5) se escreve como

$$v_1'(1) + v_2'(\cos x) + v_3'(\operatorname{sen} x) = 0$$
$$v_1'(0) + v_2'(-\operatorname{sen} x) + v_3'(\cos x) = 0$$
$$v_1'(0) + v_2'(-\cos x) + v_3'(-\operatorname{sen} x) = \sec x$$

Resolvendo esse conjunto de equações simultaneamente, obtemos $v_1' = \sec x$, $v_2' = -1$ e $v_3' = -\operatorname{tg} x$. Assim,

$$v_1 = \int v_1' \, dx = \int \sec x \, dx = \ln |\sec x + \operatorname{tg} x|$$
$$v_2 = \int v_2' \, dx = \int -1 \, dx = -x$$
$$v_3 = \int v_3' \, dx = \int -\operatorname{tg} x \, dx = -\int \frac{\operatorname{sen} x}{\cos x} dx = \ln |\cos x|$$

Substituindo estes valores em (1), obtemos

$$y_p = \ln |\sec x + \tg x| - x \cos x + (\sen x) \ln |\cos x|$$

A solução geral é então

$$y = y_h + y_p = c_1 + c_2 \cos x + c_3 \sen x + \ln |\sec x + \tg x| - x \cos x + (\sen x) \ln |\cos x|$$

12.2 Resolva $y''' - 3y'' + 2y' = \dfrac{e^x}{1+e^{-x}}$.

Essa é uma equação de terceira ordem com

$$y_h = c_1 + c_2 e^x + c_3 e^{2x}$$

(ver Capítulo 10); decorre da Eq. (12.3) que

$$y_p = v_1 + v_2 e^x + v_3 e^{2x} \qquad (1)$$

Neste caso, $y_1 = 1$, $y_2 = e^x$, $y_3 = e^{2x}$, e $\phi(x) = e^x/(1+e^{-x})$, então a Eq. (12.5) se escreve

$$v_1'(1) + v_2'(e^x) + v_3'(e^{2x}) = 0$$
$$v_1'(0) + v_2'(e^x) + v_3'(2e^{2x}) = 0$$
$$v_1'(0) + v_2'(e^x) + v_3'(4e^{2x}) = \dfrac{e^x}{1+e^{-x}}$$

Resolvendo esse conjunto de equações simultaneamente, obtemos

$$v_1' = \dfrac{1}{2}\left(\dfrac{e^x}{1+e^{-x}}\right)$$
$$v_2' = \dfrac{-1}{1+e^{-x}}$$
$$v_3' = \dfrac{1}{2}\left(\dfrac{e^{-x}}{1+e^{-x}}\right)$$

Assim, aplicando as substituições $u = e^x + 1$ e $w = 1 + e^{-x}$, determinamos

$$v_1 = \dfrac{1}{2}\int \dfrac{e^x}{1+e^{-x}}\,dx = \dfrac{1}{2}\int \dfrac{e^x}{e^x+1}\,e^x dx$$
$$= \dfrac{1}{2}\int \dfrac{u-1}{u}\,du = \dfrac{1}{2}u - \dfrac{1}{2}\ln|u|$$
$$= \dfrac{1}{2}(e^x+1) - \dfrac{1}{2}\ln(e^x+1)$$
$$v_2 = \int \dfrac{-1}{1+e^{-x}}\,dx = -\int \dfrac{e^x}{e^x+1}\,dx$$
$$= -\int \dfrac{du}{u} = -\ln|u| = -\ln(e^x+1)$$
$$v_3 = \dfrac{1}{2}\int \dfrac{e^{-x}}{1+e^{-x}}\,dx = -\dfrac{1}{2}\int \dfrac{dw}{w} = -\dfrac{1}{2}\ln|w| = -\dfrac{1}{2}\ln(1+e^{-x})$$

Substituindo esses valores em (1), obtemos

$$y_p = \left[\dfrac{1}{2}(e^x+1) - \dfrac{1}{2}\ln(e^x+1)\right] + [-\ln(e^x+1)]e^x + \left[-\dfrac{1}{2}\ln(1+e^{-x})\right]e^{2x}$$

A solução geral é

$$y = y_h + y_p = c_1 + c_2 e^x + c_3 e^{2x} + \dfrac{1}{2}(e^x+1) - \dfrac{1}{2}\ln(e^x+1) - e^x \ln(e^x+1) - \dfrac{1}{2}e^{2x}\ln(1+e^{-x})$$

Essa solução pode ser simplificada. Primeiro notamos que

$$\ln(1 + e^{-x}) = \ln[e^{-x}(e^x + 1)] = \ln e^{-x} + \ln(e^x + 1) = -1 + \ln(e^x + 1)$$

Logo $\quad -\dfrac{1}{2}e^{2x}\ln(1 + e^{-x}) = -\dfrac{1}{2}e^{2x}[-1 + \ln(e^x + 1)] = \dfrac{1}{2}e^{2x} - \dfrac{1}{2}e^{2x}\ln(e^x + 1)$

Então, combinando termos semelhantes, temos

$$y = \left(c_1 + \frac{1}{2}\right) + \left(c_2 + \frac{1}{2}\right)e^x + \left(c_3 + \frac{1}{2}\right)e^{2x} + \left[-\frac{1}{2} - e^x - \frac{1}{2}e^{2x}\right]\ln(e^x + 1)$$

$$= c_4 + c_5 e^x + c_6 e^{2x} - \frac{1}{2}[1 + 2e^x + (e^x)^2]\ln(e^x + 1)$$

$$= c_4 + c_5 e^x + c_6 e^{2x} - \frac{1}{2}(e^x + 1)^2 \ln(e^x + 1) \left(\text{com } c_4 = c_1 + \frac{1}{2},\ c_5 = c_2 + \frac{1}{2},\ c_6 = c_3 + \frac{1}{2}\right)$$

12.3 Resolva $y'' - 2y' + y = \dfrac{e^x}{x}$.

Aqui, $n = 2$ e $y_h = c_1 e^x + c_2 x e^x$; portanto,

$$y_p = v_1 e^x + v_2 x e^x \tag{1}$$

Como $y_1 = e^x$, $y_2 = xe^x$ e $\phi(x) = e^x/x$, decorre da Eq. (12.6) que

$$v_1'(e^x) + v_2'(xe^x) = 0$$

$$v_1'(e^x) + v_2'(e^x + xe^x) = \frac{e^x}{x} \tag{1}$$

Resolvendo simultaneamente esse conjunto de equações, obtemos $v_1' = -1$, $v_2' = 1/x$. Assim,

$$v_1 = \int v_1'\, dx = \int -1\, dx = -x$$

$$v_2 = \int v_2'\, dx = \int \frac{1}{x}\, dx = \ln|x|$$

Substituindo esses valores em (1), obtemos

$$y_p = -xe^x + xe^x \ln|x|$$

A solução geral é então

$$y = y_h + y_p = c_1 e^x + c_2 x e^x - xe^x + xe^x \ln|x|$$

$$= c_1 e^x + c_3 x e^x + xe^x \ln|x| \quad (c_3 = c_2 - 1)$$

12.4 Resolva $y'' - y' - 2y = e^{3x}$.

Aqui, $n = 2$ e $y_h = c_1 e^{-x} + c_2 e^{2x}$; portanto,

$$y_p = v_1 e^{-x} + v_2 e^{2x} \tag{1}$$

Como $y_1 = e^{-x}$, $y_2 = e^{2x}$ e $\phi(x) = e^{3x}$, decorre da Eq. (12.6) que

$$v_1'(e^{-x}) + v_2'(e^{2x}) = 0$$

$$v_1'(-e^{-x}) + v_2'(2e^{2x}) = e^{3x}$$

Resolvendo esse conjunto de equações simultaneamente, obtemos $v_1' = -e^{4x}/3$, $v_2' = e^x/3$, de onde resulta $v_1 = -e^{4x}/12$ e $v_2 = e^x/3$. Substituindo esses resultados em (1), obtemos

$$y_p = -\frac{1}{12}e^{4x}e^{-x} + \frac{1}{3}e^x e^{2x} = -\frac{1}{12}e^{3x} + \frac{1}{3}e^{3x} = \frac{1}{4}e^{3x}$$

A solução geral é então

$$y = c_1 e^{-x} + c_2 e^{2x} + \frac{1}{4} e^{3x}$$

(Compare com o Problema 11.2.)

12.5 Resolva $\ddot{x} + 4x = \text{sen}^2 2t$

Essa é uma equação diferencial de segunda ordem para $x(t)$ com

$$x_h = c_1 \cos 2t + c_2 \, \text{sen}\, 2t$$

Decorre da Eq. (12.3) que

$$x_p = v_1 \cos 2t + v_2 \, \text{sen}\, 2t \qquad (1)$$

onde v_1 e v_2 são agora funções de t. Neste caso, $x_1 = \cos 2t$ e $x_2 = \text{sen}\, 2t$ são duas soluções linearmente independentes da equação diferencial homogênea associadas e $\phi(t) = \text{sen}^2 2t$. Assim, a Eq. (12.6), com x substituindo y, se escreve como

$$v_1' \cos 2t + v_2' \, \text{sen}\, 2t = 0$$

$$v_1'(-2\, \text{sen}\, 2t) + v_2'(2 \cos 2t) = \text{sen}^2 2t$$

A solução desse conjunto de equações é

$$v_1' = -\frac{1}{2} \text{sen}^3 2t$$

$$v_2' = \frac{1}{2} \text{sen}^2 2t \cos 2t$$

Assim,

$$v_1 = -\frac{1}{2} \int \text{sen}^3 2t \, dt = \frac{1}{4} \cos 2t - \frac{1}{12} \cos^3 2t$$

$$v_2 = \frac{1}{2} \int \text{sen}^2 2t \cos 2t \, dt = \frac{1}{12} \text{sen}^3 2t$$

Substituindo esses valores em (1), obtemos

$$x_p = \left[\frac{1}{4}\cos 2t - \frac{1}{12}\cos^3 2t\right]\cos 2t + \left[\frac{1}{12}\text{sen}^3 2t\right]\text{sen}\, 2t$$

$$= \frac{1}{4}\cos^2 2t - \frac{1}{12}(\cos^4 2t - \text{sen}^4 2t)$$

$$= \frac{1}{4}\cos^2 2t - \frac{1}{12}(\cos^2 2t - \text{sen}^2 2t)(\cos^2 2t + \text{sen}^2 2t)$$

$$= \frac{1}{6}\cos^2 2t + \frac{1}{12}\text{sen}^2 2t$$

pois, $\cos^2 2t + \text{sen}^2 2t = 1$. A solução geral é

$$x = x_h + x_p = c_1 \cos 2t + c_2 \, \text{sen}\, 2t + \frac{1}{6}\cos^2 2t + \frac{1}{12}\text{sen}^2 2t$$

12.6 Resolva $t^2 \dfrac{d^2 N}{dt^2} - 2t \dfrac{dN}{dt} + 2N = t \ln t$ sabendo que t e t^2 são duas soluções linearmente independentes da equação diferencial homogênea associada.

Primeiro, escrevemos a equação diferencial na forma padrão, com o coeficiente da derivada mais elevada reduzido à unidade. Dividindo a equação por t^2, obtemos

$$\frac{d^2 N}{dt^2} - \frac{2}{t}\frac{dN}{dt} + \frac{2}{t^2} N = \frac{1}{t}\ln t$$

com $\phi(t) = (1/t) \ln t$. Sabemos que $N_1 = t$ e $N_2 = t^2$ são duas soluções linearmente independentes da equação homogênea de segunda ordem associada. Decorre do Teorema 8.2 que

$$N_h = c_1 t + c_2 t^2$$

Assumimos, então, que

$$N_p = v_1 t + v_2 t^2 \qquad (1)$$

As Equações (12.6), com N substituindo y, se escrevem como

$$v_1'(t) + v_2'(t^2) = 0$$
$$v_1'(1) + v_2'(2t) = \frac{1}{t}\ln t$$

A solução desse conjunto de equações é

$$v_1' = -\frac{1}{t}\ln t \quad \text{e} \quad v_2' = \frac{1}{t^2}\ln t$$

Desta forma,
$$v_1 = -\int \frac{1}{t}\ln t\, dt = -\frac{1}{2}\ln^2 t$$
$$v_2 = \int \frac{1}{t^2}\ln t\, dt = -\frac{1}{t}\ln t - \frac{1}{t}$$

e (1) se torna

$$N_p = \left[-\frac{1}{2}\ln^2 t\right]t + \left[-\frac{1}{t}\ln t - \frac{1}{t}\right]t^2 = -\frac{t}{2}\ln^2 t - t\ln t - t$$

A solução geral é

$$N = N_h + N_p = c_1 t + c_2 t^2 - \frac{t}{2}\ln^2 t - t\ln t - t$$
$$= c_3 t + c_2 t^2 - \frac{t}{2}\ln^2 t - t\ln t \quad (\text{com } c_3 = c_1 - 1)$$

12.7 Resolva $y' + \dfrac{4}{x}y = x^4$.

Aqui, $n = 1$ e (do Capítulo 6) $y_h = c_1 e^{-4x}$; portanto,

$$y_p = v_1 x^{-4} \qquad (1)$$

Como $y_1 = x^{-4}$ e $\phi(x) = x^4$, Eq. (12.7) se torna $v_1' x^{-4} = x^4$, de onde obtemos $v_1' = x^8$ e $v_1 = x^9/9$. A Equação (1) agora se escreve $y_p = x^5/9$, e a solução geral é então

$$y = c_1 x^{-4} + \frac{1}{9}x^5$$

(Compare com o Problema 6.6.)

12.8 Resolva $y^{(4)} = 5x$ pelo método de variação dos parâmetros.

Aqui, $n = 4$ e $y_h = c_1 + c_2 x + c_3 x^2 + c_4 x^3$; portanto,

$$y_p = v_1 + v_2 x + v_3 x^2 + v_4 x^3 \qquad (1)$$

Como $y_1 = 1$, $y_2 = x$, $y_3 = x^2$, $y_4 = x^3$ e $\phi(x) = 5x$, decorre da Eq. (12.4), com $n = 4$, que

$$v_1'(1) + v_2'(x) + v_3'(x^2) + v_4'(x^3) = 0$$
$$v_1'(0) + v_2'(1) + v_3'(2x) + v_4'(3x^2) = 0$$
$$v_1'(0) + v_2'(0) + v_3'(2) + v_4'(6x) = 0$$
$$v_1'(0) + v_2'(0) + v_3'(0) + v_4'(6) = 5x$$

Resolvendo simultaneamente esse conjunto de equações, obtemos

$$v_1' = -\frac{5}{6}x^4 \quad v_2' = \frac{5}{2}x^3 \quad v_3' = -\frac{5}{2}x^2 \quad v_4' = \frac{5}{6}x$$

donde
$$v_1 = -\frac{1}{6}x^5 \quad v_2 = \frac{5}{8}x^4 \quad v_3 = -\frac{5}{6}x^3 \quad v_4 = \frac{5}{12}x^2$$

Então, de (1)

$$y_p = -\frac{1}{6}x^5 + \frac{5}{8}x^4(x) - \frac{5}{6}x^3(x^2) + \frac{5}{12}x^2(x^3) = \frac{1}{24}x^5$$

e a solução geral é

$$y_h = c_1 + c_2 x + c_3 x^2 + c_4 x^3 + \frac{1}{24}x^5$$

A solução também pode ser obtida integrando-se quatro vezes ambos os membros da equação em relação a x.

Problemas Complementares

Utilize o método de variação dos parâmetros para determinar a solução geral das seguintes equações diferenciais:

12.9 $y'' - 2y' + y = \dfrac{e^x}{x^5}$

12.10 $y'' + y = \sec x$

12.11 $y'' - y' - 2y = e^{3x}$

12.12 $y'' - 60y' - 900y = 5e^{10x}$

12.13 $y'' - 7y' = -3$

12.14 $y'' + \dfrac{1}{x}y' - \dfrac{1}{x^2}y = \ln x$ sabendo que x e $1/x$ são duas soluções da equação homogênea associada.

12.15 $x^2 y'' - xy' = x^3 e^x$ sabendo que 1 e x^2 são duas soluções da equação homogênea associada.

12.16 $y' - \dfrac{1}{x}y = x^2$

12.17 $y' + 2xy = x$

12.18 $y''' = 12$

12.19 $\ddot{x} - 2\dot{x} + x = \dfrac{e^t}{t^3}$

12.20 $\ddot{x} - 6\dot{x} + 9x = \dfrac{e^{3t}}{t^2}$

12.21 $\ddot{x} + 4x = 4\sec^2 2t$

12.22 $\ddot{x} - 4\dot{x} + 3x = \dfrac{e^t}{1 + e^t}$

12.23 $(t^2 - 1)\ddot{x} - 2t\dot{x} + 2x = (t^2 - 1)^2$ sabendo que t e $t^2 + 1$ são duas soluções da equação homogênea associada.

12.24 $(t^2 + t)\ddot{x} + (2 - t^2)\dot{x} - (2 + t)x = t(t + 1)^2$ sabendo que e^t e $1/t$ são duas soluções da equação homogênea associada.

12.25 $\dddot{r} - 3\ddot{r} + 3\dot{r} - r = \dfrac{e^t}{t}$

12.26 $\dddot{r} + 6\ddot{r} + 12\dot{r} + 8r = 12e^{-2t}$

12.27 $\dddot{z} - 5\ddot{z} + 25\dot{z} - 125z = 1000$

12.28 $\dfrac{d^3 z}{d\theta^3} - 3\dfrac{d^2 z}{d\theta^2} + 2\dfrac{dz}{d\theta} = \dfrac{e^{3\theta}}{1 + e^\theta}$

12.29 $t^3 \dddot{y} + 3t^2 \ddot{y} = 1$ sabendo que $1/t$, 1 e t são três soluções linearmente independentes da equação homogênea associada.

12.30 $y^{(5)} - 4y^{(3)} = 32e^{2x}$

Capítulo 13

Problemas de Valor Inicial para Equações Diferenciais Lineares

Problemas de valor inicial são solucionados pela aplicação de condições iniciais à solução geral da equação diferencial. Deve ser enfatizado que as condições iniciais são aplicadas *apenas* à solução geral e não para solução homogênea y_h, apesar de y_h possuir todas as constantes arbitrárias a serem determinadas. A única exceção ocorre quando a solução geral é a própria solução homogênea; isto é, quando a equação diferencial considerada é homogênea por si só.

Problemas Resolvidos

13.1 Resolva $y'' - y' - 2y = 4x^2$; $y(0) = 1$, $y'(0) = 4$.

A solução geral da equação diferencial é dada no Problema 11.1 como

$$y = c_1 e^{-x} + c_2 e^{2x} - 2x^2 + 2x - 3 \qquad (1)$$

Então, $\qquad y' = -c_1 e^{-x} + 2c_2 e^{2x} - 4x + 2 \qquad (2)$

Aplicando a primeira condição inicial em (1), obtemos

$$y(0) = c_1 e^{-(0)} + c_2 e^{2(0)} - 2(0)^2 + 2(0) - 3 = 1 \qquad \text{ou} \qquad c_1 + c_2 = 4 \qquad (3)$$

Aplicando a segunda condição inicial em (2), obtemos

$$y'(0) = -c_1 e^{-(0)} + 2c_2 e^{2(0)} - 4(0) + 2 = 4 \qquad \text{ou} \qquad -c_1 + 2c_2 = 2 \qquad (4)$$

Resolvendo (3) e (4) simultaneamente, determinamos $c_1 = 2$ e $c_2 = 2$. Substituindo esses valores em (1), obtemos a solução para o problema de valor inicial:

$$y = 2e^{-x} + 2e^{2x} - 2x^2 + 2x - 3$$

13.2 Resolva $y'' - 2y' + y = \dfrac{e^x}{x}$; $y(1) = 0$, $y'(1) = 1$.

A solução geral da equação diferencial é dada no Problema 12.3 como

$$y = c_1 e^x + c_3 x e^x + x e^x \ln |x| \tag{1}$$

Então, $\qquad y' = c_1 e^x + c_3 e^x + c_3 x e^x + e^x \ln |x| + x e^x \ln |x| + e^x \tag{2}$

Aplicando a primeira condição inicial em (1), obtemos

$$y(1) = c_1 e^1 + c_3(1)e^1 + (1)e^1 \ln 1 = 0$$

ou (note que $\ln 1 = 0$),

$$c_1 e + c_3 e = 0 \tag{3}$$

Aplicando a segunda condição inicial em (2), obtemos

$$y'(1) = c_1 e^1 + c_3 e^1 + c_3(1)e^1 + e^1 \ln 1 + (1)e^1 \ln 1 + e^1 = 1$$

ou $\qquad c_1 e + 2 c_3 e = 1 - e \tag{4}$

Resolvendo (3) e (4) simultaneamente, determinamos $c_1 = -c_3 = (e-1)/e$. Substituindo esses valores em (1), obtemos a solução para o problema de valor inicial:

$$y = e^{x-1}(e-1)(1-x) + x e^x \ln |x|$$

13.3 Resolva $y'' + 4y' + 8y = \operatorname{sen} x$; $y(0) = 1$, $y'(0) = 0$.

Aqui, $y_h = e^{-2x}(c_1 \cos 2x + c_2 \operatorname{sen} 2x)$, e, pelo método dos coeficientes indeterminados,

$$y_p = \frac{7}{65} \operatorname{sen} x - \frac{4}{65} \cos x$$

Assim, a solução geral para a equação diferencial é

$$y = e^{-2x}(c_1 \cos 2x + c_2 \operatorname{sen} 2x) + \frac{7}{65} \operatorname{sen} x - \frac{4}{65} \cos x \tag{1}$$

Então,

$$y' = -2e^{-2x}(c_1 \cos 2x + c_2 \operatorname{sen} 2x) + e^{-2x}(-2c_1 \operatorname{sen} 2x + 2c_2 \cos 2x) + \frac{7}{65} \cos x + \frac{4}{65} \operatorname{sen} x \tag{2}$$

Aplicando a primeira condição inicial em (1), obtemos

$$c_1 = \frac{69}{65} \tag{3}$$

Aplicando a segunda condição inicial em (2), obtemos

$$-2c_1 + 2c_2 = -\frac{7}{65} \tag{4}$$

Resolvendo (3) e (4) simultaneamente, determinamos $c_1 = 69/65$ e $c_2 = 131/130$. Substituindo esses valores em (1), obtemos a solução para o problema de valor inicial:

$$y = e^{-2x}\left(\frac{69}{65}\cos 2x + \frac{131}{130}\operatorname{sen} 2x\right) + \frac{7}{65}\operatorname{sen} x - \frac{4}{65}\cos x$$

13.4 Resolva $y''' + 6y'' + 11y' - 6y = 0$; $y(\pi) = 0$, $y'(\pi) = 0$, $y''(\pi) = 1$.

Pelo Problema 10.1, temos

$$y_h = c_1 e^x + c_2 e^{2x} + c_3 e^{3x}$$
$$y_h' = c_1 e^x + 2c_2 e^{2x} + 3c_3 e^{3x} \qquad (1)$$
$$y_h'' = c_1 e^x + 4c_2 e^{2x} + 9c_3 e^{3x}$$

Como a equação diferencial dada é homogênea, y_h também é solução geral. Aplicando cada condição inicial separadamente, obtemos

$$y(\pi) = c_1 e^\pi + c_2 e^{2\pi} + c_3 e^{3\pi} = 0$$
$$y'(\pi) = c_1 e^\pi + 2c_2 e^{2\pi} + 3c_3 e^{3\pi} = 0$$
$$y''(\pi) = c_1 e^\pi + 4c_2 e^{2\pi} + 9c_3 e^{3\pi} = 1$$

Resolvendo simultaneamente essas equações, temos

$$c_1 = \frac{1}{2} e^{-\pi} \quad c_2 = -e^{-2\pi} \quad c_3 = \frac{1}{2} e^{-3\pi}$$

Substituindo esses valores na primeira equação (1), obtemos

$$y = \frac{1}{2} e^{(x-\pi)} - e^{2(x-\pi)} + \frac{1}{2} e^{3(x-\pi)}$$

13.5 Resolva $\ddot{x} + 4x = \text{sen}^2 2t$; $x(0) = 0$, $\dot{x}(0) = 0$.

A solução geral da equação diferencial é dada no Problema 12.5 como

$$x = c_1 \cos 2t + c_2 \text{sen} 2t + \frac{1}{6} \cos^2 2t + \frac{1}{12} \text{sen}^2 2t \qquad (1)$$

Então, $\qquad \dot{x} = -2c_1 \text{sen} 2t + 2c_2 \cos 2t - \frac{1}{3} \cos 2t \, \text{sen} 2t \qquad (2)$

Aplicando a primeira condição inicial em (1), obtemos

$$x(0) = c_1 + \frac{1}{6} = 0$$

Assim, $c_1 = -1/6$. Aplicando a segunda condição inicial em (2), obtemos

$$\dot{x}(0) = 2c_2 = 0$$

Assim, $c_2 = 0$. A solução para o problema de valor inicial é

$$x = -\frac{1}{6} \cos 2t + \frac{1}{6} \cos^2 2t + \frac{1}{12} \text{sen}^2 2t$$

13.6 Resolva $\ddot{x} + 4x = \text{sen}^2 2t$; $x(\pi/8) = 0$, $\dot{x}(\pi/8) = 0$.

A solução geral da equação diferencial e a derivada da solução são dadas em (1) e (2) do Problema 13.5. Aplicando a primeira condição inicial, obtemos

$$0 = x\left(\frac{\pi}{8}\right) = c_1 \cos \frac{\pi}{4} + c_2 \text{sen} \frac{\pi}{4} + \frac{1}{6} \cos^2 \frac{\pi}{4} + \frac{1}{12} \text{sen}^2 \frac{\pi}{4}$$
$$= c_1 \frac{\sqrt{2}}{2} + c_2 \frac{\sqrt{2}}{2} + \frac{1}{6}\left(\frac{1}{2}\right) + \frac{1}{12}\left(\frac{1}{2}\right)$$

ou $\qquad c_1 + c_2 = -\frac{\sqrt{2}}{8} \qquad (1)$

Aplicando a primeira condição inicial, obtemos

$$0 = \dot{x}\left(\frac{\pi}{8}\right) = -2c_1\operatorname{sen}\frac{\pi}{4} + 2c_2\cos\frac{\pi}{4} - \frac{1}{3}\cos\frac{\pi}{4}\operatorname{sen}\frac{\pi}{4}$$

$$= -2c_1\frac{\sqrt{2}}{2} + 2c_2\frac{\sqrt{2}}{2} - \frac{1}{3}\left(\frac{\sqrt{2}}{2}\right)\left(\frac{\sqrt{2}}{2}\right)$$

ou $\qquad -c_1 + c_2 = \dfrac{\sqrt{2}}{12}$ (2)

Resolvendo (1) e (2) simultaneamente, temos

$$c_1 = -\frac{5}{48}\sqrt{2} \quad \text{e} \quad c_2 = -\frac{1}{48}\sqrt{2}$$

portanto, a solução do problema de valor inicial é

$$x = -\frac{5}{48}\sqrt{2}\cos 2t - \frac{1}{48}\sqrt{2}\operatorname{sen} 2t + \frac{1}{6}\cos^2 2t + \frac{1}{12}\operatorname{sen}^2 2t$$

Problemas Complementares

Resolva os seguintes problemas de valor inicial

13.7 $y'' - y' - 2y = e^{3x}$; $y(0) = 1$, $y'(0) = 2$

13.8 $y'' - y' - 2y = e^{3x}$; $y(0) = 2$, $y'(0) = 1$

13.9 $y'' - y' - 2y = 0$; $y(0) = 2$, $y'(0) = 1$

13.10 $y'' - y' - 2y = e^{3x}$; $y(1) = 2$, $y'(1) = 1$

13.11 $y'' + y = x$; $y(1) = 0$, $y'(1) = 1$

13.12 $y'' + 4y = \operatorname{sen}^2 2x$; $y(\pi) = 0$, $y'(\pi) = 0$

13.13 $y'' + y = 0$; $y(2) = 0$, $y'(2) = 0$

13.14 $y''' = 12$; $y(1) = 0$, $y'(1) = 0$, $y''(1) = 0$

13.15 $\ddot{y} = 2\dot{y} + 2y = \operatorname{sen} 2t + \cos 2t$; $y(0) = 0$, $\dot{y}(0) = 1$

Capítulo 14

Aplicações das Equações Diferenciais Lineares de Segunda Ordem

PROBLEMAS DE MOLA

O sistema de mola exibido na Fig. 14-1 consiste em uma massa m conectada à extremidade inferior de uma mola que, por sua vez, está verticalmente suspensa por um suporte. O sistema está em *posição de equilíbrio* quando está em repouso. A massa é colocada em movimento por um ou mais de um dos seguintes meios: deslocando a massa de sua posição de equilíbrio, imprimindo-lhe uma velocidade inicial ou sujeitando-a a uma força externa $F(t)$.

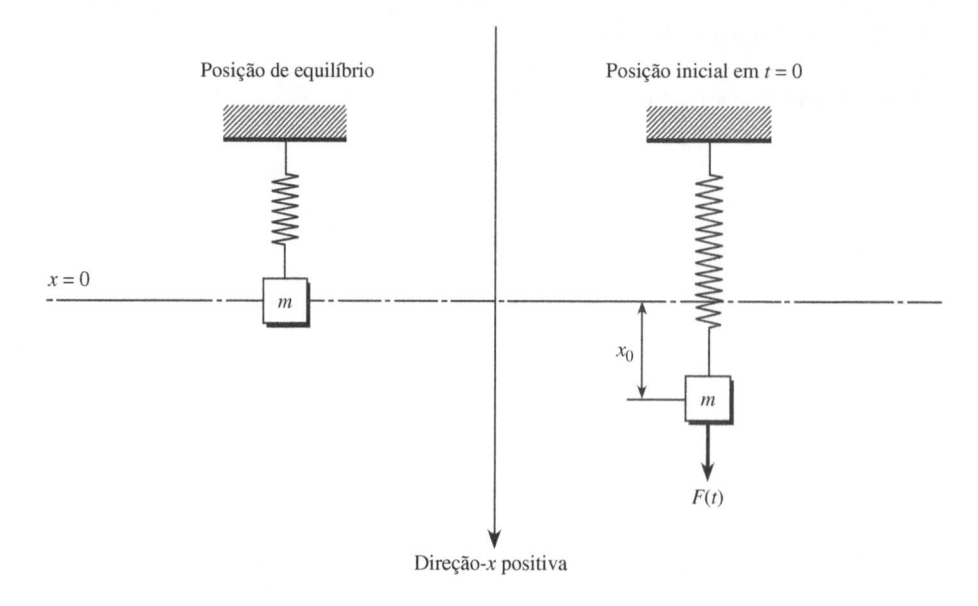

Figura 14-1

Lei de Hooke: *A força F de uma mola é igual e oposta às forças aplicadas a essa mola e é proporcional à distenção (contração) l da mola resultante da força aplicada; ou seja F = – kl, onde k representa uma constante de proporcionalidade, geralmente denominada constante da mola.*

Exemplo 14.1 Uma bola de aço de 570 N de peso está suspensa por uma mola, causando nesta uma distensão de 0,6 m em relação ao seu comprimento original. A força aplicada responsável pelo deslocamento (distensão) de 0,6 m é o peso da bola, 570 N. Assim, $F = -570$ N. Então, pela lei de Hooke, $-570 = -k(0,6)$ ou $k = 950$ N/m.

Por questão de conveniência, escolhemos a direção "para baixo" como sendo a direção positiva e adotamos como origem o centro da massa na posição de equilíbrio. Assumimos que a massa da mola possa ser desprezada e que a resistência do ar, quando presente, seja proporcional à velocidade da massa. Assim, para qualquer instante de tempo t, existem três forças atuando sobre o sistema: (1) $F(t)$, medida na direção positiva; (2) uma força restauradora dada segundo a lei de Hooke como $F_s = -kx$, $k > 0$; e (3) uma força devido à resistência do ar dada por $F_a = -a\dot{x}$, $a > 0$, onde a é uma constante de proporcionalidade. Note que a força restauradora F_s sempre atua em uma direção que tende a fazer o sistema voltar à sua posição de equilíbrio: se a massa estiver abaixo da posição de equilíbrio, então x é positivo e $-kx$ é negativo; se a massa estiver acima da posição de equilíbrio, então x é negativo e $-kx$ é positivo. Note também que, como $a > 0$, a força F_a referente à resistência do ar atua na direção oposta a da velocidade, tendendo, assim, a retardar ou amortecer o movimento da massa.

Decorre então da segunda lei de Newton (ver Capítulo 7) que $m\ddot{x} = -kx - a\dot{x} + F(t)$, ou

$$\ddot{x} + \frac{a}{m}\dot{x} + \frac{k}{m}x = \frac{F(t)}{m} \tag{14.1}$$

Se o sistema parte em $t = 0$ com uma velocidade inicial v_0 e de uma posição inicial x_0, temos as condições iniciais

$$x(0) = x_0 \quad \dot{x}(0) = v_0 \tag{14.2}$$

(ver Problemas 14.1 – 14.10).

A força da gravidade não aparece explicitamente em (14.1), mas está presente apesar disso. Essa força é automaticamente compensada medindo-se a distância em relação à posição de equilíbrio da mola. Se quisermos explicitar a gravidade, então a distância deve ser medida a partir da extremidade inferior do *comprimento natural* da mola. Ou seja, o movimento de uma mola vibrante pode ser representado por

$$\ddot{x} + \frac{a}{m}\dot{x} + \frac{k}{m}x = g + \frac{F(t)}{m}$$

se a origem, $x = 0$, é o ponto terminal da mola não-distendida antes da massa m ser anexada.

PROBLEMAS DE CIRCUITOS ELÉTRICOS

O circuito elétrico apresentado na Fig.14-2 consiste em uma resistência R em ohms, um capacitor C em farads, um indutor L em henries e uma força eletromotriz (fem) $E(t)$ em volts, geralmente uma bateria ou um gerador, todos

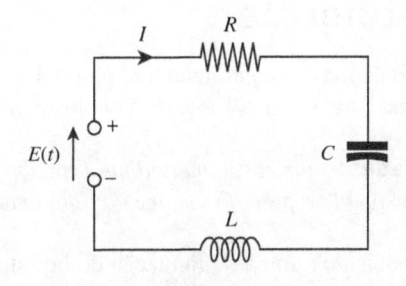

Figura 14-2

conectados em série. A corrente I que flui pelo circuito é medida em ampères e a carga q no capacitor é medida em coulombs.

Lei de Kirchhoff do Laço: *A soma algébrica das quedas de tensão em um circuito elétrico fechado simples é zero.*

Sabe-se que as quedas de tensão em um resistor, um capacitor e um indutor são, respectivamente, RI, $(1/C)q$ e $L(dI/dt)$, onde q é a carga no capacitor. A queda de tensão sobre uma força eletromotriz é $-E(t)$. Assim, pela lei de Kirchhoff do laço, temos

$$RI + L\frac{dI}{dt} + \frac{1}{C}q - E(t) = 0 \tag{14.3}$$

A relação entre q e I é

$$I = \frac{dq}{dt} \quad \frac{dI}{dt} = \frac{d^2q}{dt^2} \tag{14.4}$$

Substituindo esses valores em (14.3), obtemos

$$\frac{d^2q}{dt^2} + \frac{R}{L}\frac{dq}{dt} + \frac{1}{LC}q = \frac{1}{L}E(t) \tag{14.5}$$

As condições iniciais impostas a q são

$$q(0) = q_0 \quad \left.\frac{dq}{dt}\right|_{t=0} = I(0) = I_0 \tag{14.6}$$

Para obter, uma equação diferencial para a corrente, diferenciamos a Eq. (14.3) em relação a t e então substituímos a Eq. (14.4) diretamente na equação resultante, obtendo

$$\frac{d^2I}{dt^2} + \frac{R}{L}\frac{dI}{dt} + \frac{1}{LC}I = \frac{1}{L}\frac{dE(t)}{dt} \tag{14.7}$$

A primeira condição inicial é $I(0) = I_0$. A segunda condição inicial é obtida pela Eq. (14.5), resolvendo-a em relação a dI/dt e fazendo $t = 0$. Assim,

$$\left.\frac{dI}{dt}\right|_{t=0} = \frac{1}{L}E(0) - \frac{R}{L}I_0 - \frac{1}{LC}q_0 \tag{14.8}$$

Pode-se obter uma expressão para a corrente resolvendo-se diretamente a Eq. (14.7) ou a Eq. (14.5) em relação à carga e diferenciando-se então a expressão (ver Problemas 14.12 – 14.16).

PROBLEMAS DE FLUTUAÇÃO

Consideremos um corpo de massa m parcialmente ou totalmente submerso em um líquido de densidade ρ. Esse corpo sofre a ação de duas forças – uma força para baixo devido à gravidade e uma força contrária regida pelo

Princípio de Arquimedes: *um corpo mergulhado em um líquido sofre a ação de uma força de flutuação dirigida de baixo para cima, igual ao peso do volume do líquido deslocado por esse corpo.*

Ocorre o equilíbrio quando a força de flutuação do líquido deslocado for igual à força da gravidade que atua sobre o corpo. A Figura 14-3 ilustra a situação para um cilindro de raio r e altura H em equilíbrio, com h unidades de altura do cilindro submersas. Em equilíbrio, o volume de água deslocado pelo cilindro é $\pi r^2 h$, que gera uma força de flutuação $\pi r^2 h \rho$ que deve ser igual ao peso do cilindro mg. Assim,

$$\pi r^2 h \rho = mg \tag{14.9}$$

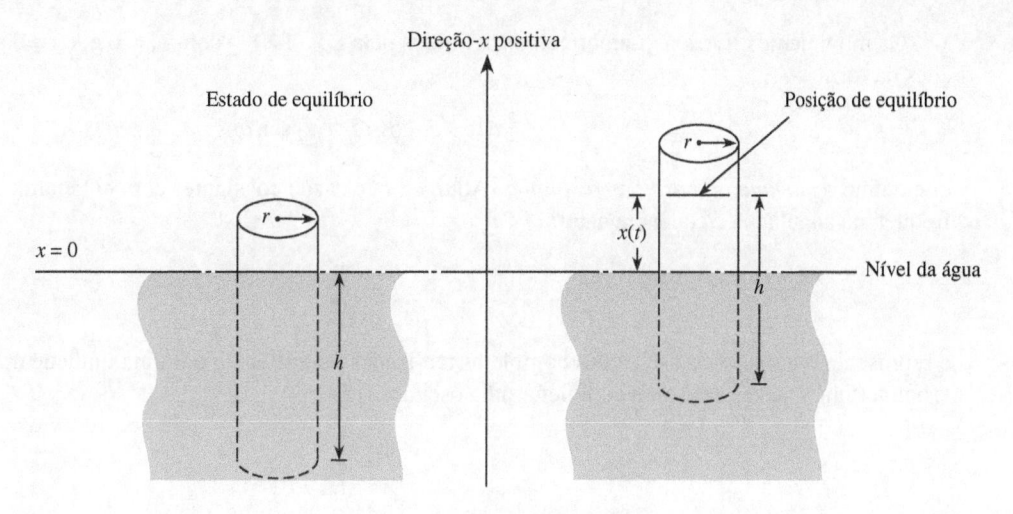

Figura 14-3

O movimento ocorre quando o cilindro é deslocado de sua posição de equilíbrio. Assumimos arbitrariamente a direção para cima como sendo a direção x positiva. Se o cilindro for elevado $x(t)$ unidades acima da água, conforme mostrado na Fig. 14-3, então não há mais equilíbrio. A força para baixo, negativa, sobre o cilindro permanece igual a mg, porém a força de flutuação, positiva, se reduz para $\pi r^2[h - x(t)]\rho$. Decorre, então, da segunda lei de Newton, que

$$m\ddot{x} = \pi r^2[h - x(t)]\rho - mg$$

Substituindo (14.9) nessa última equação, podemos simplificá-la para

$$m\ddot{x} = -\pi r^2 x(t)\rho$$

ou
$$\ddot{x} + \frac{\pi r^2 \rho}{m} x = 0 \qquad (14.10)$$

(ver Problemas 14.19 – 14.24).

CLASSIFICAÇÃO DE SOLUÇÕES

Molas vibrantes, circuitos elétricos simples e corpos flutuantes são todos regidos por equações diferenciais lineares de segunda ordem com coeficientes constantes da forma

$$\ddot{x} + a_1 \dot{x} + a_0 x = f(t) \qquad (14.11)$$

Para problemas de molas vibrantes definidos pela Eq. (14.1), $a_1 = a/m$, $a_0 = k/m$ e $f(t) = F(t)/m$. Para problemas de flutuação definidos pela Eq. (14.10), $a_1 = 0$, $a_0 = \pi r^2 \rho/m$ e $f(t) \equiv 0$. Para problemas de circuitos elétricos, a variável independente x é substituída por q na Eq. (14.5) ou por I na Eq. (14.7).

O movimento ou a corrente em todos esses sistemas é classificado como *livre* e *não-amortecido* quando $f(t) \equiv 0$ e $a_1 = 0$. É classificado como *livre* e *amortecido* quando $f(t)$ é identicamente zero, mas a_1 não é zero. Para movimentos amortecidos, existem três casos separados a serem considerados, conforme as raízes da equação característica associada (ver Capítulo 9) sejam (1) reais e distintas, (2) reais e iguais ou (3) complexas conjugadas. Esses casos são classificados respectivamente como (1) *superamortecido*, (2) *criticamente amortecido* e (3) *oscilatório amortecido* (ou, em problemas elétricos, *subamortecido*). Se $f(t)$ não for identicamente zero, o movimento ou a corrente é classificado como *forçado*.

Um movimento ou corrente é *transitório* se "morre" (isto é, tende a zero) quando $t \to \infty$. Um movimento ou corrente de *estado estacionário* é aquele(a) que não é transitório e nem se torna ilimitado. Os sistemas livres amortecidos sempre originam movimentos transitórios enquanto os sistemas amortecidos forçados (assumindo a força externa como sendo senoidal) originam tanto movimentos transitórios quanto movimentos de estado estacionário.

Os movimentos livres não-amortecidos definidos pela Eq. (14.11) com $a_1 = 0$ e $f(t) \equiv 0$ sempre admitem soluções da forma

$$x(t) = c_1 \cos \omega t + c_2 \, \text{sen} \, \omega t \tag{14.12}$$

que define o *movimento harmônico simples*. Aqui, c_1, c_2 e ω são constantes com ω geralmente denominado como freqüência angular. A freqüência natural f é

$$f = \frac{\omega}{2\pi}$$

e representa o número de oscilações completas realizadas pela solução em uma unidade de tempo. O *período* do sistema (tempo necessário para completar uma oscilação) é

$$T = \frac{1}{f}$$

A Equação (14.12) admite a forma alternativa

$$x(t) = (-1)^k A \cos(\omega t - \phi) \tag{14.13}$$

onde a amplitude é $A = \sqrt{c_1^2 + c_2^2}$, o ângulo de fase é $\phi = \text{arctg}(c_2/c_1)$ e $k = 0$ zero quando c_1 é positivo e $k = 1$ quando c_1 é negativo.

Problemas Resolvidos

14.1 Uma bola com peso de 60 N está suspensa por uma mola, distendida 0,6 m além do seu comprimento natural. Põe-se a bola em movimento, sem velocidade inicial, deslocando-a 0,15 m acima da posição de equilíbrio. Desprezando a resistência do ar, determine (a) uma expressão para a posição da bola no instante t e (b) a posição da bola em $t = \pi/12$ s.

(a) O movimento é regido pela Eq. (14.1). Não há força externa aplicada, de modo que $F(t) = 0$; também não se considera a resistência do ar, sendo assim, $a = 0$. O movimento é livre e não-amortecido. Aqui, $g = 9,81$ m/s^2, $m = 60/9,81 = 6,12$ kg e $k = 60/0,6 = 100$ N/m. A Equação (14.1) se escreve $\ddot{x} + 16x = 0$. As raízes da equação característica são $\lambda = \pm 4,04i$, de modo que a solução é

$$x(t) = c_1 \cos 4,04t + c_2 \, \text{sen} \, 4,04t \tag{1}$$

Em $t = 0$, a posição da bola é $x = -0,15$ m (é necessário o sinal de menos porque a bola é deslocada inicialmente *para cima* da posição de equilíbrio, que é a direção *negativa*). Aplicando essa condição inicial para (1), temos

$$-0,15 = x(0) = c_1 \cos 0 + c_2 \, \text{sen} \, 0 = c_1$$

de modo que (1) se escreve

$$x(t) = -0,15 \cos 4,04t + c_2 \, \text{sen} \, 4,04t \tag{2}$$

A velocidade inicial é dada como $v_0 = 0$. Diferenciando (2), obtemos

$$v(t) = \dot{x}(t) = 0,61 \, \text{sen} \, 4,04t + 4,04 c_2 \cos 4,04t$$

portanto $\quad 0 = v(0) = 0,61 \, \text{sen} \, 0 + 4,04 c_2 \cos 0 = 4,04 c_2$

Assim, $c_2 = 0$, e (2) se reduz a

$$x(t) = -0,15 \cos 4,04t \tag{3}$$

como a equação do movimento da bola de aço no instante t.

(b) Em $t = \pi/12$,

$$x\left(\frac{\pi}{12}\right) = -0.15\cos\frac{4\pi}{12} = -0.075 \ m$$

14.2 Uma massa de 2 kg está suspensa por uma mola cuja constante é 10 N/m e permanece em repouso. Ela é então colocada em movimento com uma velocidade 150 cm/s. Determine uma expressão para o movimento da massa, desprezando a resistência do ar.

A equação do movimento é regida pela Eq. (14.1) e representa um movimento livre não-amortecido porque não há força externa aplicada à massa, $F(t) = 0$, e nem existe resistência do meio ambiente, $a = 0$. A massa e a constante da mola são dadas como $m = 2$ kg e $k = 10$ N/m, respectivamente, de modo que a Eq. (14.1) se escreve $\ddot{x} + 5x = 0$. As raízes da equação característica são puramente imaginárias, e a solução é

$$x(t) = c_1 \cos\sqrt{5}t + c_2 \operatorname{sen}\sqrt{5}t \tag{1}$$

Em $t = 0$, a posição da bola é a posição de equilíbrio $x_0 = 0$ m. Aplicando essa condição inicial em (1), obtemos

$$0 = x(0) = c_1 \cos 0 + c_2 \operatorname{sen} 0 = c_1$$

e (1) se escreve

$$x(t) = c_2 \operatorname{sen}\sqrt{5}t \tag{2}$$

A velocidade inicial é $v_0 = 150$ cm/s $= 1.5$ m/s. Diferenciando (2), obtemos

$$v(t) = \dot{x}(t) = \sqrt{5}c_2 \cos\sqrt{5}t$$

portanto $\quad 1.5 = v(0) = \sqrt{5}c_2 \cos 0 = \sqrt{5}c_2 \quad c_2 = \frac{1.5}{\sqrt{5}} = 0.6708$

e (2) se simplifica para

$$x(t) = 0.6708 \operatorname{sen}\sqrt{5}t \tag{3}$$

como a posição da massa no instante t.

14.3 Determine a freqüência circular, a freqüência natural e o período do movimento harmônico simples descrito no Problema 14.2.

Freqüência circular: $\quad \omega = \sqrt{5} = 2.236$ ciclos/s $= 2.236$ Hz

Freqüência natural: $\quad f = \omega/2\pi = \dfrac{\sqrt{5}}{2\pi} = 0.3559$ Hz

Período: $\quad T = 1/f = \dfrac{2\pi}{\sqrt{5}} = 2.81$ s

14.4 Determine a freqüência circular, a freqüência natural e o período do movimento harmônico simples descrito no Problema 14.1.

Freqüência circular: $\quad \omega = 4$ ciclos/s $= 4$ Hz
Freqüência natural: $\quad f = 4/2\pi = 0.6366$ Hz
Período: $\quad T = 1/f = \pi/2 = 1.57$ s

14.5 Uma massa de 10 kg está suspensa por uma mola, distendida 0,7 m além do seu comprimento natural. Põe-se a massa em movimento, a partir de sua posição de equilíbrio, com uma velocidade inicial de 1 m/s na direção para cima. Determine o movimento subseqüente, sabendo que a força referente à resistência do ar é de $-90\dot{x}$ N.

Com $g = 9,8$ m/s², temos $w = mg = 98$ N e $k = w/l = 140$ N/m. Além disso, $a = 90$ e $F(t) \equiv 0$ (não existe força externa). A Equação (14.1) se escreve

$$\ddot{x} + 9\dot{x} + 14x = 0 \tag{1}$$

As raízes da equação característica associada são $\lambda_1 = -2$ e $\lambda_2 = -7$, que são reais e distintas; logo, o problema é um exemplo de movimento superamortecido. A solução de (1) é

$$x = c_1 e^{-2t} + c_2 e^{-7t}$$

As condições iniciais são $x(0) = 0$ (a massa parte da posição de equilíbrio) e $\dot{x}(0) = -1$ (a velocidade inicial está na direção negativa). Aplicando essas condições, obtemos $c_1 = -c_2 = -\frac{1}{5}$, de modo que $x = \frac{1}{5}(e^{-7t} - e^{-2t})$. Note que $x \to 0$ quando $t \to \infty$; assim, o movimento é transitório.

14.6 Uma massa de 3,65 kg está suspensa por uma mola distendida 0,39 m além do seu comprimento natural. A massa é colocada em movimento, a partir de sua posição de equilíbrio, com uma velocidade inicial de 1,22 m/s na direção para baixo. Determine o movimento subseqüente da massa, sabendo que a força devido à resistência do ar é $-0,91\dot{x}$N.

Aqui, $m = 3,65$ kg, $a = 0,91$, $F(t) \equiv 0$ (não existe força externa), e, pela lei de Hooke, $k = mg/l = (3,65)(9,81)/(0,39) = 91,81$. A Equação (14.1) se escreve

$$\ddot{x} + 0,25\dot{x} + 25,15x = 0 \tag{1}$$

As raízes da equação característica associada são $\lambda_1 = -0,125 + 5,01i$ e $\lambda_2 = -0,125 - 5,01i$, que são complexas conjugadas; logo, este problema é um exemplo de movimento oscilatório amortecido. A solução de (1) é

$$x = e^{-0,125t}(c_1 \cos 5,01t + c_2 \operatorname{sen} 5,01t)$$

As condições iniciais são $x(0) = 0$ e $\dot{x}(0) = 1,22$. Aplicando essas condições, obtemos $c_1 = 0$ e $c_2 = 0,24$; assim $x = 0,24 e^{-0,125t} \operatorname{sen}(5,01)t$. Como $x \to 0$ quando $t \to \infty$, o movimento é transitório.

14.7 Uma massa de 1/4 kg está suspensa por uma mola cuja constante é 1 N/m. A massa é colocada em movimento, deslocando-a 2 m para baixo e imprimindo-lhe uma velocidade de 2 m/s para cima. Determine o movimento subseqüente da massa, considerando a força devido à resistência do ar igual a $-1\dot{x}$ N.

Aqui, $m = 1/4$, $a = 1$, $k = 1$, $F(t) \equiv 0$. A Equação (14.1) se escreve

$$\ddot{x} + 4\dot{x} + 4x = 0 \tag{1}$$

As raízes da equação característica associada são $\lambda_1 = \lambda_2 = -2$, que são iguais; logo este problema é um exemplo de movimento criticamente amortecido. A solução de (1) é

$$x = c_1 e^{-2t} + c_2 t e^{-2t}$$

As condições iniciais são $x(0) = 2$ e $\dot{x}(0) = -2$ (a velocidade inicial está na direção negativa). Aplicando essas condições, determinamos $c_1 = c_2 = 2$. Logo,

$$x = 2e^{-2t} + 2te^{-2t}$$

Como $x \to 0$ quando $t \to \infty$, o movimento é transitório.

14.8 Mostre que os tipos de movimento que resultam de problemas de amortecimento livre são determinados completamente pela quantidade $a^2 - 4km$.

Para movimentos amortecidos livres, $F(t) \equiv 0$. A Eq.(14.1) se escreve

$$\ddot{x} + \frac{a}{m}\dot{x} + \frac{k}{m}x = 0$$

As raízes da equação característica associada são

$$\lambda_1 = \frac{-a + \sqrt{a^2 - 4km}}{2m} \qquad \lambda_2 = \frac{-a - \sqrt{a^2 - 4km}}{2m}$$

Se $a^2 - 4km > 0$, as raízes são reais e distintas; $a^2 - 4km = 0$, as raízes são iguais; se $a^2 - 4km < 0$, as raízes são complexas conjugadas. Os movimentos correspondentes são, respectivamente, superamortecidos, criticamente amortecidos e oscilatório amortecido. Como as partes reais de ambas as raízes são sempre negativas, o movimento resultante é transitório em todos os casos. (Para o movimento superamortecido, basta notar que $\sqrt{a^2 - 4km} < a$, enquanto que para os outros dois casos, as partes reais são $-a/2m$.)

14.9 Uma massa de 10 kg está suspensa por uma mola cuja constante é 140 N/m. A massa é colocada em movimento a partir da posição de equilíbrio com uma velocidade inicial de 1 m/s para cima e com uma força externa aplicada $F(t) = 5$ sen t. Determine o movimento subseqüente da massa, considerando a força da resistência do ar igual a $-90\dot{x}$N.

Aqui, $m = 10$, $k = 140$, $a = 90$ e $F(t) = 5$ sen t. A equação do movimento, (14.1), se escreve

$$\ddot{x} + 9\dot{x} + 14x = \frac{1}{2}\text{sen}\, t \qquad (1)$$

A solução geral da equação homogênea associada, $\ddot{x} + 9\dot{x} + 14x = 0$ é (ver Problema 14.5)

$$x_h = c_1 e^{-2t} + c_2 e^{-7t}$$

Aplicando o método dos coeficientes indeterminados (ver Capítulo 11), obtemos

$$x_p = \frac{13}{500}\text{sen}\, t - \frac{9}{500}\cos t \qquad (2)$$

A solução geral de (1) é, então

$$x = x_h + x_p = c_1 e^{-2t} + c_2 e^{-7t} + \frac{13}{500}\text{sen}\, t - \frac{9}{500}\cos t$$

Aplicando as condições iniciais, $x(0) = 0$ e $\dot{x}(0) = -1$, obtemos

$$x = \frac{1}{500}(-90e^{-2t} + 99e^{-7t} + 13\,\text{sen}\, t - 9\cos t)$$

Note que os termos exponenciais, oriundos de x_h e, que, portanto representam um movimento superamortecido livre associado, se esvaem rapidamente. Esses termos representam a parte transitória da solução. Os termos provenientes de x_p não desaparecem quando $t \to \infty$; eles constituem a parte estacionária da solução.

14.10 Uma massa de 4 kg está suspensa por uma mola cuja constante é 64 N/m. O peso é colocado em movimento, sem velocidade inicial, deslocando-o 0,5 m acima da posição de equilíbrio e aplicando-lhe simultaneamente uma força externa $F(t) = 8$ sen $4t$. Desprezando a resistência do ar, determine o movimento subseqüente do peso.

Aqui, $m = 4$, $k = 64$, $a = 0$ e $F(t) = 8$ sen $4t$; assim, a Eq. (14.1) se escreve

$$\ddot{x} + 16x = 2\,\text{sen}\, 4t \qquad (1)$$

Este problema é, portanto, um exemplo de movimento não-amortecido forçado. A solução da equação homogênea associada é

$$x_h = c_1 \cos 4t + c_2 \,\text{sen}\, 4t$$

Obtém-se uma solução particular pelo método dos coeficientes indeterminados (aqui faz-se necessária a modificação indicada no Capítulo 11): $x_p = -\frac{1}{4} t \cos 4t$. A solução de (1) é então

$$x = c_1 \cos 4t + c_2 \,\text{sen}\, 4t - \frac{1}{4}t \cos 4t$$

Aplicando as condições iniciais, $x(0) = -0,5$ e $\dot{x}(0) = 0$, obtemos

$$x = -\frac{1}{2}\cos 4t + \frac{1}{16}\operatorname{sen} 4t - \frac{1}{4}t\cos 4t$$

Note que $|x| \to \infty$ quando $t \to \infty$. Esse fenômeno é denominado *ressonância pura*. Se deve ao fato da função $F(t)$, que representa a força externa, ter a mesma freqüência circular que a do sistema não-amortecido livre associado.

14.11 Escreva o movimento de estado estacionário obtido no Problema 14.9 na forma especificada pela Eq. (14.13).

O deslocamento de estado estacionário é dado por (2) do Problema 14.9 como

$$x(t) = -\frac{9}{500}\cos t + \frac{13}{500}\operatorname{sen} t$$

Sua freqüência circular é $\omega = 1$. Aqui,

$$A = \sqrt{\left(\frac{13}{500}\right)^2 + \left(-\frac{9}{500}\right)^2} = 0{,}0316$$

e
$$\phi = \operatorname{arctg}\frac{13/500}{-9/500} = -0{,}965 \text{ radianos}$$

O coeficiente do termo em co-seno do deslocamento de estado estacionário é negativo, de modo que $k = 1$, e a Eq. (14.13) se escreve

$$x(t) = -0{,}0316\cos(t + 0{,}965)$$

14.12 Um circuito RCL conectado em série tem $R = 180$ ohms, $C = 1/280$ farad, $L = 20$ henries e uma tensão aplicada $E(t) = 10 \operatorname{sen} t$. Admitindo que não exista carga inicial no capacitor, mas exista uma corrente inicial de 1 ampère em $t = 0$ quando a tensão é aplicada inicialmente, determine a carga subseqüente no capacitor.

Substituindo as quantidades dadas na Eq. (14.5), obtemos

$$\ddot{q} + 9\dot{q} + 14q = \frac{1}{2}\operatorname{sen} t$$

Esta equação tem forma idêntica a de (1) do Problema 14.9; logo a solução deve ser idêntica à forma da solução daquela equação. Assim,

$$q = c_1 e^{-2t} + c_2 e^{-7t} + \frac{13}{500}\operatorname{sen} t - \frac{9}{500}\cos t$$

Aplicando as condições iniciais $q(0) = 0$ e $\dot{q}(0) = 1$, obtemos $c_1 = 110/500$ e $c_2 = -101/500$. Logo,

$$q = \frac{1}{500}(110e^{-2t} - 101e^{-7t} + 13\operatorname{sen} t - 9\cos t)$$

Tal como no Problema 14.9, a solução é a soma dos termos transitórios e de estado estacionário.

14.13 Um circuito RCL conectado em série tem $R = 10$ ohms, $C = 10^{-2}$ farad, $L = \frac{1}{2}$ henries e uma tensão aplicada $E = 12$ volts. Admitindo que não exista corrente inicial nem carga inicial em $t = 0$ quando a tensão é aplicada pela primeira vez, determine a corrente subseqüente no sistema.

Substituindo os valores dados na Eq. (14.7), obtemos a equação homogênea [como $E(t) = 12$, $dE/dt = 0$]

$$\frac{d^2 I}{dt^2} + 20\frac{dI}{dt} + 200 I = 0$$

As raízes da equação característica associada são $\lambda_1 = -10 + 10i$ e $\lambda_2 = -10 - 10i$; este problema é um exemplo de sistema não-amortecido, livre para a corrente. A solução é

$$I = e^{-10t}(c_1 \cos 10t + c_2 \sen 10t) \tag{1}$$

As condições iniciais são $I(0) = 0$ e, pela Eq. (14.8),

$$\left.\frac{dI}{dt}\right|_{t=0} = \frac{12}{1/2} - \left(\frac{10}{1/2}\right)(0) - \frac{1}{(1/2)(10^{-2})}(0) = 24$$

Aplicando essas condições em (1), obtemos $c_1 = 0$ e $c_2 = \frac{12}{5}$; assim, $I = \frac{12}{5}e^{-10t}\sen 10t$, que é completamente transitório.

14.14 Resolva o Problema 14.13 determinando primeiro a carga no capacitor.

Resolveremos primeiro em relação à carga e em seguida utilizaremos $I = dq/dt$ para obter a corrente. Substituindo na Eq. (14.5) os valores dados no Problema 14.13, temos $\ddot{q} + 20\dot{q} + 200q = 24$, que representa um sistema forçado para a carga, em contraste com o sistema amortecido livre obtido no Problema 14.13 para a corrente. Utilizando o método dos coeficientes indeterminados para determinar uma solução particular, obtemos a solução geral

$$q = e^{-10t}(c_1 \cos 10t + c_2 \sen 10t) + \frac{3}{25}$$

As condições iniciais para a carga são $q(0) = 0$ e $\dot{q}(0) = 0$; aplicando-as, obtemos $c_1 = c_2 = -3/25$. Portanto,

$$q = -e^{-10t}\left(\frac{3}{25}\cos 10t + \frac{3}{25}\sen 10t\right) + \frac{3}{25}$$

e

$$I = \frac{dq}{dt} = \frac{12}{5}e^{-10t}\sen 10t$$

como anteriormente.

Note que, embora a corrente seja completamente transitória, a carga no capacitor é a soma dos termos transitório e estado estacionário.

14.15 Um circuito RCL conectado em série tem resistência de 5 ohms, capacitância de 4×10^{-4} farad, indutância de 0,05 henry e uma fem alternada aplicada de $200 \cos 100t$ volts. Determine a expressão para a corrente que flui por esse circuito assumindo que a corrente e a carga iniciais no capacitor são zero.

Neste caso, $R/L = 5/0,05 = 100$, $1/(LC) = 1/[0,05(4\times10^{-4})] = 50.000$, e

$$\frac{1}{L}\frac{dE(t)}{dt} = \frac{1}{0,05}200(-100\sen 100t) = -400.000\sen 100t \tag{1}$$

de modo que a Eq.(14.7) se escreve

$$\frac{d^2 I}{dt^2} + 100\frac{dI}{dt} + 50.000 I = -400.000\sen 100t$$

As raízes de sua equação característica são $-50 \pm 50\sqrt{19}i$; logo, a solução do problema homogêneo associado é

$$I_h = c_1 e^{-50t}\cos 50\sqrt{19}t + c_2 e^{-50t}\sen 50\sqrt{19}t$$

Pelo método dos coeficientes indeterminados, uma solução particular é

$$I_p = \frac{40}{17}\cos 100t - \frac{160}{17}\sen 100t$$

de modo que a solução geral é

$$I = I_h + I_p = c_1 e^{-50t}\cos 50\sqrt{19}t + c_2 e^{-50t}\sen 50\sqrt{19}t + \frac{40}{17}\cos 100t - \frac{160}{17}\sen 100t \tag{1}$$

As condições iniciais são $I(0) = 0$ e, pela Eq.(14.8),

$$\left.\frac{dI}{dt}\right|_{t=0} = \frac{200}{0,05} - \frac{5}{0,05}(0) - \frac{1}{0,05(4 \times 10^{-4})}(0) = 4000$$

Aplicando diretamente a primeira dessas condições em (1), obtemos

$$0 = I(0) = c_1(1) + c_2(0) + \frac{40}{17}$$

ou $c_1 = -40/17 = -2,35$. Substituindo esse valor em (1) e diferenciando, obtemos

$$\frac{dI}{dt} = -2,35(-50e^{-50t}\cos 50\sqrt{19}t - 50\sqrt{19}e^{-50t}\operatorname{sen} 50\sqrt{19}t)$$

$$+ c_2(-50e^{-50t}\operatorname{sen} 50\sqrt{19}t + 50\sqrt{19}e^{-50t}\cos 50\sqrt{19}t) - \frac{4000}{17}\operatorname{sen} 100t - \frac{16.000}{17}\cos 100t$$

donde $$4000 = \left.\frac{dI}{dt}\right|_{t=0} = -2,35(-50) + c_2(50\sqrt{19}) - \frac{16.000}{17}$$

e $c_2 = 22,13$. A Equação (1) se escreve

$$I = -2,35e^{-50t}\cos 50\sqrt{19}t + 22,13e^{-50t}\operatorname{sen} 50\sqrt{19}t + \frac{40}{17}\cos 100t - \frac{160}{17}\operatorname{sen} 100t$$

14.16 Resolva o Problema 14.15 determinando primeiramente a carga no capacitor.

Substituindo na Eq. (14.5) os valores dados no Problema 14.15, obtemos

$$\frac{d^2q}{dt^2} + 100\frac{dq}{dt} + 50.000q = 4000\cos 100t$$

A equação homogênea associada é idêntica, na forma, a do Problema 14.15 e tem, assim, a mesma solução (com I_h substituído por q_h). Pelo método dos coeficientes indeterminados, obtemos uma solução particular,

$$q_p = \frac{16}{170}\cos 100t + \frac{4}{170}\operatorname{sen} 100t$$

de modo que a solução geral é

$$q = q_h + q_p = c_1 e^{-50t}\cos 50\sqrt{19}t + c_2 e^{-50t}\operatorname{sen} 50\sqrt{19}t + \frac{16}{170}\cos 100t + \frac{4}{170}\operatorname{sen} 100t \qquad (1)$$

As condições iniciais para a carga são $q(0) = 0$ e

$$\left.\frac{dq}{dt}\right|_{t=0} = I(0) = 0$$

Aplicando diretamente a primeira dessas condições em (1), obtemos

$$0 = q(0) = c_1(1) + c_2(0) + \frac{16}{170}$$

ou $c_1 = -16/170 = -0,0941$. Substituindo esse valor em (1) e diferenciando, obtemos

$$\frac{dq}{dt} = -0,0941(-50e^{-50t}\cos 50\sqrt{19}t - 50\sqrt{19}e^{-50t}\operatorname{sen} 50\sqrt{19}t)$$

$$+ c_2(-50e^{-50t}\operatorname{sen} 50\sqrt{19}t + 50\sqrt{19}e^{-50t}\cos 50\sqrt{19}t) - \frac{160}{17}\operatorname{sen} 100t + \frac{40}{17}\cos 100t \qquad (2)$$

donde $$0 = \left.\frac{dq}{dt}\right|_{t=0} = -0,0941(-50) + c_2(50\sqrt{19}) + \frac{40}{17}$$

e $c_2 = -0{,}0324$. Substituindo esses valores em (2) e simplificando, obtemos, como anteriormente

$$I(t) = \frac{dq}{dt} = -2{,}35e^{-50t}\cos 50\sqrt{19}\,t + 22{,}13e^{-50t}\operatorname{sen} 50\sqrt{19}\,t + \frac{40}{17}\cos 100t - \frac{160}{17}\operatorname{sen} 100t \qquad (3)$$

14.17 Determine a freqüência circular, a freqüência natural e o período da corrente de estado estacionário obtido no Problema 14.16.

A corrente é dada por (3) do Problema 14.16. Quando $t \to \infty$, os termos exponenciais tendem a zero, de modo que a corrente de estado estacionário é

$$I(t) = \frac{40}{17}\cos 100t - \frac{160}{17}\operatorname{sen} 100t$$

Freqüência circular $\qquad \omega = 100$ Hz

Freqüência natural $\qquad f = \omega/2\pi = 100/2\pi = 15{,}92$ Hz

Período $\qquad T = 1/f = 2\pi/100 = 0{,}063$ s

14.18 Escreva a corrente de estado estacionário obtida no Problema 14.17 na forma especificada pela Eq. (14.13).

A amplitude é

$$A = \sqrt{\left(\frac{40}{17}\right)^2 + \left(-\frac{160}{17}\right)^2} = 9{,}701$$

e o ângulo de fase é

$$\phi = \operatorname{arctg} \frac{-160/17}{40/17} = -1{,}326 \text{ radianos}$$

A freqüência circular é $\omega = 100$. O coeficiente do termo em co-seno é positivo, de modo que $k = 0$ e a Eq.(14.13) se escreve

$$I_s(t) = 9{,}701 \cos (100t + 1{,}326)$$

14.19 Determine se um cilindro de raio 0,10 m, altura 0,25 m e peso 7 N pode flutuar em um tanque cuja água tem densidade de 1.000 kg/m^3.

Seja h o comprimento (em metros) da parte submersa do cilindro em equilíbrio. Com $r = 0{,}10$ m, decorre da equação (14.9) que

$$h = \frac{mg}{\pi r^2 \rho} = \frac{7}{\pi \left(\frac{1}{3}\right)^2 1.000} = 0{,}223 \text{ m} = 22{,}3 \text{ cm}$$

Assim, o cilindro flutuará com $0{,}25 - 0{,}223 = 0{,}027$ m $= 2{,}7$ cm acima da linha de água de equilíbrio.

14.20 Estabeleça uma expressão para o movimento do cilindro do Problema 14.19 se ele for liberado com 20% do seu comprimento acima da linha de equilíbrio, com uma velocidade de 1,52 m/s dirigida para baixo.

Aqui, $r = 0{,}1$ m, $\rho = 1.000$ kg/m^3, $m = 0{,}7136$ kg e a Eq.(14.10) se escreve

$$\ddot{x} + 44{,}02x = 0$$

As raízes da equação característica associada são $\pm \sqrt{44{,}02}\, i = \pm 6{,}63i$; a solução geral da equação diferencial é

$$x(t) = c_1 \cos 6{,}63t + c_2 \operatorname{sen} 6{,}63t$$

Em $t = 0$, 20% do comprimento de 0,25 m, ou seja, 0,05 m, estão fora da água. Pelos resultados do Problema 14.19, sabemos que a posição de equilíbrio corresponde a 0,027 m acima da água, de modo que, em $t = 0$, o cilindro está a $0,05 - 0,027 = 0,023$ m acima da sua posição de equilíbrio. No contexto da Fig. 14-3, $x(0) = 0,023$ m. A velocidade inicial é de 1,52 m/s na direção *negativa* (para baixo) no sistema de coordenadas da Fig. 14-3, de modo que $\dot{x}(0) = -1,52$. Aplicando essas condições iniciais em (1), obtemos

$$c_1 = 0,023 \text{ e } c_2 = -0,23$$

e a Equação (1) se escreve

$$x(t) = 0,023 \cos(6,63)t - 0,23 \sen(6,63)t.$$

14.21 Determine se um cilindro de 10 cm de diâmetro, 15 cm de altura e 19,6 N de peso pode flutuar em um tanque cuja água tem densidade de 980 dinas/cm^3.

Seja h o comprimento (em centímetros) da parte submersa do cilindro em equilíbrio. Com $r = 5$ cm e $mg = 19,6$ N = $1,96 \times 10^6$ dinas, decorre da equação (14.9) que

$$h = \frac{mg}{\pi r^2 \rho} = \frac{1,96 \times 10^6}{\pi (5)^2 (980)} = 25,5 \text{ cm}$$

Como esta é uma altura superior à altura do cilindro, este não pode deslocar uma quantidade de água suficiente para flutuar e, assim, afundará no tanque.

14.22 Determine se um cilindro de 10 cm de diâmetro, 15 cm de altura e 19,6 N de peso pode flutuar em um tanque cuja água tem densidade de 2.450 dinas/cm^3.

Seja h o comprimento (em centímetros) da parte submersa do cilindro em equilíbrio. Com $r = 5$ cm e $mg = 19,6$ N = $1,96 \times 10^6$ dinas, decorre da equação (14.9) que

$$h = \frac{mg}{\pi r^2 \rho} = \frac{1,96 \times 10^6}{\pi (5)^2 (2450)} = 10,2 \text{ cm}$$

Assim, o cilindro flutuará com $15 - 10,2 = 4,8$ cm de comprimento acima da linha do líquido de equilíbrio.

14.23 Determine uma expressão para o movimento do cilindro referido no Problema 14.22, considerando que ele seja liberado a partir de uma posição de repouso com 12 cm de seu comprimento submersos.

Neste caso, $r = 5$ cm, $\rho = 2450$ dinas/cm^3, $m = 19,6/9,8 = 2$ kg $= 2000$ g e a Eq.(14.10) se escreve

$$\ddot{x} + 96,21 x = 0$$

As raízes da equação característica associada são $\pm\sqrt{96,21}i = \pm 9,8i$; a solução geral da equação diferencial é

$$x(t) = c_1 \cos 9,81t + c_2 \sen 9,81t \tag{1}$$

Em $t = 0$, 12 cm do comprimento do cilindro estão submersos. Pelos resultados do Problema 14.22, sabemos que a posição de equilíbrio corresponde a 10,2 cm submersos, de modo que, em $t = 0$, o cilindro está com $12 - 10,2 = 1,8$ cm submersos *abaixo* de sua posição de equilíbrio. No contexto da Fig. 14-3, $x(0) = -1,8$ cm, com o sinal negativo indicando que a linha de equilíbrio está submersa. O cilindro parte do repouso, de modo que a sua velocidade inicial é $\dot{x}(0) = 0$. Aplicando essas condições iniciais em (1), obtemos $c_1 = -1,8$ e $c_2 = 0$. A Equação (1) se escreve

$$x(t) = -1,8 \cos 9,81t$$

14.24 Um cilindro parcialmente submerso em água cuja densidade é 900 kg/m^3, com seu eixo em posição vertical, oscila para cima e para baixo com um período de 0,6 s. Determine o diâmetro do cilindro, sabendo que seu peso é 1 N.

Com $\rho = 900$ kg/m^3 e $m = 1/9,81$ $v_1 = 0,102$ kg, a Eq. (14.10) se escreve

$$\ddot{x} + 8824\pi r^2 x = 0$$

cuja solução geral é

$$x(t) = c_1 \cos\sqrt{8824\pi r}\,t + c_2 \operatorname{sen}\sqrt{8824\pi r}\,t$$

Sua freqüência circular é $\omega = r\sqrt{8824\pi}$, sua freqüência natural é $f = \omega/2\pi = r\sqrt{2206/\pi} = 26{,}5r$. Seu período é $T = 1/f = 1/26{,}5r$. Mas $T = 0{,}6$; então, $0{,}6 = 1/26{,}5r$, de onde $r = 0{,}06$ m e o diâmetro é $0{,}12$ m $= 12$ cm.

14.25 Um prisma cuja secção transversal é um triângulo eqüilátero com lado de comprimento l flutua em um tanque com líquido de densidade ρ, com sua altura paralela ao eixo vertical. Coloca-se o prisma em movimento deslocando-o de sua posição de equilíbrio (ver Fig. 14-4) e imprimindo-lhe uma determinada velocidade inicial. Estabeleça a equação diferencial que rege o movimento subseqüente do prisma.

O equilíbrio ocorre quando a força de flutuação do líquido deslocado iguala a força de gravidade sobre o corpo. A área de um triângulo eqüilátero de lado com comprimento l é $A = \sqrt{3}l^2/4$. Para o prisma ilustrado na Fig.14-4, com h unidades de sua altura submersas e em equilíbrio, o volume de água deslocada em equilíbrio é $\sqrt{3}l^2h/4$, originando uma força de flutuação de $\sqrt{3}l^2h\rho/4$. Pelo princípio de Arquimedes, essa força de flutuação em equilíbrio deve ser igual ao peso do prisma mg; logo,

$$\sqrt{3}l^2 h\rho/4 = mg \tag{1}$$

Escolhemos arbitrariamente a direção para cima como a direção-x positiva. Se o prisma é elevado de $x(t)$ unidades acima da água, conforme ilustrado na Fig. 14-4, então não está mais em equilíbrio. A força negativa, ou para baixo, sobre o corpo permanece igual a mg, mas a força de flutuação, ou positiva, se reduz para $\sqrt{3}l^2[h - x(t)]\rho/4$. Decorre da segunda lei de Newton que

$$m\ddot{x} = \frac{\sqrt{3}l^2[h - x(t)]\rho}{4} - mg$$

Substituindo (1) nessa última equação, ela se reduz a

$$\ddot{x} + \frac{\sqrt{3}l^2\rho}{4m} x = 0$$

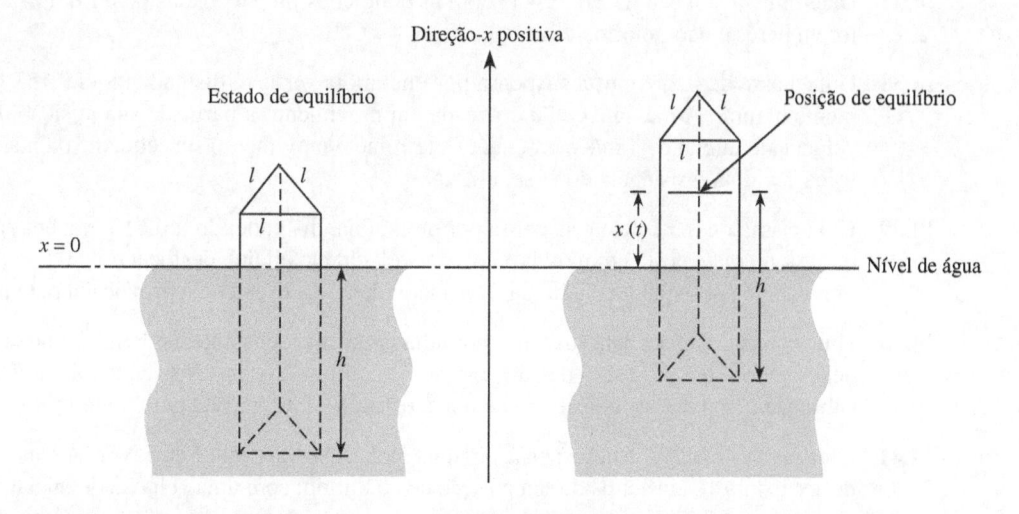

Figura 14-4

Problemas Complementares

14.26 Uma massa de 4,5 kg está suspensa por uma mola, distendendo-a em 0,05 m além do seu comprimento natural. Determine a constante da mola.

14.27 Uma massa de 6 kg está suspensa por uma mola, distendendo-a em 22,5 cm além do seu comprimento natural. Determine a constante da mola.

14.28 Uma massa de 0,4 g está suspensa por uma mola, distendendo-a em 3 cm além do seu comprimento natural. Determine a constante da mola.

14.29 Uma massa de 0,3 kg está suspensa por uma mola, distendendo-a em 15 cm além do seu comprimento natural. Determine a constante da mola.

14.30 Um peso de 6,13 N está suspenso pela extremidade de uma mola vertical cuja constante é de 40 N/m. O sistema está em equilíbrio. O peso é então colocado em movimento, distendendo-se a mola em 0,167 cm a partir de sua posição de equilíbrio, e liberando-a. Determine a posição do peso no instante t, considerando que não exista força externa e nem resistência do ar.

14.31 Resolva o Problema 14.30 considerando que o peso seja colocado em movimento comprimindo-se a mola 0,167 cm a partir de sua posição de equilíbrio e imprimindo-lhe uma velocidade inicial de 2 m/s na direção para baixo.

14.32 Uma massa de 20 g está suspensa por uma mola vertical, cuja constante é de 2880 dinas/cm e está em equilíbrio. A massa é então colocada em movimento distendendo-se a mola 3 cm a partir de sua posição de equilíbrio e liberando-se a massa com uma velocidade inicial de 10 cm/s para baixo. Determine a posição da massa no instante t, assumindo que não haja força externa nem resistência do ar.

14.33 Uma massa de 1 kg está suspensa por uma mola, distendendo-a em 2,45 m além do seu comprimento natural. A massa é colocada em movimento deslocando-a em 1 m para cima e imprimindo-lhe uma velocidade inicial de 2 m/s na direção para baixo. Determine o movimento subseqüente da massa, considerando que a resistência do meio circundante seja desprezível.

14.34 Determine (a) a freqüência circular, (b) a freqüência natural e (c) o período das vibrações descritas no Problema 14.31.

14.35 Determine (a) a freqüência circular, (b) a freqüência natural e (c) o período das vibrações descritas no Problema 14.32.

14.36 Determine (a) a freqüência circular, (b) a freqüência natural e (c) o período das vibrações descritas no Problema 14.33.

14.37 Determine a solução da Eq. (14.1) com as condições iniciais dadas pela Eq. (14.2), quando as vibrações forem livres e não-amortecidas.

14.38 Uma massa de 0,25 kg está suspensa por uma mola vertical, distendendo-a 0,153 m além do seu comprimento natural. A massa é então colocada em movimento a partir de sua posição de equilíbrio, com uma velocidade inicial de 4 m/s para cima. Determine o movimento subseqüente da massa, considerando que a força devido à resistência do ar seja $-2\dot{x}$N.

14.39 Uma massa de 0,5 kg está suspensa por uma mola, distendendo-a 0,613 m além do seu comprimento natural. A massa é posta em movimento, sem velocidade inicial, deslocando-a 0,5 m para cima. Determine o movimento subseqüente da massa, considerando que a resistência provocada pelo meio seja $-4\dot{x}$N.

14.40 Uma massa de 0,5 kg está suspensa por uma mola cuja constante é 6 N/m. A massa é posta em movimento deslocando-a 0,5 m abaixo de sua posição de equilíbrio, sem velocidade inicial. Determine o movimento subseqüente da massa, considerando que a resistência provocada pelo meio seja $-4\dot{x}$N.

14.41 Uma massa de 0,5 kg está suspensa por uma mola cuja constante é de 8 N/m. A massa é posta em movimento deslocando-a 10 cm acima de sua posição de equilíbrio, com uma velocidade inicial de 2 m/s para cima. Determine o movimento subseqüente da massa, considerando que o meio ofereça uma resistência de $-4\dot{x}$N.

14.42 Resolva o Problema 14.41 considerando a constante da mola de 8,01 N/m.

14.43 Resolva o Problema 14.41 considerando a constante da mola de 8 N/m.

14.44 Uma massa de 1 kg está suspensa por uma mola cuja constante é de 8 N/m. A massa é inicialmente posta em movimento, sem velocidade inicial, aplicando-se uma força externa $F(t) = 16\cos 4t$. Determine o movimento subseqüente da massa, considerando que a força devido à resistência do ar seja $-4\dot{x}$N.

14.45 Uma massa de 2 kg está suspensa por uma mola, distendendo-a em 0,392 m. O sistema está em repouso. Coloca-se a massa em movimento aplicando-se uma força externa $F(t) = 4\,\text{sen}\,2t$. Determine o movimento subseqüente da massa, considerando que a resistência do meio ambiente seja desprezível.

14.46 Uma massa de 4 kg está suspensa por uma mola, distendendo-a em 0,613 m. O sistema está em repouso. A massa é posta em movimento deslocando-se a mola 0,5 m acima de sua posição de equilíbrio e aplicando-se uma força externa $F(t) = 8\,\text{sen}\,4t$. Determine o movimento subseqüente da massa, considerando que a resistência do meio ambiente seja desprezível.

14.47 Resolva o Problema 14.38, considerando que a massa esteja sujeita a uma força externa $F(t) = 16\,\text{sen}\,8t$.

14.48 Um peso de 4,9 N está suspenso por uma mola, distendendo-a em 0,49 m. O sistema está em repouso. O peso é posto em movimento deslocando-se a mola 0,75 m acima de sua posição de equilíbrio e aplicando-se uma força externa $F(t) = 5\cos 2t$. Determine o movimento subseqüente do peso, considerando que o meio ambiente ofereça uma resistência de $-2\dot{x}$ N.

14.49 Escreva a parte de estado estacionário do movimento obtido no Problema 14.48 na forma especificada pela Eq. (14.13).

14.50 Uma massa de 0,5 kg está suspensa por uma mola cuja constante é de 6 N/m. O sistema está em repouso. A massa é posta em movimento aplicando-se uma força externa $F(t) = 24\cos 3t - 33\,\text{sen}\,3t$. Determine o movimento subseqüente da massa, considerando que o meio ambiente ofereça uma resistência de $-3\dot{x}$ N.

14.51 Escreva a parte de estado estacionário do movimento obtido no Problema 14.50 na forma especificada pela Eq. (14.13).

14.52 Um circuito RCL conectado em série com $R = 6$ ohms, $C = 0,02$ farad e $L = 0,1$ henry tem uma tensão aplicada $E(t) = 6$ volts. Admitindo que não haja corrente inicial nem carga inicial em $t = 0$ quando a tensão é inicialmente aplicada, determine a carga subseqüente no capacitor e a corrente no circuito.

14.53 Um circuito RCL conectado em série com uma resistência de 5 ohms, um capacitor de 4×10^{-4} farad e uma indutância de 0,05 henry tem uma tensão aplicada $E(t) = 110$ volts. Admitindo que não haja corrente inicial nem carga inicial no capacitor, determine expressões para a corrente que flui no circuito e para a carga no capacitor no instante arbitrário t.

14.54 Um circuito RCL conectado em série com $R = 6$ ohms, $C = 0,02$ farad e $L = 0,1$ henry não tem tensão aplicada. Determine a corrente subseqüente no circuito se a carga inicial no capacitor for de $\frac{1}{10}$ coulomb e a corrente inicial for zero.

14.55 Um circuito RCL conectado em série com uma resistência de 1000 ohms, um capacitor de 4×10^{-6} farad e uma indutância de 1 henry possui uma tensão aplicada $E(t) = 24$ volts. Admitindo que não haja corrente inicial nem carga inicial no capacitor, determine uma expressão para a corrente que flui no circuito no instante arbitrário t.

14.56 Um circuito RCL conectado em série com uma resistência de 4 ohms, um capacitor de 1/26 farad e uma indutância de 1/2 henry possui uma tensão aplicada $E(t) = 16\cos 2t$. Admitindo que não haja corrente inicial nem carga inicial no capacitor, determine uma expressão para a corrente que flui no circuito no instante arbitrário t.

14.57 Determine a corrente de estado estacionário no circuito descrito no Problema 14.56 e escreva-a sob a forma da Eq. (14.13).

14.58 Um circuito RCL conectado em série com uma resistência de 16 ohms, um capacitor de 0,02 farad e uma indutância de 2 henries possui uma tensão aplicada $E(t) = 100\,\text{sen}\,3t$. Admitindo que não haja corrente inicial nem carga inicial no capacitor, determine uma expressão para a corrente que flui no circuito no instante arbitrário t.

14.59 Determine a corrente de estado estacionário no circuito descrito no Problema 14.58 e escreva-a sob a forma da Eq. (14.13).

14.60 Um circuito RCL conectado em série com uma resistência de 20 ohms, um capacitor de 10^{-4} farad e uma indutância de 0,05 henry possui uma tensão aplicada $E(t) = 100\cos 2t$. Admitindo que não haja corrente inicial nem carga inicial no capacitor, determine uma expressão para a corrente que flui no circuito no instante arbitrário t.

14.61 Determine a corrente de estado estacionário no circuito descrito no Problema 14.60 e escreva-a sob a forma da Eq. (14.13).

14.62 Um circuito RCL conectado em série com uma resistência de 2 ohms, um capacitor de 1/260 farad e uma indutância de 0,1 henry possui uma tensão aplicada $E(t) = 100\,\text{sen}60t$. Admitindo que não haja corrente inicial e nem carga inicial no capacitor, determine uma expressão para a corrente que flui no circuito no instante arbitrário t.

14.63 Determine a carga de estado estacionário no capacitor do circuito descrito no problema 14.62 e reescreva-a sob a forma da Eq. (14.13).

14.64 Um circuito RCL conectado em série tem $R = 5$ ohms, $C = 10^{-2}$ farad e $L = \frac{1}{8}$ henry, e não possui tensão aplicada. Determine a corrente de estado estacionário subseqüente no circuito. *Sugestão*: Não são necessárias condições iniciais.

14.65 Um circuito RCL conectado em série tem $R = 5$ ohms, $C = 10^{-2}$ farad e $L = \frac{1}{8}$ henry, e possui uma tensão aplicada $E(t) = \text{sen}\,t$. Determine a corrente de estado estacionário subseqüente no circuito. *Sugestão*: Não são necessárias condições iniciais.

14.66 Determine a posição de equilíbrio de um cilindro com 0,0762 m de raio, 0,508 m de altura e 69,869 N de peso que flutua com seu eixo em posição vertical em um tanque de água cuja densidade é de 1 g/cm^3.

14.67 Determine uma expressão para o movimento do cilindro do Problema 14.66, considerando que ele sofra uma perturbação em relação à sua posição de equilíbrio, fazendo submergir mais 0,1667 m abaixo da linha de água e com uma velocidade de 1 m/s na direção para baixo.

14.68 Escreva o movimento harmônico do cilindro do Problema 14.67 na forma da Eq. (14.13).

14.69 Determine a posição de equilíbrio de um cilindro de raio 0,61 m, altura 1,22 m e peso 444,8 N, que flutua com seu eixo em posição vertical em um tanque de água cuja densidade é de 1 g/cm^3.

14.70 Determine uma expressão para o movimento do cilindro do Problema 14.69, se ele for liberado, a partir do repouso, com 1 m de sua altura submerso na água.

14.71 Determine (a) a freqüência angular, (b) a freqüência natural e (c) o período das vibrações descritas no Problema 14.70.

14.72 Determine (a) a freqüência angular, (b) a freqüência natural e (c) o período das vibrações descritas no Problema 14.67

14.73 Determine a posição de equilíbrio de um cilindro de 3 cm de raio, 10 cm de altura e 700 g de massa que flutua com seu eixo em posição vertical em um tanque de água cuja densidade é 1 g/cm^3.

14.74 Resolva o Problema 14.73, se o líquido, em vez da água, for uma substância com densidade de massa de 2 g/cm^3.

14.75 Determine a posição de equilíbrio de um cilindro de 30 cm de raio, 500 cm de altura e $2,5 \times 10^7$ dinas de peso que flutua com seu eixo em posição vertical em um tanque de água cuja densidade é 980 dinas/cm^3.

14.76 Estabeleça uma expressão para o movimento do cilindro descrito no Problema 14.75, se ele for colocado em movimento, a partir de sua posição de equilíbrio, golpeando-o de modo a produzir uma velocidade inicial de 50 cm/s na direção para baixo.

14.77 Determine a solução geral da Eq.(14.10) e seu período.

14.78 Determine o raio de um cilindro pesando 22,24 N, com seu eixo em posição vertical, que oscila em um tanque de água (1 g/cm^3) com um período de 0,75 s. *Sugestão*: Utilize os resultados do Problema 14.77.

14.79 Determine o peso de um cilindro com 0,305 m de diâmetro, com seu eixo em posição vertical, que oscila em um tanque de água (1 g/cm^3) com um período de 2 s. *Sugestão*: Utilize os resultados do Problema 14.77.

14.80 Uma caixa retangular de largura w, comprimento l e altura h flutua em um tanque de líquido de densidade ρ com sua altura paralela ao eixo vertical. Coloca-se a caixa em movimento deslocando-a x_0 unidades a partir de sua posição de equilíbrio e imprimindo-lhe uma velocidade inicial v_0. Determine a equação diferencial que rege o movimento subseqüente da caixa.

14.81 Determine (a) o período de oscilação para o movimento descrito no Problema 14.80 e (b) a variação do período quando se duplica o comprimento da caixa.

Capítulo 15

Matrizes

MATRIZES E VETORES

Uma *matriz* (designada por uma letra maiúscula em negrito) consiste em um conjunto retangular de elementos dispostos em linhas horizontais e colunas verticais. Neste livro, os elementos das matrizes sempre serão números ou funções da variável t. Se todos os elementos forem números, então a matriz será denominada uma *matriz constante*.

As matrizes se mostrarão úteis em muitas situações. Por exemplo, podemos expressar equações diferenciais de ordem elevada em um sistema de equações diferenciais de primeira ordem utilizando matrizes (ver Capítulo 17). A notação de matriz também permite uma forma compacta de apresentar as soluções de equações diferenciais (ver Capítulo 16).

Exemplo 15.1

$$\begin{bmatrix} 1 & 2 \\ 3 & 4 \end{bmatrix}, \quad \begin{bmatrix} 1 & e^t & 2 \\ t & -1 & 1 \end{bmatrix} \quad \text{e} \quad \begin{bmatrix} 1 & t^2 & \cos t \end{bmatrix}$$

são todas matrizes. Em particular, a primeira matriz é uma matriz constante, enquanto as duas últimas não.

Uma matriz geral **A** com p linhas e n colunas é dada por

$$\mathbf{A} = [a_{ij}] = \begin{bmatrix} a_{11} & a_{12} & \ldots & a_{1n} \\ a_{21} & a_{22} & \ldots & a_{2n} \\ \vdots & \vdots & & \vdots \\ a_{p1} & a_{p2} & \ldots & a_{pn} \end{bmatrix}$$

onde a_{ij} representa o elemento que aparece na i-ésima linha e j-ésima coluna. Uma matriz é *quadrada* se possui o mesmo número de linhas e colunas.

Um *vetor* (designado por uma letra minúscula em negrito) é uma matriz com apenas uma coluna ou apenas uma linha. (A terceira matriz apresentada no Exemplo 15.1 é um vetor).

ADIÇÃO DE MATRIZES

A *soma* $\mathbf{A} + \mathbf{B}$ de duas matrizes $\mathbf{A} = [a_{ij}]$ e $\mathbf{B} = [b_{ij}]$ que possuem o mesmo número de linhas e o mesmo número de colunas é a matriz obtida pela adição dos elementos correspondentes de $\mathbf{A}$ e $\mathbf{B}$. Ou seja,

$$\mathbf{A} + \mathbf{B} = [a_{ij}] + [b_{ij}] = [a_{ij} + b_{ij}]$$

A adição de matrizes é associativa e comutativa. Deste modo, $\mathbf{A} + (\mathbf{B} + \mathbf{C}) = (\mathbf{A} + \mathbf{B}) + \mathbf{C}$ e $\mathbf{A} + \mathbf{B} = \mathbf{B} + \mathbf{A}$.

MULTIPLICAÇÃO POR ESCALAR E MULTIPLICAÇÃO MATRICIAL

Se λ for um número (também denominado um escalar) ou uma função de t, então $\lambda \mathbf{A}$ (ou, de forma equivalente, $\mathbf{A}\lambda$) é definida como sendo uma matriz obtida pela multiplicação de todos os elementos de $\mathbf{A}$ por λ. Ou seja,

$$\lambda \mathbf{A} = \lambda [a_{ij}] = [\lambda a_{ij}]$$

Sejam $\mathbf{A} = [a_{ij}]$ e $\mathbf{B} = [b_{ij}]$ duas matrizes de modo que $\mathbf{A}$ tenha r linhas e n colunas e $\mathbf{B}$ tenha n linhas e p colunas. Então, o produto $\mathbf{AB}$ é definido como sendo a matriz $\mathbf{C} = [c_{ij}]$ dada por

$$c_{ij} = \sum_{k=1}^{n} a_{ik} b_{kj} \quad (i = 1, 2, \ldots, r;\, j = 1, 2, \ldots, p)$$

O elemento c_{ij} é obtido pela multiplicação dos elementos da i-ésima linha de $\mathbf{A}$ com os elementos correspondentes da j-ésima coluna de $\mathbf{B}$, e somando-se os resultados.

A multiplicação de matrizes é associativa e distributiva em relação à adição; entretanto, nem sempre é comutativa. Assim,

$$\mathbf{A}(\mathbf{BC}) = (\mathbf{AB})\mathbf{C}, \quad \mathbf{A}(\mathbf{B} + \mathbf{C}) = \mathbf{AB} + \mathbf{AC} \quad \text{e} \quad (\mathbf{B} + \mathbf{C})\mathbf{A} = \mathbf{BA} + \mathbf{CA}$$

mas, em geral, $\mathbf{AB} \neq \mathbf{BA}$.

POTÊNCIAS DE UMA MATRIZ QUADRADA

Se n for um inteiro positivo e $\mathbf{A}$ for uma matriz quadrada, então

$$\mathbf{A}^n = \underbrace{\mathbf{AA}\cdots\mathbf{A}}_{n \text{ vezes}}$$

Em particular, $\mathbf{A}^2 = \mathbf{AA}$ e $\mathbf{A}^3 = \mathbf{AAA}$. Por definição, $\mathbf{A}^0 = \mathbf{I}$, onde

$$\mathbf{I} = \begin{bmatrix} 1 & 0 & 0 & \cdots & 0 & 0 \\ 0 & 1 & 0 & \cdots & 0 & 0 \\ 0 & 0 & 1 & \cdots & 0 & 0 \\ \vdots & & & \ddots & & \vdots \\ 0 & 0 & 0 & \cdots & 1 & 0 \\ 0 & 0 & 0 & \cdots & 0 & 1 \end{bmatrix}$$

é denominada uma *matriz identidade*. Para qualquer matriz quadrada $\mathbf{A}$ e matriz identidade $\mathbf{I}$ do mesmo tamanho temos

$$\mathbf{AI} = \mathbf{IA} = \mathbf{A}$$

DIFERENCIAÇÃO E INTEGRAÇÃO DE MATRIZES

A derivada de $\mathbf{A} = [a_{ij}]$ é a matriz obtida pela diferenciação de cada elemento de $\mathbf{A}$; isto é,

$$\frac{d\mathbf{A}}{dt} = \left[\frac{da_{ij}}{dt}\right]$$

Similarmente, a *integral* de **A**, seja definida ou indefinida, é obtida pela integração de cada elemento de **A**. Assim,

$$\int_a^b \mathbf{A}\,dt = \left[\int_a^b a_{ij}\,dt\right] \quad \text{e} \quad \int \mathbf{A}\,dt = \left[\int a_{ij}\,dt\right]$$

A EQUAÇÃO CARACTERÍSTICA

A *equação característica* de uma matriz quadrada **A** é uma equação polinomial em λ dada por

$$\det(\mathbf{A} - \lambda \mathbf{I}) = 0 \tag{15.1}$$

onde det ( ) significa "determinante de". Aqueles valores de λ que satisfazem (15.1), isto é, as raízes de (15.1), são os *autovalores* de **A**; uma raiz com k valores iguais é denominada um *autovalor de multiplicidade k*.

Teorema 15.1 (*Teorema de Cayley-Hamilton*). Qualquer matriz quadrada satisfaz sua própria equação característica. Isto é, se

$$\det(\mathbf{A} - \lambda \mathbf{I}) = b_n \lambda^n + b_{n-1}\lambda^{n-1} + \cdots + b_2 \lambda^2 + b_1 \lambda + b_0$$

então

$$b_n \mathbf{A}^n + b_{n-1}\mathbf{A}^{n-1} + \cdots + b_2 \mathbf{A}^2 + b_1 \mathbf{A} + b_0 \mathbf{I} = \mathbf{0}$$

Problemas Resolvidos

15.1 Demonstre que $\mathbf{A} + \mathbf{B} = \mathbf{B} + \mathbf{A}$ para

$$\mathbf{A} = \begin{bmatrix} 1 & 2 \\ 3 & 4 \end{bmatrix} \quad \mathbf{B} = \begin{bmatrix} 5 & 6 \\ 7 & 8 \end{bmatrix}$$

$$\mathbf{A} + \mathbf{B} = \begin{bmatrix} 1 & 2 \\ 3 & 4 \end{bmatrix} + \begin{bmatrix} 5 & 6 \\ 7 & 8 \end{bmatrix} = \begin{bmatrix} 1+5 & 2+6 \\ 3+7 & 4+8 \end{bmatrix} = \begin{bmatrix} 6 & 8 \\ 10 & 12 \end{bmatrix}$$

$$\mathbf{B} + \mathbf{A} = \begin{bmatrix} 5 & 6 \\ 7 & 8 \end{bmatrix} + \begin{bmatrix} 1 & 2 \\ 3 & 4 \end{bmatrix} = \begin{bmatrix} 5+1 & 6+2 \\ 7+3 & 8+4 \end{bmatrix} = \begin{bmatrix} 6 & 8 \\ 10 & 12 \end{bmatrix}$$

Como os elementos correspondentes das matrizes resultantes são iguais, a igualdade desejada é válida.

15.2 Determine $3\mathbf{A} - \frac{1}{2}\mathbf{B}$ para as matrizes dadas no Problema 15.1.

$$3\mathbf{A} - \frac{1}{2}\mathbf{B} = 3\begin{bmatrix} 1 & 2 \\ 3 & 4 \end{bmatrix} + \left(-\frac{1}{2}\right)\begin{bmatrix} 5 & 6 \\ 7 & 8 \end{bmatrix}$$

$$= \begin{bmatrix} 3 & 6 \\ 9 & 12 \end{bmatrix} + \begin{bmatrix} -\frac{5}{2} & -3 \\ -\frac{7}{2} & -4 \end{bmatrix}$$

$$= \begin{bmatrix} 3+\left(-\frac{5}{2}\right) & 6+(-3) \\ 9+\left(-\frac{7}{2}\right) & 12+(-4) \end{bmatrix} = \begin{bmatrix} \frac{1}{2} & 3 \\ \frac{11}{2} & 8 \end{bmatrix}$$

15.3 Determine **AB** e **BA** para as matrizes dadas no Problema 15.1.

$$\mathbf{AB} = \begin{bmatrix} 1 & 2 \\ 3 & 4 \end{bmatrix} + \begin{bmatrix} 5 & 6 \\ 7 & 8 \end{bmatrix} = \begin{bmatrix} 1(5)+2(7) & 1(6)+2(8) \\ 3(5)+4(7) & 3(6)+4(8) \end{bmatrix} = \begin{bmatrix} 19 & 22 \\ 43 & 50 \end{bmatrix}$$

$$\mathbf{BA} = \begin{bmatrix} 5 & 6 \\ 7 & 8 \end{bmatrix} + \begin{bmatrix} 1 & 2 \\ 3 & 4 \end{bmatrix} = \begin{bmatrix} 5(1)+6(3) & 5(2)+6(4) \\ 7(1)+8(3) & 7(2)+8(4) \end{bmatrix} = \begin{bmatrix} 23 & 34 \\ 31 & 46 \end{bmatrix}$$

Note que para essas matrizes, $\mathbf{AB} \neq \mathbf{BA}$.

15.4 Determine $(2\mathbf{A} - \mathbf{B})^2$ para as matrizes dadas no Problema 15.1.

$$2\mathbf{A} - \mathbf{B} = 2\begin{bmatrix} 1 & 2 \\ 3 & 4 \end{bmatrix} + (-1)\begin{bmatrix} 5 & 6 \\ 7 & 8 \end{bmatrix} = \begin{bmatrix} 2 & 4 \\ 6 & 8 \end{bmatrix} + \begin{bmatrix} -5 & -6 \\ -7 & -8 \end{bmatrix} = \begin{bmatrix} -3 & -2 \\ -1 & 0 \end{bmatrix}$$

e

$$(2\mathbf{A} - \mathbf{B})^2 = (2\mathbf{A} - \mathbf{B})(2\mathbf{A} - \mathbf{B}) = \begin{bmatrix} -3 & -2 \\ -1 & 0 \end{bmatrix}\begin{bmatrix} -3 & -2 \\ -1 & 0 \end{bmatrix}$$

$$= \begin{bmatrix} -3(-3) + (-2)(-1) & -3(-2) + (-2)(0) \\ -1(-3) + 0(-1) & -1(-2) + 0(0) \end{bmatrix} = \begin{bmatrix} 11 & 6 \\ 3 & 2 \end{bmatrix}$$

15.5 Determine $\mathbf{AB}$ e $\mathbf{BA}$ para

$$\mathbf{A} = \begin{bmatrix} 1 & 2 & 3 \\ 4 & 5 & 6 \end{bmatrix}, \quad \mathbf{B} = \begin{bmatrix} 7 & 0 \\ 8 & -1 \end{bmatrix}.$$

Como $\mathbf{A}$ possui três colunas e $\mathbf{B}$ possui duas linhas, o produto $\mathbf{AB}$ não é definido. Mas

$$\mathbf{BA} = \begin{bmatrix} 7 & 0 \\ 8 & -1 \end{bmatrix}\begin{bmatrix} 1 & 2 & 3 \\ 4 & 5 & 6 \end{bmatrix} = \begin{bmatrix} 7(1) + (0)(4) & 7(2) + (0)(5) & 7(3) + (0)(6) \\ 8(1) + (-1)(4) & 8(2) + (-1)(5) & 8(3) + (-1)(6) \end{bmatrix}$$

$$= \begin{bmatrix} 7 & 14 & 21 \\ 4 & 11 & 18 \end{bmatrix}$$

15.6 Determine $\mathbf{AB}$ e $\mathbf{AC}$ se

$$\mathbf{A} = \begin{bmatrix} 4 & 2 & 0 \\ 2 & 1 & 0 \\ -2 & -1 & 1 \end{bmatrix}, \quad \mathbf{B} = \begin{bmatrix} 2 & 3 & 1 \\ 2 & -2 & -2 \\ -1 & 2 & 1 \end{bmatrix}, \quad \mathbf{C} = \begin{bmatrix} 3 & 1 & -3 \\ 0 & 2 & 6 \\ -1 & 2 & 1 \end{bmatrix}$$

$$\mathbf{AB} = \begin{bmatrix} 4(2) + 2(2) + (0)(-1) & 4(3) + 2(-2) + (0)(2) & 4(1) + 2(-2) + (0)(1) \\ 2(2) + 1(2) + (0)(-1) & 2(3) + 1(-2) + (0)(2) & 2(1) + 1(-2) + (0)(1) \\ -2(2) + (-1)(2) + 1(-1) & -2(3) + (-1)(-2) + 1(2) & -2(1) + (-1)(-2) + 1(1) \end{bmatrix}$$

$$= \begin{bmatrix} 12 & 8 & 0 \\ 6 & 4 & 0 \\ -7 & -2 & 1 \end{bmatrix}$$

$$\mathbf{AC} = \begin{bmatrix} 4(3) + 2(0) + (0)(-1) & 4(1) + 2(2) + (0)(2) & 4(-3) + 2(6) + (0)(1) \\ 2(3) + 1(0) + (0)(-1) & 2(1) + 1(2) + (0)(2) & 2(-3) + 1(6) + (0)(1) \\ -2(3) + (-1)(0) + 1(-1) & -2(1) + (-1)(2) + 1(2) & -2(-3) + (-1)(6) + 1(1) \end{bmatrix}$$

$$= \begin{bmatrix} 12 & 8 & 0 \\ 6 & 4 & 0 \\ -7 & -2 & 1 \end{bmatrix}$$

Note que para essas matrizes $\mathbf{AB} = \mathbf{AC}$, mas $\mathbf{B} \neq \mathbf{C}$. Então, a lei de cancelamento não é válida para a multiplicação de matrizes.

15.7 Determine $\mathbf{Ax}$ se

$$\mathbf{A} = \begin{bmatrix} 1 & 2 & 3 & 4 \\ 5 & 6 & 7 & 8 \end{bmatrix} \quad \mathbf{x} = \begin{bmatrix} 9 \\ -1 \\ -2 \\ 0 \end{bmatrix}$$

$$\mathbf{Ax} = \begin{bmatrix} 1(9) + 2(-1) + 3(-2) + 4(0) \\ 5(9) + 6(-1) + 7(-2) + 8(0) \end{bmatrix} = \begin{bmatrix} 1 \\ 25 \end{bmatrix}$$

15.8 Determine $\dfrac{d\mathbf{A}}{dt}$ se $\mathbf{A} = \begin{bmatrix} t^2 + 1 & e^{2t} \\ \operatorname{sen} t & 45 \end{bmatrix}$

$$\frac{d\mathbf{A}}{dt} = \begin{bmatrix} \dfrac{d}{dt}(t^2+1) & \dfrac{d}{dt}(e^{2t}) \\ \dfrac{d}{dt}(\operatorname{sen} t) & \dfrac{d}{dt}(45) \end{bmatrix} = \begin{bmatrix} 2t & 2e^{2t} \\ \cos t & 0 \end{bmatrix}$$

15.9 Determine $\dfrac{d\mathbf{x}}{dt}$ se $\mathbf{x} = \begin{bmatrix} x_1(t) \\ x_2(t) \\ x_3(t) \end{bmatrix}$

$$\frac{d\mathbf{x}}{dt} = \begin{bmatrix} \dfrac{dx_1(t)}{dt} \\ \dfrac{dx_2(t)}{dt} \\ \dfrac{dx_3(t)}{dt} \end{bmatrix} = \begin{bmatrix} \dot{x}_1(t) \\ \dot{x}_2(t) \\ \dot{x}_3(t) \end{bmatrix}$$

15.10 Determine $\int \mathbf{A}\, dt$ para $\mathbf{A}$ dado no Problema 15.8.

$$\int \mathbf{A}\, dt = \begin{bmatrix} \int (t^2+1)\,dt & \int e^{2t}\,dt \\ \int \operatorname{sen} t\, dt & \int 45\, dt \end{bmatrix} = \begin{bmatrix} \dfrac{1}{3}t^3 + t + c_1 & \dfrac{1}{2}e^{2t} + c_2 \\ -\cos t + c_3 & 45t + c_4 \end{bmatrix}$$

15.11 Determine $\int_0^1 \mathbf{x}\, dt$ se $\mathbf{x} = \begin{bmatrix} 1 \\ e^t \\ 0 \end{bmatrix}$

$$\int_0^1 \mathbf{x}\, dt = \begin{bmatrix} \int_0^1 1\, dt \\ \int_0^1 e^t\, dt \\ \int_0^1 0\, dt \end{bmatrix} = \begin{bmatrix} 1 \\ e-1 \\ 0 \end{bmatrix}$$

15.12 Determine os autovalores de $\mathbf{A} = \begin{bmatrix} 1 & 3 \\ 4 & 2 \end{bmatrix}$

Temos

$$\mathbf{A} - \lambda \mathbf{I} = \begin{bmatrix} 1 & 3 \\ 4 & 2 \end{bmatrix} + (-\lambda)\begin{bmatrix} 1 & 0 \\ 0 & 1 \end{bmatrix}$$

$$= \begin{bmatrix} 1 & 3 \\ 4 & 2 \end{bmatrix} + \begin{bmatrix} -\lambda & 0 \\ 0 & -\lambda \end{bmatrix} = \begin{bmatrix} 1-\lambda & 3 \\ 4 & 2-\lambda \end{bmatrix}$$

Portanto,

$$\det(\mathbf{A} - \lambda \mathbf{I}) = \det\begin{bmatrix} 1-\lambda & 3 \\ 4 & 2-\lambda \end{bmatrix}$$

$$= (1-\lambda)(2-\lambda) - (3)(4) = \lambda^2 - 3\lambda - 10$$

A equação característica de $\mathbf{A}$ é $\lambda^2 - 3\lambda - 10 = 0$, que pode ser fatorada em $(\lambda - 5)(\lambda + 2) = 0$. As raízes dessa equação são $\lambda_1 = 5$ e $\lambda_2 = -2$, que são os autovalores de $\mathbf{A}$.

15.13 Determine os autovalores de $\mathbf{A}t$ se $\mathbf{A} = \begin{bmatrix} 2 & 5 \\ -1 & -2 \end{bmatrix}$

$$\mathbf{A}t - \lambda \mathbf{I} = \begin{bmatrix} 2 & 5 \\ -1 & -2 \end{bmatrix} t + (-\lambda)\begin{bmatrix} 1 & 0 \\ 0 & 1 \end{bmatrix}$$

$$= \begin{bmatrix} 2t & 5t \\ -t & -2t \end{bmatrix} + \begin{bmatrix} -\lambda & 0 \\ 0 & -\lambda \end{bmatrix} = \begin{bmatrix} 2t-\lambda & 5t \\ -t & -2t-\lambda \end{bmatrix}$$

Então,

$$\det(\mathbf{A} - \lambda \mathbf{I}) = \det\begin{bmatrix} 2t-\lambda & 5t \\ -t & -2t-\lambda \end{bmatrix}$$

$$= (2t-\lambda)(-2t-\lambda) - (5t)(-t) = \lambda^2 + t^2$$

e a equação característica de $\mathbf{A}t$ é $\lambda^2 + t^2 = 0$. As raízes dessa equação, que são os autovalores de $\mathbf{A}t$, são $\lambda_1 = it$ e $\lambda_2 = -it$, onde $i = \sqrt{-1}$.

15.14 Determine os autovalores de $\mathbf{A} = \begin{bmatrix} 4 & 1 & 0 \\ -1 & 2 & 0 \\ 2 & 1 & -3 \end{bmatrix}$.

$$-\lambda \mathbf{I} = \begin{bmatrix} 4 & 1 & 0 \\ -1 & 2 & 0 \\ 2 & 1 & -3 \end{bmatrix} - \lambda \begin{bmatrix} 1 & 0 & 0 \\ 0 & 1 & 0 \\ 0 & 0 & 1 \end{bmatrix}$$

$$= \begin{bmatrix} 4-\lambda & 1 & 0 \\ -1 & 2-\lambda & 0 \\ 2 & 1 & -3-\lambda \end{bmatrix}$$

Então,

$$\det(\mathbf{A} - \lambda \mathbf{I}) = \det\begin{bmatrix} 4-\lambda & 1 & 0 \\ -1 & 2-\lambda & 0 \\ 2 & 1 & -3-\lambda \end{bmatrix}$$

$$= (-3-\lambda)[(4-\lambda)(2-\lambda) - (1)(-1)]$$

$$= (-3-\lambda)(\lambda - 3)(\lambda - 3)$$

A equação característica de **A** é

$$(-3 - \lambda)(\lambda - 3)(\lambda - 3) = 0$$

Portanto, os autovalores de **A** são $\lambda_1 = -3$, $\lambda_2 = 3$ e $\lambda_3 = 3$. Neste caso, $\lambda = 3$ é um autovalor de multiplicidade dois, enquanto $\lambda = -3$ é um autovalor de multiplicidade um.

15.15 Determine os autovalores de

$$\mathbf{A} = \begin{bmatrix} 5 & 7 & 0 & 0 \\ -3 & -5 & 0 & 0 \\ 0 & 0 & -2 & 1 \\ 0 & 0 & 0 & -2 \end{bmatrix}$$

$$\mathbf{A} - \lambda\mathbf{I} = \begin{bmatrix} 5-\lambda & 7 & 0 & 0 \\ -3 & -5-\lambda & 0 & 0 \\ 0 & 0 & -2-\lambda & 1 \\ 0 & 0 & 0 & -2-\lambda \end{bmatrix}$$

e
$$\det(\mathbf{A} - \lambda\mathbf{I}) = [(5-\lambda)(-5-\lambda) - (-3)(7)](-2-\lambda)(-2-\lambda)$$
$$= (\lambda^2 - 4)(-2-\lambda)(-2-\lambda)$$

A equação característica de **A** é

$$(\lambda^2 - 4)(-2-\lambda)(-2-\lambda) = 0$$

cujas raízes são $\lambda_1 = 2$, $\lambda_2 = -2$, $\lambda_3 = -2$ e $\lambda_4 = -2$. Neste caso, $\lambda = -2$ é um autovalor de multiplicidade três, enquanto $\lambda = 2$ é um autovalor de multiplicidade um.

15.16 Verifique o teorema de Cayley-Hamilton para $\mathbf{A} = \begin{bmatrix} 2 & -7 \\ 3 & 6 \end{bmatrix}$.

Para essa matriz, temos $\det(\mathbf{A} - \lambda\mathbf{I}) = \lambda^2 - 8\lambda + 33$; portanto

$$\mathbf{A}^2 - 8\mathbf{A} + 33\mathbf{I} = \begin{bmatrix} 2 & -7 \\ 3 & 6 \end{bmatrix}\begin{bmatrix} 2 & -7 \\ 3 & 6 \end{bmatrix} - 8\begin{bmatrix} 2 & -7 \\ 3 & 6 \end{bmatrix} + 33\begin{bmatrix} 1 & 0 \\ 0 & 1 \end{bmatrix}$$

$$= \begin{bmatrix} -17 & -56 \\ 24 & 15 \end{bmatrix} - \begin{bmatrix} 16 & -56 \\ 24 & 48 \end{bmatrix} + \begin{bmatrix} 33 & 0 \\ 0 & 33 \end{bmatrix}$$

$$= \begin{bmatrix} 0 & 0 \\ 0 & 0 \end{bmatrix}$$

15.17 Verifique o teorema de Cayley-Hamilton para a matriz do Problema 15.14.

Para essa matriz, temos $\det(\mathbf{A} - \lambda\mathbf{I}) = -(\lambda + 3)(\lambda - 3)^2$; portanto

$$-(\mathbf{A} + 3\mathbf{I})(\mathbf{A} - 3\mathbf{I})^2 = -\begin{bmatrix} 7 & 1 & 0 \\ -1 & 5 & 0 \\ 2 & 1 & 0 \end{bmatrix}\begin{bmatrix} 1 & 1 & 0 \\ -1 & -1 & 0 \\ 2 & 1 & -6 \end{bmatrix}^2$$

$$= -\begin{bmatrix} 7 & 1 & 0 \\ -1 & 5 & 0 \\ 2 & 1 & 0 \end{bmatrix}\begin{bmatrix} 0 & 0 & 0 \\ 0 & 0 & 0 \\ -11 & -5 & 36 \end{bmatrix} = \begin{bmatrix} 0 & 0 & 0 \\ 0 & 0 & 0 \\ 0 & 0 & 0 \end{bmatrix}$$

Problemas Complementares

Nos Problemas 15.18 a 15.38, considere

$$A = \begin{bmatrix} 2 & 3 \\ -1 & -2 \end{bmatrix} \quad B = \begin{bmatrix} 1 & -4 \\ 3 & 1 \end{bmatrix} \quad C = \begin{bmatrix} 3 & 5 & 0 \\ -2 & -3 & 0 \\ 1 & 1 & 1 \end{bmatrix}$$

$$D = \begin{bmatrix} 1 & 0 & 2 \\ 1 & 0 & 1 \\ 2 & 0 & 4 \end{bmatrix} \quad \mathbf{x} = \begin{bmatrix} 1 \\ -2 \end{bmatrix} \quad \mathbf{y} = \begin{bmatrix} 1 \\ 1 \\ 2 \end{bmatrix}$$

15.18 Determine $A + B$.

15.19 Determine $3A - 2B$.

15.20 Determine $C - D$.

15.21 Determine $2C + 5D$.

15.22 Determine $A + D$.

15.23 Determine $\mathbf{x} - 3\mathbf{y}$.

15.24 Determine (*a*) AB e (*b*) BA.

15.25 Determine A^2.

15.26 Determine A^7.

15.27 Determine B^2.

15.28 Determine (*a*) CD e (*b*) DC.

15.29 Determine (*a*) $A\mathbf{x}$ e (*b*) $\mathbf{x}A$.

15.30 Determine AC.

15.31 Determine $(C + D)\mathbf{y}$.

15.32 Determine a equação característica e os autovalores de A.

15.33 Determine a equação característica e os autovalores de B.

15.34 Determine a equação característica e os autovalores de $A + B$.

15.35 Determine a equação característica e os autovalores de $3A$.

15.36 Determine a equação característica e os autovalores de $A + 5I$.

15.37 Determine a equação característica e os autovalores de **C**. Determine a multiplicidade de cada autovalor.

15.38 Determine a equação característica e os autovalores de **D**. Determine a multiplicidade de cada autovalor.

15.39 Determine a equação característica e os autovalores de $\mathbf{A} = \begin{bmatrix} t & t^2 \\ 1 & 2t \end{bmatrix}$.

15.40 Determine a equação característica e os autovalores de $\mathbf{A} = \begin{bmatrix} t & 6t & 0 \\ 4t & -t & 0 \\ 0 & 1 & 5t \end{bmatrix}$.

15.41 Determine $\dfrac{d\mathbf{A}}{dt}$ para **A** como apresentado no Problema 15.39.

15.42 Determine $\dfrac{d\mathbf{A}}{dt}$ para $\mathbf{A} = \begin{bmatrix} \cos 2t \\ te^{3t^2} \end{bmatrix}$.

15.43 Determine $\int_0^1 \mathbf{A}\, dt$ para **A** como apresentado no Problema 15.42.

Capítulo 16

e^{At}

DEFINIÇÃO

Para uma matriz quadrada **A**,

$$e^{At} \equiv \mathbf{I} + \frac{1}{1!}\mathbf{A}t + \frac{1}{2!}\mathbf{A}^2 t^2 + \cdots = \sum_{n=0}^{\infty} \frac{1}{n!}\mathbf{A}^n t^n \qquad (16.1)$$

A série infinita (16.1) converge para todo **A** e t, de tal modo que e^{At} é definido para todas as matrizes quadradas.

CÁLCULO DE e^{At}

A expressão (16.1) em geral não é útil para se calcular efetivamente os elementos de e^{At}. Entretanto, decorre (com algum esforço) do Teorema 15.1, aplicado à matriz $\mathbf{A}t$, que a série infinita pode ser reduzida para um polinômio em t. Assim:

Teorema 16.1 Se **A** for uma matriz com n linhas e n colunas, então

$$e^{At} = \alpha_{n-1}\mathbf{A}^{n-1} t^{n-1} + \alpha_{n-2}\mathbf{A}^{n-2} t^{n-2} + \cdots + \alpha_2 \mathbf{A}^2 t^2 + \alpha_1 \mathbf{A}t + \alpha_0 \mathbf{I} \qquad (16.2)$$

onde $\alpha_0, \alpha_1, \ldots, \alpha_{n-1}$ são funções de t a serem determinadas para cada **A**.

Exemplo 16.1 Quando **A** possui duas linhas e duas colunas, então $n = 2$ e

$$e^{At} = \alpha_1 \mathbf{A}t + \alpha_0 \mathbf{I} \qquad (16.3)$$

Quando **A** possui três linhas e três colunas, então $n = 3$ e

$$e^{At} = \alpha_2 \mathbf{A}^2 t^2 + \alpha_1 \mathbf{A}t + \alpha_0 \mathbf{I} \qquad (16.4)$$

Teorema 16.2 Seja **A** como no Teorema 16.1 e definamos

$$r(\lambda) \equiv \alpha_{n-1}\lambda^{n-1} + \alpha_{n-2}\lambda^{n-2} + \cdots + \alpha_2 \lambda^2 + \alpha_1 \lambda + \alpha_0 \qquad (16.5)$$

Então, se λ_i for um autovalor de $\mathbf{A}t$,

$$e^{\lambda_i} = r(\lambda_i) \tag{16.6}$$

Além disso, se λ_i for um autovalor de multiplicidade k, $k > 1$, então as seguintes equações também são válidas:

$$e^{\lambda_i} = \frac{d}{d\lambda} r(\lambda)\bigg|_{\lambda=\lambda_i}$$

$$e^{\lambda_i} = \frac{d^2}{d\lambda^2} r(\lambda)\bigg|_{\lambda=\lambda_i} \tag{16.7}$$

$$\cdots\cdots\cdots\cdots\cdots\cdots\cdots\cdots$$

$$e^{\lambda_i} = \frac{d^{k-1}}{d\lambda^{k-1}} r(\lambda)\bigg|_{\lambda=\lambda_i}$$

Note que o Teorema 16.2 envolve os autovalores de $\mathbf{A}t$; estes são iguais a t vezes os autovalores de $\mathbf{A}$. Ao calcular as diversas derivadas em (16.7), pode-se primeiro calcular as derivadas apropriadas da expressão (16.5) em relação a λ, e então substituir $\lambda = \lambda_i$. O procedimento inverso, que consistiria em substituir primeiro $\lambda = \lambda_i$ (uma função de t) em (16.5) e então calcular as derivadas em relação a t, pode conduzir a resultados errôneos.

Exemplo 16.2 Seja $\mathbf{A}$ uma matriz com quatro linhas e quatro colunas e sejam $\lambda = 5t$ e $\lambda = 2t$ autovalores de $\mathbf{A}t$ de multiplicidade três e um, respectivamente. Então $n = 4$ e

$$r(\lambda) = \alpha_3\lambda^3 + \alpha_2\lambda^2 + \alpha_1\lambda + \alpha_0$$
$$r'(\lambda) = 3\alpha_3\lambda^2 + 2\alpha_2\lambda + \alpha_1$$
$$r''(\lambda) = 6\alpha_3\lambda + 2\alpha_2$$

Como $\lambda = 5t$ é um autovalor de multiplicidade três, segue-se que $e^{5t} = r(5t)$, $e^{5t} = r'(5t)$, $e^{5t} = r''(5t)$. Assim,

$$e^{5t} = \alpha_3(5t)^3 + \alpha_2(5t)^2 + \alpha_1(5t) + \alpha_0$$
$$e^{5t} = 3\alpha_3(5t)^2 + 2\alpha_2(5t)^2 + \alpha_1$$
$$e^{5t} = 6\alpha_3(5t) + 2\alpha_2$$

Também, como $\lambda = 2t$ é um autovalor de multiplicidade um, segue-se que $e^{2t} = r(2t)$, ou

$$e^{2t} = \alpha_3(2t)^3 + \alpha_2(2t)^2 + \alpha_1(2t) + \alpha_0$$

Observe que agora temos quatro equações nas quatro incógnitas α's.

MÉTODO DE CÁLCULO: Para cada autovalor λ_i de $\mathbf{A}t$, apliquemos o Teorema 16.2 para obter um conjunto de equações lineares. Feito isso para cada autovalor, pode-se resolver o conjunto de equações assim obtido em relação a $\alpha_0, \alpha_1, \ldots, \alpha_{n-1}$. Esses valores são então substituídos na Eq. (16.2), que, por sua vez, é utilizada para calcular $e^{\mathbf{A}t}$.

Problemas Resolvidos

16.1 Determine $e^{\mathbf{A}t}$ para $\mathbf{A} = \begin{bmatrix} 1 & 1 \\ 9 & 1 \end{bmatrix}$

Neste caso, $n = 2$. Pela Eq. (16.3),

$$e^{\mathbf{A}t} = \alpha_1 \mathbf{A}t + \alpha_0 \mathbf{I} = \begin{bmatrix} \alpha_1 t + \alpha_0 & \alpha_1 t \\ 9\alpha_1 t & \alpha_1 t + \alpha_0 \end{bmatrix} \tag{1}$$

e da Eq. (16.5), $r(\lambda) = \alpha_1\lambda + \alpha_0$. Os autovalores de $\mathbf{A}t$ são $\lambda_1 = 4t$ e $\lambda_2 = -2t$, que têm multiplicidade um. Substituindo esses valores sucessivamente na Eq. (16.6), obtemos as duas equações

$$e^{4t} = 4t\alpha_1 + \alpha_0$$
$$e^{-2t} = -2t\alpha_1 + \alpha_0$$

Resolvendo essas equações para α_1 e α_0, temos

$$\alpha_1 = \frac{1}{6t}(e^{4t} - e^{-2t}) \quad \text{e} \quad \alpha_0 = \frac{1}{3}(e^{4t} + 2e^{-2t})$$

Substituindo esses valores em (1) e simplificando, obtemos

$$e^{\mathbf{A}t} = \frac{1}{6}\begin{bmatrix} 3e^{4t} + 3e^{-2t} & e^{4t} - e^{-2t} \\ 9e^{4t} - 9e^{-2t} & 3e^{4t} + 3e^{-2t} \end{bmatrix}$$

16.2 Determine $e^{\mathbf{A}t}$ para $\mathbf{A} = \begin{bmatrix} 0 & 1 \\ 8 & -2 \end{bmatrix}$.

Como, $n = 2$, decorre das Eqs. (16.3) e (16.5) que

$$e^{\mathbf{A}t} = \alpha_1 \mathbf{A}t + \alpha_0 \mathbf{I} = \begin{bmatrix} \alpha_0 & \alpha_1 t \\ 8\alpha_1 t & -2\alpha_1 t + \alpha_0 \end{bmatrix} \qquad (1)$$

e $r(\lambda) = \alpha_1\lambda + \alpha_0$. Os autovalores de $\mathbf{A}t$ são $\lambda_1 = 2t$ e $\lambda_2 = -4t$, que são de multiplicidade um. Substituindo valores sucessivamente na Eq. (16.6), obtemos

$$e^{2t} = \alpha_1(2t) + \alpha_0 \quad e^{-4t} = \alpha_1(-4t) + \alpha_0$$

Resolvendo essas equações para α_1 e α_0, temos

$$\alpha_1 = \frac{1}{6t}(e^{2t} - e^{-4t}) \quad \alpha_0 = \frac{1}{3}(2e^{2t} + e^{-4t})$$

Substituindo esses valores em (1) e simplificando, obtemos

$$e^{\mathbf{A}t} = \frac{1}{6}\begin{bmatrix} 4e^{2t} + 2e^{-4t} & e^{2t} - e^{-4t} \\ 8e^{2t} - 8e^{-4t} & 2e^{2t} + 4e^{-4t} \end{bmatrix}$$

16.3 Determine $e^{\mathbf{A}t}$ para $\mathbf{A} = \begin{bmatrix} 0 & 1 \\ -1 & 0 \end{bmatrix}$.

Neste caso, $n = 2$; assim,

$$e^{\mathbf{A}t} = \alpha_1 \mathbf{A}t + \alpha_0 \mathbf{I} = \begin{bmatrix} \alpha_0 & \alpha_1 t \\ -\alpha_1 t & \alpha_0 \end{bmatrix} \qquad (1)$$

e $r(\lambda) = \alpha_1\lambda + \alpha_0$. Os autovalores de $\mathbf{A}t$ são $\lambda_1 = it$ e $\lambda_2 = -it$, ambos de multiplicidade um. Substituindo esses valores sucessivamente na Eq. (16.6), obtemos

$$e^{it} = \alpha_1(it) + \alpha_0 \qquad e^{-it} = \alpha_1(-it) + \alpha_0$$

Resolvendo essas equações para α_1 e α_0 e utilizando as relações de Euler, temos

$$\alpha_1 = \frac{1}{2it}(e^{it} - e^{-it}) = \frac{\operatorname{sen} t}{t}$$

$$\alpha_0 = \frac{1}{2}(e^{it} + e^{-it}) = \cos t$$

Substituindo esses valores em (1), obtemos

$$e^{\mathbf{A}t} = \begin{bmatrix} \cos t & \operatorname{sen} t \\ -\operatorname{sen} t & \cos t \end{bmatrix}$$

16.4 Determine e^{At} para $A = \begin{bmatrix} 0 & 1 \\ -9 & 6 \end{bmatrix}$.

Aqui, $n = 2$. Pela Eq. (16.3)

$$e^{At} = \alpha_1 At + \alpha_0 I = \begin{bmatrix} \alpha_0 & \alpha_1 t \\ -9\alpha_1 t & 6\alpha_1 t + \alpha_0 \end{bmatrix} \quad (1)$$

e pela Eq. (16.5), $r(\lambda) = \alpha_1 \lambda + \alpha_0$. Assim, $dr(\lambda)/d\lambda = \alpha_1$. Os autovalores de At são $\lambda_1 = \lambda_2 = 3t$, ou seja, um único autovalor de multiplicidade dois. Segue-se do Teorema 16.2 que

$$e^{3t} = 3t\alpha_1 + \alpha_0$$
$$e^{3t} = \alpha_1$$

Resolvendo essas equações para α_1 e α_0, temos

$$\alpha_1 = e^{3t} \quad \text{e} \quad \alpha_0 = e^{3t}(1 - 3t)$$

Substituindo esses valores em (1) e simplificando, obtemos

$$e^{At} = e^{3t} \begin{bmatrix} 1-3t & t \\ -9t & 1+3t \end{bmatrix}$$

16.5 Determine e^{At} para $A = \begin{bmatrix} 3 & 1 & 0 \\ 0 & 3 & 1 \\ 0 & 0 & 3 \end{bmatrix}$.

Aqui, $n = 3$. Pelas Eqs. (16.4) e (16.5), temos

$$e^{At} = \alpha_2 A^2 t^2 + \alpha_1 At + \alpha_0 I$$

$$= \alpha_2 \begin{bmatrix} 9 & 6 & 1 \\ 0 & 9 & 6 \\ 0 & 0 & 9 \end{bmatrix} t^2 + \alpha_1 \begin{bmatrix} 3 & 1 & 0 \\ 0 & 3 & 1 \\ 0 & 0 & 3 \end{bmatrix} t + \alpha_0 \begin{bmatrix} 1 & 0 & 0 \\ 0 & 1 & 0 \\ 0 & 0 & 1 \end{bmatrix}$$

$$= \begin{bmatrix} 9\alpha_2 t^2 + 3\alpha_1 t + \alpha_0 & 6\alpha_2 t^2 + \alpha_1 t & \alpha_2 t^2 \\ 0 & 9\alpha_2 t^2 + 3\alpha_1 t + \alpha_0 & 6\alpha_2 t^2 + \alpha_1 t \\ 0 & 0 & 9\alpha_2 t^2 + 3\alpha_1 t + \alpha_0 \end{bmatrix} \quad (1)$$

e $r(\lambda) = \alpha_2 \lambda^2 + \alpha_1 \lambda + \alpha_0$. Assim,

$$\frac{dr(\lambda)}{d\lambda} = 2\alpha_2 \lambda + \alpha_1 \qquad \frac{d^2 r(\lambda)}{d\lambda^2} = 2\alpha_2$$

Como os autovalores de At são $\lambda_1 = \lambda_2 = \lambda_3 = 3t$, um autovalor de multiplicidade três, segue-se do Teorema 16.2 que

$$e^{3t} = \alpha_2 9t^2 + \alpha_1 3t + \alpha_0$$
$$e^{3t} = \alpha_2 6t + \alpha_1$$
$$e^{3t} = 2\alpha_2$$

A solução desse conjunto de equações é

$$\alpha_2 = \frac{1}{2} e^{3t} \quad \alpha_1 = (1-3t)e^{3t} \quad \alpha_0 = \left(1 - 3t + \frac{9}{2} t^2\right) e^{3t}$$

Substituindo esses valores em (1) e simplificando, obtemos

$$e^{At} = e^{3t} \begin{bmatrix} 1 & t & t^2/2 \\ 0 & 1 & t \\ 0 & 0 & 1 \end{bmatrix}$$

16.6 Determine $e^{\mathbf{A}t}$ para $\mathbf{A} = \begin{bmatrix} 0 & 1 & 0 \\ 0 & 0 & 1 \\ 0 & -1 & 2 \end{bmatrix}$.

Neste caso, $n = 3$. Pela Eq. (16.4)

$$e^{\mathbf{A}t} = \alpha_2 \mathbf{A}^2 t^2 + \alpha_1 \mathbf{A} t + \alpha_0 \mathbf{I}$$
$$= \begin{bmatrix} \alpha_0 & \alpha_1 t & \alpha_2 t^2 \\ 0 & -\alpha_2 t^2 + \alpha_0 & 2\alpha_2 t^2 + \alpha_1 t \\ 0 & -2\alpha_2 t^2 - \alpha_1 t & 3\alpha_2 t^2 + 2\alpha_1 t + \alpha_0 \end{bmatrix} \quad (1)$$

e pela Eq. (16.5), $r(\lambda) = \alpha_2 \lambda^2 + \alpha_1 \lambda + \alpha_0$. Os autovalores de $\mathbf{A}t$ são $\lambda_1 = 0$ e $\lambda_2 = \lambda_3 = t$; logo $\lambda = t$ é um autovalor de multiplicidade dois, enquanto $\lambda = 0$ é um autovalor de multiplicidade um. Decorre do Teorema 16.2 que $e^t = r(t)$, $e^t = r'(t)$ e $e^0 = r(0)$. Como $r'(\lambda) = 2\alpha_2 \lambda + \alpha_1$, essas equações podem ser escritas como

$$e^t = \alpha_2 t^2 + \alpha_1 t + \alpha_0$$
$$e^t = 2\alpha_2 t + \alpha_1$$
$$e^0 = \alpha_0$$

que têm como solução

$$\alpha_2 = \frac{te^t - e^t + 1}{t^2} \quad \alpha_1 = \frac{-te^t + 2e^t - 2}{t} \quad \alpha_0 = 1$$

Substituindo esses valores em (1) e simplificando, obtemos

$$e^{\mathbf{A}t} = \begin{bmatrix} 1 & -te^t + 2e^t - 2 & te^t - e^t + 1 \\ 0 & -te^t + e^t & te^t \\ 0 & -te^t & te^t + e^t \end{bmatrix}$$

16.7 Determine $e^{\mathbf{A}t}$ para $\mathbf{A} = \begin{bmatrix} 0 & 1 & 0 \\ 0 & -2 & -5 \\ 0 & 1 & 2 \end{bmatrix}$.

Neste caso, $n = 3$. Pela Eq. (16.4)

$$e^{\mathbf{A}t} = \alpha_2 \mathbf{A}^2 t^2 + \alpha_1 \mathbf{A} t + \alpha_0 \mathbf{I}$$
$$= \begin{bmatrix} \alpha_0 & -2\alpha_2 t^2 + \alpha_1 t & -5\alpha_2 t^2 \\ 0 & -\alpha_2 t^2 - 2\alpha_1 t + \alpha_0 & -5\alpha_1 t \\ 0 & -\alpha_1 t & -\alpha_2 t^2 + 2\alpha_1 t + \alpha_0 \end{bmatrix} \quad (1)$$

e pela Eq. (16.5), $r(\lambda) = \alpha_2 \lambda^2 + \alpha_1 \lambda + \alpha_0$. Os autovalores de $\mathbf{A}t$ são $\lambda_1 = 0$, $\lambda_2 = it$ e $\lambda_3 = -it$. Substituindo esses valores sucessivamente em (16.6), obtemos as três equações

$$e^0 = \alpha_2(0)^2 + \alpha_1(0) + \alpha_0$$
$$e^{it} = \alpha_2(it)^2 + \alpha_1(it) + \alpha_0$$
$$e^{-it} = \alpha_2(-it)^2 + \alpha_1(-it) + \alpha_0$$

que têm como solução

$$\alpha_2 = \frac{e^{it} + e^{-it} - 2}{-2t^2} = \frac{1 - \cos t}{t^2}$$
$$\alpha_1 = \frac{e^{it} - e^{-it}}{2it} = \frac{\text{sen}\, t}{t}$$
$$\alpha_0 = 1$$

Substituindo esses valores em (1) e simplificando, temos

$$e^{At} = \begin{bmatrix} 1 & -2+2\cos t + \sin t & -5+5\cos t \\ 0 & \cos t - 2\sin t & -5\sin t \\ 0 & \sin t & \cos t + 2\sin t \end{bmatrix}$$

16.8 Estabeleça as equações necessárias para determinar e^{At} se

$$A = \begin{bmatrix} 1 & 2 & 3 & 4 & 5 & 6 \\ 0 & 1 & 2 & 3 & 4 & 5 \\ 0 & 0 & 2 & 3 & 4 & 5 \\ 0 & 0 & 0 & 2 & 3 & 4 \\ 0 & 0 & 0 & 0 & 0 & 0 \\ 0 & 0 & 0 & 0 & 0 & 1 \end{bmatrix}$$

Neste caso, $n = 6$, então

$$e^{At} = \alpha_5 A^5 t^5 + \alpha_4 A^4 t^4 + \alpha_3 A^3 t^3 + \alpha_2 A^2 t^2 + \alpha_1 A t + \alpha_0 I$$

e

$$r(\lambda) = \alpha_5 \lambda^5 + \alpha_4 \lambda^4 + \alpha_3 \lambda^3 + \alpha_2 \lambda^2 + \alpha_1 \lambda + \alpha_0$$
$$r'(\lambda) = 5\alpha_5 \lambda^4 + 4\alpha_4 \lambda^3 + 3\alpha_3 \lambda^2 + 2\alpha_2 \lambda^2 + \alpha_1$$
$$r''(\lambda) = 20\alpha_5 \lambda^3 + 12\alpha_4 \lambda^2 + 6\alpha_3 \lambda + 2\alpha_2$$

Os autovalores de At são $\lambda_1 = \lambda_2 = \lambda_3 = t$, $\lambda_4 = \lambda_5 = 2t$ e $\lambda_6 = 0$. Deste modo, $\lambda = t$ é um autovalor de multiplicidade três, $\lambda = 2t$ é um autovalor de multiplicidade dois e $\lambda = 0$ é um autovalor de multiplicidade um. Segue-se agora do Teorema 16.2 que

$$e^{2t} = r(2t) = \alpha_5(2t)^2 + \alpha_4(2t)^4 + \alpha_3(2t)^3 + \alpha_2(2t)^2 + \alpha_1(2t) + \alpha_0$$
$$e^{2t} = r'(2t) = 5\alpha_5(2t)^4 + 4\alpha_4(2t)^3 + 3\alpha_3(2t)^2 + 2\alpha_2(2t) + \alpha_1$$
$$e^{2t} = r''(2t) = 20\alpha_5(2t)^3 + 12\alpha_4(2t)^2 + 6\alpha_3(2t) + 2\alpha_2$$
$$e^t = r(t) = \alpha_5(t)^5 + \alpha_4(t)^4 + \alpha_3(t)^3 + \alpha_2(t)^2 + \alpha_1(t) + \alpha_0$$
$$e^t = r'(t) = 5\alpha_5(t)^4 + 4\alpha_4(t)^3 + 3\alpha_3(t)^2 + 2\alpha_2(t) + \alpha_1$$
$$e^0 = r(0) = \alpha_5(0)^5 + \alpha_4(0)^4 + \alpha_3(0)^3 + \alpha_2(0)^2 + \alpha_1(0) + \alpha_0$$

ou, de forma mais simples

$$e^{2t} = 32t^5\alpha_5 + 16t^4\alpha_4 + 8t^3\alpha_3 + 4t^2\alpha_2 + 2t\alpha_1 + \alpha_0$$
$$e^{2t} = 80t^4\alpha_5 + 32t^3\alpha_4 + 12t^2\alpha_3 + 4t\alpha_2 + \alpha_1$$
$$e^{2t} = 160t^3\alpha_5 + 48t^2\alpha_4 + 12t\alpha_3 + 2\alpha_2$$
$$e^t = t^5\alpha_5 + t^4\alpha_4 + t^3\alpha_3 + t^2\alpha_2 + t\alpha_1 + \alpha_0$$
$$e^t = 5t^4\alpha_5 + 4t^3\alpha_4 + 3t^2\alpha_3 + 2t\alpha_2 + \alpha_1$$
$$1 = \alpha_0$$

16.9 Determine $e^{At}e^{Bt}$ e $e^{(A+B)t}$ para

$$A = \begin{bmatrix} 0 & 1 \\ 0 & 0 \end{bmatrix} \quad \text{e} \quad B = \begin{bmatrix} 0 & 0 \\ -1 & 0 \end{bmatrix}$$

e verifique que, para essas matrizes, $e^{\mathbf{A}t}e^{\mathbf{B}t} \neq e^{(\mathbf{A}+\mathbf{B})t}$.

Neste caso, $\mathbf{A} + \mathbf{B} = \begin{bmatrix} 0 & 1 \\ -1 & 0 \end{bmatrix}$. Aplicando o Teorema 16.1 e o resultado do Problema 16.3, determinamos que

$$e^{\mathbf{A}t} = \begin{bmatrix} 1 & t \\ 0 & 1 \end{bmatrix} \qquad e^{\mathbf{B}t} = \begin{bmatrix} 1 & 0 \\ -t & 1 \end{bmatrix} \qquad e^{(\mathbf{A}+\mathbf{B})t} = \begin{bmatrix} \cos t & \sin t \\ -\sin t & \cos t \end{bmatrix}$$

Assim, $\qquad e^{\mathbf{A}t}e^{\mathbf{B}t} = \begin{bmatrix} 1 & t \\ 0 & 1 \end{bmatrix}\begin{bmatrix} 1 & 0 \\ -t & 1 \end{bmatrix} = \begin{bmatrix} 1-t^2 & t \\ -t & 1 \end{bmatrix} \neq e^{(\mathbf{A}+\mathbf{B})t}$

16.10 Prove que $e^{\mathbf{A}t}e^{\mathbf{B}t} = e^{(\mathbf{A}+\mathbf{B})t}$ se e somente se as matrizes A e B comutam.

Se $\mathbf{AB} = \mathbf{BA}$, e somente neste caso, temos

$$(\mathbf{A}+\mathbf{B})^2 = (\mathbf{A}+\mathbf{B})(\mathbf{A}+\mathbf{B}) = \mathbf{A}^2 + \mathbf{AB} + \mathbf{BA} + \mathbf{B}^2 = \mathbf{A}^2 + 2\mathbf{AB} + \mathbf{B}^2$$
$$= \sum_{k=0}^{2}\binom{2}{k}\mathbf{A}^{n-k}\mathbf{B}^k$$

e, em geral, $\qquad (\mathbf{A}+\mathbf{B})^n = \sum_{k=0}^{n}\binom{n}{k}\mathbf{A}^{n-k}\mathbf{B}^k \qquad (1)$

onde $\binom{n}{k} = \dfrac{n!}{k!(n-k)!}$ é o coeficiente binomial ("n objetos tomados k de cada vez").

Agora, de acordo com a Eq. (16.1), temos para qualquer **A** e **B**:

$$e^{\mathbf{A}t}e^{\mathbf{B}t} = \left(\sum_{n=0}^{\infty}\frac{1}{n!}\mathbf{A}^n t^n\right)\left(\sum_{n=0}^{\infty}\frac{1}{n!}\mathbf{B}^n t^n\right) = \sum_{n=0}^{\infty}\sum_{k=0}^{\infty}\frac{\mathbf{A}^{n-k}t^{n-k}}{(n-k)!}\frac{\mathbf{B}^k t^k}{k!}$$

$$= \sum_{n=0}^{\infty}\left[\sum_{k=0}^{n}\frac{\mathbf{A}^{n-k}\mathbf{B}^k}{(n-k)!\,k!}\right]t^n = \sum_{n=0}^{\infty}\left[\sum_{k=0}^{n}\binom{n}{k}\mathbf{A}^{n-k}\mathbf{B}^k\right]\frac{t^n}{n!} \qquad (2)$$

e também $\qquad e^{(\mathbf{A}+\mathbf{B})t} = \sum_{n=0}^{\infty}\frac{1}{n!}(\mathbf{A}+\mathbf{B})^n t^n = \sum_{n=0}^{\infty}(\mathbf{A}+\mathbf{B})^n\frac{t^n}{n!} \qquad (3)$

Podemos igualar a última série em (3) à última série em (2) se e somente se (1) for válida; ou seja, se e somente se **A** e **B** comutam.

16.11 Prove que $e^{\mathbf{A}t}e^{-\mathbf{A}s} = e^{\mathbf{A}(t-s)}$.

Assumindo $t = 1$ no Problema 16.10, concluímos que $e^{\mathbf{A}}e^{\mathbf{B}} = e^{(\mathbf{A}+\mathbf{B})}$ se **A** e **B** comutam. Mas as matrizes $\mathbf{A}t$ e $-\mathbf{A}s$ comutam, pois

$$(\mathbf{A}t)(-\mathbf{A}s) = (\mathbf{A}\mathbf{A})(-ts) = (\mathbf{A}\mathbf{A})(-st) = (-\mathbf{A}s)(\mathbf{A}t)$$

Conseqüentemente, $e^{\mathbf{A}t}e^{-\mathbf{A}s} = e^{(\mathbf{A}t-\mathbf{A}s)} = e^{\mathbf{A}(t-s)}$.

16.12 Prove que $e^0 = \mathbf{I}$, onde $\mathbf{0}$ denota uma matriz quadrada cujos elementos são todos iguais a zero.

Pela definição de multiplicação de matrizes, $\mathbf{0}^n = \mathbf{0}$ para $n \geq 1$. Portanto,

$$e^0 = e^{0t} = \sum_{n=0}^{\infty} \frac{1}{n!} \mathbf{0}^n t^n = \mathbf{I} + \sum_{n=1}^{\infty} \frac{1}{n!} \mathbf{0}^n t^n = \mathbf{I} + \mathbf{0} = \mathbf{I}$$

Problemas Complementares

Determine $e^{\mathbf{A}t}$ para as matrizes $\mathbf{A}$ apresentadas a seguir.

16.13 $\begin{bmatrix} 2 & 0 \\ 0 & -3 \end{bmatrix}$
16.14 $\begin{bmatrix} 3 & 2 \\ 4 & 1 \end{bmatrix}$

16.15 $\begin{bmatrix} 5 & 6 \\ -4 & -5 \end{bmatrix}$
16.16 $\begin{bmatrix} 0 & 1 \\ 8 & -2 \end{bmatrix}$

16.17 $\begin{bmatrix} 0 & 1 \\ -14 & -9 \end{bmatrix}$
16.18 $\begin{bmatrix} 2 & 0 \\ 0 & 2 \end{bmatrix}$

16.19 $\begin{bmatrix} 2 & 1 \\ 0 & 2 \end{bmatrix}$
16.20 $\begin{bmatrix} 4 & 5 \\ -4 & -4 \end{bmatrix}$

16.21 $\begin{bmatrix} 0 & 1 \\ -16 & 0 \end{bmatrix}$
16.22 $\begin{bmatrix} 0 & 1 \\ -64 & -16 \end{bmatrix}$

16.23 $\begin{bmatrix} 0 & 1 \\ -4 & -4 \end{bmatrix}$
16.24 $\begin{bmatrix} 0 & 1 \\ -36 & 0 \end{bmatrix}$

16.25 $\begin{bmatrix} 0 & 1 \\ -25 & -8 \end{bmatrix}$
16.26 $\begin{bmatrix} 4 & -2 \\ 8 & 2 \end{bmatrix}$

16.27 $\begin{bmatrix} 2 & 1 & 0 \\ 0 & 2 & 1 \\ 0 & 0 & 2 \end{bmatrix}$
16.28 $\begin{bmatrix} 2 & 0 & 0 \\ 0 & 2 & 1 \\ 0 & 0 & 2 \end{bmatrix}$

16.29 $\begin{bmatrix} -1 & 1 & 0 \\ 0 & 2 & 1 \\ 0 & 0 & 2 \end{bmatrix}$
16.30 $\begin{bmatrix} 0 & 0 & 0 \\ 0 & 0 & 0 \\ 0 & 0 & 0 \end{bmatrix}$

16.31 $\begin{bmatrix} 0 & 1 & 0 \\ 0 & 0 & 0 \\ 0 & 0 & 1 \end{bmatrix}$
16.32 $\begin{bmatrix} 0 & 0 & 0 \\ 1 & 0 & 0 \\ 1 & 0 & 1 \end{bmatrix}$

Capítulo 17

Redução de Equações Diferenciais Lineares para um Sistema de Equações de Primeira Ordem

UM EXEMPLO

No Capítulo 15, introduzimos a idéia de uma *matriz* e seus conceitos associados. Consideremos a seguinte equação diferencial de segunda ordem:

$$t^4 \frac{d^2x}{dt^2} + (\operatorname{sen} t)\frac{dx}{dt} - 4x = \ln t \tag{17.1}$$

Notamos que (17.1) implica

$$\frac{d^2x}{dt^2} = \frac{4}{t^4}x - \frac{\operatorname{sen} t}{t^4}\frac{dx}{dt} + \frac{\ln t}{t^4} \tag{17.2}$$

Como podemos expressar as derivadas de diversas formas – linhas ou pontos são duas das maneiras utilizadas – assumimos $v = \frac{dx}{dt} = x' = \dot{x}$ e $v' = \frac{d^2x}{dt^2} = x'' = \ddot{x}$. Então, Eq. (17.1) pode ser escrita como a seguinte *equação de matriz*:

$$\begin{bmatrix} \dot{x} \\ \dot{v} \end{bmatrix} = \begin{bmatrix} 0 & 1 \\ \dfrac{4}{t^4} & -\dfrac{\operatorname{sen} t}{t^4} \end{bmatrix} \begin{bmatrix} x \\ v \end{bmatrix} + \begin{bmatrix} 0 \\ \dfrac{\ln t}{t^4} \end{bmatrix} \tag{17.3}$$

pois, $\dot{x} = 0x + 1v$ e $\dot{v} = \dfrac{4}{t^4}x - \dfrac{\operatorname{sen} t}{t^4}v + \dfrac{\ln t}{t^4}$. Observamos, finalmente, que a Eq. (17.1) também pode ser escrita como

$$dx(t)/dt = \mathbf{A}(t)\,\mathbf{x}(t) + \mathbf{f}(t) \tag{17.4}$$

Note que se $x(0) = 5$ e $\dot{x}(0) = -12$ em (17.1), então estas condições iniciais são definidas como $x(0) = 5$, $v(0) = -12$.

REDUÇÃO DE UMA EQUAÇÃO DE ORDEM N

Como para o caso da equação diferencial de segunda ordem, com condições iniciais associadas, podemos reorganizar problemas de valor inicial de ordem elevada em um sistema matricial de primeira ordem como o ilustrado abaixo:

$$b_n(t)\frac{d^n x}{dt^n} + b_{n-1}(t)\frac{d^{n-1} x}{dt^{n-1}} + \cdots + b_1(t)\dot{x} + b_0(t)x = g(t); \qquad (17.5)$$

$$x(t_0) = c_0, \quad \dot{x}(t_0) = c_1, \ldots, x^{(n-1)}(t_0) = c_{n-1} \qquad (17.6)$$

Com $b_n(t) \neq 0$, pode ser reduzido para o sistema matricial de primeira ordem

$$\dot{\mathbf{x}}(t) = \mathbf{A}(t)\mathbf{x}(t) + \mathbf{f}(t)$$
$$\mathbf{x}(t_0) = \mathbf{c} \qquad (17.7)$$

onde $\mathbf{A}(t)$, $\mathbf{f}(t)$, $\mathbf{c}$ e o tempo inicial t_0 são conhecidos. O método de redução é o seguinte.

Passo 1 Reescrever (17.5) de modo que $d^n x/dt^n$ apareça isolada. Assim,

$$\frac{d^n x}{dt^n} = a_{n-1}(t)\frac{d^{n-1} x}{dt^{n-1}} + \cdots + a_1(t)\dot{x} + a_0(t)x + f(t) \qquad (17.8)$$

onde $a_j(t) = -b_j(t)/b_n(t)$ $(j = 0, 1, \ldots, n-1)$ e $f(t) = g(t)/b_n(t)$.

Passo 2 Definir n variáveis novas (o mesmo número da ordem da equação diferencial original); $x_1(t), x_2(t), \ldots, x_n(t)$, pelas equações

$$x_1(t) = x(t), \quad x_2(t) = \frac{dx(t)}{dt}, \quad x_3(t) = \frac{d^2 x(t)}{dt^2}, \ldots, x_n(t) = \frac{d^{n-1} x(t)}{dt^{n-1}} \qquad (17.9)$$

Essas novas variáveis são inter-relacionadas pelas equações

$$\dot{x}_1(t) = x_2(t)$$
$$\dot{x}_2(t) = x_3(t)$$
$$\dot{x}_3(t) = x_4(t)$$
$$\ldots\ldots\ldots\ldots\ldots\ldots$$
$$\dot{x}_{n-1}(t) = x_n(t) \qquad (17.10)$$

Passo 3 Expressar dx_n/dt em termos das novas variáveis. Diferencie primeiro a última equação de (17.9) para obter

$$\dot{x}_n(t) = \frac{d}{dt}\left[\frac{d^{n-1} x(t)}{dt^{n-1}}\right] = \frac{d^n x(t)}{dt^n}$$

Então, pelas Eqs. (17.8) e (17.9),

$$\dot{x}_n(t) = a_{n-1}(t)\frac{d^{n-1} x(t)}{dt^{n-1}} + \cdots + a_1(t)\dot{x}(t) + a_0(t)x(t) + f(t)$$
$$= a_{n-1}(t)x_n(t) + \cdots + a_1(t)x_2(t) + a_0(t)x_1(t) + f(t)$$

Por questão de conveniência, reescrevemos essa última equação de modo que $x_1(t)$ apareça antes de $x_2(t)$ etc. Assim,

$$\dot{x}_n(t) = a_0(t)x_1(t) + a_1(t)x_2(t) + \cdots + a_{n-1}(t)x_n(t) + f(t) \qquad (17.11)$$

Passo 4 Equações (17.10) e (17.11) são um sistema de equações diferenciais lineares de primeira ordem em $x_1(t), x_2(t),..., xn(t)$. Esse sistema é equivalente à equação matricial única $\dot{\mathbf{x}}(t) = \mathbf{A}(t)\mathbf{x}(t) + \mathbf{f}(t)$, se definirmos

$$\mathbf{x}(t) \equiv \begin{bmatrix} x_1(t) \\ x_2(t) \\ \vdots \\ x_n(t) \end{bmatrix} \qquad (17.12)$$

$$\mathbf{f}(t) \equiv \begin{bmatrix} 0 \\ 0 \\ \vdots \\ 0 \\ f(t) \end{bmatrix} \qquad (17.13)$$

$$\mathbf{A}(t) \equiv \begin{bmatrix} 0 & 1 & 0 & 0 & \cdots & 0 \\ 0 & 0 & 1 & 0 & \cdots & 0 \\ 0 & 0 & 0 & 1 & \cdots & 0 \\ \vdots & \vdots & \vdots & \vdots & & \vdots \\ 0 & 0 & 0 & 0 & \cdots & 1 \\ a_0(t) & a_1(t) & a_2(t) & a_3(t) & \cdots & a_{n-1}(t) \end{bmatrix} \qquad (17.14)$$

Passo 5 Definir

$$\mathbf{c} \equiv \begin{bmatrix} c_0 \\ c_1 \\ \vdots \\ c_{n-1} \end{bmatrix}$$

Então as condições iniciais (17.6) podem ser dadas pela equação matricial (vetorial) $\mathbf{x}(t_0) = \mathbf{c}$. Essa última equação é uma conseqüência imediata das Eqs. (17.12), (17.13) e (17.16), pois

$$\mathbf{x}(t_0) = \begin{bmatrix} x_1(t_0) \\ x_2(t_0) \\ \vdots \\ x_n(t_0) \end{bmatrix} = \begin{bmatrix} x(t_0) \\ \dot{x}(t_0) \\ \vdots \\ x^{(n-1)}(t_0) \end{bmatrix} = \begin{bmatrix} c_0 \\ c_1 \\ \vdots \\ c_{n-1} \end{bmatrix} \equiv \mathbf{c}$$

Observe que se não existirem condições iniciais, os passos 1 a 4 por si mesmos reduzem qualquer equação diferencial linear, Eq. (17.5), para a equação matricial $\dot{\mathbf{x}}(t) = \mathbf{A}(t)\mathbf{x}(t) + \mathbf{f}(t)$.

REDUÇÃO DE UM SISTEMA

Um conjunto de equações diferenciais lineares com condições iniciais também pode ser reduzido ao Sistema (17.7). O procedimento é quase idêntico ao método para redução de uma única equação à forma matricial; apenas o Passo 2 se modifica. Para um sistema de equações, o Passo 2 é generalizado de modo que sejam definidas novas variáveis para *cada uma* das funções incógnitas do conjunto.

Problemas Resolvidos

17.1 Coloque o problema de valor inicial

$$\ddot{x} + 2\dot{x} - 8x = e^t; \quad x(0) = 1, \quad \dot{x}(0) = -4$$

na forma do Sistema (17.7).

De acordo com o Passo 1, $\ddot{x} = -2\dot{x} + 8x + e^t$; logo $a_1(t) = -2$, $a_0(t) = 8$, e $f(t) = e^t$. Então, definindo $x_1(t) = x$, e $x_2(t) = \dot{x}$, (a equação diferencial é de segunda ordem, então precisamos de duas novas variáveis), obtemos $\dot{x}_1 = x_2$. Pelo Passo 3, temos

$$\dot{x}_2 = \frac{d^2x}{dt^2} = -2\dot{x} + 8x + e^t = -2x_2 + 8x_1 + e^t$$

Assim,
$$\dot{x}_1 = 0x_1 + 1x_2 + 0$$
$$\dot{x}_2 = 8x_1 - 2x_2 + e^t$$

Essas equações são equivalentes à equação matricial $\dot{\mathbf{x}}(t) = \mathbf{A}(t)\mathbf{x}(t) + \mathbf{f}(t)$ se definirmos

$$\mathbf{x}(t) \equiv \begin{bmatrix} x_1(t) \\ x_2(t) \end{bmatrix} \quad \mathbf{A}(t) \equiv \begin{bmatrix} 0 & 1 \\ 8 & -2 \end{bmatrix} \quad \mathbf{f}(t) \equiv \begin{bmatrix} 0 \\ e^t \end{bmatrix}$$

Além disso, se também definirmos $\mathbf{c} \equiv \begin{bmatrix} 1 \\ -4 \end{bmatrix}$, então as condições iniciais podem ser dadas por $\mathbf{x}(t_0) = \mathbf{c}$, onde $t_0 = 0$.

17.2 Reduza o problema de valor inicial

$$\ddot{x} + 2\dot{x} - 8x = 0; \quad x(1) = 2, \quad \dot{x}(1) = 3$$

para a forma do Sistema (17.7).

Procedendo como no Problema 17.1, com e^t substituído por zero, definimos

$$\mathbf{x}(t) \equiv \begin{bmatrix} x_1(t) \\ x_2(t) \end{bmatrix} \quad \mathbf{A}(t) \equiv \begin{bmatrix} 0 & 1 \\ 8 & -2 \end{bmatrix} \quad \mathbf{f}(t) = \begin{bmatrix} 0 \\ 0 \end{bmatrix}$$

A equação diferencial é então equivalente à equação matricial $\dot{\mathbf{x}}(t) = \mathbf{A}(t)\mathbf{x}(t) + \mathbf{f}(t)$, ou simplesmente $\dot{\mathbf{x}}(t) = \mathbf{A}(t)\mathbf{x}(t)$, pois $\mathbf{f}(t) = \mathbf{0}$. As condições iniciais podem ser dadas por $\mathbf{x}(t_0) = \mathbf{c}$ se definirmos $t_0 = 1$ e $\mathbf{c} \equiv \begin{bmatrix} 2 \\ 3 \end{bmatrix}$.

17.3 Reduza o problema de valor inicial

$$\ddot{x} + x = 3; \quad x(\pi) = 1, \quad \dot{x}(\pi) = 2$$

para a forma do Sistema (17.7).

De acordo com o Passo 1, escrevemos $\ddot{x} = -x + 3$, logo $a_1(t) = 0$, $a_0(t) = -1$ e $f(t) = 3$. Então, definindo $x_1(t) = x$ e $x_2(t) = \dot{x}$, obtemos $\dot{x}_1 = x_2$. Seguindo o Passo 3, temos

$$\dot{x}_2 = \ddot{x} = -x + 3 = -x_1 + 3$$

Assim,
$$\dot{x}_1 = 0x_1 + 1x_2 + 0$$
$$\dot{x}_2 = -1x_1 + 0x_2 + 3$$

Essas equações são equivalentes à equação matricial $\dot{\mathbf{x}}(t) = \mathbf{A}(t)\mathbf{x}(t) + \mathbf{f}(t)$ se definirmos

$$\mathbf{x}(t) = \begin{bmatrix} x_1(t) \\ x_2(t) \end{bmatrix} \quad \mathbf{A}(t) = \begin{bmatrix} 0 & 1 \\ -1 & 0 \end{bmatrix} \quad \mathbf{f}(t) = \begin{bmatrix} 0 \\ 3 \end{bmatrix}$$

Além disso, se também definirmos

$$\mathbf{c} = \begin{bmatrix} 1 \\ 2 \end{bmatrix}$$

então as condições iniciais assumem a forma $\mathbf{x}(t_0) = \mathbf{c}$, onde $t_0 = \pi$.

17.4 Converta a equação diferencial $\ddot{x} - 6\dot{x} + 9x = t$ na equação matricial

$$\dot{\mathbf{x}}(t) = \mathbf{A}(t)\mathbf{x}(t) + \mathbf{f}(t)$$

Neste caso, omitiremos o Passo 5, porque a equação diferencial não possui condições iniciais. Pelo Passo 1, obtemos

$$\ddot{x} = 6\dot{x} - 9x + t$$

Logo $a_1(t) = 6$, $a_0(t) = -9$ e $f(t) = t$. Se definirmos duas novas variáveis $x_1(t) = x$ e $x_2(t) = \dot{x}$, obtemos

$$\dot{x}_1 = x_2 \quad \text{e} \quad \dot{x}_2 = \ddot{x} = 6\dot{x} - 9x + t = 6x_2 - 9x_1 + t$$

Assim,
$$\dot{x}_1 = 0x_1 + 1x_2 + 0$$
$$\dot{x}_2 = -9x_1 + 6x_2 + t$$

Essas equações são equivalentes à equação matricial $\dot{\mathbf{x}}(t) = \mathbf{A}(t)\mathbf{x}(t) + \mathbf{f}(t)$ se definirmos

$$\mathbf{x}(t) \equiv \begin{bmatrix} x_1(t) \\ x_2(t) \end{bmatrix} \quad \mathbf{A}(t) \equiv \begin{bmatrix} 0 & 1 \\ -9 & 6 \end{bmatrix} \quad \mathbf{f}(t) \equiv \begin{bmatrix} 0 \\ t \end{bmatrix}$$

17.5 Converta a equação diferencial

$$\frac{d^3x}{dt^3} - 2\frac{d^2x}{dt^2} + \frac{dx}{dt} = 0$$

na equação matricial $\dot{\mathbf{x}}(t) = \mathbf{A}(t)\mathbf{x}(t) + \mathbf{f}(t)$.

A equação diferencial dada não possui condições iniciais, portanto o Passo 5 é omitido. Seguindo o Passo 1, obtemos

$$\frac{d^3x}{dt^3} = 2\frac{d^2x}{dt^2} - \frac{dx}{dt}$$

Definindo duas novas variáveis $x_1(t) = x$, $x_2(t) = \dot{x}$ e $x_3(t) = \ddot{x}$ (a equação diferencial é de terceira ordem, portanto precisamos de três novas variáveis), obtemos $\dot{x}_1 = x_2$ e $\dot{x}_2 = x_3$. Pelo Passo 3, temos

$$\dot{x}_3 = \frac{d^3x}{dt^3} = 2\ddot{x} - \dot{x} = 2x_3 - x_2$$

Assim,
$$\dot{x}_1 = 0x_1 + 1x_2 + 0x_3$$
$$\dot{x}_2 = 0x_1 + 0x_2 + 1x_3$$
$$\dot{x}_3 = 0x_1 - 1x_2 + 2x_3$$

Definindo

$$\mathbf{x}(t) = \begin{bmatrix} x_1(t) \\ x_2(t) \\ x_3(t) \end{bmatrix} \quad \mathbf{A}(t) = \begin{bmatrix} 0 & 1 & 0 \\ 0 & 0 & 1 \\ 0 & -1 & 2 \end{bmatrix} \quad \mathbf{f}(t) = \begin{bmatrix} 0 \\ 0 \\ 0 \end{bmatrix}$$

Então a equação diferencial de terceira ordem original é equivalente à equação matricial $\dot{\mathbf{x}}(t) = \mathbf{A}(t)\mathbf{x}(t) + \mathbf{f}(t)$, ou, de forma mais simples, $\dot{\mathbf{x}}(t) = \mathbf{A}(t)\mathbf{x}(t)$, pois $\mathbf{f}(t) = 0$.

17.6 Reduza o problema de valor inicial

$$e^{-t}\frac{d^4x}{dt^4} - \frac{d^2x}{dt^2} + e^t t^2 \frac{dx}{dt} = 5e^{-t};$$
$$x(1) = 2, \quad \dot{x}(1) = 3, \quad \ddot{x}(1) = 4, \quad \dddot{x}(1) = 5$$

na forma do sistema (17.7).

Seguindo o Passo 1, obtemos

$$\frac{d^4x}{dt^4} = e^t \frac{d^2x}{dt^2} - t^2 e^{2t} \frac{dx}{dt} + 5$$

Logo $a_3(t) = 0$, $a_2(t) = e^t$, $a_1(t) = -t^2 e^{2t}$, $a_0(t) = 0$ e $f(t) = 5$. Se definirmos quatro novas variáveis

$$x_1(t) = x \quad x_2(t) = \frac{dx}{dt} \quad x_3(t) = \frac{d^2x}{dt^2} \quad x_4(t) = \frac{d^3x}{dt^3}$$

obtemos $\dot{x}_1 = x_2$, $\dot{x}_2 = x_3$, $\dot{x}_3 = x_4$ e, pelo Passo 3,

$$\dot{x}_4 = \frac{d^4x}{dt^4} = e^t \ddot{x} - t^2 e^{2t} \dot{x} + 5 = e^t x_3 - t^2 e^{2t} x_2 + 5$$

Assim,
$$\dot{x}_1 = 0x_1 + 1x_2 + 0x_3 + 0x_4 + 0$$
$$\dot{x}_2 = 0x_1 + 0x_2 + 1x_3 + 0x_4 + 0$$
$$\dot{x}_3 = 0x_1 + 0x_2 + 0x_3 + 1x_4 + 0$$
$$\dot{x}_4 = 0x_1 - t^2 e^{2t} x_2 + e^t x_3 + 0x_4 + 5$$

Essas equações são equivalentes à equação matricial $\dot{\mathbf{x}}(t) = \mathbf{A}(t)\mathbf{x}(t) + \mathbf{f}(t)$ se definirmos

$$\dot{\mathbf{x}}(t) \equiv \begin{bmatrix} x_1(t) \\ x_2(t) \\ x_3(t) \\ x_4(t) \end{bmatrix} \quad \mathbf{A}(t) \equiv \begin{bmatrix} 0 & 1 & 0 & 0 \\ 0 & 0 & 1 & 0 \\ 0 & 0 & 0 & 1 \\ 0 & -t^2 e^{2t} & e^t & 0 \end{bmatrix} \quad \mathbf{f}(t) \equiv \begin{bmatrix} 0 \\ 0 \\ 0 \\ 5 \end{bmatrix}$$

Além disso, se também definirmos $\mathbf{c} \equiv \begin{bmatrix} 2 \\ 3 \\ 4 \\ 5 \end{bmatrix}$, então as condições iniciais assumem a forma $\mathbf{x}(t_0) = \mathbf{c}$, onde $t_0 = 1$.

17.7 Reduza o seguinte sistema para a forma do Sistema (17.7):

$$\dddot{x} = t\ddot{x} + x - \dot{y} + t + 1$$
$$\ddot{y} = (\operatorname{sen} t)\dot{x} + x - y + t^2;$$
$$x(1) = 2, \quad \dot{x}(1) = 3, \quad \ddot{x}(1) = 4, \quad y(1) = 5, \quad \dot{y}(1) = 6$$

Como esse sistema contém uma equação diferencial de terceira ordem em x e uma equação diferencial de segunda ordem em y, precisaremos de três novas variáveis x e duas novas variáveis y. Generalizando o Passo 2, definimos

$$x_1(t) = x \quad x_2(t) = \frac{dx}{dt} \quad x_3(t) = \frac{d^2 x}{dt^2}$$
$$y_1(t) = y \quad y_2(t) = \frac{dy}{dt}$$

Assim,
$$\dot{x}_1 = x_2$$
$$\dot{x}_2 = x_3$$
$$\dot{x}_3 = \frac{d^3 x}{dt^3} = t\ddot{x} + x - \dot{y} + t + 1 = tx_3 + x_1 - y_2 + t + 1$$
$$\dot{y}_1 = y_2$$
$$\dot{y}_2 = \frac{d^2 y}{dt^2} = (\operatorname{sen} t)\dot{x} + x - y + t^2 = (\operatorname{sen} t)x_2 + x_1 - y_1 + t^2$$

ou
$$\dot{x}_1 = 0x_1 + 1x_2 + 0x_3 + 0y_1 + 0y_2 + 0$$
$$\dot{x}_2 = 0x_1 + 0x_2 + 1x_3 + 0y_1 + 0y_2 + 0$$
$$\dot{x}_3 = 1x_1 + 0x_2 + tx_3 + 0y_1 - 1y_2 + (t+1)$$
$$\dot{y}_1 = 0x_1 + 0x_2 + 0x_3 + 0y_1 + 1y_2 + 0$$
$$\dot{y}_2 = 1x_1 + (\operatorname{sen} t)x_2 + 0x_3 - 1y_1 + 0y_2 + t^2$$

Essas equações são equivalentes à equação matricial $\dot{\mathbf{x}}(t) = \mathbf{A}(t)\mathbf{x}(t) + \mathbf{f}(t)$ se definirmos

$$\mathbf{x}(t) \equiv \begin{bmatrix} x_1(t) \\ x_2(t) \\ x_3(t) \\ y_1(t) \\ y_2(t) \end{bmatrix} \quad \mathbf{A}(t) \equiv \begin{bmatrix} 0 & 1 & 0 & 0 & 0 \\ 0 & 0 & 1 & 0 & 0 \\ 1 & 0 & t & 0 & -1 \\ 0 & 0 & 0 & 0 & 1 \\ 1 & \operatorname{sen} t & 0 & -1 & 0 \end{bmatrix} \quad \mathbf{f}(t) = \begin{bmatrix} 0 \\ 0 \\ t+1 \\ 0 \\ t^2 \end{bmatrix}$$

Além disso, se definirmos $\mathbf{c} = \begin{bmatrix} 2 \\ 3 \\ 4 \\ 5 \\ 6 \end{bmatrix}$, então as condições iniciais assumem a forma $\mathbf{x}(t_0) = \mathbf{c}$.

17.8 Reduza o seguinte sistema à forma do Sistema (17.7):

$$\ddot{x} = -2\dot{x} - 5y + 3$$
$$\dot{y} = \dot{x} + 2y;$$
$$x(0) = 0, \quad \dot{x}(0) = 0, \quad y(0) = 1$$

Como esse sistema contém uma equação diferencial de segunda ordem em x e uma equação diferencial de primeira ordem em y, definimos três novas variáveis

$$x_1(t) = x \quad x_2(t) = \frac{dx}{dt} \quad y_1(t) = y$$

Então,
$$\dot{x}_1 = x_2$$
$$\dot{x}_2 = \ddot{x} = -2\dot{x} - 5y + 3 = -2x_2 - 5y_1 + 3$$
$$\dot{y}_1 = \dot{y} = \dot{x} + 2y = x_2 + 2y_1$$

ou,
$$\dot{x}_1 = 0x_1 + 1x_2 + 0y_1 + 0$$
$$\dot{x}_2 = 0x_1 - 2x_2 - 5y_1 + 3$$
$$\dot{y}_1 = 0x_1 + 1x_2 + 2y_1 + 0$$

Essas equações são equivalentes à equação matricial $\dot{\mathbf{x}}(t) = \mathbf{A}(t)\mathbf{x}(t) + \mathbf{f}(t)$ se definirmos

$$\mathbf{x}(t) \equiv \begin{bmatrix} x_1(t) \\ x_2(t) \\ y_1(t) \end{bmatrix} \quad \mathbf{A}(t) = \begin{bmatrix} 0 & 1 & 0 \\ 0 & -2 & -5 \\ 0 & 1 & 0 \end{bmatrix} \quad \mathbf{f}(t) = \begin{bmatrix} 0 \\ 3 \\ 0 \end{bmatrix}$$

Se também definirmos $t_0 = 0$ e $\mathbf{c} \equiv \begin{bmatrix} 0 \\ 0 \\ 1 \end{bmatrix}$, então as condições iniciais assumem a forma $\mathbf{x}(t_0) = \mathbf{c}$.

17.9 Reduza o seguinte sistema à forma matricial:

$$\dot{x} = x + y$$
$$\dot{y} = 9x + y$$

Procedemos exatamente como nos Problemas 17.7 e 17.8, exceto que agora não existem condições iniciais a considerar. Como o sistema consiste em duas equações diferenciais de primeira ordem, definimos duas novas variáveis $x_1(t) = x$, $y_1(t) = y$. Assim,

$$\dot{x}_1 = \dot{x} = x + y = x_1 + y_1 + 0$$
$$\dot{y}_1 = \dot{y} = 9x + y = 9x_1 + y_1 + 0$$

Se definirmos

$$\mathbf{x}(t) \equiv \begin{bmatrix} x_1(t) \\ y_1(t) \end{bmatrix} \quad \mathbf{A}(t) \equiv \begin{bmatrix} 1 & 1 \\ 9 & 1 \end{bmatrix} \quad \mathbf{f}(t) \equiv \begin{bmatrix} 0 \\ 0 \end{bmatrix}$$

então esse último conjunto de equações é equivalente à equação matricial $\dot{\mathbf{x}}(t) = \mathbf{A}(t)\mathbf{x}(t) + \mathbf{f}(t)$, ou simplesmente $\dot{\mathbf{x}}(t) = \mathbf{A}(t)\mathbf{x}(t)$, pois $\mathbf{f}(t) = \mathbf{0}$.

Problemas Complementares

Reduza cada um dos seguintes sistemas para um sistema matricial de primeira ordem.

17.10 $\ddot{x} - 2\dot{x} + x = t + 1$; $x(1) = 1$, $\dot{x}(1) = 2$

17.11 $2\ddot{x} + x = 4e^t$; $x(0) = 1$, $\dot{x}(0) = 1$

17.12 $t\ddot{x} - 3\dot{x} - t^2 x = \operatorname{sen} t$; $x(2) = 3$, $\dot{x}(2) = 4$

17.13 $\ddot{y} + 5\dot{y} - 2ty = t^2 + 1$; $y(0) = 11$, $\dot{y}(0) = 12$

17.14 $-\ddot{y} + 5\dot{y} + 6y = 0$

17.15 $e^t\ddot{x} - t\ddot{x} + \dot{x} - e^t x = 0$;
$x(-1) = 1$, $\dot{x}(-1) = 0$, $\ddot{x}(-1) = 1$

17.16 $2\dfrac{d^3y}{dt^3} + 3\dfrac{d^2y}{dt^2} - 4\dfrac{dy}{dt} + 5y = t^2 + 16t + 20;$
$y(\pi) = -1,\ y'(\pi) = -2,\ y''(\pi) = -3$

17.17 $\dddot{x} = t;\ x(0) = 0,\ \dot{x}(0) = 0,\ \ddot{x}(0) = 0$

17.18 $\ddot{x} = \dot{x} + \dot{y} - z + t$
$\ddot{y} = tx + \dot{y} - 2y + t^2 + 1$
$\dot{z} = x - y + \dot{y} + z;$
$x(1) = 1,\ \dot{x}(1) = 15,\ y(1) = 0,\ \dot{y}(1) = -7,\ z(1) = 4$

17.19 $\ddot{x} = 2\dot{x} + 5y + 3$
$\dot{y} = -\dot{x} - 2y;$
$x(0) = 0,\ \dot{x}(0) = 0,\ y(0) = 1$

17.20 $\dot{x} = x + 2y$
$\dot{y} = 4x + 3y;$
$x(7) = 2,\ y(7) = -3$

Capítulo 18

Métodos Gráficos e Numéricos para Solução de Equações Diferenciais de Primeira Ordem

MÉTODOS QUALITATIVOS

No Capítulo 2, abordamos o conceito de *métodos qualitativos* relacionados às equações diferenciais; ou seja, técnicas que são aplicadas quando soluções analíticas são difíceis ou virtualmente impossíveis de ser obtidas. Neste capítulo, e nos dois capítulos subseqüentes, introduzimos diversas abordagens qualitativas para trabalhar com equações diferenciais.

CAMPOS DE DIREÇÃO

Métodos gráficos permitem grafar soluções de equações diferenciais de primeira ordem da forma

$$y' = f(x, y) \tag{18.1}$$

onde a derivada aparece apenas no membro esquerdo da equação.

Exemplo 18.1 (a) Para o problema $y' = -y + x + 2$, temos $f(x, y) = -y + x + 2$. (b) Para o problema $y' = y^2 + 1$, temos $f(x, y) = y^2 + 1$ e (c) para o problema $y' = 3$, temos $f(x,y) \equiv 3$. Observe que em um problema particular, $f(x, y)$ pode ser independente de x, de y, ou de x e y.

A Equação (18.1) define o coeficiente angular da curva solução $y(x)$ em um ponto arbitrário (x, y) do plano. Um *elemento linear* é um pequeno segmento de linha que se inicia no ponto (x, y) e possui um coeficiente angular especificado por (18.1). Ele representa uma aproximação da curva solução que passa por aquele ponto. Uma coleção de elementos lineares é um *campo direcional*. Os gráficos de soluções para (18.1) são gerados a partir de campos direcionais, traçando curvas que passam pelos pontos em que os elementos lineares são grafados e que também são tangentes a esses elementos.

Se o membro esquerdo da Eq. (18.1) é definido como uma constante, o gráfico da equação resultante é denominado uma *isóclina*. Diferentes constantes definem diferentes isóclinas e cada isóclina tem a propriedade de que todos os elementos lineares, que se originam de seus pontos, têm o mesmo coeficiente angular, igual à constante que gerou a *isóclina*. Quando são fáceis de traçar, as isóclinas rendem muitos elementos lineares, o que é de grande utilidade na construção de campos direcionais.

MÉTODO DE EULER

Se uma condição inicial da forma

$$y(x_0) = y_0 \tag{18.2}$$

for também especificada, então a única curva de solução da Eq. (18.1) de interesse é aquela que passa pelo ponto inicial (x_0, y_0).

Para obtermos uma aproximação gráfica da curva solução das Eqs.(18.1) e (18.2), comecemos construindo um elemento linear no ponto inicial (x_0, y_0) e prolongando-o por uma pequena distância. Denotemos por (x_1, y_1) o ponto terminal desse elemento linear. Construamos então um segundo elemento linear em (x_1, y_1) prolongando-o por uma pequena distância. Denotemos por (x_2, y_2) o ponto terminal desse segundo elemento linear. Seguimos com um terceiro elemento linear construído a partir de (x_2, y_2) prolongando-o por uma pequena distância. Esse processo prossegue interativamente e termina quando tenhamos conseguido traçar uma porção suficiente da curva solução, de modo a atender as necessidades do problema.

Se a diferença entre valores sucessivos de x for igual, isto é, se para uma constante específica h, $h = x_1 - x_0 = x_2 - x_1 = x_3 - x_2 = \ldots$, então o método gráfico apresentado acima para um problema de valor inicial de primeira ordem é conhecido como método de Euler. Tal método satisfaz a fórmula

$$y_{n+1} = y_n + hf(x_n, y_n) \tag{18.3}$$

para $n = 1, 2, 3,\ldots$. Essa fórmula é muitas vezes escrita como

$$y_{n+1} = y_n + hy'_n \tag{18.4}$$

onde

$$y'_n = f(x_n, y_n) \tag{18.5}$$

conforme exigido pela Eq. (18.1).

ESTABILIDADE

A constante h nas Eqs. (18.3) e (18.4) é denominada de *tamanho do passo* (*step-size*) e possui valor arbitrário. Em geral, quanto menor o tamanho do passo, mais precisa se torna a solução aproximada, à custa apenas de um pouco mais de trabalho para obter a solução. Assim, a escolha final de h deve manter um compromisso entre precisão e esforço. Se for escolhido um h muito grande, a solução aproximada pode diferir sensivelmente da solução real; essa situação é conhecida como *instabilidade numérica*. Para evitá-la, repete-se o método de Euler, cada vez com um intervalo igual à metade do intervalo anterior, até que duas aproximações sucessivas sejam suficientemente próximas uma da outra, de modo a atender às necessidades do pesquisador.

Problemas Resolvidos

18.1 Construa um campo direcional para a equação diferencial $y' = 2y - x$.

Neste caso, $f(x, y) = 2y - x$.
Em $x = 1$, $y = 1$, $f(1, 1) = 2(1) - 1 = 1$, equivalente a um ângulo de $45°$.
Em $x = 1$, $y = 2$, $f(1, 2) = 2(2) - 1 = 3$, equivalente a um ângulo de $71,6°$.
Em $x = 2$, $y = 1$, $f(2, 1) = 2(1) - 2 = 0$, equivalente a um ângulo de $0°$.
Em $x = 2$, $y = 2$, $f(2, 2) = 2(2) - 2 = 2$, equivalente a um ângulo de $63,4°$.
Em $x = 1$, $y = -1$, $f(1, -1) = 2(-1) - 1 = -3$, equivalente a um ângulo de $-71,6°$.
Em $x = -2$, $y = -1$, $f(-2, -1) = 2(-1) - (-2) = 0$, equivalente a um ângulo de $0°$.

CAPÍTULO 18 • MÉTODOS GRÁFICOS E NUMÉRICOS PARA SOLUÇÃO DE EQUAÇÕES DIFERENCIAIS DE PRIMEIRA ORDEM

A Fig. 18-1 apresenta elementos lineares nestes pontos com seus respectivos coeficientes angulares. Prosseguindo dessa maneira, geramos o campo direcional mais completo mostrado na Fig. 18-2. Para evitar confusão entre os elementos lineares associados com a equação diferencial e as marcas nos eixos, suprimimos os eixos na Fig. 18-2. A origem está situada no centro do gráfico.

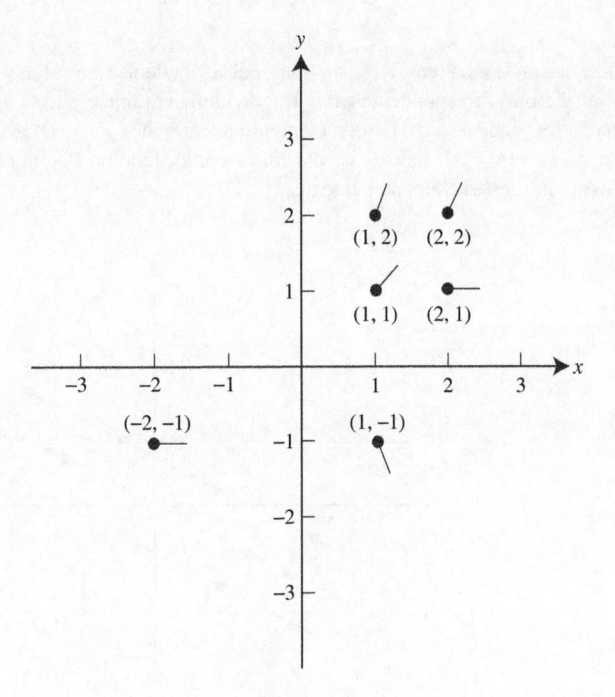

Figura 18-1

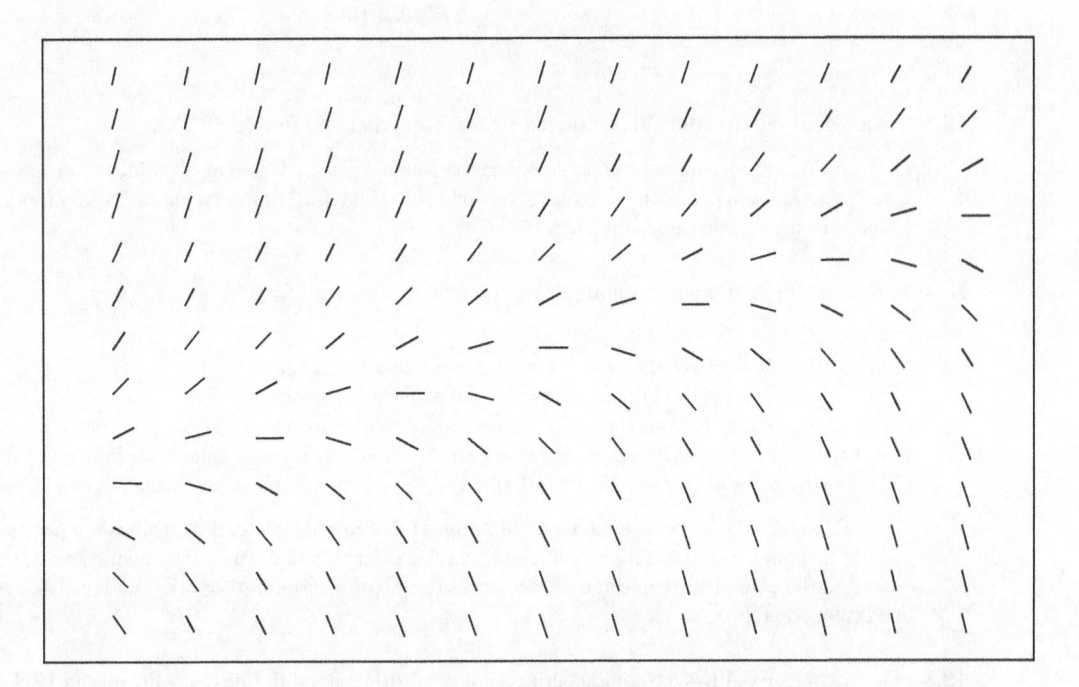

Figura 18-2

18.2 Descreva as isóclinas associadas à equação diferencial definida no Problema 18.1.

As isóclinas são definidas assumindo $y' = c$, uma constante. Para a equação diferencial do Problema 18.1, obtemos

$$c = 2y - x \quad \text{ou} \quad y = \tfrac{1}{2}x + \tfrac{1}{2}c$$

que é a equação de uma reta. Três isóclinas, correspondentes à $c = 1$, $c = 0$, $c = -1$, são representadas no gráfico da Fig. 18-3. Na isóclina correspondente a $c = 1$, todo elemento linear que se inicia na isóclina tem coeficiente linear um. Na isóclina correspondente a $c = 0$, todo elemento linear que se inicia na isóclina tem coeficiente angular zero. Na isóclina correspondente a $c = -1$, todo elemento linear começando na isóclina tem coeficiente angular -1. A Fig. 18-3 exibe também alguns desses elementos lineares.

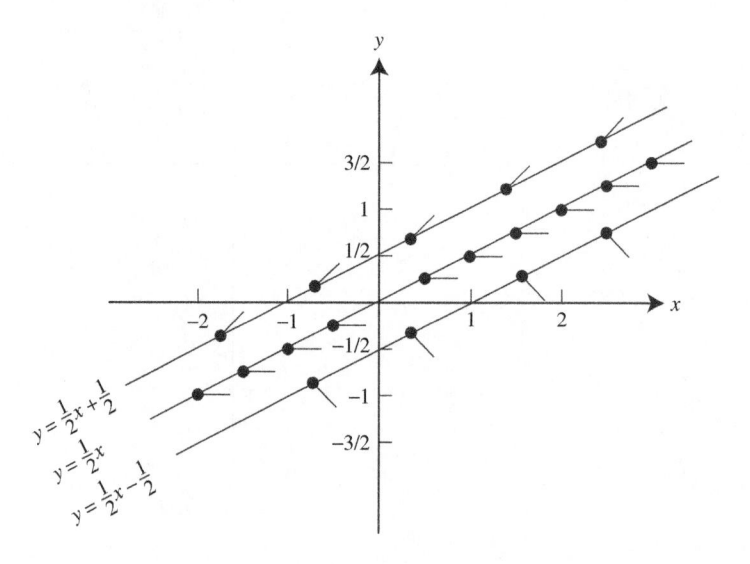

Figura 18-3

18.3 Trace duas curvas solução da equação diferencial dada no Problema 18.1.

A Fig. 18-2 ilustra um campo direcional para essa equação. Duas curvas solução são apresentadas na Fig. 18-4, uma passando pelo ponto $(0, 0)$ e a outra passando pelo ponto $(0, 2)$. Observe que cada curva solução segue o fluxo dos elementos lineares no campo direcional.

18.4 Construa um campo direcional para a equação diferencial $y' = x^2 + y^2 - 1$.

Neste caso, $f(x, y) = x^2 + y^2 - 1$.
Em $x = 0$, $y = 0$, $f(0, 0) = (0)^2 + (0)^2 - 1 = -1$, equivalente a um ângulo de $-45°$.
Em $x = 1$, $y = 2$, $f(1, 2) = (1)^2 + (2)^2 - 1 = 4$, equivalente a um ângulo de $76°$.
Em $x = -1$, $y = 2$, $f(-1, 2) = (-1)^2 + (2)^2 - 1 = 4$, equivalente a um ângulo de $76°$.
Em $x = 0,25$, $y = 0,5$, $f(0,25, 0,5) = (0,25)^2 + (0,5)^2 - 1 = -0,6875$, equivalente a um ângulo de $-34,5°$.
Em $x = -0,3$, $y = -0,1$, $f(-0,3, -0,1) = (-0,3)^2 + (-0,1)^2 - 1 = -0,9$, equivalente a um ângulo de $-42°$.

Prosseguindo dessa maneira, geramos a Fig. 18-5. Em cada ponto, desenhamos um pequeno segmento retilíneo saindo do ponto, com o ângulo especificado em relação à horizontal. Para evitar confusão entre os elementos lineares associados à equação diferencial e as marcações dos eixos, suprimimos os eixos na Fig. 18-5. A origem está situada no centro do gráfico.

18.5 Descreva as isóclinas associadas com a equação diferencial definida no Problema 18.4.

As isóclinas são definidas assumindo $y' = c$, uma constante. Para a equação diferencial do Problema 18.4, obtemos $c = x^2 + y^2 - 1$ ou $x^2 + y^2 = c + 1$, que é a equação de um círculo com centro na origem. A Fig. 18-6 exibe três dessas isóclinas,

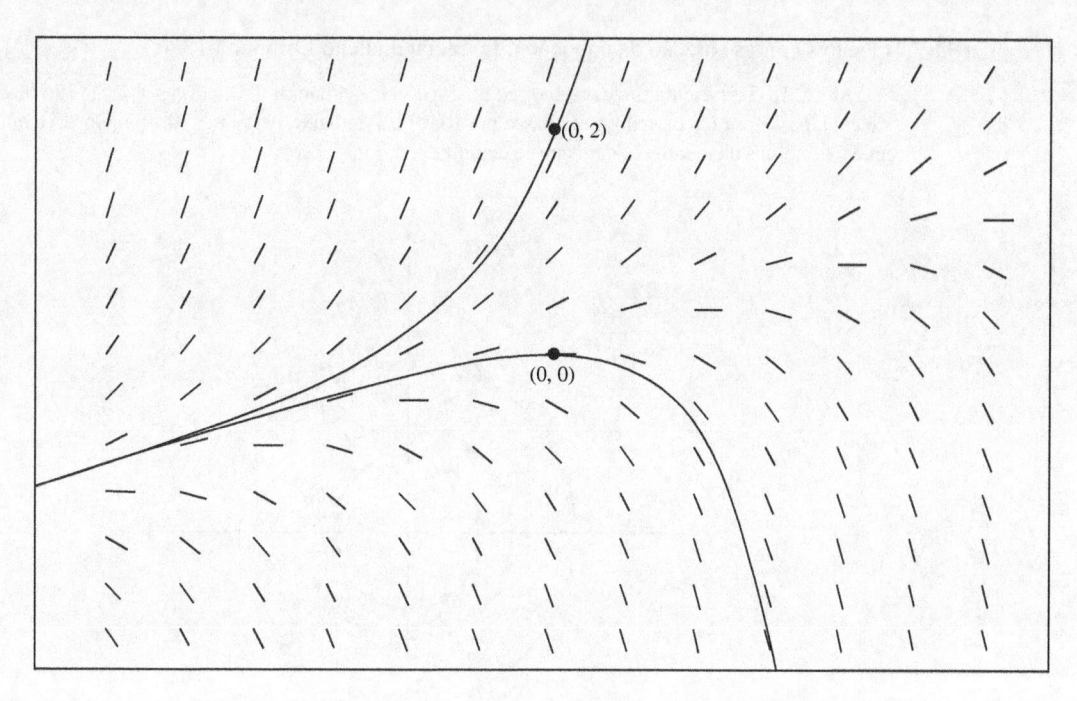

Figura 18-4

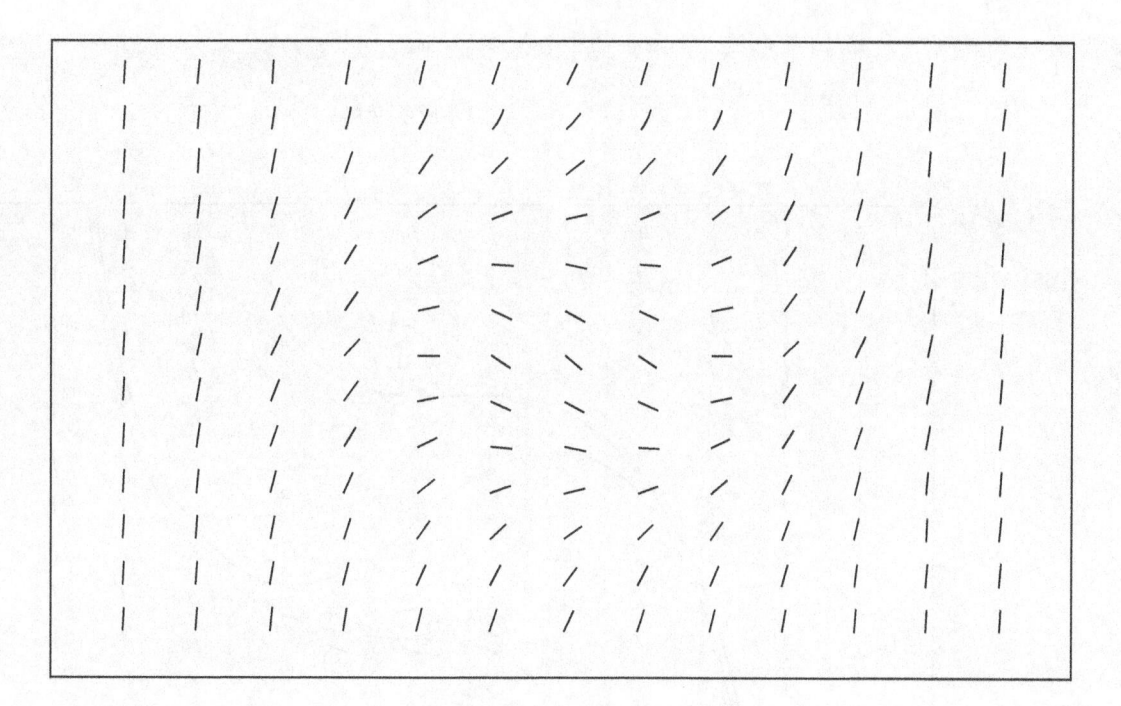

Figura 18-5

correspondentes a $c = 4$, $c = 1$, $c = 0$. Na isóclina correspondente a $c = 4$, todo elemento linear começando na isóclina tem coeficiente angular igual a 4. Na isóclina correspondente a $c = 1$, todo o elemento linear que se inicia na isóclina tem coeficiente angular unitário. Na isóclina correspondente a $c = 0$, todo o elemento linear começando na isóclina tem coeficiente angular zero. A Fig. 18-6 exibe alguns desses elementos lineares.

18.6 Trace três curvas solução da equação diferencial dada no Problema 18.4.

A Fig. 18-5 apresenta um campo direcional para essa equação. Três curvas solução são destacadas na Fig. 18-7: a de cima passa por (0, 1), a do meio passa por (0, 0) e a de baixo passa por (0, −1). Observe que cada curva solução segue o fluxo dos elementos lineares neste campo direcional.

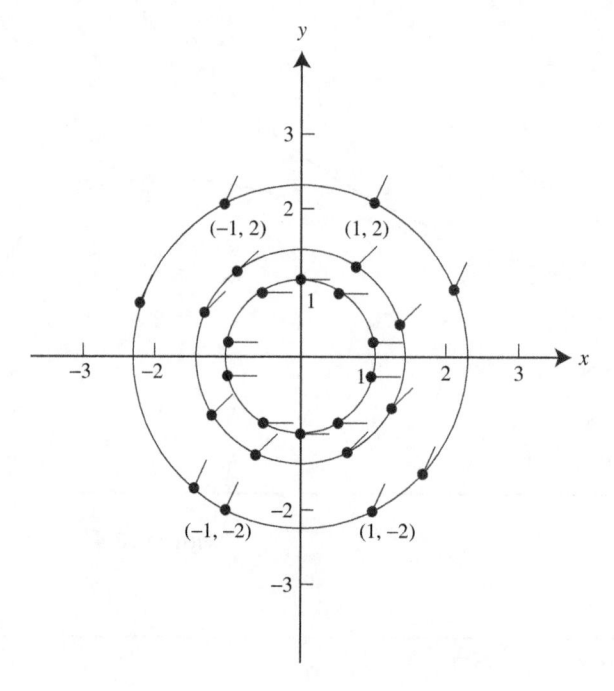

Figura 18-6

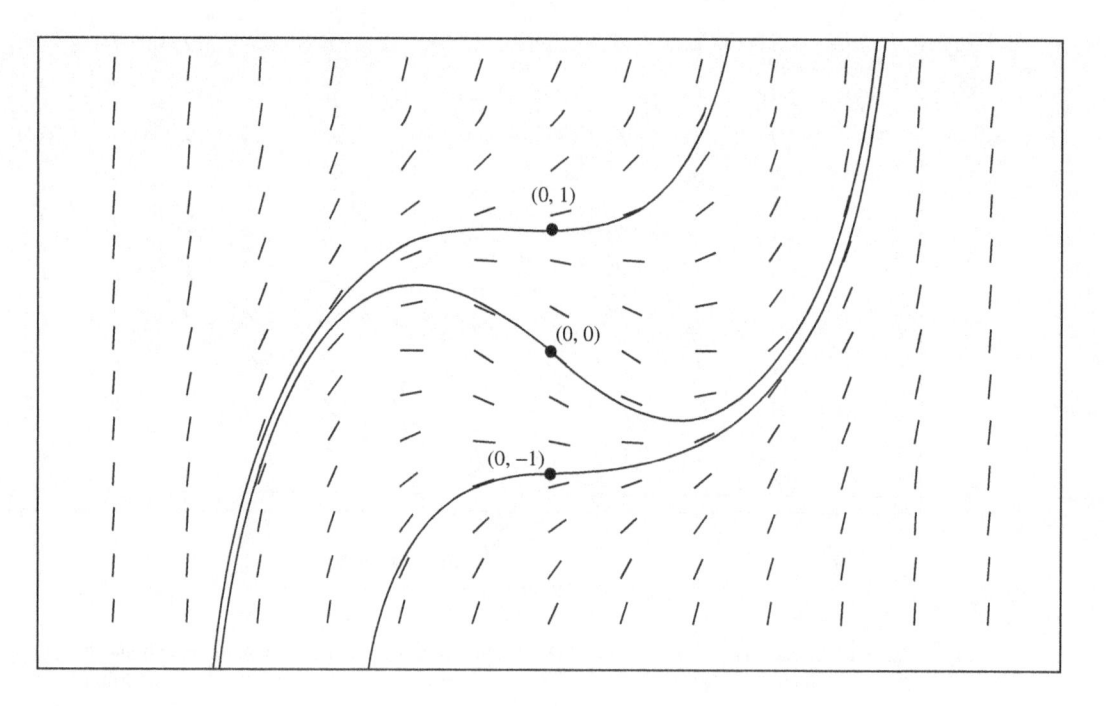

Figura 18-7

coeficiente angular = –1 coeficiente angular = –½ coeficiente angular = 0 coeficiente angular = ½ coeficiente angular = 1

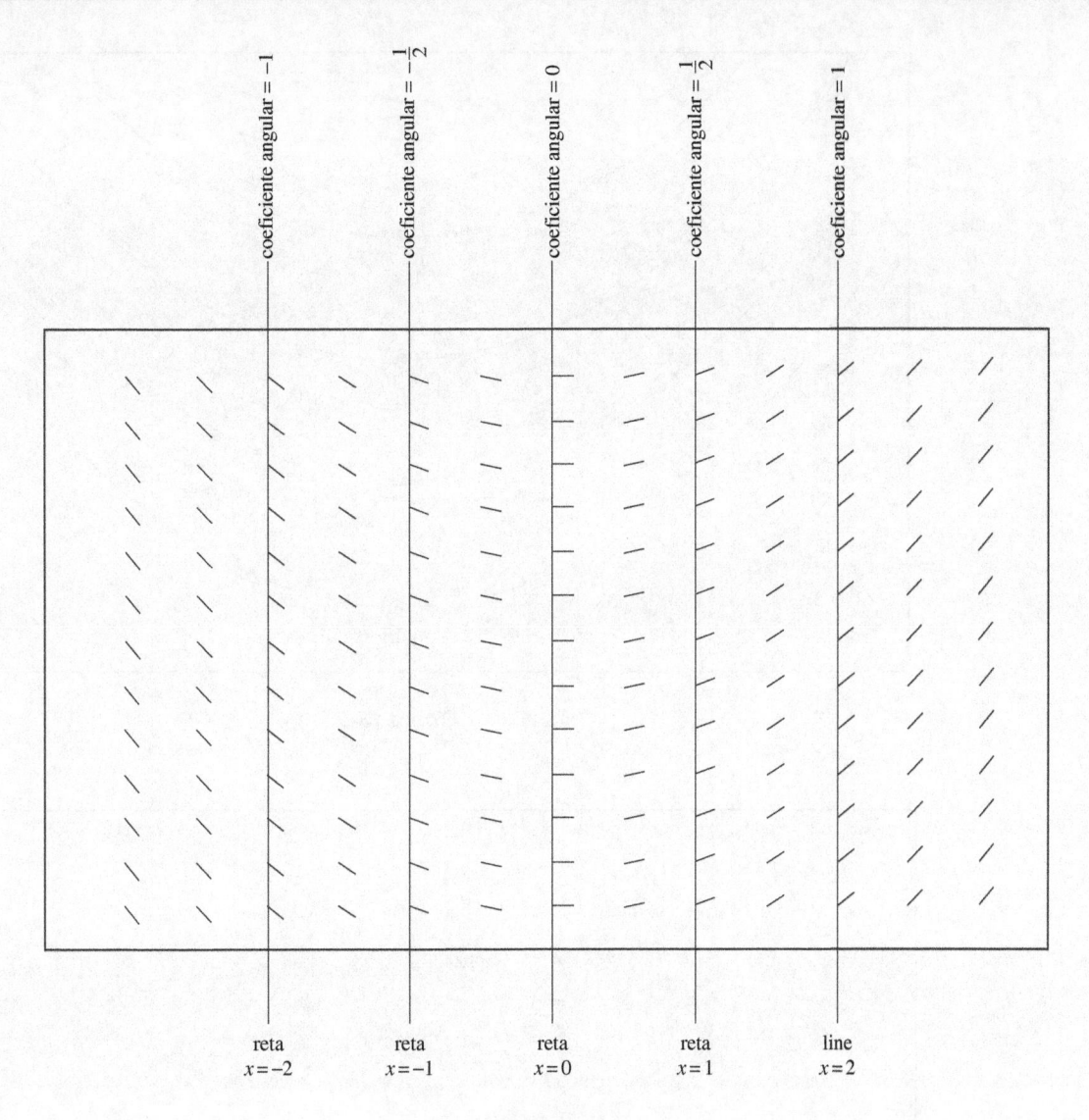

reta $x = -2$ reta $x = -1$ reta $x = 0$ reta $x = 1$ line $x = 2$

Figura 18-8

18.7 Construa um campo direcional para a equação diferencial $y' = x/2$.

As isóclinas são definidas assumindo $y' = c$, uma constante. Assim, obtemos $x = 2c$, que é a equação de uma reta vertical. Na isóclina $x = 2$, correspondente a $c = 1$, todo elemento linear começando nessa isóclina tem coeficiente angular unitário. Na isóclina $x = -1$, correspondente a $c = -1/2$, todo elemento linear começando nessa isóclina tem coeficiente angular $-1/2$. Essas e outras isóclinas com alguns de seus elementos lineares associados são apresentadas na Fig. 18-8, que é um campo direcional para a equação diferencial dada.

18.8 Trace quatro curvas solução da equação diferencial dada no Problema 18.7.

A Fig. 18-8 exibe um campo direcional para essa equação. Quatro curvas solução são mostradas na Fig. 18-9, as quais, de cima para baixo, passam pelos pontos (0, 1), (0, 0), (0, –1) e (0, –2), respectivamente. Note que a equação diferencial se resolve facilmente por integração direta. Sua solução, $y = x^2/4 + k$, onde k é uma constante de integração, é uma família de parábolas, uma para cada valor de k.

18.9 Trace curvas solução da equação diferencial $y' + 5y(y - 1)$.

A Fig. 18-10 exibe um campo direcional para essa equação. Duas isóclinas com elementos lineares de coeficiente angular zero são as retas horizontais $y = 0$ e $y = 1$. Observe que as curvas solução possuem diferentes formatos, conforme estejam acima de ambas as isóclinas, entre elas, ou abaixo delas. Na Fig. 18-11 (*a*) a (*c*) está traçada uma curva solução representativa de cada tipo.

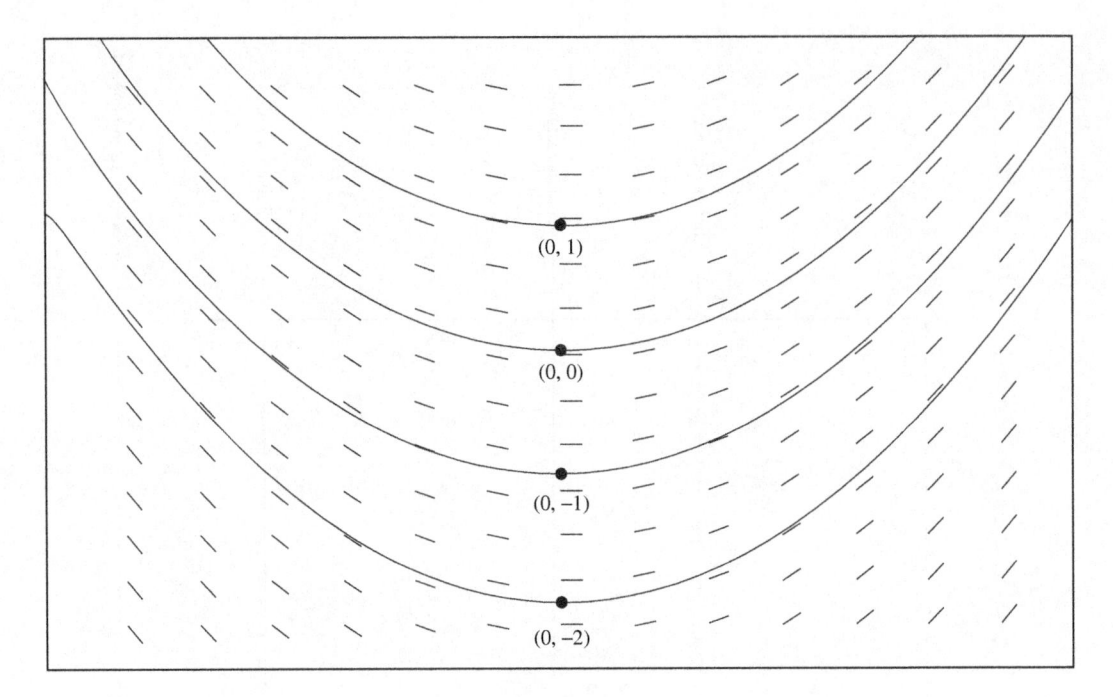

Figura 18-9

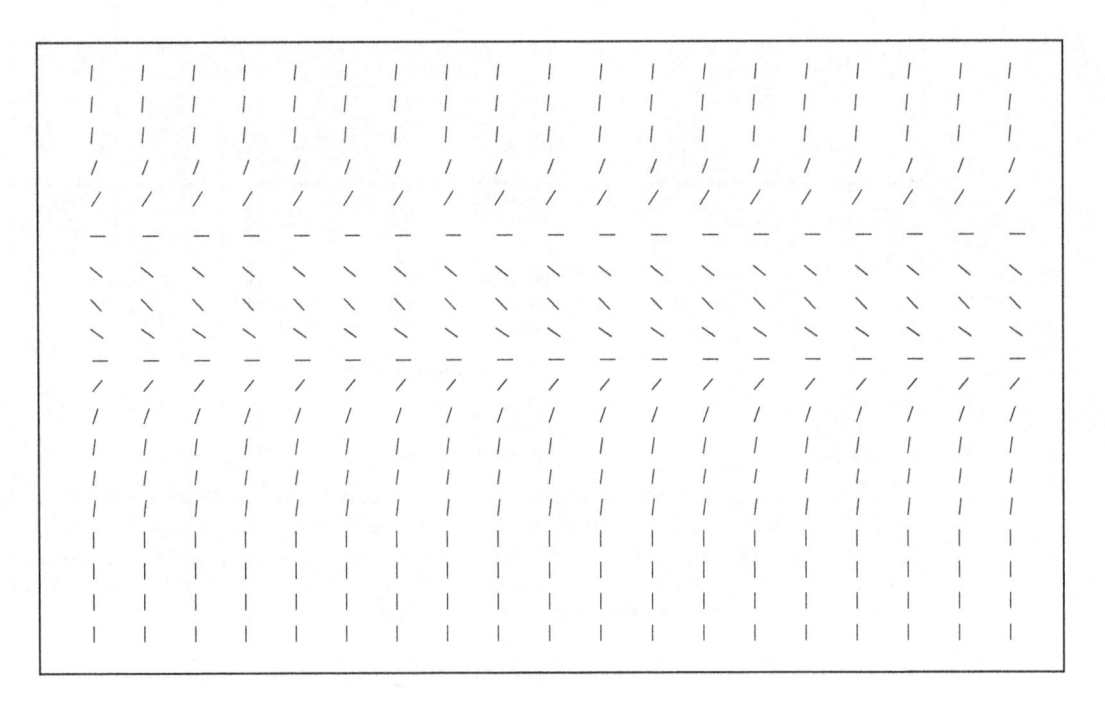

Figura 18-10

18.10 Apresente uma dedução geométrica do método de Euler.

Admita $y_n = y(x_n)$ já tenha sido calculada, de modo que y'_n também seja conhecida, pela Eq. (18.5). Trace uma reta $l(x)$ saindo de (x_n, y_n) e com coeficiente angular y'_n e use $l(x)$ para aproximar $y(x)$ no intervalo $[x_n, x_{n+1}]$ (ver Fig. 18-12).

O valor $l(x_{n+1})$ é assumido como sendo y_{n+1}. Logo,

$$l(x) = (y'_n)x + [y_n - (y'_n)x_n]$$

e
$$l(x_{n+1}) = (y'_n)x_{n+1} + [y_n - (y'_n)x_n]$$
$$= y_n + (y'_n)(x_{n+1} - x_n) = y_n + hy'_n$$

Assim, $y_{n+1} = y_n + hy'_n$, que é o método de Euler.

18.11 Determine uma dedução analítica do método de Euler

Considere $Y(x)$ como representando a solução verdadeira. Então, aplicando a definição de derivada, temos

$$Y'(x_n) = \lim_{\Delta x \to 0} \frac{Y(x_n + \Delta x) - Y(x_n)}{\Delta x}$$

Se Δx for pequeno, então

$$Y'(x_n) \simeq \frac{Y(x_n + \Delta x) - Y(x_n)}{\Delta x}$$

Adotando $\Delta x = h$ e resolvendo para $Y(x_n + \Delta x) = Y(x_{n+1})$, obtemos

$$Y(x_{n+1}) \simeq Y(x_n) + hY'(x_n) \tag{1}$$

Finalmente, adotando y_n e y'_n para aproximar $Y(x_n)$ e $Y'(x_n)$, respectivamente, pode-se usar o membro direito de (1) para aproximar $Y(x_{n+1})$. Assim,

$$y_{n+1} = y_n + hy'_n$$

que é o método de Euler.

(a)

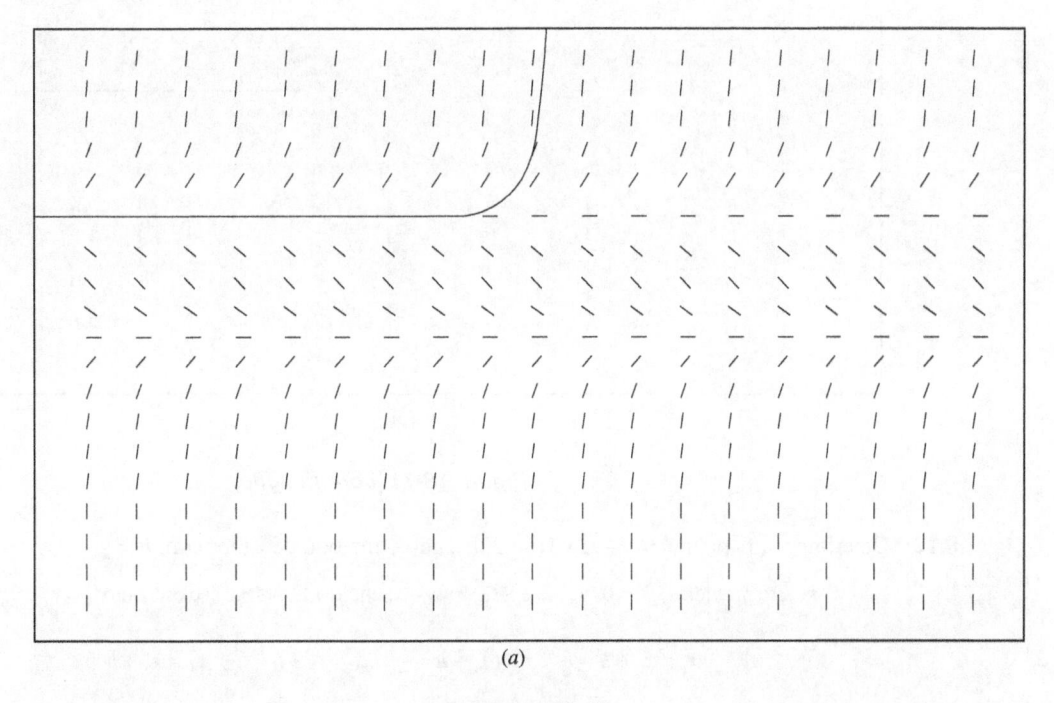

Figura 18-11

(b)

(c)

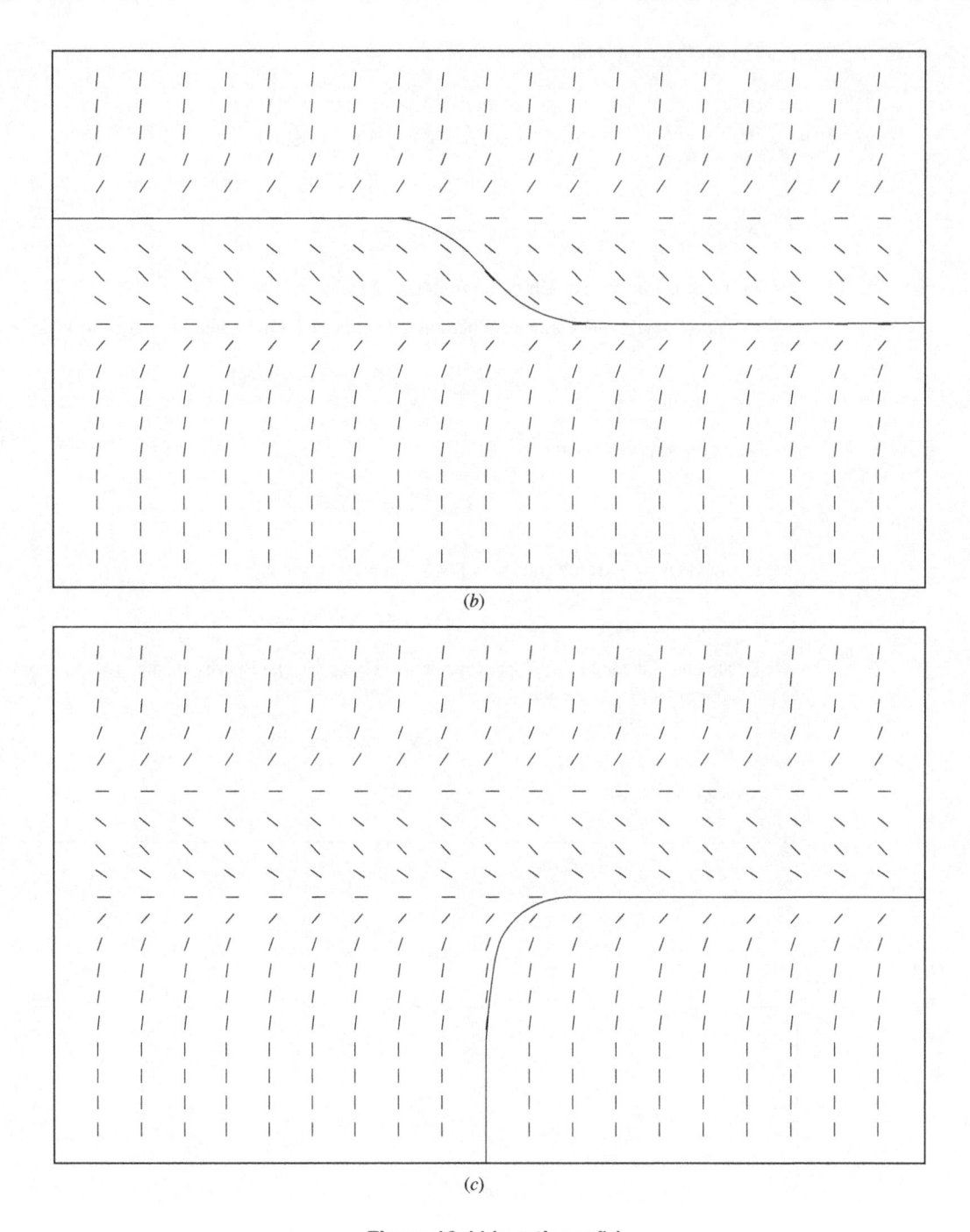

Figura 18-11 (continuação)

18.12 Determine $y(1)$ para $y' = y - x$; $y(0) = 2$, usando o método de Euler com $h = \frac{1}{4}$.

Para este problema, $x_0 = 0$, $y_0 = 2$ e $f(x, y) = y - x$; então a Eq. (18.5) se escreve $y'_n = y_n - x_n$. Como $h = \frac{1}{4}$,

$$x_1 = x_0 + h = \frac{1}{4} \quad x_2 = x_1 + h = \frac{1}{2} \quad x_3 = x_2 + h = \frac{3}{4} \quad x_4 = x_3 + h = 1$$

Utilizando a Eq. (18.4) com $n = 0, 1, 2, 3$ sucessivamente, calculamos então os valores de y correspondentes.

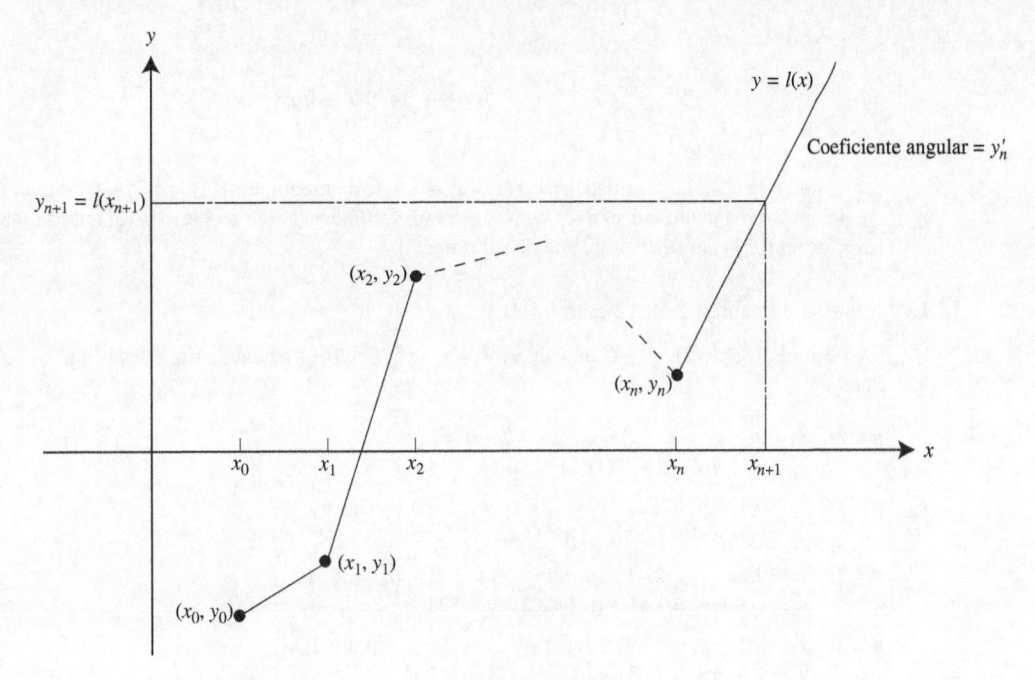

Figura 18-12

n = 0: $y_1 = y_0 + hy'_0$

Como $y'_0 = f(x_0, y_0) = y_0 - x_0 = 2 - 0 = 2$

Logo, $y_1 = 2 + \dfrac{1}{4}(2) = \dfrac{5}{2}$

n = 1: $y_2 = y_1 + hy'_1$

Como $y'_1 = f(x_1, y_1) = y_1 - x_1 = \dfrac{5}{2} - \dfrac{1}{4} = \dfrac{9}{4}$

Logo, $y_2 = \dfrac{5}{2} + \dfrac{1}{4}\left(\dfrac{9}{4}\right) = \dfrac{49}{16}$

n = 2: $y_3 = y_2 + hy'_2$

Como $y'_2 = f(x_2, y_2) = y_2 - x_2 = \dfrac{49}{16} - \dfrac{1}{2} = \dfrac{41}{16}$

Logo, $y_3 = \dfrac{49}{16} + \dfrac{1}{4}\left(\dfrac{41}{16}\right) = \dfrac{237}{64}$

n = 3: $y_4 = y_3 + hy'_3$

Como $y'_3 = f(x_3, y_3) = y_3 - x_3 = \dfrac{237}{64} - \dfrac{3}{4} = \dfrac{189}{64}$

Logo, $y_4 = \dfrac{237}{64} + \dfrac{1}{4}\left(\dfrac{189}{64}\right) = \dfrac{1137}{256}$

Assim,

$$y(1) = y_4 = \frac{1137}{256} = 4,441$$

Note que a solução verdadeira é $Y(x) = e^x + x + 1$, de modo que $Y(1) = 4,718$. Grafando (x_n, y_n) para $n = 0, 1, 2, 3$ e 4 e unindo os pontos sucessivos com segmentos retilíneos, como na Fig. 18-13, temos uma aproximação da curva solução em $[0, 1]$ para este problema de valor inicial.

18.13 Resolva o Problema 18.12 com $h = 0,1$.

Para $h = 0,1$, $y(1) = y_{10}$. Como antes, $y'_n = y_n - x_n$. Então, utilizando a Eq. (18.4) com $n = 0, 1, ..., 9$ sucessivamente, obtemos

$n = 0$: $x_0 = 0$, $y_0 = 2$, $y'_0 = y_0 - x_0 = 2 - 0 = 2$
$y_1 = y_0 + hy'_0 = 2 + (0,1)(2) = 2,2$

$n = 1$: $x_1 = 0,1$, $y_1 = 2,2$, $y'_1 = y_1 - x_1 = 2,2 - 0,1 = 2,1$
$y_2 = y_1 + hy'_1 = 2,2 + (0,1)(2,1) = 2,41$

$n = 2$: $x_2 = 0,2$, $y_2 = 2,41$, $y'_2 = y_2 - x_2 = 2,41 - 0,2 = 2,21$
$y_3 = y_2 + hy'_2 = 2,41 + (0,1)(2,21) = 2,631$

$n = 3$: $x_3 = 0,3$, $y_3 = 2,631$, $y'_3 = y_3 - x_3 = 2,631 - 0,3 = 2,331$
$y_4 = y_3 + hy'_3 = 2,631 + (0,1)(2,331) = 2,864$

$n = 4$: $x_4 = 0,4$, $y_4 = 2,864$, $y'_4 = y_4 - x_4 = 2,864 - 0,4 = 2,464$
$y_5 = y_4 + hy'_4 = 2,864 + (0,1)(2,464) = 3,110$

$n = 5$: $x_5 = 0,5$, $y_5 = 3,110$, $y'_5 = y_5 - x_5 = 3,110 - 0,5 = 2,610$
$y_6 = y_5 + hy'_5 = 3,110 + (0,1)(2,610) = 3,371$

$n = 6$: $x_6 = 0,6$, $y_6 = 3,371$, $y'_6 = y_6 - x_6 = 3,371 - 0,6 = 2,771$
$y_7 = y_6 + hy'_6 = 3,371 + (0,1)(2,771) = 3,648$

$n = 7$: $x_7 = 0,7$, $y_7 = 3,648$, $y'_7 = y_7 - x_7 = 3,648 - 0,7 = 2,948$
$y_8 = y_7 + hy'_7 = 3,648 + (0,1)(2,948) = 3,943$

$n = 8$: $x_8 = 0,8$, $y_8 = 3,943$, $y'_8 = y_8 - x_8 = 3,943 - 0,8 = 3,143$
$y_9 = y_8 + hy'_8 = 3,943 + (0,1)(3,143) = 4,257$

$n = 9$: $x_9 = 0,9$, $y_9 = 4,257$, $y'_9 = y_9 - x_9 = 4,257 - 0,9 = 3,357$
$y_{10} = y_9 + hy'_9 = 4,257 + (0,1)(3,357) = 4,593$

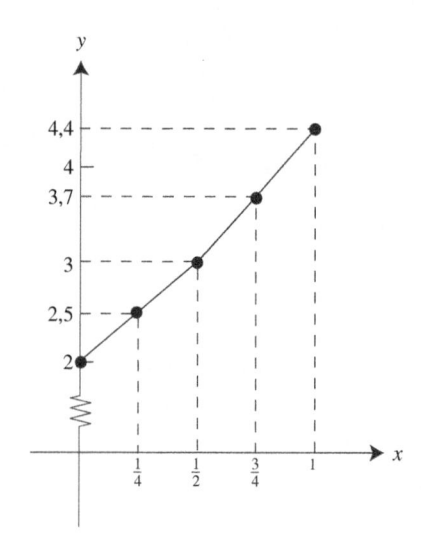

Figura 18-13

Os resultados anteriores são apresentados na Tabela 18-1. A título de comparação, a Tabela 18-1 também contém resultados para $h = 0{,}05$, $h = 0{,}01$ e $h = 0{,}005$, com todos os cálculos arredondados para quatro casas decimais. Note que os resultados mais precisos são obtidos para os menores valores de h.

Grafando (x_n, y_n) para valores inteiros de n entre 0 e 10, inclusive, e ligando os pontos sucessivos por segmentos retilíneos, poderemos gerar um gráfico quase indistinguível da Fig. 18-13, porque a precisão gráfica com as escalas adotadas para os eixos é limitada a uma casa decimal.

18.14 Calcule $y(0{,}5)$ para $y' = y$; $y(0) = 1$, usando o método de Euler com $h = 0{,}1$.

Para este problema, $f(x, y) = y$, $x_0 = 0$, $y_0 = 1$; logo, pela Eq. (18.5), $y'_n = f(x_n, y_n) = y_n$. Com $h = 0{,}1$, $y(0{,}5) = y_5$. Então, utilizando a Eq. (18.4) com $n = 0, 1, 2, 3, 4$ sucessivamente, obtemos

$n = 0$: $x_0 = 0$, $y_0 = 1$, $y'_0 = y_0 = 1$
$y_1 = y_0 + hy'_0 = 1 + (0{,}1)(1) = 1{,}1$

$n = 1$: $x_1 = 0{,}1$, $y_1 = 1{,}1$, $y'_1 = y_1 = 1{,}1$
$y_2 = y_1 + hy'_1 = 1{,}1 + (0{,}1)(1{,}1) = 1{,}21$

$n = 2$: $x_2 = 0{,}2$, $y_2 = 1{,}21$, $y'_2 = y_2 = 1{,}21$
$y_3 = y_2 + hy'_2 = 1{,}21 + (0{,}1)(1{,}21) = 1{,}331$

$n = 3$: $x_3 = 0{,}3$, $y_3 = 1{,}331$, $y'_3 = y_3 = 1{,}331$
$y_4 = y_3 + hy'_3 = 1{,}331 + (0{,}1)(1{,}331) = 1{,}464$

$n = 4$: $x_4 = 0{,}4$, $y_4 = 1{,}464$, $y'_4 = y_4 = 1{,}464$
$y_5 = y_4 + hy'_4 = 1{,}464 + (0{,}1)(1{,}464) = 1{,}610$

Assim, $y(0{,}5) = y_5 = 1{,}610$. Note que como a solução verdadeira é $Y(x) = e^x$, $Y(0{,}5) = e^{0{,}5} = 1{,}649$.

Tabela 18-1

Método: Método de Euler					
Problema: $y' = y - x$; $y(0) = 2$					
x_n	y_n				Solução verdadeira $Y(x) = e^x + x + 1$
	$h = 0{,}1$	$h = 0{,}05$	$h = 0{,}01$	$h = 0{,}005$	
0,0	2,0000	2,0000	2,0000	2,0000	2,0000
0,1	2,2000	2,2025	2,2046	2,2049	2,2052
0,2	2,4100	2,4155	2,4202	2,4208	2,4214
0,3	2,6310	2,6401	2,6478	2,6489	2,6499
0,4	2,8641	2,8775	2,8889	2,8903	2,8918
0,5	3,1105	3,1289	3,1446	3,1467	3,1487
0,6	3,3716	3,3959	3,4167	3,4194	3,4221
0,7	3,6487	3,6799	3,7068	3,7102	3,7138
0,8	3,9436	3,9829	4,0167	4,0211	4,0255
0,9	4,2579	4,3066	4,3486	4,3541	4,3596
1,0	4,5937	4,6533	4,7048	4,7115	4,7183

18.15 Calcule $y(1)$ para $y' = y$; $y(0) = 1$, utilizando o método de Euler com $h = 0,1$.

Procedemos exatamente como no Problema 18.14, exceto que agora calculamos até $n = 9$. Os resultados deses cálculos são apresentados na Tabela 18-2. A título de comparação, a Tabela 18-2 também contém resultados para $h = 0,05$, $h = 0,001$ e $h = 0,005$, com todos os cálculos arredondados para quatro casas decimais.

18.16 Calcule $y(1)$ para $y' = y^2 + 1$; $y(0) = 0$, utilizando o método de Euler com $h = 0,1$.

Para este problema, $f(x, y) = y^2 + 1$, $x_0 = 0$, $y_0 = 0$; logo, pela Eq. (18.5), $y'_n = f(x_n, y_n) = (y_n)^2 + 1$. Com $h = 0,1$, $y(1) = y_{10}$. Então, utilizando a Eq. (18.4) com $n = 0, 1, ..., 9$ sucessivamente, obtemos

n = 0: $x_0 = 0$, $y_0 = 0$, $y'_0 = (y_0)^2 + 1 = (0)^2 + 1 = 1$
$y_1 = y_0 + hy'_0 = 0 + (0,1)(1) = 0,1$

n = 1: $x_1 = 0,1$, $y_1 = 0,1$, $y'_1 = (y_1)^2 + 1 = (0,1)^2 + 1 = 1,01$
$y_2 = y_1 + hy'_1 = 0,1 + (0,1)(1,01) = 0,201$

n = 2: $x_2 = 0,2$, $y_2 = 0,201$
$y'_2 = (y_2)^2 + 1 = (0,201)^2 + 1 = 1,040$
$y_3 = y_2 + hy'_2 = 0,201 + (0,1)(1,040) = 0,305$

n = 3: $x_3 = 0,3$, $y_3 = 0,305$
$y'_3 = (y_3)^2 + 1 = (0,305)^2 + 1 = 1,093$
$y_4 = y_3 + hy'_3 = 0,305 + (0,1)(1,093) = 0,414$

Tabela 18-2

	Método: Método de Euler				
	Problema: $y' = y$; $y(0) = 1$				
x_n	y_n				Solução verdadeira $Y(x) = e^x$
	$h = 0,1$	$h = 0,05$	$h = 0,01$	$h = 0,005$	
0,0	1,0000	1,0000	1,0000	1,0000	1,0000
0,1	1,1000	1,1025	1,1046	1,1049	1,1052
0,2	1,2100	1,2155	1,2202	1,2208	1,2214
0,3	1,3310	1,3401	1,3478	1,3489	1,3499
0,4	1,4641	1,4775	1,4889	1,4903	1,4918
0,5	1,6105	1,6289	1,6446	1,6467	1,6487
0,6	1,7716	1,7959	1,8167	1,8194	1,8221
0,7	1,9487	1,9799	2,0068	2,0102	2,0138
0,8	2,1436	2,1829	2,2167	2,2211	2,2255
0,9	2,3579	2,4066	2,4486	2,4541	2,4596
1,0	2,5937	2,6533	2,7048	2,7115	2,7183

Tabela 18-3

	Método: Método de Euler				
	Problema: $y' = y^2 + 1$; $y(0) = 0$				
x_n	y_n				Solução verdadeira $Y(x) = \operatorname{tg} x$
	$h = 0{,}1$	$h = 0{,}05$	$h = 0{,}01$	$h = 0{,}005$	
0,0	0,0000	0,0000	0,0000	0,0000	0,0000
0,1	0,1000	0,1001	0,1003	0,1003	0,1003
0,2	0,2010	0,2018	0,2025	0,2026	0,2027
0,3	0,3050	0,3070	0,3088	0,3091	0,3093
0,4	0,4143	0,4183	0,4218	0,4223	0,4228
0,5	0,5315	0,5384	0,5446	0,5455	0,5463
0,6	0,6598	0,6711	0,6814	0,6827	0,6841
0,7	0,8033	0,8212	0,8378	0,8400	0,8423
0,8	0,9678	0,9959	1,0223	1,0260	1,0296
0,9	1, 1615	1,2055	1,2482	1,2541	1,2602
1,0	1,3964	1,4663	1,5370	1,5470	1,5574

n = 4: $x_4 = 0{,}4$, $y_4 = 0{,}414$
$y'_4 = (y_4)^2 + 1 = (0{,}414)^2 + 1 = 1{,}171$
$y_5 = y_4 + hy'_4 = 0{,}414 + (0{,}1)(1{,}171) = 0{,}531$

Prosseguindo dessa maneira, determinamos $y_{10} = 1{,}396$.

Os cálculos são apresentados na Tabela 18-3. A título de comparação, a Tabela 18-3 também contém resultados para $h = 0{,}05$, $h = 0{,}01$ e $h = 0{,}005$, com todos os cálculos arredondados para quatro casas decimais. A solução verdadeira para este problema é $Y(x) = \operatorname{tg} x$, portanto, $Y(1) = 1{,}557$.

Problemas Complementares

Os Problemas 18.17 a 18.22 apresentam campos direcionais. Esboce algumas curvas solução.

18.17 Veja a Fig. 18-14.   **18.18** Veja a Fig. 18-15.

18.19 Veja a Fig. 18-16.   **18.20** Veja a Fig. 18-17.

18.21 Veja a Fig. 18-18.   **18.22** Veja a Fig. 18-19.

18.23 Trace um campo direcional para a equação $y' = x - y + 1$.

18.24 Descreva as isóclinas para a equação do Problema 18.23.

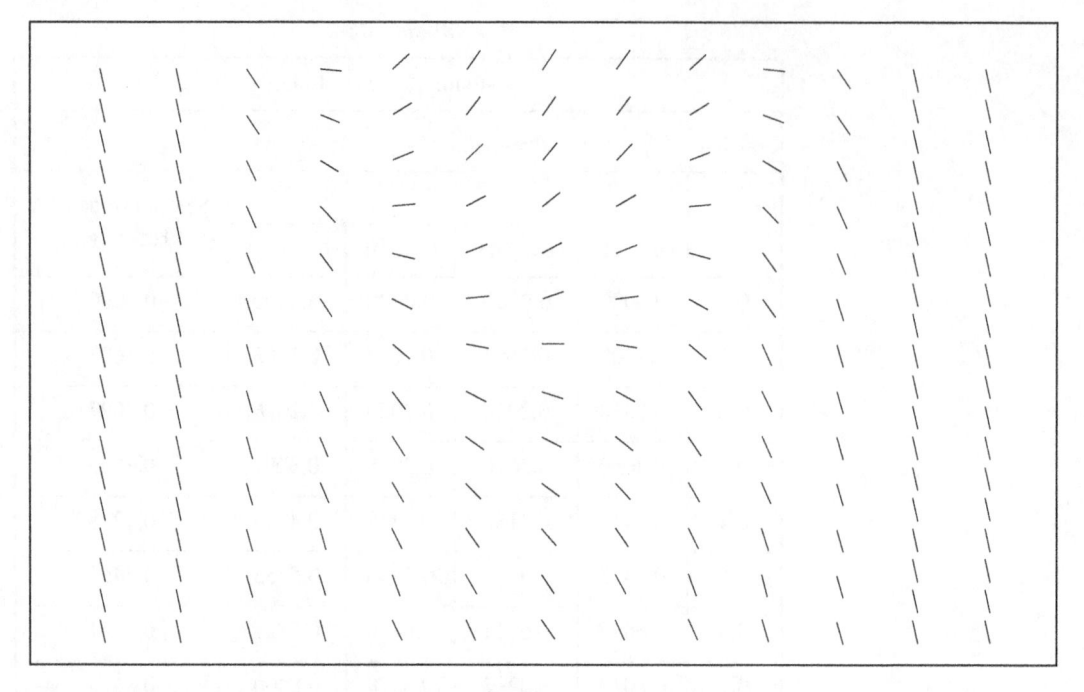

Figura 18-14

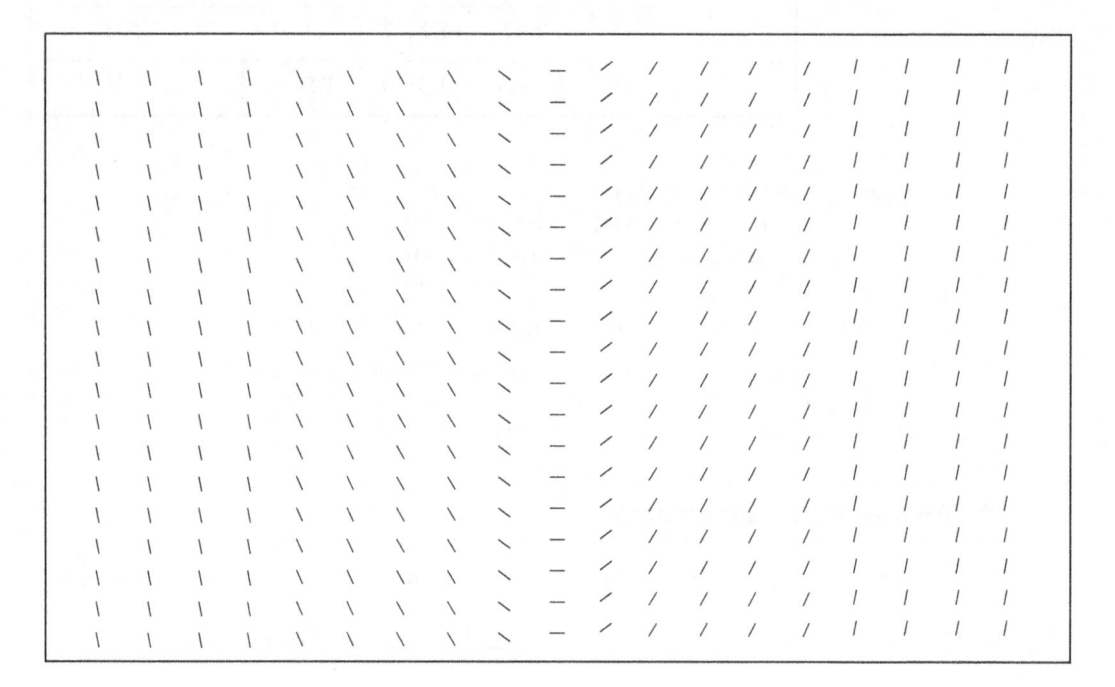

Figura 18-15

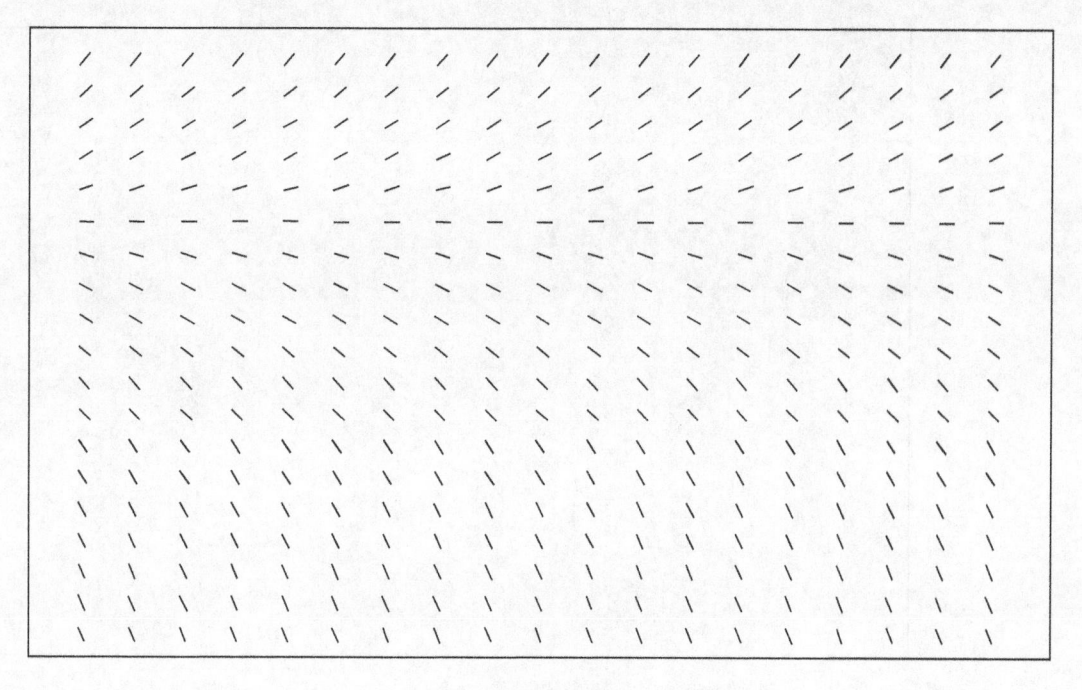

Figura 18-16

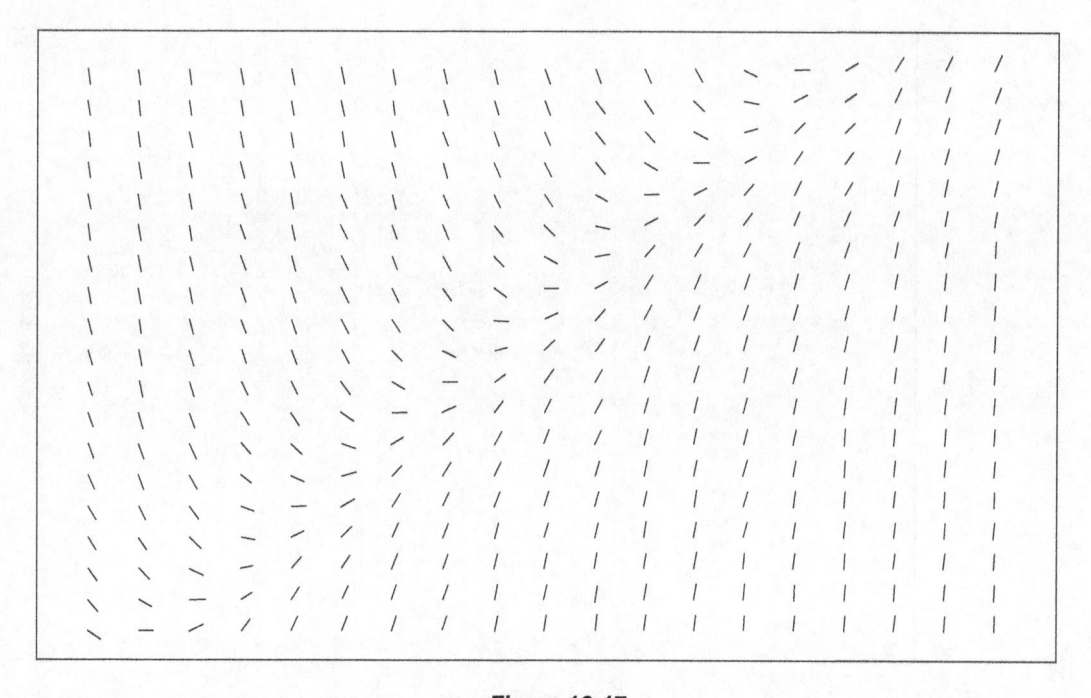

Figura 18-17

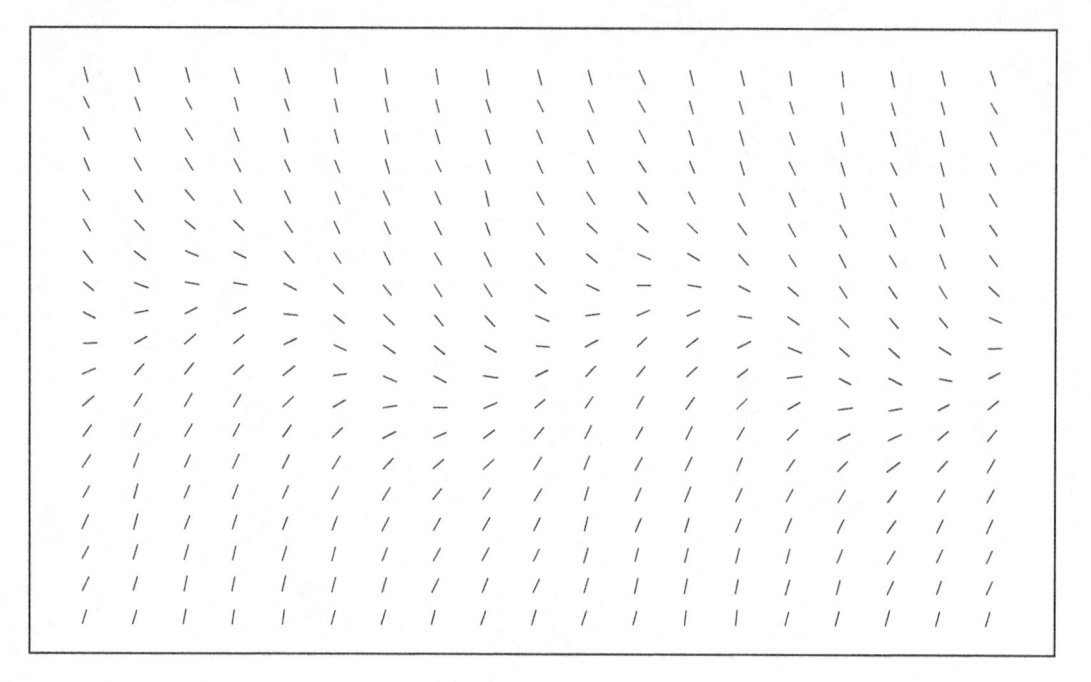

Figura 18-18

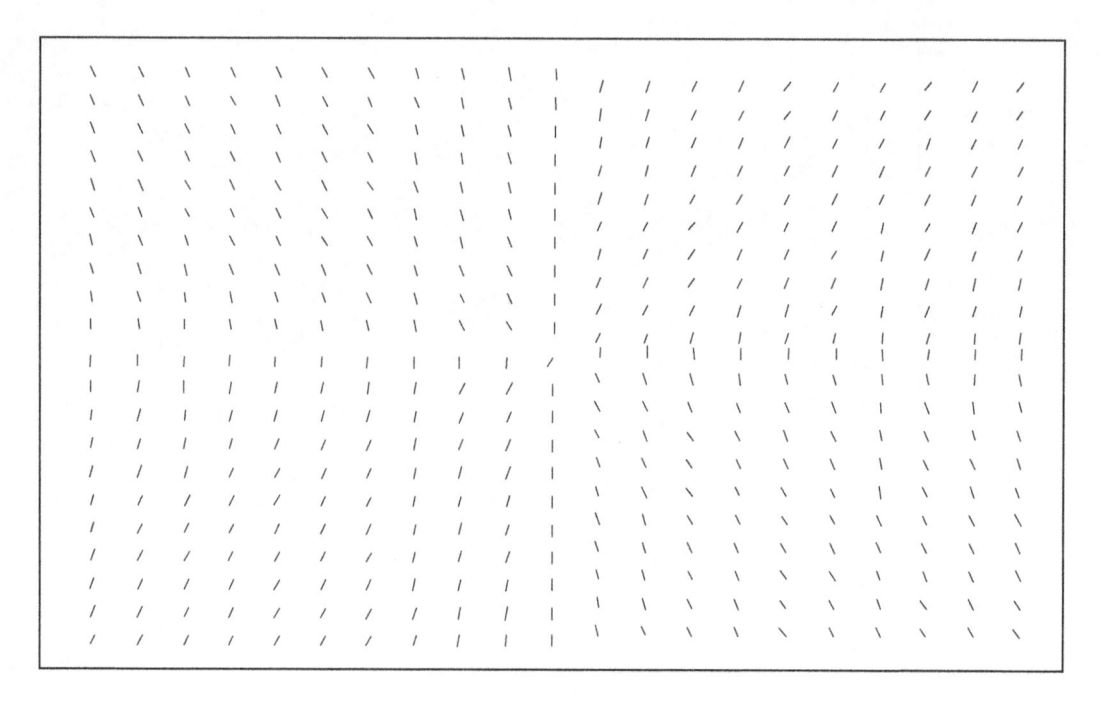

Figura 18-19

18.25 Trace um campo direcional para a equação $y' = 2x$.

18.26 Descreva as isóclinas para a equação do Problema 18.25.

18.27 Trace um campo direcional para a equação $y' = y - 1$.

18.28 Descreva as isóclinas para a equação do Problema 18.27.

18.29 Trace um campo direcional para a equação $y' = y - x^2$.

18.30 Descreva as isóclinas para a equação do Problema 18.29.

18.31 Trace um campo direcional para a equação $y' = \operatorname{sen} x - y$.

18.32 Descreva as isóclinas para a equação do Problema 18.31.

18.33 Determine $y(1,0)$ para $y' = -y$; $y(0) = 1$, utilizando o método de Euler com $h = 0,1$.

18.34 Determine $y(0,5)$ para $y' = 2x$; $y(0) = 0$, utilizando o método de Euler com $h = 0,1$.

18.35 Determine $y(0,5)$ para $y' = -y + x + 2$; $y(0) = 2$, utilizando o método de Euler com $h = 0,1$.

18.36 Determine $y(0,5)$ para $y' = 4x^3$; $y(0) = 0$, utilizando o método de Euler com $h = 0,1$.

Capítulo 19

Métodos Numéricos para Solução de Equações Diferenciais de Primeira Ordem

OBSERVAÇÕES GERAIS

Conforme vimos no capítulo anterior, métodos gráficos e numéricos podem ser muito úteis para a obtenção de soluções aproximadas para problemas de valor inicial em pontos particulares. É interessante observar que freqüentemente as únicas operações exigidas são adição, subtração, multiplicação, divisão e substituição de valores na função.

Neste capítulo, consideramos apenas problemas de valor inicial de primeira ordem da forma

$$y' = f(x, y); \quad y(x_0) = y_0 \tag{19.1}$$

Generalizações para problemas de ordem superior são apresentadas no Capítulo 20. Cada método numérico gerará soluções aproximadas nos pontos $x_0, x_1, x_2,...$, onde a diferença entre quaisquer dois valores sucessivos de x é uma constante h; ou seja, $x_{n+1} - x_n = h$ ($n = 0, 1, 2,...$). As observações feitas no Capítulo 18 à respeito do tamanho do intervalo permanecem válidas para todos os métodos numéricos apresentados a seguir.

A solução aproximada em x_n será designada por $y(x_n)$, ou simplesmente y_n. A solução verdadeira em x_n será denotada por $Y(x_n)$ ou Y_n. Note que, conhecido y_n, a Eq. (19.1) pode ser utilizada para obter y'_n como

$$y'_n = f(x_n, y_n) \tag{19.2}$$

O método numérico mais simples é o método de Euler, descrito no Capítulo 18.

Um método *preditor-corretor* é um conjunto de duas equações para y_{n+1}. A primeira equação, denominada *preditor*, é utilizada para prever (obter uma primeira aproximação para) y_{n+1}; a segunda equação, denominada *corretor*, é então aplicada para obter o valor correto (segunda aproximação) para y_{n+1}. Em geral, o corretor depende do valor predito.

MÉTODO DE EULER MODIFICADO

Trata-se de um método preditor-corretor simples que utiliza o método de Euler (Capítulo 18) como o preditor e então aplica o valor médio de y' nos pontos extremos esquerdo e direito do intervalo $[x_n, x_{n+1}]$ ($n = 0, 1, 2,...$) como coeficiente angular da aproximação do elemento linear da solução naquele intervalo. As equações resultantes são:

$$\text{preditor:} \quad y_{n+1} = y_n + hy'_n$$

$$\text{corretor:} \quad y_{n+1} = y_n + \frac{h}{2}(y'_{n+1} + y'_n)$$

Para conveniência de notação, designamos o valor predito de y_{n+1} por py_{n+1}. Decorre então da Eq. (19.2) que

$$py'_{n+1} = f(x_{n+1}, py_{n+1}) \tag{19.3}$$

O método de Euler modificado se torna

$$\text{preditor:} \quad py_{n+1} = y_n + hy'_n$$
$$\text{corretor:} \quad y_{n+1} = y_n + \frac{h}{2}(py'_{n+1} + y'_n) \tag{19.4}$$

MÉTODO RUNGE-KUTTA

$$y_{n+1} = y_n + \frac{1}{6}(k_1 + 2k_2 + 2k_3 + k_4) \tag{19.5}$$

onde
$$k_1 = hf(x_n, y_n)$$
$$k_2 = hf\left(x_n + \frac{1}{2}h, y_n + \frac{1}{2}k_1\right)$$
$$k_3 = hf\left(x_n + \frac{1}{2}h, y_n + \frac{1}{2}k_2\right)$$
$$k_4 = hf(x_n + h, y_n + k_3)$$

Esse *não* é um método preditor-corretor.

MÉTODO DE ADAMS-BASHFORTH-MOULTON

$$\text{preditor:} \quad py_{n+1} = y_n + \frac{h}{24}(55y'_n - 59y'_{n-1} + 37y'_{n-2} - 9y'_{n-3})$$
$$\text{corretor:} \quad y_{n+1} = y_n + \frac{h}{24}(9py'_{n+1} + 19y'_n - 5y'_{n-1} + y'_{n-2}) \tag{19.6}$$

MÉTODO DE MILNE

$$\text{preditor:} \quad py_{n+1} = y_{n-3} + \frac{4h}{3}(2y'_n - y'_{n-1} + 2y'_{n-2})$$
$$\text{corretor:} \quad y_{n+1} = y_{n-1} + \frac{h}{3}(py'_{n+1} + 4y'_n + y'_{n-1}) \tag{19.7}$$

VALORES DE PARTIDA

O método Adams-Bashforth-Moulton e o método de Milne requerem informação em y_0, y_1, y_2 e y_3 para iniciar. O primeiro desses valores é dado pela condição inicial na Eq. (19.1). Os outros três valores iniciais são obtidos pelo método Runge-Kutta.

ORDEM DE UM MÉTODO NUMÉRICO

Um método numérico é de *ordem n*, onde n é um inteiro positivo, se for exato para polinômios de grau não superior a n. Em outras palavras, se a solução verdadeira de um problema de valor inicial for um polinômio de grau menor ou igual a n, então a solução aproximada e a solução verdadeira serão idênticas para um método de ordem n.

Em geral, quanto maior a ordem, mais preciso é o método. O método de Euler, Eq. (18.4), é de ordem um, o método de Euler modificado, Eq. (19.4), é de ordem dois, enquanto os outros três métodos, Eqs. (19.5) a (19.7) são métodos de quarta ordem.

Problemas Resolvidos

19.1 Utilize o método de Euler modificado para resolver $y' = y - x$; $y(0) = 2$ no intervalo $[0, 1]$ com $h = 0,1$.

Nesse caso, $f(x, y) = y - x$, $x_0 = 0$ e $y_0 = 2$. Pela Eq. (19.2) temos $y'_0 = f(0, 2) = 2 - 0 = 2$. Então, utilizando as Eqs. (19.4) e (19.3), calculamos

$n = 0$: $x_1 = 0,1$

$py_1 = y_0 + hy'_0 = 2 + 0,1(2) = 2,2$

$py'_1 = f(x_1, py_1) = f(0,1, 2,2) = 2,2 - 0,1 = 2,1$

$y_1 = y_0 + \dfrac{h}{2}(py'_1 + y'_0) = 2 + 0,05(2,1 + 2) = 2,205$

$y'_1 = f(x_1, y_1) = f(0,1, 2,205) = 2,205 - 0,1 = 2,105$

$n = 1$: $x_2 = 0,2$

$py_2 = y_1 + hy'_1 = 2,205 + 0,1(2,105) = 2,4155$

$py'_2 = f(x_2, py_2) = f(0,2, 2,4155) = 2,4155 - 0,2 = 2,2155$

$y_2 = y_1 + \dfrac{h}{2}(py'_2 + y'_1) = 2,205 + 0,05(2,2155 + 2,105) = 2,421025$

$y'_2 = f(x_2, y_2) = f(0,2, 2,421025) = 2,421025 - 0,2 = 2,221025$

$n = 2$: $x_3 = 0,3$

$py_3 = y_2 + hy'_2 = 2,421025 + 0,1(2,221025) = 2,6431275$

$py'_3 = f(x_3, py_3) = f(0,3, 2,6431275) = 2,6431275 - 0,3 = 2,3431275$

$y_3 = y_2 + \dfrac{h}{2}(py'_3 + y'_2) = 2,421025 + 0,05(2,3431275 + 2,221025) = 2,6492326$

$y'_3 = f(x_3, y_3) = f(0,3, 2,6492326) = 2,6492326 - 0,3 = 2,3492326$

Prosseguindo dessa maneira, geramos a Tabela 19-1. Compare-a com a Tabela 18-1.

19.2 Utilize o método de Euler modificado para resolver $y' = y^2 + 1$; $y(0) = 0$ no intervalo $[0, 1]$ com $h = 0,1$.

Tabela 19-1

	Método: Método de Euler modificado		
	Problema: $y' = y - x$; $y(0) = 2$		
x_n	$h = 0,1$		Solução verdadeira $Y(x) = e^x + x + 1$
	py_n	y_n	
0,0	—	2,0000000	2,0000000
0,1	2,2000000	2,2050000	2,2051709
0,2	2,4155000	2,4210250	2,4214028
0,3	2,6431275	2,6492326	2,6498588
0,4	2,8841559	2,8909021	2,8918247
0,5	3,1399923	3,1474468	3,1487213
0,6	3,4121914	3,4204287	3,4221188
0,7	3,7024715	3,7115737	3,7137527
0,8	4,0127311	4,0227889	4,0255409
0,9	4,3450678	4,3561818	4,3596031
1,0	4,7017999	4,7140808	4,7182818

Neste caso, $f(x, y) = y^2 + 1$, $x_0 = 0$ e $y_0 = 0$. Pela Eq. (19.2) temos $y'_0 = f(0, 0) = (0)^2 + 1 = 1$. Então, utilizando as Eqs. (19.4) e (19.3), calculamos

n = 0: $x_1 = 0,1$
$py_1 = y_0 + hy'_0 = 0 + 0,1(1) = 0,1$
$py'_1 = f(x_1, py_1) = f(0,1, 0,1) = (0,1)^2 + 1 = 1,01$
$y_1 = y_0 + (h/2)(py'_1 + y'_0) = 0 + 0,05(1,01 + 1) = 0,1005$
$y'_1 = f(x_1, y_1) = f(0,1, 0,1005) = (0,1005)^2 + 1 = 1,0101003$

n = 1: $x_2 = 0,2$
$py_2 = y_1 + hy'_1 = 0,1005 + 0,1(1,0101003) = 0,2015100$
$py'_2 = f(x_2, py_2) = f(0,2, 0,2015100) = (0,2015100)^2 + 1 = 1,0406063$
$y_2 = y_1 + (h/2)(py'_2 + y'_1) = 0,1005 + 0,05(1,0406063) + 1,0101002 = 0,2030353$
$y'_2 = f(x_2, y_2) = f(0.2, 0.2030353) = (0,2030353)^2 + 1 = 1,0412233$

n = 2: $x_3 = 0,3$.
$py_3 = y_2 + hy'_2 = 0,2030353 + 0,1(1,0412233) = 0,3071577$
$py'_3 = f(x_3, py_3) = f(0,3, 0,3071577) = (0,3071577)^2 + 1 = 1,0943458$
$y_3 + y_2 + (h/2)(py'_3 + y'_2) = 0,2030353 + 0,05(1,0943458 + 1,0412233) = 0.3098138$
$y'_3 = f(x_3, y_3) = f(0,3, 0,3098138) = (0,3098138)^2 + 1 = 1,0959846$

Prosseguindo dessa maneira, geramos a Tabela 19-2. Compare-a com a Tabela 18-3.

Tabela 19-2

	Método: Método de Euler modificado		
	Problema: $y' = y^2 + 1; y(0) = 0$		
x_n	$h = 0,1$		Solução verdadeira $Y(x) = \text{tg } x$
	py_n	y_n	
0,0	—	0,0000000	0,0000000
0,1	0,1000000	0,1005000	0,1003347
0,2	0,2015100	0,2030353	0,2027100
0,3	0,3071577	0,3098138	0,3093363
0,4	0,4194122	0,4234083	0,4227932
0,5	0,5413358	0,5470243	0,5463025
0,6	0,6769479	0,6848990	0,6841368
0,7	0,8318077	0,8429485	0,8422884
0,8	1,0140048	1,0298869	1,0296386
0,9	1,2359536	1,2592993	1,2601582
1,0	1,5178828	1,5537895	1,5574077

19.3 Determine $y(1,6)$ para $y' = 2x$; $y(1) = 1$ aplicando o método de Euler modificado com $h = 0,2$.

Neste caso, $f(x, y) = 2x$, $x_0 = 1$ e $y_0 = 2$. Pela Eq. (19.2) temos $y'_0 = f(1, 2) = 2(1) = 2$. Então, utilizando (19.4) e (19.3), calculamos

n = 0: $x_1 = x_0 + h = 1 + 0,2 = 1,2$
$py_1 = y_0 + hy'_0 = 1 + 0,2(2) = 1,4$
$py'_1 = f(x_1, py_1) = f(1,2, 1,4) = 2(1,2) = 2,4$
$y_1 = y_0 + (h/2)(py'_1 + y'_0) = 1 + 0,1(2,4 + 2) = 1,44$
$y'_1 = f(x_1, y_1) = f(1,2, 1,44) = 2(1,2) = 2,4$

n = 1: $x_2 = x_1 + h = 1,2 + 0,2 = 1,4$
$py_2 = y_1 + hy'_1 = 1,44 + 0,2(2,4) = 1,92$
$py'_2 = f(x_2, py_2) = f(1,4, 1,92) = 2(1,4) = 2,8$
$y_2 = y_1 + (h/2)(py'_2 + y'_1) = 1,44 + 0,1(2,8 + 2,4) = 1,96$
$y'_2 = f(x_2, y_2) = f(1,4, 1,96) = 2(1,4) = 2,8$

n = 2: $x_3 = x_2 + h = 1,4 + 0,2 = 1,6$
$py_3 = y_2 + hy'_2 = 1,96 + 0,2(2,8) = 2,52$
$py'_3 = f(x_3, py_3) = f(1,6, 2,52) = 2(1,6) = 3,2$
$y_3 = y_2 + (h/2)(py'_3 + y'_2) = 1,96 + 0,1(3,2 + 2,8) = 2,56$

A solução verdadeira é $Y(x) = x^2$; logo $Y(1,6) = y(1,6) = (1,6)^2 = 2,56$. Como a solução verdadeira é um polinômio de segundo grau e o método de Euler modificado é um método de segunda ordem, essa concordância já era esperada.

19.4 Utilize o método Runge-Kutta para resolver $y' = y - x$; $y(0) = 2$ no intervalo $[0, 1]$ com $h = 0,1$.

Neste caso, $f(x, y) = y - x$. Aplicando a Eq. (19.5) com $n = 0, 1,..., 9$, calculamos

$n = 0$: $x_0 = 0$, $y_0 = 2$

$k_1 = hf(x_0, y_0) = hf(0, 2) = (0,1)(2 - 0) = 0,2$

$k_2 = hf(x_0 + \frac{1}{2}h, y_0 + \frac{1}{2}k_1) = hf[0 + \frac{1}{2}(0,1), 2 + \frac{1}{2}(0,2)]$
$= hf(0,05, 2,1) = (0,1)(2,1 - 0,05) = 0,205$

$k_3 = hf(x_0 + \frac{1}{2}h, y_0 + \frac{1}{2}k_2) = hf[0 + \frac{1}{2}(0,1), 2 + \frac{1}{2}(0,205)]$
$= hf(0,05, 2,103) = (0,1)(2,103 - 0,05) = 0,205$

$k_4 = hf(x_0 + h, y_0 + k_3) = hf(0 + 0,1, 2 + 0,205)$
$= hf(0,1, 2,205) = (0,1)(2,205 - 0,1) = 0,211$

$y_1 = y_0 + \frac{1}{6}(k_1 + 2k_2 + 2k_3 + k_4)$
$= 2 + \frac{1}{6}[0,2 + 2(0,205) + 2(0,205) + 0,211] = 2,205$

$n = 1$: $x_1 = 0,1$, $y_1 = 2,205$

$k_1 = hf(x_1, y_1) = hf(0,1, 2,205) = (0,1)(2,205 - 0,1) = 0,211$

$k_2 = hf(x_1 + \frac{1}{2}h, y_1 + \frac{1}{2}k_1) = hf[0,1 + \frac{1}{2}(0,1), 2,205 + \frac{1}{2}(0,211)]$
$= hf(0,15, 2,311) = (0,1)(2,311 - 0,15) = 0,216$

$k_3 = hf(x_1 + \frac{1}{2}h, y_1 + \frac{1}{2}k_2) = hf[0,1 + \frac{1}{2}(0,1), 2,205 + \frac{1}{2}(0,216)]$
$= hf(0,15, 2,313) = (0,1)(2,313 - 0,15) = 0,216$

$k_4 = hf(x_1 + h, y_1 + k_3) = hf(0,1 + 0,1, 2,205 + 0,216)$
$= hf(0,2, 2,421) = (0,1)(2,421 - 0,2) = 0,222$

$y_2 = y_1 + \frac{1}{6}(k_1 + 2k_2 + 2k_3 + k_4)$
$= 2,205 + \frac{1}{6}[0,211 + 2(0,216) + 2(0,216) + 0,222] = 2,421$

$n = 2$: $x_2 = 0,2$, $y_2 = 2,421$

$k_1 = hf(x_2, y_2) = hf(0,2, 2,421) = (0,1)(2,421 - 0,2) = 0,222$

$k_2 = hf(x_2 + \frac{1}{2}h, y_2 + \frac{1}{2}k_1) = hf[0,2 + \frac{1}{2}(0,1), 2,421 + \frac{1}{2}(0,222)]$
$= hf(0,25, 2,532) = (0,1)(2,532 - 0,25) = 0,228$

$k_3 = hf(x_2 + \frac{1}{2}h, y_2 + \frac{1}{2}k_2) = hf[0,2 + \frac{1}{2}(0,1), 2,421 + \frac{1}{2}(0,228)]$
$= hf(0,25, 2,535) = (0,1)(2,535) - 0,25) = 0,229$

$k_4 = hf(x_2 + h, y_2 + k_3) = hf(0,2 + 0,1, 2,421 + 0,229)$
$= hf(0,3, 2,650) = (0,1)(2,650 - 0,3) = 0,235$

$y_3 = y_2 + \frac{1}{6}(k_1 + 2k_2 + 2k_3 + k_4)$
$= 2,421 + \frac{1}{6}[0,222 + 2(0,228) + 2(0,229) + 0,235] = 2,650$

Prosseguindo dessa maneira, geramos a Tabela 19-3. Compare-a com a Tabela 19-1.

19.5 Utilize o método Runge-Kutta para resolver $y' = y$; $y(0) = 1$ no intervalo $[0, 1]$ com $h = 0,1$.

Neste caso, $f(x, y) = y$. Aplicando a Eq. (19.5) com $n = 0, 1,..., 9$, calculamos

$n = 0$: $x_0 = 0$, $y_0 = 1$

$k_1 = hf(x_0, y_0) = hf(0, 1) = (0,1)(1) = 0,1$

$k_2 = hf(x_0 + \frac{1}{2}h, y_0 + \frac{1}{2}k_1) = hf[0 + \frac{1}{2}(0,1), 1 + \frac{1}{2}(0,1)]$
$= hf(0,05, 1,05) = (0,1)(1,05) = 0,105$

Tabela 19-3

	Método: Método de Runge-Kutta	
	Problema: $y' = y - x$; $y(0) = 2$	
x_n	$h = 0{,}1$	Solução verdadeira
	y_n	$Y(x) = e^x + x + 1$
0,0	2,0000000	2,0000000
0,1	2,2051708	2,2051709
0,2	2,4214026	2,4214028
0,3	2,6498585	2,6498588
0,4	2,8918242	2,8918247
0,5	3,1487206	3,1487213
0,6	3,4221180	3,4221188
0,7	3,7137516	3,7137527
0,8	4,0255396	4,0255409
0,9	4,3596014	4,3596031
1,0	4,7182797	4,7182818

$k_3 = hf(x_0 + \frac{1}{2}h, y_0 + \frac{1}{2}k_2) = hf[0 + \frac{1}{2}(0{,}1), 1 + \frac{1}{2}(0{,}105)]$
$= hf(0{,}05, 1{,}053) = (0{,}1)(1{,}053) = 0{,}105$

$k_4 = hf(x_0 + h, y_0 + k_3) = hf(0 + 0{,}1, 1 + 0{,}105)$
$= hf(0{,}1, 1{,}105) = (0{,}1)(1{,}105) = 0{,}111$

$y_1 = y_0 + \frac{1}{6}(k_1 + 2k_2 + 2k_3 + k_4)$
$= 1 + \frac{1}{6}[0{,}1 + 2(0{,}105) + 2(0{,}105) + 0{,}111] = 1{,}105$

n = 1: $x_1 = 0{,}1$, $y_1 = 1{,}105$

$k_1 = hf(x_1, y_1) = hf(0{,}1, 1{,}105) = (0{,}1)(1{,}105) = 0{,}111$

$k_2 = hf(x_1 + \frac{1}{2}h, y_1 + \frac{1}{2}k_1) = hf[0{,}1 + \frac{1}{2}(0{,}1), 1{,}105 + \frac{1}{2}(0{,}111)]$
$= hf(0{,}15, 1{,}161) = (0{,}1)(1{,}161) = 0{,}116$

$k_3 = hf(x_1 + \frac{1}{2}h, y_1 + \frac{1}{2}k_2) = hf[0{,}1 + \frac{1}{2}(0{,}1), 1{,}105 + \frac{1}{2}(0{,}116)]$
$= hf(0{,}15, 1{,}163) = (0{,}1)(1{,}163) = 0{,}116$

$k_4 = hf(x_1 + h, y_1 + k_3) = hf(0{,}1 + 0{,}1, 1{,}105 + 0{,}116)$
$= hf(0{,}2, 1{,}221) = (0{,}1)(1{,}221) = 0{,}122$

$y_2 = y_1 + \frac{1}{6}(k_1 + 2k_2 + 2k_3 + k_4)$
$= 1{,}105 + \frac{1}{6}[0{,}111 + 2(0{,}116) + 2(0{,}116) + 0{,}122] = 1{,}221$

n = 2: $x_2 = 0{,}2$, $y_2 = 1{,}221$

$k_1 = hf(x_2, y_2) = hf(0{,}2, 1{,}221) = (0{,}1)(1{,}221) = 0{,}122$

$k_2 = hf(x_2 + \frac{1}{2}h, y_2 + \frac{1}{2}k_1) = hf[0{,}2 + \frac{1}{2}(0{,}1), 1{,}221 + \frac{1}{2}(0{,}122)]$
$= hf(0{,}25, 1{,}282) = (0{,}1)(1{,}282) = 0{,}128$

$k_3 = hf(x_2 + \frac{1}{2}h, y_2 + \frac{1}{2}k_2) = hf[0{,}2 + \frac{1}{2}(0{,}1), 1{,}221 + \frac{1}{2}(0{,}128)]$
$= hf(0{,}25, 1{,}285) = (0{,}1)(1{,}285) = 0{,}129$

$k_4 = hf(x_2 + h, y_2 + k_3) = hf(0{,}2 + 0{,}1, 1{,}221 + 0{,}129)$
$= hf(0{,}3, 1{,}350) = (0{,}1)(1{,}350) = 0{,}135$

$y_3 = y_2 + \frac{1}{6}(k_1 + 2k_2 + 2k_3 + k_4)$
$= 1{,}221 + \frac{1}{6}[0{,}122 + 2(0{,}128) + 2(0{,}129) + 0{,}135] = 1{,}350$

Prosseguindo dessa maneira, geramos a Tabela 19-4.

Tabela 19-4

Método: Método de Runge-Kutta		
Problema: $y' = y$; $y(0) = 1$		
x_n	$h = 0{,}1$	Solução verdadeira
	y_n	$Y(x) = e^x$
0,0	1,0000000	1,0000000
0,1	1,1051708	1,1051709
0,2	1,2214026	1,2214028
0,3	1,3498585	1,3498588
0,4	1,4918242	1,4918247
0,5	1,6487206	1,6487213
0,6	1,8221180	1,8221188
0,7	2,0137516	2,0137527
0,8	2,2255396	2,2255409
0,9	2,4596014	2,4596031
1,0	2,7182797	2,7182818

19.6 Utilize o método Runge-Kutta para resolver $y' = y^2 + 1$; $y(0) = 0$ no intervalo $[0, 1]$ com $h = 0{,}1$.

Neste caso, $f(x, y) = y^2 + 1$. Aplicando a Eq. (19.5) calculamos

n = 0: $x_0 = 0$, $y_0 = 0$

$k_1 = hf(x_0, y_0) = hf(0, 0) = (0{,}1)[(0)^2 + 1] = 0{,}1$

$k_2 = hf(x_0 + \frac{1}{2}h, y_0 + \frac{1}{2}k_1) + hf[0 + \frac{1}{2}(0{,}1), 0 + \frac{1}{2}(0{,}1)]$
$= hf(0{,}05, 0{,}05) = (0{,}1)[(0{,}05)^2 + 1] = 0{,}1$

$$k_3 = hf(x_0 + \tfrac{1}{2}h, y_0 + \tfrac{1}{2}k_2) = hf[0 + \tfrac{1}{2}(0,1), 0 + \tfrac{1}{2}(0,1)]$$
$$= hf(0,05, 0,05) = (0,1)[(0,05)^2 + 1] = 0,1$$
$$k_4 = hf(x_0 + h, y_0 + k_3) = hf[0 + 0,1, 0 + 0,1]$$
$$= hf(0,1, 0,1) = (0,1)[(0,1)^2 + 1] = 0,101$$
$$y_1 = y_0 + \tfrac{1}{6}(k_1 + 2k_2 + 2k_3 + k_4)$$
$$= 0 + \tfrac{1}{6}[0,1 + 2(0,1) + 2(0,1) + 0,101] = 0,1$$

n = 1: $x_1 = 0,1, \quad y_1 = 0,1$

$$k_1 = hf(x_1, y_1) = hf(0,1, 0,1) = (0,1)[(0,1)^2 + 1] = 0,101$$
$$k_2 = hf(x_1 + \tfrac{1}{2}h, y_1 + \tfrac{1}{2}k_1) = hf[0,1 + \tfrac{1}{2}(0,1), (0,1) + \tfrac{1}{2}(0,101)]$$
$$= hf(0,15, 0,151) = (0,1)[(0,151)^2 + 1] = 0,102$$
$$k_3 = hf(x_1 + \tfrac{1}{2}h, y_1 + \tfrac{1}{2}k_2) = hf[0,1 + \tfrac{1}{2}(0,1), (0,1) + \tfrac{1}{2}(0,102)]$$
$$= hf(0,15, 0,151) = (0,1)[(0,151)^2 + 1] = 0,102$$
$$k_4 = hf(x_1 + h, y_1 + k_3) = hf(0,1 + 0,1, 0,1 + 0,102)$$
$$= hf(0,2, 0,202) = (0,1)[(0,202)^2 + 1] = 0,104$$
$$y_2 = y_1 + \tfrac{1}{6}(k_1 + 2k_2 + 2k_3 + k_4)$$
$$= 0,1 + \tfrac{1}{6}[0,101 + 2(0,102) + 2(0,102) + 0,104] = 0,202$$

n = 2: $x_2 = 0,2, \quad y_2 = 0,202$

$$k_1 = hf(x_2, y_2) = hf(0,2, 0,202) = (0,1)[(0,202)^2 + 1] = 0,104$$
$$k_2 = hf(x_2 + \tfrac{1}{2}h, y_2 + \tfrac{1}{2}k_1) = hf[0,2 + \tfrac{1}{2}(0,1), 0,202 + \tfrac{1}{2}(0,104)]$$
$$= hf(0,25, 0,254) = (0,1)[(0,254)^2 + 1] = 0,106$$
$$k_3 = hf(x_2 + \tfrac{1}{2}h, y_2 + \tfrac{1}{2}k_2) = hf[0,2 + \tfrac{1}{2}(0,1), 0,202 + \tfrac{1}{2}(0,106)]$$
$$= hf(0,25, 0,255) = (0,1)[(0,255)^2 + 1] = 0,107$$
$$k_4 = hf(x_2 + h, y_2 + k_3) = hf[0.2 + 0,1, 0,202 + 0,107]$$
$$= hf(0,3, 0,309) = (0,1)[(0,309)^2 + 1] = 0,110$$
$$y_3 = y_2 + \tfrac{1}{6}(k_1 + 2k_2 + 2k_3 + k_4)$$
$$= 0,202 + \tfrac{1}{6}[0,104 + 2(0,106) + 2(0,107) + 0,110] = 0,309$$

Prosseguindo dessa maneira, geramos a Tabela 19-5.

19.7 Utilize o método de Adams-Bashforth-Moulton para resolver $y' = y - x$; $y(0) = 2$ no intervalo [0, 1] com $h = 0,1$.

Neste caso, $f(x, y) = y - x$, $x_0 = 0$ e $y_0 = 2$. Utilizando a Tabela 19-3, determinamos os três valores de partida adicionais $y_1 = 2,2051708$, $y_2 = 2,4214026$ e $y_3 = 2,6498585$. Assim,

$$y'_0 = y_0 - x_0 = 2 - 0 = 2 \qquad y'_1 = y_1 - x_1 = 2,1051708$$
$$y'_2 = y_2 - x_2 = 2,2214026 \qquad y'_3 = y_3 - x_3 = 2,3498585$$

Então, utilizando a Eq. (19.6), iniciando com $n = 3$ e a Eq. (19.3), calculamos

n = 3: $x_4 = 0,4$

$$py_4 = y_3 + (h/24)(55y'_3 - 59y'_2 + 37y'_1 - 9y'_0)$$
$$= 2,6498585 + (0,1/24)[55(2,349585) - 59(2,2214026) + 37(2,1051708) - 9(2)]$$
$$= 2,8918201$$
$$py'_4 = py_4 - x_4 = 2,8918201 - 0,4 = 2,4918201$$
$$y_4 = y_3 + (h/24)(9py'_4 + 19y'_3 - 5y'_2 + y'_1)$$
$$= 2,6498585 + (0,1/24)[9(2,4918201) + 19(2,3498585) - 5(2,2214026) + 2,1051708]$$
$$= 2,8918245$$
$$y'_4 = y_4 - x_4 = 2,8918245 - 0,4 = 2,4918245$$

Tabela 19-5

Método: Método de Runge-Kutta		
Problema: $y' = y^2 + 1$; $y(0) = 0$		
x_n	$h = 0,1$	Solução verdadeira
	y_n	$Y(x) = \operatorname{tg} x$
0,0	0,0000000	0,0000000
0,1	0,1003346	0,1003347
0,2	0,2027099	0,2027100
0,3	0,3093360	0,3093363
0,4	0,4227930	0,4227932
0,5	0,5463023	0,5463025
0,6	0,6841368	0,6841368
0,7	0,8422886	0,8422884
0,8	1,0296391	1,0296386
0,9	1,2601588	1,2601582
1,0	1,5574064	1,5574077

n = 4: $x_5 = 0,5$

$py_5 = y_4 + (h/24)55y_4' - 59y_3' + 37y_2' - 9y_1')$
$= 2,8918245 + (0,1/24)[55(2,4918245) - 59(2,3498585) + 37(2,2214026) - 9(2,1051708)]$
$= 3,1487164$
$py_5' = py_5 - x_5 = 3,1487164 - 0,5 = 2,6487164$
$y_5 = y_4 + (h/24)(9py_5' + 19y_4' - 5y_3' + y_2')$
$= 2,8918245 + (0,1/24)[9(2,6487164) + 19(2,4918245) - 5(2,3498585) + 2,2214026]$
$= 3,1487213$
$y_5' = y_5 - x_5 = 3,1487213 - 0,5 = 2,6487213$

n = 5: $x_6 = 0,6$

$py_6 = y_5 + (h/24)(55y_5' - 59y_4' + 37y_3' - 9y_2')$
$= 3,1487213 + (0,1/24)[55(2,6487213) - 59(2,4918245) + 37(2,3498585) - 9(2,2214026)]$
$= 3,4221137$
$py_6' = py_6 - x_6 = 3,4221137 - 0,6 = 2,8221137$
$y_6 = y_5 + (h/24)(9py_6' + 19y_5' - 5y_4' + y_3')$
$= 3,1487213 + (0,1/24)[9(2,8221137) + 19(2,6487213) - 5(2,4918245) + 2,3498585]$
$= 3,4221191$
$y_6' = y_6 - x_6 = 3,4221191 - 0,6 = 2,8221191$

Prosseguindo dessa maneira, geramos a Tabela 19-6.

Tabela 19-6

	Método: Método de Adams-Bashforth-Moulton		
	Problema: $y' = y - x; y(0) = 2$		
x_n	\multicolumn{2}{c}{$h = 0{,}1$}	Solução verdadeira
	py_n	y_n	$Y(x) = e^x + x + 1$
0,0	—	2,0000000	2,0000000
0,1	—	2,2051708	2,2051709
0,2	—	2,4214026	2,4214028
0,3	—	2,6498585	2,6498588
0,4	2,8918201	2,8918245	2,8918247
0,5	3,1487164	3,1487213	3,1487213
0,6	3,4221137	3,4221191	3,4221188
0,7	3,7137473	3,7137533	3,7137527
0,8	4,0255352	4,0255418	4,0255409
0,9	4,3595971	4,3596044	4,3596031
1,0	4,7182756	4,7182836	4,7182818

19.8 Utilize o método de Adams-Bashforth-Moulton para resolver $y' = y^2 + 1$; $y(0) = 0$ no intervalo [0, 1] com $h = 0{,}1$.

Neste caso, $f(x, y) = y - x$, $x_0 = 0$ e $y_0 = 0$. Utilizando a Tabela 19-5, determinamos os três valores de partida adicionais como sendo $y_1 = 0{,}1003346$, $y_2 = 0{,}2027099$ e $y_3 = 0{,}3093360$. Assim,

$$y'_0 = (y_0)^2 + 1 = (0)^2 + 1 = 1$$
$$y'_1 = (y_1)^2 + 1 = (0{,}1003346)^2 + 1 = 1{,}0100670$$
$$y'_2 = (y_2)^2 + 1 = (0{,}2027099)^2 + 1 = 1{,}0410913$$
$$y'_3 = (y_3)^2 + 1 = (0{,}3093360)^2 + 1 = 1{,}0956888$$

Então, utilizando a Eq. (19.6), iniciando com $n = 3$ e a Eq. (19.3), calculamos

$n = 3$: $x_4 = 0{,}4$

$py_4 = y_3 + (h/24)(55y'_3 - 59y'_2 + 37y'_1 - 9y'_0)$
$= 0{,}3093360 + (0{,}1/24)[55(1{,}0956888) - 59(1{,}0410913) + 37(1{,}0100670) - 9(1)]$
$= 0{,}4227151$

$py'_4 = (py_4)^2 + 1 = (0{,}4227151)^2 + 1 = 1{,}1786881$

$y_4 = y_3 + (h/24)(9py'_4 + 19y'_3 - 5y'_2 + y'_1)$
$= 0{,}3093360 + (0{,}1/24)[9(1{,}1786881) + 19(1{,}0956888) - 5(1{,}0410913) + 1{,}0100670]$
$= 0{,}4227981$

$y'_4 = (y_4)^2 + 1 = (0{,}4227981)^2 + 1 = 1{,}1787582$

$n = 4$: $x_5 = 0,5$

$py_5 = y_4 + (h/24)(55y'_4 - 59y'_3 + 37y'_2 - 9y'_1)$
$= 0,4227981 + (0,1/24)[55(1,1787582) - 59(1,0956888) + 37(1,0410913) - 9(1,0100670)]$
$= 0,5461974$

$py'_5 = (py_5)^2 + 1 = (0,5461974)^2 + 1 = 1,2983316$

$y_5 = y_4 + (h/24)(9py'_5 + 19y'_4 - 5y'_3 + y'_2)$
$= 0,4227981 + (0,1/24)[9(1,2983316) + 19(1,1787582) - 5(1,0956888) + 1,0410913]$
$= 0,5463149$

$y'_5 = (y_5)^2 + 1 = (0,5463149)^2 + 1 = 1,2984600$

$n = 5$: $x_6 = 0,6$

$py_6 = y_5 + (h/24)(55y'_5 - 59y'_4 + 37y'_3 - 9y'_2)$
$= 0,5463149 + (0,1/24)[55(1,2984600) - 59(1,1787582) + 37(1,0956888) - 9(1,0410913)]$
$= 0,6839784$

$py'_6 = (py_6)^2 + 1 = (0,6839784)^2 + 1 = 1,4678265$

$y_6 = y_5 + (h/24)(9py'_6 + 19y'_5 - 5y'_4 + y'_3)$
$= 0,5463149 + (0,1/24)[9(1,4678265) + 19(1,2984600) - 5(1,1787582) + 1,0956888]$
$= 0,6841611$

$y'_6 = (y_6)^2 + 1 = (0,6841611)^2 + 1 = 1,4680764$

Prosseguindo desta maneira, geramos a Tabela 19-7.

Tabela 19-7

Método: Método de Adams-Bashforth-Moulton			
Problema: $y' = y^2 + 1$; $y(0) = 0$			
x_n	$h = 0,1$		Solução verdadeira $Y(x) = \operatorname{tg} x$
	py_n	y_n	
0,0	—	0,0000000	0,0000090
0,1	—	0,1003346	0,1003347
0,2	—	0,2027099	0,2027100
0,3	—	0,3093360	0,3093363
0,4	0,4227151	0,4227981	0,4227932
0,5	0,5461974	0,5463149	0,5463025
0,6	0,6839784	0,6841611	0,6841368
0,7	0,8420274	0,8423319	0,8422884
0,8	1,0291713	1,0297142	1,0296386
0,9	1,2592473	1,2602880	1,2601582
1,0	1,5554514	1,5576256	1,5574077

19.9 Utilize o método de Adams-Bashforth-Moulton para resolver $y' = 2xy / (x^2 + y^2)$; $y(1) = 3$ no intervalo $[1, 2]$ com $h = 0,2$.

Neste caso, $f(x, y) = 2xy / (x^2 + y^2)$, $x_0 = 1$ e $y_0 = 3$. Com $h = 0,2$, $x_1 = x_0 + h = 1,2$, $x_2 = x_1 + h = 1,4$ e $x_3 = x_2 + h = 1,6$. Utilizando o método Runge-Kutta para obter os valores de y correspondentes para iniciar o método de Adams-Bashforth-Moulton, obtemos $y_1 = 2,8232844$, $y_2 = 2,5709342$ e $y_3 = 2,1321698$. Segue-se então da Eq. (19.3) que

$$y'_0 = \frac{2x_0 y_0}{(x_0)^2 - (y_0)^2} = \frac{2(1)(3)}{(1)^2 - (3)^2} = -0,75$$

$$y'_1 = \frac{2x_1 y_1}{(x_1)^2 - (y_1)^2} = \frac{2(1,2)(2,8232844)}{(1,2)^2 - (2,8232844)^2} = -1,0375058$$

$$y'_2 = \frac{2x_2 y_2}{(x_2)^2 - (y_2)^2} = \frac{2(1,4)(2,5709342)}{(1,4)^2 - (2,5709342)^2} = -1,5481884$$

$$y'_3 = \frac{2x_3 y_3}{(x_3)^2 - (y_3)^2} = \frac{2(1,6)(2,1321698)}{(1,6)^2 - (2,1321698)^2} = -3,4352644$$

Então, utilizando a Eq. (19.6), iniciando com $n = 3$, e a Eq. (19.3), calculamos

$n = 3$: $x_4 = 1,8$

$$py_4 = y_3 + (h/24)(55y'_3 - 59y'_2 + 37y'_1 - 9y'_0)$$
$$= 2,1321698 + (0,1/24)[55(-3,4352644) - 59(-1,5481884) + 37(-1,0375058) - 9(-0,75)]$$
$$= 1,0552186$$

$$py'_4 = \frac{2x_4 py_4}{(x_4)^2 - (py_4)^2} = \frac{2(1,8)(1,0552186)}{(1,8)^2 - (1,0552186)^2} = 1,7863919$$

$$y_4 = y_3 + (h/24)(9py'_4 + 19y'_3 - 5y'_2 + y'_1)$$
$$= 2,1321698 + (0,1/24)[9(1,7863919) + 19(-3,4352644) - 5(-1,5481884) - (-1,0375058)]$$
$$= 1,7780943$$

$$y'_4 = \frac{2x_4 y_4}{(x_4)^2 - (y_4)^2} = \frac{2(1,8)(1,7780943)}{(1,8)^2 - (1,7780943)^2} = 81,6671689$$

$n = 4$: $x_5 = 2,0$

$$py_5 = y_4 + (h/24)(55y'_4 - 59y'_3 + 37y'_2 - 9y'_1)$$
$$= 1,7780943 + (0,1/24)[55(81,6671689) - 59(-3,4352644) + 37(-1,5481884) - 9(-1,0375058)]$$
$$= 40,4983398$$

$$py'_5 = \frac{2x_5 py_5}{(x_5)^2 - (py_5)^2} = \frac{2(2,0)(40,4983398)}{(2,0)^2 - (40,4983398)^2} = -0,0990110$$

$$y_5 = y_4 + (h/24)(9py'_5 + 19y'_4 - 5y'_3 + y'_2)$$
$$= 1,17780943 + (0,1/24)[9(-0,0990110) + 19(81,6671689) - 5(-3,4352644) + (-1,5481884)]$$
$$= 14,8315380$$

$$y'_5 = \frac{2x_5 y_5}{(x_5)^2 - (y_5)^2} = \frac{2(2,0)(14,8315380)}{(2,0)^2 - (14,8315380)^2} = -0,2746905$$

Esses resultados podem parecer desconcertantes porque os valores corrigidos não estão tão próximos dos valores preditos quanto deveriam estar. Note que y_5 e y'_4 são significativamente diferentes de py_5 e py'_4, respectivamente. Em qualquer método preditor-corretor, os valores corrigidos de y e y' devem representar um refinamento dos valores preditos, e não apresentar uma grande variação. Quando variações significativas ocorrem, são, em geral, resultado de instabilidade numérica, que pode ser remediada utilizando um intervalo menor. Às vezes, entretanto, diferenças significativas surgem em conseqüência de uma singularidade na solução.

Nos cálculos anteriores, note que a derivada em $x = 1,8$, isto é, 81,667, gera um coeficiente angular quase vertical e sugere uma possível singularidade na vizinhaça de 1,8. A Figura 19-1 é um campo direcional para essa equação

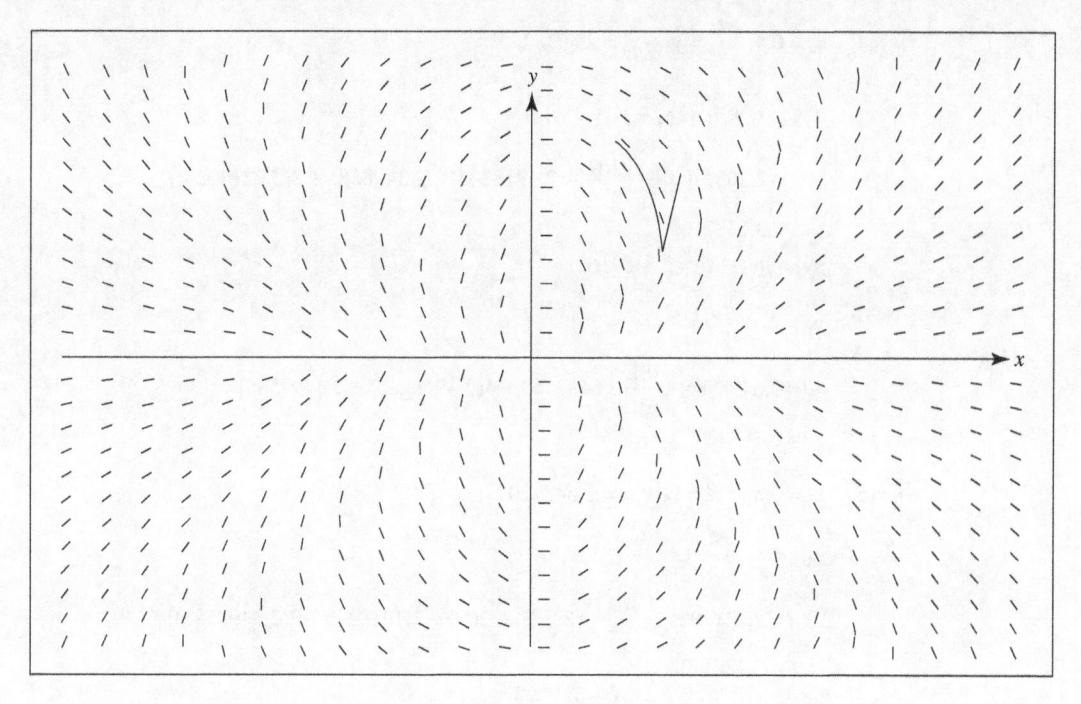

Figura 19-1

diferencial. Neste campo direcional, desenhamos os pontos (x_0, y_0) a (x_4, y_4) como determina o método de Adams-Bashforth-Moulton e esboçamos a curva solução por esses pontos, consistente com o campo direcional. O ponto de reversão (extremidade aguda) entre 1,6 e 1,8 indica claramente a existência de um problema.

A solução analítica para a equação diferencial é apresentada no Problema 4.14 como sendo $x^2 + y^2 = ky$. Aplicando a condição inicial, obtemos $k = 10/3$ e, utilizando a fórmula quadrática para resolver explicitamente em relação a y, obtemos a solução

$$y = \frac{5 + \sqrt{25 - 9x^2}}{3}$$

Essa solução somente é definida até $x = 5/3$, sendo indefinida daí em diante.

19.10 Refaça o Problema 19.7 utilizando o método de Milne.

Os valores de y_0, y_1, y_2, y_3 e suas derivadas são exatamente os apresentados no Problema 19.7. Utilizando as Eqs. (19.7) e (19.3), calculamos

$n = 3$:
$$py_4 = y_0 + \frac{4h}{3}(2y_3' - y_2' + 2y_1')$$
$$= 2 + \frac{4(0,1)}{3}[2(2,3498585) - 2,2214026 + 2(2,1051708)]$$
$$= 2,8918208$$
$$py_4' = py_4 - x_4 = 2,4918208$$
$$y_4 = y_2 + \frac{h}{3}(py_4' + 4y_3' + y_2')$$
$$= 2,4214026 + \frac{0,1}{3}[2.4918208 + 4(2,3498585) + 2,2214026]$$
$$= 2,8918245$$

n = 4: $x_4 = 0{,}4, \quad y_4' = y_4 - x_4 = 2{,}4918245$

$$py_5 = y_1 + \frac{4h}{3}(2y_4' - y_3' + 2y_2')$$

$$= 2{,}2051708 + \frac{4(0{,}1)}{3}[2(2{,}4918245) - 2{,}3498585 + 2(2{,}2214026)]$$

$$= 3{,}1487169$$

$$py_5' = py_5 - x_5 = 2{,}6487169$$

$$y_5 = y_3 + \frac{h}{3}(py_5' + 4y_4' + y_3')$$

$$= 2{,}6498585 + \frac{0{,}1}{3}[2{,}6487169 + 4(2{,}4918245) + 2{,}3498585]$$

$$= 3{,}1487209$$

n = 5: $x_5 = 0{,}5, \quad y_5' = y_5 - x_5 = 2{,}6487209$

$$py_6 = y_2 + \frac{4h}{3}(2y_5' - y_4' + 2y_3')$$

$$= 2{,}4214026 + \frac{4(0{,}1)}{3}[2(2{,}6487209) - 2{,}4918245 + 2(2{,}3498585)]$$

$$= 3{,}4221138$$

$$py_6' = py_6 - x_6 = 2{,}8221138$$

$$y_6 = y_4 + \frac{h}{3}(py_6' + 4y_5' + y_4')$$

$$= 2{,}8918245 + \frac{0{,}1}{3}[2{,}8221138 + 4(2{,}6487209) + 2{,}4918245]$$

$$= 3{,}4221186$$

Prosseguindo dessa maneira, geramos a Tabela 19-8.

19.11 Refaça o Problema 19.8 utilizando o método de Milne.

Os valores de y_0, y_1, y_2, y_3 e suas derivadas são exatamente como os apresentados no Problema 19.8. Utilizando as Eqs. (19.7) e (19.3), calculamos

n = 3: $py_4 = y_0 + \frac{4h}{3}(2y_3' - y_2' + 2y_1')$

$$= 0 + \frac{4(0{,}1)}{3}[2(1{,}0956888) - 1{,}0410913 + 2(1{,}0100670)]$$

$$= 0{,}4227227$$

$$py_4' = (py_4)^2 + 1 = (0{,}4227227)^2 + 1 = 1{,}1786945$$

$$y_4 = y_2 + \frac{h}{3}(py_4' + 4y_3' + y_2')$$

$$= 0{,}2027099 + \frac{0{,}1}{3}[1{,}1786945 + 4(1{,}0956888) + 1{,}0410913]$$

$$= 0{,}4227946$$

n = 4: $x_4 = 0{,}4, \quad y_4' = (y_4)^2 + 1 = (0{,}4227946)^2 + 1 = 1{,}1787553$

$$py_5 = y_1 + \frac{4h}{3}(2y_4' - y_3' + 2y_2')$$

$$= 0{,}1003346 + \frac{4(0{,}1)}{3}[2(1{,}1787553) - 1{,}0956888 + 2(1{,}0410913)]$$

$$= 0{,}5462019$$

Tabela 19-8

	Método: Método de Milne		
	Problema: $y' = y - x$; $y(0) = 2$		
x_n	$h = 0,1$		Solução verdadeira
	py_n	y_n	$Y(x) = e^x + x + 1$
0,0	—	2,0000000	2,0000000
0,1	—	2,2051708	2,2051709
0,2	—	2,4214026	2,4214028
0,3	—	2,6498585	2,6498588
0,4	2,8918208	2,8918245	2,8918247
0,5	3,1487169	3,1487209	3,1487213
0,6	3,4221138	3,4221186	3,4221188
0,7	3,7137472	3,7137524	3,7137527
0,8	4,0255349	4,0255407	4,0255409
0,9	4,3595964	4,3596027	4,3596031
1,0	4,7182745	4,7182815	4,7182818

$$py_5' = (py_5) + 1 = (0,5462019)^2 + 1 = 1,2983365$$

$$y_5 = y_3 + \frac{h}{3}(py_5' + 4y_4' + y_3')$$

$$= 0,3093360 + \frac{0,1}{3}[1,2983365 + 4(1,1787553) + 1,0956888]$$

$$= 0,5463042$$

n = 5: $x_5 = 0,5$, $y_5' = (y_5)^2 + 1 = (0,5463042)^2 + 1 = 1,2984483$

$$py_6 = y_2 + \frac{4h}{3}(2y_5' - y_4' + 2y_3')$$

$$= 0,2027099 + \frac{4(0,1)}{3}[2(1,2984483) - 1,1787553 + 2(1,0956888)]$$

$$= 0,6839791$$

$$py_6' = (py_6)^2 + 1 = (0,6839791)^2 + 1 = 1,4678274$$

$$y_6 = y_4 + \frac{h}{3}(py_6' + 4y_5' + y_4')$$

$$= 0,4227946 + \frac{0,1}{3}[1,4678274 + 4(1,2984483) + 1,1787553]$$

$$= 0,6841405$$

Prosseguindo desta maneira, geramos a Tabela 19-9.

Tabela 19-9

	Método: Método de Milne		
	Problema: $y' = y^2 + 1$; $y(0) = 0$		
x_n	\multicolumn{2}{c}{$h = 0,1$}	Solução verdadeira
	py_n	y_n	$Y(x) = \text{tg } x$
0,0	—	0,0000000	0,0000000
0,1	—	0,1003346	0,1003347
0,2	—	0,2027099	0,2027100
0,3	—	0,3093360	0,3093363
0,4	0,4227227	0,4227946	0,4227932
0,5	0,5462019	0,5463042	0,5463025
0,6	0,6839791	0,6841405	0,6841368
0,7	0,8420238	0,8422924	0,8422884
0,8	1,0291628	1,0296421	1,0296386
0,9	1,2592330	1,2601516	1,2601582
1,0	1,5554357	1,5573578	1,5574077

19.12 Utilize o método de Milne para resolver $y' = y$; $y(0) = 1$ no intervalo $[0, 1]$ com $h = 0,1$.

Neste caso, $f(x, y) = y$, $x_0 = 0$ e $y_0 = 1$. Pela Tabela 19-4, obtemos os três valores de partida $y_1 = 1,1051708$, $y_2 = 1,2214026$ e $y_3 = 1,3498585$. Note que $y'_1 = y_1$, $y'_2 = y_2$ e $y'_3 = y_3$. Então, utilizando as Eqs. (19.7) e (19.3), calculamos

$n = 3$: $py_4 = y_0 + \dfrac{4h}{3}(2y'_3 - y'_2 + 2y'_1)$

$= 1 + \dfrac{4(0,1)}{3}[2(1,3498585) - 1,2214026 + 2(1,1051708)]$

$= 1,4918208$

$py'_4 = py_4 = 1,4918208$

$y_4 = y_2 + \dfrac{h}{3}(py'_4 + 4y'_3 + y'_2)$

$= 1,2214026 + \dfrac{0,1}{3}[1,4918208 + 4(1,3498585) + 1,2214026]$

$= 1,4918245$

$n = 4$: $x_4 = 0,4$, $y'_4 = y_4 = 1,4918245$

$py_5 = y_1 + \dfrac{4h}{3}(2y'_4 - y'_3 + 2y'_2)$

$= 1,1051708 + \dfrac{4(0,1)}{3}[2(1,4918245) - 1,3498585 + 2(1,2214026)]$

$= 1,6487169$

$py_5' = py_5 = 1{,}6487169$

$y_5 = y_3 + \dfrac{h}{3}(py_5' + 4y_4' + y_3')$

$ = 1{,}3498585 + \dfrac{0{,}1}{3}[1{,}6487169 + 4(1{,}4918245) + 1{,}3498585]$

$ = 1{,}6487209$

n = 5: $\quad x_5 = 0{,}5, \quad y_5' = y_5 = 1{,}6487209$

$py_6 = y_2 + \dfrac{4h}{3}(2y_5' - y_4' + 2y_3')$

$ = 1{,}2214026 + \dfrac{4(0{,}1)}{3}[2(1{,}6487209) - 1{,}4918245 + 2(1{,}3498585)]$

$ = 1{,}8221138$

$py_6' = py_6 = 1{,}8221138$

$y_6 = y_4 + \dfrac{h}{3}(py_6' + 4y_5' + y_4')$

$ = 1{,}4918245 + \dfrac{0{,}1}{3}[1{,}8221138 + 4(1{,}6487209) + 1{,}4918245]$

$ = 1{,}8221186$

Prosseguindo desta maneira, geramos a Tabela 19-10.

Tabela 19-10

Método: Método de Milne			
Problema: $y' = y;\ y(0) = 1$			
x_n	$h = 0{,}1$		Solução verdadeira $Y(x) = e^x$
	py_n	y_n	
0,0	—	1,0000000	1,0000000
0,1	—	1,1051708	1,1051709
0,2	—	1,2214026	1,2214028
0,3	—	1,3498585	1,3498588
0,4	1,4918208	1,4918245	1,4918247
0,5	1,6487169	1,6487209	1,6487213
0,6	1,8221138	1,8221186	1,8221188
0,7	2,0137472	2,0137524	2,0137527
0,8	2,2255349	2,2255407	2,2255409
0,9	2,4595964	2,4596027	2,4596031
1,0	2,7182745	2,7182815	2,7182818

Problemas Complementares

Efetue todos os cálculos com três casas decimais.

19.13 Utilize o método de Euler modificado para resolver $y' = -y + x + 2$; $y(0) = 2$ no intervalo [0, 1] com $h = 0,1$.

19.14 Utilize o método de Euler modificado para resolver $y' = -y$; $y(0) = 1$ no intervalo [0, 1] com $h = 0,1$.

19.15 Utilize o método de Euler modificado para resolver $y' = \dfrac{x^2 + y^2}{xy}$; $y(1) = 3$ no intervalo [1, 2] com $h = 0,2$.

19.16 Utilize o método de Euler modificado para resolver $y' = x$; $y(2) = 1$ no intervalo [2, 3] com $h = 0,25$.

19.17 Utilize o método de Euler modificado para resolver $y' = 4x^3$; $y(2) = 6$ no intervalo [2, 3] com $h = 0,2$.

19.18 Refaça o Problema 19.13 utilizando o método de Runge-Kutta.

19.19 Refaça o Problema 19.14 utilizando o método de Runge-Kutta.

19.20 Refaça o Problema 19.15 utilizando o método de Runge-Kutta.

19.21 Refaça o Problema 19.17 utilizando o método de Runge-Kutta.

19.22 Utilize o método de Runge-Kutta para resolver $y' = 5x^4$; $y(0) = 0$ no intervalo [0, 1] com $h = 0,1$.

19.23 Utilize o método de Adams-Bashforth-Moulton para resolver $y' = y$; $y(0) = 1$ no intervalo [0, 1] com $h = 0,1$.

19.24 Refaça o Problema 19.13 utilizando o método de Adams-Bashforth-Moulton.

19.25 Refaça o Problema 19.14 utilizando o método de Adams-Bashforth-Moulton.

19.26 Refaça o Problema 19.15 utilizando o método de Adams-Bashforth-Moulton.

19.27 Refaça o Problema 19.13 utilizando o método de Milne.

19.28 Refaça o Problema 19.14 utilizando o método de Milne.

Capítulo 20

Métodos Numéricos para Solução de Equações Diferenciais de Segunda Ordem Via Sistemas

EQUAÇÕES DIFERENCIAS DE SEGUNDA ORDEM

No Capítulo 17, demonstramos como uma equação diferencial de segunda ordem (ou de ordem mais elevada) pode ser escrita como um sistema de equações diferenciais de primeira ordem.
Neste capítulo, investigaremos diversas técnicas numéricas para trabalharmos com esses sistemas.
No sistema apresentado a seguir, referente a um problema de valor inicial, y e z são funções de x:

$$\begin{aligned} y' &= f(x, y, z) \\ z' &= g(x, y, z); \\ y(x_0) &= y_0, \, z(x_0) = z_0 \end{aligned} \tag{20.1}$$

Notamos que, com $y' = f(x,y,z) \equiv z$, o sistema (20.1) representa o problema de valor inicial de segunda ordem

$$y'' = g(x, y, y'); \quad y(x_0) = y_0, \quad y'(x_0) = z_0$$

A forma padrão para um sistema de três equações é

$$\begin{aligned} y' &= f(x, y, z, w) \\ z' &= g(x, y, z, w) \\ w' &= r(x, y, z, w); \\ y(x_0) &= y_0, \, z(x_0) = z_0, \, w(x_0) = w_0 \end{aligned} \tag{20.1}$$

Se, em tal sistema, $f(x, y, z, w) = z$ e $g(x, y, z, w) = w$, então o sistema (20.2) representa o problema de valor inicial de terceira ordem

$$y''' = r(x, y, z, w); \quad y(x_0) = y_0, \quad y'(x_0) = z_0, \quad y''(x_0) = w_0$$

As fórmulas apresentadas a seguir se referem a sistemas de duas equações na forma padrão (20.1), mas também podem ser generalizadas diretamente para sistemas com três equações na forma padrão ou sistemas com quatro ou mais equações.

MÉTODO DE EULER

$$y_{n+1} = y_n + hy'_n \qquad (20.3)$$
$$z_{n+1} = z_n + hz'_n$$

MÉTODO DE RUNGE-KUTTA

$$y_{n+1} = y_n + \frac{1}{6}(k_1 + 2k_2 + 2k_3 + k_4) \qquad (20.4)$$

$$z_{n+1} = z_n + \frac{1}{6}(l_1 + 2l_2 + 2l_3 + l_4)$$

onde
$$k_1 = hf(x_n, y_n, z_n)$$
$$l_1 = hg(x_n, y_n, z_n)$$
$$k_2 = hf(x_n + \tfrac{1}{2}h, y_n + \tfrac{1}{2}k_1, z_n + \tfrac{1}{2}l_1)$$
$$l_2 = hg(x_n + \tfrac{1}{2}h, y_n + \tfrac{1}{2}k_1, z_n + \tfrac{1}{2}l_1)$$
$$k_3 = hf(x_n + \tfrac{1}{2}h, y_n + \tfrac{1}{2}k_2, z_n + \tfrac{1}{2}l_2)$$
$$l_3 = hg(x_n + \tfrac{1}{2}h, y_n + \tfrac{1}{2}k_2, z_n + \tfrac{1}{2}l_2)$$
$$k_4 = hf(x_n + h, y_n + k_3, z_n + l_3)$$
$$l_4 = hg(x_n + h, y_n + k_3, z_n + l_3)$$

MÉTODO DE ADAMS-BASHFORTH-MOULTON

preditores:
$$py_{n+1} = y_n + \frac{h}{24}(55y'_n - 59y'_{n-1} + 37y'_{n-2} - 9y'_{n-3})$$

$$pz_{n+1} = z_n + \frac{h}{24}(55z'_n - 59z'_{n-1} + 37z'_{n-2} - 9z'_{n-3})$$

(20.5)

corretores:
$$y_{n+1} = y_n + \frac{h}{24}(9py'_{n+1} + 19y'_n - 5y'_{n-1} + y'_{n-2})$$

$$z_{n+1} = z_n + \frac{h}{24}(9pz'_{n+1} + 19z'_n - 5z'_{n-1} + z'_{n-2})$$

As derivadas correspondentes são calculadas a partir do sistema (20.1). Em particular,

$$y'_{n+1} = f(x_{n+1}, y_{n+1}, z_{n+1}) \qquad (20.6)$$
$$z'_{n+1} = g(x_{n+1}, y_{n+1}, z_{n+1})$$

As derivadas associadas aos valores preditos são obtidas de forma similar, substituindo y e z na Eq. (20.6) por py e pz, respectivamente. Tal como no Capítulo 19, quatro conjuntos de valores de partida são exigidos para o método de Adams-Bashforth-Moulton. O primeiro conjunto decorre diretamente das condições iniciais; os outros três conjuntos são obtidos pelo método de Runge-Kutta.

Problemas Resolvidos

20.1 Reduza o problema de valor inicial $y'' - y = x$; $y(0) = 0$, $y'(0) = 1$ ao sistema (20.1).

Definindo $z = y'$, temos $z(0) = y'(0) = 1$ e $z' = y''$. A equação diferencial dada pode ser escrita como $y'' = y + x$, ou $z' = y + x$. Obtemos, assim, o sistema de primeira ordem

$$y' = z$$
$$z' = y + x;$$
$$y(0) = 0,\ z(0) = 1$$

20.2 Reduza o problema de valor inicial $y'' - 3y' + 2y = 0$; $y(0) = -1$, $y'(0) = 0$ ao sistema (20.1).

Definindo $z = y'$, temos $z(0) = y'(0) = 0$ e $z' = y''$. A equação diferencial dada pode ser escrita como $y'' = 3y' - 2y$, ou $z' = 3z - 2y$. Obtemos, assim, o sistema de primeira ordem

$$y' = z$$
$$z' = 3z - 2y;$$
$$y(0) = -1,\ z(0) = 0$$

20.3 Reduza o problema de valor inicial $3x^2 y'' - xy' + y = 0$; $y(1) = 4$, $y'(1) = 2$ ao sistema (20.1).

Definindo $z = y'$, temos $z(1) = y'(1) = 2$ e $z' = y''$. A equação diferencial dada pode ser escrita como

$$y'' = \frac{xy' - y}{3x^2}$$

ou
$$z' = \frac{xz - y}{3x^2}$$

Obtemos, assim, o sistema de primeira ordem

$$y' = z$$
$$z' = \frac{xz - y}{3x^2}$$
$$y(1) = 4,\ z(1) = 2$$

20.4 Reduza o problema de valor inicial $y''' - 2xy'' + 4y' - x^2 y = 1$; $y(0) = 1$, $y'(0) = 2$, $y''(0) = 3$ ao sistema (20.2).

Seguindo os passos 1 a 3 apresentados no Capítulo 17, obtemos o sistema

$$y_1' = y_2$$
$$y_2' = y_3$$
$$y_3' = x^2 y_1 - 4 y_2 + 2x y_3 + 1;$$
$$y_1(0) = 1,\ y_2(0) = 2,\ y_3(0) = 3$$

Para eliminar índices, definimos $y = y_1$, $z = y_2$ e $w = y_3$. O sistema se escreve então

$$y' = z$$
$$z' = w$$
$$w' = x^2 y - 4z + 2xw + 1;$$
$$y(0) = 1,\ z(0) = 2,\ w(0) = 3$$

20.5 Utilize o Método de Euler para resolver $y'' - y = x$; $y(0) = 0$, $y'(0) = 1$ no intervalo $[0, 1]$ com $h = 0,1$.

Utilizando os resultados do Problema 20.1, temos $f(x, y, z) = z$, $g(x, y, z) = y + x$, $x_0 = 0$, $y_0 = 0$ e $z_0 = 1$. Então, com o auxílio de (20.3), calculamos

$n = 0$: $\quad y'_0 = f(x_0, y_0, z_0) = z_0 = 1$
$\quad\quad z'_0 = g(x_0, y_0, z_0) = y_0 + x_0 = 0 + 0 = 0$
$\quad\quad y_1 = y_0 + hy'_0 = 0 + (0,1)(1) = 0,1$
$\quad\quad z_1 = z_0 + hz'_0 = 1 + (0,1)(0) = 1$

$n' = 1$: $\quad y'_1 = f(x_1, y_1, z_1) = z_1 = 1$
$\quad\quad z'_1 = g(x_1, y_1, z_1,) = y_1 + x_1 = 0,1 + 0,1 = 0,2$
$\quad\quad y_2 = y_1 + hy'_1 = 0,1 + (0,1)(1) = 0,2$
$\quad\quad z_2 = z_1 + hz'_1 = 1 + (0,1)(0,2) = 1,02$

$n = 2$: $\quad y'_2 = f(x_2, y_2, z_2) = z_2 = 1,02$
$\quad\quad z'_2 = g(x_2, y_2, z_2,) = y_2 + x_2 = 0,2 + 0,2 = 0,4$
$\quad\quad y_3 = y_2 + hy'_2 = 0,2 + (0,1)(1,02) = 0,302$
$\quad\quad z_3 = z_2 + hz'_2 = 1,02 + (0,1)(0,4) = 1,06$

Prosseguindo desta maneira, geramos a Tabela 20-1.

Tabela 20-1

Método: Método de Euler			
Problema: $y'' - y = x$; $y(0) = 0$, $y'(0) = 1$			
x_n	$h = 0,1$		Solução verdadeira $Y(x) = e^x - e^{-x} - x$
	y_n	z_n	
0,0	0,0000	1,0000	0,0000
0,1	0,1000	1,0000	0,1003
0,2	0,2000	1,0200	0,2027
0,3	0,3020	1,0600	0,3090
0,4	0,4080	1,1202	0,4215
0,5	0,5200	1,2010	0,5422
0,6	0,6401	1,3030	0,6733
0,7	0,7704	1,4270	0,8172
0,8	0,9131	1,5741	0,9762
0,9	1,0705	1,7454	1,1530
1,0	1,2451	1,9424	1,3504

20.6 Utilize o Método de Euler para resolver $y'' - 3y' + 2y = 0$; $y(0) = -1$, $y'(0) = 0$ no intervalo $[0, 1]$ com $h = 0,1$.

Utilizando os resultados do Problema 20.2, temos $f(x, y, z) = z$, $g(x, y, z) = 3z - 2y$, $x_0 = 0$, $y_0 = -1$ e $z_0 = 0$. Então, com o auxílio de (20.3), calculamos

n = 0: $y'_0 = f(x_0, y_0, z_0) = z_0 = 0$

$z'_0 = g(x_0, y_0, z_0) = 3z_0 - 2y_0 = 3(0) - 2(-1) = 2$

$y_1 = y_0 + hy'_0 = -1 + (0,1)(0) = -1$

$z_1 = z_0 + hz'_0 = 0 + (0,1)(2) = 0,2$

n = 1: $y'_1 = f(x_1, y_1, z_1) = z_1 = 0,2$

$z'_1 = g(x_1, y_1, z_1,) = 3z_1 - 2y_1 = 3(0,2) - 2(-1) = 2,6$

$y_2 = y_1 + hy'_1 = -1 + (0,1)(0,2) = -0,98$

$z_2 = z_1 + hz'_1 = 0,2 + (0,1)(2,6) = 0,46$

Prosseguindo dessa maneira, geramos a Tabela 20-2.

Tabela 20-2

	Método: Método de Euler		
	Problema: $y'' - 3y' + 2y = 0; y(0) = -1, y'(0) = 0$		
x_n	$h = 0,1$		Solução verdadeira $Y(x) = e^{2x} - 2e^x$
	y_n	z_n	
0,0	−1,0000	0,0000	−1,0000
0,1	−1,0000	0,2000	−0,9889
0,2	−0,9800	0,4600	−0,9510
0,3	−0,9340	0,7940	−0,8776
0,4	−0,8546	1,2190	−0,7581
0,5	−0,7327	1,7556	−0,5792
0,6	−0,5571	2,4288	−0,3241
0,7	−0,3143	3,2689	0,0277
0,8	0,0126	4,3125	0,5020
0,9	0,4439	5,6037	1,1304
1,0	1,0043	7,1960	1,9525

20.7 Utilize o método de Runge-Kutta para resolver $y'' - y = x; y(0) = 0, y'(0) = 1$ no intervalo $[0, 1]$ com $h = 0,1$.

Utilizando os resultados do Problema 20.1, temos $f(x, y, z) = z$, $g(x, y, z) = y + x$, $x_0 = 0$, $y_0 = 0$ e $z_0 = 1$. Então, com o auxílio de (20.4) e arredondando os resultados para três casas decimais, calculamos

n = 0: $k_1 = hf(x_0, y_0, z_0) = hf(0, 0, 1) = (0,1)(1) = 0,1$

$l_1 = hg(x_0, y_0, z_0) = hg(0, 0, 1) = (0,1)(0 + 0) = 0$

$k_2 = hf(x_0 + \tfrac{1}{2}h, y_0 + \tfrac{1}{2}k_1, z_0 + \tfrac{1}{2}l_1)$

$= hf[0 + \tfrac{1}{2}(0,1), 0 + \tfrac{1}{2}(0,1), 1 + \tfrac{1}{2}(0)]$

$= hf(0.05, 0.05, 1) = (0,1)(1) = 0,1$

$$l_2 = hg(x_0 + \tfrac{1}{2}h, y_0 + \tfrac{1}{2}k_1, z_0 + \tfrac{1}{2}l_1)$$
$$= hg(0{,}05, 0{,}05, 1) = (0{,}1)(0{,}05 + 0{,}05) = 0{,}01$$

$$k_3 = hf(x_0 + \tfrac{1}{2}h, y_0 + \tfrac{1}{2}k_2, z_0 + \tfrac{1}{2}l_2)$$
$$= hf[0 + \tfrac{1}{2}(0{,}1), 0 + \tfrac{1}{2}(0{,}1), 1 + \tfrac{1}{2}(0{,}01)]$$
$$= hf(0{,}05, 0{,}05, 1{,}005) = (0{,}1)(1{,}005) = 0{,}101$$

$$l_3 = hg(x_0 + \tfrac{1}{2}h, y_0 + \tfrac{1}{2}k_2, z_0 + \tfrac{1}{2}l_2)$$
$$= hg(0{,}05, 0{,}05, 1{,}005) = (0{,}1)(0{,}05 + 0{,}05) = 0{,}01$$

$$k_4 = hf(x_0 + h, y_0 + k_3, z_0 + l_3)$$
$$= hf(0 + 0{,}1, 0 + 0{,}101, 1 + 0{,}01)$$
$$= hf(0{,}1, 0{,}101, 1{,}01) = (0{,}1)(1{,}01) = 0{,}101$$

$$l_4 = hg(x_0 + h, y_0 + k_3, z_0 + l_3)$$
$$= hg(0{,}1, 0{,}101, 1{,}01) = (0{,}1)(0{,}101 + 0{,}1) = 0{,}02$$

$$y_1 = y_0 + \tfrac{1}{6}(k_1 + 2k_2 + 2k_3 + k_4)$$
$$= 0 + \tfrac{1}{6}[0{,}1 + 2(0{,}1) + 2(0{,}101) + (0{,}101)] = 0{,}101$$

$$z_1 = z_0 + \tfrac{1}{6}(l_1 + 2l_2 + 2l_3 + l_4)$$
$$= 1 + \tfrac{1}{6}[0 + 2(0{,}01) + 2(0{,}01) + (0{,}02)] = 1{,}01$$

n = 1:
$$k_1 = hf(x_1, y_1, z_1) = hf(0{,}1, 0{,}101, 1{,}01)$$
$$= (0{,}1)(1{,}01) = 0{,}101$$

$$l_1 = hg(x_1, y_1, z_1) = hg(0{,}1, 0{,}101, 1{,}01)$$
$$= (0{,}1)(0{,}101 + 0{,}1) = 0{,}02$$

$$k_2 = hf(x_1 + \tfrac{1}{2}h, y_1 + \tfrac{1}{2}k_1, z_1 + \tfrac{1}{2}l_1)$$
$$= hf[0{,}1 + \tfrac{1}{2}(0{,}1), 0{,}101 + \tfrac{1}{2}(0{,}101), 1{,}01 + \tfrac{1}{2}(0{,}02)]$$
$$= hf(0{,}15, 0{,}152, 1{,}02) = (0{,}1)(1{,}02) = 0{,}102$$

$$l_2 = hg(x_1 + \tfrac{1}{2}h, y_1 + \tfrac{1}{2}k_1, z_1 + \tfrac{1}{2}l_1)$$
$$= hg(0{,}15, 0{,}152, 1{,}02) = (0{,}1)(0{,}152 + 0{,}15) = 0{,}03$$

$$k_3 = hf(x_1 + \tfrac{1}{2}h, y_1 + \tfrac{1}{2}k_2, z_1 + \tfrac{1}{2}l_2)$$
$$= hf[0{,}1 + \tfrac{1}{2}(0{,}1), 0{,}101 + \tfrac{1}{2}(0{,}102), 1{,}01 + \tfrac{1}{2}(0{,}03)]$$
$$= hf(0{,}15, 0{,}152, 1{,}025) = (0{,}1)(1{,}025) = 0{,}103$$

$$l_3 = hg(x_1 + \tfrac{1}{2}h, y_1 + \tfrac{1}{2}k_2, z_1 + \tfrac{1}{2}l_2)$$
$$= hg(0{,}15, 0{,}152, 1{,}025) = (0{,}1)(0{,}152 + 0{,}15) = 0{,}03$$

$$k_4 = hf(x_1 + h, y_1 + k_3, z_1 + l_3)$$
$$= hf(0{,}1 + 0{,}1, 0{,}101 + 0{,}103, 1{,}01 + 0{,}03)$$
$$= hf(0{,}2, 0{,}204, 1{,}04) = (0{,}1)(1{,}04) = 0{,}104$$

$$l_4 = hg(x_1 + h, y_1 + k_3, z_1 + l_3)$$
$$= hg(0{,}2, 0{,}204, 1{,}04) = (0{,}1)(0{,}204 + 0{,}2) = 0{,}04$$

$$y_2 = y_1 + \tfrac{1}{6}(k_1 + 2k_2 + 2k_3 + k_4)$$
$$= 0{,}101 + \tfrac{1}{6}[0{,}101 + 2(0{,}102) + 2(0{,}103) + (0{,}104)]$$
$$= 0{,}204$$

$$z_2 = z_1 + \tfrac{1}{6}(l_1 + 2l_2 + 2l_3 + l_4)$$
$$= 1{,}01 + \tfrac{1}{6}[0{,}02 + 2(0{,}03) + 2(0{,}03) + 0{,}04] = 1{,}04$$

Prosseguindo dessa maneira, mas arredondando para sete casas decimais, geramos a Tabela 20-3.

Tabela 20-3

	Método: Método de Runge-Kutta		
	Problema: $y'' - y = x$; $y(0) = 0$, $y'(0) = 1$		
x_n	$h = 0{,}1$		Solução verdadeira $Y(x) = e^x - e^{-x} - x$
	y_n	z_n	
0,0	0,0000000	1,0000000	0,0000000
0,1	1,1003333	1,0100083	0,1003335
0,2	0,2026717	1,0401335	0,2026720
0,3	0,3090401	1,0906769	0,3090406
0,4	0,4215040	1,1621445	0,4215047
0,5	0,5421897	1.2552516	0,5421906
0,6	0,6733060	1,3709300	0,6733072
0,7	0,8171660	1,5103373	0,8171674
0,8	0,9762103	1,6748689	0,9762120
0,9	1,1530314	1,8661714	1,1530335
1,0	1,3504000	2,0861595	1,3504024

20.8 Utilize o método de Runge-Kutta para resolver $y'' - 3y' + 2y = 0$; $y(0) = -1$, $y'(0) = 0$ no intervalo [0, 1] com $h = 0{,}1$.

Utilizando os resultados do Problema 20.2, temos $f(x, y, z) = z$, $g(x, y, z) = 3z - 2y$, $x_0 = 0$, $y_0 = -1$ e $z_0 = 0$. Então, com o auxílio de (20.4), calculamos

n = 0: $k_1 = hf(x_0, y_0, z_0) = hf(0, -1, 0) = (0{,}1)(0) = 0$

$l_1 = hg(x_0, y_0, z_0) = hg(0, -1, 0) = (0{,}1)[3(0) - 2(-1)] = 0{,}2$

$k_2 = hf(x_0 + \tfrac{1}{2}h, y_0 + \tfrac{1}{2}k_1, z_0 + \tfrac{1}{2}l_1)$
$= hf[0 + \tfrac{1}{2}(0{,}1), -1 + \tfrac{1}{2}(0), 0 + \tfrac{1}{2}(0{,}2)]$
$= hf(0{,}05, -1, 0{,}1) = (0{,}1)(0{,}1) = 0{,}01$

$l_2 = hg(x_0 + \tfrac{1}{2}h, y_0 + \tfrac{1}{2}k_1, z_0 + \tfrac{1}{2}l_1)$
$= hg(0{,}05, -1, 0{,}1) = (0{,}1)[3(0{,}1) - 2(-1)] = 0{,}23$

$k_3 = hf(x_0 + \tfrac{1}{2}h, y_0 + \tfrac{1}{2}k_2, z_0 + \tfrac{1}{2}l_2)$
$= hf[0 + \tfrac{1}{2}(0{,}1), -1 + \tfrac{1}{2}(0{,}01), 0 + \tfrac{1}{2}(0{,}23)]$
$= hf(0{,}05, -0{,}995, 0{,}115) = (0{,}1)(0{,}115) = 0{,}012$

$l_3 = hg(x_0 + \tfrac{1}{2}h, y_0 + \tfrac{1}{2}k_2, z_0 + \tfrac{1}{2}l_2)$
$= hg(0{,}05, -0{,}995, 0{,}115) = (0{,}1)[3(0{,}115) - 2(-0{,}995)]$
$= 0{,}234$

$$k_4 = hf(x_0 + h, y_0 + k_3, z_0 + l_3)$$
$$= hf(0 + 0{,}1, -1 + 0{,}012, 0 + 0{,}234)$$
$$= hf(0{,}1, -0{,}988, 0{,}234) = (0{,}1)(0{,}234) = 0{,}023$$
$$l_4 = hg(x_0 + h, y_0 + k_3, z_0 + l_3)$$
$$= hg(0{,}1, -0{,}988, 0{,}234) = (0{,}1)[3(0{,}234) - 2(-0{,}988)]$$
$$= 0{,}268$$
$$y_1 = y_0 + \tfrac{1}{6}(k_1 + 2k_2 + 2k_3 + k_4)$$
$$= -1 + \tfrac{1}{6}[0 + 2(0{,}01) + 2(0{,}012) + (0{,}023)] = -0{,}989$$
$$z_1 = z_0 + \tfrac{1}{6}(l_1 + 2l_2 + 2l_3 + l_4)$$
$$= 0 + \tfrac{1}{6}[0{,}2 + 2(0{,}23) + 2(0{,}234) + (0{,}268)] = 0{,}233$$

Prosseguindo dessa maneira, geramos a Tabela 20-4.

Tabela 20-4

Método: Método de Runge-Kutta			
Problema: $y'' - 3y' + 2y = 0$; $y(0) = -1$, $y'(0) = 0$			
x_n	$h = 0{,}1$		Solução verdadeira $Y(x) = e^{2x} - 2e^x$
	y_n	z_n	
0,0	−1,0000000	0,0000000	−1,0000000
0,1	−0,9889417	0,2324583	−0,9889391
0,2	−0,9509872	0,5408308	−0,9509808
0,3	−0,8776105	0,9444959	−0,8775988
0,4	−0,7581277	1,4673932	−0,7581085
0,5	−0,5791901	2,1390610	−0,5791607
0,6	−0,3241640	2,9959080	−0,3241207
0,7	0,0276326	4,0827685	0,0276946
0,8	0,5018638	5,4548068	0,5019506
0,9	1,1303217	7,1798462	1,1304412
1,0	1,9523298	9,3412190	1,9524924

20.9 Utilize o método de Runge-Kutta para resolver $3x^2 y'' - xy' + y = 0$; $y(1) = 4$, $y'(1) = 2$ no intervalo [1, 2] com $h = 0{,}2$.

Do Problema 20.3 decorre que $f(x, y, z) = z$, $g(x, y, z) = (xz - y)/(3x^2)$, $x_0 = 1$, $y_0 = 4$ e $z_0 = 2$. Utilizando (20.4), calculamos

$n = 0$: $k_1 = hf(x_0, y_0, z_0) = hf(1, 4, 2) = 0{,}2(2) = 0{,}4$

$$l_1 = hg(x_0, y_0, z_0) = hg(1, 4, 2) = 0{,}2\left[\frac{1(2) - 4}{3(1)^2}\right] = -0{,}1333333$$

$$k_2 = hf(x_0 + \tfrac{1}{2}h, y_0 + \tfrac{1}{2}k_1, z_0 + \tfrac{1}{2}l_1)$$
$$= hf(1{,}1, 4{,}2, 1{,}9333333) = 0{,}2(1{,}9333333) = 0{,}3866666$$

$$l_2 = hg(x_0 + \tfrac{1}{2}h, y_0 + \tfrac{1}{2}k_1, z_0 + \tfrac{1}{2}l_1) = hg(1{,}1, 4{,}2, 1{,}9333333)$$
$$= 0{,}2\left[\frac{1{,}1(1{,}9333333) - 4{,}2}{3(1{,}1)^2}\right] = -0{,}1142332$$

$$k_3 = hf(x_0 + \tfrac{1}{2}h, y_0 + \tfrac{1}{2}k_2, z_0 + \tfrac{1}{2}l_2)$$
$$= hf(1{,}1, 4{,}1933333, 1{,}9428834) = 0{,}2(1{,}9428834) = 0{,}3885766$$

$$l_3 = hg(x_0 + \tfrac{1}{2}h, y_1 + \tfrac{1}{2}k_2, z_1 + \tfrac{1}{2}l_2) = hg(1{,}1, 4{,}1933333, 1{,}9428834)$$
$$= 0{,}2\left[\frac{1{,}1(1{,}9428834) - 4{,}19333333}{3(1{,}1)^2}\right] = -0{,}1132871$$

$$k_4 = hf(x_0 + h, y_0 + k_3, z_0 + l_3)$$
$$= hf(1{,}2, 4{,}3885766, 1{,}8867129) = 0{,}2(1{,}8867129) = 0{,}3773425$$

$$l_4 = hgx_0 + h, y_0 + k_3, z_0 + l_3) = hg(1{,}2, 4{,}3885766, 1{,}8867129)$$
$$= 0{,}2\left[\frac{1{,}2(1{,}8867129) - 4{,}3885766}{3(1{,}2)^2}\right] = -0{,}0983574$$

$$y_1 = y_0 + \tfrac{1}{6}(k_1 + 2k_2 + 2k_3 + k_4)$$
$$= 4 + \tfrac{1}{6}[0{,}4 + 2(0{,}3866666) + 2(0{,}3885766) + 0{,}3773425] = 4{,}3879715$$

$$z_1 = z_0 + \tfrac{1}{6}(l_1 + 2l_2 + 2l_3 + l_4)$$
$$= 2 + \tfrac{1}{6}[-0{,}1333333 + 2(-0{,}1142332) + 2(-0{,}1132871) + (-0{,}0983574)] = 1{,}8855447$$

Prosseguindo dessa maneira, geramos a Tabela 20-5.

Tabela 20-5

Método: Método de Runge-Kutta			
Problema: $3x^2y'' - xy' + y = 0$; $y(1) = 4$, $y'(1) = 2$			
x_n	$h = 0{,}2$		Solução verdadeira $Y(x) = x + 3x^{1/3}$
	y_n	z_n	
1,0	4,0000000	2,0000000	4,0000000
1,2	4,3879715	1,8855447	4,3879757
1,4	4,7560600	1,7990579	4,7560668
1,6	5,1088123	1,7309980	5,1088213
1,8	5,4493105	1,6757935	5,4493212
2,0	5,7797507	1,6299535	5,7797632

20.10 Utilize o método de Adams-Bashforth-Moulton para resolver $3x^2y'' - xy' + y = 0$; $y(1) = 4$, $y'(1) = 2$ no intervalo $[1, 2]$ com $h = 0{,}2$.

Do Problema 20.3 decorre que $f(x, y, z) = z$, $g(x, y, z) = (xz - y)/(3x^2)$, $x_0 = 1$, $y_0 = 4$ e $z_0 = 2$. Pela Tabela 20-5, temos

$$x_1 = 1,2 \qquad y_1 = 4,3879715 \qquad z_1 = 1,8855447$$
$$x_2 = 1,4 \qquad y_2 = 4,7560600 \qquad z_2 = 1,7990579$$
$$x_3 = 1,6 \qquad y_3 = 5,1088123 \qquad z_3 = 1,7309980$$

Com o auxílio de (20.6), calculamos

$$y'_0 = z_0 = 2 \qquad\qquad y'_1 = z_1 = 1,8855447$$
$$y'_2 = z_2 = 1,7990579 \qquad y'_3 = z_3 = 1,7309980$$

$$z'_0 = \frac{x_0 z_0 - y_0}{3x_0^2} = \frac{1(2) - 4}{3(1)^2} = -0,6666667$$

$$z'_1 = \frac{x_1 z_1 - y_1}{3x_1^2} = \frac{1,2(1,8855447) - 4,3879715}{3(1,2)^2} = -0,4919717$$

$$z'_2 = \frac{x_2 z_2 - y_2}{3x_2^2} = \frac{1,4(1,7990579) - 4,7560600}{3(1.4)^2} = -0,3805066$$

$$z'_3 = \frac{x_3 z_3 - y_3}{3x_3^2} = \frac{1,6(1,7309980) - 5,1088123}{3(1,6)^2} = -0,3045854$$

Então, utilizando (20.5), calculamos

n = 3: $x_4 = 1,8$

$$py_4 = y_3 + \frac{h}{24}(55y'_3 - 59y'_2 + 37y'_1 - 9y'_0)$$
$$= 5,1088123 + (0,2/24)[55(1,7309980) - 59(1,7990579) + 37(1,8855447) - 9(2)] = 5,4490260$$

$$pz_4 = z_3 + \frac{h}{24}(55z'_3 - 59z'_2 + 37z'_1 - 9z'_0)$$
$$= 1,7309980 + (0,2/24)[55(-0,3045854) - 59(-0,3805066) + 37(-0,4919717)$$
$$- 9(-0,6666667)] = 1,6767876$$

$$py'_4 = pz_4 = 1,6767876$$

$$pz'_4 = \frac{x_4 pz_4 - py_4}{3x_4^2} = \frac{1.8(1.6767876) - 5,4490260}{3(1,8^2)} = -0,2500832$$

$$y_4 = y_3 + \frac{h}{24}(9py'_4 + 19y'_3 - 5y'_2 + y'_1)$$
$$= 5,1088123 + (0,2/24)[9(1,6767876) + 19(1,7309980) - 5(1,7990579) + 1,8855447]$$
$$= 5,4493982$$

$$z_4 = z_3 + \frac{h}{24}(9pz'_4 + 19z'_3 - 5z'_2 + z'_1)$$
$$= 1,7309980 + (0,2/24)[9(-0,2500832) + 19(-0,3045854) - 5(-0,3805066) + (-0,4919717)]$$
$$= 1,6757705$$

$$y'_4 = z_4 = 1,6757705$$

$$z'_4 = \frac{x_4 z_4 - y_4}{3x_4^2} = \frac{1,8(1,6757705) - 5,4493982}{3(1,8^2)} = -0,2503098$$

n = 4: $x_5 = 2,0$

$$py_5 = y_4 + \frac{h}{24}(55y'_4 - 59y'_3 + 37y'_2 - 9y'_1)$$
$$= 5,4493982 + (0,2/24)[55(1,6757705) - 59(1,7309980) + 37(1,7990579) - 9(1,8855447)]$$
$$= 5,7796793$$

$$pz_5 = z_4 + \frac{h}{24}(55z'_4 - 59z'_3 + 37z'_2 - 9z'_1)$$
$$= 1,6757705 + (0,2/24)[55(-0,2503098) - 59(-0,3045854) + 37(-0,3805066) - 9(-0,4919717)]$$
$$= 1,6303746$$

$$py'_5 = pz_5 = 1,6303746$$

$$pz'_5 = \frac{x_5 pz_5 - py_5}{3x_5^2} = \frac{2,0(1,6303746) - 5,7796793}{3(2,0)^2} = -0,2099108$$

$$y_5 = y_4 + \frac{h}{24}(9py'_5 + 19y'_4 - 5y'_3 + y'_2)$$
$$= 5,4493982 + (0,2/24)[9(1,6303746) + 19(1,6757705) - 5(1,7309980) + 1,7990579]$$
$$= 5,7798739$$

$$z_5 = z_4 + \frac{h}{24}(9pz'_5 + 19z'_4 - 5z'_3 + z'_2)$$
$$= 1,6757705 + (0,2/24)[9(-0,2099108) + 19(-0,2503098) - 5(-0,3045854) + (-0,3805066)]$$
$$= 1,6299149$$

$$y'_5 = z_5 = 1,6299149$$

$$z'_5 = \frac{x_5 z_5 - y_5}{3x_5^2} = \frac{2,0(1,6299149) - 5,7798739}{3(2,0)^2} = -0,2100037$$

Veja a Tabela 20-6.

Tabela 20-6

Método: Método de Adams-Bashforth-Moulton					
Problema: $3x^2 y'' - xy' + y = 0;\ y(1) = 4,\ y'(1) = 2$					
x_n	$h = 0,2$				Solução verdadeira $Y(x) = x + 3x^{1/3}$
	py_n	pz_n	y_n	z_n	
1,0	—	—	4,0000000	2,0000000	4,0000000
1,2	—	—	4,3879715	1,8855447	4,3879757
1,4	—	—	4,7560600	1,7990579	4,7560668
1,6	—	—	5,1088123	1,7309980	5,1088213
1,8	5,4490260	1,6767876	5,4493982	1,6757705	5,4493212
2,0	5,7796793	1,6303746	5,7798739	1,6299149	5,7797632

20.11 Utilize o método de Adams-Bashforth-Moulton para resolver $y'' - y = x$; $y(0) = 0$, $y'(0) = 1$ no intervalo [0, 1] com $h = 0,1$.

Decorre do Problema 20.1 que $f(x, y, z) = z$, $g(x, y, z) = y + x$ e, da Tabela 20-3, que

$$x_0 = 0 \quad y_0 = 0 \quad z_0 = 1$$
$$x_1 = 0,1 \quad y_1 = 0,1003333 \quad z_1 = 1,0100083$$
$$x_2 = 0,2 \quad y_2 = 0,2026717 \quad z_2 = 1,0401335$$
$$x_3 = 0,3 \quad y_3 = 0,3090401 \quad z_3 = 1,0906769$$

Com o auxílio de (20.6), calculamos

$$y'_0 = z_0 = 1 \quad y'_1 = z_1 = 1,0100083$$
$$y'_2 = z_2 = 1,0401335 \quad y'_3 = z_3 = 1,0906769$$
$$z'_0 = y_0 + x_0 = 0 + 0 = 0$$
$$z'_1 = y_1 + x_1 = 0,1003333 + 0,1 = 0,2003333$$
$$z'_2 = y_2 + x_2 = 0,2026717 + 0,2 = 0,4026717$$
$$z'_3 = y_3 + x_3 = 0,3090401 + 0,3 = 0,6090401$$

Então, utilizando (20.5), calculamos

$n = 3$: $x_4 = 0,4$

$$py_4 = y_3 + \frac{h}{24}(55y'_3 - 59y'_2 + 37y'_1 - 9y'_0)$$
$$= 0,3090401 + (0,1/24)[55(1,0906769) - 59(1,0401335) + 37(1,0100083) - 9(1)]$$
$$= 0,4214970$$

$$pz_4 = z_3 + \frac{h}{24}(55z'_3 - 59z'_2 + 37z'_1 - 9z'_0)$$
$$= 1,0906769 + (0,1/24)[55(0,6090401) - 59(0,4026717) + 37(0,2003333) - 9(0)]$$
$$= 1,1621432$$

$$py'_4 = pz_4 = 1,1621432$$
$$pz'_4 = py_4 + x_4 = 0,4214970 + 0,4 = 0,8214970$$

$$y_4 = y_3 + \frac{h}{24}(9py'_4 + 19y'_3 - 5y'_2 + y'_1)$$
$$= 0,3090401 + (0,1/24)[9(1,1621432) + 19(1,0906769) - 5(1,0401335) + 1,0100083]$$
$$= 0,4215046$$

$$z_4 = z_3 + \frac{h}{24}(9pz'_4 + 19z'_3 - 5z'_2 - z'_1)$$
$$= 1,0906769 + (0,1/24)[9(0,8214970) + 19(0,6090401) - 5(0,4026717) + (0,2003333)]$$
$$= 1,1621445$$

$$y'_4 = z_4 = 1,1621445$$

$$z'_4 = y_4 + x_4 = 0,4215046 + 0,4 = 0,8215046$$

Prosseguindo dessa maneira, geramos a Tabela 20-7.

Tabela 20-7

	Método: Método de Adams-Bashforth-Moulton				
	Problema: $y'' - y = x$; $y(0) = 0$, $y'(0) = 1$				
x_n	$h = 0{,}1$				Solução verdadeira $Y(x) = e^x - e^{-x} - x$
	py_n	pz_n	y_n	z_n	
0,0	—	—	0,0000000	1,0000000	0,0000000
0,1	—	—	0,1003333	1,0100083	0,1003335
0,2	—	—	0,2026717	1,0401335	0,2026720
0,3	—	—	0,3090401	1,0906769	0,3090406
0,4	0,4214970	1,1621432	0,4215046	1,1621445	0,4215047
0,5	0,5421832	1,2552496	0,5421910	1,2552516	0,5421906
0,6	0,6733000	1,3709273	0,6733080	1,3709301	0,6733072
0,7	0,8171604	1,5103342	0,8171687	1,5103378	0,8171674
0,8	0,9762050	1,6748654	0,9762138	1,6748699	0,9762120
0,9	1,1530265	1,8661677	1,1530358	1,8661731	1,1530335
1,0	1,3503954	2,0861557	1,3504053	2,0861620	1,3504024

20.12 Formule o método de Adams-Bashforth-Moulton para o sistema (20.2).

preditores:
$$py_{n+1} = y_n + \frac{h}{24}(55y'_n - 59y'_{n-1} + 37y'_{n-2} - 9y'_{n-3})$$
$$pz_{n+1} = z_n + \frac{h}{24}(55z'_n - 59z'_{n-1} + 37z'_{n-2} - 9z'_{n-3})$$
$$pw_{n+1} = w_n + \frac{h}{24}(55w'_n - 59w'_{n-1} + 37w'_{n-2} - 9w'_{n-3})$$

corretores:
$$y_{n+1} = y_n + \frac{h}{24}(9py'_{n+1} + 19y'_n - 5y'_{n-1} + y'_{n-2})$$
$$z_{n+1} = z_n + \frac{h}{24}(9pz'_{n+1} + 19z'_n - 5z'_{n-1} + z'_{n-2})$$
$$w_{n+1} = w_n + \frac{h}{24}(9pw'_{n+1} + 19w'_n - 5w'_{n-1} + w'_{n-2})$$

20.13 Formule o método de Milne para o sistema (20.1).

preditores:
$$py_{n+1} = y_{n-3} + \frac{4h}{3}(2y'_n - y'_{n-1} + 2y'_{n-2})$$
$$pz_{n+1} = z_{n-3} + \frac{4h}{3}(2z'_n - z'_{n-1} + 2z'_{n-2})$$

corretores:
$$y_{n+1} = y_{n-1} + \frac{h}{3}(py'_{n+1} + 4y'_n + y'_{n-1})$$
$$z_{n+1} = z_{n-1} + \frac{h}{3}(pz'_{n+1} + 4z'_n + z'_{n-1})$$

20.14 Utilize o método de Milne para resolver $y'' - y = x$; $y(0) = 0$, $y'(0) = 1$ no intervalo [0, 1] com $h = 0,1$.

Todos os valores de partida e suas derivadas são idênticos àqueles dados no Problema 20.11. Com o auxílio das fórmulas dadas no Problema 20.13, calculamos

n = 3:
$$py_4 = y_0 + \frac{4h}{3}(2y'_3 - y'_2 + 2y'_1)$$
$$= 0 + \frac{4(0,1)}{3}[2(1,0906769) - 1,0401335 + 2(1,0100083)]$$
$$= 0,4214983$$

$$pz_4 = z_0 + \frac{4h}{3}(2z'_3 - z'_2 + 2z'_1)$$
$$= 1 + \frac{4(0,1)}{3}[2(0,6090401) - 0,4026717 + 2(0,2003333)]$$
$$= 1,1621433$$

$py'_4 = pz_4 = 1,1621433$

$pz'_4 = py_4 + x_4 = 0,4214983 + 0,4 = 0,8214983$

$$y_4 = y_2 + \frac{h}{3}(py'_4 + 4y'_3 + y'_2)$$
$$= 0,2026717 + \frac{0,1}{3}[1,1621433 + 4(1,0906767) + 1,0401335]$$
$$= 0,4215045$$

$$z_4 = z_2 + \frac{h}{3}(pz'_4 + 4z'_3 + z'_2)$$
$$= 1,0401335 + \frac{0,1}{3}[0,8214983 + 4(0,6090401) + 0,4026717]$$
$$= 1,1621445$$

n = 4: $y'_4 = z_4 = 1,1621445$

$z'_4 = y_4 + x_4 = 0,4215045 + 0,4 = 0,8215045$

$$py_5 = y_1 + \frac{4h}{3}(2y'_4 - y'_3 + 2y'_2)$$
$$= 0,1003333 + \frac{4(0,1)}{3}[2(1,1621445) - 1,0906769 + 2(1,0401335)]$$
$$= 0,5421838$$

$$pz_5 = z_1 + \frac{4h}{3}(2z'_4 - z'_3 + 2z'_2)$$
$$= 1,0100083 + \frac{4(0,1)}{3}[2(0,8215045) - 0,6090401 + 2(0,4026717)]$$
$$= 1,2552500$$

$py'_5 = pz_5 = 1,2552500$

$$pz'_5 = py_5 + x_5 = 0{,}5421838 + 0{,}5 = 1{,}0421838$$

$$y_5 = y_3 + \frac{h}{3}(py'_5 + 4y'_4 + y'_3)$$

$$= 0{,}3090401 + \frac{0{,}1}{3}[1{,}2552500 + 4(1{,}1621445) + 1{,}0906769]$$

$$= 0{,}5421903$$

$$z_5 = z_3 + \frac{h}{3}(pz'_5 + 4z'_4 + z'_3)$$

$$= 1{,}0906769 + \frac{0{,}1}{3}[1{,}0421838 + 4(0{,}8215045) + 0{,}6090401]$$

$$= 1{,}2552517$$

Prosseguindo dessa maneira, geramos a Tabela 20-8.

Tabela 20-8

	Método: Método de Milne				
	Problema: $y'' - y = x$; $y(0) = 0$, $y'(0) = 1$				
x_n	$h = 0{,}1$				Solução verdadeira $Y(x) = e^x - e^{-x} - x$
	py_n	pz_n	y_n	z_n	
0,0	—	—	0,0000000	1,0000000	0,0000000
0,1	—	—	0,1003333	1,0100083	0,1003335
0,2	—	—	0,2026717	1,0401335	0,2026720
0,3	—	—	0,3090401	1,0906769	0,3090406
0,4	0,4214983	1,1621433	0,4215045	1,1621445	0,4215047
0,5	0,5421838	1,2552500	0,5421903	1,2552517	0,5421906
0,6	0,6733000	1,3709276	0,6733071	1,3709300	0,6733072
0,7	0,8171597	1,5103347	0,8171671	1,5103376	0,8171674
0,8	0,9762043	1,6748655	0,9762120	1,6748693	0,9762120
0,9	1,1530250	1,8661678	1,1530332	1,8661723	1,1530335
1,0	1,3503938	2,0861552	1,3504024	2,0861606	1,3504024

Problemas Complementares

20.15 Reduza o problema de valor inicial $y'' + y = 0$; $y(0) = 1$, $y'(0) = 0$ ao sistema (20.1).

20.16 Reduza o problema de valor inicial $y'' - y = x$; $y(0) = 0$, $y'(0) = -1$ ao sistema (20.1).

20.17 Reduza o problema de valor inicial $2yy'' - 4xy^2y' + 2(\operatorname{sen} x)y^4 = 6$; $y(1) = 0$, $y'(1) = 15$ ao sistema (20.1).

20.18 Reduza o problema de valor inicial $xy''' - x^2y'' + (y')^2y = 0$; $y(0) = 1$, $y'(0) = 2$, $y''(0) = 3$ ao sistema (20.2).

20.19 Utilize o método de Euler com $h = 0{,}1$ para resolver o problema de valor inicial dado no Problema 20.15 no intervalo [0, 1].

20.20 Utilize o método de Euler com $h = 0{,}1$ para resolver o problema de valor inicial dado no Problema 20.16 no intervalo [0, 1].

20.21 Utilize o método de Runge-Kutta com $h = 0{,}1$ para resolver o problema de valor inicial dado no Problema 20.15 no intervalo [0, 1].

20.22 Utilize o método de Runge-Kutta com $h = 0{,}1$ para resolver o problema de valor inicial dado no Problema 20.16 no intervalo [0, 1].

20.23 Utilize o método de Adams-Bashforth-Moulton com $h = 0{,}1$ para resolver o problema de valor inicial dado no Problema 20.2 no intervalo [0, 1]. Obtenha valores de partida apropriados na Tabela 20-4.

20.24 Utilize o método de Adams-Bashforth-Moulton com $h = 0{,}1$ para resolver o problema de valor inicial dado no Problema 20.15 no intervalo [0, 1].

20.25 Utilize o método de Adams-Bashforth-Moulton com $h = 0{,}1$ para resolver o problema de valor inicial dado no Problema 20.16 no intervalo [0, 1].

20.26 Utilize o método de Milne com $h = 0{,}1$ para resolver o problema de valor inicial dado no Problema 20.2 no intervalo [0, 1]. Obtenha valores de partida apropriados na Tabela 20-4.

20.27 Utilize o método de Milne com $h = 0{,}1$ para resolver o problema de valor inicial dado no Problema 20.15 no intervalo [0, 1].

20.28 Formule o método de Euler modificado para o sistema (20.1).

20.29 Formule o método de Runge-Kutta para o sistema (20.2).

20.30 Formule o método de Milne para o sistema (20.2).

Capítulo 21

A Transformada de Laplace

DEFINIÇÃO

Seja $f(x)$ definida para $0 \leq x < \infty$ e denotemos por s uma variável real arbitrária. A *Transformada de Laplace de* $f(x)$, designada por $\mathcal{L}\{f(x)\}$ ou $F(s)$, é

$$\mathcal{L}\{f(x)\} = F(s) = \int_0^\infty e^{-sx} f(x)\, dx \tag{21.1}$$

para todos os valores de s para os quais a integral imprópria converge. Ocorre convergência quando o limite

$$\lim_{R \to \infty} \int_0^R e^{-sx} f(x)\, dx \tag{21.2}$$

existe. Se esse limite não existe, a integral imprópria diverge e $f(x)$ não admite Transformada de Laplace. Ao calcular a integral na Eq. (21.1), a variável s é tratada como uma constante, pois a integração é em relação a x.

As Transformadas de Laplace para diversas funções elementares são calculadas nos Problemas 21.4 a 21.8; no Apêndice A constam outras transformadas.

PROPRIEDADES DAS TRANSFORMADAS DE LAPLACE

Propriedade 21.1   (*Linearidade*)   Se $\mathcal{L}\{f(x)\} = F(s)$ e $\mathcal{L}\{g(x)\} = G(s)$, então, para duas constantes arbitrárias c_1 e c_2

$$\mathcal{L}\{c_1 f(x) + c_2 g(x)\} = c_1 \mathcal{L}\{f(x)\} + c_2 \mathcal{L}\{g(x)\} = c_1 F(s) + c_2 G(s) \tag{21.3}$$

Propriedade 21.2   Se $\mathcal{L}\{f(x)\} = F(s)$, então, para qualquer constante a

$$\mathcal{L}\{e^{ax} f(x)\} = F(s-a) \tag{21.4}$$

Propriedade 21.3   Se $\mathcal{L}\{f(x)\} = F(s)$, então, para qualquer inteiro positivo n

$$\mathcal{L}\{x^n f(x)\} = (-1)^n \frac{d^n}{ds^n}[F(s)] \tag{21.5}$$

Propriedade 21.4 Se $\mathscr{L}\{f(x)\} = F(s)$ e se $\lim\limits_{\substack{x \to 0 \\ x > 0}} \dfrac{f(x)}{x}$ existe, então,

$$\mathscr{L}\left\{\frac{1}{x} f(x)\right\} = \int_s^\infty F(t)\, dt \tag{21.6}$$

Propriedade 21.5 Se $\mathscr{L}\{f(x)\} = F(s)$, então

$$\mathscr{L}\left\{\int_0^x f(t)\, dt\right\} = \frac{1}{s} F(s) \tag{21.7}$$

Propriedade 21.6 Se $f(x)$ é periódica com período ω, isto é, $f(x + \omega) = f(x)$, então

$$\mathscr{L}\{f(x)\} = \frac{\int_0^\omega e^{-sx} f(x)\, dx}{1 - e^{-\omega s}} \tag{21.8}$$

FUNÇÕES DE OUTRAS VARIÁVEIS INDEPENDENTES

Apenas por questão de consistência, a definição da Transformada de Laplace e suas propriedades, Eqs.(21.1) a (21.8), foram apresentadas para funções de x. Elas são igualmente aplicáveis para funções de qualquer variável independente, bastando substituir a variável x nas equações anteriores por qualquer outra variável de interesse. Em particular, a correspondente da Eq. (21.1) para a Transformada de Laplace de uma função de t é

$$\mathscr{L}\{f(t)\} = F(s) = \int_0^\infty e^{-st} f(t)\, dt$$

Problemas Resolvidos

21.1 Determine se a integral imprópria $\int_2^\infty \dfrac{1}{x^2}\, dx$ converge.

Como

$$\lim_{R \to \infty} \int_2^R \frac{1}{x^2}\, dx = \lim_{R \to \infty}\left(-\frac{1}{x}\right)\bigg|_2^R = \lim_{R \to \infty}\left(-\frac{1}{R} + \frac{1}{2}\right) = \frac{1}{2}$$

a integral imprópria converge para o valor $\frac{1}{2}$.

21.2 Determine se a integral imprópria $\int_9^\infty \dfrac{1}{x}\, dx$ converge.

Como

$$\lim_{R \to \infty} \int_9^R \frac{1}{x}\, dx = \lim_{R \to \infty} \ln |x|\bigg|_9^R = \lim_{R \to \infty}(\ln R - \ln 9) = \infty$$

a integral imprópria diverge.

21.3 Determine os valores de s para os quais a integral imprópria $\int_0^\infty e^{-sx}\, dx$ converge.

Para $s = 0$,

$$\int_0^\infty e^{-sx}\, dx = \int_0^\infty e^{-(0)(x)}\, dx = \lim_{R \to \infty} \int_0^R (1)\, dx = \lim_{R \to \infty} x\bigg|_0^R = \lim_{R \to \infty} R = \infty$$

logo, a integral diverge. Para $s \neq 0$,

$$\int_0^\infty e^{-sx}dx = \lim_{R\to\infty}\int_0^\infty e^{-sx}dx = \lim_{R\to\infty}\left[-\frac{1}{s}e^{-sx}\right]_{x=0}^{x=R}$$

$$= \lim_{R\to\infty}\left(\frac{-1}{s}e^{-sR} + \frac{1}{s}\right)$$

Quando $s < 0$, $-sR > 0$; logo, o limite é ∞ e a integral diverge. Quando $s > 0$, $-sR < 0$; logo, o limite é $1/s$ e a integral converge.

21.4 Determine a Transformada de Laplace de $f(x) = 1$.

Aplicando a Eq. (21.1) e os resultados do Problema 21.3, temos

$$F(s) = \mathcal{L}\{1\} = \int_0^\infty e^{-sx}(1)\,dx = \frac{1}{s} \quad \text{(para } s > 0\text{)}$$

(Ver também item 1 no Apêndice A.)

21.5 Determine a Transformada de Laplace de $f(x) = x^2$.

Aplicando a Eq. (21.1) e a integração por partes duas vezes, obtemos

$$F(s) = \mathcal{L}\{x^2\} = \int_0^\infty e^{-sx}x^2\,dx = \lim_{R\to\infty}\int_0^R x^2 e^{-sx}\,dx$$

$$= \lim_{R\to\infty}\left[-\frac{x^2}{s}e^{-sx} - \frac{2x}{s^2}e^{-sx} - \frac{2}{s^3}e^{-sx}\right]_{x=0}^{x=R}$$

$$= \lim_{R\to\infty}\left(-\frac{R^2}{s}e^{-sR} - \frac{2R}{s^2}e^{-sR} - \frac{2}{s^3}e^{-sR} + \frac{2}{s^3}\right)$$

Para $s < 0$, $\lim_{R\to\infty}[-(R^2/s)e^{-sR}] = \infty$, e a integral imprópria diverge. Para $s > 0$, decorre da aplicação sucessiva da regra de L'Hôpital que

$$\lim_{R\to\infty}\left(-\frac{R^2}{s}e^{-sR}\right) = \lim_{R\to\infty}\left(\frac{-R^2}{se^{sR}}\right) = \lim_{R\to\infty}\left(\frac{-2R}{s^2 e^{sR}}\right)$$

$$= \lim_{R\to\infty}\left(\frac{-2}{s^3 e^{sR}}\right) = 0$$

$$\lim_{R\to\infty}\left(-\frac{2R}{s}e^{-sR}\right) = \lim_{R\to\infty}\left(\frac{-2R}{se^{sR}}\right) = \lim_{R\to\infty}\left(\frac{-2}{s^2 e^{sR}}\right) = 0$$

Também, $\lim_{R\to\infty}[-(2/s^3)e^{-sR}] = 0$ diretamente; logo, a integral converge, e $F(s) = 2/s^3$. Para o caso especial $s = 0$, temos

$$\int_0^\infty e^{-sx}x^2\,dx = \int_0^\infty e^{-s(0)}x^2\,dx = \lim_{R\to\infty}\int_0^R x^2\,dx = \lim_{R\to\infty}\frac{R^3}{3} = \infty$$

Finalmente, combinando todos os casos, obtemos $\mathcal{L}\{x^2\} = 2/s^3$, $s > 0$ (Ver também o item 3 no Apêndice A).

21.6 Determine $\mathcal{L}\{e^{ax}\}$

Aplicando a Eq.(21.1), obtemos

$$F(s) = \mathcal{L}\{e^{ax}\} = \int_0^\infty e^{-sx}e^{ax}\,dx = \lim_{R\to\infty}\int_0^R e^{(a-s)x}\,dx$$

$$= \lim_{R\to\infty}\left[\frac{e^{(a-s)x}}{a-s}\right]_{x=0}^{x=R} = \lim_{R\to\infty}\left[\frac{e^{(a-s)R}-1}{a-s}\right]$$

$$= \frac{1}{s-a} \quad \text{(para } s > a\text{)}$$

Note que quando $s \leq a$, a integral imprópria diverge. (Ver também o item 7 no Apêndice A).

21.7 Determine $\mathscr{L}\{\operatorname{sen} ax\}$.

Aplicando a Eq. (21.1) e a integração por partes duas vezes, obtemos

$$\mathscr{L}\{\operatorname{sen} ax\} = \int_0^\infty e^{-sx} \operatorname{sen} ax\, dx = \lim_{R \to \infty} \int_0^R e^{-sx} \operatorname{sen} ax\, dx$$

$$= \lim_{R \to \infty} \left[\frac{-se^{-sx}\operatorname{sen} ax}{s^2 + a^2} - \frac{ae^{-sx}\cos ax}{s^2 + a^2} \right]_{x=0}^{x=R}$$

$$= \lim_{R \to \infty} \left[\frac{-se^{-sR}\operatorname{sen} aR}{s^2 + a^2} - \frac{ae^{-sR}\cos aR}{s^2 + a^2} + \frac{a}{s^2 + a^2} \right]$$

$$= \frac{a}{x^2 + a^2} \quad (\text{para } s > 0)$$

(Ver também o item 8 no Apêndice A.)

21.8 Determine a Transformada de Laplace de $f(x) = \begin{cases} e^x & x \leq 2 \\ 3 & x > 2 \end{cases}$.

$$\mathscr{L}\{f(x)\} = \int_0^\infty e^{-sx} f(x)\, dx = \int_0^2 e^{-sx} e^x dx + \int_2^\infty e^{-sx}(3)\, dx$$

$$= \int_0^2 e^{(1-s)x} dx + 3\lim_{R \to \infty} \int_2^R e^{-sx} dx = \frac{e^{(1-s)x}}{1-s}\bigg|_{x=0}^{x=2} - \frac{3}{s}\lim_{R \to \infty} e^{-sx}\bigg|_{x=2}^{x=R}$$

$$= \frac{e^{2(1-s)}}{1-s} - \frac{1}{1-s} - \frac{3}{s}\lim_{R \to \infty}[e^{-Rs} - e^{-2s}] = \frac{1 - e^{-2(s-1)}}{s-1} + \frac{3}{s}e^{-2x} \quad (\text{para } s > 0)$$

21.9 Determine a Transformada de Laplace da função cujo gráfico é mostrado na Fig. 21-1.

$$f(x) = \begin{cases} -1 & x \leq 4 \\ 1 & x > 4 \end{cases}$$

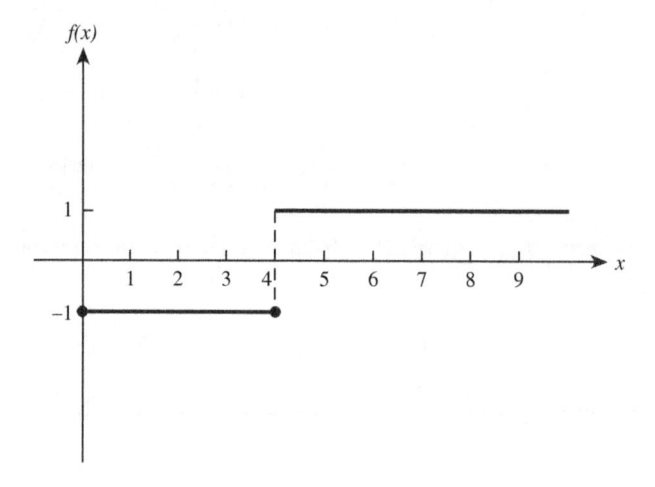

Figura 21-1

$$\mathcal{L}\{f(x)\} = \int_0^\infty e^{-sx} f(x)dx = \int_0^4 e^{-sx}(-1)dx + \int_4^\infty e^{-sx}(1)dx$$

$$= \frac{e^{-sx}}{s}\bigg|_{x=0}^{x=4} + \lim_{R\to\infty}\int_4^R e^{-sx}dx$$

$$= \frac{e^{-4s}}{s} - \frac{1}{s} + \lim_{R\to\infty}\left(\frac{-1}{s}e^{-Rs} + \frac{1}{s}e^{-4s}\right)$$

$$= \frac{2e^{-4s}}{s} - \frac{1}{s} \quad \text{(para } s>0\text{)}$$

21.10 Determine a Transformada de Laplace de $f(x) = 3 + 2x^2$.

Aplicando a Propriedade 21.1 com os resultados dos Problemas 21.4 e 21.5 ou, de forma alternativa, os itens 1 e 3 ($n = 3$) do Apêndice A, temos

$$F(s) = \mathcal{L}\{3 + 2x^2\} = 3\mathcal{L}\{1\} + 2\mathcal{L}\{x^2\}$$

$$= 3\left(\frac{1}{s}\right) + 2\left(\frac{2}{s^3}\right) = \frac{3}{s} + \frac{4}{s^3}$$

21.11 Determine a Transformada de Laplace de $f(x) = 5\,\text{sen}\,3x - 17e^{-2x}$.

Aplicando a Propriedade 21.1 com os resultados dos Problemas 21.6 ($a = -2$) e 21.7 ($a = 3$), ou, de forma alternativa, os itens 7 e 8 do Apêndice A, temos

$$F(s) = \mathcal{L}\{5\,\text{sen}\,3x - 17e^{-2x}\} = 5\mathcal{L}\{\text{sen}\,3x\} - 17\mathcal{L}\{e^{-2x}\}$$

$$= 5\left(\frac{3}{s^2 + (3)^2}\right) - 17\left(\frac{1}{s-(-2)}\right) = \frac{15}{s^2+9} - \frac{17}{s+2}$$

21.12 Determine a Transformada de Laplace de $f(x) = 2\,\text{sen}\,x + 3\cos 2x$.

Aplicando a Propriedade 21.1 com os itens 8 ($a = 1$) e 9 ($a = 2$) do Apêndice A, temos

$$F(s) = \mathcal{L}\{2\,\text{sen}\,x + 3\cos 2x\} = 2\mathcal{L}\{\text{sen}\,x\} + 3\mathcal{L}\{\cos 2x\}$$

$$= 2\frac{1}{s^2+1} + 3\frac{s}{s^2+4} = \frac{2}{s^2+1} + \frac{3s}{s^2+4}$$

21.13 Determine a Transformada de Laplace de $f(x) = 2x^2 - 3x + 4$.

Aplicando a Propriedade 21.1 repetidamente com os itens 1, 2 e 3 ($n = 3$) do Apêndice A, temos

$$F(s) = \mathcal{L}\{2x^2 - 3x + 4\} = 2\mathcal{L}\{x^2\} - 3\mathcal{L}\{x\} + 4\mathcal{L}\{1\}$$

$$= 2\left(\frac{2}{s^3}\right) - 3\left(\frac{1}{s^2}\right) + 4\left(\frac{1}{s}\right) = \frac{4}{s^3} - \frac{3}{s^2} + \frac{4}{s}$$

21.14 Determine $\mathcal{L}\{xe^{4x}\}$.

Este problema pode ser resolvido de três maneiras.

(a) Utilizando o item 14 do Apêndice A com $n = 2$ e $a = 4$, temos diretamente que

$$\mathscr{L}\{xe^{4x}\} = \frac{1}{(s-4)^2}$$

(b) Assumindo $f(x) = x$. Utilizando a Propriedade 21.2 com $a = 4$ e o item 2 do Apêndice A, temos

$$F(s) = \mathscr{L}\{f(x)\} = \mathscr{L}\{x\} = \frac{1}{s^2}$$

e

$$\mathscr{L}\{e^{4x}x\} = F(s-4) = \frac{1}{(s-4)^2}$$

(c) Assumindo $f(x) = e^{4x}$. Utilizando a Propriedade 21.3 com $n = 1$ e os resultados do Problema 21.6 ou, de forma alternativa, o item 7 do Apêndice A com $a = 4$, obtemos

$$F(s) = \mathscr{L}\{f(x)\} = \mathscr{L}\{e^{4x}\} = \frac{1}{s-4}$$

e

$$\mathscr{L}\{xe^{4x}\} = -F'(s) = -\frac{d}{ds}\left(\frac{1}{s-4}\right) = \frac{1}{(s-4)^2}$$

21.15 Determine $\mathscr{L}\{e^{-2x}\operatorname{sen}5x\}$.

Este problema pode ser resolvido de duas maneiras.

(a) Utilizando o item 15 do Apêndice A com $b = -2$ e $a = 5$, temos diretamente que

$$\mathscr{L}\{e^{-2x}\operatorname{sen}5x\} = \frac{5}{[s-(-2)]^2 + (5)^2} = \frac{5}{(s+2)^2 + 25}$$

(b) Assumindo $f(x) = \operatorname{sen}5x$. Utilizando a Propriedade 21.2 com $a = -2$ e os resultados do Problema 21.7, ou, de forma alternativa, o item 8 do Apêndice A com $a = 5$, obtemos

$$F(s) = \mathscr{L}\{f(x)\} = \mathscr{L}\{\operatorname{sen}5x\} = \frac{5}{s^2 + 25}$$

e

$$\mathscr{L}\{e^{-2x}\operatorname{sen}5x\} = F(s-(-2)) = F(s+2) = \frac{5}{(s+2)^2 + 25}$$

21.16 Determine $\mathscr{L}\{x\cos\sqrt{7}x\}$.

Este problema pode ser resolvido de duas maneiras.

(a) Utilizando o item 13 do Apêndice A com $a = \sqrt{7}$, temos diretamente que

$$\mathscr{L}\{x\cos\sqrt{7}x\} = \frac{s^2 - (\sqrt{7})^2}{[s^2 + (\sqrt{7})^2]^2} = \frac{s^2 - 7}{(s^2 + 7)^2}$$

(b) Assumindo $f(x) = \cos\sqrt{7}x$. Utilizando a Propriedade 21.3 com $n = 1$ e o item 9 do Apêndice A com $a = \sqrt{7}$, temos

$$F(s) = \mathscr{L}\{\cos\sqrt{7}x\} = \frac{s}{s^2 + (\sqrt{7})^2} = \frac{s}{s^2 + 7}$$

e
$$\mathcal{L}\{x\cos\sqrt{7}x\} = -\frac{d}{ds}\left(\frac{s}{s^2+7}\right) = \frac{s^2-7}{(s^2+7)^2}$$

21.17 Determine $\mathcal{L}\{e^{-x}\cos 2x\}$.

Seja $f(x) = x\cos 2x$. Pelo item 13 do Apêndice A com $a = 2$, obtemos

$$F(s) = \frac{s^2-4}{(s^2+4)^2}$$

Então, pela Propriedade 21.2 com $a = -1$,

$$\mathcal{L}\{e^{-x}x\cos 2x\} = F(s+1) = \frac{(s+1)^2-4}{[(s+1)^2+4]^2}$$

21.18 Determine $\mathcal{L}\{x^{7/2}\}$.

Definamos $f(x) = \sqrt{x}$. Então, $x^{7/2} = x^3\sqrt{x} = x^3 f(x)$ e, pelo item 4 do Apêndice A, obtemos

$$F(s) = \mathcal{L}\{f(x)\} = \mathcal{L}\{\sqrt{x}\} = \frac{1}{2}\sqrt{\pi}\, s^{-3/2}$$

Decorre da Propriedade 21.3 com $n = 3$ que

$$\mathcal{L}\{x^3\sqrt{x}\} = (-1)^3 \frac{d^3}{ds^3}\left(\frac{1}{2}\sqrt{\pi}\, s^{-3/2}\right) = \frac{105}{16}\sqrt{\pi}\, s^{-9/2}$$

a qual concorda com o item 6 do Apêndice A para $n = 4$.

21.19 Determine $\mathcal{L}\left\{\dfrac{\operatorname{sen} 3x}{x}\right\}$.

Assumindo $f(x) = \operatorname{sen} 3x$, obtemos, com o auxílio do item 8 do Apêndice A com $a = 3$, que

$$F(s) = \frac{3}{s^2+9} \quad \text{ou} \quad F(t) = \frac{3}{t^2+9}$$

Então, utilizando a Propriedade 21.4, obtemos

$$\mathcal{L}\left\{\frac{\operatorname{sen} 3x}{x}\right\} = \int_s^\infty \frac{3}{t^2+9}dt = \lim_{R\to\infty}\int_s^R \frac{3}{t^2+9}dt$$

$$= \lim_{R\to\infty} \operatorname{arctg}\frac{t}{3}\bigg|_s^R$$

$$= \lim_{R\to\infty}\left(\operatorname{arctg}\frac{R}{3} - \operatorname{arctg}\frac{s}{3}\right)$$

$$= \frac{\pi}{2} - \operatorname{arctg}\frac{s}{3}$$

21.20 Determine $\mathcal{L}\left\{\int_0^x \operatorname{sen} 2t\, dt\right\}$.

Assumindo $f(t) = \operatorname{senh} 2t$, temos $f(x) = \operatorname{senh} 2x$. Decorre então pelo item 10 do Apêndice A com $a = 2$ que $F(s) = 2/(s^2-4)$, e então, pela Propriedade 21.5 que

$$\mathcal{L}\left\{\int_0^x \operatorname{senh} 2t\, dt\right\} = \frac{1}{s}\left(\frac{2}{s^2-4}\right) = \frac{2}{s(s^2-4)}$$

21.21 Prove que se $f(x + \omega) = -f(x)$, então

$$\mathscr{L}\{f(x)\} = \frac{\int_0^\omega e^{-sx} f(x)\,dx}{1 + e^{-\omega s}} \qquad (1)$$

Como

$$f(x + 2\omega) = f[(x + \omega) + \omega] = -f(x + \omega) = -[-f(x)] = f(x)$$

$f(x)$ é periódica com período 2ω. Então, utilizando a Propriedade 21.6 com ω substituído por 2ω, temos

$$\mathscr{L}\{f(x)\} = \frac{\int_0^{2\omega} e^{-sx} f(x)\,dx}{1 - e^{-2\omega s}} = \frac{\int_0^{\omega} e^{-sx} f(x)\,dx + \int_\omega^{2\omega} e^{-sx} f(x)\,dx}{1 - e^{-2\omega s}}$$

Substituindo $y = x - \omega$ na segunda integral, temos

$$\int_\omega^{2\omega} e^{-sx} f(x)\,dx = \int_0^\omega e^{-s(y+\omega)} f(y + \omega)\,dy = e^{-\omega s} \int_0^\omega e^{-sy}[-f(y)]\,dy$$
$$= -e^{-\omega s} \int_0^\omega e^{-sy} f(y)\,dy$$

A última integral, escrevendo novamente a variável como x, é igual a

$$-e^{-\omega s} \int_0^\omega e^{-sx} f(x)\,dx$$

Assim,
$$\mathscr{L}\{f(x)\} = \frac{(1 - e^{-\omega s})\int_0^\omega e^{-sx} f(x)\,dx}{1 - e^{-2\omega s}}$$

$$= \frac{(1 - e^{-\omega s})\int_0^\omega e^{-sx} f(x)\,dx}{(1 - e^{-\omega s})(1 + e^{-\omega s})} = \frac{\int_0^\omega e^{-sx} f(x)\,dx}{1 + e^{-\omega s}}$$

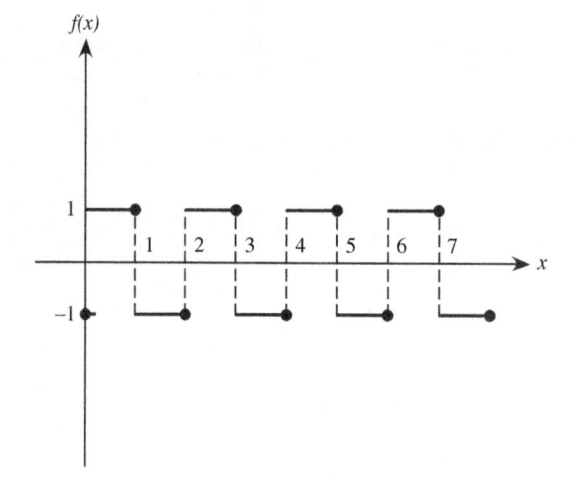

Figura 21-2

21.22 Determine $\mathscr{L}\{f(x)\}$ para a onda quadrada ilustrada na Fig. 21-2.

Este problema pode ser resolvido de duas maneiras.

(a) Notemos que $f(x)$ é periódica com período $\omega = 2$, e, no intervalo $0 < x \leq 2$, esta função pode ser definido analiticamente por

$$f(x) = \begin{cases} 1 & 0 < x \leq 1 \\ -1 & 1 < x \leq 2 \end{cases}$$

Pela Eq. (21.8), temos

$$\mathscr{L}\{f(x)\} = \frac{\int_0^2 e^{-sx} f(x)dx}{1 - e^{-2s}}$$

Como

$$\int_0^2 e^{-sx} f(x)dx = \int_0^1 e^{-sx}(1)dx + \int_1^2 e^{-sx}(-1)dx$$

$$= \frac{1}{s}(e^{-2s} - 2e^{-s} + 1) = \frac{1}{s}(e^{-s} - 1)^2$$

decorre que

$$F(s) = \frac{(e^{-s} - 1)^2}{s(1 - e^{-2s})} = \frac{(1 - e^{-s})^2}{s(1 - e^{-s})(1 + e^{-s})} = \frac{1 - e^{-s}}{s(1 + e^{-s})}$$

$$= \left[\frac{e^{s/2}}{e^{s/2}}\right]\left[\frac{1 - e^{-s}}{s(1 + e^{-s})}\right] = \frac{e^{s/2} - e^{-s/2}}{s(e^{s/2} + e^{-s/2})} = \frac{1}{s}\text{tgh}\frac{s}{2}$$

(b) A onda quadrada $f(x)$ também satisfaz a equação $f(x + 1) = -f(x)$. Assim, utilizando (1) do Problema 21.21 com $\omega = 1$, obtemos

$$\mathscr{L}\{f(x)\} = \frac{\int_0^1 e^{-sx} f(x)dx}{1 + e^{-s}} = \frac{\int_0^1 e^{-sx}(1)dx}{1 + e^{-s}}$$

$$= \frac{(1/s)(1 - e^{-s})}{1 + e^{-s}} = \frac{1}{s}\text{tgh}\frac{s}{2}$$

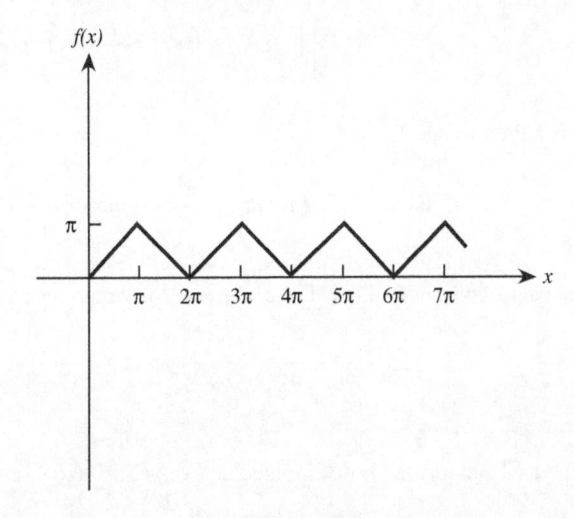

Figura 21-3

21.23 Determine a Transformada de Laplace da função cujo gráfico é ilustrado na Fig. 21-3.

Notemos que $f(x)$ é periódica com período $\omega = 2\pi$ e, no intervalo $0 \leq x < 2\pi$ essa função pode ser definida analiticamente por

$$f(x) = \begin{cases} x & 0 \leq x \leq \pi \\ 2\pi - x & \pi \leq x < 2\pi \end{cases}$$

Pela Eq. (21.8), temos

$$\mathscr{L}\{f(x)\} = \frac{\int_0^{2\pi} e^{-sx} f(x) dx}{1 - e^{-2\pi s}}$$

Como

$$\int_0^{2\pi} e^{-sx} f(x) dx = \int_0^{\pi} e^{-sx} x\, dx + \int_0^{2\pi} e^{-sx}(2\pi - x) dx$$
$$= \frac{1}{s^2}(e^{-2\pi s} - 2e^{-\pi s} + 1) = \frac{1}{s^2}(e^{-\pi s} - 1)^2$$

decorre que

$$\mathscr{L}\{f(x)\} = \frac{(1/s^2)(e^{-\pi s} - 1)^2}{1 - e^{-2\pi s}} = \frac{(1/s^2)(e^{-\pi s} - 1)^2}{(1 - e^{-\pi s})(1 + e^{-\pi s})}$$
$$= \frac{1}{s^2}\left(\frac{1 - e^{-\pi s}}{1 + e^{-\pi s}}\right) = \frac{1}{s^2} \operatorname{tgh} \frac{\pi s}{2}$$

21.24 Determine $\mathscr{L}\left\{e^{4x} x \int_0^x \frac{1}{t} e^{-4t} \operatorname{sen} 3t\, dt\right\}$.

Aplicando a Eq. (21.4) com $a = -4$ nos resultados do Problema 21.19, obtemos

$$\mathscr{L}\left\{\frac{1}{x} e^{-4x} \operatorname{sen} 3x\right\} = \frac{\pi}{2} - \operatorname{arctg} \frac{s+4}{3}$$

Decorre da Eq.(21.7) que

$$\mathscr{L}\left\{\int_0^x \frac{1}{t} e^{-4t} \operatorname{sen} 3t\, dt\right\} = \frac{\pi}{2s} - \frac{1}{s}\operatorname{arctg} \frac{s+4}{3}$$

e, então, pela Propriedade 21.3 com $n = 1$,

$$\mathscr{L}\left\{x\int_0^x \frac{1}{t} e^{-4t} \operatorname{sen} 3t\, dt\right\} = \frac{\pi}{2s^2} - \frac{1}{s^2}\operatorname{arctg}\frac{s+4}{3} + \frac{3}{s[9 + (s+4)^2]}$$

Finalmente, utilizando a Eq. (21.4) com $a = 4$, concluímos que a transformada procurada é

$$\frac{\pi}{2(s-4)^2} - \frac{1}{(s-4)^2}\operatorname{arctg}\frac{s}{3} + \frac{3}{(s-4)(s^2+9)}$$

21.25 Determine as Transformadas de Laplace de (a) t, (b) e^{at} e (c) sen at, onde a representa uma constante.

Utilizando os itens 2, 7 e 8 do Apêndice A com x substituído por t, obtemos as Transformadas de Laplace procuradas:

(a) $\mathcal{L}\{t\} = \dfrac{1}{s^2}$
(b) $\mathcal{L}\{e^{at}\} = \dfrac{1}{s-a}$
(c) $\mathcal{L}\{\operatorname{sen} at\} = \dfrac{a}{s^2 + a^2}$

21.26 Determine as Transformadas de Laplace de (a) θ^2, (b) $\cos a\theta$ e (c) $e^{b\theta}\operatorname{sen} a\theta$, onde a e b representam constantes.

Utilizando os itens 3 (com $n = 3$), 9 e 15 do Apêndice A com x substituído por θ, obtemos as Transformadas de Laplace procuradas:

(a) $\mathcal{L}\{\theta^2\} = \dfrac{2}{s^3}$
(b) $\mathcal{L}\{\cos a\theta\} = \dfrac{s}{s^2 + a^2}$
(c) $\mathcal{L}\{e^{b\theta}\operatorname{sen} a\theta\} = \dfrac{a}{(s-b)^2 + a^2}$

Problemas Complementares

Nos Problemas 21.27 a 21.42, determine as Transformadas de Laplace das funções dadas utilizando a Eq. (21.1).

21.27 $f(x) = 3$

21.28 $f(x) = \sqrt{5}$

21.29 $f(x) = e^{2x}$

21.30 $f(x) = e^{-6x}$

21.31 $f(x) = x$

21.32 $f(x) = -8x$

21.33 $f(x) = \cos 3x$

21.34 $f(x) = \cos 4x$

21.35 $f(x) = \cos bx$, onde b representa uma constante

21.36 $f(x) = xe^{-8x}$

21.37 $f(x) = xe^{bx}$, onde b representa uma constante

21.38 $f(x) = x^3$

21.39 $f(x) = \begin{cases} x & 0 \le x \le 2 \\ 2 & x > 2 \end{cases}$

21.40 $f(x) = \begin{cases} 1 & 0 \le x \le 1 \\ e^x & 1 < x \le 4 \\ 0 & x > 4 \end{cases}$

21.41 $f(x)$ na Fig. 21-4

21.42 $f(x)$ na Fig. 21-5

Nos Problemas 21.43 a 21.76, utilize o Apêndice A e as Propriedades 21.1 a 21.6, quando apropriadas, para determinar as Transformadas de Laplace das funções dadas.

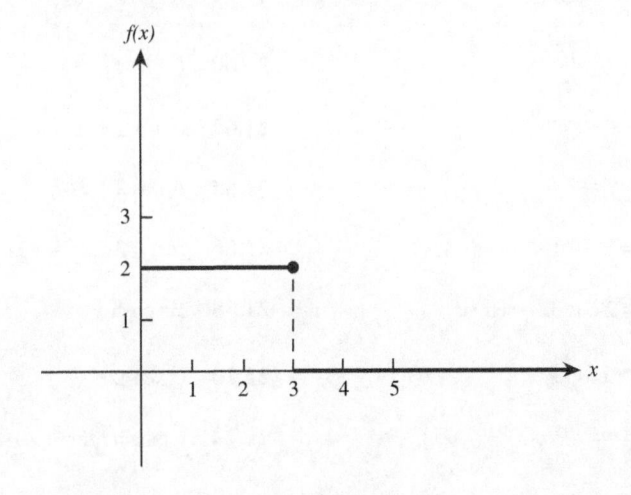

Figura 21-4

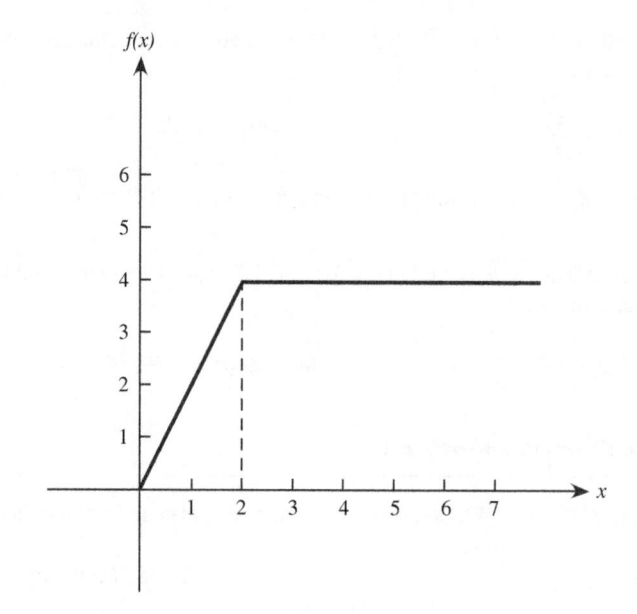

Figura 21-5

21.43 $f(x) = x^7$

21.44 $f(x) = x \cos 3x$

21.45 $f(x) = x^5 e^{-x}$

21.46 $f(x) = \dfrac{1}{\sqrt{x}}$

21.47 $f(x) = \dfrac{1}{3} e^{-x/3}$

21.48 $f(x) = 5e^{-x/3}$

21.49 $f(x) = 2 \operatorname{sen}^2 \sqrt{3} x$

21.50 $f(x) = 8 e^{-5x}$

21.51 $f(x) = 3 \operatorname{sen} \dfrac{x}{2}$

21.52 $f(x) = -\cos \sqrt{19} x$

21.53 $f(x) = -1.$

21.54 $f(x) = e^{-x} \operatorname{sen} 2x$

21.55 $f(x) = e^x \operatorname{sen} 2x$

21.56 $f(x) = e^{-x} \cos 2x$

21.57 $f(x) = e^{3x} \cos 2x$

21.58 $f(x) = e^{3x} \cos 5x$

21.59 $f(x) = e^{5x} \sqrt{x}$

21.60 $f(x) = e^{-5x} \sqrt{x}$

21.61 $f(x) = e^{-2x} \operatorname{sen}^2 x$

21.62 $x^3 + 3 \cos 2x$

21.63 $5e^{2x} + 7e^{-x}$

21.64 $f(x) = 2 + 3x$

21.65 $f(x) = 3 - 4x^2$

21.66 $f(x) = 2x + 5 \operatorname{sen} 3x$

21.67 $f(x) = 2 \cos 3x - \operatorname{sen} 3x$

21.68 $2x^2 \cosh x$

21.69 $2x^2 e^{-x} \cosh x$

21.70 $x^2 \operatorname{sen} 4x$

21.71 $\sqrt{x} e^{2x}$

21.72 $\int_0^x t \operatorname{senh} t \, dt$

21.73 $\int_0^x e^{3t} \cos t \, dt$

21.74 $f(x)$ na Fig. 21-6

21.75 $f(x)$ na Fig. 21-7

21.76 $f(x)$ na Fig. 21-8

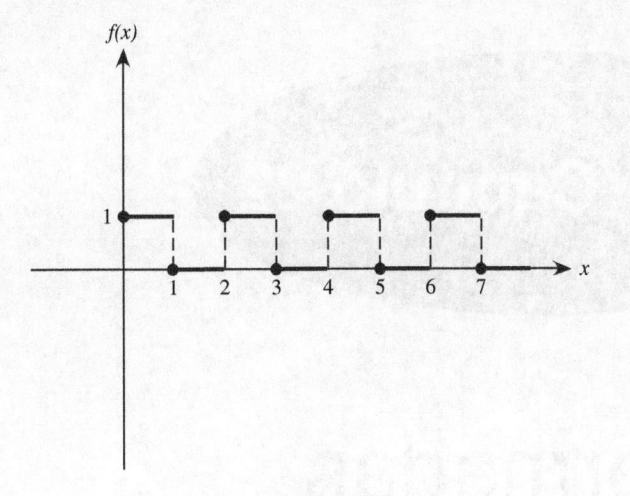

Figura 21-6

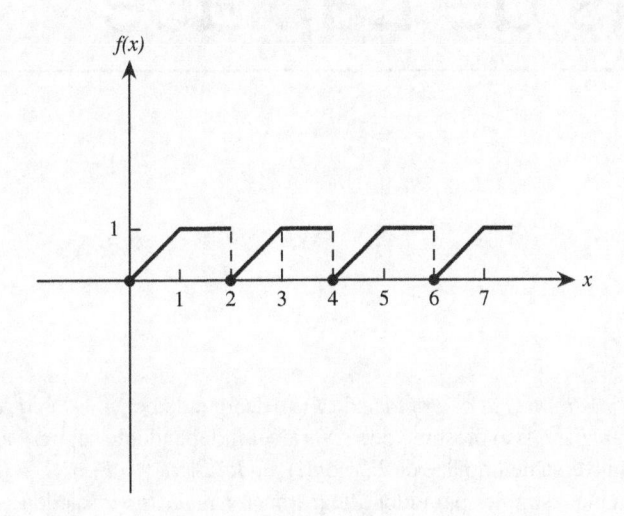

Figura 21-7

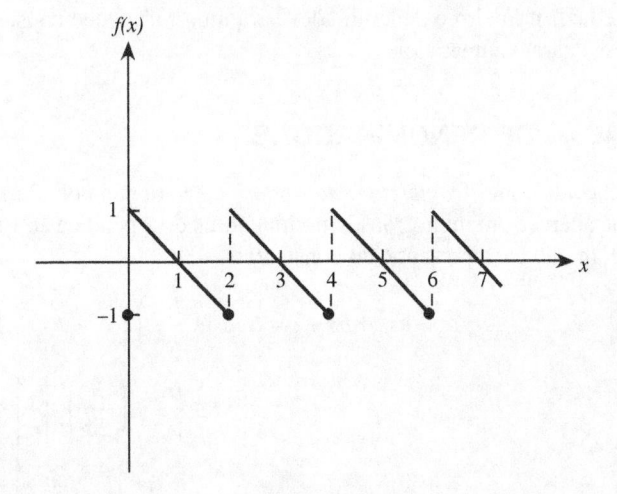

Figura 21-8

Capítulo 22

Transformadas Inversas de Laplace

DEFINIÇÃO

Uma *transformada inversa de Laplace* de $F(s)$, designada por $\mathcal{L}^{-1}\{F(s)\}$, é uma outra função $f(x)$ com a propriedade de $\mathcal{L}\{f(x)\} = F(s)$. Isso presume que a variável independente seja x. Caso a variável independente seja t, então a transformada inversa de Laplace de $F(s)$ é $f(t)$, onde $\mathcal{L}\{f(t)\} = F(s)$.

A técnica mais simples para identificar transformadas inversas de Laplace consiste em reconhecê-las, seja de memória, seja com base em uma tabela como a do Apêndice A (ver Problemas 22.1 a 22.3). Se $F(s)$ não estiver sob uma forma reconhecível, poderá eventualmente ser reduzida em tal forma mediante transformações algébricas. Observe pelo Apêndice A que quase todas as transformadas de Laplace são quocientes. O procedimento recomendável consiste em reduzir primeiro o denominador para uma forma que conste no Apêndice A e, em seguida, aplicar o mesmo processo para o numerador.

MANIPULAÇÃO DE DENOMINADORES

O método conhecido como "*completar quadrados*" converte um polinômio quadrático em uma soma de quadrados, forma esta que aparece em muitos dos denominadores do Apêndice A. Em particular, para a expressão quadrática $as^2 + bs + c$, com a, b e c representando constantes,

$$\begin{aligned} as^2 + bs + c &= a\left(s^2 + \frac{b}{a}s\right) + c \\ &= a\left[s^2 + \frac{b}{a}s + \left(\frac{b}{2a}\right)^2\right] + \left[c - \frac{b^2}{4a}\right] \\ &= a\left(s + \frac{b}{2a}\right)^2 + \left(c - \frac{b^2}{4a}\right) \\ &= a(s+k)^2 + h^2 \end{aligned}$$

onde $k = b/2a$ e $h = \sqrt{c - (b^2/4a)}$. (Ver Problemas 22.8 a 22.10.)

O método das *"frações parciais"* transforma uma função da forma $a(s)/b(s)$, onde $a(s)$ e $b(s)$ são polinômios em s, em uma soma de outras funções de tal modo que o denominador de cada nova fração seja um polinômio de primeiro grau ou um polinômio quadrático, elevados a uma potência arbitrária. O método exige apenas que (1) o grau de $a(s)$ seja menor que o grau de $b(s)$ (quando isso não ocorrer, deve-se primeiro efetuar a divisão e então considerar o resto) e que (2) $b(s)$ seja fatorado no produto de polinômios lineares e quadráticos distintos elevados a potências arbitrárias.

O método se desenvolve como segue: a cada fator de $b(s)$ da forma $(s-a)^m$, façamos corresponder uma soma de m frações da forma

$$\frac{A_1}{s-a} + \frac{A_2}{(s-a)^2} + \cdots + \frac{A_m}{(s-a)^m}$$

A cada fator de $b(s)$ da forma $(s^2+bs+c)^p$, façamos corresponder uma soma de p frações da forma

$$\frac{B_1 s+C_1}{s^2+bs+c} + \frac{B_2 s+C_2}{(s^2+bs+c)^2} + \cdots + \frac{B_p s+C_p}{(s^2+bs+c)^p}$$

Aqui, A_i, B_j e C_k ($i = 1, 2,..., m$; $j, k = 1, 2,..., p$) são constantes que precisam ser determinadas.

Igualemos a fração original $a(s)/b(s)$ à soma das novas frações. Eliminando denominadores e igualando coeficientes de potências semelhantes de s, obtemos um conjunto de equações lineares simultâneas nas constantes (incógnitas) A_i, B_j e C_k. Finalmente, resolvemos essas equações em relação a A_i, B_j e C_k (ver Problemas 22.11 a 22.14).

MANIPULAÇÃO DE NUMERADORES

Um fator $s-a$ no numerador pode ser escrito em termos do fator $s-b$, (a e b constantes), mediante a identidade $s-a = (s-b) + (b-a)$. A constante multiplicativa a no numerador pode ser escrita explicitamente em termos da constante multiplicativa b por meio da identidade

$$a = \frac{a}{b}(b)$$

Ambas as identidades geram transformadas de Laplace inversas quando combinadas com:

Propriedade 22.1   (***Linearidade***)   Se as transformadas inversas de Laplace de duas funções $F(s)$ e $G(s)$ existem, então, para quaisquer constantes c_1 e c_2,

$$\mathcal{L}^{-1}\{c_1 F(s) + c_2 G(s)\} = c_1 \mathcal{L}^{-1}\{F(s)\} + c_2 \mathcal{L}^{-1}\{G(s)\}$$

(Ver Problemas 22.4 a 22.7.)

Problemas Resolvidos

22.1   Determine $\mathcal{L}^{-1}\left\{\dfrac{1}{s}\right\}$.

Aqui, $F(s) = 1/s$. Pelo Problema 21.4 ou pelo item 1 do Apêndice A, temos $\mathcal{L}\{1\} = 1/s$. Portanto, $\mathcal{L}^{-1}\{1/s\} = 1$.

22.2   Determine $\mathcal{L}^{-1}\left\{\dfrac{1}{s-8}\right\}$.

Pelo Problema 21.6 ou pelo item 7 do Apêndice A com $a = 8$, temos

$$\mathcal{L}\{e^{8x}\} = \frac{1}{s-8}$$

Portanto, $\mathcal{L}^{-1}\left\{\dfrac{1}{s-8}\right\} = e^{8x}$

22.3 Determine $\mathscr{L}^{-1}\left\{\dfrac{s}{s^2+6}\right\}$.

Pelo item 9 do Apêndice A com $a = \sqrt{6}$, temos

$$\mathscr{L}\{\cos\sqrt{6}x\} = \frac{s}{s^2+(\sqrt{6})^2} = \frac{s}{s^2+6}$$

Portanto, $\mathscr{L}^{-1}\left\{\dfrac{s}{s^2+6}\right\} = \cos\sqrt{6}x$

22.4 Determine $\mathscr{L}^{-1}\left\{\dfrac{5s}{(s^2+1)^2}\right\}$.

A função dada possui forma similar a do item 12 do Apêndice A. Os denominadores se tornam idênticos se adotarmos $a = 1$. Adaptando o numerador da função dada e aplicando a Propriedade 22.1, obtemos

$$\mathscr{L}^{-1}\left\{\frac{5s}{(s^2+1)^2}\right\} = \mathscr{L}^{-1}\left\{\frac{\frac{5}{2}(2s)}{(s^2+1)^2}\right\} = \frac{5}{2}\mathscr{L}^{-1}\left\{\frac{2s}{(s^2+1)^2}\right\} = \frac{5}{2}x\operatorname{sen} x$$

22.5 Determine $\mathscr{L}^{-1}\left\{\dfrac{1}{\sqrt{s}}\right\}$.

A função dada possui forma similar a do item 5 do Apêndice A. Os denominadores são idênticos; adaptando o numerador da função dada e aplicando a Propriedade 22.1, obtemos

$$\mathscr{L}^{-1}\left\{\frac{1}{\sqrt{s}}\right\} = \mathscr{L}^{-1}\left\{\frac{1}{\sqrt{\pi}}\frac{\sqrt{\pi}}{\sqrt{s}}\right\} = \frac{1}{\sqrt{\pi}}\mathscr{L}^{-1}\left\{\frac{\sqrt{\pi}}{\sqrt{s}}\right\} = \frac{1}{\sqrt{\pi}}\frac{1}{\sqrt{x}}$$

22.6 Determine $\mathscr{L}^{-1}\left\{\dfrac{s+1}{s^2-9}\right\}$.

O denominador desta função é idêntico aos denominadores dos itens 10 e 11 do Apêndice A com $a = 3$. Aplicando a Propriedade 22.1 seguida de uma simples manipulação algébrica, obtemos

$$\mathscr{L}^{-1}\left\{\frac{s+1}{s^2-9}\right\} = \mathscr{L}^{-1}\left\{\frac{s}{s^2-9}\right\} + \mathscr{L}^{-1}\left\{\frac{1}{s^2-9}\right\} = \cosh 3x + \mathscr{L}^{-1}\left\{\frac{1}{3}\left(\frac{3}{s^2-(3)^2}\right)\right\}$$

$$= \cosh 3x + \frac{1}{3}\mathscr{L}^{-1}\left\{\frac{3}{s^2-(3)^2}\right\} = \cosh 3x + \frac{1}{3}\operatorname{senh} 3x$$

22.7 Determine $\mathscr{L}^{-1}\left\{\dfrac{s}{(s-2)^2+9}\right\}$.

O denominador dessa função é idêntico aos denominadores dos itens 15 e 16 do Apêndice A com $a = 3$ e $b = 2$. Tanto a função dada quanto o item 16 possuem a *variável s* em seus numeradores, de modo que estão estreitamente relacionadas. Adaptando o numerador da função dada e aplicando a Propriedade 22.1, obtemos

$$\mathscr{L}^{-1}\left\{\frac{s}{(s-2)^2+9}\right\} = \mathscr{L}^{-1}\left\{\frac{(s-2)+2}{(s-2)^2+9}\right\} = \mathscr{L}^{-1}\left\{\frac{s-2}{(s-2)^2+9}\right\} + \mathscr{L}^{-1}\left\{\frac{2}{(s-2)^2+9}\right\}$$

$$= e^{2x}\cos 3x + \mathscr{L}^{-1}\left\{\frac{2}{(s-2)^2+9}\right\} = e^{2x}\cos 3x + \mathscr{L}^{-1}\left\{\frac{2}{3}\left(\frac{3}{(s-2)^2+9}\right)\right\}$$

$$= e^{2x}\cos 3x + \frac{2}{3}\mathscr{L}^{-1}\left\{\frac{3}{(s-2)^2+9}\right\} = e^{2x}\cos 3x + \frac{2}{3}e^{2x}\operatorname{sen} 3x$$

22.8 Determine $\mathscr{L}^{-1}\left\{\dfrac{1}{s^2-2s+9}\right\}$.

Não há função com esta forma no Apêndice A. Porém, completando o quadrado, obtemos,

$$s^2-2s+9=(s^2-2s+1)+(9-1)=(s-1)^2+(\sqrt{8})^2$$

Logo, $\quad\dfrac{1}{s^2-2s+9}=\dfrac{1}{(s-1)^2+(\sqrt{8})^2}=\left(\dfrac{1}{\sqrt{8}}\right)\dfrac{\sqrt{8}}{(s-1)^2+(\sqrt{8})^2}$

Aplicando então a Propriedade 22.1 e o item 15 do Apêndice A com $a=\sqrt{8}$ e $b=1$, temos

$$\mathscr{L}^{-1}\left\{\dfrac{1}{s^2-2s+9}\right\}=\dfrac{1}{\sqrt{8}}\mathscr{L}^{-1}\left\{\dfrac{\sqrt{8}}{(s-1)^2+(\sqrt{8})^2}\right\}=\dfrac{1}{\sqrt{8}}e^x\operatorname{sen}\sqrt{8}x$$

22.9 Determine $\mathscr{L}^{-1}\left\{\dfrac{s+4}{s^2+4s+8}\right\}$.

Nenhuma função do Apêndice A apresenta essa forma. Completando o quadrado no denominador, obtemos

$$s^2+4s+8=(s^2+4s+4)+(8-4)=(s+2)^2+(2)^2$$

Logo, $\quad\dfrac{s+4}{s^2+4s+8}=\dfrac{s+4}{(s+2)^2+(2)^2}$

Essa expressão também não consta no Apêndice A. Entretanto, reescrevendo o numerador como $s+4=(s+2)+2$ e decompondo a fração, temos

$$\dfrac{s+4}{s^2+4s+8}=\dfrac{s+2}{(s+2)^2+(2)^2}+\dfrac{2}{(s+2)^2+(2)^2}$$

Então, pelos itens 15 e 16 do Apêndice A,

$$\mathscr{L}^{-1}\left\{\dfrac{s+4}{s^2+4s+8}\right\}=\mathscr{L}^{-1}\left\{\dfrac{s+2}{(s+2)^2+(2)^2}\right\}+\mathscr{L}^{-1}\left\{\dfrac{2}{(s+2)^2+(2)^2}\right\}$$
$$=e^{-2x}\cos 2x+e^{-2x}\operatorname{sen}2x$$

22.10 Determine $\mathscr{L}^{-1}\left\{\dfrac{s+2}{s^2-3s+4}\right\}$.

Não há função com essa forma no Apêndice A. Completando o quadrado no denominador, obtemos

$$s^2-3s+4=\left(s^2-3s+\dfrac{9}{4}\right)+\left(4-\dfrac{9}{4}\right)=\left(s-\dfrac{3}{2}\right)^2+\left(\dfrac{\sqrt{7}}{2}\right)^2$$

de modo que, $\quad\dfrac{s+2}{s^2-3s+4}=\dfrac{s+2}{\left(s-\dfrac{3}{2}\right)^2+\left(\dfrac{\sqrt{7}}{2}\right)^2}$

Reescrevemos agora o numerador como

$$s+2=s-\dfrac{3}{2}+\dfrac{7}{2}=\left(s-\dfrac{3}{2}\right)+\sqrt{7}\left(\dfrac{\sqrt{7}}{2}\right)$$

de modo que, $\quad\dfrac{s+2}{s^2-3s+4}=\dfrac{s-\dfrac{3}{2}}{\left(s-\dfrac{3}{2}\right)^2+\left(\dfrac{\sqrt{7}}{2}\right)^2}+\sqrt{7}\dfrac{\dfrac{\sqrt{7}}{2}}{\left(s-\dfrac{3}{2}\right)^2+\left(\dfrac{\sqrt{7}}{2}\right)^2}$

Então,

$$\mathcal{L}^{-1}\left\{\frac{s+2}{s^2-3s+4}\right\} = \mathcal{L}^{-1}\left\{\frac{s-\frac{3}{2}}{\left(s-\frac{3}{2}\right)^2+\left(\frac{\sqrt{7}}{2}\right)^2}\right\} + \sqrt{7}\mathcal{L}^{-1}\left\{\frac{\frac{\sqrt{7}}{2}}{\left(s-\frac{3}{2}\right)^2+\left(\frac{\sqrt{7}}{2}\right)^2}\right\}$$

$$= e^{(3/2)x}\cos\frac{\sqrt{7}}{2}x + \sqrt{7}e^{(3/2)x}\,\text{sen}\,\frac{\sqrt{7}}{2}x$$

22.11 Decomponha $\dfrac{1}{(s+1)(s^2+1)}$ em frações parciais.

Ao fator linear $s+1$ e ao fator quadrático s^2+1 associamos, respectivamente, as frações $A/(s+1)$ e $(Bs+C)/(s^2+1)$. Fazemos então

$$\frac{1}{(s+1)(s^2+1)} \equiv \frac{A}{s+1} + \frac{Bs+C}{s^2+1} \tag{1}$$

Eliminando as frações, obtemos

$$1 \equiv A(s^2+1) + (Bs+C)(s+1)$$

ou

$$s^2(0) + s(0) + 1 \equiv s^2(A+B) + s(B+C) + (A+C) \tag{2}$$

Igualando os coeficientes de potências semelhantes de s, concluímos que $A+B=0$, $B+C=0$ e $A+C=1$. A solução desse conjunto de equações é $A=\frac{1}{2}$, $B=-\frac{1}{2}$ e $C=\frac{1}{2}$. Substituindo esses valores em (1), obtemos a decomposição em frações parciais

$$\frac{1}{(s+1)(s^2+1)} \equiv \frac{\frac{1}{2}}{s+1} + \frac{-\frac{1}{2}s+\frac{1}{2}}{s^2+1}$$

Segue-se um procedimento alternativo para determinar as constantes A, B e C em (1). Como (2) deve ser válido para todo s, deve valer em particular para $s=-1$. Substituindo esse valor em (2), determinamos imediatamente $A=\frac{1}{2}$. A Equação (2) deve também ser válida para $s=0$. Substituindo, em (2), este valor juntamente com $A=\frac{1}{2}$, obtemos $C=\frac{1}{2}$. Finalmente, substituindo qualquer outro valor de s em (2), obtemos $B=-\frac{1}{2}$.

22.12 Decomponha $\dfrac{1}{(s^2+1)(s^2+4s+8)}$ em frações parciais.

Aos fatores quadráticos s^2+1 e s^2+4s+8 associamos, respectivamente, as frações $(As+B)/(s^2+1)$ e $(Cs+D)/(s^2+4s+8)$. Escrevemos

$$\frac{1}{(s^2+1)(s^2+4s+8)} \equiv \frac{As+B}{s^2+1} + \frac{Cs+D}{s^2+4s+8} \tag{1}$$

e eliminamos as frações, obtemos

$$1 \equiv (As+B)(s^2+4s+8) + (Cs+D)(s^2+1)$$

ou

$$s^3(0) + s^2(0) + s(0) + 1 \equiv s^3(A+C) + s^2(4A+B+D) + s(8A+4B+C) + (8B+D)$$

Igualando os coeficientes de potências semelhantes de s, concluímos que $A+C=0$, $4A+B+D=0$ e $8A+4B+C=0$ e $8B+D=1$. A solução desse conjunto de equações é

$$A = -\frac{4}{65} \quad B = \frac{7}{65} \quad C = \frac{4}{65} \quad D = \frac{9}{65}$$

Portanto, $$\frac{1}{(s^2+1)(s^2+4s+8)} \equiv \frac{-\frac{4}{65}s+\frac{7}{65}}{s^2+1} + \frac{\frac{4}{65}s+\frac{9}{65}}{s^2+4s+8}$$

22.13 Decomponha $\dfrac{s+3}{(s-2)(s+1)}$ em frações parciais.

Aos fatores lineares $s-2$ e $s+1$ associamos, respectivamente, as frações $A/(s-2)$ e $B/(s+1)$. Escrevemos

$$\frac{s+3}{(s-2)(s+1)} \equiv \frac{A}{s-2} + \frac{B}{s+1}$$

e, eliminando as frações,

$$s+3 \equiv A(s+1) + B(s-2) \qquad (1)$$

Para determinar A e B, aplicamos o procedimento alternativo sugerido no Problema 22.11. Substituindo $s=-1$ e $s=2$ em (1), obtemos imediatamente $A=5/3$ e $B=-2/3$. Assim,

$$\frac{s+3}{(s-2)(s+1)} \equiv \frac{5/3}{s-2} - \frac{2/3}{s+1}$$

22.14 Decomponha $\dfrac{8}{s^3(s^2-s-2)}$ em frações parciais.

Note que s^2-s-2 se fatora como $(s-2)(s+1)$. Ao fator $s^3 = (s-0)^3$, que é um polinômio linear elevado à terceira potência, associamos a soma $A_1/s + A_2/s^2 + A_3/s^3$. Aos fatores lineares $(s-2)$ e $(s+1)$ associamos, respectivamente, as frações $B/(s-2)$ e $C/(s+1)$. Então,

$$\frac{8}{s^3(s^2-s-2)} \equiv \frac{A_1}{s} + \frac{A_2}{s^2} + \frac{A_3}{s^3} + \frac{B}{s-2} + \frac{C}{s+1}$$

ou, eliminando as frações,

$$8 \equiv A_1 s^2(s-2)(s+1) + A_2 s(s-2)(s+1) + A_3(s-2)(s+1) + Bs^3(s+1) + Cs^3(s-2)$$

Assumindo consecutivamente $s=-1$, 2 e 0, obtemos, respectivamente, $C=8/3$, $B=1/3$ e $A_3=-4$. Escolhendo então $s=1$ e $s=-2$, e simplificando, obtemos as equações $A_1+A_2=-1$ e $2A_1-A_2=-8$, que têm as soluções $A_1=-3$ e $A_2=2$. Note que quaisquer outros dois valores de s (que não sejam -1, 2 ou 0) também são válidos; as equações resultantes podem ser diferentes, mas a solução será a mesma. Finalmente,

$$\frac{2}{s^3(s^2-s-2)} \equiv -\frac{3}{s} + \frac{2}{s^2} - \frac{4}{s^3} + \frac{1/3}{s-2} + \frac{8/3}{s+1}$$

22.15 Determine $\mathscr{L}^{-1}\left\{\dfrac{s+3}{(s-2)(s+1)}\right\}$.

Não há função com essa forma no Apêndice A. Utilizando os resultados do Problema 22.13 e a Propriedade 22.1, obtemos

$$\mathscr{L}^{-1}\left\{\frac{s+3}{(s-2)(s+1)}\right\} = \frac{5}{3}\mathscr{L}^{-1}\left\{\frac{1}{s-2}\right\} - \frac{2}{3}\mathscr{L}^{-1}\left\{\frac{1}{s+1}\right\}$$
$$= \frac{5}{3}e^{2x} - \frac{2}{3}e^{-x}$$

22.16 Determine $\mathcal{L}^{-1}\left\{\dfrac{8}{s^3(s^2 - s - 2)}\right\}$.

Nenhuma função tem essa forma no Apêndice A. Utilizando os resultados do Problema 22.14 e a Propriedade 22.1, obtemos

$$\mathcal{L}^{-1}\left\{\dfrac{8}{s^3(s^2 - s - 2)}\right\} = -3\mathcal{L}^{-1}\left\{\dfrac{1}{s}\right\} + 2\mathcal{L}^{-1}\left\{\dfrac{1}{s^2}\right\}$$

$$- 2\mathcal{L}^{-1}\left\{\dfrac{2}{s^3}\right\} + \dfrac{1}{3}\mathcal{L}^{-1}\left\{\dfrac{1}{s-2}\right\} + \dfrac{8}{3}\mathcal{L}^{-1}\left\{\dfrac{1}{s+1}\right\}$$

$$= -3 + 2x - 2x^2 + \dfrac{1}{3}e^{2x} + \dfrac{8}{3}e^{-x}$$

22.17 Determine $\mathcal{L}^{-1}\left\{\dfrac{1}{(s+1)(s^2+1)}\right\}$.

Utilizando os resultados do Problema 22.11 e observando que

$$\dfrac{-\frac{1}{2}s + \frac{1}{2}}{s^2 + 1} = -\dfrac{1}{2}\left(\dfrac{s}{s^2+1}\right) + \dfrac{1}{2}\left(\dfrac{1}{s^2+1}\right)$$

obtemos

$$\mathcal{L}^{-1}\left\{\dfrac{1}{(s+1)(s^2+1)}\right\} = \dfrac{1}{2}\mathcal{L}^{-1}\left\{\dfrac{1}{s+1}\right\} - \dfrac{1}{2}\mathcal{L}^{-1}\left\{\dfrac{s}{s^2+1}\right\} + \dfrac{1}{2}\mathcal{L}^{-1}\left\{\dfrac{1}{s^2+1}\right\}$$

$$= \dfrac{1}{2}e^{-x} - \dfrac{1}{2}\cos x + \dfrac{1}{2}\operatorname{sen} x$$

22.18 Determine $\mathcal{L}^{-1}\left\{\dfrac{1}{(s^2+1)(s^2+4s+8)}\right\}$.

Pelo Problema 22.12, temos

$$\mathcal{L}^{-1}\left\{\dfrac{1}{(s^2+1)(s^2+4s+8)}\right\} = \mathcal{L}^{-1}\left\{\dfrac{-\frac{4}{65}s + \frac{7}{65}}{s^2+1}\right\} + \mathcal{L}^{-1}\left\{\dfrac{\frac{4}{65}s + \frac{9}{65}}{s^2+4s+8}\right\}$$

O primeiro termo pode ser facilmente calculado, notando-se que

$$\dfrac{-\frac{4}{65}s + \frac{7}{65}}{s^2 + 1} = \left(-\dfrac{4}{65}\right)\dfrac{s}{s^2+1} + \left(\dfrac{7}{65}\right)\dfrac{1}{s^2+1}$$

Para calcular a segunda transformada inversa, devemos primeiro completar o quadrado no denominador, $s^2 + 4s + 8 = (s+2)^2 + (2)^2$, e notar então que

$$\dfrac{\frac{4}{65}s + \frac{9}{65}}{s^2 + 4s + 8} = \dfrac{4}{65}\left[\dfrac{s+2}{(s+2)^2 + (2)^2}\right] + \dfrac{1}{130}\left[\dfrac{2}{(s+2)^2 + (2)^2}\right]$$

Portanto,

$$\mathcal{L}^{-1}\left\{\dfrac{1}{(s^2+1)(s^2+4s+8)}\right\} = -\dfrac{4}{65}\mathcal{L}^{-1}\left\{\dfrac{s}{s^2+1}\right\} + \dfrac{7}{65}\mathcal{L}^{-1}\left\{\dfrac{1}{s^2+1}\right\}$$

$$+ \dfrac{4}{65}\mathcal{L}^{-1}\left\{\dfrac{s+2}{(s+2)^2 + (2)^2}\right\} + \dfrac{1}{130}\mathcal{L}^{-1}\left\{\dfrac{2}{(s+2)^2 + (2)^2}\right\}$$

$$= -\dfrac{4}{65}\cos x + \dfrac{7}{65}\operatorname{sen} x + \dfrac{4}{65}e^{-2x}\cos 2x + \dfrac{1}{130}e^{-2x}\operatorname{sen} 2x$$

22.19 Determine $\mathscr{L}^{-1}\left\{\dfrac{1}{s(s^2+4)}\right\}$.

Pelo método das frações parciais, obtemos

$$\frac{1}{s(s^2+4)} \equiv \frac{1/4}{s} + \frac{(-1/4)s}{s^2+4}$$

Assim, $\mathscr{L}^{-1}\left\{\dfrac{1}{s(s^2+4)}\right\} = \dfrac{1}{4}\mathscr{L}^{-1}\left\{\dfrac{1}{s}\right\} - \dfrac{1}{4}\mathscr{L}^{-1}\left\{\dfrac{s}{s^2+4}\right\} = \dfrac{1}{4} - \dfrac{1}{4}\cos 2x$

Problemas Complementares

Determine as transformadas inversas de Laplace, como funções de x, das seguintes funções:

22.20 $\dfrac{1}{s^2}$ 　　　　**22.21** $\dfrac{2}{s^2}$

22.22 $\dfrac{2}{s^3}$ 　　　　**22.23** $\dfrac{1}{s^3}$

22.34 $\dfrac{1}{s^4}$ 　　　　**22.25** $\dfrac{1}{s+2}$

22.26 $\dfrac{-2}{s-2}$ 　　　　**22.27** $\dfrac{12}{3s+9}$

22.28 $\dfrac{1}{2s-3}$ 　　　　**22.29** $\dfrac{1}{(s-2)^3}$

22.30 $\dfrac{12}{(s+5)^4}$ 　　　　**22.31** $\dfrac{3s^2}{(s^2+1)^2}$

22.32 $\dfrac{s^2}{(s^2+3)^2}$ 　　　　**22.33** $\dfrac{1}{s^2+4}$

22.34 $\dfrac{2}{(s-2)^2+9}$ 　　　　**22.35** $\dfrac{s}{(s+1)^2+5}$

22.36 $\dfrac{2s+1}{(s-1)^2+7}$ 　　　　**22.37** $\dfrac{1}{2s^2+1}$

22.38 $\dfrac{1}{s^2-2s+2}$ 　　　　**22.39** $\dfrac{s+3}{s^2+2s+5}$

22.40 $\dfrac{s}{s^2-s+17/4}$ 　　　　**22.41** $\dfrac{s+1}{s^2+3s+5}$

22.42 $\dfrac{2s^2}{(s-1)(s^2+1)}$ 　　　　**22.43** $\dfrac{1}{s^2-1}$

22.44 $\dfrac{2}{(s^2+1)(s-1)^2}$ 　　　　**22.45** $\dfrac{s+2}{s^3}$

22.46 $\dfrac{-s+6}{s^3}$

22.47 $\dfrac{s^3+3s}{s^6}$

22.48 $\dfrac{12+15\sqrt{s}}{s^4}$

22.49 $\dfrac{2s-13}{s(s^2-4s+13)}$

22.50 $\dfrac{2(s-1)}{s^2-s+1}$

22.51 $\dfrac{s}{(s^2+9)^2}$

22.52 $\dfrac{1}{2(s-1)(s^2-s-1)} = \dfrac{1/2}{(s-1)(s^2-s-1)}$

22.53 $\dfrac{s}{2s^2+4s+5/2} = \dfrac{(1/2)s}{s^2+2s+5/4}$

Capítulo 23

Convoluções e a Função Degrau Unitário

CONVOLUÇÕES

A *convolução* de duas funções $f(x)$ e $g(x)$ é

$$f(x) * g(x) = \int_0^x f(t)g(x-t)\,dt \tag{23.1}$$

Teorema 23.1 $f(x) * g(x) = g(x) * f(x)$.

Teorema 23.2 *(Teorema da convolução)* Se $\mathcal{L}\{f(x)\} = F(s)$ e $\mathcal{L}\{g(x)\} = G(s)$, então

$$\mathcal{L}\{f(x) * g(x)\} = \mathcal{L}\{f(x)\}\mathcal{L}\{g(x)\} = F(s)G(s)$$

Decorre diretamente desses dois teoremas que

$$\mathcal{L}^{-1}\{F(s)\,G(s)\} = f(x) * g(x) = g(x) * f(x) \tag{23.2}$$

Se uma das duas convoluções na Eq.(23.2) for mais simples de ser calculada, então essa convolução é escolhida ao determinar a transformada inversa de Laplace de um produto.

FUNÇÃO DEGRAU UNITÁRIO

A *função degrau unitário* $u(x)$ é definida como

$$u(x) = \begin{cases} 0 & x < 0 \\ 1 & x \geq 0 \end{cases}$$

Como conseqüência imediata dessa definição, temos, para qualquer número c,

$$u(x-c) = \begin{cases} 0 & x < c \\ 1 & x \geq c \end{cases}$$

A Figura 23-1 ilustra o gráfico de $u(x-c)$.

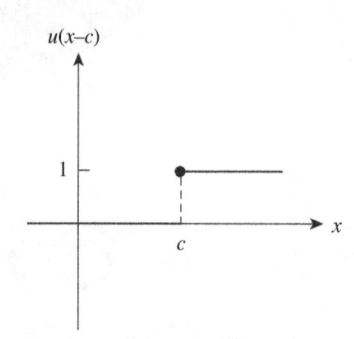

Figura 23-1

Teorema 23.3 $\mathcal{L}\{u(x-c)\} = \dfrac{1}{s}e^{-cs}$

TRANSLAÇÕES

Dada uma função $f(x)$ definida para $x \geq 0$, a função

$$u(x-c)f(x-c) = \begin{cases} 0 & x < c \\ f(x-c) & x \geq c \end{cases}$$

representa um deslocamento, ou translação, da função $f(x)$ de c unidades na direção positiva de x. Por exemplo, se $f(x)$ é dada graficamente pela Fig. 23-2, então $u(x-c)f(x-c)$ corresponde ao gráfico da Fig. 23-3.

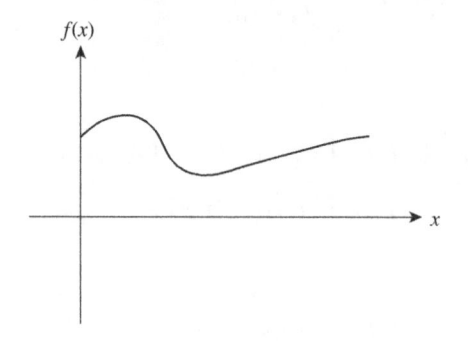

Figura 23-2 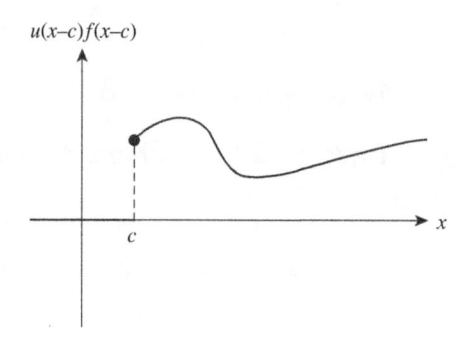 *Figura 23-3*

Teorema 23.4 Se $F(s) = \mathcal{L}\{f(x)\}$, então

$$\mathcal{L}\{u(x-c)f(x-c)\} = e^{-cs}F(s)$$

Reciprocamente,

$$\mathcal{L}^{-1}\{e^{-cs}F(s)\} = u(x-c)f(x-c) = \begin{cases} 0 & x < c \\ f(x-c) & x \geq c \end{cases}$$

Problemas Resolvidos

23.1 Determine $f(x) * g(x)$ quando $f(x) = e^{3x}$ e $g(x) = e^{2x}$.

Aqui, $f(t) = e^{3t}$, $g(x-t) = e^{2(x-t)}$ e

$$f(x) * g(x) = \int_0^x e^{3t} e^{2(x-t)} dt = \int_0^x e^{3t} e^{2x} e^{-2t} dt$$

$$= e^{2x} \int_0^x e^t dt = e^{2x} [e^t]_{t=0}^{t=x} = e^{2x}(e^x - 1) = e^{3x} - e^{2x}$$

23.2 Determine $g(x) * f(x)$ para as duas funções do Problema 23.1 e verifique o Teorema 23.1.

Com $f(x-t) = e^{3(x-t)}$ e $g(t) = e^{2t}$,

$$g(x) * f(x) = \int_0^x g(t) f(x-t) dt = \int_0^x e^{2t} e^{3(x-t)} dt$$

$$= e^{3x} \int_0^x e^{-t} dt = e^{3x} [-e^{-t}]_{t=0}^{t=x}$$

$$= e^{3x}(-e^{-x} + 1) = e^{3x} - e^{2x}$$

o que, pelo Problema 23.1, é igual a $f(x) * g(x)$.

23.3 Determine $f(x) * g(x)$ quando $f(x) = x$ e $g(x) = x^2$.

Aqui, $f(t) = t$, $g(x-t) = (x-t)^2 = x^2 - 2xt + t^2$. Assim,

$$f(x) * g(x) = \int_0^x t(x^2 - 2xt + t^2) dt$$

$$= x^2 \int_0^x t \, dt - 2x \int_0^x t^2 dt + \int_0^x t^3 dt$$

$$= x^2 \frac{x^2}{2} - 2x \frac{x^3}{3} + \frac{x^4}{4} = \frac{1}{12} x^4$$

23.4 Determine $\mathscr{L}^{-1} \left\{ \dfrac{1}{s^2 - 5s + 6} \right\}$ por convoluções.

Note que

$$\frac{1}{s^2 - 5s + 6} = \frac{1}{(s-3)(s-2)} = \frac{1}{s-3} \frac{1}{s-2}$$

Definindo $F(s) = 1/(s-3)$ e $G(s) = 1/(s-2)$, temos pelo Apêndice A que $f(x) = e^{3x}$ e $g(x) = e^{2x}$. Decorre da Eq. (23.2) e dos resultados do Problema 23.1 que

$$\mathscr{L}^{-1} \left\{ \frac{1}{s^2 - 5s + 6} \right\} = f(x) * g(x) = e^{3x} * e^{2x} = e^{3x} - e^{2x}$$

23.5 Determine $\mathscr{L}^{-1} \left\{ \dfrac{6}{s^2 - 1} \right\}$ por convoluções.

Note que

$$\mathscr{L}^{-1} \left\{ \frac{6}{s^2 - 1} \right\} = \mathscr{L}^{-1} \left\{ \frac{6}{(s-1)(s+1)} \right\} = 6 \mathscr{L}^{-1} \left\{ \frac{1}{(s-1)} \frac{1}{(s+1)} \right\}$$

Definindo $F(s) = 1/(s-1)$ e $G(s) = 1/(s+1)$, temos pelo Apêndice A que $f(x) = e^x$ e $g(x) = e^{-x}$. Decorre da Eq. (23.2) que

$$\mathscr{L}^{-1}\left\{\frac{6}{s^2-1}\right\} = 6\mathscr{L}^{-1}\{F(s)G(s)\} = 6e^x * e^{-x}$$

$$= 6\int_0^x e^t e^{-(x-t)}\,dt = 6e^{-x}\int_0^x e^{2t}\,dt$$

$$= 6e^{-x}\left[\frac{e^{2x}-1}{2}\right] = 3e^x - 3e^{-x}$$

23.6 Determine $\mathscr{L}^{-1}\left\{\dfrac{1}{s(s^2+4)}\right\}$ por convoluções.

Note que

$$\frac{1}{s(s^2+4)} = \frac{1}{s}\frac{1}{s^2+4}$$

Definindo $F(s) = 1/s$ e $G(s) = 1/(s^2+4)$, temos pelo Apêndice A que $f(x) = 1$ e $g(x) = \frac{1}{2}\operatorname{sen} 2x$. Decorre da Eq. (23.2) que

$$\mathscr{L}^{-1}\left\{\frac{1}{s(s^2+4)}\right\} = \mathscr{L}^{-1}\{F(s)G(s)\} = g(x) * f(x)$$

$$= \int_0^x g(t)f(x-t)\,dt = \int_0^x \left(\frac{1}{2}\operatorname{sen} 2t\right)(1)\,dt$$

$$= \frac{1}{4}(1 - \cos 2x)$$

(Ver também o Problema 22.19.)

23.7 Determine $\mathscr{L}^{-1}\left\{\dfrac{1}{(s-1)^2}\right\}$ por convoluções.

Se definirmos $F(s) = G(s) = 1/(s-1)$, então $f(x) = g(x) = e^x$ e

$$\mathscr{L}^{-1}\left\{\frac{1}{(s-1)^2}\right\} = \mathscr{L}^{-1}\{F(s)G(s)\} = f(x) * g(x)$$

$$= \int_0^x f(t)g(x-t)\,dt = \int_0^x e^t e^{x-t}\,dt$$

$$= e^x \int_0^x (1)\,dt = xe^x$$

23.8 Utilize a definição da transformada de Laplace para determinar $\mathscr{L}\{u(x-c)\}$ e, então, prove o Teorema 23.3.

Decorre diretamente da Eq. (21.1) que

$$\mathscr{L}\{u(x-c)\} = \int_0^\infty e^{-sx} u(x-c)\,dx = \int_0^c e^{-sx}(0)\,dx + \int_c^\infty e^{-sx}(1)\,dx$$

$$= \int_c^\infty e^{-sx}\,dx = \lim_{R\to\infty}\int_c^R e^{-sx}\,dx = \lim_{R\to\infty}\frac{e^{-sR} - e^{-sc}}{-s}$$

$$= \frac{1}{s}e^{-sc} \quad (\text{se } s > 0)$$

23.9 Faça o gráfico da função $f(x) = u(x-2) - u(x-3)$.

Note que

$$u(x-2) = \begin{cases} 0 & x < 2 \\ 1 & x \geq 2 \end{cases} \quad \text{e} \quad u(x-3) = \begin{cases} 0 & x < 3 \\ 1 & x \geq 3 \end{cases}$$

Assim, $$f(x) = u(x-2) - u(x-3) = \begin{cases} 0 - 0 = 0 & x < 2 \\ 1 - 0 = 1 & 2 \leq x < 3 \\ 1 - 1 = 0 & x \geq 3 \end{cases}$$

cujo gráfico é apresentado na Fig. 23-4.

23.10 Faça o gráfico da função $f(x) = 5 - 5u(x-8)$ para $x \geq 0$.

Note que

$$5u(x-8) = \begin{cases} 0 & x < 8 \\ 5 & x \geq 8 \end{cases}$$

Assim, $$f(x) = 5 - 5u(x-8) = \begin{cases} 5 & x < 8 \\ 0 & x \geq 8 \end{cases}$$

O gráfico dessa função para $x \geq 0$ é apresentado na Fig. 23-5.

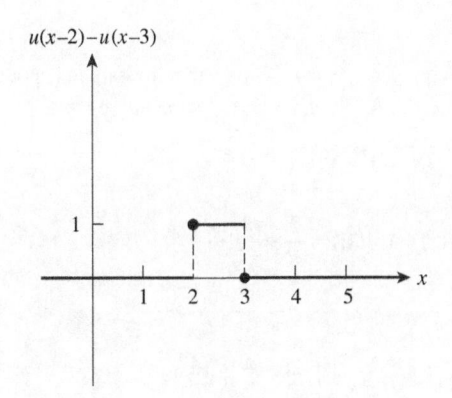

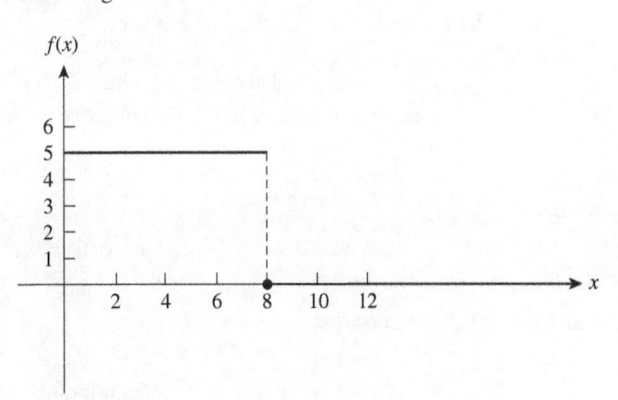

Figura 23-4

Figura 23-5

23.11 Utilize a função degrau unitário para obter uma representação analítica da função $f(x)$ cujo gráfico é apresentado na Fig. 23-6.

Note que $f(x)$ é a função $g(x) = x$, $x \geq 0$, transladada de quatro unidades na direção positiva de x. Assim, $f(x) = u(x-4)g(x-4) = (x-4)u(x-4)$.

23.12 Utilize a função degrau unitário para obter uma representação analítica da função $g(x)$ cujo gráfico no intervalo $(0, \infty)$ é apresentado na Fig. 23-6. Considere que no subintervalo $(0, a)$ o gráfico seja idêntico à Fig. 23-2.

Seja $f(x)$ a função cujo gráfico é apresentado na Fig. 23-2. Então, $g(x) = f(x)[1 - u(x-a)]$.

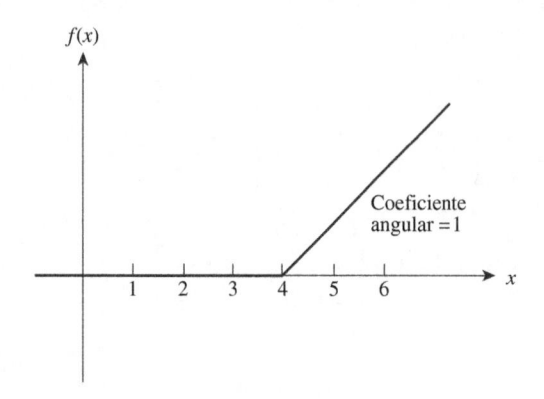

Figura 23-6

Figura 23-7

23.13 Determine $\mathcal{L}\{g(x)\}$ se $g(x) = \begin{cases} 0 & x < 4 \\ (x-4)^2 & x \geq 4 \end{cases}$.

Se definirmos $f(x) = x^2$, então $g(x)$ pode ser escrita compactamente como $g(x) = u(x-4)f(x-4) = u(x-4)(x-4)^2$. Então, notando que $\mathcal{L}\{f(x)\} = F(s) = 2/s^3$ e utilizando o Teorema 23.4, concluímos que

$$\mathcal{L}\{g(x)\} = \mathcal{L}\{u(x-4)(x-4)^2\} = e^{-4s}\frac{2}{s^3}$$

23.14 Determine $\mathcal{L}\{g(x)\}$ se $g(x) = \begin{cases} 0 & x < 4 \\ x^2 & x \geq 4 \end{cases}$.

Primeiro determinamos a função $f(x)$ de modo que $f(x-4) = x^2$. Uma vez feito isso, $g(x)$ pode ser escrita como $g(x) = u(x-4)f(x-4)$ e o Teorema 23.4 pode ser aplicado. Agora, $f(x-4) = x^2$ somente se

$$f(x) = f(x+4-4) = (x+4)^2 = x^2 + 8x + 16$$

Como

$$\mathcal{L}\{f(x)\} = \mathcal{L}\{x^2\} + 8\mathcal{L}\{x\} + 16\mathcal{L}\{1\} = \frac{2}{s^3} + \frac{8}{s^2} + \frac{16}{s}$$

decorre que

$$\mathcal{L}\{g(x)\} = \mathcal{L}\{u(x-4)f(x-4)\} = e^{-4s}\left(\frac{2}{s^3} + \frac{8}{s^2} + \frac{16}{s}\right)$$

23.15 Prove o Teorema 23.1.

Fazendo a substituição $\tau = x - t$ no membro direito da Eq. (23.1), temos

$$f(x) * g(x) = \int_0^x f(t)g(x-t)dt = \int_x^0 f(x-\tau)g(\tau)(-d\tau)$$
$$= -\int_x^0 g(\tau)f(x-\tau)d\tau = \int_0^x g(\tau)f(x-\tau)d\tau$$
$$= g(x) * f(x)$$

23.16 Prove que $f(x) * [g(x) + h(x)] = f(x) * g(x) + f(x) * h(x)$.

$$f(x) * [g(x) + h(x)] = \int_0^x f(t)[g(x-t) + h(x-t)]dt$$
$$= \int_0^x [f(t)g(x-t) + f(t)h(x-t)]dt$$
$$= \int_0^x f(t)g(x-t)dt + \int_0^x f(t)h(x-t)dt$$
$$= f(x) * g(x) + f(x) * h(x)$$

23.17 A equação a seguir é denominada uma *equação integral de convolução*.

Assumindo que a Transformada de Laplace de $y(x)$ exista, resolvemos esta equação, e os próximos dois exemplos em relação a $y(x)$.

$$y(x) = x + \int_0^x y(t)\,\text{sen}\,(x-t)\,dt$$

Notemos que essa equação integral pode ser escrita como $y(x) = x + y(x) * \text{sen}\,x$. Tomando a transformada de Laplace $\mathscr{L}$ dos membros e aplicando o Teorema 23.2, temos

$$\mathscr{L}\{y\} = \mathscr{L}\{x\} + \mathscr{L}\{y\}\mathscr{L}\{\text{sen}\,x\} = \frac{1}{s^2} + \mathscr{L}\{y\}\frac{1}{s^2+1}.$$

Resolvendo em relação a $\mathscr{L}\{y\}$ obtemos

$$\mathscr{L}\{y\} = \frac{s^2+1}{s^4}.$$

Isso implica que $y(x) = x + \frac{x^3}{6}$, que é de fato a solução, como pode ser verificado por substituição direta:

$$x + \int_0^x \left(t + \frac{t^3}{6}\right)\text{sen}\,(x-t)\,dt = x + \frac{x^3}{6} = y(x)$$

23.18 Utilize Transformadas de Laplace para resolver a equação integral de convolução:

$$y(x) = 2 - \int_0^x y(t)e^{x-t}\,dt$$

Aqui temos $y(x) = 2 - y(x) * e^x$. Prosseguindo como no Problema 23.17, obtemos

$$\mathscr{L}\{y\} = \frac{2s-2}{s^2}$$

resultando em $y(x) = 2 - 2x$ como a solução desejada.

23.19 Utilize Transformadas de Laplace para resolver a equação integral de convolução:

$$y(x) = x^3 + \int_0^x 4y(t)\,dt$$

Notando que $y(x) = x^3 + 4 * y(x)$, temos que $\mathscr{L}\{y\} = \frac{6}{s^3(s-4)}$, que resulta em $y(x) = \frac{3}{32}(-1 + e^{4x} - 4x - 8x^2)$ como a solução.

Problemas Complementares

23.20 Determine $x * x$.

23.21 Determine $2 * x$.

23.22 Determine $4x * e^{2x}$.

23.23 Determine $e^{4x} * e^{-2x}$.

23.24 Determine $x * e^x$.

23.25 Determine $x * xe^{-x}$.

23.26 Determine $3 * \text{sen}\,2x$.

23.27 Determine $x * \cos x$.

Nos Problemas 23.28 a 23.35, utilize convoluções para determinar as transformadas inversas de Laplace das funções dadas.

23.28 $\dfrac{1}{(s-1)(s-2)}$

23.29 $\dfrac{1}{(s)(s)}$

23.30 $\dfrac{2}{s(s+1)}$

23.31 $\dfrac{1}{s^2+3s-40}$

23.32 $\dfrac{3}{s^2(s^2+3)}$

23.33 $\dfrac{1}{s(s^2+4)}$ com $F(s) = 1/s^2$ e $G(s) = s/(s^2+4)$. Compare com o Problema 23.6.

23.34 $\dfrac{9}{s(s^2+9)}$

23.35 $\dfrac{9}{s^2(s^2+9)}$

23.36 Faça o gráfico de $f(x) = 2u(x-2) - u(x-4)$.

23.37 Faça o gráfico de $f(x) = u(x-2) - 2u(x-3) + u(x-4)$.

23.38 Utilize a função degrau unitário para obter uma representação analítica para a função cujo gráfico é dado na Fig. 23-8.

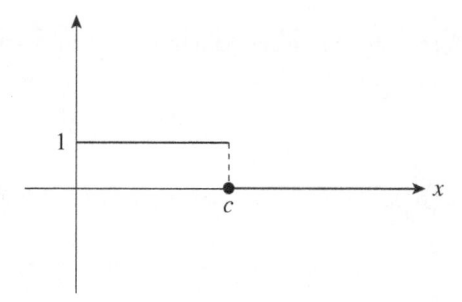

Figura 23-8

23.39 Faça o gráfico de $f(x) = u(x-\pi) \cos 2(x-\pi)$.

23.40 Faça o gráfico de $f(x) = \dfrac{1}{2}(x-1)^2 u(x-1)$.

Nos Problemas 23.41 a 23.48, determine $\mathscr{L}\{g(x)\}$ para as funções dadas.

23.41 $g(x) = \begin{cases} 0 & x < 1 \\ \operatorname{sen}(x-1) & x \geq 1 \end{cases}$

23.42 $g(x) = \begin{cases} 0 & x < 3 \\ x - 3 & x \geq 3 \end{cases}$

23.43 $g(x) = \begin{cases} 0 & x < 3 \\ x & x \geq 3 \end{cases}$

23.44 $g(x) = \begin{cases} 0 & x < 3 \\ x + 1 & x \geq 3 \end{cases}$

23.45 $g(x) = \begin{cases} 0 & x < 5 \\ e^{x-5} & x \geq 5 \end{cases}$

23.46 $g(x) = \begin{cases} 0 & x < 5 \\ e^x & x \geq 5 \end{cases}$

23.47 $g(x) = \begin{cases} 0 & x < 2 \\ e^{x-5} & x \geq 2 \end{cases}$

23.48 $g(x) = \begin{cases} 0 & x < 2 \\ x^3 + 1 & x \geq 2 \end{cases}$

Nos Problemas 23.49 a 23.55, determine as transformadas inversas de Laplace das funções dadas.

23.49 $\dfrac{s}{s^2+4} e^{-3s}$

23.50 $\dfrac{1}{s^2+4} e^{-5s}$

23.51 $\dfrac{1}{s^2+4}e^{-\pi s}$ **23.52** $\dfrac{2}{s-3}e^{-2s}$

23.53 $\dfrac{8}{s+3}e^{-s}$ **23.54** $\dfrac{1}{s^3}e^{-2s}$

23.55 $\dfrac{1}{s^2}e^{-\pi s}$

23.56 Prove que para qualquer constante k, $[kf(x)] * g(x) = k[f(x)*g(x)]$.

Nos Problemas 23.57 a 23.60, assuma que a Transformada de Laplace de $y(x)$ exista. Resolva em relação a $y(x)$.

23.57 $y(x) = x^3 + \int_0^x (x-t)y(t)\,dt$

23.58 $y(x) = e^x + \int_0^x y(t)\,dt$

23.59 $y(x) = 1 + \int_0^x (t-x)y(t)\,dt$

23.60 $y(x) = \int_0^x (t-x)y(t)\,dt$

Capítulo 24

Soluções de Equações Diferenciais com Coeficientes Constantes por Transformadas de Laplace

TRANSFORMADAS DE LAPLACE DE DERIVADAS

Denotemos $\mathcal{L}\{y(x)\}$ por $Y(s)$. Então, sob condições amplas, a transformada de Laplace da derivada de ordem n ($n = 1, 2, 3,...$) de $y(x)$ é

$$\mathcal{L}\left\{\frac{d^n y}{dx^n}\right\} = s^n Y(s) - s^{n-1} y(0) - s^{n-2} y'(0) - \cdots - s y^{(n-2)}(0) - y^{(n-1)}(0) \tag{24.1}$$

Se as condições iniciais sobre $y(x)$ em $x = 0$ forem dadas por

$$y(0) = c_0, \qquad y'(0) = c_1, \ldots, y^{(n-1)}(0) = c_{n-1} \tag{24.2}$$

então (21.1) pode ser reescrita como

$$\mathcal{L}\left\{\frac{d^n y}{dx^n}\right\} = s^n Y(s) - c_0 s^{n-1} - c_1 s^{n-2} - \cdots - c_{n-2} s - c_{n-1} \tag{24.3}$$

Para os casos especiais $n = 1$ e $n = 2$, a Eq. (24.3) se simplifica para

$$\mathcal{L}\{y'(x)\} = sY(s) - c_0 \tag{24.4}$$

$$\mathcal{L}\{y''(x)\} = s^2 Y(s) - c_0 s - c_1 \tag{24.5}$$

SOLUÇÕES DE EQUAÇÕES DIFERENCIAIS

As transformadas de Laplace são utilizadas na resolução de problemas de valor inicial dados por equações diferenciais lineares de ordem n com coeficientes constantes

$$b_n \frac{d^n y}{dx^n} + b_{n-1} \frac{d^{n-1} y}{dx^{n-1}} + \cdots + b_1 \frac{dy}{dx} + b_0 y = g(x) \tag{24.6}$$

juntamente com as condições iniciais especificadas na Eq. (24.2). Primeiro, tomamos a transformada de Laplace de ambos os membros da Eq. (24.6), obtendo assim uma equação algébrica para $Y(s)$. Em seguida, resolvemos *algebricamente* em relação a $Y(s)$ e, finalmente, tomamos a transformada inversa de Laplace para obter $y(x) = \mathcal{L}^{-1}\{Y(s)\}$.

Ao contrário dos métodos anteriores, em que resolvemos primeiro a equação diferencial para então aplicarmos as condições iniciais para determinar as constantes arbitrárias, o método da transformada de Laplace resolve de uma vez todo o problema de valor inicial. Existem duas exceções: quando as condições iniciais não são especificadas e quando as condições iniciais não se referem a $x = 0$. Nesses casos, c_0 a c_n nas Eqs. (24.2) e (24.3) permanecem arbitrárias e a solução da equação diferencial (24.6) é obtida em termos dessas constantes, as quais são então calculadas separadamente desde que sejam dadas condições auxiliares apropriadas. (Ver Problemas 24.11 a 24.13).

Problemas Resolvidos

24.1 Resolva $y' - 5y = 0$; $y(0) = 2$.

Tomando a transformada de Laplace de ambos os membros dessa equação diferencial e aplicando a Propriedade 24.4, obtemos $\mathcal{L}\{y'\} - 5\mathcal{L}\{y\} = \mathcal{L}\{0\}$. Utilizando então a Eq. (24.4) com $c_0 = 2$, obtemos

$$[sY(s) - 2] - 5Y(s) = 0 \quad \text{onde} \quad Y(s) = \frac{2}{s-5}$$

Finalmente, tomando a transformada inversa de Laplace de $Y(s)$, obtemos

$$y(x) = \mathcal{L}^{-1}\{Y(s)\} = \mathcal{L}^{-1}\left\{\frac{2}{s-5}\right\} = 2\mathcal{L}^{-1}\left\{\frac{1}{s-5}\right\} = 2e^{5x}$$

24.2 Resolva $y' - 5y = e^{5x}$; $y(0) = 0$.

Tomando a transformada de Laplace de ambos os membros dessa equação diferencial e aplicando a Propriedade 24.4, obtemos $\mathcal{L}\{y'\} - 5\mathcal{L}\{y\} = \mathcal{L}\{e^{5x}\}$. Utilizando então o Apêndice A e a Eq. (24.4) com $c_0 = 0$, obtemos

$$[sY(s) - 0] - 5Y(s) = \frac{1}{s-5} \quad \text{onde} \quad Y(s) = \frac{1}{(s-5)^2}$$

Finalmente, tomando a transformada inversa de Laplace de $Y(s)$, obtemos

$$y(x) = \mathcal{L}^{-1}\{Y(s)\} = \mathcal{L}^{-1}\left\{\frac{1}{(s-5)^2}\right\} = xe^{5x}$$

(ver Apêndice A, item 14).

24.3 Resolva $y' + y = \operatorname{sen} x$; $y(0) = 1$.

Tomando a transformada de Laplace de ambos os membros dessa equação diferencial, obtemos

$$\mathcal{L}\{y'\} + \mathcal{L}\{y\} = \mathcal{L}\{\operatorname{sen} x\} \quad \text{ou} \quad [sY(s) - 1] + Y(s) = \frac{1}{s^2 + 1}$$

Resolvendo em relação a $Y(s)$, obtemos

$$Y(s) = \frac{1}{(s+1)(s^2+1)} + \frac{1}{s+1}$$

Tomando a transformada inversa de Laplace e utilizando o resultado do Problema 22.17, obtemos

$$y(x) = \mathscr{L}^{-1}\{Y(s)\} = \mathscr{L}^{-1}\left\{\frac{1}{(s+1)(s^2+1)}\right\} + \mathscr{L}^{-1}\left\{\frac{1}{s+1}\right\}$$

$$= \left(\frac{1}{2}e^{-x} - \frac{1}{2}\cos x + \frac{1}{2}\operatorname{sen} x\right) + e^{-x} = \frac{3}{2}e^{-x} - \frac{1}{2}\cos x + \frac{1}{2}\operatorname{sen} x$$

24.4 Resolva $y'' + 4y = 0$; $y(0) = 2$, $y'(0) = 2$.

Tomando as transformadas de Laplace, temos $\mathscr{L}\{y''\} + 4\mathscr{L}\{y\} = \mathscr{L}\{0\}$. Utilizando então a Eq. (24.5) com $c_0 = 2$ e $c_1 = 2$, obtemos

$$[s^2 Y(s) - 2s - 2] + 4Y(s) = 0$$

ou

$$Y(s) = \frac{2s+2}{s^2+4} = \frac{2s}{s^2+4} + \frac{2}{s^2+4}$$

Finalmente, tomando a transformada inversa de Laplace, obtemos

$$y(x) = \mathscr{L}^{-1}\{Y(s)\} = 2\mathscr{L}^{-1}\left\{\frac{s}{s^2+4}\right\} + \mathscr{L}^{-1}\left\{\frac{2}{s^2+4}\right\} = 2\cos 2x + \operatorname{sen} 2x$$

24.5 Resolva $y'' - 3y' + 4y = 0$; $y(0) = 1$, $y'(0) = 5$.

Tomando as transformadas de Laplace, temos $\mathscr{L}\{y''\} - 3\mathscr{L}\{y'\} + 4\mathscr{L}\{y\} = \mathscr{L}\{0\}$. Utilizando então as Eqs. (24.4) e (24.5) com $c_0 = 1$ e $c_1 = 5$, temos

$$[s^2 Y(s) - s - 5] - 3[sY(s) - 1] + 4Y(s) = 0$$

ou

$$Y(s) = \frac{s+2}{s^2 - 3s + 4}$$

Finalmente, tomando a transformada inversa de Laplace e utilizando o resultado do Problema 22.10, obtemos

$$y(x) = e^{(3/2)x}\cos\frac{\sqrt{7}}{2}x + \sqrt{7}e^{(3/2)x}\operatorname{sen}\frac{\sqrt{7}}{2}x$$

24.6 Resolva $y'' - y' - 2y = 4x^2$; $y(0) = 1$, $y'(0) = 4$.

Tomando as transformadas de Laplace, temos $\mathscr{L}\{y''\} - \mathscr{L}\{y'\} - 2\mathscr{L}\{y\} = 4\mathscr{L}\{x^2\}$. Utilizando então as Eqs. (24.4) e (24.5) com $c_0 = 1$ e $c_1 = 4$, obtemos

$$[s^2 Y(s) - s - 4] - [sY(s) - 1] - 2Y(s) = \frac{8}{s^3}$$

ou, resolvendo em relação a $Y(s)$,

$$Y(s) = \frac{s+3}{s^2 - s - 2} + \frac{8}{s^3(s^2 - s - 2)}$$

Finalmente, tomando a transformada inversa de Laplace e utilizando os resultados dos Problemas 22.15 a 22.16, obtemos

$$y(x) = \left(\frac{5}{3}e^{2x} - \frac{2}{3}e^{-x}\right) + \left(-3 + 2x - 2x^2 + \frac{1}{3}e^{2x} + \frac{8}{3}e^{-x}\right)$$

$$= 2e^{2x} + 2e^{-x} - 2x^2 + 2x - 3$$

(Ver Problema 13.1.)

24.7 Resolva $y'' + 4y' + 8y = \operatorname{sen} x$; $y(0) = 1$, $y'(0) = 0$.

Tomando as transformadas de Laplace, temos $\mathscr{L}\{y''\} + 4\mathscr{L}\{y'\} + 8\mathscr{L}\{y\} = \mathscr{L}\{\operatorname{sen} x\}$. Como $c_0 = 1$ e $c_1 = 0$, essa expressão se torna

$$[s^2 Y(s) - s - 0] + 4[sY(s) - 1] + 8Y(s) = \frac{1}{s^2 + 1}$$

Assim,
$$Y(s) = \frac{s+4}{s^2 + 4s + 8} + \frac{1}{(s^2 + 1)(s^2 + 4s + 8)}$$

Finalmente, tomando a transformada inversa de Laplace e utilizando os resultados dos Problemas 22.9 a 22.18, obtemos

$$y(x) = (e^{-2x} \cos 2x + e^{-2x} \operatorname{sen} 2x)$$
$$+ \left(-\frac{4}{65} \cos x + \frac{7}{65} \operatorname{sen} x + \frac{4}{65} e^{-2x} \cos 2x + \frac{1}{130} e^{-2x} \operatorname{sen} 2x \right)$$
$$= e^{-2x} \left(\frac{69}{65} \cos 2x + \frac{131}{130} \operatorname{sen} 2x \right) + \frac{7}{65} \operatorname{sen} x - \frac{4}{65} \cos x$$

(Ver Problema 13.3.)

24.8 Resolva $y'' - 2y' + y = f(x)$; $y(0) = 0$, $y'(0) = 0$.

Nessa equação, $f(x)$ não é especificada. Tomando as transformadas de Laplace e designando $\mathscr{L}\{f(x)\}$ por $F(s)$, obtemos

$$[s^2 Y(s) - (0)s - 0] - 2[sY(s) - 0] + Y(s) = F(s) \quad \text{ou} \quad Y(s) = \frac{F(s)}{(s-1)^2}$$

Pelo Apêndice A, item 14, $\mathscr{L}^{-1}\{1/(s-1)^2\} = xe^x$. Assim, tomando a transformada inversa de $Y(s)$ e utilizando convoluções, concluímos que

$$y(x) = xe^x * f(x) = \int_0^x te^t f(x-t) \, dt$$

24.9 Resolva $y'' + y = f(x)$; $y(0) = 0$, $y'(0) = 0$ se $f(x) = \begin{cases} 0 & x < 1 \\ 2 & x \geq 1 \end{cases}$.

Note que $f(x) = 2u(x-1)$. Tomando a transformada de Laplace, obtemos

$$[s^2 Y(s) - (0)s - 0] + Y(s) = \mathscr{L}\{f(x)\} = 2\mathscr{L}\{u(x-1)\} = 2e^{-s}/s$$

ou
$$Y(s) = e^{-s} \frac{2}{s(s^2 + 1)}$$

Como
$$\mathscr{L}^{-1}\left\{\frac{2}{s(s^2+1)}\right\} = 2\mathscr{L}^{-1}\left\{\frac{1}{s}\right\} - 2\mathscr{L}^{-1}\left\{\frac{s}{s^2+1}\right\} = 2 - 2\cos x$$

decorre pelo Teorema 23.4 que

$$y(x) = \mathscr{L}^{-1}\left\{ e^{-s} \frac{2}{s(s^2+1)} \right\} = [2 - 2\cos(x-1)]u(x-1)$$

24.10 Resolva $y''' + y' = e^x$; $y(0) = y'(0) = y''(0) = 0$.

Tomando as transformadas de Laplace, obtemos $\mathscr{L}\{y'''\} + \mathscr{L}\{y'\} = \mathscr{L}\{e^x\}$. Então, utilizando a Eq. (24.3) com $n = 3$ e a Eq.(24.4), temos

$$[s^3 Y(s) - (0)s^2 - (0)s - 0] + [sY(s) - 0] = \frac{1}{s-1} \quad \text{ou} \quad Y(s) = \frac{1}{(s-1)(s^3 + s)}$$

Finalmente, utilizando o método das frações parciais e tomando a transformada inversa, obtemos

$$y(x) = \mathscr{L}^{-1}\left\{-\frac{1}{s} + \frac{\frac{1}{2}}{s-1} + \frac{\frac{1}{2}s - \frac{1}{2}}{s^2+1}\right\} = -1 + \frac{1}{2}e^x + \frac{1}{2}\cos x - \frac{1}{2}\operatorname{sen} x$$

24.11 Resolva $y' - 5y = 0$.

Não são especificadas condições iniciais. Tomando a transformada de Laplace de ambos os membros da equação diferencial, obtemos

$$\mathscr{L}\{y'\} - 5\mathscr{L}\{y\} = \mathscr{L}\{0\}$$

Então, utilizando a Eq. (24.4) com $c_0 = y(0)$ mantido arbitrário, temos

$$[sY(s) - c_0] - 5Y(s) = 0 \quad \text{ou} \quad Y(s) = \frac{c_0}{s-5}$$

Tomando a transformada inversa de Laplace, determinamos

$$y(x) = \mathscr{L}^{-1}\{Y(s)\} = c_0 \mathscr{L}^{-1}\left\{\frac{1}{s-5}\right\} = c_0 e^{5x}$$

24.12 Resolva $y'' - 3y' + 2y = e^{-x}$.

Não são especificadas as condições iniciais. Tomando as transformadas de Laplace, temos $\mathscr{L}\{y''\} - 3\mathscr{L}\{y'\} + 2\mathscr{L}\{y\} = \mathscr{L}\{e^{-x}\}$, ou

$$[s^2Y(s) - sc_0 - c_1] - 3[sY(s) - c_0] + 2[Y(s)] = 1/(s+1)$$

Aqui, c_0 e c_1 devem permanecer arbitrárias, pois representam $y(0)$ e $y'(0)$, respectivamente, que não são conhecidas. Assim,

$$Y(s) = c_0 \frac{s-3}{s^2 - 3s + 2} + c_1 \frac{1}{s^2 - 3s + 2} + \frac{1}{(s+1)(s^2 - 3s + 2)}$$

Utilizando o método das frações parciais e notando que $s^2 - 3s + 2 = (s-1)(s-2)$, obtemos

$$y(x) = c_0 \mathscr{L}^{-1}\left\{\frac{2}{s-1} + \frac{-1}{s-2}\right\} + c_1 \mathscr{L}^{-1}\left\{\frac{-1}{s-1} + \frac{1}{s-2}\right\} + \mathscr{L}^{-1}\left\{\frac{1/6}{s+1} + \frac{-1/2}{s-1} + \frac{1/3}{s-2}\right\}$$

$$= c_0(2e^x - e^{2x}) + c_1(-e^x + e^{2x}) + \left(\frac{1}{6}e^{-x} - \frac{1}{2}e^x + \frac{1}{3}e^{2x}\right)$$

$$= \left(2c_0 - c_1 - \frac{1}{2}\right)e^x + \left(-c_0 + c_1 + \frac{1}{3}\right)e^{2x} + \frac{1}{6}e^{-x}$$

$$= d_0 e^x + d_1 e^{2x} + \frac{1}{6}e^{-x}$$

onde $d_0 = 2c_0 - c_1 - \frac{1}{2}$ e $d_1 = -c_0 + c_1 + \frac{1}{3}$.

24.13 Resolva $y'' - 3y' + 2y = e^{-x}$; $y(1) = 0$, $y'(1) = 0$.

As condições iniciais são dadas em $x = 1$ e não em $x = 0$. Utilizando os resultados do Problema 24.12, temos como solução da equação diferencial

$$y = d_0 e^x + d_1 e^{2x} + \frac{1}{6}e^{-x}$$

Aplicando as condições iniciais a essa última equação, obtemos $d_0 = -\frac{1}{2}e^{-2}$ e $d_1 = \frac{1}{3}e^{-3}$; logo,

$$y(x) = -\frac{1}{2}e^{x-2} + \frac{1}{3}e^{2x-3} + \frac{1}{6}e^{-x}$$

24.14 Resolva $\dfrac{dN}{dt} = 0{,}05N$; $N(0) = 20.000$.

Trata-se de uma equação diferencial na função incógnita $N(t)$ com a variável independente t. Façamos $N(s) = \mathcal{L}\{N(t)\}$. Tomando as transformadas de Laplace da equação diferencial dada e utilizando (24.4) com N substituindo y, temos

$$[sN(s) - N(0)] = 0{,}05N(s)$$

$$[sN(s) - 20.000] = 0{,}05N(s)$$

ou, resolvendo em relação a $N(s)$,

$$N(s) = \frac{20.000}{s - 0{,}05}$$

Então, pelo Apêndice A, item 7 com $a = 0{,}05$ e t substituindo x, obtemos

$$N(t) = \mathcal{L}^{-1}\{N(s)\} = \mathcal{L}^{-1}\left\{\frac{20.000}{s - 0{,}05}\right\} = 20.000\,\mathcal{L}^{-1}\left\{\frac{1}{s - 0{,}05}\right\} = 20.000\,e^{0{,}05t}$$

Compare com (2) do Problema 7.1.

24.15 Resolva $\dfrac{dI}{dt} + 50I = 5$; $I(0) = 0$; $I(0) = 0$.

Trata-se de uma equação diferencial na função incógnita $I(t)$ com a variável independente t. Façamos $I(s) = \mathcal{L}\{I(t)\}$. Tomando as transformadas de Laplace da equação diferencial dada e utilizando (24.4) com I substituindo y, temos

$$[sI(s) - I(0)] + 50I(s) = 5\left(\frac{1}{s}\right)$$

$$[sI(s) - 0] + 50I(s) = 5\left(\frac{1}{s}\right)$$

ou, resolvendo em relação a $N(s)$,

$$I(s) = \frac{5}{s(s + 50)}$$

Então, utilizando o método das frações parciais e o Apêndice A, com t substituindo x, obtemos

$$I(t) = \mathcal{L}^{-1}\{I(s)\} = \mathcal{L}^{-1}\left\{\frac{5}{s(s+50)}\right\} = \mathcal{L}^{-1}\left\{\frac{1/10}{s} - \frac{1/10}{s+50}\right\}$$

$$= \frac{1}{10}\mathcal{L}^{-1}\left\{\frac{1}{s}\right\} - \frac{1}{10}\mathcal{L}^{-1}\left\{\frac{1}{s+50}\right\} = \frac{1}{10} - \frac{1}{10}e^{-50t}$$

Compare com (1) do Problema 7.19.

24.16 Resolva $\ddot{x} + 16x = 2\,\text{sen}\,4t$; $x(0) = -\tfrac{1}{2}$, $\dot{x}(0) = 0$.

Trata-se de uma equação diferencial na função incógnita $x(t)$ com a variável independente t. Façamos $X(s) = \mathcal{L}\{x(t)\}$. Tomando as transformadas de Laplace da equação diferencial dada e utilizando (24.5) com x substituindo y, temos

$$[s^2 X(s) - sx(0) - \dot{x}(0)] + 16X(s) = 2\left(\frac{4}{s^2 + 16}\right)$$

$$\left[s^2 X(s) - s\left(-\frac{1}{2}\right) - 0\right] + 16X(s) = \frac{8}{s^2 + 16}$$

$$(s^2 + 16)X(s) = \frac{8}{s^2 + 16} - \frac{s}{2}$$

ou
$$X(s) = \frac{8}{(s^2+16)^2} - \frac{1}{2}\left(\frac{s}{s^2+16}\right)$$

Então, utilizando o Apêndice A, itens 17 e 9 com $a = 4$ e t substituindo x, obtemos

$$x(t) = \mathscr{L}^{-1}\{X(s)\} = \mathscr{L}^{-1}\left\{\frac{8}{(s^2+16)^2} - \frac{1}{2}\left(\frac{s}{s^2+16}\right)\right\}$$
$$= \frac{1}{16}\mathscr{L}^{-1}\left\{\frac{128}{(s^2+16)^2}\right\} - \frac{1}{2}\mathscr{L}^{-1}\left\{\frac{s}{s^2+16}\right\}$$
$$= \frac{1}{16}(\operatorname{sen} 4t - 4t\cos 4t) - \frac{1}{2}\cos 4t$$

Compare com os resultados do Problema 14.10.

Problemas Complementares

Utilize transformadas de Laplace para resolver os seguintes problemas.

24.17 $y' + 2y = 0; y(0) = 1$

24.18 $y' + 2y = 2; y(0) = 1$

24.19 $y' + 2y = e^x; y(0) = 1$

24.20 $y' + 2y = 0; y(1) = 1$

24.21 $y' + 5y = 0; y(1) = 0$

24.22 $y' - 5y = e^{5x}; y(0) = 2$

24.23 $y' + y = xe^{-x}; y(0) = -2$

24.24 $y' + y = \operatorname{sen} x$

24.25 $y' + 20y = 6\operatorname{sen} 2x; y(0) = 6$

24.26 $y'' - y = 0; y(0) = 1, y'(0) = 1$

24.27 $y'' - y = \operatorname{sen} x; y(0) = 0, y'(0) = 1$

24.28 $y'' - y = e^x; y(0) = 1, y'(0) = 0$

24.29 $y'' + 2y' - 3y = \operatorname{sen} 2x; y(0) = y'(0) = 0$

24.30 $y'' + y = \operatorname{sen} x; y(0) = 0, y'(0) = 2$

24.31 $y'' + y' + y = 0; y(0) = 4, y'(0) = -3$

24.32 $y'' + 2y' + 5y = 3e^{-2x}; y(0) = 1, y'(0) = 1$

24.33 $y'' + 5y' - 3y = u(x-4); y(0) = 0, y'(0) = 0$

24.34 $y'' + y = 0; y(\pi) = 0, y'(\pi) = -1$

24.35 $y''' - y = 5; y(0) = 0, y'(0) = 0, y''(0) = 0$

24.36 $y^{(4)} - y = 0; y(0) = 1, y'(0) = 0, y''(0) = 0, y'''(0) = 0$

24.37 $\dfrac{d^3y}{dx^3} - 3\dfrac{d^2y}{dx^2} + 3\dfrac{dy}{dx} - y = x^2 e^x; y(0) = 1, y'(0) = 2, y''(0) = 3$

24.38 $\dfrac{dN}{dt} - 0{,}085N = 0; N(0) = 5000$

24.39 $\dfrac{dT}{dt} = 3T; T(0) = 100$

24.40 $\dfrac{dT}{dt} + 3T = 90; T(0) = 100$

24.41 $\dfrac{dv}{dt} + 2v = 32$

24.42 $\dfrac{dq}{dt} + q = 4\cos 2t; q(0) = 0$

24.43 $\ddot{x} + 9\dot{x} + 14x = 0; x(0) = 0, \dot{x}(0) = -1$

24.44 $\ddot{x} + 4\dot{x} + 4x = 0; x(0) = 2, \dot{x}(0) = -2$

24.45 $\dfrac{d^2x}{dt^2} + 8\dfrac{dx}{dt} + 25x = 0; x(\pi) = 0, \dot{x}(\pi) = 6$

24.46 $\dfrac{d^2q}{dt^2} + 9\dfrac{dq}{dt} + 14q = \dfrac{1}{2}\operatorname{sen} t; q(0) = 0, \dot{q}(0) = 1$

Capítulo 25

Soluções de Sistemas Lineares por Transformadas de Laplace

O MÉTODO

As transformadas de Laplace são úteis para a resolução de equações diferenciais lineares; isto é, conjuntos de duas ou mais equações diferenciais com o mesmo número de funções incógnitas. Se todos os coeficientes forem constantes, então o método de solução é uma generalização direta do método descrito no Capítulo 24. Inicialmente, são determinadas as transformadas de Laplace de cada equação diferencial do sistema. A seguir, as transformadas das funções incógnitas são avaliadas algebricamente a partir do conjunto resultante de equações simultâneas. Finalmente, as transformadas inversas das funções incógnitas são calculadas com o auxílio do Apêndice A.

Problemas Resolvidos

25.1 Resolva o seguinte sistema em relação às funções incógnitas $u(x)$ e $v(x)$:

$$u' + u - v = 0$$
$$v' - u + v = 2;$$
$$u(0) = 1, \quad v(0) = 2$$

Denotemos $\mathcal{L}\{u(x)\}$ e $\mathcal{L}\{v(x)\}$ por $U(s)$ e $V(s)$, respectivamente. Tomando as transformadas de Laplace das equações diferenciais, obtemos

$$[sU(s) - 1] + U(s) - V(s) = 0$$
$$[sV(s) - 2] - U(s) + V(s) = \frac{2}{s}$$

ou
$$(s+1)U(s) - V(s) = 1$$
$$-U(s) + (s+1)V(s) = \frac{2(s+1)}{s}$$

A solução desse último conjunto de equações lineares simultâneas é

$$U(s) = \frac{s+1}{s^2} \quad V(s) = \frac{2s+1}{s^2}$$

Tomando transformadas inversas, obtemos

$$u(x) = \mathscr{L}^{-1}\{U(s)\} = \mathscr{L}^{-1}\left\{\frac{s+1}{s^2}\right\} = \mathscr{L}^{-1}\left\{\frac{1}{s} + \frac{1}{s^2}\right\} = 1 + x$$

$$v(x) = \mathscr{L}^{-1}\{V(s)\} = \mathscr{L}^{-1}\left\{\frac{2s+1}{s^2}\right\} = \mathscr{L}^{-1}\left\{\frac{2}{s} + \frac{1}{s^2}\right\} = 2 + x$$

25.2 Resolva o sistema

$$y' + z = x$$
$$z' + 4y = 0;$$
$$y(0) = 1, \quad z(0) = -1$$

Denotemos $\mathscr{L}\{y(x)\}$ e $\mathscr{L}\{z(x)\}$ por $Y(s)$ e $Z(s)$, respectivamente. Tomando as transformadas de Laplace das equações diferenciais, obtemos

$$[sY(s) - 1] + Z(s) = \frac{1}{s^2} \qquad sY(s) + Z(s) = \frac{s^2+1}{s^2}$$
$$[sZ(s) + 1] + 4Y(s) = 0 \quad \text{ou} \quad 4Y(s) + sZ(s) = -1$$

A solução desse último conjunto de equações lineares simultâneas é

$$Y(s) = \frac{s^2 + s + 1}{s(s^2 - 4)} \quad Z(s) = -\frac{s^3 + 4s^2 + 4}{s^2(s^2 - 4)}$$

Finalmente, utilizando o método das frações parciais e tomando as transformadas inversas, obtemos

$$y(x) = \mathscr{L}^{-1}\{Y(s)\} = \mathscr{L}^{-1}\left\{-\frac{1/4}{s} + \frac{7/8}{s-2} + \frac{3/8}{s+2}\right\}$$

$$= -\frac{1}{4} + \frac{7}{8}e^{2x} + \frac{3}{8}e^{-2x}$$

$$z(x) = \mathscr{L}^{-1}\{Z(s)\} = \mathscr{L}^{-1}\left\{\frac{1}{s^2} - \frac{7/4}{s-2} + \frac{3/4}{s+2}\right\}$$

$$= x - \frac{7}{4}e^{2x} + \frac{3}{4}e^{-2x}$$

25.3 Resolva o sistema

$$w' + y = \text{sen } x$$
$$y' - z = e^x$$
$$z' + w + y = 1;$$
$$w(0) = 0, \quad y(0) = 1, \quad z(0) = 1$$

Denotemos $\mathscr{L}\{w(x)\}$, $\mathscr{L}\{y(x)\}$ e $\mathscr{L}\{z(x)\}$ por $W(s)$, $Y(s)$ e $Z(s)$, respectivamente. Então, tomando as transformadas de Laplace das três equações diferenciais, temos

$$[sW(s) - 0] + Y(s) = \frac{1}{s^2+1} \qquad sW(s) + Y(s) = \frac{1}{s^2+1}$$

$$[sY(s) - 1] - Z(s) = \frac{1}{s-1} \quad \text{ou} \quad sY(s) - Z(s) = \frac{s}{s-1}$$

$$[sZ(s) - 1] + W(s) + Y(s) = \frac{1}{s} \qquad W(s) + Y(s) + sZ(s) = \frac{s+1}{s}$$

A solução desse último sistema de equações lineares simultâneas é

$$W(s) = \frac{-1}{s(s-1)} \quad Y(s) = \frac{s^2+s}{(s-1)(s^2+1)} \quad Z(s) = \frac{s}{s^2+1}$$

Utilizando o método das frações parciais e tomando as transformadas inversas, obtemos

$$w(x) = \mathscr{L}^{-1}\{W(s)\} = \mathscr{L}^{-1}\left\{\frac{1}{s} - \frac{1}{s-1}\right\} = 1 - e^x$$

$$y(x) = \mathscr{L}^{-1}\{Y(s)\} = \mathscr{L}^{-1}\left\{\frac{1}{s-1} + \frac{1}{s^2+1}\right\} = e^x + \text{sen } x$$

$$z(x) = \mathscr{L}^{-1}\{Z(s)\} = \mathscr{L}^{-1}\left\{\frac{s}{s^2+1}\right\} = \cos x$$

25.4 Resolva o sistema

$$y'' + z + y = 0$$
$$z' + y' = 0;$$
$$y(0) = 0, \quad y'(0) = 0, \quad z(0) = 1$$

Então, tomando as transformadas de Laplace de ambas as equações diferenciais, temos

$$[s^2Y(s) - (0)s - (0)] + Z(s) + Y(s) = 0 \qquad (s^2+1)Y(s) + Z(s) = 0$$
$$[sZ(s) - 1] + [sY(s) - 0] = 0 \qquad \text{ou} \qquad Y(s) + Z(s) = \frac{1}{s}$$

Resolvendo esse último sistema em relação a $Y(s)$ e $Z(s)$, obtemos

$$Y(s) = -\frac{1}{s^3} \quad Z(s) = \frac{1}{s} + \frac{1}{s^3}$$

Assim, tomando as transformadas inversas, concluímos que

$$y(x) = -\frac{1}{2}x^2 \quad z(x) = 1 + \frac{1}{2}x^2$$

25.5 Resolva o sistema

$$z'' + y' = \cos x$$
$$y'' - z = \text{sen } x;$$
$$z(0) = -1, \quad z'(0) = -1, \quad y(0) = 1, \quad y'(0) = 0$$

Tomando as transformadas de Laplace de ambas as equações diferenciais, obtemos

$$[s^2Z(s) + s + 1] + [sY(s) - 1] = \frac{s}{s^2+1} \qquad s^2Z(s) + sY(s) = -\frac{s^3}{s^2+1}$$

$$[s^2Y(s) - s - 0] - Z(s) = \frac{1}{s^2+1} \qquad \text{ou} \qquad -Z(s) + s^2Y(s) = \frac{s^3+s+1}{s^2+1}$$

Resolvendo esse último sistema em relação a $Z(s)$ e $Y(s)$, temos

$$Z(s) = -\frac{s+1}{s^2+1} \quad Y(s) = \frac{s}{s^2+1}$$

Finalmente, tomando as transformadas inversas, obtemos

$$z(x) = -\cos x - \operatorname{sen} x \quad y(x) = \cos x$$

25.6 Resolva o sistema

$$w'' - y + 2z = 3e^{-x}$$
$$-2w' + 2y' + z = 0$$
$$2w' - 2y + z' + 2z'' = 0;$$
$$w(0) = 1, \quad w'(0) = 1, \quad y(0) = 2, \quad z(0) = 2, \quad z'(0) = -2$$

Tomando as transformadas de Laplace das três equações diferenciais, obtemos

$$[s^2 W(s) - s - 1] - Y(s) + 2Z(s) = \frac{3}{s+1}$$
$$-2[sW(s) - 1] + 2[sY(s) - 2] + Z(s) = 0$$

ou

$$2[sW(s) - 1] - 2Y(s) + [sZ(s) - 2] + 2[s^2 Z(s) - 2s + 2] = 0$$
$$s^2 W(s) - Y(s) + 2Z(s) = \frac{s^2 + 2s + 4}{s+1}$$
$$-2sW(s) + 2sY(s) + Z(s) = 2$$
$$2sW(s) - 2Y(s) + (2s^2 + s) Z(s) = 4s$$

A solução deste sistema é

$$W(s) = \frac{1}{s-1} \quad Y(s) = \frac{2s}{(s-1)(s+1)} \quad Z(s) = \frac{2}{s+1}$$

Logo,

$$w(x) = e^x \quad y(x) = \mathscr{L}^{-1}\left\{\frac{1}{s-1} + \frac{1}{s+1}\right\} = e^x + e^{-x} \quad z(x) = 2e^{-x}$$

Problemas Complementares

Utilize transformadas de Laplace para resolver os seguintes sistemas. Todas as incógnitas são funções de x.

25.7 $u' - 2v = 3$
$v' + v - u = -x^2;$
$u(0) = 0, v(0) = -1$

25.8 $u' + 4u - 6v = 0$
$v' + 3u - 5v = 0;$
$u(0) = 3, v(0) = 2$

25.9 $u' + 5u - 12v = 0$
$v' + 2u - 5v = 0;$
$u(0) = 8, v(0) = 3$

25.10 $y' + z = x$
$z' - y = 0;$
$y(0) = 1, z(0) = 0$

25.11 $y' - z = 0$

$y - z' = 0$;

$y(0) = 1, z(0) = 1$

25.12 $w' - w - 2y = 1$

$y' - 4w - 3y = -1$;

$w(0) = 1, y(0) = 2$

25.13 $w' - y = 0$

$w + y' + z = 1$

$w - y + z' = 2 \operatorname{sen} x$;

$w(0) = 1, y(0) = 1, z(0) = 1$

25.14 $u'' + v = 0$

$u'' - v' = -2e^x$;

$u(0) = 0, u'(0) = -2, v(0) = 0, v'(0) = 2$

25.15 $u'' - 2v = 2$

$u + v' = 5e^{2x} + 1$;

$u(0) = 2, u'(0) = 2, v(0) = 1$

25.16 $w'' - 2z = 0$

$w' + y' - z = 2x$

$w' - 2y + z'' = 0$;

$w(0) = 0, w'(0) = 0, y(0) = 0,$

$z(0) = 1, z'(0) = 0$

25.17 $w'' + y + z = -1$

$w + y'' - z = 0$

$-w' - y' + z'' = 0$;

$w(0) = 0, w'(0) = 1, y(0) = 0,$

$y'(0) = 0, z(0) = -1, z'(0) = 1$

Capítulo 26

Soluções de Equações Diferenciais Lineares com Coeficientes Constantes por Métodos Matriciais

SOLUÇÃO DO PROBLEMA DE VALOR INICIAL

Pelo procedimento do Capítulo 17, qualquer problema de valor inicial para o qual as equações diferenciais sejam todas lineares *com coeficientes constantes*, pode ser reduzido ao sistema matricial

$$\dot{\mathbf{x}}(t) = \mathbf{A}\mathbf{x}(t) + \mathbf{f}(t); \quad \mathbf{x}(t_0) = \mathbf{c} \tag{26.1}$$

onde **A** é uma matriz de *constantes*. A solução da Eq. (26.1) é

$$\mathbf{x}(t) = e^{\mathbf{A}(t-t_0)}\mathbf{c} + e^{\mathbf{A}t}\int_{t_0}^{t} e^{-\mathbf{A}s}\mathbf{f}(s)\, ds \tag{26.2}$$

ou, de forma equivalente

$$\mathbf{x}(t) = e^{\mathbf{A}(t-t_0)}\mathbf{c} + \int_{t_0}^{t} e^{\mathbf{A}(t-s)}\mathbf{f}(s)\, ds \tag{26.3}$$

Em particular, se o problema de valor inicial for *homogêneo*, [isto é, $\mathbf{f}(t) = \mathbf{0}$], então as Equações (26.2) e (26.3) se reduzem a

$$\mathbf{x}(t) = e^{\mathbf{A}(t-t_0)}\mathbf{c} \tag{26.4}$$

Nas soluções anteriores, as matrizes $e^{\mathbf{A}(t-t_0)}$, $e^{-\mathbf{A}s}$ e $e^{\mathbf{A}(t-s)}$ são facilmente calculadas a partir de $e^{\mathbf{A}t}$ substituindo a variável t por $t-t_0$, $-s$ e $t-s$, respectivamente. Em geral, $\mathbf{x}(t)$ é obtida mais rapidamente a partir de (26.3) do que a partir de (26.2), pois a primeira equação envolve uma multiplicação matricial a menos. Entretanto, as integrais que surgem em (26.3) são geralmente mais difíceis de calcular do que aquelas de (26.2).

SOLUÇÕES SEM CONDIÇÕES INICIAIS

Se não existirem condições iniciais prescritas, a solução de $\dot{\mathbf{x}}(t) = \mathbf{A}\mathbf{x}(t) + \mathbf{f}(t)$ é

$$\mathbf{x}(t) = e^{\mathbf{A}t}\mathbf{k} + e^{\mathbf{A}t}\int e^{-\mathbf{A}t}\mathbf{f}(t)\,dt \tag{26.5}$$

ou, quando $\mathbf{f}(t) = \mathbf{0}$,

$$\mathbf{x}(t) = e^{\mathbf{A}t}\mathbf{k} \tag{26.6}$$

onde $\mathbf{k}$ é um vetor constante arbitrário. Todas as constantes de integração podem ser desconsideradas ao se calcular a integral na Eq.(26.5), pois elas já estão incluídas em $\mathbf{k}$.

Problemas Resolvidos

26.1 Resolva $\ddot{x} + 2\dot{x} - 8x = 0$; $x(1) = 2$, $\dot{x}(1) = 3$.

Pelo Problema 17.2, este problema de valor inicial é equivalente à Eq. (26.1) com

$$\mathbf{x}(t) = \begin{bmatrix} x_1(t) \\ x_2(t) \end{bmatrix} \quad \mathbf{A} = \begin{bmatrix} 0 & 1 \\ 8 & -2 \end{bmatrix} \quad \mathbf{f}(t) = \mathbf{0} \quad \mathbf{c} = \begin{bmatrix} 2 \\ 3 \end{bmatrix} \quad t_0 = 1$$

A solução desse sistema é dada pela Eq. (26.4). Para essa matriz $\mathbf{A}$, $e^{\mathbf{A}t}$ é dada no Problema 16.2; logo,

$$e^{\mathbf{A}(t-t_0)} = e^{\mathbf{A}(t-1)} = \frac{1}{6}\begin{bmatrix} 4e^{2(t-1)} + 2e^{-4(t-1)} & e^{2(t-1)} - e^{-4(t-1)} \\ 8e^{2(t-1)} - 8e^{-4(t-1)} & 2e^{2(t-1)} + 4e^{-4(t-1)} \end{bmatrix}$$

Portanto, $\mathbf{x}(t) = e^{\mathbf{A}(t-1)}\mathbf{c}$

$$= \frac{1}{6}\begin{bmatrix} 4e^{2(t-1)} + 2e^{-4(t-1)} & e^{2(t-1)} - e^{-4(t-1)} \\ 8e^{2(t-1)} - 8e^{-4(t-1)} & 2e^{2(t-1)} + 4e^{-4(t-1)} \end{bmatrix}\begin{bmatrix} 2 \\ 3 \end{bmatrix}$$

$$= \frac{1}{6}\begin{bmatrix} 2(4e^{2(t-1)} + 2e^{-4(t-1)}) + 3(e^{2(t-1)} - e^{-4(t-1)}) \\ 2(8e^{2(t-1)} - 8e^{-4(t-1)}) + 3(2e^{2(t-1)} + 4e^{-4(t-1)}) \end{bmatrix}$$

$$= \begin{bmatrix} \dfrac{11}{6}e^{2(t-1)} + \dfrac{1}{6}e^{-4(t-1)} \\ \dfrac{22}{6}e^{2(t-1)} - \dfrac{4}{6}e^{-4(t-1)} \end{bmatrix}$$

e a solução do problema de valor inicial é

$$x(t) = x_1(t) = \frac{11}{6}e^{2(t-1)} + \frac{1}{6}e^{-4(t-1)}$$

26.2 Resolva $\ddot{x} + 2\dot{x} - 8x = e^t$; $x(0) = 1$, $\dot{x}(0) = -4$

Pelo Problema 17.1, este problema de valor inicial é equivalente à Eq. (26.1) com

$$\mathbf{x}(t) = \begin{bmatrix} x_1(t) \\ x_2(t) \end{bmatrix} \quad \mathbf{A} = \begin{bmatrix} 0 & 1 \\ 8 & -2 \end{bmatrix} \quad \mathbf{f}(t) = \begin{bmatrix} 0 \\ e^t \end{bmatrix} \quad \mathbf{c} = \begin{bmatrix} 1 \\ -4 \end{bmatrix}$$

e $t_0 = 0$. A solução é dada tanto pela Eq. (26.2) quanto pela Eq. (26.3). Aqui, utilizamos (26.2); a solução por meio de (26.3) é dada no Problema 26.3. Para essa matriz **A**, $e^{\mathbf{A}t}$ já foi calculada no Problema 16.2. Portanto,

$$e^{\mathbf{A}(t-t_0)}\mathbf{c} = e^{\mathbf{A}t}\mathbf{c} = \frac{1}{6}\begin{bmatrix} 4e^{2t} + 2e^{-4t} & e^{2t} - e^{-4t} \\ 8e^{2t} - 8e^{-4t} & 2e^{2t} + 4e^{-4t} \end{bmatrix}\begin{bmatrix} 1 \\ -4 \end{bmatrix} = \begin{bmatrix} e^{-4t} \\ -4e^{-4t} \end{bmatrix}$$

$$e^{-\mathbf{A}s}\mathbf{f}(s) = \frac{1}{6}\begin{bmatrix} 4e^{-2s} + 2e^{4s} & e^{-2s} - e^{4s} \\ 8e^{-2s} - 8e^{4s} & 2e^{-2s} + 4e^{4s} \end{bmatrix}\begin{bmatrix} 0 \\ e^s \end{bmatrix} = \begin{bmatrix} \frac{1}{6}e^{-s} - \frac{1}{6}e^{5s} \\ \frac{2}{6}e^{-s} + \frac{4}{6}e^{5s} \end{bmatrix}$$

$$\int_{t_0}^{t} e^{-\mathbf{A}s}\mathbf{f}(s)\,ds = \begin{bmatrix} \int_0^t \left(\frac{1}{6}e^{-s} - \frac{1}{6}e^{5s}\right)ds \\ \int_0^t \left(\frac{1}{3}e^{-s} + \frac{2}{3}e^{5s}\right)ds \end{bmatrix} = \frac{1}{30}\begin{bmatrix} -5e^{-t} - e^{5t} + 6 \\ -10e^{-t} + 4e^{5t} + 6 \end{bmatrix}$$

$$e^{\mathbf{A}t}\int_{t_0}^{t} e^{-\mathbf{A}s}\mathbf{f}(s)\,ds = \left(\frac{1}{6}\right)\left(\frac{1}{30}\right)\begin{bmatrix} 4e^{2t} + 2e^{-4t} & e^{2t} - e^{-4t} \\ 8e^{2t} - 8e^{-4t} & 2e^{2t} + 4e^{-4t} \end{bmatrix}\begin{bmatrix} -5e^{-t} - e^{5t} + 6 \\ -10e^{-t} + 4e^{5t} + 6 \end{bmatrix}$$

$$= \frac{1}{180}\begin{bmatrix} (4e^{2t} + 2e^{-4t})(-5e^{-t} - e^{5t} + 6) + (e^{2t} - e^{-4t})(-10e^{-t} + 4e^{5t} + 6) \\ (8e^{2t} - 8e^{-4t})(-5e^{-t} - e^{5t} + 6) + (2e^{2t} + 4e^{-4t})(-10e^{-t} + 4e^{5t} + 6) \end{bmatrix}$$

$$= \frac{1}{30}\begin{bmatrix} -6e^t + 5e^{2t} + e^{-4t} \\ -6e^t + 10e^{2t} - 4e^{-4t} \end{bmatrix}$$

Assim,

$$\mathbf{x}(t) = e^{\mathbf{A}(t-t_0)}\mathbf{c} + e^{\mathbf{A}t}\int_{t_0}^{t} e^{-\mathbf{A}s}\mathbf{f}(s)\,ds$$

$$= \begin{bmatrix} e^{-4t} \\ -4e^{-4t} \end{bmatrix} + \frac{1}{30}\begin{bmatrix} -6e^t + 5e^{2t} + e^{-4t} \\ -6e^t + 10e^{2t} - 4e^{-4t} \end{bmatrix} = \begin{bmatrix} \frac{31}{30}e^{-4t} + \frac{1}{6}e^{2t} - \frac{1}{5}e^t \\ -\frac{62}{15}e^{-4t} + \frac{1}{3}e^{2t} - \frac{1}{5}e^t \end{bmatrix}$$

e

$$x(t) = x_1(t) = \frac{31}{30}e^{-4t} + \frac{1}{6}e^{2t} - \frac{1}{5}e^t$$

26.3 Utilize a Eq. (26.3) para resolver o problema de valor inicial do Exercício 26.2.

O vetor $e^{\mathbf{A}(t-t_0)}\mathbf{c}$ permanece $\begin{bmatrix} e^{-4t} \\ -4e^{-4t} \end{bmatrix}$. Além disso,

$$e^{\mathbf{A}(t-s)}\mathbf{f}(s) = \frac{1}{6}\begin{bmatrix} 4e^{2(t-s)} + 2e^{-4(t-s)} & e^{2(t-s)} - e^{-4(t-s)} \\ 8e^{2(t-s)} - 8e^{-4(t-s)} & 2e^{2(t-s)} + 4e^{-4(t-s)} \end{bmatrix}\begin{bmatrix} 0 \\ e^s \end{bmatrix}$$

$$= \frac{1}{6}\begin{bmatrix} e^{(2t-s)} - e^{(-4t+5s)} \\ 2e^{(2t-s)} + 4e^{(-4t+5s)} \end{bmatrix}$$

$$\int_{t_0}^{t} e^{\mathbf{A}(t-s)}\mathbf{f}(s)\,ds = \frac{1}{6}\begin{bmatrix} \int_0^t [e^{(2t-s)} - e^{(-4t+5s)}]\,ds \\ \int_0^t [2e^{(2t-s)} + 4e^{(-4t+5s)}]\,ds \end{bmatrix}$$

$$= \frac{1}{6}\begin{bmatrix} \left[-e^{(2t-s)} - \frac{1}{5}e^{(-4t+5s)}\right]_{s=0}^{s=t} \\ \left[-2e^{(2t-s)} + \frac{4}{5}e^{(-4t+5s)}\right]_{s=0}^{s=t} \end{bmatrix} = \frac{1}{6}\begin{bmatrix} -\frac{6}{5}e^t + e^{2t} + \frac{1}{5}e^{-4t} \\ -\frac{6}{5}e^t + 2e^{2t} - \frac{4}{5}e^{-4t} \end{bmatrix}$$

Assim,

$$\mathbf{x}(t) = e^{\mathbf{A}(t-t_0)}\mathbf{c} + \int_{t_0}^{t} e^{\mathbf{A}(t-s)}\mathbf{f}(s)\,ds$$

$$= \begin{bmatrix} e^{-4t} \\ -4e^{-4t} \end{bmatrix} + \frac{1}{6}\begin{bmatrix} -\frac{6}{5}e^{t} + e^{2t} + \frac{1}{5}e^{-4t} \\ -\frac{6}{5}e^{t} + 2e^{2t} - \frac{4}{5}e^{-4t} \end{bmatrix} = \begin{bmatrix} \frac{31}{30}e^{-4t} + \frac{1}{6}e^{2t} - \frac{1}{5}e^{t} \\ -\frac{62}{15}e^{-4t} + \frac{1}{3}e^{2t} - \frac{1}{5}e^{t} \end{bmatrix}$$

como antes.

26.4 Resolva $\ddot{x} + x = 3$; $x(\pi) = 1$, $\dot{x}(\pi) = 2$.

Pelo Problema 17.3, este problema de valor inicial é equivalente à Eq. (26.1) com

$$\mathbf{x}(t) = \begin{bmatrix} x_1(t) \\ x_2(t) \end{bmatrix} \quad \mathbf{A} = \begin{bmatrix} 0 & 1 \\ -1 & 0 \end{bmatrix} \quad \mathbf{f}(t) = \begin{bmatrix} 0 \\ 3 \end{bmatrix} \quad \mathbf{c} = \begin{bmatrix} 1 \\ 2 \end{bmatrix}$$

e $t_0 = \pi$. Então, utilizando a Eq. (26.3) e os resultados do Problema 16.3, temos

$$e^{\mathbf{A}(t-t_0)}\mathbf{c} = \begin{bmatrix} \cos(t-\pi) & \sen(t-\pi) \\ -\sen(t-\pi) & \cos(t-\pi) \end{bmatrix}\begin{bmatrix} 1 \\ 2 \end{bmatrix} = \begin{bmatrix} \cos(t-\pi) + 2\sen(t-\pi) \\ -\sen(t-\pi) + 2\cos(t-\pi) \end{bmatrix}$$

$$e^{\mathbf{A}(t-s)}\mathbf{f}(s) = \begin{bmatrix} \cos(t-s) & \sen(t-s) \\ -\sen(t-s) & \cos(t-s) \end{bmatrix}\begin{bmatrix} 0 \\ 3 \end{bmatrix} = \begin{bmatrix} 3\sen(t-s) \\ 3\cos(t-s) \end{bmatrix}$$

$$\int_{t_0}^{t} e^{\mathbf{A}(t-s)}\mathbf{f}(s)\,ds = \begin{bmatrix} \int_{\pi}^{t} 3\sen(t-s)\,ds \\ \int_{\pi}^{t} 3\cos(t-s)\,ds \end{bmatrix}$$

$$= \begin{bmatrix} 3\cos(t-s)\big|_{s=\pi}^{s=t} \\ -3\sen(t-s)\big|_{s=\pi}^{s=t} \end{bmatrix} = \begin{bmatrix} 3 - 3\cos(t-\pi) \\ 3\sen(t-\pi) \end{bmatrix}$$

Assim,

$$\mathbf{x}(t) = e^{\mathbf{A}(t-t_0)}\mathbf{c} + \int_{t_0}^{t} e^{\mathbf{A}(t-s)}\mathbf{f}(s)\,ds$$

$$= \begin{bmatrix} \cos(t-\pi) + 2\sen(t-\pi) \\ -\sen(t-\pi) + 2\cos(t-\pi) \end{bmatrix} + \begin{bmatrix} 3 - 3\cos(t-\pi) \\ 3\sen(t-\pi) \end{bmatrix}$$

$$= \begin{bmatrix} 3 - 2\cos(t-\pi) + 2\sen(t-\pi) \\ 2\cos(t-\pi) + 2\sen(t-\pi) \end{bmatrix}$$

e $x(t) = x_1(t) = 3 - 2\cos(t-\pi) + 2\sen(t-\pi)$.

Notando que $\cos(t-\pi) = -\cos t$ e $\sen(t-\pi) = -\sen t$, obtemos também

$$x(t) = 3 + 2\cos t - 2\sen t$$

26.5 Resolva a equação diferencial $\ddot{x} - 6\dot{x} + 9x = t$.

Essa equação diferencial é equivalente à equação diferencial matricial padrão com

$$\mathbf{x}(t) = \begin{bmatrix} x_1(t) \\ x_2(t) \end{bmatrix} \quad \mathbf{A} = \begin{bmatrix} 0 & 1 \\ -9 & 6 \end{bmatrix} \quad \mathbf{f}(t) = \begin{bmatrix} 0 \\ t \end{bmatrix}$$

(Ver Problema 17.4.) Decorre do Problema 16.4 que

$$e^{\mathbf{A}t} = \begin{bmatrix} (1-3t)e^{3t} & te^{3t} \\ -9te^{3t} & (1+3t)e^{3t} \end{bmatrix} \text{ de modo que } e^{-\mathbf{A}t} = \begin{bmatrix} (1+3t)e^{-3t} & -te^{-3t} \\ 9te^{-3t} & (1-3t)e^{-3t} \end{bmatrix}$$

Então, utilizando a Eq. (26.5), obtemos

$$e^{\mathbf{A}t}\mathbf{k} = \begin{bmatrix} (1-3t)e^{3t} & te^{3t} \\ -9te^{3t} & (1+3t)e^{3t} \end{bmatrix} \begin{bmatrix} k_1 \\ k_2 \end{bmatrix} = \begin{bmatrix} [(-3k_1+k_2)t + k_1]e^{3t} \\ [(-9k_1+3k_2)t + k_2]e^{3t} \end{bmatrix}$$

$$e^{-\mathbf{A}t}\mathbf{f}(t) = \begin{bmatrix} (1+3t)e^{-3t} & -te^{-3t} \\ 9te^{-3t} & (1-3t)e^{-3t} \end{bmatrix} \begin{bmatrix} 0 \\ t \end{bmatrix} = \begin{bmatrix} -t^2 e^{-3t} \\ (t-3t^2)e^{-3t} \end{bmatrix}$$

$$\int e^{-\mathbf{A}t}\mathbf{f}(t)\, dt = \begin{bmatrix} -\int t^2 e^{-3t} dt \\ \int (t-3t^2)e^{-3t} dt \end{bmatrix} = \begin{bmatrix} \left(\dfrac{1}{3}t^2 + \dfrac{2}{9}t + \dfrac{2}{27}\right)e^{-3t} \\ \left(t^2 + \dfrac{1}{3}t + \dfrac{1}{9}\right)e^{-3t} \end{bmatrix}$$

$$e^{\mathbf{A}t}\int e^{-\mathbf{A}t}\mathbf{f}(t)\, dt = \begin{bmatrix} (1-3t)e^{3t} & te^{3t} \\ -9te^{3t} & (1+3t)e^{3t} \end{bmatrix} \begin{bmatrix} \left(\dfrac{1}{3}t^2 + \dfrac{2}{9}t + \dfrac{2}{27}\right)e^{-3t} \\ \left(t^2 + \dfrac{1}{3}t + \dfrac{1}{9}\right)e^{-3t} \end{bmatrix} = \begin{bmatrix} \dfrac{1}{9}t + \dfrac{2}{27} \\ \dfrac{1}{9} \end{bmatrix}$$

e

$$\mathbf{x}(t) = e^{\mathbf{A}t}\mathbf{k} + e^{\mathbf{A}t}\int e^{-\mathbf{A}t}\mathbf{f}(t)\, dt$$

$$= \begin{bmatrix} [(-3k_1+k_2)t + k_1]e^{3t} + \dfrac{1}{9}t + \dfrac{2}{27} \\ [(-9k_1+3k_2)t + k_2]e^{3t} + \dfrac{1}{9} \end{bmatrix}$$

Assim,

$$x(t) = x_1(t) = [(-3k_1+k_2)t + k_1]e^{3t} + \dfrac{1}{9}t + \dfrac{2}{27} = (k_1+k_3 t)e^{3t} + \dfrac{1}{9}t + \dfrac{2}{27}$$

onde $k_3 = -3k_1 + k_2$.

26.6 Resolva a equação diferencial $\dfrac{d^3 x}{dt^3} - 2\dfrac{d^2 x}{dt^2} + \dfrac{dx}{dt} = 0$.

Utilizando os resultados do Problema 17.5, reduzimos essa equação diferencial homogênea à equação matricial $\dot{\mathbf{x}}(t) = \mathbf{A}\mathbf{x}(t)$ com

$$\mathbf{x}(t) = \begin{bmatrix} x_1(t) \\ x_2(t) \\ x_3(t) \end{bmatrix} \quad \text{e} \quad \mathbf{A} = \begin{bmatrix} 0 & 1 & 0 \\ 0 & 0 & 1 \\ 0 & -1 & 2 \end{bmatrix}$$

Pelo Problema 16.6, temos que

$$e^{\mathbf{A}t} = \begin{bmatrix} 1 & -te^t + 2e^t - 2 & te^t - e^t + 1 \\ 0 & -te^t + e^t & te^t \\ 0 & -te^t & te^t + e^t \end{bmatrix}$$

Utilizando então a Eq. (26.6), calculamos

$$e^{At}\mathbf{k} = \begin{bmatrix} 1 & -te^t+2e^t-2 & te^t-e^t+1 \\ 0 & -te^t+e^t & te^t \\ 0 & -te^t & te^t+e^t \end{bmatrix} \begin{bmatrix} k_1 \\ k_2 \\ k_3 \end{bmatrix}$$

$$= \begin{bmatrix} k_1 + k_2(-te^t+2e^t-2) + k_3(te^t-e^t+1) \\ k_2(-te^t+e^t) + k_3(te^t) \\ k_2(-te^t) + k_3(te^t+e^t) \end{bmatrix}$$

Assim,
$$x(t) = x_1(t) = k_1 + k_2(-te^t+2e^t-2) + k_3(te^t-e^t+1)$$
$$= (k_1 - 2k_2 + k_3) + (2k_2 - k_3)e^t + (-k_2 + k_3)te^t$$
$$= k_4 + k_5 e^t + k_6 te^t$$

onde $k_4 = k_1 - 2k_2 + k_3$, $k_5 = 2k_2 - k_3$ e $k_6 = -k_2 + k_3$.

26.7 Resolva o sistema

$$\ddot{x} = -2\dot{x} - 5y + 3$$
$$\dot{y} = \dot{x} + 2y;$$
$$x(0) = 0, \quad \dot{x}(0) = 0, \quad y(0) = 1$$

Este problema de valor inicial é equivalente à Eq. (26.1) com

$$\mathbf{x}(t) = \begin{bmatrix} x_1(t) \\ x_2(t) \\ y_1(t) \end{bmatrix} \quad \mathbf{A} = \begin{bmatrix} 0 & 1 & 0 \\ 0 & -2 & -5 \\ 0 & 1 & 2 \end{bmatrix} \quad \mathbf{f}(t) = \begin{bmatrix} 0 \\ 3 \\ 0 \end{bmatrix} \quad \mathbf{c} = \begin{bmatrix} 0 \\ 0 \\ 1 \end{bmatrix}$$

e $t_0 = 0$. (Ver Problema 17.8.) Para essa matriz $\mathbf{A}$, temos pelo Problema 16.7 que

$$e^{At} = \begin{bmatrix} 1 & -2+2\cos t + \operatorname{sen} t & -5+5\cos t \\ 0 & \cos t - 2\operatorname{sen} t & -5\operatorname{sen} t \\ 0 & \operatorname{sen} t & \cos t + 2\operatorname{sen} t \end{bmatrix}$$

Utilizando então a Eq. (26.3), calculamos

$$e^{A(t-t_0)}\mathbf{c} = \begin{bmatrix} 1 & -2+2\cos t + \operatorname{sen} t & -5+5\cos t \\ 0 & \cos t - 2\operatorname{sen} t & -5\operatorname{sen} t \\ 0 & \operatorname{sen} t & \cos t + 2\operatorname{sen} t \end{bmatrix}\begin{bmatrix} 0 \\ 0 \\ 1 \end{bmatrix} = \begin{bmatrix} -5+5\cos t \\ -5\operatorname{sen} t \\ \cos t + 2\operatorname{sen} t \end{bmatrix}$$

$$e^{A(t-s)}\mathbf{f}(s) = \begin{bmatrix} 1 & -2+2\cos(t-s) + \operatorname{sen}(t-s) & -5+5\cos(t-s) \\ 0 & \cos(t-s) - 2\operatorname{sen}(t-s) & -5\operatorname{sen}(t-s) \\ 0 & \operatorname{sen}(t-s) & \cos(t-s) + 2\operatorname{sen}(t-s) \end{bmatrix}\begin{bmatrix} 0 \\ 3 \\ 0 \end{bmatrix}$$

$$= \begin{bmatrix} -6 + 6\cos(t-s) + 3\operatorname{sen}(t-s) \\ -3\cos(t-s) - 6\operatorname{sen}(t-s) \\ 3\operatorname{sen}(t-s) \end{bmatrix}$$

e

$$\int_{t_0}^{t} e^{\mathbf{A}(t-s)} \mathbf{f}(s)\, ds = \begin{bmatrix} \int_0^t [-6 + 6\cos(t-s) + 3\,\text{sen}(t-s)]\, ds \\ \int_0^t [3\cos(t-s) - 6\,\text{sen}(t-s)]\, ds \\ \int_0^t 3\,\text{sen}(t-s)\, ds \end{bmatrix}$$

$$= \begin{bmatrix} [-6s - 6\,\text{sen}(t-s) + 3\cos(t-s)]_{s=0}^{s=t} \\ [-3\,\text{sen}(t-s) - 6\cos(t-s)]_{s=0}^{s=t} \\ 3\cos(t-s)\big|_{s=0}^{s=t} \end{bmatrix}$$

$$= \begin{bmatrix} -6t + 3 + 6\,\text{sen}\,t - 3\cos t \\ -6 + 3\,\text{sen}\,t + 6\cos t \\ 3 - 3\cos t \end{bmatrix}$$

Portanto, $\quad \mathbf{x}(t) = e^{\mathbf{A}(t-t_0)} \mathbf{c} + \int_{t_0}^{t} e^{\mathbf{A}(t-s)} \mathbf{f}(s)\, ds$

$$= \begin{bmatrix} -5 + 5\cos t \\ -5\,\text{sen}\,t \\ \cos t + 2\,\text{sen}\,t \end{bmatrix} + \begin{bmatrix} -6t + 3 + 6\,\text{sen}\,t - 3\cos t \\ -6 + 3\,\text{sen}\,t + 6\cos t \\ 3 - 3\cos t \end{bmatrix}$$

$$= \begin{bmatrix} -2 - 6t + 2\cos t + 6\,\text{sen}\,t \\ -6 + 6\cos t - 2\,\text{sen}\,t \\ 3 - 2\cos t + 2\,\text{sen}\,t \end{bmatrix}$$

Finalmente, $\quad x(t) = x_1(t) = 2\cos t + 6\,\text{sen}\,t - 2 - 6t$
$\quad y(t) = y_1(t) = -2\cos t + 2\,\text{sen}\,t + 3$

26.8 Resolva o sistema de equações diferenciais

$$\dot{x} = x + y$$
$$\dot{y} = 9x + y$$

Esse conjunto de equações é equivalente ao sistema matricial $\dot{\mathbf{x}}(t) = \mathbf{A}\mathbf{x}(t)$ com

$$\mathbf{x}(t) = \begin{bmatrix} x_1(t) \\ y_1(t) \end{bmatrix} \quad \mathbf{A} = \begin{bmatrix} 1 & 1 \\ 9 & 1 \end{bmatrix}$$

(Ver Problema 17.9.) A solução é dada pela Eq. (26.6). Para essa matriz **A**, temos, pelo Problema 16.1, que

$$e^{\mathbf{A}t} = \frac{1}{6} \begin{bmatrix} 3e^{4t} + 3e^{-2t} & e^{4t} - e^{-2t} \\ 9e^{4t} - 9e^{-2t} & 3e^{4t} + 3e^{-2t} \end{bmatrix}$$

portanto, $\quad \mathbf{x}(t) = e^{\mathbf{A}t}\mathbf{k} = \dfrac{1}{6}\begin{bmatrix} 3e^{4t} + 3e^{-2t} & e^{4t} - e^{-2t} \\ 9e^{4t} - 9e^{-2t} & 3e^{4t} + 3e^{-2t} \end{bmatrix}\begin{bmatrix} k_1 \\ k_2 \end{bmatrix}$

$$= \begin{bmatrix} \dfrac{1}{6}(3k_1 + k_2)e^{4t} + \dfrac{1}{6}(3k_1 - k_2)e^{-2t} \\ \dfrac{3}{6}(3k_1 + k_2)e^{4t} - \dfrac{3}{6}(3k_1 - k_2)e^{-2t} \end{bmatrix}$$

Assim,
$$x(t) = x_1(t) = \frac{1}{6}(3k_1 + k_2)e^{4t} + \frac{1}{6}(3k_1 - k_2)e^{-2t}$$

$$y(t) = y_1(t) = \frac{3}{6}(3k_1 + k_2)e^{4t} - \frac{3}{6}(3k_1 - k_2)e^{-2t}$$

Se definirmos duas novas constantes arbitrárias $k_3 = (3k_1 + k_2)/6$ e $k_4 = (3k_1 - k_2)/6$, então

$$x(t) = k_3 e^{4t} + k_4 e^{-2t} \quad \text{e} \quad y(t) = 3k_3 e^{4t} - 3k_4 e^{-2t}$$

Problemas Complementares

Resolva cada um dos seguintes sistemas por métodos matriciais. Note que e^{At} para os primeiros cinco problemas é obtida no Problema 16.2, enquanto e^{At} para os Problemas 26.15 a 26.17 é dada no Problema 16.3.

26.9 $\ddot{x} + 2\dot{x} - 8x = 0; x(1) = 1, \dot{x}(1) = 0$

26.10 $\ddot{x} + 2\dot{x} - 8x = 4; x(0) = 0, \dot{x}(0) = 0$

26.11 $\ddot{x} + 2\dot{x} - 8x = 4; x(1) = 0, \dot{x}(1) = 0$

26.12 $\ddot{x} + 2\dot{x} - 8x = 4; x(0) = 1, \dot{x}(0) = 2$

26.13 $\ddot{x} + 2\dot{x} - 8x = 9e^{-t}; x(0) = 0, \dot{x}(0) = 0$

26.14 O sistema do Problema 26.4, utilizando a Eq. (26.2)

26.15 $\ddot{x} + x = 0$

26.16 $\ddot{x} + x = 0; x(2) = 0, \dot{x}(2) = 0$

26.17 $\ddot{x} + x = t; x(1) = 0, \dot{x}(1) = 1$

26.18 $\ddot{y} - \dot{y} - 2y = 0$

26.19 $\ddot{y} - \dot{y} - 2y = 0; y(0) = 2, y'(0) = 1$

26.20 $\ddot{y} - \dot{y} - 2y = e^{3t}; y(0) = 2, y'(0) = 1$

26.21 $\ddot{y} - \dot{y} - 2y = e^{3t}; y(0) = 1, y'(0) = 2$

26.22 $\ddot{z} + 9\dot{z} + 14z = \frac{1}{2}\operatorname{sen} t; z(0) = 0, \dot{z}(0) = -1$

26.23 $\dot{x} = -4x + 6y$
$\dot{y} = -3x + 5y;$
$x(0) = 3, y(0) = 2$

26.24 $\dot{x} + 5x - 12y = 0$
$\dot{y} + 2x - 5y = 0;$
$x(0) = 8, y(0) = 3$

26.25 $\dot{x} - 2y = 3$
$\dot{y} + y - x = -t^2;$
$x(0) = 0, y(0) = -1$

26.26 $\dot{x} = x + 2y$
$\dot{y} = 4x + 3y$

26.27 $\dddot{x} = 6t; x(0) = 0, \dot{x}(0) = 0, \ddot{x}(0) = 12$

26.28 $\ddot{x} + y = 0$
$\dot{y} + x = 2e^{-t};$
$x(0) = 0, \dot{x}(0) = -2, y(0) = 0$

26.29 $\ddot{x} = 2\dot{x} + 5y + 3,$
$\dot{y} = -\dot{x} - 2y;$
$x(0) = 0, \dot{x}(0) = 0, y(0) = 1$

Capítulo 27

Soluções em Séries de Potências de Equações Diferenciais Lineares com Coeficientes Variáveis

EQUAÇÕES DE SEGUNDA ORDEM

Uma equação diferencial linear de *segunda ordem*

$$b_2(x)y'' + b_1(x)y' + b_0(x)y = g(x) \tag{27.1}$$

possui coeficientes variáveis quando $b_2(x)$, $b_1(x)$ e $b_0(x)$ *não* forem simultaneamente constantes ou múltiplos um do outro. Se $b_2(x)$ não for zero em um determinado intervalo, então podemos dividir a Eq. (27.1) por $b_2(x)$ e reescrevê-la como

$$y'' + P(x)y' + Q(x)y = \phi(x) \tag{27.2}$$

onde $P(x) = b_1(x)/b_2(x)$, $Q(x) = b_0(x)/b_2(x)$ e $\phi(x) = g(x)/b_2(x)$. Neste capítulo e no próximo, descreveremos procedimentos para resolver diversas equações da forma (27.1) ou (27.2). Tais procedimentos podem ser generalizados diretamente para resolver equações diferenciais lineares de ordem mais elevada com coeficientes variáveis.

FUNÇÕES ANALÍTICAS E PONTOS ORDINÁRIOS

Uma função $f(x)$ é *analítica* em x_0 se sua série de Taylor em x_0,

$$\sum_{n=0}^{\infty} \frac{f^{(n)}(x_0)(x-x_0)^n}{n!}$$

converge para $f(x)$ em alguma vizinhança de x_0.

Polinômios, sen x, cos x e e^x são analíticas em qualquer ponto; também são analíticas somas, diferenças e produtos dessas funções. Quocientes de duas quaisquer dessas funções são analíticas em todos os pontos onde o denominador não seja zero.

O ponto x_0 é um *ponto ordinário* da equação diferencial (27.2) se tanto $P(x)$ como $Q(x)$ forem analíticas em x_0. Se uma dessas funções não for analítica em x_0, então x_0 é um *ponto singular* de (27.2).

SOLUÇÕES DE EQUAÇÕES HOMOGÊNEAS NA VIZINHANÇA DA ORIGEM

A Equação (27.1) é *homogênea* quando $g(x) \equiv 0$. Neste caso a Eq. (27.2) se particulariza em

$$y'' + P(x)y' + Q(x)y = 0 \tag{27.3}$$

Teorema 27.1 Se $x = 0$ for um ponto ordinário da Eq. (27.3), então a solução geral em um intervalo contendo esse ponto possui a forma

$$y = \sum_{n=0}^{\infty} a_n x^n = a_0 y_1(x) + a_1 y_2(x) \tag{27.4}$$

onde a_0 e a_1 são constante arbitrárias e $y_1(x)$ e $y_2(x)$ são funções linearmente independentes e analíticas em $x = 0$.

Para calcular os coeficientes a_n na solução fornecida pelo Teorema 27.1, aplica-se o seguinte procedimento em cinco passos, conhecido como *método das séries de potências*.

Passo 1 Substituir no membro esquerdo da equação diferencial homogênea a série de potências

$$y = \sum_{n=0}^{\infty} a_n x^n = a_0 + a_1 x + a_2 x^2 + a_3 x^3 + a_4 x^4 + \cdots$$
$$+ a_n x^n + a_{n+1} x^{n+1} + a_{n+2} x^{n+2} + \cdots \tag{27.5}$$

juntamente com a série de potências para

$$y' = a_1 + 2a_2 x + 3a_3 x^2 + 4a_4 x^3 + \cdots$$
$$+ n a_n x^{n-1} + (n+1)a_{n+1} x^n + (n+2)a_{n+2} x^{n+1} + \cdots \tag{27.6}$$

e

$$y'' = 2a_2 + 6a_3 x + 12a_4 x^2 + \cdots$$
$$+ n(n-1) a_n x^{n-2} + (n+1)(n)a_{n+1} x^{n-1} + (n+2)(n+1)a_{n+2} x^n + \cdots \tag{27.7}$$

Passo 2 Agrupar as potências semelhantes de x e igualar a zero o coeficiente de cada potência.

Passo 3 A equação obtida igualando os coeficientes de x^n a zero, no Passo 2, conterá a_j termos para um número finito de j valores. Resolva essa equação em relação ao termo a_j de maior índice. A equação resultante é conhecida como *fórmula de recorrência* para a equação diferencia dada.

Passo 4 Aplique a fórmula de recorrência para determinar seqüencialmente a_j ($j = 2, 3, 4,...$) em termos de a_0 e a_1.

Passo 5 Substitua na Eq. (27.5) os coeficientes determinados no Passo 4 e reescreva a solução na forma da Eq. (27.4).

O método das séries de potência só se aplica quando $x = 0$ for um ponto ordinário. Embora uma equação diferencial tenha que estar na forma da Eq. (27.2) para se determinar se $x = 0$ é um ponto ordinário, uma vez verificada essa condição, o método das séries de potência pode ser aplicado seja na forma (27.1), seja na forma (27.2). Se $P(x)$ ou $Q(x)$ em (27.2) forem quocientes de polinômios, é em geral mais simples multiplicar primeiro pelo menor denominador comum, para eliminar frações, e então aplicar o método das séries de potências à equação resultante na forma da Eq. (27.1).

SOLUÇÕES DE EQUAÇÕES NÃO-HOMOGÊNEAS NA VIZINHANÇA DA ORIGEM

Se $\phi(x)$ na Eq. (27.2) for analítica em $x = 0$, ela admite uma expansão em séries de Taylor na vizinhança daquele ponto e o método das séries de potências pode ser modificado para resolver seja a Eq. (27.1), seja a Eq. (27.2). No Passo 1, as Eqs. (27.5) a (27.7) são substituídas no membro esquerdo da equação não-homogênea; o membro direito é escrito como uma série de Taylor na vizinhança da origem. Os Passos 2 e 3 são modificados de modo que os coeficientes de cada potência de x no membro esquerdo da equação resultante do Passo 1 sejam iguais aos coeficientes correspondentes no membro direito. A forma da solução no Passo 5 torna-se então

$$y + a_0 y_1(x) + a_1 y_2(x) + y_3(x)$$

que possui a forma especificada no Teorema 8.4. Os dois primeiros termos compreendem a solução geral da equação diferencial homogênea associada, enquanto a última função é uma solução particular da equação não-homogênea.

PROBLEMAS DE VALOR INICIAL

Soluções de problemas de valor inicial são obtidas resolvendo-se primeiro a equação diferencial dada e, então, aplicando-se as condições iniciais especificadas. Uma técnica alternativa para gerar rapidamente os primeiros termos da solução em séries de potências de um problema de valor inicial é descrito no Problema 27.23.

SOLUÇÕES NA VIZINHANÇA DE OUTROS PONTOS

Quando se deseja uma solução na vizinhança de um ponto ordinário $x_0 \neq 0$, pode-se simplificar o trabalho algébrico transladando x_0 para a origem mediante a mudança de variável $t = x - x_0$. A solução da nova equação diferencial resultante pode ser obtida pelo método das séries de potências na vizinhança de $t = 0$. A solução da equação original é então facilmente obtida por retrossubstituição.

Problemas Resolvidos

27.1 Determine se $x = 0$ é um ponto ordinário da equação diferencial

$$y'' - xy' + 2y = 0$$

Aqui, $P(x) = -x$ e $Q(x) = 2$ são ambos polinômios; logo, são analíticos em todos os pontos. Portanto, qualquer valor de x, em particular $x = 0$, é um ponto ordinário.

27.2 Estabeleça uma fórmula de recorrência para a solução em séries de potências na vizinhança de $x = 0$ para a equação diferencial dada no Problema 27.1.

Decorre do Problema 27.1 que $x = 0$ é um ponto ordinário da equação dada, de modo que o Teorema 27.1 se aplica. Substituindo as Eqs. (27.5) a (27.7) no membro esquerdo da equação diferencial, obtemos

$$[2a_2 + 6a_3 x + 12a_4 x^2 + \cdots + n(n-1)a_n x^{n-2} + (n+1)(n)a_{n+1} x^{n-1} + (n+2)(n+1)a_{n+2} x^n + \cdots]$$
$$- x[a_1 + 2a_2 x + 3a_3 x^2 + 4a_4 x^3 + \cdots + na_n x^{n-1} + (n+1)a_{n+1} x^n + (n+2)a_{n+2} x^{n+1} + \cdots]$$
$$+ 2[a_0 + a_1 x + a_2 x^2 + a_3 x^3 + a_4 x^4 + \cdots + a_n x^n + a_{n+1} x^{n+1} + a_{n+2} x^{n+2} + \cdots] = 0$$

Combinando termos que tenham potências semelhantes de x, obtemos

$$(2a_2 + 2a_0) + x(6a_3 + a_1) + x^2(12a_4) + x^3(20a_5 - a_3)$$
$$+ \cdots + x^n[(n+2)(n+1)a_{n+2} - na_n + 2a_n] + \cdots$$
$$= 0 + 0x + 0x^2 + 0x^3 + \cdots + 0x^n + \cdots$$

A última equação é válida se e somente se cada coeficiente à esquerda for zero. Assim,

$$2a_2 + 2a_0 = 0, \quad 6a_3 + a_1 = 0, \quad 12a_4 = 0, \quad 20a_5 - a_3 = 0, \quad \cdots$$

Em geral, $(n+2)(n+1)a_{n+2} - (n-2)a_n = 0$, ou,

$$a_{n+2} = \frac{(n-2)}{(n+2)(n+1)} a_n$$

que é a fórmula de recorrência para este problema.

27.3 Determine a solução geral de $y'' - xy' + 2y = 0$ na vizinhança de $x = 0$.

Aplicando sucessivamente a fórmula de recorrência obtida no Problema 27.2 para $n = 0, 1, 2,...$, calculamos

$$a_2 = -a_0$$
$$a_3 = -\frac{1}{6} a_1$$
$$a_4 = 0$$
$$a_5 = \frac{1}{20} a_3 = \frac{1}{20}\left(-\frac{1}{6} a_1\right) = -\frac{1}{120} a_1$$
$$a_6 = \frac{2}{30} a_4 = \frac{1}{15}(0) = 0 \quad (1)$$
$$a_7 = \frac{3}{42} a_5 = \frac{1}{14}\left(-\frac{1}{120}\right) a_1 = -\frac{1}{1680} a_1$$
$$a_8 = \frac{4}{56} a_6 = \frac{1}{14}(0) = 0$$

Já que $a_4 = 0$, decorre da fórmula de recorrência que todos os coeficientes pares além de a_4 são zero. Substituindo (1) na Eq. (27.5), temos

$$y = a_0 + a_1 x - a_0 x^2 - \frac{1}{6} a_1 x^3 + 0x^4 - \frac{1}{120} a_1 x^5 + 0x^6 - \frac{1}{1680} a_1 x^7 - \cdots$$
$$= a_0(1 - x^2) + a_1\left(x - \frac{1}{6} x^3 - \frac{1}{120} x^5 - \frac{1}{1680} x^7 - \cdots\right) \quad (2)$$

Se definirmos

$$y_1(x) \equiv 1 - x^2 \quad \text{e} \quad y_2(x) \equiv x - \frac{1}{6} x^3 - \frac{1}{120} x^5 - \frac{1}{1680} x^7 - \cdots$$

então a solução geral (2) pode ser reescrita como $y = a_0 y_1(x) + a_1 y_2(x)$.

27.4 Determine se $x = 0$ é um ponto ordinário da equação diferencial

$$y'' + y = 0$$

Aqui, $P(x) = 0$ e $Q(x) = 1$ são constantes; logo, são sempre analíticos. Portanto, qualquer valor de x, em particular $x = 0$, é um ponto ordinário.

27.5 Estabeleça uma fórmula de recorrência para a solução em séries de potências na vizinhança de $x = 0$ para a equação diferencial dada no Problema 27.4.

Decorre do Problema 27.4 que $x = 0$ é um ponto ordinário da equação dada, de modo que o Teorema 27.1 se aplica. Substituindo as Eqs. (27.5) a (27.7) no membro esquerdo da equação diferencial, obtemos

$$[2a_2 + 6a_3 x + 12a_4 x^2 + \cdots + n(n-1)a_n x^{n-2} + (n+1)na_{n+1} x^{n-1} + (n+2)(n+1)a_{n+2} x^n + \cdots]$$

ou

$$+ [a_0 + a_1 x + a_2 x^2 + a_3 x^3 + a_4 x^4 + \cdots + a_n x^n + a_{n+1} x^{n+1} + a_{n+2} x^{n+2} + \cdots] = 0$$

$$(2a_2 + a_0) + x(6a_3 + a_1) + x^2(12a_4 + a_2) + x^3(20a_5 + a_3)$$

$$+ \cdots + x^n[(n+2)(n+1)a_{n+2} + a_n] + \cdots$$

$$= 0 + 0x + 0x^2 + \cdots + 0x^n + \cdots$$

Igualando cada coeficiente a zero, temos

$$2a_2 + a_0 = 0, \quad 6a_3 + a_1 = 0, \quad 12a_4 + a_2 = 0, \quad 20a_5 + a_3 = 0, \quad \ldots$$

Em geral,

$$(n+2)(n+1)a_{n+2} + a_n = 0,$$

que é equivalente a

$$a_{n+2} = \frac{-1}{(n+2)(n+1)} a_n$$

Essa equação é a fórmula de recorrência para este problema.

27.6 Utilize séries de potências para determinar a solução geral, na vizinhança de $x = 0$, de $y'' + y = 0$.

Como essa equação possui coeficientes constantes, sua solução é facilmente obtida tanto pelo método da equação característica, como por Transformadas de Laplace ou métodos matriciais como $y = c_1 \cos x + c_2 \operatorname{sen} x$.

Resolvendo pelo método das séries de potências, calculamos sucessivamente a fórmula de recorrência determinada no Problema 27.5 para $n = 0, 1, 2,\ldots$, obtendo

$$a_2 = -\frac{1}{2} a_0 = -\frac{1}{2!} a_0$$

$$a_3 = -\frac{1}{6} a_1 = -\frac{1}{3!} a_1$$

$$a_4 = -\frac{1}{(4)(3)} a_2 = -\frac{1}{(4)(3)}\left(-\frac{1}{2!} a_0\right) = \frac{1}{4!} a_0$$

$$a_5 = -\frac{1}{(5)(4)} a_3 = -\frac{1}{(5)(4)}\left(-\frac{1}{3!} a_1\right) = \frac{1}{5!} a_1$$

$$a_6 = -\frac{1}{(6)(5)} a_4 = -\frac{1}{(6)(5)}\left(\frac{1}{4!} a_0\right) = -\frac{1}{6!} a_0$$

$$a_7 = -\frac{1}{(7)(6)} a_5 = -\frac{1}{(7)(6)}\left(\frac{1}{5!} a_1\right) = -\frac{1}{7!} a_1$$

$$\cdots\cdots\cdots\cdots\cdots\cdots\cdots\cdots\cdots\cdots$$

Recordemos que para um número inteiro positivo n, o fatorial de n, que é denotado por $n!$, é definido como

$$n! = n(n-1)(n-2) \cdots (3)(2)(1)$$

e $0!$ é definida como 1. Assim, $4! = (4)(3)(2)(1) = 24$ e $5! = (5)(4)(3)(2)(1) = 120$. Em geral, $n! = n(n-1)!$.

Substituindo os valores anteriores de $a_2, a_3, a_4,\ldots$ na Eq. (27.5), temos

$$y = a_0 + a_1 x - \frac{1}{2!} a_0 x^2 - \frac{1}{3!} a_1 x^3 + \frac{1}{4!} a_0 x^4 + \frac{1}{5!} a_1 x^5 - \frac{1}{6!} a_0 x^6 - \frac{1}{7!} a_1 x^7 + \cdots$$

$$= a_0\left(1 - \frac{1}{2!} x^2 + \frac{1}{4!} x^4 - \frac{1}{6!} x^6 + \cdots\right) + a_1\left(x - \frac{1}{3!} x^3 + \frac{1}{5!} x^5 - \frac{1}{7!} x^7 + \cdots\right)$$

(1)

Mas,
$$\cos x = \sum_{n=0}^{\infty} \frac{(-1)^n x^{2n}}{(2n)!} = 1 - \frac{1}{2!} x^2 + \frac{1}{4!} x^4 - \frac{1}{6!} x^6 + \cdots$$

$$\operatorname{sen} x = \sum_{n=0}^{\infty} \frac{(-1)^n x^{2n+1}}{(2n+1)!} = x - \frac{1}{3!} x^3 + \frac{1}{5!} x^5 - \frac{1}{7!} x^7 + \cdots$$

Substituindo esses dois resultados em (1) e assumindo $c_1 = a_0$ e $c_2 = a_1$, obtemos, como anteriormente

$$y = c_1 \cos x + c_2 \,\text{sen}\, x$$

27.7 Determine se $x = 0$ é um ponto ordinário da equação diferencial

$$2x^2 y'' + 7x(x+1)y' - 3y = 0$$

Dividindo por $2x^2$, temos

$$P(x) = \frac{7(x+1)}{2x} \qquad Q(x) = \frac{-3}{2x^2}$$

Como nenhuma das duas funções é analítica em $x = 0$ (ambos denominadores são nulos para este ponto), $x = 0$ não é um ponto ordinário, mas sim um ponto singular.

27.8 Determine se $x = 0$ é um ponto ordinário da equação diferencial

$$x^2 y'' + 2y' + xy = 0$$

Aqui, $P(x) = 2/x^2$ e $Q(x) = 1/x$. Nenhuma dessas funções é analítica em $x = 0$, de modo que $x = 0$ não é um ponto ordinário, mas sim um ponto singular.

27.9 Determine uma fórmula de recorrência para a solução em séries de potência, na vizinhança de $t = 0$, da equação diferencial

$$\frac{d^2 y}{dt^2} + (t-1)\frac{dy}{dt} + (2t-3)y = 0$$

Tanto $P(t) = t - 1$ como $Q(t) = 2t - 3$ são polinômios, logo, todo ponto e, em particular, $t = 0$, é um ponto ordinário. Substituindo as Eqs. (27.5) a (27.7) no membro esquerdo da equação diferencial, com t substituindo x, temos

$$[2a_2 + 6a_3 t + 12a_4 t^2 + \cdots + n(n-1)a_n t^{n-2} + (n+1)na_{n+1}t^{n-1} + (n+2)(n+1)a_{n+2}t^n + \cdots]$$
$$+ (t-1)[a_1 + 2a_2 t + 3a_3 t^2 + 4a_4 t^3 + \cdots + na_n t^{n-1} + (n+1)a_{n+1}t^n + (n+2)a_{n+2}t^{n+1} + \cdots]$$
$$+ (2t-3)[a_0 + a_1 t + a_2 t^2 + a_3 t^3 + a_4 t^4 + \cdots + a_n t^n + a_{n+1}t^{n+1} + a_{n+2}t^{n+2} + \cdots] = 0$$

ou
$$(2a_2 - a_1 - 3a_0) + t(6a_3 + a_1 - 2a_2 + 2a_0 - 3a_1) + t^2(12a_4 + 2a_2 - 3a_3 + 2a_1 - 3a_2) + \cdots$$
$$+ t^n[(n+2)(n+1)a_{n+2} + na_n - (n+1)a_{n+1} + 2a_{n-1} - 3a_n] + \cdots$$
$$= 0 + 0t + 0t^2 + \cdots + 0t^n + \cdots$$

Igualando cada coeficiente a zero, obtemos

$$2a_2 - a_1 - 3a_0 = 0, \quad 6a_3 - 2a_2 - 2a_1 + 2a_0 = 0, \quad 12a_4 - 3a_3 - a_2 + 2a_1 = 0, \quad \ldots \tag{1}$$

Em geral,

$$(n+2)(n+1)a_{n+2} - (n+1)a_{n+1} + (n-3)a_n + 2a_{n-1} = 0$$

que equivale a

$$a_{n+2} = \frac{1}{n+2} a_{n+1} - \frac{(n-3)}{(n+2)(n+1)} a_n - \frac{2}{(n+2)(n+1)} a_{n-1} \tag{2}$$

A Equação (2) é a fórmula de recorrência para este problema. Note, entretanto, que essa fórmula não é válida para $n = 0$, pois a_{-1} não é uma quantidade definida. Para obter uma equação para $n = 0$, utilizamos a primeira equação de (1), que nos dá $a_2 = \frac{1}{2}a_1 + \frac{3}{2}a_0$.

27.10 Determine a solução geral da equação diferencial dada no Problema 27.9 na vizinhança de $t = 0$.

Pelo Problema 27.9, temos que

$$a_2 = \frac{1}{2}a_1 + \frac{3}{2}a_0$$

Calculando a fórmula de recorrência (2) do Problema 27.9 para sucessivos valores inteiros de n, começando com $n = 1$, obtemos

$$a_3 = \frac{1}{3}a_2 + \frac{1}{3}a_1 - \frac{1}{3}a_0 = \frac{1}{3}\left(\frac{1}{2}a_1 + \frac{3}{2}a_0\right) + \frac{1}{3}a_1 - \frac{1}{3}a_0 = \frac{1}{2}a_1 + \frac{1}{6}a_0$$

$$a_4 = \frac{1}{4}a_3 + \frac{1}{12}a_2 - \frac{1}{6}a_1 = \frac{1}{4}\left(\frac{1}{2}a_1 + \frac{1}{6}a_0\right) + \frac{1}{12}\left(\frac{1}{2}a_1 + \frac{3}{2}a_0\right) - \frac{1}{6}a_1 = \frac{1}{6}a_0$$

....

Substituindo esses valores na Eq. (27.5) com x substituído por t, obtemos como solução geral da equação dada

$$y = a_0 + a_1 t + \left(\frac{1}{2}a_1 + \frac{3}{2}a_0\right)t^2 + \left(\frac{1}{2}a_1 + \frac{1}{6}a_0\right)t^3 + \left(\frac{1}{6}a_0\right)t^4 + \ldots$$

$$= a_0\left(1 + \frac{3}{2}t^2 + \frac{1}{6}t^3 + \frac{1}{6}t^4 + \ldots\right) + a_1\left(t + \frac{1}{2}t^2 + \frac{1}{2}t^3 + 0t^4 + \ldots\right)$$

27.11 Determine se $x = 0$ ou $x = 1$ são pontos ordinários da equação diferencial

$$(1 - x^2)y'' - 2xy' + n(n + 1)y = 0$$

para qualquer n inteiro positivo.

Transformemos primeiro a equação diferencial para a forma da Eq. (27.2), dividindo-a por $x^2 - 1$. Então,

$$P(x) = \frac{-2x}{x^2 - 1} \quad \text{e} \quad Q(x) = \frac{n(n+1)}{x^2 - 1}$$

As duas funções possuem expansões em séries de Taylor na vizinhança de $x = 0$, de modo que ambas são analíticas para esse ponto e $x = 0$ é um ponto ordinário. Em contrapartida, os denominadores das funções se anulam em $x = 1$, de forma que nenhuma das funções é definida nesse ponto e, conseqüentemente, nenhuma função é analítica em $x = 1$. Desse modo, $x = 1$ é um ponto singular.

27.12 Determine uma fórmula de recorrência para a solução em séries de potência, na vizinhança de $t = 0$, da equação diferencial dada no Problema 27.11.

Para evitar frações, trabalharemos com a equação diferencial na sua forma inicial. Substituindo as Eqs. (27.5) a (27.7), com o índice n substituído por k, no membro esquerdo dessa equação, temos que

$$(1 - x^2)[2a_2 + 6a_3 x + 12a_4 x^2 + \cdots + k(k-1)a_k x^{k-2} + (k+1)(k)a_{k+1}x^{k-1}$$
$$+ (k+2)(k+1)a_{k+2}x^k + \cdots] - 2x[a_1 + 2a_2 x + 3a_3 x^2 + \cdots + ka_k x^{k-1} + (k+1)a_{k+1}x^k$$
$$+ (k+2)a_{k+2}x^{k+1} + \cdots] + k(k+1)[a_0 + a_1 x + a_2 x^2 + a_3 x^3 + \cdots + a_k x^k$$
$$+ a_{k+1}x^{k+1} + a_{k+2}x^{k+2} + \cdots] = 0$$

Agrupando os termos que contêm potências semelhantes de x, obtemos

$$[2a_2 + (n^2 + n)a_0] + x[6a_3 + (n^2 + n - 2)a_1] + \cdots$$
$$+ x^k[(k+2)(k+1)a_{k+2} + (n^2 + n - k^2 - k)a_k] + \cdots = 0$$

Notando que $n^2 + n - k^2 - k = (n-k)(n+k+1)$, obtemos a fórmula de recorrência

$$a_{k+2} = -\frac{(n-k)(n+k+1)}{(k+2)(k+1)}a_k \tag{1}$$

27.13 Mostre que, para n inteiro positivo, uma solução, na vizinhança de $x = 0$, da *Equação de Legendre*

$$(1 - x^2)y'' - 2xy' + n(n + 1)y = 0$$

é um polinômio de grau n. (Ver Capítulo 29.)

A fórmula de recorrência para essa equação é dada pela Eq. (1) no Problema 27.12. Por causa do fator $n - k$, obtemos, fazendo $k = n$, $a_{n+2} = 0$. Segue-se imediatamente que $0 = a_{n+4} = a_{n+6} = a_{n+8} = ...$ Assim, se n for ímpar, todos os coeficientes ímpares a_k ($k > n$) serão zero; enquanto que, se n for par, todos os coeficientes ímpares a_k ($k > n$) serão zero. Portanto, ou $y_1(x)$ ou $y_2(x)$ na Eq. (27.4) (conforme n seja par ou ímpar, respectivamente) conterá apenas um número finito de termos não zero até um termo em x^n, inclusive; logo, trata-se de um polinômio de grau n.

Como a_0 e a_1 são arbitrários, é costume escolhê-los de tal modo que $y_1(x)$ ou $y_2(x)$ (o que for um polinômio) satisfaça a condição $y(1) = 1$. O polinômio resultante, denotado por $P_n(x)$, é conhecido como *polinômio de Legendre de grau n*. Os primeiros desses polinômios são

$$P_0(x) = 1 \quad P_1(x) = x \quad P_2(x) = \frac{1}{2}(3x^2 - 1)$$

$$P_3(x) = \frac{1}{2}(5x^3 - 3x) \quad P_4(x) = \frac{1}{8}(35x^4 - 30x^2 + 3)$$

27.14 Estabeleça uma fórmula de recorrência para a solução em série de potências, na vizinhança de $x = 0$, da equação diferencial não-homogênea $(x^2 + 4)y'' + xy = x + 2$.

Dividindo a equação dada por $x^2 + 4$, vemos que $x = 0$ é um ponto ordinário e que $\phi(x) = (x + 2)/(x^2 + 4)$ é analítica para esse ponto. Logo, o método das séries de potências é aplicável a toda equação, a qual, além disso, pode ser deixada na forma original para simplificar o trabalho algébrico. Substituindo as Eqs. (27.5) a (27.7) na equação diferencial dada, obtemos

$$(x^2 + 4)[2a_2 + 6a_3x + 12a_4x^2 + \cdots + n(n - 1)a_nx^{n-2}$$
$$+ (n + 1)na_{n+1}x^{n-1} + (n + 2)(n + 1)a_{n+2}x^n + \cdots]$$
$$+ x[a_0 + a_1x + a_2x^2 + a_3x^3 + \cdots + a_{n-1}x^{n-1} + \cdots] = x + 2$$

ou
$$(8a_2) + x(24a_3 + a_0) + x^2(2a_2 + 48a_4 + a_1) + x^3(6a_3 + 80a_5 + a_2) + \cdots$$
$$+ x^n[n(n-1)a_n + 4(n+2)(n+1)a_{n+2} + a_{n-1}] + \cdots$$
$$= 2 + (1)x + (0)x^2 + (0)x^3 + \cdots \tag{1}$$

Igualando coeficientes de potências semelhantes de x, temos

$$8a_2 = 2, \quad 24a_3 + a_0 = 1, \quad 2a_2 + 48a_4 + a_1 = 0, \quad 6a_3 + 80a_5 + a_2 = 0, \ldots \tag{2}$$

Em geral,

$$n(n - 1)a_n + 4(n + 2)(n + 1)a_{n+2} + a_{n-1} = 0 \quad (n = 2, 3, \ldots)$$

que é equivalente a

$$a_{n+2} = -\frac{n(n-1)}{4(n+2)(n+1)}a_n - \frac{1}{4(n+2)(n+1)}a_{n-1} \tag{3}$$

($n = 2, 3, \ldots$). Notemos que a fórmula de recorrência (3) não é válida para $n = 0$ ou $n = 1$, pois os coeficientes de x^0 e x^1 no membro direito de (1) não são zero. Utilizamos então as duas primeiras equações em (2) para obter

$$a_2 = \frac{1}{4} \quad a_3 = \frac{1}{24} - \frac{1}{24}a_0 \tag{4}$$

27.15 Utilize o método das séries de potências para determinar uma solução geral, na vizinhança de $x = 0$, de

$$(x^2 + 4)y'' + xy = x + 2$$

Utilizando os resultados do Problema 27.14, temos que a_2 e a_3 são dados por (4) e a_n ($n = 4, 5, 6,...$) é dado por (3). Segue-se dessa fórmula de recorrência que

$$a_4 = -\frac{1}{24}a_2 - \frac{1}{48}a_1 = -\frac{1}{24}\left(\frac{1}{4}\right) - \frac{1}{48}a_1 = -\frac{1}{96} - \frac{1}{48}a_1$$

$$a_5 = -\frac{3}{40}a_3 - \frac{1}{80}a_2 = -\frac{3}{40}\left(\frac{1}{24} - \frac{1}{24}a_0\right) - \frac{1}{80}\left(\frac{1}{4}\right) = \frac{-1}{160} + \frac{1}{320}a_0$$

....

Assim,

$$y = a_0 + a_1 x + \frac{1}{4}x^2 + \left(\frac{1}{24} - \frac{1}{24}a_0\right)x^3 + \left(-\frac{1}{96} - \frac{1}{48}a_1\right)x^4 + \left(\frac{-1}{160} + \frac{1}{320}a_0\right)x^5 + \cdots$$

$$= a_0\left(1 - \frac{1}{24}x^3 + \frac{1}{320}x^5 + \cdots\right) + a_1\left(x - \frac{1}{48}x^4 + \cdots\right) + \left(\frac{1}{4}x^2 + \frac{1}{24}x^3 - \frac{1}{96}x^4 - \frac{1}{160}x^5 + \cdots\right)$$

A terceira série é a solução particular. A primeira e a segunda séries representam a solução geral da equação homogênea associada $(x^2 + 4)y'' + xy = 0$.

27.16 Determine a fórmula de recorrência para a solução em séries de potência, na vizinhança de $t = 0$, da equação diferencial não-homogênea $(d^2y/dt^2) + ty = e^{t+1}$.

Aqui $P(t) = 0$, $Q(t) = t$ e $\phi(t)$ são sempre analíticos, de modo que $t = 0$ é um ponto ordinário. Substituindo as Eqs. (27.5) a (27.7), com t substituindo x, na equação dada, temos

$$[2a_2 + 6a_3 t + 12a_4 t^2 + \cdots + (n+2)(n+1)a_{n+2}t^n + \cdots]$$
$$+ t(a_0 + a_1 t + a_2 t^2 + \cdots + a_{n-1}t^{n-1} + \cdots) = e^{t+1}$$

Recordemos que e^{t+1} admite a expansão de Taylor $e^{t+1} = e\sum_{n=0}^{\infty} t^n/n!$ na vizinhança de $t = 0$. Assim, a última equação pode ser reescrita como

$$(2a_2) + t(6a_3 + a_0) + t^2(12a_4 + a_1) + \cdots + t^n[(n+2)(n+1)a_{n+2} + a_{n-1}] + \cdots$$
$$= \frac{e}{0!} + \frac{e}{1!}t + \frac{e}{2!}t^2 + \cdots + \frac{e}{n!}t^n + \cdots$$

Igualando coeficientes de potências semelhantes de t, temos

$$2a_2 = \frac{e}{0!}, \quad 6a_3 + a_0 = \frac{e}{1!}, \quad 12a_4 + a_1 = \frac{e}{2!}, \quad \ldots \qquad (1)$$

Em geral, $(n+2)(n+1)a_{n+2} + a_{n-1} = e/n!$ para $n = 1, 2,...$, ou,

$$a_{n+2} = -\frac{1}{(n+2)(n+1)}a_{n-1} + \frac{e}{(n+2)(n+1)n!} \qquad (2)$$

que é a fórmula de recorrência para $n = 1, 2, 3,...$. Utilizando a primeira equação em (1), obtemos $a_2 = e/2$.

27.17 Utilize o método das séries de potências para determinar uma solução geral, na vizinhança de $x = 0$, da equação diferencial dada no Problema 27.16.

Utilizando os resultados do Problema 27.16, temos $a_2 = e/2$ e uma fórmula de recorrência dada pela Eq. (2). Utilizando essa fórmula, determinamos

$$a_3 = -\frac{1}{6}a_0 + \frac{e}{6}$$

$$a_4 = -\frac{1}{12}a_1 + \frac{e}{24}$$

$$a_5 = -\frac{1}{20}a_2 + \frac{e}{120} = -\frac{1}{20}\left(\frac{e}{2}\right) + \frac{e}{120} = -\frac{e}{60}$$

....

Substituindo esses resultados na Eq. (27.5), com x substituído por t, obtemos a solução geral

$$y = a_0 + a_1 t + \frac{e}{2}t^2 + \left(-\frac{1}{6}a_0 + \frac{e}{6}\right)t^3 + \left(-\frac{1}{12}a_1 + \frac{e}{24}\right)t^4 + \left(-\frac{e}{60}\right)t^5 + \cdots$$

$$= a_0\left(1 - \frac{1}{6}t^3 + \cdots\right) + a_1\left(t - \frac{1}{12}t^4 + \cdots\right) + e\left(\frac{1}{2}t^2 + \frac{1}{6}t^3 + \frac{1}{24}t^4 - \frac{1}{60}t^5 + \cdots\right)$$

27.18 Determine a solução geral, na vizinhança de $x = 2$, de $y'' - (x-2)y' + 2y = 0$.

Para simplificar o trabalho algébrico, primeiro efetuamos a mudança de variáveis $t = x - 2$. Pela regra da cadeia, obtemos as transformações correspondentes das derivadas de y:

$$\frac{dy}{dx} = \frac{dy}{dt}\frac{dt}{dx} = \frac{dy}{dt}(1) = \frac{dy}{dt}$$

$$\frac{d^2y}{dx^2} = \frac{d}{dx}\left(\frac{dy}{dx}\right) = \frac{d}{dx}\left(\frac{dy}{dt}\right) = \frac{d}{dt}\left(\frac{dy}{dt}\right)\frac{dt}{dx} = \frac{d^2y}{dt^2}(1) = \frac{d^2y}{dt^2}$$

Substituindo esses resultados na equação diferencial, obtemos

$$\frac{d^2y}{dt^2} - t\frac{dy}{dt} + 2y = 0$$

Essa é a equação que deve ser resolvida na vizinhança de $t = 0$. Pelo Problema 27.3, com x substituído por t, vemos que a solução é

$$y = a_0(1 - t^2) + a_1\left(t - \frac{1}{6}t^3 - \frac{1}{120}t^5 - \frac{1}{1680}t^7 - \cdots\right)$$

Substituindo $t = x - 2$ nessa última equação, obtemos a solução do problema original:

$$y = a_0[1 - (x-2)^2] + a_1\left[(x-2) - \frac{1}{6}(x-2)^3 - \frac{1}{120}(x-2)^5 - \frac{1}{1680}(x-2)^7 - \cdots\right] \tag{1}$$

27.19 Determine a solução geral, na vizinhança de $x = -1$, de $y'' + xy' + (2x-1)y = 0$.

Para simplificar o trabalho algébrico, efetuamos a substituição $t = x - (-1) = x + 1$. Então, tal como no Problema 27.18, $(dy/dx) = (dy/dt)$ e $(d^2y/dx^2) = (d^2y/dt^2)$. Substituindo esses resultados na equação diferencial, obtemos

$$\frac{d^2y}{dt^2} + (t-1)\frac{dy}{dt} + (2t-3)y = 0$$

A solução em séries de potências dessa equação é apresentada nos Problemas 27.9 e 27.10 como sendo

$$y = a_0\left(1 + \frac{3}{2}t^2 + \frac{1}{6}t^3 + \frac{1}{6}t^4 + \cdots\right) + a_1\left(t + \frac{1}{2}t^2 + \frac{1}{2}t^3 + 0t^4 + \cdots\right)$$

Substituindo de volta $t = x + 1$, obtemos a solução do problema original

$$y = a_0\left[1 + \frac{3}{2}(x+1)^2 + \frac{1}{6}(x+1)^3 + \frac{1}{6}(x+1)^4 + \cdots\right]$$

$$+ a_1\left[(x+1) + \frac{1}{2}(x+1)^2 + \frac{1}{2}(x+1)^3 + 0(x+1)^4 + \cdots\right] \tag{1}$$

27.20 Determine a solução geral de $y'' + (x-1)y = e^x$ na vizinhança de $x = 1$.

Fazendo $t = x - 1$, temos $x = t + 1$. Tal como no Problema 27.18, $\dfrac{d^2y}{dx^2} = \dfrac{d^2y}{dt^2}$, de modo que a equação diferencial pode ser reescrita como

$$\frac{d^2y}{dt^2} + ty = e^{t+1}$$

Sua solução é (ver Problemas 27.16 e 27.17)

$$y = a_0\left(1 - \frac{1}{6}t^3 + \cdots\right) + a_1\left(t - \frac{1}{12}t^4 + \cdots\right) + e\left(\frac{1}{2}t^2 + \frac{1}{6}t^3 + \frac{1}{24}t^4 - \frac{1}{60}t^5 + \cdots\right)$$

Substituindo de volta $t = x - 1$, obtemos a solução do problema original

$$y = a_0\left[1 - \frac{1}{6}(x-1)^3 + \cdots\right] + a_1\left[(x-1) - \frac{1}{12}(x-1)^4 + \cdots\right]$$
$$+ e\left[\frac{1}{2}(x-1)^2 + \frac{1}{6}(x-1)^3 + \frac{1}{24}(x-1)^4 - \frac{1}{60}(x-1)^5 + \cdots\right]$$

27.21 Resolva o problema de valor inicial

$$y'' - (x-2)y' + 2y = 0; \quad y(2) = 5, \quad y'(2) = 60$$

Como as condições iniciais são especificadas em $x = 2$, elas serão satisfeitas mais facilmente se obtivermos a solução da equação diferencial como uma série de potências na vizinhança desse ponto. Isso já foi feito na Eq. (1) do Problema 27.18. Aplicando as condições iniciais diretamente a essa solução, obtemos $a_0 = 5$ e $a_1 = 60$. Assim, a solução é

$$y = 5[1 - (x-2)^2] + 60\left[(x-2) - \frac{1}{6}(x-2)^3 - \frac{1}{120}(x-2)^5 - \cdots\right]$$
$$= 5 + 60(x-2) - 5(x-2)^2 - 10(x-2)^3 - \frac{1}{2}(x-2)^5 - \cdots$$

27.22 Resolva $y'' + xy' + (2x-1)y = 0; y(-1) = 2, y'(-1) = -2$

Como as condições iniciais são especificadas em $x = -1$, é vantajoso obter a solução geral da equação diferencial na vizinhança de $x = -1$. Isso já foi feito na Eq. (1) do Problema 27.19. Aplicando as condições iniciais, obtemos $a_0 = 2$ e $a_1 = -2$. Assim, a solução é

$$y = 2\left[1 + \frac{3}{2}(x+1)^2 + \frac{1}{6}(x+1)^3 + \frac{1}{6}(x+1)^4 + \cdots\right]$$
$$- 2\left[(x+1) + \frac{1}{2}(x+1)^2 + \frac{1}{2}(x+1)^3 + 0(x+1)^4 + \cdots\right]$$
$$= 2 - 2(x+1) + 2(x+1)^2 - \frac{2}{3}(x+1)^3 + \frac{1}{3}(x+1)^4 + \cdots$$

27.23 Resolva o Problema 27.22 por outro método.

MÉTODO DA SÉRIE DE TAYLOR Um método alternativo para resolver problemas de valor inicial se baseia na hipótese de que a solução possa ser expandida em uma série de Taylor na vizinhança do ponto inicial x_0; isto é,

$$y = \sum_{n=0}^{\infty} \frac{y^{(n)}(x_0)}{n!}(x - x_0)^n$$
$$= \frac{y(x_0)}{0!} + \frac{y'(x_0)}{1!}(x - x_0) + \frac{y''(x_0)}{2!}(x - x_0)^2 + \cdots \qquad (1)$$

Os termos $y(x_0)$ e $y'(x_0)$ são dados como condições iniciais; os outros termos $y^{(n)}(x_0)$ ($n = 2, 3, \ldots$) podem ser obtidos por diferenciação sucessiva da equação diferencial. Para o Problema 27.22, temos $x_0 = -1$, $y(x_0) = y(-1) = 2$ e $y'(x_0) = y'(-1) = -2$. Resolvendo a equação diferencial do Problema 23.22 em relação a y'', obtemos

$$y'' = -xy' - (2x-1)y \qquad (2)$$

Temos que $y''(x_0) = y''(-1)$, substituindo $x_0 = -1$ em (2) e aplicando as condições iniciais dadas. Assim,

$$y''(-1) = -(-1)y'(-1) - [2(-1) - 1]y(-1) = 1(-2) - (-3)(2) = 4 \qquad (3)$$

Para obter $y'''(-1)$, diferenciamos (2) e então substituímos $x_0 = -1$ na equação resultante. Assim,

$$y'''(x) = -y' - xy'' - 2y - (2x - 1)y' \qquad (4)$$

e
$$y'''(-1) = -y'(-1) - (-1)y''(-1) - 2y(-1) - [2(-1) - 1]y'(-1)$$
$$= -(-2) + 4 - 2(2) - (-3)(-2) = -4 \qquad (5)$$

Para obter $y^{(4)}(-1)$, diferenciamos (4) e então substituímos $x_0 = -1$ na equação resultante. Assim,

$$y^{(4)}(x) = -xy''' - (2x + 1)y'' - 4y' \qquad (6)$$

e
$$y^{(4)}(-1) = -(-1)y'''(-1) - [2(-1) + 1]y''(-1) - 4y'(-1)$$
$$= -4 - (-1)(4) - 4(-2) = 8 \qquad (7)$$

Esse processo pode prolongar-se indefinidamente. Substituindo as Eqs. (3), (5) e (7) e as condições iniciais em (1), obtemos, como anteriormente,

$$y = 2 + \frac{-2}{1!}(x+1) + \frac{4}{2!}(x+1)^2 + \frac{-4}{3!}(x+1)^3 + \frac{8}{4!}(x+1)^4 + \cdots$$
$$= 2 - 2(x+1) + 2(x+1)^2 - \frac{2}{3}(x+1)^3 + \frac{1}{3}(x+1)^4 + \cdots$$

Uma vantagem em se utilizar esse método alternativo, comparado com o método usual de resolver primeiro a equação diferencial e então aplicar as condições iniciais, é que o método da série de Taylor é mais fácil de ser aplicado quando necessitamos apenas dos primeiros termos da solução. Uma desvantagem consiste no fato de a fórmula de recorrência não poder ser determinada pelo método da série de Taylor, não se dispondo, pois, de uma expressão geral para o termo de ordem n da solução. Notemos que esse método alternativo também é útil para a resolução de equações diferenciais sem condições iniciais. Em tais casos, assumimos $y(x_0) = a_0$ e $y'(x_0) = a_1$, onde a_0 e a_1 são constantes desconhecidas, e procedemos como anteriormente.

27.24 Utilize o método destacado no Problema 27.23 para resolver $y'' - 2xy = 0$; $y(2) = 1$, e $y'(2) = 0$.

Utilizando a Eq. (1) do Problema 27.23, supomos uma solução da forma

$$y(x) = \frac{y(2)}{0!} + \frac{y'(2)}{1!}(x-2) + \frac{y''(2)}{2!}(x-2)^2 + \frac{y'''(2)}{3!}(x-2)^3 + \cdots \qquad (1)$$

Da equação diferencial,

$$y''(x) = 2xy, \quad y'''(x) = 2y + 2xy', \quad y^{(4)}(x) = 4y' + 2xy'', \quad \ldots$$

Substituindo $x = 2$ nessas equações e aplicando as condições iniciais, obtemos

$$y''(2) = 2(2)y(2) = 4(1) = 4$$
$$y'''(2) = 2y(2) + 2(2)y'(2) = 2(1) + 4(0) = 2$$
$$y^{(4)}(2) = 4y'(2) + 2(2)y''(2) = 4(0) + 4(4) = 16$$
$$\cdots\cdots\cdots\cdots\cdots\cdots\cdots\cdots\cdots\cdots\cdots\cdots$$

Substituindo esses resultados na Eq. (1), obtemos a solução:

$$y = 1 + 2(x-2)^2 + \frac{1}{3}(x-2)^3 + \frac{2}{3}(x-2)^4 + \cdots$$

27.25 Mostre que o método dos coeficientes indeterminados não pode ser utilizado para obter uma solução particular de $y'' + xy = 2$.

Pelo método dos coeficientes indeterminados, supomos uma solução particular da forma $y_p = A_0 x^m$, onde m pode ser zero se a suposição simplista $y_p = A_0$ não exigir modificação (ver Capítulo 11). Substituindo y_p na equação diferencial, temos

$$m(m-1)A_0 x^{m-2} + A_0 x^{m+1} = 2 \qquad (1)$$

Independentemente do valor de m, é impossível atribuir a A_0 qualquer valor *constante* que satisfaça (1). Decorre que o método dos coeficientes indeterminados não pode ser aplicado.

Uma limitação do método dos coeficientes indeterminados consiste no fato dele só ser válido para equações lineares com coeficientes constantes.

Problemas Complementares

Nos Problemas 27.26 a 27.34, determine se os valores dados de x são pontos ordinários ou pontos singulares das equações diferenciais.

27.26 $x = 1$; $y'' + 3y' + 2xy = 0$

27.27 $x = 2$; $(x-2)y'' + 3(x^2 - 3x + 2)y' + (x-2)^2 y = 0$

27.28 $x = 0$; $(x+1)y'' + \dfrac{1}{x} y' + xy = 0$

27.29 $x = -1$; $(x+1)y'' + \dfrac{1}{x} y' + xy = 0$

27.30 $x = 0$; $x^3 y'' + y = 0$

27.31 $x = 0$; $x^3 y'' + xy = 0$

27.32 $x = 0$; $e^x y'' + (\operatorname{sen} x) y' + xy = 0$

27.33 $x = -1$; $(x+1)^3 y'' + (x^2 - 1)(x+1) y' + (x-1) y = 0$

27.34 $x = 2$; $x^4(x^2 - 4)y'' + (x+1)y' + (x^2 - 3x + 2)y = 0$

27.35 Determine a solução geral, na vizinhança de $x = 0$, de $y'' - y' = 0$. Verifique a resposta resolvendo a equação pelo método do Capítulo 9 e desenvolvendo então o resultado em séries de potências na vizinhança de $x = 0$.

Nos Problemas 27.36 a 27.47, determine (*a*) a fórmula de recorrência e (*b*) a solução geral da equação diferencial dada pelo método das séries de potências na vizinhança do valor indicado de x.

27.36 $x = 0$; $y'' + xy = 0$

27.37 $x = 0$; $y'' - 2xy' - 2y = 0$

27.38 $x = 0$; $y'' + x^2 y' + 2xy = 0$

27.39 $x = 0$; $y'' - x^2 y' - y = 0$

27.40 $x = 0$; $y'' + 2x^2 y = 0$

27.41 $x = 0$; $(x^2 - 1)y'' + xy' - y = 0$

27.42 $x = 0$; $y'' - xy = 0$

27.43 $x = 1$; $y'' - xy = 0$

27.44 $x = -2$; $y'' - x^2 y' + (x+2)y = 0$

27.45 $x = 0$; $(x^2 + 4)y'' + y = x$

27.46 $x = 1$; $y'' - (x-1)y' = x^2 - 2x$

27.47 $x = 0$; $y'' - xy' = e^{-x}$

27.48 Utilize o método da série de Taylor descrito no Problema 27.23 para resolver $y'' - 2xy' + x^2 y = 0$; $y(0) = 1$, $y'(0) = -1$.

27.49 Utilize o método da série de Taylor descrito no Problema 27.23 para resolver $y'' - 2xy = x^2$; $y(1) = 0$, $y'(1) = 2$.

Capítulo 28

Soluções em Séries na Vizinhança de um Ponto Singular Regular

PONTOS SINGULARES REGULARES

O ponto x_0 é um *ponto singular regular* da equação diferencial linear homogênea de segunda ordem

$$y'' + P(x)y' + Q(x)y = 0 \qquad (28.1)$$

se x_0 não é um ponto ordinário (ver Capítulo 27), mas tanto $(x - x_0)P(x)$ como $(x - x_0)^2 Q(x)$ são analíticas em x_0. Consideraremos apenas pontos singulares regulares em $x_0 = 0$; quando esse não for o caso, então a mudança de variável $t = x - x_0$ transladará x_0 para a origem.

MÉTODO DE FROBENIUS

Teorema 28.1 Se $x = 0$ for um ponto singular regular de (28.1), então a equação possui ao menos uma solução da forma

$$y = x^\lambda \sum_{n=0}^{\infty} a_n x^n$$

onde λ e a_n ($n = 0, 1, 2,...$) são constantes. Essa solução é válida em um intervalo $0 < x < R$ para algum número real R.

Para calcular os coeficientes λ e a_n no Teorema 28.1, procedemos como no método das séries de potências do Capítulo 27. A série infinita

$$\begin{aligned} y = x^\lambda \sum_{n=0}^{\infty} a_n x^n &= \sum_{n=0}^{\infty} a_n x^{\lambda+n} \\ &= a_0 x^\lambda + a_1 x^{\lambda+1} + a_2 x^{\lambda+2} + \cdots + a_{n-1} x^{\lambda+n-1} + a_n x^{\lambda+n} + a_{n+1} x^{\lambda+n+1} + \cdots \end{aligned} \qquad (28.2)$$

com suas derivadas

$$y' = \lambda a_0 x^{\lambda-1} + (\lambda+1)a_1 x^{\lambda} + (\lambda+2)a_2 x^{\lambda+1} + \cdots$$
$$+ (\lambda+n-1)a_{n-1}x^{\lambda+n-2} + (\lambda+n)a_n x^{\lambda+n-1} + (\lambda+n+1)a_{n+1}x^{\lambda+n} + \cdots \quad (28.3)$$

e

$$y'' = \lambda(\lambda-1)a_0 x^{\lambda-2} + (\lambda+1)(\lambda)a_1 x^{\lambda-1} + (\lambda+2)(\lambda+1)a_2 x^{\lambda} + \cdots$$
$$+ (\lambda+n-1)(\lambda+n-2)a_{n-1}x^{\lambda+n-3} + (\lambda+n)(\lambda+n-1)a_n x^{\lambda+n-2}$$
$$+ (\lambda+n+1)(\lambda+n)a_{n+1}x^{\lambda+n-1} + \cdots \quad (28.4)$$

são substituídas na Eq. (28.1). Os termos de potências semelhantes de x são agrupados e igualados a zero. Quando isso é feito para x^n, a equação resultante é uma fórmula de recorrência. Uma equação quadrática em λ, denominada *equação indicial*, surge quando o coeficiente de x^0 é igualado a zero e a_0 é deixado arbitrário.

As duas raízes da equação indicial podem ser reais ou complexas. Se forem complexas, ocorrerão aos pares conjugados e as soluções complexas resultantes poderão ser combinadas (utilizando as relações de Euler e a identidade $x^{a \pm ib} = x^a e^{\pm ib \ln x}$) para formar soluções reais. Neste livro, admitiremos, por questão de simplicidade, que as raízes da equação indicial sejam reais. Então, tomando λ como a *maior* raiz indicial, $\lambda = \lambda_1 \geq \lambda_2$, o método de Frobenius sempre produz uma solução

$$y_1(x) = x^{\lambda_1} \sum_{n=0}^{\infty} a_n(\lambda_1) x^n \quad (28.5)$$

da Eq. (28.1). [Escrevemos $a_n(\lambda_1)$ para indicar os coeficientes resultantes da aplicação do método quando $\lambda = \lambda_1$.]

Se $P(x)$ e $Q(x)$ forem quocientes de polinômios, geralmente é mais fácil primeiro multiplicar (28.1) pelo seu mínimo denominador comum e então aplicar o método de Frobenius à equação resultante.

SOLUÇÃO GERAL

O método de Frobenius sempre dá uma solução para (28.1) da forma (28.5). A solução geral (ver Teorema 8.2) possui a forma $y = c_1 y_1(x) + c_2 y_2(x)$, onde c_1 e c_2 são constantes arbitrárias e $y_2(x)$ é uma segunda solução de (28.1) que é linearmente independente de $y_1(x)$. O método para obter essa segunda solução depende da relação existente entre as duas raízes da equação indicial.

Caso 1 Se $\lambda_1 - \lambda_2$ não é um inteiro, então

$$y_2(x) = x^{\lambda_2} \sum_{n=0}^{\infty} a_n(\lambda_2) x^n \quad (28.6)$$

onde $y_2(x)$ é obtido de maneira idêntica à da determinação de $y_1(x)$ pelo método de Frobenius, utilizando λ_2 em lugar de λ_1.

Caso 2 Se $\lambda_1 = \lambda_2$, então

$$y_2(x) = y_1(x) \ln x + x^{\lambda_1} \sum_{n=0}^{\infty} b_n(\lambda_1) x^n \quad (28.7)$$

Para gerar essa solução, devemos manter a fórmula de recorrência em termos de λ e utilizá-la para determinar os coeficientes $a_n (n \geq 1)$ em termos de λ e a_0, onde o coeficiente a_0 permanece arbitrário. Substituindo esses a_n na Eq. (28.2), obtemos uma função $y(\lambda, x)$ que depende das variáveis λ e x. Então,

$$y_2(x) = \left.\frac{\partial y(\lambda, x)}{\partial \lambda}\right|_{\lambda = \lambda_1} \quad (28.8)$$

Caso 3 Se $\lambda_1 - \lambda_2 = N$, um inteiro positivo, então

$$y_2(x) = d_{-1} y_1(x) \ln x + x^{\lambda_2} \sum_{n=0}^{\infty} d_n(\lambda_2) x^n \quad (28.9)$$

Para gerar essa solução, tentamos primeiro o método de Frobenius com λ_2. Se com isso obtivermos uma segunda solução, então essa será $y_2(x)$, tendo a forma de (28.9) com $d_{-1} = 0$. Caso contrário, devemos proceder como no Caso 2 para gerar $y(\lambda, x)$, donde,

$$y_2(x) = \frac{\partial}{\partial \lambda}[(\lambda - \lambda_2)y(\lambda, x)]|_{\lambda = \lambda_2} \tag{28.10}$$

Problemas Resolvidos

28.1 Determine se $x = 0$ é um ponto singular regular da equação diferencial

$$y'' - xy' + 2y = 0$$

Conforme vimos no Problema 27.1, $x = 0$ é um ponto ordinário da equação diferencial, não podendo, assim, ser ponto singular regular.

28.2 Determine se $x = 0$ é um ponto singular regular da equação diferencial

$$2x^2y'' + 7x(x+1)y' - 3y = 0$$

Dividindo por $2x^2$, temos

$$P(x) = \frac{7(x+1)}{2x} \quad \text{e} \quad Q(x) = \frac{-3}{2x^2}$$

Como vimos no Problema 27.7, $x = 0$ é um ponto singular. Além disso,

$$xP(x) = \frac{7}{2}(x+1) \quad \text{e} \quad x^2Q(x) = -\frac{3}{2}$$

são analíticas em qualquer ponto: a primeira é um polinômio e a segunda é uma constante. Logo, ambas são analíticas em $x = 0$ e esse ponto é um ponto singular regular.

28.3 Determine se $x = 0$ é um ponto singular regular da equação diferencial

$$x^3y'' + 2x^2y' + y = 0$$

Dividindo por x^3, temos

$$P(x) = \frac{2}{x} \quad \text{e} \quad Q(x) = \frac{1}{x^3}$$

Nenhuma dessas funções é definida em $x = 0$, de modo que esse ponto é um ponto singular. Aqui,

$$xP(x) = 2 \quad \text{e} \quad x^2Q(x) = \frac{1}{x}$$

O primeiro desses termos é analítico em qualquer ponto, mas o segundo não é definido em $x = 0$, sendo assim, não é analítico nesse ponto. Portanto, $x = 0$ *não* é um ponto singular regular da equação diferencial dada.

28.4 Determine se $x = 0$ é um ponto singular regular da equação diferencial

$$8x^2y'' + 10xy' + (x-1)y = 0$$

Dividindo por $8x^2$, temos

$$P(x) = \frac{5}{4x} \quad \text{e} \quad Q(x) = \frac{1}{8x} - \frac{1}{8x^2}$$

Nenhuma dessas funções é definida em $x = 0$, de modo que esse ponto é um ponto singular. Além disso,

$$xP(x) = \frac{5}{4} \quad \text{e} \quad x^2Q(x) = \frac{1}{8}(x-1)$$

são analíticas em qualquer ponto: a primeira é uma constante e a segunda é um polinômio. Logo, são analíticas em $x = 0$ e esse ponto é um ponto singular regular.

28.5 Estabeleça uma forma de recorrência e a equação inidicial para uma solução em série, na vizinhança de $x = 0$, da equação diferencial dada no Problema 28.4.

Decorre do Problema 28.4 que $x = 0$ é um ponto singular regular da equação diferencial, de modo que o Teorema 28.1 é válido. Substituindo as Eqs. (28.2) a (28.4) no membro esquerdo da equação diferencial dada e agrupando os coeficientes de potências semelhantes de x, obtemos

$$x^\lambda[8\lambda(\lambda-1)a_0 + 10\lambda a_0 - a_0] + x^{\lambda+1}[8(\lambda+1)\lambda a_1 + 10(\lambda+1)a_1 + a_0 - a_1] + \cdots$$
$$+ x^{\lambda+n}[8(\lambda+n)(\lambda+n-1)a_n + 10(\lambda+n)a_n + a_{n-1} - a_n] + \cdots = 0$$

Dividindo por x^λ e simplificando, temos

$$[8\lambda^2 + 2\lambda - 1]a_0 + x[(8\lambda^2 + 18\lambda + 9)a_1 + a_0] + \cdots$$
$$+ x^n\{[8(\lambda+n)^2 + 2(\lambda+n) - 1]a_n + a_{n-1}\} + \cdots = 0$$

Fatorando os coeficientes de a_n e igualando a zero os coeficientes de cada potência de x, obtemos

$$(8\lambda^2 + 2\lambda - 1)a_0 = 0 \tag{1}$$

e, para $n \geq 1$,

$$[4(\lambda+n) - 1][2(\lambda+n) + 1]a_n + a_{n-1} = 0$$

ou

$$a_n = \frac{-1}{[4(\lambda+n) - 1][2(\lambda+n) + 1]} a_{n-1} \tag{2}$$

A Equação (2) é uma fórmula de recorrência para essa equação diferencial.

De (1), ou $a_0 = 0$ ou

$$8\lambda^2 + 2\lambda - 1 = 0 \tag{3}$$

É conveniente manter a_0 arbitrária; portanto, devemos escolher λ de modo a satisfazer (3), que é a equação indicial.

28.6 Determine a solução geral, na vizinhança de $x = 0$, de $8x^2y'' + 10xy' + (x-1)y = 0$.

As raízes da equação indicial dada por (3) do Problema 28.5 são $\lambda_1 = \frac{1}{4}$ e $\lambda_2 = -\frac{1}{2}$. Como $\lambda_1 - \lambda_2 = \frac{3}{4}$, a solução é dada pelas Eqs. (28.5) e (28.6). Substituindo $\lambda = \frac{1}{4}$ na fórmula de recorrência (2) do Problema 28.5 e simplificando, obtemos

$$a_n = \frac{-1}{2n(4n+3)} a_{n-1} \quad (n \geq 1)$$

Assim, $\quad a_1 = \frac{-1}{14}a_0, \quad a_2 = \frac{-1}{44}a_1 = \frac{1}{616}a_0, \quad \ldots$

e

$$y_1(x) = a_0 x^{1/4}\left(1 - \frac{1}{14}x + \frac{1}{616}x^2 + \cdots\right)$$

Substituindo $\lambda = -\frac{1}{2}$ na fórmula de recorrência (2) do Problema 28.5 e simplificando, obtemos

$$a_n = \frac{-1}{2n(4n-3)} a_{n-1}$$

Assim, $\quad a_1 = -\frac{1}{2}a_0, \quad a_2 = \frac{-1}{20}a_1 = \frac{1}{40}a_0, \quad \ldots$

e

$$y_2(x) = a_0 x^{-1/2}\left(1 - \frac{1}{2}x + \frac{1}{40}x^2 + \cdots\right)$$

A solução geral é

$$y = c_1 y_1(x) + c_2 y_2(x)$$
$$= k_1 x^{1/4}\left(1 - \frac{1}{14}x + \frac{1}{616}x^2 + \cdots\right) + k_2 x^{-1/2}\left(1 - \frac{1}{2}x + \frac{1}{40}x^2 + \cdots\right)$$

onde $k_1 = c_1 a_0$ e $k_2 = c_2 a_0$.

28.7 Estabeleça uma forma de recorrência e a equação indicial para uma solução em série, na vizinhança de $x = 0$, da equação diferencial

$$2x^2 y'' + 7x(x+1)y' - 3y = 0$$

Decorre do Problema 28.2 que $x = 0$ é um ponto singular regular da equação diferencial, de modo que o Teorema 28.1 é válido. Substituindo as Eqs. (28.2) a (28.4) no membro esquerdo da equação diferencial dada e agrupando os coeficientes de potências semelhantes de x, obtemos

$$x^\lambda[2\lambda(\lambda-1)a_0 + 7\lambda a_0 - 3a_0] + x^{\lambda+1}[2(\lambda+1)\lambda a_1 + 7\lambda a_0 + 7(\lambda+1)a_1 - 3a_1] + \cdots$$
$$+ x^{\lambda+n}[2(\lambda+n)(\lambda+n-1)a_n + 7(\lambda+n-1)a_{n-1} + 7(\lambda+n)a_n - 3a_n] + \cdots 0$$

Dividindo por x^λ e simplificando, temos

$$(2\lambda^2 + 5\lambda - 3)a_0 + x[(2\lambda^2 + 9\lambda + 4)a_1 + 7\lambda a_0] + \cdots$$
$$+ x^n\{[2(\lambda+n)^2 + 5(\lambda+n) - 3]a_n + 7(\lambda+n-1)a_{n-1}\} + \cdots = 0$$

Fatorando os coeficientes de a_n e igualando cada coeficiente a zero, obtemos

$$(2\lambda^2 + 5\lambda - 3)a_0 = 0 \tag{1}$$

e, para $n \geq 1$,

$$[2(\lambda+n) - 1][(\lambda+n) + 3]a_n + 7(\lambda+n-1)a_{n-1} = 0$$

ou,
$$a_n = \frac{-7(\lambda+n-1)}{[2(\lambda+n)-1][(\lambda+n)+3]} a_{n-1} \tag{2}$$

A Equação (2) é uma fórmula de recorrência para essa equação diferencial.

De (1), ou $a_0 = 0$ ou

$$2\lambda^2 + 5\lambda - 3 = 0 \tag{3}$$

É conveniente manter a_0 arbitrária; portanto, λ deve satisfazer a equação indicial (3).

28.8 Determine a solução geral de $2x^2 y'' + 7x(x+1)y' - 3y = 0$, na vizinhança de $x = 0$.

As raízes da equação indicial dada por (3) do Problema 28.7 são $\lambda_1 = \frac{1}{2}$ e $\lambda_2 = -3$. Como $\lambda_1 - \lambda_2 = \frac{7}{2}$, a solução é dada pelas Eqs. (28.5) e (28.6). Substituindo $\lambda = \frac{1}{2}$ em (2) do Problema (28.7) e simplificando, obtemos

$$a_n = \frac{-7(2n-1)}{2n(2n+7)} a_{n-1} \quad (n \geq 1)$$

Assim, $\quad a_1 = -\frac{7}{18}a_0, \quad a_2 = -\frac{21}{44}a_1 = \frac{147}{792}a_0, \quad \ldots$

e
$$y_1(x) = a_0 x^{1/2}\left(1 - \frac{7}{18}x + \frac{147}{792}x^2 + \cdots\right)$$

Substituindo $\lambda = -3$ em (2) do Problema 28.7 e simplificando, obtemos

$$a_n = \frac{-7(n-4)}{n(2n-7)} a_{n-1} \quad (n \geq 1)$$

Assim, $\quad a_1 = -\frac{21}{5} a_0, \quad a_2 = -\frac{7}{3} a_1 = \frac{49}{5} a_0, \quad a_3 = -\frac{7}{3} a_2 = -\frac{343}{15} a_0, \quad a_4 = 0$

e, como $a_4 = 0$, $a_n = 0$ para $n \geq 4$. Assim,

$$y_2(x) = a_0 x^{-3} \left(1 - \frac{21}{5} x + \frac{49}{5} x^2 - \frac{343}{15} x^3 \right)$$

A solução geral é

$$y = c_1 y_1(x) + c_2 y_2(x)$$
$$= k_1 x^{1/2} \left(1 - \frac{7}{18} x + \frac{147}{792} x^2 + \cdots \right) + k_2 x^{-3} \left(1 - \frac{21}{5} x + \frac{49}{5} x^2 - \frac{343}{15} x^3 \right)$$

onde $k_1 = c_1 a_0$ e $k_2 = c_2 a_0$.

28.9 Determine a solução geral de $3x^2 y'' - xy' + y = 0$ na vizinhança de $x = 0$.

Aqui, $P(x) = -1/(3x)$ e $Q(x) = 1/(3x^2)$; logo, $x = 0$ é um ponto singular regular e o método de Frobenius se aplica. Substituindo Eqs. (28.2) a (28.4) na equação diferencial e simplificando, temos

$$x^\lambda [3\lambda^2 - 4\lambda + 1] a_0 + x^{\lambda+1} [3\lambda^2 + 2\lambda] a_1 + \cdots + x^{\lambda+n} [3(\lambda+n)^2 - 4(\lambda+n) + 1] a_n + \cdots = 0$$

Dividindo por x^λ e igualando todos os coeficientes a zero, obtemos

$$(3\lambda^2 - 4\lambda + 1) a_0 = 0 \tag{1}$$

e
$$[3(\lambda+n)^2 - 4(\lambda+n) + 1] a_n = 0 \quad (n \geq 1) \tag{2}$$

De (1), concluímos que a equação indicial é $3\lambda^2 - 4\lambda + 1 = 0$, que possui as raízes $\lambda_1 = 1$ e $\lambda_2 = \frac{1}{3}$.

Como $\lambda_1 - \lambda_2 = \frac{2}{3}$, a solução é dada pelas Eqs. (28.5) e (28.6). Note que, para qualquer dos dois valores de λ, (2) é satisfeita escolhendo-se $a_n = 0$, $n \geq 1$. Assim,

$$y_1(x) = x^1 \sum_{n=0}^{\infty} a_n x^n = a_0 x \quad y_2(x) = x^{1/3} \sum_{n=0}^{\infty} a_n x^n = a_0 x^{1/3}$$

e a solução geral é

$$y = c_1 y_1(x) + c_2 y_2(x) = k_1 x + k_2 x^{1/3}$$

onde $k_1 = c_1 a_0$ e $k_2 = c_2 a_0$.

28.10 Utilize o método de Frobenius para determinar uma solução de $x^2 y'' + xy' + x^2 y = 0$ na vizinhança de $x = 0$.

Aqui, $P(x) = 1/x$ e $Q(x) = 1$; logo, $x = 0$ é um ponto singular regular e o método de Frobenius se aplica. Substituindo Eqs. (28.2) a (28.4) no membro esquerdo da equação diferencial, como dada, e agrupando os coeficientes de potências semelhantes de x, obtemos

$$x^\lambda [\lambda^2 a_0] + x^{\lambda+1} [(\lambda+1)^2 a_1] + x^{\lambda+2} [(\lambda+2)^2 a_2 + a_0] + \cdots + x^{\lambda+n} [(\lambda+n)^2 a_n + a_{n-2}] + \cdots = 0$$

Assim,
$$\lambda^2 a_0 = 0 \tag{1}$$
$$(\lambda+1)^2 a_1 = 0 \tag{2}$$

e, para $n \geq 2$, $(\lambda+n)^2 a_n + a_{n-2} = 0$, ou,

$$a_n = \frac{-1}{(\lambda+n)^2} a_{n-2} \quad (n \geq 2) \tag{3}$$

Exige-se $n \geq 2$ em (3) porque a_{n-2} não é definido nem para $n = 0$, nem para $n = 1$. De (1), a equação indicial é $\lambda^2 = 0$, que possui raízes $\lambda_1 = \lambda_2 = 0$. Assim, obtemos apenas *uma* solução da forma (28.5); a segunda solução, $y_2(x)$, terá a forma de (28.7).

Substituindo $\lambda = 0$ em (2) e (3), obtemos $a_1 = 0$ e $a_n = -(1/n^2) a_{n-2}$. Como $a_1 = 0$, decorre que $0 = a_3 = a_5 = a_7 = ...$ Além disso,

$$a_2 = -\frac{1}{4}a_0 = -\frac{1}{2^2(1!)^2}a_0 \quad a_4 = -\frac{1}{16}a_2 = -\frac{1}{2^4(2!)^2}a_0$$

$$a_6 = -\frac{1}{36}a_4 = -\frac{1}{2^6(3!)^2}a_0 \quad a_8 = -\frac{1}{64}a_6 = \frac{1}{2^8(4!)^2}a_0$$

e, em geral, $a_{2k} = \frac{(-1)^k}{2^{2k}(k!)^2} a_0$ ($k = 1, 2, 3, ...$). Assim,

$$y_1(x) = a_0 x^0 \left[1 - \frac{1}{2^2(1!)^2} x^2 + \frac{1}{2^4(2!)^2} x^4 + \cdots + \frac{(-1)^k}{2^{2k}(k!)^2} x^{2k} + \cdots \right]$$

$$= a_0 \sum_{n=0}^{\infty} \frac{(-1)^n}{2^{2n}(n!)^2} x^{2n} \qquad (4)$$

28.11 Determine a solução geral, na vizinhança de $x = 0$, da equação diferencial dada no Problema 28.10.

Uma solução é dada por (4) do Problema 28.10. Como as raízes da equação indicial são iguais, utilizamos a Eq. (28.8) para gerar uma segunda solução linearmente independente. A fórmula de recorrência é (3) do Problema 28.10, aumentada por (2) do Problema 28.10 para o caso especial $n = 1$. De (2), $a_1 = 0$, que implica que $0 = a_3 = a_5 = a_7 = ...$ Então, por (3),

$$a_2 = \frac{-1}{(\lambda + 2)^2} a_0, \quad a_4 = \frac{-1}{(\lambda + 4)^2} a_2 = \frac{1}{(\lambda + 4)^2 (\lambda + 2)^2} a_0, \quad \ldots$$

Substituindo esses valores na Eq. (28.2), temos

$$y(\lambda, x) = a_0 \left[x^\lambda - \frac{1}{(\lambda + 2)^2} x^{\lambda + 2} + \frac{1}{(\lambda + 4)^2 (\lambda + 2)^2} x^{\lambda + 4} + \cdots \right]$$

Recordemos que $\frac{\partial}{\partial \lambda}(x^{\lambda + k}) = x^{\lambda + k} \ln x$. (Ao diferenciar em relação a λ, x pode ser assumido como uma constante). Assim,

$$\frac{\partial y(\lambda, x)}{\partial \lambda} = a_0 \left[x^\lambda \ln x + \frac{2}{(\lambda + 2)^3} x^{\lambda + 2} - \frac{1}{(\lambda + 2)^2} x^{\lambda + 2} \ln x \right.$$

$$- \frac{2}{(\lambda + 4)^3 (\lambda + 2)^2} x^{\lambda + 4} - \frac{2}{(\lambda + 4)^2 (\lambda + 2)^3} x^{\lambda + 4}$$

$$\left. + \frac{1}{(\lambda + 4)^2 (\lambda + 2)^2} x^{\lambda + 4} \ln x + \cdots \right]$$

e

$$y_2(x) = \left. \frac{\partial y(\lambda, x)}{\partial \lambda} \right|_{\lambda = 0} = a_0 \left(\ln x + \frac{2}{2^3} x^2 - \frac{1}{2^2} x^2 \ln x \right.$$

$$\left. - \frac{2}{4^3 2^2} x^4 - \frac{2}{4^2 2^3} x^4 + \frac{1}{4^2 2^2} x^4 \ln x + \cdots \right)$$

$$= (\ln x) a_0 \left[1 - \frac{1}{2^2(1!)} x^2 + \frac{1}{2^4(2!)^2} x^4 + \cdots \right]$$

$$+ a_0 \left[\frac{x^2}{2^2(1!)} (1) - \frac{x^4}{2^4(2!)^2} \left(\frac{1}{2} + 1 \right) + \cdots \right]$$

$$= y_1(x) \ln x + a_0 \left[\frac{x^2}{2^2(1!)^2} (1) - \frac{x^4}{2^4(2!)^2} \left(\frac{3}{2} \right) + \cdots \right] \qquad (1)$$

que é a forma exigida na Eq. (28.7). A solução geral é $y = c_1 y_1(x) + c_2 y_2(x)$.

28.12 Utilize o método de Frobenius para determinar uma solução de $x^2 y'' - xy' + y = 0$ na vizinhança de $x = 0$.

Aqui, $P(x) = -1/x$ e $Q(x) = 1/x^2$; logo, $x = 0$ é um ponto singular regular e o método de Frobenius se aplica. Substituindo as Eqs. (28.2) a (28.4) no membro esquerdo da equação diferencial, como dada, e agrupando os coeficientes de potências semelhantes de x, obtemos

$$x^\lambda (\lambda - 1)^2 a_0 + x^{\lambda + 1}[\lambda^2 a_1] + \cdots + x^{\lambda + n}[(\lambda + n)^2 - 2(\lambda + n) + 1]a_n + \cdots = 0$$

Assim, $\qquad\qquad\qquad (\lambda - 1)^2 a_0 = 0 \qquad\qquad\qquad (1)$

e, em geral, $\qquad\qquad [(\lambda + n)^2 - 2(\lambda + n) + 1]a_n = 0 \qquad\qquad (2)$

De (1), a equação indicial é $(\lambda - 1)^2 = 0$, que admite as raízes $\lambda_1 = \lambda_2 = 1$. Substituindo $\lambda = 1$ em (2), obtemos $n^2 a_n = 0$, o que implica $a_n = 0$, $n \geq 1$. Assim, $y_1(x) = a_0 x$.

28.13 Determine a solução geral, na vizinhança de $x = 0$, da equação diferencial dada no Problema 28.12.

Uma solução é dada no Problema 28.12. Como as raízes da equação indicial são iguais, utilizamos a Eq. (28.8) para gerar uma segunda solução linearmente independente. A fórmula de recorrência é (2) do Problema 28.12. Resolvendo-a em relação a a_n, em termos de λ, obtemos $a_n = 0$ ($n \geq 1$) e, ao substituirmos esses valores na Eq. (28.2), temos $y(\lambda, x) = a_0 x^\lambda$. Assim,

$$\frac{\partial y(\lambda, x)}{\partial \lambda} = a_0 x^\lambda \ln x$$

e $\qquad\qquad y_2(x) = \left.\frac{\partial y(\lambda, x)}{\partial \lambda}\right|_{\lambda = 1} = a_0 x \ln x = y_1(x) \ln x$

que é precisamente a forma da Eq. (28.7), onde, para essa equação diferencial em particular, $b_n(\lambda_1) = 0$ ($n = 0, 1, 2,\ldots$). A solução geral é

$$y = c_1 y_1(x) + c_2 y_2(x) = k_1(x) + k_2 x \ln x$$

onde $k_1 = c_1 a_0$ e $k_2 = c_2 a_0$.

28.14 Utilize o método de Frobenius para determinar uma solução de $x^2 y'' + (x^2 - 2x)y' + 2y = 0$ na vizinhança de $x = 0$.

Aqui

$$P(x) = 1 - \frac{2}{x} \quad \text{e} \quad Q(x) = \frac{2}{x^2}$$

logo, $x = 0$ é um ponto singular regular e o método de Frobenius se aplica. Substituindo as Eqs. (28.2) a (28.4) no membro esquerdo da equação diferencial, como dada, e agrupando os coeficientes de potências semelhantes de x, obtemos

$$x^\lambda [(\lambda^2 - 3\lambda + 2)a_0] + x^{\lambda + 1}[(\lambda^2 - \lambda)a_1 + \lambda a_0] + \cdots$$
$$+ x^{\lambda + n}\{[(\lambda + n)^2 - 3(\lambda + n) + 2]a_n + (\lambda + n - 1)a_{n-1}\} + \cdots = 0$$

Dividindo por x^λ, fatorando os coeficientes de a_n e igualando a zero os coeficientes de cada potência de x, obtemos

$$(\lambda^2 - 3\lambda + 2)a_0 = 0 \qquad\qquad (1)$$

e, em geral, $[(\lambda + n) - 2][(\lambda + n) - 1]a_n + (\lambda + n - 1)a_{n-1} = 0$, ou,

$$a_n = -\frac{1}{\lambda + n - 2} a_{n-1} \quad (n \geq 1) \qquad\qquad (2)$$

De (1), a equação indicial é $\lambda^2 - 3\lambda + 2 = 0$, que admite as raízes $\lambda_1 = 2$ e $\lambda_2 = 1$. Como $\lambda_1 - \lambda_2 = 1$, um número inteiro positivo, a solução é dada pelas Eqs. (28.5) e (28.9). Substituindo $\lambda = 2$ em (2), temos $a_n = -(1/n)a_{n-1}$, donde

$$a_1 = -a_0$$
$$a_2 = -\frac{1}{2}a_1 = \frac{1}{2!}a_0$$
$$a_3 = -\frac{1}{3}a_2 = -\frac{1}{3}\frac{1}{2!}a_0 = -\frac{1}{3!}a_0$$

e, em geral, $a_k = \frac{(-1)^k}{k!}a_0$. Assim,

$$y_1(x) = a_0 x^2 \sum_{n=0}^{\infty} \frac{(-1)^n}{n!} x^n = a_0 x^2 e^{-x} \tag{3}$$

28.15 Determine a solução geral, na vizinhança de $x = 0$, da equação diferencial dada no Problema 28.14.

Uma solução é dada por (3) do Problema 28.14 para a raiz indicial $\lambda_1 = 2$. Se tentarmos o método de Frobenius com a raiz indicial $\lambda_2 = 1$, a fórmula de recorrência (2) do Problema 28.14 se escreve

$$a_n = -\frac{1}{n-1} a_{n-1}$$

o que deixa a_1 indefinida pois o denominador é zero quando $n = 1$. Devemos, então, utilizar (28.10) para gerar uma segunda solução linearmente independente. Aplicando a fórmula de recorrência (2) do Problema 28.14 para resolver sucessivamente em relação a a_n ($n = 1, 2, 3,...$) em termos de λ, obtemos

$$a_1 = -\frac{1}{\lambda-1}a_0, \quad a_2 = -\frac{1}{\lambda}a_1 = \frac{1}{\lambda(\lambda-1)}a_0, \quad a_3 = -\frac{1}{\lambda+1}a_2 = \frac{-1}{(\lambda+1)\lambda(\lambda-1)}a_0, \quad \ldots$$

Substituindo esses valores na Eq. (28.2), obtemos

$$y(\lambda, x) = a_0 \left[x^\lambda - \frac{1}{(\lambda-1)} x^{\lambda+1} + \frac{1}{\lambda(\lambda-1)} x^{\lambda+2} - \frac{1}{(\lambda+1)\lambda(\lambda-1)} x^{\lambda+3} + \cdots \right]$$

e, como $\lambda - \lambda_2 = \lambda - 1$,

$$(\lambda - \lambda_2) y(\lambda, x) = a_0 \left[(\lambda-1) x^\lambda - x^{\lambda+1} + \frac{1}{\lambda} x^{\lambda+2} - \frac{1}{\lambda(\lambda+1)} x^{\lambda+3} + \cdots \right]$$

Então

$$\frac{\partial}{\partial \lambda}[(\lambda - \lambda_2) y(\lambda, x)] = a_0 \left[x^\lambda + (\lambda-1) x^\lambda \ln x - x^{\lambda+1} \ln x - \frac{1}{\lambda^2} x^{\lambda+2} + \frac{1}{\lambda} x^{\lambda+2} \ln x \right.$$
$$\left. + \frac{1}{\lambda^2(\lambda+1)} x^{\lambda+3} + \frac{1}{\lambda(\lambda+1)^2} x^{\lambda+3} - \frac{1}{\lambda(\lambda+1)} x^{\lambda+3} \ln x + \cdots \right]$$

e

$$y_2(x) = \frac{\partial}{\partial \lambda}[(\lambda - \lambda_2) y(\lambda, x)] \bigg|_{\lambda = \lambda_2 = 1}$$
$$= a_0 \left(x + 0 - x^2 \ln x - x^3 + x^3 \ln x + \frac{1}{2} x^4 + \frac{1}{4} x^4 - \frac{1}{2} x^4 \ln x + \cdots \right)$$
$$= (-\ln x) a_0 \left(x^2 - x^3 + \frac{1}{2} x^4 + \cdots \right) + a_0 \left(x - x^3 + \frac{3}{4} x^4 + \cdots \right)$$
$$= -y_1(x) \ln x + a_0 x \left(1 - x^2 + \frac{3}{4} x^3 + \cdots \right)$$

Essa é a forma exigida na Eq. (28.9), com $d_{-1} = -1$, $d_0 = a_0$, $d_1 = 0$, $d_2 = -a_0$, $d_3 = \frac{3}{4} a_0,\ldots$. A solução geral é $y = c_1 y_1(x) + c_2 y_2(x)$.

28.16 Utilize o método de Frobenius para determinar uma solução de $x^2y'' + xy' + (x^2 - 1)y = 0$ na vizinhança de $x = 0$.

Aqui
$$P(x) = \frac{1}{x} \quad \text{e} \quad Q(x) = 1 - \frac{1}{x^2}$$

logo, $x = 0$ é um ponto singular regular e o método de Frobenius se aplica. Substituindo as Eqs. (28.2) a (28.4) no membro esquerdo da equação diferencial, como dada, e agrupando os coeficientes de potências semelhantes de x, obtemos

$$x^\lambda[(\lambda^2 - 1)a_0] + x^{\lambda+1}[(\lambda+1)^2 - 1]a_1 + x^{\lambda+2}\{[(\lambda+2)^2 - 1]a_2 + a_0\} + \cdots$$
$$+ x^{\lambda+n}\{[(\lambda+n)^2 - 1]a_n + a_{n-2}\} + \cdots = 0$$

Assim,
$$(\lambda^2 - 1)a_0 = 0 \qquad (1)$$

$$[(\lambda+1)^2 - 1]a_1 = 0 \qquad (2)$$

e, para $n \geq 2$, $[(\lambda+n)^2 - 1]a_n + a_{n-2} = 0$ ou

$$a_n = \frac{-1}{(\lambda+n)^2 - 1}a_{n-2} \quad (n \geq 2) \qquad (3)$$

De (1), a equação indicial é $\lambda^2 - 1 = 0$, que admite as raízes $\lambda_1 = 1$ e $\lambda_2 = -1$. Como $\lambda_1 - \lambda_2 = 2$, um número inteiro positivo, a solução é dada pelas Eqs. (28.5) e (28.9). Substituindo $\lambda = 1$ em (2) e (3), obtemos $a_1 = 0$ e

$$a_n = \frac{-1}{n(n+2)}a_{n-2} \quad (n \geq 2)$$

Como $a_1 = 0$, decorre que $0 = a_3 = a_5 = a_7 = \ldots$. Além disso,

$$a_2 = \frac{-1}{2(4)}a_0 = \frac{-1}{2^2 1!2!}a_0, \quad a_4 = \frac{-1}{4(6)}a_2 = \frac{1}{2^4 2!3!}a_0, \quad a_6 = \frac{-1}{6(8)}a_4 = \frac{-1}{2^6 3!4!}a_0$$

e, em geral,

$$a_{2k} = \frac{(-1)^k}{2^{2k}k!(k+1)!}a_0 \quad (k = 1, 2, 3, \ldots)$$

Assim,
$$y_1(x) = a_0 x \sum_{n=0}^{\infty} \frac{(-1)^n}{2^{2n}n!(n+1)!}x^{2n} \qquad (4)$$

28.17 Determine a solução geral, na vizinhança de $x = 0$, da equação diferencial dada no Problema 28.16.

Uma solução é dada por (4) do Problema 28.16 para a raiz indicial $\lambda_1 = 1$. Se tentarmos o método de Frobenius com a raiz indicial $\lambda_2 = -1$, a fórmula de recorrência (3) do Problema 28.16 se escreve

$$a_n = -\frac{1}{n(n-2)}a_{n-2}$$

que não define a_2, pois o denominador se anula quando $n = 2$. Devemos, então, utilizar (28.10) para gerar uma segunda solução linearmente independente. Aplicando as Eqs. (2) e (3) do Problema 28.16 para resolver sucessivamente em relação a a_n ($n = 1, 2, 3, \ldots$) em termos de λ, obtemos $0 = a_1 = a_3 = a_5 = \ldots$ e

$$a_2 = \frac{-1}{(\lambda+3)(\lambda+1)}a_0, \quad a_4 = \frac{1}{(\lambda+5)(\lambda+3)^2(\lambda+1)}a_0, \quad \ldots$$

Assim, $$y(\lambda, x) = a_0\left[x^\lambda - \frac{1}{(\lambda+3)(\lambda+1)}x^{\lambda+2} + \frac{1}{(\lambda+5)(\lambda+3)^2(\lambda+1)}x^{\lambda+4} + \cdots\right]$$

Como $\lambda - \lambda_2 = \lambda + 1$,

$$(\lambda - \lambda_2)y(\lambda, x) = a_0\left[(\lambda+1)x^\lambda - \frac{-1}{(\lambda+3)}x^{\lambda+2} + \frac{1}{(\lambda+5)(\lambda+3)^2}x^{\lambda+4} + \cdots\right]$$

e

$$\frac{\partial}{\partial \lambda}[(\lambda - \lambda_2)y(\lambda, x)] = a_0 \left[x^\lambda + (\lambda + 1)x^\lambda \ln x + \frac{1}{(\lambda + 3)^2} x^{\lambda+2} \right.$$
$$- \frac{1}{(\lambda + 3)} x^{\lambda+2} \ln x - \frac{1}{(\lambda + 5)^2(\lambda + 3)^2} x^{\lambda+4}$$
$$\left. - \frac{2}{(\lambda + 5)(\lambda + 3)^3} x^{\lambda+4} + \frac{1}{(\lambda + 5)(\lambda + 3)^2} x^{\lambda+4} \ln x + \cdots \right]$$

Então
$$y_2(x) = \frac{\partial}{\partial \lambda}[(\lambda - \lambda_2)y(\lambda, x)]\bigg|_{\lambda = \lambda_2 = -1}$$
$$= a_0 \left(x^{-1} + 0 + \frac{1}{4}x - \frac{1}{2}x \ln x - \frac{1}{64}x^3 - \frac{2}{32}x^3 + \frac{1}{16}x^3 \ln x + \cdots \right)$$
$$= -\frac{1}{2}(\ln x)a_0 x\left(1 - \frac{1}{8}x^2 + \cdots \right) + a_0\left(x^{-1} + \frac{1}{4}x - \frac{5}{64}x^3 + \cdots \right)$$
$$= -\frac{1}{2}(\ln x)y_1(x) + a_0 x^{-1}\left(1 + \frac{1}{4}x^2 - \frac{5}{64}x^4 + \cdots \right) \tag{1}$$

Essa equação está na forma da Eq. (28.9), com $d_{-1} = -\frac{1}{2}$, $d_0 = a_0$, $d_1 = 0$, $d_2 = \frac{1}{4}a_0$, $d_3 = 0$, $d_4 = \frac{-5}{64}a_0$,..... A solução geral é $y = c_1 y_1(x) + c_2 y_2(x)$.

28.18 Utilize o método de Frobenius para determinar uma solução de $x^2 y'' + (x^2 + 2x)y' - 2y = 0$ na vizinhança de $x = 0$.

Aqui
$$P(x) = 1 + \frac{2}{x} \quad \text{e} \quad Q(x) = -\frac{2}{x^2}$$

logo, $x = 0$ é um ponto singular regular e o método de Frobenius se aplica. Substituindo as Eqs. (28.2) a (28.4) no membro esquerdo da equação diferencial, como dada, e agrupando os coeficientes de potências semelhantes de x, obtemos

$$x^\lambda[(\lambda^2 + \lambda - 2)a_0] + x^{\lambda+1}[(\lambda^2 + 3\lambda)a_1 + \lambda a_0] + \cdots$$
$$+ x^{\lambda+n}\{[(\lambda + n)^2 + (\lambda + n) - 2]a_n + (\lambda + n - 1)a_{n-1}\} + \cdots = 0$$

Dividindo por x^λ, fatorando os coeficientes de a_n e igualando a zero os coeficientes de cada potência de x, obtemos

$$(\lambda^2 + \lambda - 2)a_0 = 0 \tag{1}$$

e, para $n \geq 1$,

$$[(\lambda + n) + 2][(\lambda + n) - 1]a_n + (\lambda + n - 1)a_{n-1} = 0$$

que é equivalente a

$$a_n = -\frac{1}{\lambda + n + 2} a_{n-1} \quad (n \geq 1) \tag{2}$$

De (1), a equação indicial é $\lambda^2 + \lambda - 2 = 0$, que admite as raízes $\lambda_1 = 1$ e $\lambda_2 = -2$. Como $\lambda_1 - \lambda_2 = 3$, um número inteiro positivo, a solução é dada pelas Eqs. (28.5) e (28.9). Substituindo $\lambda = 1$ em (2), obtemos $a_n = [-1/(n + 3)]a_{n-1}$, que por sua vez resulta em

$$a_1 = -\frac{1}{4}a_0 = -\frac{3!}{4!}a_0$$
$$a_2 = -\frac{1}{5}a_1 = \left(-\frac{1}{5}\right)\left(-\frac{3!}{4!}\right)a_0 = \frac{3!}{5!}a_0$$
$$a_3 = -\frac{1}{6}a_2 = -\frac{3!}{6!}a_0$$

e, em geral,
$$a_k = \frac{(-1)^k 3!}{(k+3)!} a_0$$

Logo,
$$y_1(x) = a_0 x \left[1 + 3! \sum_{n=1}^{\infty} \frac{(-1)^n x^n}{(n+3)!} \right] = a_0 x \sum_{n=0}^{\infty} \frac{(-1)^n 3! x^n}{(n+3)!}$$

que pode ser simplificada para
$$y_1(x) = \frac{3a_0}{x^2}(2 - 2x + x^2 - 2e^{-x}) \tag{3}$$

28.19 Determine a solução geral, na vizinhança de $x = 0$, da equação diferencial dada no Problema 28.18.

Uma solução é dada por (3) do Problema 28.18 para a raiz indicial $\lambda_1 = 1$. Se tentarmos o método de Frobenius com a raiz indicial $\lambda_2 = -2$, a fórmula de recorrência (2) do Problema 28.18 se escreve

$$a_n = -\frac{1}{n} a_{n-1} \tag{1}$$

que define todos a_n ($n \geq 1$). Resolvendo sucessivamente, obtemos

$$a_1 = -a_0 = -\frac{1}{1!} a_0 \quad a_2 = -\frac{1}{2} a_2 = \frac{1}{2!} a_0$$

e, em geral, $a_k = (-1)^k a_0/k!$. Portanto,

$$y_2(x) = a_0 x^{-2} \left[1 - \frac{1}{1!}x + \frac{1}{2!}x^2 + \cdots + \frac{(-1)^k}{k!}x^k + \cdots \right]$$
$$= a_0 x^{-2} \sum_{n=0}^{\infty} \frac{(-1)^n x^n}{n!} = a_0 x^{-2} e^{-x}$$

Essa equação está precisamente na forma da Eq. (28.9), com $d_{-1} = 0$ e $d_n = (-1)^n a_0/n!$. A solução geral é

$$y = c_1 y_1(x) + c_2 y_2(x)$$

28.20 Determine uma expressão geral para a equação indicial de (28.1).

Como $x = 0$ é um ponto singular regular, $xP(x)$ e $x^2 Q(x)$ são analíticas na vizinhança da origem e podem ser expandidas em série de Taylor nesse ponto. Assim,

$$xP(x) = \sum_{n=0}^{\infty} p_n x^n = p_0 + p_1 x + p_2 x^2 + \cdots$$

$$x^2 Q(x) = \sum_{n=0}^{\infty} q_n x^n = q_0 + q_1 x + q_2 x^2 + \cdots$$

Dividindo por x e x^2, respectivamente, temos

$$P(x) = p_0 x^{-1} + p_1 + p_2 x + \cdots \quad Q(x) = q_0 x^{-2} + q_1 x^{-1} + q_2 + \cdots$$

Substituindo esses dois resultados, com as Eqs. (28.2) a (28.4), em (28.1) e agrupando, obtemos

$$x^{\lambda - 2}[\lambda(\lambda - 1)a_0 + \lambda a_0 p_0 + a_0 q_0] + \cdots = 0$$

que é válido somente se

$$a_0[\lambda^2 + (p_0 - 1)\lambda + q_0] = 0$$

Como $a_0 \neq 0$ (a_0 é uma constante arbitrária, podendo, pois, ser escolhida diferente de zero), a equação indicial é

$$\lambda^2 + (p_0 - 1)\lambda + q_0 = 0 \tag{1}$$

28.21 Determine a equação indicial de $x^2y'' + xe^xy' + (x^3 - 1)y = 0$ para o caso em que a solução é exigida na vizinhança de $x = 0$.

Aqui
$$P(x) = \frac{e^x}{x} \quad \text{e} \quad Q(x) = x - \frac{1}{x^2}$$

e temos
$$xP(x) = e^x = 1 + x + \frac{x^2}{2!} + \cdots$$
$$x^2Q(x) = x^3 - 1 = -1 + 0x + 0x^2 + 1x^3 + 0x^4 + \cdots$$

de onde $p_0 = 1$ e $q_0 = -1$. Aplicando (1) do Problema 28.20, obtemos a equação indicial $\lambda^2 - 1 = 0$.

28.22 Resolva o Problema 28.9 por um método alternativo.

A equação diferencial dada, $3x^2y'' - xy' + y = 0$, é um caso especial da *equação de Euler*

$$b_n x^n y^{(n)} + b_{n-1} x^{n-1} y^{(n-1)} + \cdots + b_2 x^2 y'' + b_1 xy' + b_0 y = \phi(x) \tag{1}$$

onde b_j ($j = 0, 1,..., n$) é uma constante. A equação de Euler sempre pode ser transformada em uma equação diferencial linear com *coeficientes constantes*, mediante a mudança de variáveis

$$z = \ln x \quad \text{ou} \quad x = e^z \tag{2}$$

Segue-se de (2), da regra da cadeia e da regra do produto da diferenciação que

$$\frac{dy}{dx} = \frac{dy}{dz}\frac{dz}{dx} = \frac{1}{x}\frac{dy}{dz} = e^{-z}\frac{dy}{dz} \tag{3}$$

$$\frac{d^2y}{dx^2} = \frac{d}{dx}\left(\frac{dy}{dx}\right) = \frac{d}{dx}\left(e^{-z}\frac{dy}{dz}\right) = \left[\frac{d}{dz}\left(e^{-z}\frac{dy}{dz}\right)\right]\frac{dz}{dx}$$
$$= \left[-e^{-z}\left(\frac{dy}{dz}\right) + e^{-z}\left(\frac{d^2y}{dz^2}\right)\right]e^{-z} = e^{-2z}\left(\frac{d^2y}{dz^2}\right) - e^{-2z}\left(\frac{dy}{dz}\right) \tag{4}$$

Substituindo as Eqs. (2), (3) e (4) na equação diferencial dada e simplificando, obtemos

$$\frac{d^2y}{dz^2} - \frac{4}{3}\frac{dy}{dz} + \frac{1}{3}y = 0$$

Utilizando o método do Capítulo 9, obtemos a solução dessa última equação como sendo $y = c_1 e^z + c_2 e^{(1/3)z}$. Então, utilizando (2) e notando que $e^{(1/3)z} = (e^z)^{1/3}$, obtemos, como antes,

$$y = c_1 x + c_2 x^{1/3}$$

28.23 Resolva a equação diferencial dada no Problema 28.12 por um método alternativo.

A equação diferencial dada, $x^2y'' - xy' + y = 0$, é um caso especial da equação de Euler, (1) do Problema 28.22. Utilizando as transformações (2), (3) e (4) do Problema 28.22, reduzimos a equação dada para

$$\frac{d^2y}{dz^2} - 2\frac{dy}{dz} + y = 0$$

A solução dessa equação é $y = c_1 e^z + c_2 z e^z$ (ver Capítulo 9). Então, utilizando (2) do Problema 28.22, temos como solução da equação diferencial original

$$y = c_1 x + c_2 x \ln x$$

como anteriormente.

28.24 Determine a solução geral, na vizinhança de $x = 0$, da *equação hipergeométrica*

$$x(1-x)y'' + [C - (A + B + 1)x]y' - ABy = 0$$

onde A e b são números reais arbitrários e c é qualquer número real não-inteiro.

Como $x = 0$ é um ponto singular regular, o método de Frobenius se aplica. Substituindo Eqs. (28.2) a (28.4) na equação diferencial, simplificando e igualando a zero os coeficientes de cada potência de x, obtemos

$$\lambda^2 + (C-1)\lambda = 0 \qquad (1)$$

como a equação indicial e

$$a_{n+1} = \frac{(\lambda + n)(\lambda + n + A + B) + AB}{(\lambda + n + 1)(\lambda + n + C)} a_n \qquad (2)$$

como a fórmula de recorrência. As raízes de (1) são $\lambda_1 = 0$ e $\lambda_2 = 1 - C$; logo, $\lambda_1 - \lambda_2 = C - 1$. Como C não é um inteiro, a solução da equação hipergeométrica é dada pelas Eqs. (28.5) e (28.6).

Substituindo $\lambda = 0$ em (2), temos

$$a_{n+1} = \frac{n(n + A + B) + AB}{(n+1)(n+C)} a_n$$

que é equivalente a

$$a_{n+1} = \frac{(A+n)(B+n)}{(n+1)(n+C)} a_n$$

Assim,

$$a_1 = \frac{AB}{C} a_0 = \frac{AB}{1!C} a_0$$

$$a_2 = \frac{(A+1)(B+1)}{2(C+1)} a_1 = \frac{A(A+1)B(B+1)}{2!C(C+1)} a_0$$

$$a_3 = \frac{(A+2)(B+2)}{3(C+2)} a_2 = \frac{A(A+1)(A+2)B(B+1)(B+2)}{3!C(C+1)(C+2)} a_0$$

$$\cdots\cdots\cdots\cdots\cdots\cdots\cdots\cdots\cdots\cdots\cdots\cdots\cdots\cdots\cdots\cdots$$

e $y_1(x) = a_0 F(A, B; C; x)$, onde

$$F(A, B; C; x) = 1 + \frac{AB}{1!C} x + \frac{A(A+1)B(B+1)}{2!C(C+1)} x^2$$
$$+ \frac{A(A+1)(A+2)B(B+1)(B+2)}{3!C(C+1)(C+2)} x^3 + \cdots$$

A série $F(A, B; C; x)$ é conhecida como série hipergeométrica; pode-se mostrar que essa série converge para $-1 < x < 1$. Costuma-se atribuir o valor 1 à constante arbitrária a_0. Então, $y_1(x) = F(A, B; C; x)$ e a série hipergeométrica é uma solução da equação hipergeométrica.

Para determinar $y_2(x)$, substituímos $\lambda = 1 - C$ em (2) e obtemos

$$a_{n+1} = \frac{(n+1-C)(n+1+A+B-C) + AB}{(n+2-C)(n+1)} a_n$$

ou

$$a_{n+1} = \frac{(A-C+n+1)(B-C+n+1)}{(n+2-C)(n+1)} a_n$$

Resolvendo em relação a a_n em termos de a_0 e fazendo novamente $a_0 = 1$, segue-se que

$$y_2(x) = x^{1-C} F(A - C + 1, B - C + 1; 2 - C; x)$$

A solução geral é $y = c_1 y_1(x) + c_2 y_2(x)$.

Problemas Complementares

Nos Problemas 28.25 a 28.33, determine duas soluções linearmente independentes da equação diferencial dada.

28.25. $2x^2y'' - xy' + (1-x)y = 0$

28.26 $2x^2y'' + (x^2 - x)y' + y = 0$

28.27 $3x^2y'' - 2xy' - (2 + x^2)y = 0$

28.28 $xy'' + y' - y = 0$

28.29 $x^2y'' + xy' + x^3y = 0$

28.30 $x^2y'' + (x - x^2)y' - y = 0$

28.31 $xy'' - (x+1)y' - y = 0$

28.32 $4x^2y'' + (4x + 2x^2)y' + (3x - 1)y = 0$

28.33 $x^2y'' + (x^2 - 3x)y' - (x - 4)y = 0$

Nos Problemas 28.34 a 28.38, determine a solução geral para a equação diferencial dada utilizando o método descrito no Problema 28.22.

28.34 $4x^2y'' + 4xy' - y = 0$

28.35 $x^2y'' - 3xy' + 4y = 0$

28.36 $2x^2y'' + 11xy' + 4y = 0$

28.37 $x^2y'' - 2y = 0$

28.38 $x^2y'' - 6xy' = 0$

Capítulo 29

Algumas Equações Diferenciais Clássicas

EQUAÇÕES DIFERENCIAIS CLÁSSICAS

Ao longo dos anos, determinadas equações diferenciais têm sido estudadas, tanto por causa da beleza estética de suas soluções, como também por proporcionarem diversas aplicações físicas, sendo assim, consideradas *clássicas*. Já vimos um exemplo desse tipo de equação, a equação de *Legendre*, no Problema 27.13.

Iremos abordar quatro equações clássicas: a equação diferencial de *Chebyshev*, nomeada em homenagem a Pafnuty Chebyshev (1821 – 1894); a equação diferencial de *Hermite*, assim denominada por causa de Charles Hermite (1822 – 1901); a equação diferencial de *Laguerre*, nomeada depois de Edmond Laguerre (1834 – 1886); e a equação diferencial de *Legendre*, assim designada por causa de Adrien Legendre (1752 – 1833). Essas equações são apresentadas na Tabela 29-1 a seguir:

Tabela 29-1
(Note: $n = 0, 1, 2, 3,...$)

Equação Diferencial de Chebyshev	$(1 - x^2) y'' - xy' + n^2 y = 0$
Equação Diferencial de Hermite	$y'' - 2xy' + 2ny = 0$
Equação Diferencial de Laguerre	$xy'' + (1 - x)y' + ny = 0$
Equação Diferencial de Legendre	$(1 - x^2)y'' - 2xy' + n(n + 1)y = 0$

SOLUÇÕES POLINOMIAIS E CONCEITOS ASSOCIADOS

Uma das propriedades mais importantes dessas equações está no fato de elas possuírem soluções *polinomiais*, naturalmente denominadas polinômio de Chebyshev, polinômio de Hermite, etc.

Existem diversas maneiras de obter essas soluções polinomiais. Uma maneira é empregar técnicas de séries, conforme discutido nos Capítulos 27 e 28. Uma forma alternativa consiste no uso das fórmulas de *Rodrigues*, assim denominada em homenagem a O. Rodrigues (1794 – 1851), um banqueiro francês. Esse método faz uso de diferenciações repetidas (ver Problema 29.1).

Essas soluções polinomiais também podem ser obtidas utilizando *funções geradoras*. Nessa abordagem, expansões em séries infinitas da função específica "geram" os polinômios desejados (ver Problema 29.3). Deve ser observado que, sob uma perspectiva computacional, essa abordagem se torna cada vez mais lenta quanto maior o número de termos considerados na série.

Esses polinômios desfrutam de diversas propriedades, sendo a *ortogonalidade* uma das mais importantes. Tal condição, que é escrita em termos de uma integral, torna possível que funções "complicadas" sejam escritas em termos desses polinômios, como as expansões que serão apresentadas no Capítulo 33. Dizemos que os polinômios são ortogonais *em relação a uma função de peso* (ver, por exemplo, Problema 29.2).

Listamos a seguir os primeiros cinco polinômios de cada tipo ($n = 0, 1, 2, 3, 4$):

- Polinômios de *Chebyshev*, $T_n(x)$:
  - $T_0(x) = 1$
  - $T_1(x) = x$
  - $T_2(x) = 2x^2 - 1$
  - $T_3(x) = 4x^3 - 3x$
  - $T_4(x) = 8x^4 - 8x^2 + 1$

- Polinômios de *Hermite*, $H_n(x)$:
  - $H_0(x) = 1$
  - $H_1(x) = 2x$
  - $H_2(x) = 4x^2 - 2$
  - $H_3(x) = 8x^3 - 12x$
  - $H_4(x) = 16x^4 - 48x^2 + 12$

- Polinômios de *Laguerre*, $L_n(x)$:
  - $L_0(x) = 1$
  - $L_1(x) = -x + 1$
  - $L_2(x) = x^2 - 4x + 2$
  - $L_3(x) = -x^3 + 9x^2 - 18x + 6$
  - $L_4(x) = x^4 - 16x^3 + 72x^2 - 96x + 24$

- Polinômios de *Legendre*, $P_n(x)$:
  - $P_0(x) = 1$
  - $P_1(x) = x$
  - $P_2(x) = \frac{1}{2}(3x^2 - 1)$
  - $P_3(x) = \frac{1}{2}(5x^3 - 3x)$
  - $P_4(x) = \frac{1}{8}(35x^4 - 30x^2 + 3)$

Problemas Resolvidos

29.1 Seja $n = 2$ na equação diferencial de Hermite. Utilize a fórmula de Rodrigues para determinar a solução polinomial.

A equação diferencial de Hermite se escreve como $y'' - 2xy' + 4y = 0$. A fórmula de Rodrigues para os polinômios de Hermite, $H_n(x)$, é dada por

$$H_n(x) = (-1)^n e^{x^2} \frac{d^n}{dx^n}(e^{-x^2}).$$

Admitindo $n = 2$, temos $H_2(x) = (-1)^2 e^{x^2} \frac{d^2}{dx^2}(e^{-x^2}) = 4x^2 - 2$. Essa equação concorda com a equação listada acima e por substituição direta na equação diferencial, temos que $4x^2 - 2$ é realmente uma solução.

Notas: 1) Qualquer múltiplo não-nulo de $4x^2 - 2$ é também uma solução. 2) Quando $n = 0$ na fórmula de Rodrigues, a "derivada de ordem zero" é definida como sendo a própria função. Isto é,

$$H_0(x) = (-1)^0 e^{x^2} \frac{d^0}{dx^0}(e^{-x^2}) = 1(e^{x^2})(e^{-x^2}) = 1.$$

29.2 Dados os polinômios de Laguerre $L_1(x) = -x + 1$ e $L_2(x) = x^2 - 4x + 2$, mostre que essas duas funções são *ortogonais em relação à função de peso* e^{-x} *no intervalo* $(0, \infty)$.

A ortogonalidade desses polinômios em relação à função peso dada significa $\int_0^\infty (-x + 1)(x^2 - 4x + 2)e^{-x}dx = 0$. Essa integral é realmente zero, como é verificado integrando por partes e aplicando a regra de L'Hôpital.

29.3 Aplicando a função geradora para os polinômios de Chebyshev, $T_n(x)$, determine $T_0(x)$, $T_1(x)$ e $T_2(x)$.

A função geradora desejada é dada por

$$\frac{1 - tx}{1 - 2tx + t^2} = \sum_{n=0}^{\infty} T_n(x)t^n.$$

Aplicando divisão estendida no membro esquerdo dessa equação e agrupando os termos com potências de t, temos:

$$(1)t^0 + (x)t^1 + (2x^2 - 1)t^2 + \ldots$$

Logo, $T_0(x) = 1$, $T_1(x) = x$ e $T_2(x) = 2x^2 - 1$, que concordam com a lista acima. Notemos que, por causa da natureza do tipo de cálculo, o uso da função geradora não constitui uma maneira eficiente para obter os polinômios de Chebyshev.

29.4 Seja $n = 4$ na equação diferencial de Legendre; verifique que $P_4(x) = \frac{1}{8}(35x^4 - 30x^2 + 3)$ é uma solução.

A equação diferencial se escreve $(1 - x^2)y'' - 2xy' + 20y = 0$. Tomando a primeira e a segunda derivadas de $P_4(x)$, obtemos $P_4'(x) = \frac{1}{2}(35x^3 - 15x)$ e $P_4''(x) = \frac{1}{2}(105x^2 - 15)$. A substituição direta na equação diferencial, seguida do agrupamento dos termos semelhantes de x, resulta em,

$$(1 - x^2)P_4''(x) - 2xP_4'(x) + 20P_4(x) \equiv 0.$$

29.5 Os polinômios de Hermite, $H_n(x)$, satisfazem a *relação de recorrência*

$$H_{n+1}(x) = 2xH_n(x) - 2nH_{n-1}(x).$$

Verifique essa relação para $n = 3$.

Se $n = 3$, então devemos mostrar que a equação $H_4(x) = 2xH_3(x) - 6H_2(x)$ é satisfeita pelo polinômio de Hermite apropriado. A aplicação de substituição direta resulta

$$16x^4 - 48x^2 + 12 = (2x)(8x^3 - 12x) - 6(4x^2 - 2).$$

Vemos que o membro direito é realmente igual ao membro esquerdo, logo, a relação de recorrência é verificada.

29.6 Polinômios de Legendre satisfazem a fórmula de recorrência

$$(n + 1)P_{n+1}(x) - (2n + 1)xP_n(x) + nP_{n-1}(x) = 0.$$

Utilize essa fórmula para determinar $P_5(x)$.

Admitindo $n = 4$ e resolvendo em relação a $P_5(x)$, temos $P_5(x) = \frac{1}{5}(9xP_4(x) - 4P_3(x))$. Substituindo em relação a $P_3(x)$ e $P_4(x)$, resulta em $P_5(x) = \frac{1}{8}(63x^5 - 70x^3 + 15x)$.

29.7 Os polinômios de Chebyshev, $T_n(x)$, também podem ser obtidos utilizando a fórmula $T_n(x) = \cos(n \cos^{-1}(x))$. Verifique essa fórmula para $T_2(x) = 2x^2 - 1$.

Admitindo $n = 2$, temos $\cos(2\cos^{-1}(x))$. Seja $\alpha = \cos^{-1}(x)$. Então, $\cos(2\alpha) = \cos^2(\alpha) - \text{sen}^2(\alpha) = \cos^2(\alpha) - (1 - \cos^2(\alpha)) = 2\cos^2(\alpha) - 1$. Mas se $\alpha = \cos^{-1}(x)$, então $x = \cos(\alpha)$. Logo, $\cos(2\cos^{-1}(x)) = 2x^2 - 1 = T_2(x)$.

29.8 A equação diferencial $(1 - x^2)y'' + Axy' + By = 0$ é bastante semelhante às equações de Chebyshev e Legendre, onde A e B são constantes. Um teorema de equações diferenciais determina que essa equação diferencial possua duas soluções polinomiais finitas, uma de grau m, a outra de grau n, se e somente se $A = m + n - 1$ e $B = -mn$, onde m e n são números inteiros não negativos e $n + m$ é ímpar.

Por exemplo, a equação $(1 - x^2)y'' + 4xy' - 6y = 0$ possui soluções polinomiais de grau 2 e 3: $y = 1 + 3x^2$ e $y = x + \frac{x^3}{3}$ (estas são obtidas utilizando as técnicas de séries discutidas no Capítulo 27).

Notemos aqui que $A = 4 = n + m - 1$ e $B = -6 = -mn$ necessariamente implicam em $m = 2$, $n = 3$ (ou de modo oposto). Logo, o teorema é verificado para essa equação.

Determine se as três equações diferenciais apresentadas a seguir possuem duas soluções polinomiais:
a) $(1 - x^2)y'' + 6xy' - 12y = 0$ b) $(1 - x^2)y'' + xy' + 8y = 0$ c) $(1 - x^2)y'' - xy' + 3y = 0$

a) Aqui, $A = 6 = n + m - 1$, $B = -mn = -12$ implicam em $m = 3$, $n = 4$; logo, temos duas soluções polinomiais finitas, uma de grau 3, a outra de grau 4.

b) Aqui, $A = 1$ e $B = 8$; isso implica $m = 2$, $n = -4$; portanto, não temos duas soluções polinomiais (teremos *uma* solução polinomial, de grau 2).

c) Como $A = -1$ e $B = 3$ implicam em $m = \sqrt{3}$, $n = -\sqrt{3}$, não temos duas soluções polinomiais para a equação diferencial.

Problemas Complementares

29.9 Verifique que $H_2(x)$ e $H_3(x)$ são ortogonais em relação à função de peso e^{-x^2} no intervalo $(-\infty,\infty)$.

29.10 Determine $H_5(x)$ utilizando a fórmula de recorrência $H_{n+1}(x) = 2xH_n(x) - 2nH_{n-1}(x)$.

29.11 A fórmula de Rodrigues para os polinômios de Legendre é dada por

$$P_n(x) = \frac{1}{2^n n!} \frac{d^n}{dx^n}(x^2 - 1)^n.$$

Utilize essa fórmula para obter $P_5(x)$. Compare esse resultado com o resultado dado no Problema 29.6.

29.12 Determine $P_6(x)$ de acordo com o procedimento dado no Problema 29.6.

29.13 Seguindo o procedimento do Problema 29.7, mostre que

$$\cos(3\cos^{-1}(x)) = 4x^3 - 3x = T_3(x).$$

29.14 Polinômios de Chebyshev satisfazem a fórmula recursiva

$$T_{n+1}(x) - 2xT_n(x) + T_{n-1}(x) = 0.$$

Utilize esse resultado para obter $T_5(x)$.

29.15 Polinômios de Legendre satisfazem a condição $\int_{-1}^{1}(P_n(x))^2 dx = \dfrac{2}{2n+1}$. Mostre que isso é verdadeiro para $P_3(x)$.

29.16 Polinômios de Laguerre satisfazem a condição $\int_{0}^{\infty} e^{-x}(L_n(x))^2 dx = (n!)^2$. Mostre que isso é verdadeiro para $L_2(x)$.

29.17 Polinômios de Laguerre também satisfazem a equação $L'_n(x) - nL'_{n-1}(x) + nL'_{n-1}(x) = 0$. Mostre que isso é verdadeiro para $L_3(x)$.

29.18 Gere $H_1(x)$ utilizando a equação $e^{2tx-t^2} = \sum_{0}^{\infty} \dfrac{H_n(x)t^n}{n!}$.

29.19 Considere o operador $\dfrac{d^m}{dx^m} L_n(x)$, onde $m, n = 0, 1, 2, 3, \ldots$ Os polinômios derivados dessa equação são denominados *polinômios associados de Laguerre*, e são denotados por $L_n^m(x)$. Determine $L_3^2(x)$ e $L_4^1(x)$.

29.20 Determine se as cinco seguintes equações diferenciais possuem duas soluções polinomiais; caso tenham, dê o grau das soluções: a) $(1-x^2)y'' + 5xy' - 5y = 0$; b) $(1-x^2)y'' + 8xy' - 18y = 0$; c) $(1-x^2)y'' + 2xy' + 10y = 0$; d) $(1-x^2)y'' + 14xy' - 56y = 0$; e) $(1-x^2)y'' + 12xy' - 22y = 0$.

Capítulo 30

Função Gama e Funções de Bessel

FUNÇÃO GAMA

A *função gama*, $\Gamma(p)$, é definida para qualquer número real positivo p como

$$\Gamma(p) = \int_0^\infty x^{p-1} e^{-x} dx \tag{30.1}$$

Conseqüentemente, $\Gamma(1) = 1$, e para qualquer número real positivo p,

$$\Gamma(p+1) = p\Gamma(p) \tag{30.2}$$

Além disso, quando $p = n$, um inteiro positivo,

$$\Gamma(n+1) = n! \tag{30.3}$$

Assim, a função gama (que é definida para todos os números reais positivos) é uma extensão da função fatorial (que é definida somente para os inteiros não-negativos).

A Equação (30.2) pode ser reescrita como

$$\Gamma(p) = \frac{1}{p}\Gamma(p+1) \tag{30.4}$$

que define a função gama iterativamente para todos os valores não-inteiros negativos de p. $\Gamma(0)$ permanece indefinida, pois

$$\lim_{p \to 0^+} \Gamma(p) = \lim_{p \to 0^+} \frac{\Gamma(p+1)}{p} = \infty \quad \text{e} \quad \lim_{p \to 0^-} \Gamma(p) = \lim_{p \to 0^-} \frac{\Gamma(p+1)}{p} = -\infty$$

Decorre então da Eq. (30.4) que $\Gamma(p)$ é indefinida para valores inteiros negativos de p.

A Tabela 30-1 lista valores da função gama no intervalo $1 \leq p < 2$. Esses valores tabelados são utilizados em conjunto com as Eqs. (30.2) e (30.4) para gerar valores de $\Gamma(p)$ em outros intervalos.

FUNÇÕES DE BESSEL

Seja p um número real arbitrário. A *função de Bessel de primeira espécie de ordem p*, $J_p(x)$, é

$$J_p(x) = \sum_{k=0}^{\infty} \frac{(-1)^k x^{2k+p}}{2^{2k+p} k! \, \Gamma(p+k+1)} \tag{30.5}$$

A função $J_p(x)$ é uma solução na vizinhança do ponto singular regular $x = 0$ da *equação diferencial de Bessel de ordem p*:

$$x^2 y'' + xy' + (x^2 - p^2)y = 0 \tag{30.6}$$

De fato, $J_p(x)$ é a solução da Eq. (*30.6*), assegurada pelo Teorema 28.1.

OPERAÇÕES ALGÉBRICAS COM SÉRIES INFINITAS

MUDANÇA DO ÍNDICE MUDO. O índice mudo em uma série infinita pode ser mudado arbitrariamente sem alterar a série. Por exemplo,

$$\sum_{k=0}^{\infty} \frac{1}{(k+1)!} = \sum_{n=0}^{\infty} \frac{1}{(n+1)!} = \sum_{p=0}^{\infty} \frac{1}{(p+1)!} = \frac{1}{1!} + \frac{1}{2!} + \frac{1}{3!} + \frac{1}{4!} + \frac{1}{5!} + \cdots$$

MUDANÇA DE VARIÁVEIS. Considere a série infinita $\sum_{k=0}^{\infty} \frac{1}{(k+1)!}$. Se fizermos a mudança de variáveis $j = k + 1$ ou $k = j - 1$, então

$$\sum_{k=0}^{\infty} \frac{1}{(k+1)!} = \sum_{j=1}^{\infty} \frac{1}{j!}$$

Note que uma mudança de variáveis geralmente modifica os limites do somatório. Por exemplo, se $j = k + 1$, decorre que $j = 1$ quando $k = 0$, $j = \infty$ quando $k = \infty$, e quando k varia de 0 a ∞, j varia de 1 a ∞.

As duas operações anteriores são freqüentemente aplicadas em conjunto. Por exemplo,

$$\sum_{k=0}^{\infty} \frac{1}{(k+1)!} = \sum_{j=2}^{\infty} \frac{1}{(j-1)!} = \sum_{k=2}^{\infty} \frac{1}{(k-1)!}$$

Aqui, a segunda série é resultado da mudança de variáveis $j = k + 2$ na primeira série, enquanto a terceira série decorre, simplesmente, da mudança do índice mudo, de j para k, na segunda série. Note que as três séries são iguais a

$$\frac{1}{1!} + \frac{1}{2!} + \frac{1}{3!} + \frac{1}{4!} + \cdots = e - 1$$

Problemas Resolvidos

30.1 Determine $\Gamma(3,5)$.

Pela Tabela 30-1, $\Gamma(1,5) = 0,8862$, arredondado para quatro casas decimais. Aplicando a Eq. (30.2) com $p = 2,5$, obtemos $\Gamma(3,5) = (2,5)\Gamma(2,5)$. Mas também pela Eq. (30.2), com $p = 1,5$, temos $\Gamma(2,5) = (1,5)\Gamma(1,5)$. Assim, $\Gamma(3,5) = (2,5)(1,5)\Gamma(1,5) = (3,75)(0,8862) = 3,3233$.

30.2 Determine $\Gamma(-0,5)$.

Pela Tabela 30-1, $\Gamma(1,5) = 0,8862$, arredondado para quatro casas decimais. Aplicando a Eq. (30.4) com $p = 0,5$, obtemos $\Gamma(0,5) = 2\Gamma(1,5)$. Mas também pela Eq. (30.4), com $p = -0,5$, temos $\Gamma(-0,5) = -2\Gamma(0,5)$. Assim, $\Gamma(-0,5) = (-2)(2)\Gamma(1,5) = -4(0,8862) = -3,5448$.

Tabela 30-1   A Função Gama ($1{,}00 \leq x \leq 1{,}99$)

x	$\Gamma(x)$	x	$\Gamma(x)$	x	$\Gamma(x)$	x	$\Gamma(x)$
1,00	1,0000 0000	1,25	0,9064 0248	1,50	0,8862 2693	1,75	0,9190 6253
1,01	0,9943 2585	1,26	0,9043 9712	1,51	0,8865 9169	1,76	0,9213 7488
1,02	0,9888 4420	1,27	0,9025 0306	1,52	0,8870 3878	1,77	0,9237 6313
1,03	0,9835 4995	1,28	0,9007 1848	1,53	0,8875 6763	1,78	0,9262 2731
1,04	0,9784 3820	1,29	0,8990 4159	1,54	0,8881 7766	1,79	0,9287 6749
1,05	0,9735 0427	1,30	0,8974 7070	1,55	0,8888 6835	1,80	0,9313 8377
1,06	0,9687 4365	1,31	0,8960 0418	1,56	0,8896 3920	1,81	0,9340 7626
1,07	0,9641 5204	1,32	0,8946 4046	1,57	0,8904 8975	1,82	0,9368 4508
1,08	0,9597 2531	1,33	0,8933 7805	1,58	0,8914 1955	1,83	0,9396 9040
1,09	0,9554 5949	1,34	0,8922 1551	1,59	0,8924 2821	1,84	0,9426 1236
1,10	0,9513 5077	1,35	0,8911 5144	1,60	0,8935 1535	1,85	0,9456 1118
1,11	0,9473 9550	1,36	0,8901 8453	1,61	0,8946 8061	1,86	0,9486 8704
1,12	0,9435 9019	1,37	0,8893 1351	1,62	0,8959 2367	1,87	0,9518 4019
1,13	0,9399 3145	1,38	0,8885 3715	1,63	0,8972 4423	1,88	0,9550 7085
1,14	0,9364 1607	1,39	6,8878 5429	1,64	0,8986 4203	1,89	0,9583 7931
1,15	0,9330 4093	1,40	0,8872 6382	1,65	0,9001 1682	1,90	0,9617 6583
1,16	0,9298 0307	1,41	0,8867 6466	1,66	0,9016 6837	1,91	0,9652 3073
1,17	0,9266 9961	1,42	0,8863 5579	1,67	0,9032 9650	1,92	0,9787 7431
1,18	0,9237 2781	1,43	0,8860 3624	1,68	0,9050 0103	1,93	0,9723 9692
1,19	0,9208 8504	1,44	0,8858 0506	1,69	0,9067 8182	1,94	0,9760 9891
1,20	0,9181 6874	1,45	0,8856 6138	1,70	0,9086 3873	1,95	0,9798 8065
1,21	0,9155 7649	1,46	0,8856 0434	1,71	0,9105 7168	1,96	0,9837 4254
1,22	0,9131 0595	1,47	0,8856 3312	1,72	0,9125 8058	1,97	0,9876 8498
1,23	0,9107 5486	1,48	0,8857 4696	1,73	0,9146 6537	1,98	0,9917 0841
1,24	0,9085 2106	1,49	0,8859 4513	1,74	0,9168 2603	1,99	0,9958 1326

30.3 Determine $\Gamma(-1{,}42)$.

Segue-se iterativamente da Eq. (30.4) que

$$\Gamma(-1{,}42) = \frac{1}{-1{,}42}\Gamma(-0{,}42) = \frac{1}{-1{,}42}\;\frac{1}{-0{,}42}\Gamma(0{,}58) = \frac{1}{1{,}42(0{,}42)}\;\frac{1}{0{,}58}\Gamma(1{,}58)$$

Pela Tabela 30-1, temos $\Gamma(1{,}58) = 0{,}8914$, arredondado para quatro casas decimais; logo

$$\Gamma(-1{,}42) = \frac{0{,}8914}{1{,}42(0{,}42)(0{,}58)} = 2{,}5770$$

30.4 Prove que $\Gamma(p + 1) = p\Gamma(p)$, $p > 0$.

Utilizando (30.1) e integração por partes, temos

$$\Gamma(p+1) = \int_0^\infty x^{(p+1)-1}e^{-x}dx = \lim_{r \to \infty}\int_0^r x^p e^{-x}dx$$

$$= \lim_{r \to \infty} -x^p e^{-x}\Big|_0^r + \int_0^r px^{p-1}e^{-x}dx$$

$$= \lim_{r \to \infty}(-r^p e^{-r} + 0) + p\int_0^\infty x^{p-1}e^{-x}dx = p\Gamma(p)$$

Obtém-se facilmente o resultado $\lim_{r \to \infty} r^p e^{-r} = 0$, escrevendo primeiro $r^p e^{-r}$ como r^p/e^r e aplicando em seguida a regra de L'Hôpital.

30.5 Prove que $\Gamma(1) = 1$.

Utilizando a Eq. (30.1), obtemos

$$\Gamma(1) = \int_0^\infty x^{1-1} e^{-x} dx = \lim_{r \to \infty} \int_0^r e^{-x} dx$$

$$= \lim_{r \to \infty} -e^{-x} \Big|_0^r = \lim_{r \to \infty} (-e^{-r} + 1) = 1$$

30.6 Prove que se $p = n$, um inteiro positivo, então $\Gamma(n + 1) = n!$.

A prova é por indução. Consideremos primeiro $n = 1$. Utilizando o Problema 30.4 com $p = 1$ e então o Problema 30.5, temos

$$\Gamma(1 + 1) = 1\Gamma(1) = 1(1) = 1 = 1!$$

Em seguida, assumimos que $\Gamma(n + 1) = n!$ seja válida para $n = k$, e procuramos provar a validade da igualdade para $n = k + 1$:

$$\Gamma[(k + 1) + 1] = (k + 1)\Gamma(k + 1) \quad \text{(Problema 30.4 com } p = k + 1\text{)}$$
$$= (k + 1)(k!) \quad \text{(pela hipótese da introdução)}$$
$$= (k + 1)!$$

Assim, $\Gamma(n + 1) = n!$ é verdadeira, por indução.

Observe que agora podemos utilizar essa igualdade para definir $0!$; isto é,

$$0! = \Gamma(0 + 1) = \Gamma(1) = 1$$

30.7 Prove que $\Gamma(p + k + 1) = (p + k)(p + k - 1)...(p + 2)(p + 1)\Gamma(p + 1)$.

Utilizando o Problema 30.4 sucessivamente, com p substituído primeiro por $p + k$, em seguida por $p + k - 1$, etc., obtemos

$$\Gamma(p + k + 1) = \Gamma[(p + k) + 1] = (p + k)\Gamma(p + k)$$
$$= (p + k)\Gamma[(p + k - 1) + 1] = (p + k)(p + k - 1)\Gamma(p + k - 1)$$
$$= \cdots = (p + k)(p + k - 1) \cdots (p + 2)(p + 1)\Gamma(p + 1)$$

30.8 Expresse $\int_0^\infty e^{-x^2}$ como uma função gama.

Seja $z = x^2$; logo, $x = z^{1/2}$ e $dx = \frac{1}{2} z^{-1/2} dz$. Substituindo esses valores na integral e notando que quando x varia de 0 a ∞, o mesmo ocorre com z, temos

$$\int_0^\infty e^{-x^2} dx = \int_0^\infty e^{-z} \left(\frac{1}{2} z^{-1/2} \right) dz = \frac{1}{2} \int_0^\infty z^{(1/2)-1} e^{-z} dz = \frac{1}{2} \Gamma\left(\frac{1}{2} \right)$$

A última igualdade decorre da Eq. (30.1) com a variável x substituída por z e com $p = \frac{1}{2}$.

30.9 Utilize o método de Frobenius para determinar uma solução da equação de Bessel de ordem p:

$$x^2 y'' + xy' + (x^2 - p^2) y = 0$$

Substituindo as Eqs. (28.2) a (28.4) na equação de Bessel e simplificando, obtemos

$$x^\lambda (\lambda^2 - p^2) a_0 + x^{\lambda + 1}[(\lambda + 1)^2 - p^2] a_1 + x^{\lambda + 2}\{[(\lambda + 2)^2 - p^2] a_2 + a_0\} + \cdots$$
$$+ x^{\lambda + n}\{[(\lambda + n)^2 - p^2] a_n + a_{n-2}\} + \cdots = 0$$

Assim, $\quad (\lambda^2 - p^2) a_0 = 0 \quad [(\lambda + 1)^2 - p^2] a_1 = 0 \quad (1)$

e, em geral, $[(\lambda + n)^2 - p^2]a_n + a_{n-2} = 0$, ou,

$$a_n = -\frac{1}{(\lambda + n)^2 - p^2} a_{n-2} \quad (n \leq 2) \tag{2}$$

A equação indicial é $\lambda^2 - p^2 = 0$, que tem as raízes $\lambda_1 = p$ e $\lambda_2 = -p$ (p não-negativo).

Substituindo $\lambda = p$ em (1) e (2) e simplificando, obtemos $a_1 = 0$ e

$$a_n = -\frac{1}{n(2p + n)} a_{n-2} \quad (n \geq 2)$$

Logo, $0 = a_1 = a_3 = a_5 = a_7 = ...$ e

$$a_2 = \frac{-1}{2^2 1!(p+1)} a_0$$

$$a_4 = -\frac{1}{2^2 2 (p+2)} a_2 = \frac{1}{2^4 2!(p+2)(p+1)} a_0$$

$$a_6 = -\frac{1}{2^2 3 (p+3)} a_4 = \frac{-1}{2^6 3!(p+3)(p+2)(p+1)} a_0$$

e, em geral,

$$a_{2k} = \frac{(-1)^k}{2^{2k} k!(p+k)(p+k-1)\cdots(p+2)(p+1)} a_0 \quad (k \geq 1)$$

Assim,
$$y_1(x) = x^\lambda \sum_{n=0}^{\infty} a_n x^n = x^p \left[a_0 + \sum_{k=1}^{\infty} a_{2k} x^{2k} \right]$$

$$= a_0 x^p \left[1 + \sum_{k=1}^{\infty} \frac{(-1)^k x^{2k}}{2^{2k} k!(p+k)(p+k-1)\cdots(p+2)(p+1)} \right] \tag{3}$$

Costuma-se escolher a constante arbitrária a_0 como $a_0 = \dfrac{1}{2^p \Gamma(p+1)}$. Então, colocando $a_0 x^p$ dentro dos colchetes e somatório em (3), agrupando e, finalmente, utilizando o Problema 30.4, obtemos

$$y_1(x) = \frac{1}{2^p \Gamma(p+1)} x^p + \sum_{k=1}^{\infty} \frac{(-1)^k x^{2k+p}}{2^{2k+p} k! \Gamma(p+k+1)}$$

$$= \sum_{k=0}^{\infty} \frac{(-1)^k x^{2k+p}}{2^{2k+p} k! \Gamma(p+k+1)} \equiv J_p(x)$$

30.10 Determine a solução geral da equação de Bessel de ordem zero.

Para $p = 0$, a equação é $x^2 y'' + xy' + x^2 y = 0$, que já foi resolvida no Capítulo 28. Por (4) do Problema 28.10, uma solução é

$$y_1(x) = a_0 \sum_{n=0}^{\infty} \frac{(-1)^n x^{2n}}{2^{2n}(n!)^2}$$

Mudando n para k, utilizando o Problema 30.6 e assumindo $a_0 = \dfrac{1}{2^0 \Gamma(0+1)} = 1$ conforme indicado no Problema 30.9, segue-se que $y_1(x) = J_0(x)$. Uma segunda solução é [ver (1) do Problema 28.11, com a_0 escolhido novamente como 1]

$$y_2(x) = J_0(x) \ln x + \left[\frac{x^2}{2^2 (1!)^2}(1) - \frac{x^4}{2^4 (2!)^2}\left(1 + \frac{1}{2}\right) + \frac{x^6}{2^6 (3!)^2}\left(1 + \frac{1}{2} + \frac{1}{3}\right) - \cdots \right]$$

que é usualmente designada por $N_0(x)$. Assim, a solução geral da equação de Bessel de ordem zero é $y = c_1 J_0(x) + c_2 N_0(x)$.

Outra forma comum da solução geral é obtida quando a segunda solução linearmente independente não é tomada como $N_0(x)$, mas sim como uma combinação de $N_0(x)$ e $J_0(x)$. Em particular, definimos

$$Y_0(x) = \frac{2}{\pi}[N_0(x) + (\gamma - \ln 2)J_0(x)] \tag{1}$$

onde γ é a *constante de Euler* definida por

$$\gamma = \lim_{k \to \infty}\left(1 + \frac{1}{2} + \frac{1}{3} + \cdots + \frac{1}{k} - \ln k\right) \approx 0{,}57721566$$

então a solução geral da equação de Bessel de ordem zero pode ser dada como $y = c_1 J_0(x) + c_2 Y_0(x)$.

30.11 Prove que

$$\sum_{k=0}^{\infty} \frac{(-1)^k (2k) x^{2k-1}}{2^{2k+p} k!\, \Gamma(p+k+1)} = -\sum_{k=0}^{\infty} \frac{(-1)^k x^{2k+1}}{2^{2k+p+1} k!\, \Gamma(p+k+2)}$$

Escrevendo o termo $k = 0$ separadamente, temos

$$\sum_{k=0}^{\infty} \frac{(-1)^k (2k) x^{2k-1}}{2^{2k+p} k!\, \Gamma(p+k+1)} = 0 + \sum_{k=1}^{\infty} \frac{(-1)^k (2k) x^{2k-1}}{2^{2k+p} k!\, \Gamma(p+k+1)}$$

que, mediante a mudança de variáveis $j = k - 1$, se escreve

$$\sum_{j=0}^{\infty} \frac{(-1)^{j+1} 2(j+1) x^{2(j+1)-1}}{2^{2(j+1)+p}(j+1)!\, \Gamma(p+j+1+1)} = \sum_{j=0}^{\infty} \frac{(-1)(-1)^j 2(j+1) x^{2j+1}}{2^{2j+p+2}(j+1)!\, \Gamma(p+j+2)}$$

$$= -\sum_{j=0}^{\infty} \frac{(-1)^j 2(j+1) x^{2j+1}}{2^{2j+p+1}(2)(j+1)(j!)\, \Gamma(p+j+2)}$$

$$= -\sum_{j=0}^{\infty} \frac{(-1)^j x^{2j+1}}{2^{2j+p+1} j!\, \Gamma(p+j+2)}$$

O resultado desejado é obtido mudando-se a variável do último somatório de j para k.

30.12 Prove que

$$-\sum_{k=0}^{\infty} \frac{(-1)^k x^{2k+p+2}}{2^{2k+p+1} k!\, \Gamma(p+k+2)} = \sum_{k=0}^{\infty} \frac{(-1)^k (2k) x^{2k+p}}{2^{2k+p} k!\, \Gamma(p+k+1)}$$

Fazendo a mudança de variáveis $j = k + 1$:

$$-\sum_{k=0}^{\infty} \frac{(-1)^k x^{2k+p+2}}{2^{2k+p+1} k!\, \Gamma(p+k+2)} = -\sum_{j=1}^{\infty} \frac{(-1)^{j-1} x^{2(j-1)+p+2}}{2^{2(j-1)+p+1}(j-1)!\, \Gamma(p+j-1+2)}$$

$$= \sum_{j=1}^{\infty} \frac{(-1)^j x^{2j+p}}{2^{2j+p-1}(j-1)!\, \Gamma(p+j+1)}$$

Agora, multiplicando o numerador e o denominador do último somatório por $2j$, notando que $j(j-1)! = j!$ e $2^{2j+p-1}(2) = 2^{2j+p}$, temos o resultado

$$\sum_{j=1}^{\infty} \frac{(-1)^j (2j) x^{2j+p}}{2^{2j+p} j!\, \Gamma(p+j+1)}$$

Por causa da presença do fator j no numerador, a última série infinita não é alterada caso o limite inferior do somatório seja modificado de $j = 1$ para $j = 0$. Feito isso, o resultado desejado é obtido simplesmente mudando-se o índice de j para k.

30.13 Prove que $\dfrac{d}{dx}[x^{p+1} J_{p+1}(x)] = x^{p+1} J_p(x)$.

Podemos diferenciar termo a termo a série da função de Bessel. Assim,

$$\frac{d}{dx}[x^{p+1}J_{p+1}(x)] = \frac{d}{dx}\left[x^{p+1}\sum_{k=0}^{\infty}\frac{(-1)^k x^{2k+p+1}}{2^{2k+p+1}k!\,\Gamma(k+p+1+1)}\right]$$

$$= \frac{d}{dx}\left[\sum_{k=0}^{\infty}\frac{(-1)^k x^{2k+2p+2}}{2^{2k+p}(2)k!\,\Gamma(k+p+2)}\right]$$

$$= \sum_{k=0}^{\infty}\frac{(-1)^k(2k+2p+2)x^{2k+2p+1}}{2^{2k+p}k!\,2\Gamma(k+p+2)}$$

Notando que $2\Gamma(k+p+2) = 2(k+p+1)\Gamma(k+p+1)$ e que o fator $2(k+p+1)$ se cancela, temos

$$\frac{d}{dx}[x^{p+1}J_{p+1}(x)] = \sum_{k=0}^{\infty}\frac{(-1)^k x^{2k+2p+1}}{2^{2k+p}k!\,\Gamma(k+p+1)} = x^{p+1}J_p(x)$$

Para o caso particular $p = 0$, decorre que

$$\frac{d}{dx}[xJ_1(x)] = xJ_0(x) \tag{1}$$

30.14 Prove que $xJ_p'(x) = pJ_p(x) - xJ_{p+1}(x)$.

Temos

$$pJ_p(x) - xJ_{p+1}(x) = p\sum_{k=0}^{\infty}\frac{(-1)^k x^{2k+p}}{2^{2k+p}k!\,\Gamma(p+k+1)} - x\sum_{k=0}^{\infty}\frac{(-1)^k x^{2k+p+1}}{2^{2k+p+1}k!\,\Gamma(p+k+2)}$$

$$= \sum_{k=0}^{\infty}\frac{(-1)^k px^{2k+p}}{2^{2k+p}k!\,\Gamma(p+k+1)} - \sum_{k=0}^{\infty}\frac{(-1)^k x^{2k+p+2}}{2^{2k+p+1}k!\,\Gamma(p+k+2)}$$

Utilizando o Problema 30.12 no último somatório, obtemos

$$pJ_p(x) - xJ_{p+1}(x) = \sum_{k=0}^{\infty}\frac{(-1)^k px^{2k+p}}{2^{2k+p}k!\,\Gamma(p+k+1)} + \sum_{k=0}^{\infty}\frac{(-1)^k(2k)x^{2k+p}}{2^{2k+p}k!\,\Gamma(p+k+1)}$$

$$= \sum_{k=0}^{\infty}\frac{(-1)^k(p+2k)x^{2k+p}}{2^{2k+p}k!\,\Gamma(p+k+1)} = xJ_p'(x)$$

Para o caso particular $p = 0$, decorre que $xJ_0'(x) = -xJ_1(x)$, ou

$$J_0'(x) = -J_1(x) \tag{1}$$

30.15 Prove que $xJ_p'(x) = -pJ_p(x) + xJ_{p-1}(x)$.

$$-pJ_p(x) + xJ_{p-1}(x) = -p\sum_{k=0}^{\infty}\frac{(-1)^k x^{2k+p}}{2^{2k+p}k!\,\Gamma(p+k+1)} + x\sum_{k=0}^{\infty}\frac{(-1)^k x^{2k+p-1}}{2^{2k+p-1}k!\,\Gamma(p+k)}$$

Multiplicando o numerador e o denominador do segundo somatório por $2(p+k)$ e notando que $(p+k)\Gamma(p+k) = \Gamma(p+k+1)$, obtemos

$$-pJ_p(x) + xJ_{p-1}(x) = \sum_{k=0}^{\infty}\frac{(-1)^k(-p)x^{2k+p}}{2^{2k+p}k!\,\Gamma(p+k+1)} + \sum_{k=0}^{\infty}\frac{(-1)^k 2(p+k)x^{2k+p}}{2^{2k+p}k!\,\Gamma(p+k+1)}$$

$$= \sum_{k=0}^{\infty}\frac{(-1)^k[-p+2(p+k)]x^{2k+p}}{2^{2k+p}k!\,\Gamma(p+k+1)}$$

$$= \sum_{k=0}^{\infty}\frac{(-1)^k(2k+p)x^{2k+p}}{2^{2k+p}k!\,\Gamma(p+k+1)} = xJ_p'(x)$$

30.16 Utilize os Problemas 30.14 e 30.15 para deduzir a fórmula de recorrência

$$J_{p+1}(x) = \frac{2p}{x} J_p(x) - J_{p-1}(x)$$

Subtraindo os resultados do Problema 30.15 pelos resultados do Problema 30.14, obtemos

$$0 = 2pJ_p(x) - xJ_{p-1}(x) - xJ_{p+1}(x)$$

Resolvendo em relação a $J_{p+1}(x)$, obtemos o resultado desejado.

30.17 Mostre que $y = xJ_1(x)$ é uma solução de $xy'' - y' - x^2 J_0'(x) = 0$.

Notemos primeiro que $J_1(x)$ é uma solução da equação de Bessel de ordem 1:

$$X^2 J_1''(x) + xJ_1'(x) + (x^2 - 1)J_1(x) = 0 \quad (1)$$

Agora, substituindo $y = xJ_1(x)$ no membro esquerdo da equação diferencial dada, obtemos:

$$x[xJ_1(x)]'' - [xJ_1(x)]' - x^2 J_0'(x) = x[2J_1'(x) + xJ_1''(x)] - [J_1(x) + xJ_1'(x)] - x^2 J_0'(x)$$

Mas $J_0'(x) = -J_1(x)$ [por (1) do Problema 30.14], de modo que o membro direito se escreve

$$x^2 J_1''(x) + 2xJ_1'(x) - J_1(x) - xJ_1'(x) + x^2 J_1(x) = x^2 J_1''(x) + xJ_1'(x) + (x^2 - 1)J_1(x) = 0$$

A última igualdade decorre de (1).

30.18 Mostre que $y = \sqrt{x} J_{3/2}(x)$ é uma solução de $x^2 y'' + (x^2 - 2)y = 0$.

Observe que $J_{3/2}(x)$ é uma solução da equação de Bessel de ordem $\frac{3}{2}$:

$$x^2 J_{3/2}''(x) + xJ_{3/2}'(x) + \left(x^2 - \frac{9}{4}\right) J_{3/2}(x) = 0 \quad (1)$$

Substituindo agora $y = \sqrt{x} J_{3/2}(x)$ no membro esquerdo da equação diferencial dada, obtemos

$$x^2 [\sqrt{x} J_{3/2}(x)]'' + (x^2 - 2)\sqrt{x} J_{3/2}(x)$$
$$= x^2 \left[-\frac{1}{4} x^{-3/2} J_{3/2}(x) + x^{-1/2} J_{3/2}'(x) + x^{1/2} J_{3/2}''(x) \right] + (x^2 - 2) x^{1/2} J_{3/2}(x)$$
$$= \sqrt{x} \left[x^2 J_{3/2}''(x) + xJ_{3/2}'(x) + \left(x^2 - \frac{9}{4}\right) J_{3/2}(x) \right] = 0$$

A última igualdade decorre de (1). Assim, $\sqrt{x} J_{3/2}(x)$ satisfaz a equação diferencial dada.

Problemas Complementares

30.19 Calcule $\Gamma(2,6)$.

30.20 Calcule $\Gamma(-1,4)$.

30.21 Calcule $\Gamma(4,14)$.

30.22 Calcule $\Gamma(-2,6)$.

30.23 Calcule $\Gamma(-1,33)$.

30.24 Expresse $\int_0^\infty e^{-x^3} dx$ como uma função gama.

30.25 Calcule $\int_0^\infty x^3 e^{-x^2} dx$.

30.26 Prove que $\sum_{k=0}^{\infty} \frac{(-1)^k (2k) x^{2k-1}}{2^{2k-1} k! \, \Gamma(p+k)} = -\sum_{k=0}^{\infty} \frac{(-1)^k x^{2k+1}}{2^{2k} k! \, \Gamma(p+k+1)}$.

30.27 Prove que $\frac{d}{dx}[x^{-p} J_p(x)] = -x^{-p} J_{p+1}(x)$.

Sugestão: Utilize o Problema 30.11.

30.28 Prove que $J_{p-1}(x) - J_{p+1}(x) = 2 J_p'(x)$.

30.29 (a) Prove que a derivada de $(\tfrac{1}{2} x^2)[J_0^2(x) + J_1^2(x)]$ e $x J_0^2(x)$.

Sugestão: Utilize (1) do Problema 30.13 e (1) do Problema 30.14.

(b) Calcule $\int_0^1 x J_0^2(x)\, dx$ em termos de funções de Bessel.

30.30 Mostre que $y = x J_n(x)$ é solução de $x^2 y'' - xy' + (1 + x^2 - n^2) y = 0$.

30.31 Mostre que $y = x^2 J_2(x)$ é solução de $xy'' - 3y' + xy = 0$.

Capítulo 31

Uma Introdução às Equações Diferenciais Parciais

CONCEITOS INTRODUTÓRIOS

Uma *equação diferencial parcial* é uma equação diferencial cuja função incógnita depende de duas ou mais variáveis independentes (ver Capítulo 1). Por exemplo,

$$u_x - 3u_y = 0 \tag{31.1}$$

é uma equação diferencial parcial cuja variável dependente (incógnita) é u, enquanto x e y são as variáveis independentes. As definições de *ordem* e *linearidade* são exatamente as mesmas referentes ao caso das equações diferenciais ordinárias (ver Capítulos 1 e 8), com a condição que uma equação diferencial parcial é classificada como *quase-linear* se as derivadas de ordem mais elevada forem lineares, mas nem todas as derivadas de menor ordem forem lineares. Assim, a Eq (31.1) é uma equação diferencial parcial linear de primeira ordem enquanto

$$\frac{\partial^2 z}{\partial x^2} + \frac{\partial^2 z}{\partial y^2} - \left(\frac{\partial z}{\partial x}\right)^3 = x + y - 4 \tag{31.2}$$

é uma equação diferencial parcial quase-linear de segunda ordem por causa do termo $\left(\dfrac{\partial z}{\partial x}\right)^3$.

As equações diferenciais parciais possuem muitas aplicações. Algumas delas são designadas como *clássicas* em contrapartida a algumas equações diferenciais ordinárias (ver Capítulo 29). Três dessas equações são a *equação de calor*

$$\frac{\partial^2 u}{\partial x^2} = \frac{1}{k}\frac{\partial u}{\partial t}, \tag{31.3}$$

a *equação de onda*

$$\frac{\partial^2 u}{\partial x^2} = \frac{1}{k^2}\frac{\partial^2 u}{\partial t^2}, \tag{31.4}$$

e a *equação de Laplace* (em homenagem a P. S. Laplace (1749-1827), um cientista e matemático francês)

$$\frac{\partial^2 z}{\partial x^2} + \frac{\partial^2 z}{\partial y^2} = 0. \tag{31.5}$$

Essas equações são amplamente utilizadas como modelos relacionados ao fluxo de calor, engenharia civil e acústica, apenas para nomear três áreas. Note que k é uma constante positiva nas Eqs. (31.3) e (31.4).

SOLUÇÕES E TÉCNICAS DE SOLUÇÃO

Se uma função $u(x, y, z,...)$ for suficientemente diferenciável – o que assumiremos durante este capítulo para *todas* as funções – podemos verificar se é uma *solução* simplesmente diferenciando u o número de vezes que for necessário em relação às variáveis apropriadas; substituímos então essas expressões na equação diferencial parcial. Se uma identidade for obtida, então u soluciona a equação diferencial parcial. (Ver Problemas 31.1 a 31.4.)

Introduziremos duas técnicas de solução: *integração básica* e *separação de variáveis*.

Em relação à técnica de separação de variáveis, assumiremos que a *forma* da solução da equação diferencial parcial pode ser "dividida" ou "separada" em um *produto de funções* de *cada* variável independente. (Ver Problemas 31.4 e 31.11). Note que esse método não deve ser confundido com o método de separação de variáveis das equações diferenciais ordinárias discutido no Capítulo 4.

Problemas Resolvidos

31.1 Verifique que $u(x, t) = \text{sen}\, x \cos kt$ satisfaz a equação de onda (31.4).

Tomando as derivadas de u resulta em $u_x = \cos x \cos kt$, $u_{xx} = -\text{sen}\, x \cos kt$, $u_t = -k\,\text{sen}\, x\, \text{sen}\, kt$ e $u_{tt} = -k^2 \text{sen}\, x \cos kt$. Portanto, $u_{xx} \stackrel{?}{=} \frac{1}{k^2} u_{tt}$ implica $-\text{sen}\, x \cos kt \stackrel{?}{=} \frac{1}{k^2}(-k^2 \text{sen}\, x \cos kt) = -\text{sen}\, x \cos kt$; logo, u é de fato uma solução.

31.2 Verifique que qualquer função da forma $F(x + kt)$ satisfaz a equação de onda (31.4).

Seja $u = x + kt$; aplicando então a regra da cadeia para derivadas parciais, temos $F_x = F_u u_x = F_u(1) = F_u$; $F_{xx} = F_{uu} u_x = F_{xx}(1) = F_{xx}$; $F_t = F_u u_t = F_u(k)$; $F_{tt} = kF_{uu} u_t = k^2 F_{uu}$. Logo, $F_{xx} = F_{uu} = \frac{1}{k^2} F_{tt} = \frac{1}{k^2}(k^2 F_{uu}) = F_{uu}$, então verificamos que qualquer função suficientemente diferenciável da forma $F(x + kt)$ satisfaz a equação de onda. Notamos que isso significa que funções como $\sqrt{x + kt}$, $\text{tg}^{-1}(x + kt)$ e $\ln(x + kt)$ satisfazem a equação de onda.

31.3 Verifique que $u(x, t) = e^{-kt} \text{sen}\, x$ satisfaz a equação de calor (31.3).

Diferenciação implica $u_x = e^{-kt} \cos x$, $u_{xx} = -e^{-kt} \text{sen}\, x$, $u_t = -k e^{-kt} \text{sen}\, x$. Substituindo u_{xx} e u_t em (31.3) claramente resulta em uma identidade, provando assim que $u(x, t) = e^{-kt} \text{sen}\, x$ de fato satisfaz a equação de calor.

31.4 Verifique que $u(x, t) = (5x - 6x^5 + x^9)t^6$ satisfaz a equação diferencial parcial $x^3 t^2 u_{xtt} - 9x^2 t^2 u_{tt} = t u_{xxt} + 4u_{xx}$.

Notamos que $u(x, t)$ possui uma forma específica; isto é, pode ser "separada" ou "dividida" em duas funções: uma função de x vezes uma função de t. Isso será discutido mais adiante no Problema 31.11. A diferenciação de $u(x,t)$ resulta em:

$u_{xtt} = (5 - 30x^4 + 9x^8)(30t^4)$, $u_{xx} = (-120x^3 + 72x^7)(t^6)$, $u_{xxt} = (-120x^3 + 72x^7)(6t^5)$ e $u_{tt} = (5x - 6x^5 + x^9)(30t^4)$.

A simplificação algébrica mostra que

$$x^3 t^2 (5 - 30x^4 + 9x^8)(30t^4) - 9x^2 t^2 (5x - 6x^5 + x^9)(30t^4) =$$
$$t(-120x^3 + 72x^7)(6t^5) + 4(-120x^3 + 72x^7)(t^6)$$

pois ambos os membros se reduzem para $720x^7 t^6 - 1200x^3 t^6$. Logo, nossa solução é verificada.

31.5 Seja $u = u(x, y)$. Por integração, determine a solução geral para $u_x = 0$.

Determina-se a solução por "integração parcial", assim como a técnica aplicada para se resolver equações "exatas" (ver Capítulo 5). Logo, $u(x,y) = f(y)$, onde $f(y)$ é qualquer função diferenciável de y. Podemos escrever essa equação simbolicamente como

$$u(x,y) = \int u_x \partial x = \int 0 \, \partial x = f(y).$$

Notamos que um "$+ C$" não é necessário, pois essa constante é "absorvida" em $f(y)$; isto é, $f(y)$ é a "constante" mais geral em relação a y.

31.6 Seja $u(x, y, z)$. Por integração, determine a solução geral de $u_x = 0$.

Aqui, vemos por inspeção que nossa solução pode ser escrita como $f(y, z)$.

31.7 Seja $u = u(x, y)$. Por integração, determine a solução geral de $u_x = 2x$.

Como uma antiderivada de $2x$ (em relação a x) é x^2, a solução geral é $\int 2x \, \partial x = x^2 + f(y)$; onde $f(y)$ é qualquer função diferenciável de y.

31.8 Seja $u = u(x, y)$. Por integração, determine a solução geral de $u_x = 2x$, $u(0,y) = \ln y$.

Pelo Problema 31.7, a solução da equação diferencial parcial é $u(x, y) = x^2 + f(y)$. Adotando $x = 0$ implica $u(0,y) = 0^2 + f(y) = \ln y$. Portanto, $f(y) = \ln y$, e nossa solução é então $u(x, y) = x^2 + \ln y$.

31.9 Seja $u = u(x, y)$. Por integração, determine a solução geral de $u_y = 2x$.

Notando que uma antiderivada de $2x$ em relação a y é $2xy$, a solução geral é dada por $2xy + g(x)$, onde $g(x)$ é qualquer função diferenciável de x.

31.10 Seja $u = u(x, y)$. Por integração, determine a solução geral de $u_{xy} = 2x$.

Integrando primeiro em relação a y, temos $u_x = 2xy + f(x)$, onde $f(x)$ é qualquer função diferenciável de x. Em seguida, integramos u_x em relação a x, obtendo $u(x,y) = x^2y + g(x) + h(y)$, onde $g(x)$ é uma antiderivada de $f(x)$ e $h(y)$ é qualquer função diferenciável de y.

Notamos que se a equação diferencial parcial for escrita como $u_{yx} = 2x$, nosso resultado será o mesmo.

31.11 Seja $u(x, t)$ uma função que representa a temperatura de uma haste bastante fina com comprimento π, colocada no intervalo $\{x/0 \leq x \leq \pi\}$, na posição x e instante de tempo t. A equação diferencial parcial que rege a distribuição de calor é dada por

$$\frac{\partial^2 u}{\partial x^2} = \frac{1}{k}\frac{\partial u}{\partial t}$$

onde u, x, t e k são dadas em unidades apropriadas. Assumamos, mais adiante, que as terminações estão isoladas; isto é, $u(0, t) = u(\pi, t) = 0$ são "condições de contorno" impostas para $t \geq 0$. Dada uma distribuição de temperatura inicial de $u(x, 0) = 2 \operatorname{sen} 4x - 11 \operatorname{sen} 7x$, para $0 \leq x \leq \pi$, aplicamos a técnica de separação de variáveis para determinar uma solução (não-trivial), $u(x, t)$.

Assumamos que $u(x, t)$ possa ser escrita como um produto de funções. Isto é, $u(x, t) = X(x)T(t)$. Determinando as derivadas apropriadas, temos $u_{xx} = X''(x)T(t)$ e $u^t = X(x)T'(t)$. A substituição dessas derivadas na equação diferencial parcial resulta em

$$X''(x)T(t) = \frac{1}{k}X(x)T'(t). \tag{1}$$

A Equação (1) pode ser reescrita como

$$\frac{X''(x)}{X(x)} = \frac{T'(t)}{kT(t)}. \qquad (2)$$

Notemos que o membro esquerdo da Eq. (2) é uma função somente de x, enquanto o membro direito dessa equação contém apenas a variável independente t. Isso implica necessariamente que ambas as razões sejam uma constante, pois não existem outras alternativas. Denotemos essa constante por c:

$$\frac{X''(x)}{X(x)} = \frac{T'(t)}{kT(t)} = c. \qquad (3)$$

Separamos, agora, a Eq. (3) em duas equações diferenciais parciais:

$$X''(x) - cX(x) = 0 \qquad (4)$$

e
$$T'(t) - ckT(t) = 0. \qquad (5)$$

Notemos que Eq. (4) é uma equação "espacial", enquanto a Eq. (5) é uma equação "temporal". Para resolver em relação a $u(x, t)$, precisamos resolver essas duas equações diferenciais parciais resultantes.

Trabalharemos primeiro com a equação espacial, $X''(x) - cX(x) = 0$. Para resolver essa equação diferencial parcial, devemos considerar nossas condições de contorno; isso resultará em um "problema de valor de contorno" (ver Capítulo 32). Notemos que $u(0, t) = 0$ implica que $X(0) = 0$, pois $T(t)$ não pode ser identicamente 0, pois isso produziria uma solução trivial; similarmente, $X(\pi) = 0$. A natureza das soluções dessa equação diferencial parcial depende se c é positiva, negativa ou zero.

Se $c > 0$, então por técnicas apresentadas no Capítulo 9, temos $X(x) = c_1 e^{\sqrt{c}x} + c_2 e^{-\sqrt{c}x}$, onde c_1 e c_2 são determinadas pelas condições de contorno. $X(0) = c_1 e^0 + c_2 e^0 = c_1 + c_2 = 0$ e $X(\pi) = c_1 e^{\sqrt{c}\pi} + c_2 e^{-\sqrt{c}\pi}$. Essas duas equações necessariamente implicam em $c_1 = c_2 = 0$, o que significa $X(x) \equiv 0$, resultando $u(x, t)$ trivial.

Se $c = 0$, então $X(x) = c_1 x + c_2$, onde c_1 e c_2 são determinadas pelas condições de contorno. Aqui, novamente, $X(0) = X(\pi) = 0$ força $c_1 = c_2 = 0$, resultando, uma vez mais, $u(x, t) \equiv 0$.

Admitamos $c < 0$, escrevendo $c = -\lambda^2$, $\lambda > 0$ por conveniência. Nossa equação diferencial parcial se escreve $X''(x) + \lambda^2 X(x) = 0$, que leva a $X(x) = c_1 \operatorname{sen} \lambda x + c_2 \cos \lambda x$. A primeira condição de contorno, $X(0) = 0$ implica $c_2 = 0$. Impondo $X(\pi) = 0$, temos $c_1 \operatorname{sen} \lambda \pi = 0$.

Se assumirmos $\lambda = 1, 2, 3,...$, então temos uma solução não-trivial para $X(x)$. Isto é, $X(x) = c_1 \operatorname{sen} nx$, onde n é um número inteiro positivo. Note que esses valores podem ser denominados "autovalores" e as funções correspondentes são denominadas "autofunções" (ver Capítulo 33).

Analisemos agora a Eq. (5), assumindo $c = -\lambda^2 = -n^2$, onde n é um número inteiro positivo. Isto é, $T'(t) + n^2 kT(t) = 0$. Esse tipo de equação diferencial parcial foi discutido no Capítulo 4 e possui como solução $T(t) = c_3 e^{-n^2 kt}$, onde c_3 é uma constante arbitrária.

Como $u(x, t) = X(x)T(t)$, temos $u(x, t) = c_1 \operatorname{sen} nx\, c_3 e^{-n^2 kt} = a_n e^{-n^2 kt} \operatorname{sen} nx$, onde $a_n = c_1 c_3$. Não apenas $u(x, t) = a_n e^{-n^2 kt} \operatorname{sen} nx$ satisfaz a equação diferencial parcial em conjunto com as condições de contorno, mas também qualquer combinação linear destas para diferentes valores de n. Ou seja,

$$u(x, t) = \sum_{n=1}^{N} a_n e^{-n^2 kt} \operatorname{sen} nx, \qquad (6)$$

onde N é qualquer número inteiro positivo, é também uma solução. Isso se deve à linearidade da equação diferencial parcial. (De fato, podemos ter essa soma abrangendo de 1 até ∞.)

Finalmente impomos a condição inicial, $u(x, 0) = 2 \operatorname{sen} 4x - 11 \operatorname{sen} 7x$ à Eq. (6). Logo, $u(x, 0) = \sum_{n=1}^{N} a_n \operatorname{sen} nx$. Assumindo $n = 4$, $a_4 = 2$ e $n = 7$, $a_7 = -11$, obtemos a solução desejada,

$$u(x, t) = 2e^{-16kt} \operatorname{sen} 4x - 11 e^{-49kt} \operatorname{sen} 7x. \qquad (7)$$

Pode ser facilmente mostrado que a Eq. (7) de fato resolve a equação de calor, enquanto satisfizer as condições de contorno e a condição inicial.

Problemas Complementares

31.12 Verifique que qualquer função da forma $F(x - kt)$ satisfaz a equação de onda (31.4).

31.13 Verifique que $u = \text{tgh}\,(x - kt)$ satisfaz a equação de onda.

31.14 Se $u = f(x - y)$, mostre que $\dfrac{\partial u}{\partial x} + \dfrac{\partial u}{\partial y} = 0$.

31.15 Verifique que $u(x, t) = (55 + 22x^6 + x^{12})\,\text{sen}\,2t$ satisfaz a equação diferencial parcial $12x^4 u_{tt} - x^5 u_{xtt} = 4u_{xx}$.

31.16 Uma função $u(x, y)$ é denominada *harmônica* se satisfaz a equação de Laplace; isto é, $u_{xx} + u_{yy} = 0$. Quais das seguintes funções são harmônicas?

(a) $3x + 4y + 1$;   (b) $e^{3x} \cos 3y$;   (c) $e^{3x} \cos 4y$;   (d) $\ln(x^2 + y^2)$;   (e) $\text{sen}(e^x) \cos(e^y)$

31.17 Determine a solução geral de $u_x = \cos y$ se $u(x, y)$ for uma função de x e y.

31.18 Determine a solução geral de $u_y = \cos y$ se $u(x, y)$ for uma função de x e y.

31.19 Determine a solução de $u_y = 3$ se $u(x, y)$ for uma função de x e y e $u(x,0) = 4x + 1$.

31.20 Determine a solução de $u_x = 2xy + 1$ se $u(x, y)$ for uma função de x e y e $u(0, y) = \cosh y$.

31.21 Determine a solução geral de $u_{xx} = 3$ se $u(x, y)$ for uma função de x e y.

31.22 Determine a solução geral de $u_{xy} = 8xy^3$ se $u(x, y)$ for uma função de x e y.

31.23 Determine a solução geral de $u_{xyx} = -2$ se $u(x, y)$ for uma função de x e y.

31.24 Seja $u(x, t)$ a representante do deslocamento vertical de uma corda com comprimento π, colocada no intervalo $\{x/0 \leq x \leq \pi\}$, na posição x e intervalo de tempo t. Assumindo as unidades adequadas para o comprimento, o tempo, e a constante k, a equação de onda modela o deslocamento, $u(x, t)$:

$$\frac{\partial^2 u}{\partial x^2} = \frac{1}{k^2}\frac{\partial^2 u}{\partial t^2}.$$

Utilizando o método da separação de variáveis, resolva a equação para $u(x, t)$, se as condições de contorno $u(0, t) = u(\pi, t) = 0$ para $t \geq 0$ são impostas com o deslocamento inicial $u(x, 0) = 5\,\text{sen}\,3x - 6\,\text{sen}\,8x$ e a velocidade inicial $u_t(x, 0) = 0$ para $0 \leq x \leq \pi$.

Capítulo 32

Problemas de Valores de Contorno de Segunda Ordem

FORMA PADRÃO

Um problema de valor de contorno na forma padrão consiste da equação diferencial linear de segunda ordem

$$y'' + P(x)y' + Q(x)y = \phi(x) \tag{32.1}$$

e das condições de contorno.

$$\alpha_1 y(a) + \beta_1 y'(a) = \gamma_1$$
$$\alpha_2 y(b) + \beta_2 y'(b) = \gamma_2 \tag{32.2}$$

onde $P(x)$, $Q(x)$ e $\phi(x)$ são contínuas em $[a, b]$ e $\alpha_1, \alpha_2, \beta_1, \beta_2, \gamma_1$ e γ_2 são todas constantes reais. Além disto, supõe-se que α_1 e β_1 não sejam ambas zero, e também que α_2 e β_2 não sejam ambas zero.

O problema de valor de contorno é considerado *homogêneo* se tanto a equação diferencial como as condições de contorno são homogêneas (isto é, $\phi(x) \equiv 0$ e $\gamma_1 = \gamma_2 = 0$). Caso contrário, o problema é *não-homogêneo*. Assim, um problema de valor inicial homogêneo possui a forma

$$y'' + P(x)y' + Q(x)y = 0;$$
$$\alpha_1 y(a) + \beta_1 y'(a) = 0 \tag{32.3}$$
$$\alpha_2 y(b) + \beta_2 y'(b) = 0$$

Um problema de valor de contorno homogêneo um tanto mais geral do que (32.3) é aquele em que os coeficientes $P(x)$ e $Q(x)$ também dependem de uma constante arbitrária λ. Tal problema tem a forma

$$y'' + P(x, \lambda)y' + Q(x, \lambda)y = 0;$$
$$\alpha_1 y(a) + \beta_1 y'(a) = 0 \tag{32.4}$$
$$\alpha_2 y(b) + \beta_2 y'(b) = 0$$

Tanto (32.3) como (32.4) sempre admitem a solução trivial $y(x) \equiv 0$.

SOLUÇÕES

Um problema de valor de contorno é resolvido, primeiro, obtendo-se a solução geral da equação diferencial, utilizando qualquer dos métodos já apresentados, e então aplicando as condições de contorno para determinar as constantes arbitrárias.

Teorema 32.1   Seja $y_1(x)$ e $y_2(x)$ duas soluções linearmente independentes de

$$y'' + P(x)y' + Q(x)y = 0$$

Soluções não-triviais (isto é, soluções não identicamente iguais a zero) para o problema de valor de contorno homogêneo (32.3) existem se e somente se o determinante

$$\begin{vmatrix} \alpha_1 y_1(a) + \beta_1 y_1'(a) & \alpha_1 y_2(a) + \beta_1 y_2'(a) \\ \alpha_2 y_1(b) + \beta_2 y_1'(b) & \alpha_2 y_2(b) + \beta_2 y_2'(b) \end{vmatrix} \quad (32.5)$$

for igual a zero.

Teorema 32.2   O problema de valor inicial não-homogêneo definido por (32.1) e (32.2) possui uma única solução se e somente se o problema homogêneo associado (32.3) possui apenas a solução trivial.

Em outras palavras, um problema não-homogêneo possui solução única quando e somente quando o problema homogêneo associado possui solução única.

PROBLEMAS DE AUTOVALORES

Quando aplicado ao problema de valores de contorno (32.4), o Teorema 32.1 mostra que soluções não-triviais podem existir para determinados valores de λ, mas não para outros valores de λ. Os valores de λ para os quais existem soluções não-triviais são chamados *autovalores*; as soluções não-triviais correspondentes são chamadas *autofunções*.

PROBLEMAS DE STURM-LIOUVILLE

Um *problema de Sturm-Liouville* de segunda ordem é um problema de valor de contorno homogêneo da forma

$$[p(x)y']' + q(x)y + \lambda w(x)y = 0; \quad (32.6)$$

$$\alpha_1 y(a) + \beta_1 y'(a) = 0$$
$$\alpha_2 y(b) + \beta_2 y'(b) = 0 \quad (32.7)$$

onde $p(x)$, $p'(x)$, $q(x)$ e $w(x)$ são contínuas em $[a, b]$ e $p(x)$ e $w(x)$ são positivas em $[a, b]$.

A Equação (32.6) pode ser escrita na forma padrão (32.4) dividindo-se por $p(x)$. A forma (32.6), quando possível de ser alcançada, é preferida, pois problemas de Sturm-Liouville possuem características não apresentadas por problemas mais gerais de autovalores. A equação diferencial de segunda ordem

$$a_2(x)y'' + a_1(x)y' + a_0(x)y' + \lambda r(x)y = 0 \quad (32.8)$$

onde $a_2(x)$ não se anula em $[a, b]$, é equivalente à Eq. (32.6) se e somente se $a_2'(x) = a_1(x)$ (ver Problema 32.15). Essa condição pode sempre ser imposta multiplicando-se a Eq. (32.8) por um fator adequado. (ver Problema 32.16).

PROPRIEDADES DOS PROBLEMAS DE STURM-LIOUVILLE

Propriedade 32.1   Os autovalores do problema de Sturm-Liouville são todos reais e não-negativos.

Propriedade 32.2   Os autovalores do problema de Sturm-Liouville podem ser dispostos de modo a formarem uma seqüência infinita estritamente crescente; isto é, $0 \leq \lambda_1 < \lambda_2 < \lambda_3 < \ldots$. Além disso, $\lambda_n \to \infty$ quando $n \to \infty$.

Propriedade 32.3   Para cada autovalor do problema de Sturm-Liouville, existe uma e somente uma autofunção linearmente independente.

[Pela Propriedade 32.3, a cada autovalor λ_n, corresponde uma única autofunção com coeficiente unitário; denotamos essa autofunção por $e_n(x)$.]

Propriedade 32.4   O conjunto de autofunções $\{e_1(x), e_2(x),...\}$ de um problema de Sturm-Liouville satisfaz a relação

$$\int_a^b w(x)e_n(x)e_m(x)\,dx = 0 \tag{32.9}$$

para $n \neq m$, onde $w(x)$ é dada na Eq. (32.6).

Problemas Resolvidos

32.1   Resolva $y'' + 2y' - 3y = 0$; $y(0) = 0$, $y'(1) = 0$.

Este é um problema de valor de contorno homogêneo da forma (32.3), com $P(x) \equiv 2$, $Q(x) \equiv -3$, $\alpha_1 = 1$, $\beta_1 = 0$, $\alpha_2 = 0$, $\beta_2 = 1$, $a = 0$ e $b = 1$. A solução geral da equação diferencial é $y = c_1 e^{-3x} + c_2 e^x$. Aplicando as condições de contorno, obtemos $c_1 = c_2 = 0$; logo, a solução é $y \equiv 0$.

O mesmo resultado decorre do Teorema 32.1. Duas soluções linearmente independentes são $y_1(x) = e^{-3x}$ e $y_2(x) = e^x$; logo, o determinante (32.5) se escreve

$$\begin{vmatrix} 1 & 1 \\ -3e^{-3} & e \end{vmatrix} = e + 3e^{-3}$$

Como esse determinante não é zero, a única solução é a solução trivial $y(x) \equiv 0$.

32.2   Resolva $y'' = 0$; $y(-1) = 0$, $y(1) - 2y'(1) = 0$.

Este é um problema de valor de contorno homogêneo da forma (32.3), com $P(x) = Q(x) \equiv 0$, $\alpha_1 = 1$, $\beta_1 = 0$, $\alpha_2 = 1$, $\beta_2 = -2$, $a = -1$ e $b = 1$. A solução geral da equação diferencial é $y = c_1 + c_2 x$. Aplicando as condições de contorno, obtemos as equações $c_1 - c_2 = 0$ e $c_1 - c_2 = 0$, que possuem a solução $c_1 = c_2$, c_2 arbitrária. Assim, a solução do problema de valor de contorno é $y = c_2(1 + x)$, c_2 arbitrária. Como uma solução diferente é obtida para cada valor de c_2, o problema possui infinitas soluções não-triviais.

A existência de soluções não-triviais é também imediata pelo Teorema 32.1. Aqui, $y_1(x) = 1$, $y_2(x) = x$ e o determinante (32.5) se escreve

$$\begin{vmatrix} 1 & -1 \\ 1 & -1 \end{vmatrix} = 0$$

32.3   Resolva $y'' + 2y' - 3y = 9x$; $y(0) = 1$, $y'(1) = 2$

Este é um problema de valor de contorno não-homogêneo da forma (32.1) e (32.2), onde $\phi(x) = x$, $\gamma_1 = 1$ e $\gamma_2 = 2$. Como o problema homogêneo associado possui somente a solução trivial (Problema 32.1), decorre do Teorema 32.2 que o problema dado possui solução única. Resolvendo a equação diferencial pelo método do Capítulo 11, obtemos

$$y = c_1 e^{-3x} + c_2 e^x - 3x - 2$$

Aplicando as condições de contorno, temos

$$c_1 + c_2 - 2 = 1 \quad -3c_1 e^{-3} + c_2 e - 3 = 2$$

donde

$$c_1 = \frac{3e - 5}{e + 3e^{-3}} \quad c_2 = \frac{5 + 9e^{-3}}{e + 3e^{-3}}$$

Finalmente,

$$y = \frac{(3e - 5)e^{-3x} + (5 + 9e^{-3})e^x}{e + 3e^{-3}} - 3x - 2$$

32.4 Resolva $y'' = 2$; $y(-1) = 5$, $y(1) - 2y'(1) = 1$.

Este é um problema de valor de contorno não-homogêneo da forma (32.1) e (32.2), onde $\phi(x) \equiv 2$, $\gamma_1 = 5$ e $\gamma_2 = 1$. Como o problema homogêneo associado possui soluções não-triviais (Problema 32.2), este problema não possui solução única. Isto é, ou não existe solução, ou existe mais de uma solução. Resolvendo a equação diferencial, temos que $y = c_1 + c_2 x + x^2$. Aplicando então as condições de contorno, obtemos as equações $c_1 - c_2 = 4$ e $c_1 - c_2 = 4$; assim, $c_1 = 4 + c_2$, c_2 arbitrária. Finalmente, $y = c_2(1 + x) + 4 + x^2$, e este problema possui infinitas soluções, uma para cada valor arbitrário da constante c_2.

32.5 Resolva $y'' = 2$; $y(-1) = 0$, $y(1) - 2y'(1) = 0$.

Este é um problema de valor de contorno não-homogêneo da forma (32.1) e (32.2), onde $\phi(x) \equiv 2$, $\gamma_1 = \gamma_2 = 0$. Como no Problema 32.4, ou não existe solução, ou existe mais de uma solução. A solução da equação diferencial é $y = c_1 + c_2 x + x^2$. Aplicando as condições de contorno, obtemos as equações $c_1 - c_2 = -1$ e $c_1 - c_2 = 3$. Como essas equações não possuem solução, o problema de valor de contorno não tem solução.

32.6 Determine os autovalores e as autofunções de

$$y'' - 4\lambda y' + 4\lambda^2 y = 0; \quad y(0) = 0, \quad y(1) + y'(1) = 0$$

Os coeficientes da equação diferencial dada são constantes (em relação a x); logo, a solução geral pode ser determinada utilizando-se a equação característica. Escrevemos a equação característica em termos da variável m, pois λ agora possui outro significado. Assim, temos $m^2 - 4\lambda m + 4\lambda^2 = 0$, que admite a raiz dupla $m = 2\lambda$; a solução da equação diferencial é $y = c_1 e^{2\lambda x} + c_2 x e^{2\lambda x}$. Aplicando as condições de contorno e simplificando, obtemos

$$c_1 = 0 \quad c_1(1 + 2\lambda) + c_2(2 + 2\lambda) = 0$$

Segue-se que $c_1 = 0$ e ou $c_2 = 0$ ou $\lambda = -1$. A escolha $c_2 = 0$ resulta na solução trivial $y \equiv 0$; a escolha $\lambda = -1$ resulta na solução não-trivial $y = c_2 x e^{-2x}$, c_2 arbitrária. Assim, o problema de valor de contorno possui o autovalor $\lambda = -1$ e a autofunção $y = c_2 x e^{-2x}$.

32.7 Determine os autovalores e as autofunções de

$$y'' - 4\lambda y' + 4\lambda^2 y = 0; \quad y'(1) = 0, \quad y(2) + 2y'(2) = 0$$

Como no Problema 32.6, a solução da equação diferencial é $y = c_1 e^{2\lambda x} + c_2 x e^{2\lambda x}$. Aplicando as condições de contorno e simplificando, obtemos as equações

$$(2\lambda)c_1 + (1 + 2\lambda)c_2 = 0$$
$$(1 + 4\lambda)c_1 + (4 + 8\lambda)c_2 = 0 \tag{1}$$

Esse sistema de equações possui solução não-trivial para c_1 e c_2 se e somente se o determinante

$$\begin{vmatrix} 2\lambda & 1 + 2\lambda \\ 1 + 4\lambda & 4 + 8\lambda \end{vmatrix} = (1 + 2\lambda)(4\lambda - 1)$$

for zero; isto é, se e somente se $\lambda = -\frac{1}{2}$ ou $\lambda = \frac{1}{4}$. Quando $\lambda = -\frac{1}{2}$, (1) tem solução $c_1 = 0$, c_2 arbitrária; quando $\lambda = \frac{1}{4}$, (1) tem solução $c_1 = -3c_2$, c_2 arbitrária. Decorre que os autovalores são $\lambda_1 = -\frac{1}{2}$ e $\lambda_2 = \frac{1}{4}$, e as autofunções correspondentes são $y_1 = c_2 x e^{-x}$ e $y_2 = c_2(-3 + x)e^{x/2}$.

32.8 Determine os autovalores e as autofunções de

$$y'' + \lambda y' = 0; \quad y(0) + y'(0) = 0, \quad y'(1) = 0$$

Em termos da variável m, a equação característica é $m^2 + \lambda m = 0$. Consideremos separadamente os casos $\lambda = 0$ e $\lambda \neq 0$, pois eles conduzem a soluções diferentes.

λ = 0: A solução da equação diferencial é $y = c_1 + c_2 x$. Aplicando as condições de contorno, obtemos as equações $c_1 + c_2 = 0$ e $c_2 = 0$. Segue-se que $c_1 = c_2 = 0$ e $y \equiv 0$. Portanto, $\lambda = 0$ não é um autovalor.

λ ≠ 0: A solução da equação diferencial é $y = c_1 + c_2 e^{-\lambda x}$. Aplicando as condições de contorno, obtemos

$$c_1 + (1 - \lambda)c_2 = 0$$

$$(-\lambda e^{-\lambda})c_2 = 0$$

Essas equações possuem solução não-trivial para c_1 e c_2 se e somente se

$$\begin{vmatrix} 1 & 1-\lambda \\ 0 & -\lambda e^{-\lambda} \end{vmatrix} = -\lambda e^{-\lambda} = 0$$

o que é uma impossibilidade, pois $\lambda \neq 0$.

Como obtemos somente a solução trivial para $\lambda = 0$ e $\lambda \neq 0$, concluímos que o problema não possui autovalores.

32.9 Determine os autovalores e as autofunções de

$$y'' - 4\lambda y' + 4\lambda^2 y = 0; \quad y(0) + y'(0) = 0, \quad y(1) - y'(1) = 0$$

Como no Problema 32.6, a solução da equação diferencial é $y = c_1 e^{2\lambda x} + c_2 x e^{2\lambda x}$. Aplicando as condições de contorno e simplificando, obtemos as equações

$$(1 + 2\lambda)c_1 + c_2 = 0$$
$$(1 - 2\lambda)c_1 + (-2\lambda)c_2 = 0 \tag{1}$$

A Equação (1) possui solução não-trivial para c_1 e c_2 se e somente se o determinante

$$\begin{vmatrix} 1+2\lambda & 1 \\ 1-2\lambda & -2\lambda \end{vmatrix} = -4\lambda^2 - 1$$

for zero; isto é, se e somente se $\lambda = \pm \frac{1}{2}i$. Esses autovalores são complexos. Para que a equação diferencial em estudo seja real, exige-se que λ seja real. Portanto, este problema não possui autovalores (reais) e a única solução (real) é a solução trivial $y(x) \equiv 0$.

32.10 Determine os autovalores e as autofunções de

$$y'' + \lambda y = 0; \quad y(0) = 0, \quad y(1) = 0$$

A equação característica é $m^2 + \lambda = 0$. Consideremos separadamente os casos $\lambda = 0$, $\lambda < 0$ e $\lambda > 0$, pois eles conduzem a soluções diferentes:

λ = 0: A solução é $y = c_1 + c_2 x$. Aplicando as condições de contorno, obtemos $c_1 = c_2 = 0$, que resulta na solução trivial.

λ < 0: A solução é $y = c_1 e^{\sqrt{-\lambda}x} + c_2 e^{-\sqrt{-\lambda}x}$, onde $-\lambda$ e $\sqrt{-\lambda}$ são positivos. Aplicando as condições de contorno, obtemos

$$c_1 + c_2 = 0 \quad c_1 e^{\sqrt{-\lambda}} - c_2 e^{-\sqrt{-\lambda}} = 0$$

Aqui
$$\begin{vmatrix} 1 & 1 \\ e^{\sqrt{-\lambda}} & e^{-\sqrt{-\lambda}} \end{vmatrix} = e^{-\sqrt{-\lambda}} - e^{\sqrt{-\lambda}}$$

que nunca é zero, qualquer que seja o valor de $\lambda < 0$. Logo, $c_1 = c_2 = 0$ e $y \equiv 0$.

λ > 0: A solução é $A \operatorname{sen} \sqrt{\lambda} x + B \cos \sqrt{\lambda} x$. Aplicando as condições de contorno, obtemos $B = 0$ e $A \operatorname{sen} \sqrt{\lambda} = 0$. Note que sen $\theta = 0$ se e somente se $\theta = n\pi$, onde $n = 0, \pm 1, \pm 2, \ldots$ Além disso, se $\theta > 0$, n deve ser positivo. Para satisfazer as condições de contorno, $B = 0$ e, ou $A = 0$, ou sen $\sqrt{\lambda} = 0$. Essa última equação é equivalente a $\sqrt{\lambda} = n\pi$, onde $n = 1, 2, 3,...$ A escolha $A = 0$ resulta na solução trivial; a escolha $\sqrt{\lambda} = n\pi$ resulta na solução não-trivial $y_n = A_n$ sen $n\pi x$. Aqui, a notação A_n significa que a constante arbitrária A_n pode ser diferente para diferentes valores de n.

Reunindo os resultados dos três casos, concluímos que os autovalores são $\lambda_n = n^2\pi^2$ e as autofunções correspondentes são $y_n = A_n$ sen $n\pi x$, para $n = 1, 2, 3,...$

32.11 Determine os autovalores e as autofunções de

$$y'' + \lambda y = 0; \quad y(0) = 0, \quad y'(\pi) = 0$$

Como no Problema 32.10, os casos $\lambda = 0$, $\lambda < 0$ e $\lambda > 0$ devem ser considerados separadamente:

$\lambda = 0$: A solução é $y = c_1 + c_2 x$. Aplicando as condições de contorno, obtemos $c_1 = c_2 = 0$; logo, $y \equiv 0$.

$\lambda < 0$: A solução é $y = c_1 e^{\sqrt{-\lambda}x} + c_2 e^{-\sqrt{-\lambda}x}$, onde $-\lambda$ e $\sqrt{-\lambda}$ são positivos. Aplicando as condições de contorno, obtemos

$$c_1 + c_2 = 0 \quad c_1\sqrt{-\lambda}\, e^{\sqrt{-\lambda}\pi} - c_2\sqrt{-\lambda}\, e^{-\sqrt{-\lambda}\pi} = 0$$

que admite somente a solução $c_1 = c_2 = 0$; logo, $y \equiv 0$.

$\lambda > 0$: A solução é $y = A$ sen $\sqrt{\lambda}\, x + B$ cos $\sqrt{\lambda}\, x$. Aplicando as condições de contorno, obtemos $B = 0$ e $A\sqrt{\lambda}$ cos $\sqrt{\lambda}\, \pi = 0$. Para $\theta > 0$, cos $\theta = 0$ se e somente se θ for múltiplo positivo ímpar de $\pi/2$; isto é, quando $\theta = (2n-1)(\pi/2) = (n - \tfrac{1}{2})\pi$, onde $n = 1, 2, 3,...$ Portanto, para satisfazer as condições de contorno, devemos ter ou $B = 0$ ou $A = 0$, ou cos $\sqrt{\lambda}\, \pi = 0$. Esta última equação é equivalente a $\sqrt{\lambda} = n - \tfrac{1}{2}$. A escolha $A = 0$ resulta na solução trivial; a escolha $\sqrt{\lambda} = n - \tfrac{1}{2}$ resulta na solução não-trivial $y_n = A_n$ sen $(n - \tfrac{1}{2})x$.

Reunindo os três casos, concluímos que os autovalores são $\lambda_n = (n - \tfrac{1}{2})^2$ e as autofunções correspondentes são $y_n = A_n$ sen $(n - \tfrac{1}{2})x$, onde $n = 1, 2, 3,...$

32.12 Mostre que o problema de valor de contorno dado no Exercício 32.10 é um problema de Sturm-Liouville.

Este problema tem a forma (32.6) com $p(x) \equiv 1$, $q(x) \equiv 0$ e $w(x) \equiv 1$. Aqui, ambos $p(x)$ e $q(x)$ são sempre contínuos e positivos, em particular em [0, 1].

32.13 Determine se o problema de valor de contorno

$$(xy')' + [x^2 + 1 + \lambda e^x]y = 0; \quad y(1) + 2y'(1) = 0, \quad y(2) - 3y'(2) = 0$$

é um problema de Sturm-Liouville.

Aqui, $p(x) = x$, $q(x) = x^2 + 1$ e $w(x) = e^x$. Como $p(x)$ e $q(x)$ são contínuos e positivos em [1, 2], intervalo de interesse, o problema de valor de contorno é um problema de Sturm-Liouville.

32.14 Determine quais das seguintes equações diferenciais com condições de contorno $y(0) = 0$, $y'(1) = 0$ constituem problemas de Sturm-Liouville:

(a) $e^x y'' + e^x y' + \lambda y = 0$

(b) $xy'' + y' + (x^2 + 1 + \lambda)y = 0$

(c) $\left(\dfrac{1}{x}y'\right)' + (x + \lambda)y = 0$

(d) $y'' + \lambda(1 + x)y = 0$

(e) $e^{2x}y'' + e^{2x}y' + \lambda y = 0$

(a) A equação pode ser reescrita como $(e^x y')' + \lambda y = 0$; logo, $p(x) = e^x$, $q(x) \equiv 0$ e $w(x) \equiv 1$. Este é um problema de Sturm-Liouville.

(b) A equação é equivalente a $(xy')' + (x^2 + 1)y + \lambda y = 0$; logo, $p(x) = x$, $q(x) = x^2 + 1$ e $w(x) \equiv 1$. Como $p(x)$ é zero em um ponto do intervalo [0, 1], este não é um problema de Sturm-Liouville.

(c) Aqui, $p(x) = 1/x$, $q(x) = x$ e $w(x) \equiv 1$. Como $p(x)$ não é contínua em [0, 1], em particular em $x = 0$, este não é um problema de Sturm-Liouville.

(d) A equação pode ser reescrita como $(y')' + \lambda(1+x)y = 0$; logo, $p(x) \equiv 1$, $q(x) \equiv 0$ e $w(x) = 1 + x$. Este é um problema de Sturm-Liouville.

(e) A equação em sua forma original não é equivalente à Eq. (32.6); este não é um problema de Sturm-Liouville. Todavia, multiplicando primeiro a equação por e^{-x}, obtemos $(e^x y')' + \lambda e^{-x} y = 0$; este é um problema de Sturm-Liouville com $p(x) = e^x$, $q(x) \equiv 0$ e $w(x) = e^{-x}$.

32.15 Prove que a Eq. (32.6) é equivalente à Eq. (32.8) se e somente se $a_2'(x) = a_1(x)$. Aplicando a regra do produto da diferenciação em (32.6), obtemos

$$p(x)y'' + p'(x)y' + q(x)y + \lambda w(x)y = 0 \qquad (1)$$

Assumindo $a_2(x) = p(x)$, $a_1(x) = p'(x)$, $a_0(x) = q(x)$ e $r(x) = w(x)$, segue-se que (1), que é (32.6) reescrita de outra forma, é precisamente (29.8) com $a_2'(x) = p'(x) = a_1(x)$.

Reciprocamente, se $a_2'(x) = a_1(x)$, então (32.8) tem a forma

$$a_2(x)y'' + a_2'(x)y' + a_0(x)y + \lambda r(x)y = 0$$

que é equivalente a $[a_2(x)y']' + a_0(x)y + \lambda r(x)y = 0$. Essa última equação é precisamente (32.6) com $p(x) = a_2(x)$, $q(x) = a_0(x)$ e $w(x) = r(x)$.

32.16 Mostre que se a Eq. (32.8) for multiplicada por $I(x) = e^{\int [a_1(x)/a_2(x)]dx}$, a equação resultante é equivalente a Eq. (32.6).

Multiplicando (32.8) por $I(x)$, obtemos

$$I(x)a_2(x)y'' + I(x)a_1(x)y' + I(x)a_0(x)y + \lambda I(x)r(x)y = 0$$

que pode ser reescrita como

$$a_2(x)[I(x)y']' + I(x)a_0(x)y + \lambda I(x)r(x)y = 0 \qquad (1)$$

Dividindo (1) por $a_2(x)$ e assumindo $p(x) = I(x)$, $q(x) = I(x)a_0(x)/a_2(x)$ e $w(x) = I(x)r(x)/a_2(x)$, a equação resultante é precisamente (32.6). Note que, como $I(x)$ é uma exponencial e como $a_2(x)$ não se anula, $I(x)$ é positivo.

32.17 Transforme $y'' + 2xy' + (x + \lambda)y = 0$ na Eq. (32.6) utilizando o procedimento destacado no Problema 32.16.

Aqui, $a_2(x) \equiv 1$ e $a_1(x) = 2x$; logo, $a_1(x)/a_2(x) = 2x$ e $I(x) = e^{\int 2x\,dx} = e^{x^2}$. Multiplicando a equação diferencial dada por $I(x)$, obtemos

$$e^{x^2} y'' + 2xe^{x^2} y' + xe^{x^2} y + \lambda e^{x^2} y = 0$$

que pode ser reescrita como

$$(e^{x^2} y')' + xe^{x^2} y + \lambda e^{x^2} y = 0$$

Essa última equação é precisamente a Eq. (32.6) com $p(x) = e^{x^2}$, $q(x) = xe^{x^2}$ e $w(x) = e^{x^2}$.

32.18 Transforme $(x+2)y'' + 4y' + xy + \lambda e^x y = 0$ na Eq. (32.6) utilizando o procedimento destacado no Problema 32.16.

Aqui, $a_2(x) = x + 2$ e $a_1(x) \equiv 4$; logo, $a_1(x)/a_2(x) = 4/(x+2)$ e

$$I(x) = e^{\int [4/(x+2)]dx} = e^{4\ln|x+2|} = e^{\ln(x+2)^4} = (x+2)^4$$

Multiplicando a equação diferencial dada por $I(x)$, obtemos

$$(x+2)^5 y'' + 4(x+2)^4 y' + (x+2)^4 xy + \lambda(x+2)^4 e^x y = 0$$

que pode ser reescrita como

$$(x+2)[(x+2)^4 y']' + (x+2)^4 xy + \lambda(x+2)^4 e^x y = 0$$

ou
$$[(x+2)^4 y']' + (x+2)^3 xy + \lambda(x+2)^3 e^x y = 0$$

Essa última equação é precisamente a Eq. (32.6) com $p(x) = (x+2)^4$, $q(x) = (x+2)^3 x$ e $w(x) = (x+2)^3 e^x$. Note que, como dividimos por $a_2(x)$, se faz necessária a restrição $x \neq -2$. Além disso, para que $p(x)$ e $w(x)$ sejam positivas, devemos exigir $x > -2$.

32.19 Verifique as propriedades 32.1 a 32.4 para o problema de Sturm-Liouville

$$y'' + \lambda y = 0; \quad y(0) = 0, \quad y(1) = 0$$

Utilizando os resultados do Problema 32.10, temos que os autovalores são $\lambda_n = n^2\pi^2$ e as autofunções correspondentes são $y_n(x) = A_n \operatorname{sen} n\pi x$, para $n = 1, 2, 3,\ldots$ Os autovalores são obviamente reais e não-negativos, e podem ser ordenados como $\lambda_1 = \pi^2 < \lambda_2 = 4\pi^2 < \lambda_3 = 9\pi^2 < \cdots$ Cada autovalor possui uma única autofunção linearmente independente $e_n(x) = \operatorname{sen} n\pi x$ associada a ele. Finalmente, como

$$\operatorname{sen} n\pi x \operatorname{sen} m\pi x = \frac{1}{2}\cos(n-m)\pi x - \frac{1}{2}\cos(n+m)\pi x$$

temos para $n \neq m$ e $w(x) \equiv 1$:

$$\int_a^b w(x) e_n(x) e_m(x)\, dx = \int_0^1 \left[\frac{1}{2}\cos(n-m)\pi x - \frac{1}{2}\cos(n+m)\pi x\right] dx$$

$$= \left[\frac{1}{2(n-m)\pi} \operatorname{sen}(n-m)\pi x - \frac{1}{2(n+m)\pi} \operatorname{sen}(n+m)\pi x\right]_{x=0}^{x=1}$$

$$= 0$$

32.20 Verifique as propriedades 32.1 a 32.4 para o problema de Sturm-Liouville

$$y'' + \lambda y = 0; \quad y'(0) = 0, \quad y(\pi) = 0$$

Para este problema, calculamos os autovalores $\lambda_n = \left(n - \frac{1}{2}\right)^2$ e as autofunções correspondentes $y_n = A_n \cos\left(n - \frac{1}{2}\right)x$, para $n = 1, 2, \ldots$ Os autovalores são reais e positivos, e podem ser ordenados como

$$\lambda_1 = \frac{1}{4} < \lambda_2 = \frac{9}{4} < \lambda_3 = \frac{25}{4} < \cdots$$

Cada autovalor possui uma única autofunção linearmente independente $e_n(x) = \cos\left(n - \frac{1}{2}\right)x$ associada a ele. Também, para $n \neq m$ e $w(x) \equiv 1$,

$$\int_a^b w(x) e_n(x) e_m(x)\, dx = \int_0^\pi \cos\left(n - \frac{1}{2}\right)x \cos\left(m - \frac{1}{2}\right)x\, dx$$

$$= \int_0^\pi \left[\frac{1}{2}\cos(n+m-1)x + \frac{1}{2}\cos(n-m)x\right] dx$$

$$= \left[\frac{1}{2(n+m-1)}\operatorname{sen}(n+m-1)x + \frac{1}{2(n-m)}\operatorname{sen}(n-m)x\right]_{x=0}^{x=\pi}$$

$$= 0$$

32.21 Prove que se o conjunto de funções não-nulas $\{y_1(x), y_2(x),\ldots, y_p(x)\}$ satisfaz (32.9), então o conjunto é linearmente independente em $[a, b]$.

De (8.7), consideremos a equação

$$c_1 y_1(x) + c_2 y_2(x) + \cdots + c_k y_k(x) + \cdots + c_p y_p(x) \equiv 0 \qquad (1)$$

Multiplicando essa equação por $w(x) y_k(x)$ e então integrando de a a b, obtemos

$$c_1 \int_a^b w(x) y_k(x) y_1(x)\, dx + c_2 \int_a^b w(x) y_k(x) y_2(x)\, dx + \cdots$$
$$+ c_k \int_a^b w(x) y_k(x) y_k(x)\, dx + \cdots + c_p \int_a^b w(x) y_k(x) y_p(x)\, dx = 0$$

Da Eq. (29.9), concluímos que para $i \neq k$,

$$c_k \int_a^b w(x) y_k(x) y_i(x)\, dx = 0$$

Mas como $y_k(x)$ é uma função não-nula e $w(x)$ é positiva em $[a, b]$, decorre que

$$\int_a^b w(x)[y_k(x)]^2\, dx \neq 0$$

logo, $c_k = 0$. Como $c_k = 0, k = 1, 2, \ldots, p$ é a única solução de (1), o conjunto de funções dado é linearmente independente em $[a, b]$.

Problemas Complementares

Nos Problemas 32.22 a 32.29, determine todas as soluções, caso existam, dos problemas de valores de contorno indicados.

32.22 $y'' + y = 0;\ y(0) = 0,\ y(\pi/2) = 0$

32.23 $y'' + y = x;\ y(0) = 0,\ y(\pi/2) = 0$

32.24 $y'' + y = 0;\ y(0) = 0,\ y(\pi/2) = 1$

32.25 $y'' + y = x;\ y(0) = -1,\ y(\pi/2) = 1$

32.26 $y'' + y = 0;\ y'(0) = 0,\ y(\pi/2) = 0$

32.27 $y'' + y = 0;\ y'(0) = 1,\ y(\pi/2) = 0$

32.28 $y'' + y = x;\ y'(0) = 1,\ y(\pi/2) = 0$

32.29 $y'' + y = x;\ y'(0) = 1,\ y(\pi/2) = \pi/2$

Nos Problemas 32.30 a 32.36, determine os autovalores e as autofunções, caso existam, dos problemas de valores de contorno indicados.

32.30 $y'' + 2\lambda y' + \lambda^2 y = 0;\ y(0) + y'(0) = 0,\ y(1) + y'(1) = 0$

32.31 $y'' + 2\lambda y' + \lambda^2 y = 0;\ y(0) = 0,\ y(1) = 0$

32.32 $y'' + 2\lambda y' + \lambda^2 y = 0;\ y(1) + y'(1) = 0,\ 3y(2) + 2y'(2) = 0$

32.33 $y'' + \lambda y' = 0;\ y(0) + y'(0) = 0;\ y(2) + y'(2) = 0$

32.34 $y'' - \lambda y = 0;\ y(0) = 0,\ y(1) = 0$

32.35 $y'' + \lambda y = 0;\ y'(0) = 0, y(5) = 0$

32.36 $y'' + \lambda y = 0;\ y'(0) = 0,\ y'(\pi) = 0$

Nos Problemas 32.37 a 32.43, determine se cada uma das equações diferencias dadas com as condições de contorno $y(-1) + 2y'(-1) = 0,\ y(1) + 2y'(1) = 0$ é um problema de Sturm-Liouville.

32.37 $(2 + \operatorname{sen} x) y'' + (\cos x) y' + (1 + \lambda) y = 0$

32.38 $(\operatorname{sen} \pi x) y'' + (\pi \cos \pi x) y' + (x + \lambda) y = 0$

32.39 $(\operatorname{sen} x) y'' + (\cos x) y' + (1 + \lambda) y = 0$

32.40 $(x + 2)^2 y'' + 2(x + 2) y' + (e^x + \lambda e^{2x}) y = 0$

32.41 $(x + 2)^2 y'' + (x + 2) y' + (e^x + \lambda e^{2x}) y = 0$

32.42 $y'' + \dfrac{3}{x^2} \lambda y = 0$

32.43 $y'' + \dfrac{3}{(x - 4)^2} \lambda y = 0$

32.44 Transforme $e^{2x} y'' + e^{2x} y' + (x + \lambda) y = 0$ na Eq. (32.6) utilizando o procedimento destacado no Problema 32.16.

32.45 Transforme $x^2 y'' + xy' + \lambda xy = 0$ na Eq. (32.6) utilizando o procedimento destacado no Problema 32.16.

32.46 Verifique as propriedades 32.1 a 32.4 para o problema de Sturm-Liouville

$$y'' + \lambda y = 0;\ y'(0) = 0,\ y'(\pi) = 0$$

32.47 Verifique as propriedades 32.1 a 32.4 para o problema de Sturm-Liouville

$$y'' + \lambda y = 0;\ y(0) = 0,\ y(2\pi) = 0$$

Capítulo 33

Expansões em Autofunções

FUNÇÕES PARCIALMENTE SUAVES

Uma ampla classe de funções pode ser representada por séries infinitas de autofunções de um problema de Sturm-Liouville (ver Capítulo 32).

DEFINIÇÃO: Uma função $f(x)$ é *parcialmente contínua* no intervalo aberto $a < x < b$ se (1) $f(x)$ for contínua em todo ponto de $a < x < b$, com a possível exceção de, no máximo, um número *finito* de pontos $x_1, x_2,..., x_n$ e (2) nesses pontos de descontinuidade, existirem os limites à direita e à esquerda de $f(x)$, respectivamente, $\lim_{\substack{x \to x_j \\ x > x_j}} f(x)$ e $\lim_{\substack{x \to x_j \\ x < x_j}} f(x)$ $(j = 1, 2,..., n)$.

(Note que uma função contínua é parcialmente contínua).

DEFINIÇÃO: Uma função $f(x)$ é *parcialmente contínua* no intervalo fechado $a \leq x \leq b$ se (1) for contínua no intervalo aberto $a < x < b$, (2) o limite à direita de $f(x)$ existir em $x = a$ e (3) o limite à esquerda de $f(x)$ existir em $x = b$.

DEFINIÇÃO: Uma função $f(x)$ é *parcialmente suave* em $[a, b]$ se tanto $f(x)$ como $f'(x)$ forem parcialmente contínuas em $[a,b]$.

Teorema 33.1 Se $f(x)$ for parcialmente suave em $[a, b]$ e se $\{e_n(x)\}$ for um conjunto de todas as autofunções de um problema de Sturm-Liouville (ver Propriedade 32.3), então

$$f(x) = \sum_{n=1}^{\infty} c_n e_n(x) \tag{33.1}$$

onde
$$c_n = \frac{\int_a^b w(x) f(x) e_n(x)\, dx}{\int_a^b w(x) e_n^2(x)\, dx} \tag{33.2}$$

A representação (33.1) é válida em todos os pontos do intervalo aberto (a, b) onde $f(x)$ é contínua. A função $w(x)$ em (33.2) é dada pela Eq. (32.6).

Como diferentes problemas de Sturm-Liouville normalmente geram diferentes conjuntos de autofunções, uma dada função parcialmente suave pode admitir diversas expansões da forma (33.1). As características básicas de todas essas expansões são evidenciadas pelas séries trigonométricas estudadas a seguir.

SÉRIES DE SENOS DE FOURIER

As autofunções do problema de Sturm-Liouville $y'' + \lambda y = 0$; $y(0) = 0$ $y(L) = 0$, onde L é um número real positivo, são $e_n(x) = \operatorname{sen}(n\pi x/L)$ $(n = 1, 2, 3, ...)$. Substituindo essas funções em (33.1), obtemos

$$f(x) = \sum_{n=1}^{\infty} c_n \operatorname{sen} \frac{n\pi x}{L} \tag{33.3}$$

Para esse problema de Sturm-Liouville, $w(x) \equiv 1$, $a = 0$ e $b = L$; de modo que

$$\int_a^b w(x) e_n^2(x)\, dx = \int_0^L \operatorname{sen}^2 \frac{n\pi x}{L} dx = \frac{L}{2}$$

e (33.2) se escreve

$$c_n = \frac{2}{L} \int_0^L f(x) \operatorname{sen} \frac{n\pi x}{L} dx \tag{33.4}$$

A expansão (33.3) com coeficientes dados por (33.4) é a *série de senos de Fourier* para $f(x)$ em $(0, L)$.

SÉRIES DE CO-SENOS DE FOURIER

As autofunções do problema de Sturm-Liouville $y'' + \lambda y = 0$; $y'(0) = 0$ e $y'(L) = 0$, onde L é um número real positivo, são $e_0(x) = 1$ e $e_n(x) = \cos(n\pi x/L)$ $(n = 1, 2, 3, ...)$. Aqui, $\lambda = 0$ é um autovalor com a autofunção correspondente $e_0(x) = 1$. Substituindo essas funções em (33.1), onde, em razão da autofunção adicional $e_0(x)$, o somatório começa agora em $n = 0$, obtemos

$$f(x) = c_0 + \sum_{n=1}^{\infty} c_n \cos \frac{n\pi x}{L} \tag{33.5}$$

Para este problema de Sturm-Liouville, $w(x) \equiv 1$, $a = 0$ e $b = L$; de modo que

$$\int_a^b w(x) e_0^2(x)\, dx = \int_0^L dx = L \qquad \int_a^b w(x) e_n^2(x)\, dx = \int_0^L \cos^2 \frac{n\pi x}{L} dx = \frac{L}{2}$$

Assim, (33.2) se escreve

$$c_0 = \frac{1}{L} \int_0^L f(x)\, dx \qquad c_n = \frac{2}{L} \int_0^L f(x) \cos \frac{n\pi x}{L} dx \qquad (n = 1, 2, ...) \tag{33.6}$$

A expansão (33.5) com coeficientes dados por (33.6) é a *série de co-senos de Fourier* para $f(x)$ em $(0, L)$.

Problemas Resolvidos

33.1 Determine se $f(x) = \begin{cases} x^2 + 1 & x \geq 0 \\ 1/x & x < 0 \end{cases}$ é parcialmente contínua em $[-1, 1]$.

A função dada é contínua em todo intervalo $[-1, 1]$, com exceção de $x = 0$. Portanto, se os limites à direita e à esquerda existirem em $x = 0$, $f(x)$ será parcialmente contínua em $[-1, 1]$. Temos

$$\lim_{\substack{x \to 0 \\ x > 0}} f(x) = \lim_{\substack{x \to 0 \\ x > 0}} (x^2 + 1) = 1 \qquad \lim_{\substack{x \to 0 \\ x < 0}} f(x) = \lim_{\substack{x \to 0 \\ x < 0}} \frac{1}{x} = -\infty$$

Como o limite à esquerda não existe, $f(x)$ não é parcialmente contínua em $[-1, 1]$.

33.2 $f(x) = \begin{cases} \operatorname{sen} \pi x & x > 1 \\ 0 & 0 \le x \le 1 \\ e^x & -1 < x < 0 \\ x^3 & x \le -1 \end{cases}$ é parcialmente contínua em $[-2, 5]$?

A função dada é contínua em todo intervalo $[-2, 5]$, com exceção dos dois pontos $x_1 = 0$ e $x_2 = -1$. [Note que $f(x)$ é contínua em $x = 1$]. Nesses dois pontos de descontinuidade, obtemos

$$\lim_{\substack{x \to 0 \\ x > 0}} f(x) = \lim_{x \to 0} 0 = 0 \qquad \lim_{\substack{x \to 0 \\ x < 0}} f(x) = \lim_{x \to 0} e^x = e^0 = 1$$

e

$$\lim_{\substack{x \to -1 \\ x > -1}} f(x) = \lim_{x \to -1} e^x = e^{-1} \qquad \lim_{\substack{x \to -1 \\ x < -1}} f(x) = \lim_{x \to -1} x^3 = -1$$

Como todos os limites exigidos existem, $f(x)$ é parcialmente contínua em $[-2, 5]$.

33.3 A função

$$f(x) = \begin{cases} x^2 + 1 & x < 0 \\ 1 & 0 \le x \le 1 \\ 2x + 1 & x > 1 \end{cases}$$

é parcialmente suave em $[-2, 2]$?

A função é contínua em todo intervalo $[-2, 2]$, com exceção de $x_1 = 1$. Como os limites exigidos existem em x_1, $f(x)$ é parcialmente contínua. Diferenciando $f(x)$, obtemos

$$f'(x) = \begin{cases} 2x & x < 0 \\ 0 & 0 \le x < 1 \\ 2 & x > 1 \end{cases}$$

A derivada não existe em $x_1 = 1$, mas é contínua em todos os outros pontos de $[-2, 2]$. Em x_1, o limite exigido existe. Logo, $f'(x)$ é parcialmente contínua. Decorre que $f(x)$ é parcialmente suave em $[-2, 2]$.

33.4 A função

$$f(x) = \begin{cases} 1 & x < 0 \\ \sqrt{x} & 0 \le x \le 1 \\ x^3 & x > 1 \end{cases}$$

é parcialmente suave em $[-1, 3]$?

A função é contínua em todo intervalo $[-1, 3]$, com exceção de $x_1 = 0$. Como os limites exigidos existem em x_1, $f(x)$ é parcialmente contínua. Diferenciando $f(x)$, obtemos

$$f'(x) = \begin{cases} 0 & x < 0 \\ \dfrac{1}{2\sqrt{x}} & 0 < x < 1 \\ 3x^2 & x > 1 \end{cases}$$

que é contínua em todo o intervalo $[-1, 3]$, com exceção dos dois pontos $x_1 = 0$ e $x_2 = 1$, onde as derivadas não existem. Em x_1,

$$\lim_{\substack{x \to x_1 \\ x > x_1}} f'(x) = \lim_{\substack{x \to 0 \\ x > 0}} \frac{1}{2\sqrt{x}} = \infty$$

Logo, um dos limites exigidos não existe. Segue-se que $f'(x)$ não é parcialmente contínua e, portanto, $f(x)$ não é parcialmente suave em $[-1, 3]$.

33.5 Determine uma série de senos de Fourier para $f(x) = 1$ em $(0, 5)$.

Utilizando a Eq. (33.4) com $L = 5$, temos

$$c_n = \frac{2}{L}\int_0^L f(x)\operatorname{sen}\frac{n\pi x}{L}dx = \frac{2}{5}\int_0^5 (1)\operatorname{sen}\frac{n\pi x}{5}dx$$

$$= \frac{2}{5}\left[-\frac{5}{n\pi}\cos\frac{n\pi x}{5}\right]_{x=0}^{x=5} = \frac{2}{n\pi}[1-\cos n\pi] = \frac{2}{n\pi}[1-(-1)^n]$$

Assim, a Eq. (33.3) se escreve

$$1 = \sum_{n=1}^{\infty}\frac{2}{n\pi}[1-(-1)^n]\operatorname{sen}\frac{n\pi x}{5}$$

$$= \frac{4}{\pi}\left(\operatorname{sen}\frac{\pi x}{5} + \frac{1}{3}\operatorname{sen}\frac{3\pi x}{5} + \frac{1}{5}\operatorname{sen}\frac{5\pi x}{5} + \cdots\right) \quad (1)$$

Como $f(x) = 1$ é parcialmente suave em $[0, 5]$ e contínua em todo o intervalo aberto $(0, 5)$, decorre do Teorema 33.1 que (1) é válida para x em $(0, 5)$.

33.6 Determine uma série de co-senos de Fourier para $f(x) = x$ em $(0, 3)$.

Utilizando a Eq. (33.6) com $L = 3$, temos

$$c_0 = \frac{1}{L}\int_0^L f(x)\,dx = \frac{1}{3}\int_0^3 x\,dx = \frac{3}{2}$$

$$c_n = \frac{2}{L}\int_0^L f(x)\cos\frac{n\pi x}{L}dx = \frac{2}{3}\int_0^3 x\cos\frac{n\pi x}{3}dx$$

$$= \frac{2}{3}\left[\frac{3x}{n\pi}\operatorname{sen}\frac{n\pi x}{3} + \frac{9}{n^2\pi^2}\cos\frac{n\pi x}{3}\right]_{x=0}^{x=3}$$

$$= \frac{2}{3}\left(\frac{9}{n^2\pi^2}\cos n\pi - \frac{9}{n^2\pi^2}\right) = \frac{6}{n^2\pi^2}[(-1)^n - 1]$$

Assim, a Eq. (33.5) se escreve

$$x = \frac{3}{2} + \sum_{n=1}^{\infty}\frac{6}{n^2\pi^2}[(-1)^n - 1]\cos\frac{n\pi x}{3}$$

$$= \frac{3}{2} - \frac{12}{\pi^2}\left(\cos\frac{\pi x}{3} + \frac{1}{9}\cos\frac{3\pi x}{3} + \frac{1}{25}\cos\frac{5\pi x}{3} + \cdots\right) \quad (1)$$

Como $f(x) = x$ é parcialmente suave em $[0, 3]$ e contínua em todo o intervalo aberto $(0, 3)$, decorre do Teorema 33.1 que (1) é válida para x em $(0, 3)$.

33.7 Determine uma série de senos de Fourier para $f(x) = \begin{cases} 0 & x \leq 2 \\ 2 & x > 2 \end{cases}$ em $(0, 3)$.

Utilizando a Eq. (33.4) com $L = 3$, temos

$$c_n = \frac{2}{3}\int_0^3 f(x)\,\text{sen}\,\frac{n\pi x}{3}dx$$

$$= \frac{2}{3}\int_0^2 (0)\,\text{sen}\,\frac{n\pi x}{3}dx + \frac{2}{3}\int_2^3 (2)\,\text{sen}\,\frac{n\pi x}{3}dx$$

$$= 0 + \frac{4}{3}\left[-\frac{3}{n\pi}\cos\frac{n\pi x}{3}\right]_{x=2}^{x=3} = \frac{4}{n\pi}\left[\cos\frac{2n\pi}{3} - \cos n\pi\right]$$

Assim, a Eq. (33.3) se escreve

$$f(x) = \sum_{n=1}^{\infty} \frac{4}{n\pi}\left[\cos\frac{2n\pi}{3} - (-1)^n\right]\text{sen}\,\frac{n\pi x}{3}$$

Além disso, $\quad\cos\dfrac{2\pi}{3} = -\dfrac{1}{2},\quad \cos\dfrac{4\pi}{3} = -\dfrac{1}{2},\quad \cos\dfrac{6\pi}{3} = 1, \ldots$

Assim, $\quad f(x) = \dfrac{4}{\pi}\left(\dfrac{1}{2}\text{sen}\,\dfrac{\pi x}{3} - \dfrac{3}{4}\text{sen}\,\dfrac{2\pi x}{3} + \dfrac{2}{3}\text{sen}\,\dfrac{3\pi x}{3} - \cdots\right)$ (1)

Como $f(x) = x$ é parcialmente suave em [0, 3] e contínua em todo o intervalo (0, 3), exceto em $x = 2$, decorre do Teorema 33.1 que (1) é válida em todo o intervalo (0, 3), exceto em $x = 2$.

33.8 Determine uma série de senos de Fourier para $f(x) = e^x$ em $(0, \pi)$.

Utilizando a Eq. (33.4) com $L = \pi$, obtemos

$$c_n = \frac{2}{\pi}\int_0^\pi e^x \text{sen}\,\frac{n\pi x}{\pi}dx = \frac{2}{\pi}\left[\frac{e^x}{1+n^2}(\text{sen}\,nx - n\cos nx)\right]_{x=0}^{x=\pi}$$

$$= \frac{2}{\pi}\left(\frac{n}{1+n^2}\right)(1 - e^\pi \cos n\pi)$$

Assim, a Eq. (33.3) se escreve

$$e^x = \frac{2}{\pi}\sum_{n=1}^{\infty}\frac{n}{1+n^2}[1 - e^\pi(-1)^n]\,\text{sen}\,nx$$

Decorre do Teorema 33.1 que essa última equação é válida para todo x em $(0, \pi)$.

33.9 Determine uma série de co-senos de Fourier para $f(x) = e^x$ em $(0, \pi)$.

Utilizando a Eq. (33.6) com $L = \pi$, obtemos

$$c_0 = \frac{1}{\pi}\int_0^\pi e^x dx = \frac{1}{\pi}(e^\pi - 1)$$

$$c_n = \frac{2}{\pi}\int_0^\pi e^x \cos\frac{n\pi x}{\pi}dx = \frac{2}{\pi}\left[\frac{e^x}{1+n^2}(\cos nx + n\,\text{sen}\,nx)\right]_{x=0}^{x=\pi}$$

$$= \frac{2}{\pi}\left(\frac{1}{1+n^2}\right)(e^\pi \cos n\pi - 1)$$

Assim, a Eq. (33.5) se escreve

$$e^x = \frac{1}{\pi}(e^\pi - 1) + \frac{2}{\pi}\sum_{n=1}^{\infty}\frac{1}{1+n^2}[(-1)^n e^\pi - 1]\cos nx$$

Como no Problema 33.8, essa última equação é válida para todo x em $(0, \pi)$.

33.10 Determine uma expansão para $f(x) = e^x$ em termos de autofunções do problema de Sturm-Liouville $y'' + \lambda y = 0$; $y'(0) = 0$ e $y(\pi) = 0$.

Pelo Problema 32.20, temos $e_n(x) = \cos(n - \frac{1}{2})x$ para $n = 1, 2, \ldots$. Substituindo essas funções e $w(x) \equiv 1$, $a = 0$ e $b = \pi$ na Eq. (33.2), obtemos para o numerador:

$$\int_a^b w(x)f(x)e_n(x)\,dx = \int_0^\pi e^x \cos\left(n - \frac{1}{2}\right)x\,dx$$

$$= \frac{e^x}{1 + (n - \frac{1}{2})^2}\left[\cos\left(n - \frac{1}{2}\right)x + \left(n - \frac{1}{2}\right)\operatorname{sen}\left(n - \frac{1}{2}\right)x\right]_{x=0}^{x=\pi}$$

$$= \frac{-1}{1 + (n - \frac{1}{2})^2}\left[e^\pi\left(n - \frac{1}{2}\right)(-1)^n + 1\right]$$

e para o denominador:

$$\int_a^b w(x)e_n^2(x)\,dx = \int_0^\pi \cos^2\left(n - \frac{1}{2}\right)x\,dx$$

$$= \left[\frac{x}{2} + \frac{\operatorname{sen}(2n-1)x}{4(n-\frac{1}{2})}\right]_{x=0}^{x=\pi} = \frac{\pi}{2}$$

Assim, $$c_n = \frac{2}{\pi}\left[\frac{-1}{1 + (n - \frac{1}{2})^2}\right]\left[e^\pi\left(n - \frac{1}{2}\right)(-1)^n + 1\right]$$

e a Eq. (33.1) se escreve

$$e^x = \frac{-2}{\pi}\sum_{n=1}^{\infty}\frac{1 + (-1)^n e^\pi(n - \frac{1}{2})}{1 + (n - \frac{1}{2})^2}\cos\left(n - \frac{1}{2}\right)x$$

Pelo Teorema 33.1, essa última equação é válida para todo x em $(0, \pi)$.

33.11 Determine uma expansão para $f(x) = 1$ em termos de autofunções do problema de Sturm-Liouville $y'' + \lambda y = 0$; $y(0) = 0$, $y'(1) = 0$.

Pode-se mostrar que as autofunções são $e_n(x) = \operatorname{sen}(n - \frac{1}{2})\pi x$ $(n = 1, 2, \ldots)$. Substituindo essas funções e $w(x) \equiv 1$, $a = 0$ e $b = 1$ na Eq. (33.2), obtemos para o numerador:

$$\int_a^b w(x)f(x)e_n(x)\,dx = \int_0^1 \operatorname{sen}\left(n - \frac{1}{2}\right)\pi x\,dx$$

$$= \frac{-1}{(n - \frac{1}{2})\pi}\cos\left(n - \frac{1}{2}\right)\pi x\bigg|_0^1 = \frac{1}{(n - \frac{1}{2})\pi}$$

e para o denominador:

$$\int_a^b w(x)e_n^2(x)\,dx = \int_0^1 \operatorname{sen}^2\left(n-\frac{1}{2}\right)\pi x\,dx$$

$$= \left[\frac{x}{2} - \frac{\operatorname{sen}(2n-1)\pi x}{4(n-\frac{1}{2})}\right]_{x=0}^{x=1} = \frac{1}{2}$$

Assim, $$c_n = \frac{2}{(n-\frac{1}{2})\pi}$$

e a Eq. (33.1) se escreve

$$1 = \frac{2}{\pi}\sum_{n=1}^{\infty} \frac{\operatorname{sen}(n-\frac{1}{2})\pi x}{n-\frac{1}{2}}$$

Pelo Teorema 33.1, essa última equação é válida para todo x em (0, 1).

Problemas Complementares

33.12 Determine uma série de senos de Fourier para $f(x) = 1$ em (0, 1).

33.13 Determine uma série de senos de Fourier para $f(x) = x$ em (0, 3).

33.14 Determine uma série de co-senos de Fourier para $f(x) = x^2$ em $(0, \pi)$.

33.15 Determine uma série de co-senos de Fourier para $f(x) = \begin{cases} 0 & x \le 2 \\ 2 & x > 2 \end{cases}$ em (0, 3).

33.16 Determine uma série de co-senos de Fourier para $f(x) = 1$ em (0, 7).

33.17 Determine uma série de senos de Fourier para $f(x) = \begin{cases} x & x \le 1 \\ 2 & x > 1 \end{cases}$ em (0, 2).

33.18 Determine uma expansão para $f(x) = 1$ em termos de autofunções do problema de Sturm-Liouville $y'' + \lambda y = 0$; $y'(0) = 0$ e $y(\pi) = 0$.

33.19 Determine uma expansão para $f(x) = x$ em termos de autofunções do problema de Sturm-Liouville $y'' + \lambda y = 0$; $y(0) = 0$ e $y'(\pi) = 0$.

33.20 Determine se as seguintes funções são parcialmente contínuas em $[-1, 5]$:

(a) $f(x) = \begin{cases} x^2 & x \ge 2 \\ 4 & 0 < x < 2 \\ x & x \le 0 \end{cases}$
(b) $f(x) = \begin{cases} 1/(x-2)^2 & x > 2 \\ 5x^2 - 1 & x \le 2 \end{cases}$

(c) $f(x) = \dfrac{1}{(x-2)}$
(d) $f(x) = \dfrac{1}{(x+2)}$

33.21 Quais das seguintes funções são parcialmente suaves em $[-2, 3]$?

(a) $f(x) = \begin{cases} x^3 & x < 0 \\ \operatorname{sen}\pi x & 0 \le x \le 1 \\ x^2 - 5x & x > 1 \end{cases}$
(b) $f(x) = \begin{cases} e^x & x < 1 \\ \sqrt{x} & x \ge 1 \end{cases}$

(c) $f(x) = \ln|x|$
(d) $f(x) = \begin{cases} (x-1)^2 & x \le 1 \\ (x-1)^{1/3} & x > 1 \end{cases}$

Capítulo 34

Uma Introdução às Equações de Diferença

INTRODUÇÃO

Neste capítulo, consideramos funções $y_n = f(n)$, que são definidas para valores inteiros não-negativos $n = 0, 1, 2, 3,\ldots$. Por exemplo, se $y_n = n^3 - 4$, então os primeiros termos são $\{y_0, y_1, y_2, y_3, y_4,\ldots\}$ ou $\{-4, -3, 4, 23, 60,\ldots\}$. Como iremos tratar de *equações de diferença*, estaremos interessados em *diferenças* em vez de *derivadas*. Veremos, todavia, a existência de uma forte ligação entre as equações de diferença e as equações diferenciais.

Uma *diferença* é definida como: $\Delta y_n = y_{n+1} - y_n$. Uma equação envolvendo uma diferença é denominada como uma *equação de diferença*, que é simplesmente uma equação envolvendo uma função incógnita, y_n, calculada para dois ou mais valores diferentes de n. Assim, $\Delta y_n = 9 + n^2$, é um exemplo de uma equação de diferença, que pode ser reescrita como $y_{n+1} - y_n = 9 + n^2$ ou

$$y_{n+1} = y_n + 9 + n^2 \tag{34.1}$$

Dizemos que n é a *variável independente* ou o *argumento*, enquanto y é a *variável dependente*.

CLASSIFICAÇÕES

A Equação (34.1) pode ser classificada como uma *equação de diferença linear não-homogênea de primeira ordem*. Esses termos refletem a contraparte das equações diferenciais. A seguir temos as seguintes definições:

- A *ordem* de uma equação de diferença é definida como a diferença entre o argumento mais elevado e o argumento mais baixo.

- Uma equação de diferença é *linear* caso o comportamento de *y* seja linear, não importando o que os argumentos possam ser; fora isso, é classificada como *não-linear*.

- Uma equação de diferença é *homogênea* se cada termo contém a variável dependente; fora isso, é *não-homogênea*.

Notemos que equações de diferença são também denominadas como *relações de recorrência* ou *fórmulas recursivas* (ver Problemas 34.7).

SOLUÇÕES

Soluções de equações de diferença são normalmente classificadas como *particular* ou *geral*, dependendo se existam quaisquer *condições iniciais* associadas. As soluções são obtidas por substituição direta (ver Problemas 34.8 a 34.10). A teoria de soluções para as equações de diferença é, na prática, idêntica a das equações diferenciais (ver Capítulo 8) e as técnicas de "*soluções por suposição*" são, do mesmo modo, semelhantes aos métodos empregados para as equações diferenciais (ver Capítulos 9 e 11).

Por exemplo, admitamos que $y_n = \rho^n$ resolva uma equação de diferença homogênea com coeficiente constante. A substituição dessa suposição nos permite resolver em relação a ρ. (Ver, por exemplo, os Problemas 34.11 e 34.12.)

Utilizaremos também o método dos *coeficientes indeterminados* para obter uma solução particular para uma equação não-homogênea (ver Problemas 34.13).

Problemas Resolvidos

Nos Problemas 34.1 a 34.6, considere as seguintes equações de diferença e determine: a variável independente, a variável dependente, a ordem, se são lineares e se são homogêneas.

34.1 $y_{n+3} = 4y_n$

A variável independente é n e a variável dependente é y. Trata-se de uma equação de terceira ordem, pois a diferença entre o argumento mais elevado e o argumento mais baixo é $(n + 3) - n = 3$. A equação é linear por causa da linearidade tanto de y_{n+3} como y_n. Finalmente, a equação é homogênea, pois cada termo contém a variável dependente y.

34.2 $t_{i+2} = 4 + t_{i-3} - 5t_{i-5}$

A variável independente é i e a variável dependente é t. Trata-se de uma equação de sétima ordem, pois a diferença entre o argumento mais elevado e o argumento mais baixo é 7. A equação é linear devido à linearidade de t_i e é não-homogênea por causa de 4, que aparece independente de t_i.

34.3 $z_k z_{k+1} = 10$

A variável independente é k e a variável dependente é z. Trata-se de uma equação de primeira ordem. É não-linear, pois, apesar de z_k e z_{k+1} aparecerem elevados à primeira potência, não aparecem de forma linear (mais do que sen z_k é linear). É não-homogênea por causa do número 10 isolado no membro direito da equação.

34.4 $f_{n+2} = f_{n+1} + f_n$ onde $f_0 = 1, f_1 = 1$

A variável independente é n e a variável dependente é f. Trata-se de uma equação de segunda ordem, linear e homogênea. Notemos que existem duas condições iniciais. Notemos, também, que essa relação, acoplada com as condições iniciais gera um conjunto clássico de valores conhecidos como os números de Fibonacci (ver Problemas 34.7 e 34.30).

34.5 $y_r = 9 \cos y_{r-4}$

A variável independente é r e a variável dependente é y. Essa é uma equação de quarta ordem. É não-linear por causa do comportamento de $\cos y_{r-4}$. Trata-se de uma equação homogênea, pois ambos os termos contém a variável dependente.

34.6 $2^n + x_n = x_{n+8}$

A variável independente é n e a variável dependente é x. Essa é uma equação de diferença linear de oitava ordem. É não-homogênea por causa do termo 2^n.

34.7 Aplicando cálculo recursivo, gere os primeiros onze números de Fibonacci utilizando o Problema 34.4.

Sabemos que $f_0 = 1$ e $f_1 = 1$, e $f_{n+2} = f_{n+1} + f_n$. Utilizando essa fórmula recursiva, com $n = 0$, temos, $f_2 = f_1 + f_0 = 1 + 1 = 2$. Assumindo, agora, $n = 1$, isso implica $f_3 = f_2 + f_1 = 2 + 1 = 3$. Continuando dessa maneira recursiva, temos a seguinte seqüência: $f_4 = 5, f_5 = 8, f_6 = 13, f_7 = 21, f_8 = 34, f_9 = 55$ e $f_{10} = 89$.

34.8 Verifique que $y_n = c(4^n)$, onde c é uma constante arbitrária, soluciona a equação de diferença $y_{n+1} = 4y_n$.

Substituindo a solução no membro esquerdo da equação de diferença, temos $y_{n+1} = c(4^{n+1})$. O membro direito se escreve $4c(4^n) = c(4^{n+1})$, que é precisamente o resultado obtido quando substituímos a solução no membro esquerdo. A equação é identicamente verdadeira para todo n, isto é, pode ser reescrita como $4c(4^n) \equiv c(4^{n+1})$. Logo, verificamos a solução. Notemos que essa solução pode ser considerada como a solução geral para essa equação linear de primeira ordem, pois a equação é satisfeita para qualquer valor de c.

34.9 Considere a equação de diferença $a_{n+2} + 5a_{n+1} + 6a_n = 0$ com as condições impostas: $a_0 = 1$ e $a_1 = -4$. Verifique que $a_n = 2(-3)^n - (-2)^n$ soluciona a equação e satisfaz ambas as condições.

Assumindo $n = 0$ e $n = 1$ em a_n temos $a_0 = 1$ e $a_1 = -4$. Logo, as duas condições auxiliares são satisfeitas. Substituindo a_n na equação de diferença, obtemos

$$2(-3)^{n+2} - (-2)^{n+2} + 5[2(-3)^{n+1} - (-2)^{n+1}] + 6[2(-3)^n - (-2)^n] =$$

$$9(2)(-3)^n - 4(-2)^n + 5[-6(-3)^n + 2(-2)^n] + 12(-3)^n - 6(-2)^n =$$

$$18(-3)^n - 4(-2)^n - 30(-3)^n + 10(-2)^n + 12(-3)^n - 6(-2)^n \equiv 0.$$

Assim, a_n satisfaz a equação.

Notemos que essa solução pode ser considerada uma solução particular, em oposição à solução geral, pois essa equação é acoplada com condições específicas.

34.10 Verifique que $p_n = c_1(3^n) + c_2(5)^n + 3 + 4n$, onde c_1 e c_2 são constantes arbitrárias, satisfaz a equação de diferença $p_{n+2} = 8p_{n+1} - 15p_n + 32n$.

Assumindo n, $n+1$ e $n+2$ em p_n e substituindo na equação, resulta

$$c_1(3)^{n+2} + c_2(5)^{n+2} + 3 + 4(n+2)$$
$$= 8[c_1(3)^{n+1} + c_2(5)^{n+1} + 3 + 4(n+1)] - 15[c_1(3)^n + c_2(5)^n + 3 + 4n] + 32n$$

donde ambos os membros são simplificados para $9c_1(3)^n + 25c_2(5)^n + 11 + 4n$, verificando, pois, a solução.

34.11 Considere a equação de diferença $y_{n+1} = -6y_n$. Supondo $y_n = \rho_n$ para $\rho \neq 0$, determine uma solução para essa equação.

Substituição direta resulta em $\rho^{n+1} = -6\rho^n$, o que implica $\rho = -6$. Logo, $y_n = (-6)^n$ é uma solução da equação de diferença, que pode ser facilmente verificada. Notemos que $y_n = k(-6)^n$ também resolve a equação, onde k é uma constante arbitrária. Essa equação pode ser tomada como uma solução geral.

34.12 Aplicando a técnica empregada no problema anterior, determine a solução geral de $3b_{n+2} + 4b_{n+1} + b_n = 0$.

A substituição de $b_n = \rho^n$ na equação de diferença resulta em $3\rho^{n+2} + 4\rho^{n+1} + \rho^n = \rho^n(3\rho^2 + 4\rho + 1) = 0$, que implica $3\rho^2 + 4\rho + 1 = 0$, resultando em $\rho = \dfrac{-1}{3}, -1$. Então, a solução geral, como pode ser facilmente verificada, é

$c_1\left(\dfrac{-1}{3}\right)^n + c_2(-1)^n$, onde c_i são constantes arbitrárias.

Notemos que $3\rho^2 + 4\rho + 1 = 0$ é denominada a equação característica. Suas raízes podem ser tratadas exatamente da mesma maneira como as equações características derivadas de equações diferencias com coeficientes constantes são (ver Capítulo 9).

34.13 Resolva $d_{n+1} = 2d_n + 6n$, supondo uma solução da forma $d_n = A_n + B$, onde A e B são coeficientes a se determinar.

A substituição da suposição na equação de diferença resulta na identidade $A(n+1) + B \equiv 2(An + B) + 6n$. Igualando os coeficientes com potências semelhantes de n, temos $A = 2A + 6$ e $A + B = 2B$, que implica $A = B = -6$. Logo, nossa solução se escreve $d_n = -6n - 6$.

Notemos que o método dos "coeficientes indeterminados" foi apresentado no Capítulo 11 para as equações diferenciais. Nossa suposição aqui é a contrapartida da variável discreta, assumindo um polinômio de primeiro grau, pois a parte não-homogênea da equação é um polinômio de primeiro grau.

34.14 Determine a solução geral da equação de diferença não-homogênea $d_{n+1} = 2d_n + 6n$, sabendo que a solução geral da equação homogênea correspondente é $d_n = k(2)^n$, onde k é uma constante arbitrária.

Pelo fato da teoria de soluções das equações de diferença ser semelhante a das equações diferenciais (ver Capítulo 8), a solução geral da equação não-homogênea é a *soma* da solução geral da equação homogênea correspondente mais qualquer solução da equação não-homogênea.

Como foi dada a solução geral da equação homogênea e sabemos uma solução particular da equação não-homogênea (ver Problema 34.13), a solução desejada é $d_n = k(2)^n - 6n - 6$.

34.15 Considere a equação de diferença $y_{n+2} + 6y_{n+1} + 9y_n = 0$. Aplicando a técnica da suposição apresentada no Problema 34.11, determine a solução geral.

Assumindo $y_n = \rho^n$, que resulta em $\rho^n(\rho^2 + 6\rho + 9) = 0$ e implica $\rho = -3, -3$, uma raiz dupla. Esperamos duas soluções "linearmente independentes" da equação de diferença, pois trata-se de uma equação de segunda ordem. De fato, seguindo o caso idêntico no qual a equação característica de equações diferenciais de segunda ordem possui uma raiz dupla (ver Capítulo 9), podemos facilmente verificar que $y_n = c_1(-3)^n + c_2 n(-3)^n$ realmente soluciona a equação e é, de fato, a solução geral.

34.16 Suponha que você invista $100,00 no último dia do mês a uma taxa de juros anual de 6%, compostos mensalmente. Se você investir um valor adicional de $50,00 no último dia de cada mês subseqüente, quanto dinheiro terá sido acumulado após cinco anos?

Modelaremos essa situação (ver Capítulo 2) utilizando uma equação de diferença.

Assumamos que y_n represente a quantidade *total* de dinheiro (R$) ao final do mês n. Portanto, $y_0 = 100$. Como a taxa de juros de 6% é composta mensalmente, a quantidade de dinheiro ao final do primeiro mês é igual à soma de y_0 e a quantidade acumulada durante o primeiro mês que é $100\,(0{,}06/12) = 0{,}50$ (dividimos por 12, pois estamos compondo mensalmente). Logo, $y_1 = 100 + 0{,}50 + 50 = 150{,}50$ (pois acrescentamos $50,00 ao final de cada mês). Notemos que $y_1 = y_0 + 0{,}005 y_0 + 50 = (1{,}005)y_0 + 50$.

Trabalhando nessa equação, vemos que $y_2 = (1{,}005)y_1 + 50$. E, em geral, nossa equação de diferença se escreve $y_{n+1} = (1{,}005)y_n + 50$, com a condição inicial $y_0 = 100$.

Resolvemos essa equação de diferença aplicando os métodos apresentados nos últimos cinco problemas. Isto é, primeiro supomos uma solução homogênea da forma $y_n = k\rho^n$, onde k é uma constante a ser determinada.

A substituição dessa suposição na equação de diferença resulta em $k\rho^{n+1} \equiv (1{,}005)k\rho^n$, isso implica $\rho = 1{,}005$. Resolveremos em relação a k depois de determinarmos uma solução para a parcela não-homogênea da equação de diferença.

Pelo fato do grau da parcela não-homogênea da equação de diferença ser 0 (50 é uma constante), supomos $y_n = C$, onde C precisa ser determinado.

A substituição na equação de diferença implica $C = (1{,}005)C + 50$, resultando em $C = -10.000$.

Somando nossas soluções, obtemos a solução geral da equação de diferença:

$$y_n = k(1{,}005)^n - 10000. \tag{1}$$

Finalmente, obtemos k pela imposição da condição inicial: $y_0 = 100$. Assumindo $n = 0$ em (1) implica $100 = k(1{,}005)^0 - 1000 = k - 1000$; logo, $k = 10.100$. Então (1) se escreve

$$y_n = 10100(1{,}005)^n - 10000. \tag{2}$$

A Equação (2) nos dá a quantidade de dinheiro acumulada após n meses. Para determinar a quantidade de dinheiro acumulada após 5 anos, assumimos $n = 60$ em (2), obtendo $y_{60} = \$ = 3623{,}39$.

Problemas Complementares

Nos Problemas 34.17 a 34.20 considere as seguintes equações de diferença e determine: (1) a variável independente, (2) a variável dependente, (3) a ordem, (4) se são lineares e (5) se são homogêneas.

34.17 $u_{n+7} = 6\sqrt{u_n}$.

34.18 $w_k = 6^k + k + 1 + \ln w_{k-1}$.

34.19 $z_t + z_{t+1} + z_{t+2} + z_{t+3} = 0$.

34.20 $g_{m-2} = 7g_{m+2} + g_{m+11}$.

34.21 Verifique que $a_n = c_1(2)^n + c_2(-2)^n$ satisfaz $a_{n+2} = 4a_n$, onde c_1 e c_2 são constantes arbitrárias.

34.22 Verifique que $b_n = c_1(5)^n + c_2 n(5)^n$ satisfaz $b_{n+2} - 10b_{n+1} + 25b_n = 0$, onde c_1 e c_2 são constantes arbitrárias.

34.23 Verifique que $r_n = \dfrac{19}{16} - \dfrac{3}{16}(5)^n - \dfrac{1}{4}n$ satisfaz $r_{n+2} = 6r_{n+1} - 5r_n + 1$, sujeita a $r_0 = 1$ e $r_1 = 0$.

34.24 Determine a solução geral de $k_{n+1} = -17k_n$.

34.25 Determine a solução geral de $y_{n+2} = 11y_{n+1} + 12y_n$.

34.26 Determine a solução geral de $x_{n+2} = 20x_{n+1} - 100x_n$.

34.27 Determine uma solução particular de $w_{n+1} = 4w_n + 6^n$ supondo $w_n = A(6)^n$ e resolvendo em relação a A.

34.28 Determine a solução geral de $v_{n+1} = 2v_n + n^2$.

34.29 Resolva o problema anterior com a condição inicial $v_0 = 7$.

34.30 Resolva a equação de Fibonacci $f_{n+2} = f_{n+1} + f_n$, sujeita a $f_0 = f_1 = 1$.

34.31 Suponha que você invista $500,00 no último dia do mês a uma taxa de juros anual de 12%, compostos mensalmente. Se você investir um valor adicional de $75,00 no último dia de cada mês subseqüente, quanto dinheiro terá sido acumulado após dez anos?

Apêndice A

Transformadas de Laplace

	$f(x)$	$F(s) = \mathcal{L}\{f(x)\}$
1.	1	$\dfrac{1}{s} \quad (s > 0)$
2.	x	$\dfrac{1}{s^2} \quad (s > 0)$
3.	$x^{n-1} \quad (n = 1, 2, \ldots)$	$\dfrac{(n-1)!}{s^n} \quad (s > 0)$
4.	$\sqrt{x}$	$\dfrac{1}{2}\sqrt{\pi}\, s^{-3/2} \quad (s > 0)$
5.	$1/\sqrt{x}$	$\sqrt{\pi}\, s^{-1/2} \quad (s > 0)$
6.	$x^{n-1/2} \quad (n = 1, 2, \ldots)$	$\dfrac{(1)(3)(5)\cdots(2n-1)\sqrt{\pi}}{2^n}\, s^{-n-1/2} \quad (s > 0)$
7.	e^{ax}	$\dfrac{1}{s-a} \quad (s > a)$
8.	$\operatorname{sen} ax$	$\dfrac{a}{s^2 + a^2} \quad (s > 0)$
9.	$\cos ax$	$\dfrac{s}{s^2 + a^2} \quad s > 0$
10.	$\operatorname{senh} ax$	$\dfrac{a}{s^2 - a^2} \quad (s > |a|)$
11.	$\cosh ax$	$\dfrac{s}{s^2 - a^2} \quad (s > |a|)$
12.	$x \operatorname{sen} ax$	$\dfrac{2as}{(s^2 + a^2)^2} \quad (s > 0)$

Transformadas de Laplace (*continuação*)

	$f(x)$	$F(s) = \mathcal{L}\{f(x)\}$
13.	$x \cos ax$	$\dfrac{s^2 - a^2}{(s^2 + a^2)^2}$ $(s > 0)$
14.	$x^{n-1} e^{ax}$ $(n = 1, 2, \ldots)$	$\dfrac{(n-1)!}{(s-a)^n}$ $(s > a)$
15.	$e^{bx} \operatorname{sen} ax$	$\dfrac{a}{(s-b)^2 + a^2}$ $(s > b)$
16.	$e^{bx} \cos ax$	$\dfrac{s-b}{(s-b)^2 + a^2}$ $(s > b)$
17.	$\operatorname{sen} ax - ax \cos ax$	$\dfrac{2a^3}{(s^2 + a^2)^2}$ $(s > 0)$
18.	$\dfrac{1}{a} e^{-x/a}$	$\dfrac{1}{1 + as}$
19.	$\dfrac{1}{a}(e^{ax} - 1)$	$\dfrac{1}{s(s-a)}$
20.	$1 - e^{-x/a}$	$\dfrac{1}{s(1+as)}$
21.	$\dfrac{1}{a^2} x e^{-x/a}$	$\dfrac{1}{(1+as)^2}$
22.	$\dfrac{e^{ax} - e^{bx}}{a-b}$	$\dfrac{1}{(s-a)(s-b)}$
23.	$\dfrac{e^{-x/a} - e^{-x/b}}{a-b}$	$\dfrac{1}{(1+as)(1+bs)}$
24.	$(1 + ax) e^{ax}$	$\dfrac{s}{(s-a)^2}$
25.	$\dfrac{1}{a^3}(a-x) e^{-x/a}$	$\dfrac{s}{(1+as)^2}$
26.	$\dfrac{a e^{ax} - b e^{bx}}{a-b}$	$\dfrac{s}{(s-a)(s-b)}$
27.	$\dfrac{a e^{-x/b} - b e^{-x/a}}{ab(a-b)}$	$\dfrac{s}{(1+as)(1+bs)}$
28.	$\dfrac{1}{a^2}(e^{ax} - 1 - ax)$	$\dfrac{1}{s^2(s-a)}$
29.	$\operatorname{sen}^2 ax$	$\dfrac{2a^2}{s(s^2 + 4a^2)}$
30.	$\operatorname{senh}^2 ax$	$\dfrac{2a^2}{s(s^2 - 4a^2)}$
31.	$\dfrac{1}{\sqrt{2}}\left(\cosh\dfrac{ax}{\sqrt{2}} \operatorname{sen}\dfrac{ax}{\sqrt{2}} - \operatorname{senh}\dfrac{ax}{\sqrt{2}} \cos\dfrac{ax}{\sqrt{2}}\right)$	$\dfrac{a^3}{s^4 + a^4}$

Transformadas de Laplace (*continuação*)

	$f(x)$	$F(s) = \mathscr{L}\{f(x)\}$
32.	$\operatorname{sen}\dfrac{ax}{\sqrt{2}}\operatorname{senh}\dfrac{ax}{\sqrt{2}}$	$\dfrac{a^2 s}{s^4 + a^4}$
33.	$\dfrac{1}{\sqrt{2}}\left(\cos\dfrac{ax}{\sqrt{2}}\operatorname{senh}\dfrac{ax}{\sqrt{2}} + \operatorname{sen}\dfrac{ax}{\sqrt{2}}\cos\dfrac{ax}{\sqrt{2}}\right)$	$\dfrac{as^2}{s^4 + a^4}$
34.	$\cos\dfrac{ax}{\sqrt{2}}\cosh\dfrac{ax}{\sqrt{2}}$	$\dfrac{s^3}{s^4 + a^4}$
35.	$\dfrac{1}{2}(\operatorname{senh} ax - \operatorname{sen} ax)$	$\dfrac{a^3}{s^4 - a^4}$
36.	$\dfrac{1}{2}(\cosh ax - \cos ax)$	$\dfrac{a^2 s}{s^4 - a^4}$
37.	$\dfrac{1}{2}(\operatorname{senh} ax + \operatorname{sen} ax)$	$\dfrac{as^2}{s^4 - a^4}$
38.	$\dfrac{1}{2}(\cosh ax + \cos ax)$	$\dfrac{s^3}{s^4 - a^4}$
39.	$\operatorname{sen} ax \operatorname{senh} ax$	$\dfrac{2a^2 s}{s^4 + 4a^4}$
40.	$\cos ax \operatorname{senh} ax$	$\dfrac{a(s^2 - 2a^2)}{s^4 + 4a^4}$
41.	$\operatorname{sen} ax \cosh ax$	$\dfrac{a(s^2 + 2a^2)}{s^4 + 4a^4}$
42.	$\cos ax \cosh ax$	$\dfrac{s^3}{s^4 + 4a^4}$
43.	$\dfrac{1}{2}(\operatorname{sen} ax + ax\cos ax)$	$\dfrac{as^2}{(s^2 + a^2)^2}$
44.	$\cos ax - \dfrac{ax}{2}\operatorname{sen} ax$	$\dfrac{s^3}{(s^2 + a^2)^2}$
45.	$\dfrac{1}{2}(ax\cosh ax - \operatorname{senh} ax)$	$\dfrac{a^3}{(s^2 - a^2)^2}$
46.	$\dfrac{x}{2}\operatorname{senh} ax$	$\dfrac{as}{(s^2 - a^2)^2}$
47.	$\dfrac{1}{2}(\operatorname{senh} ax + ax\cosh ax)$	$\dfrac{as^2}{(s^2 - a^2)^2}$
48.	$\cosh ax + \dfrac{ax}{2}\operatorname{senh} ax$	$\dfrac{s^3}{(s^2 - a^2)^2}$
49.	$\dfrac{a\operatorname{sen} bx - b\operatorname{sen} ax}{a^2 - b^2}$	$\dfrac{ab}{(s^2 + a^2)(s^2 + b^2)}$
50.	$\dfrac{\cos bx - \cos ax}{a^2 - b^2}$	$\dfrac{s}{(s^2 + a^2)(s^2 + b^2)}$

Transformadas de Laplace (*continuação*)

	$f(x)$	$F(s) = \mathscr{L}\{f(x)\}$
51.	$\dfrac{a\,\text{sen}\,ax - b\,\text{sen}\,bx}{a^2 - b^2}$	$\dfrac{s^2}{(s^2 + a^2)(s^2 + b^2)}$
52.	$\dfrac{a^2 \cos ax - b^2 \cos bx}{a^2 - b^2}$	$\dfrac{s^3}{(s^2 + a^2)(s^2 + b^2)}$
53.	$\dfrac{b\,\text{senh}\,ax - a\,\text{senh}\,bx}{a^2 - b^2}$	$\dfrac{ab}{(s^2 - a^2)(s^2 - b^2)}$
54.	$\dfrac{\cosh ax - \cosh bx}{a^2 - b^2}$	$\dfrac{s}{(s^2 - a^2)(s^2 - b^2)}$
55.	$\dfrac{a\,\text{senh}\,ax - b\,\text{sen}\,bx}{a^2 - b^2}$	$\dfrac{s^2}{(s^2 - a^2)(s^2 - b^2)}$
56.	$\dfrac{a^2 \cosh ax - b^2 \cosh bx}{a^2 - b^2}$	$\dfrac{s^3}{(s^2 - a^2)(s^2 - b^2)}$
57.	$x - \dfrac{1}{a}\text{sen}\,ax$	$\dfrac{a^2}{s^2(s^2 + a^2)}$
58.	$\dfrac{1}{a}\text{senh}\,ax - x$	$\dfrac{a^2}{s^2(s^2 - a^2)}$
59.	$1 - \cos ax - \dfrac{ax}{2}\text{sen}\,ax$	$\dfrac{a^4}{s(s^2 + a^2)^2}$
60.	$1 - \cosh ax + \dfrac{ax}{2}\text{senh}\,ax$	$\dfrac{a^4}{s(s^2 - a^2)^2}$
61.	$1 + \dfrac{b^2 \cos ax - a^2 \cos bx}{a^2 - b^2}$	$\dfrac{a^2 b^2}{s(s^2 + a^2)(s^2 + b^2)}$
62.	$1 + \dfrac{b^2 \cos ax - a^2 \cosh bx}{a^2 - b^2}$	$\dfrac{a^2 b^2}{s(s^2 - a^2)(s^2 - b^2)}$
63.	$\dfrac{1}{8}[(3 - a^2 x^2)\text{sen}\,ax - 3ax\cos ax]$	$\dfrac{a^5}{(s^2 + a^2)^3}$
64.	$\dfrac{x}{8}[\text{sen}\,ax - ax\cos ax]$	$\dfrac{a^3 s}{(s^2 + a^2)^3}$
65.	$\dfrac{1}{8}[(1 + a^2 x^2)\text{sen}\,ax - ax\cos ax]$	$\dfrac{a^3 s^2}{(s^2 + a^2)^3}$
66.	$\dfrac{1}{8}[(3 + a^2 x^2)\text{senh}\,ax - 3ax\cosh ax]$	$\dfrac{a^5}{(s^2 - a^2)^3}$
67.	$\dfrac{x}{8}(ax\cosh ax - \text{senh}\,ax)$	$\dfrac{a^3 s}{(s^2 - a^2)^3}$
68.	$\dfrac{1}{8}[ax\cosh ax - (1 - a^2 x^2)\text{senh}\,ax]$	$\dfrac{a^3 s^2}{(s^2 - a^2)^3}$
69.	$\dfrac{1}{n!}(1 - e^{-x/a})^n$	$\dfrac{1}{s(as + 1)(as + 2)\cdots(as + n)}$

Transformadas de Laplace (*continuação*)

	$f(x)$	$F(s) = \mathscr{L}\{f(x)\}$
70.	$\operatorname{sen}(ax+b)$	$\dfrac{s\operatorname{sen} b + a\cos b}{s^2 + a^2}$
71.	$\cos(ax+b)$	$\dfrac{s\cos b - a\operatorname{sen} b}{s^2 + a^2}$
72.	$e^{-ax} - e^{ax/2}\left(\cos\dfrac{ax\sqrt{3}}{2} - \sqrt{3}\operatorname{sen}\dfrac{ax\sqrt{3}}{2}\right)$	$\dfrac{3a^2}{s^3 + a^3}$
73.	$\dfrac{1+2ax}{\sqrt{\pi x}}$	$\dfrac{s+a}{s\sqrt{s}}$
74.	$e^{-ax}/\sqrt{\pi x}$	$\dfrac{1}{\sqrt{s+a}}$
75.	$\dfrac{1}{2x\sqrt{\pi x}}(e^{bx} - e^{ax})$	$\sqrt{s-a} - \sqrt{s-b}$
76.	$\dfrac{1}{\sqrt{\pi x}}\cos 2\sqrt{ax}$	$\dfrac{1}{\sqrt{s}}e^{-a/s}$
77.	$\dfrac{1}{\sqrt{\pi x}}\cosh 2\sqrt{ax}$	$\dfrac{1}{\sqrt{s}}e^{a/s}$
78.	$\dfrac{1}{\sqrt{a\pi}}\operatorname{sen} 2\sqrt{ax}$	$s^{-3/2}e^{-a/s}$
79.	$\dfrac{1}{\sqrt{a\pi}}\operatorname{senh} 2\sqrt{ax}$	$s^{-3/2}e^{a/s}$
80.	$J_0(2\sqrt{ax})$	$\dfrac{1}{s}e^{-a/s}$
81.	$\sqrt{x/a}\,J_1(2\sqrt{ax})$	$\dfrac{1}{s^2}e^{-a/s}$
82.	$(x/a)^{(p-1)/2}J_{p-1}(2\sqrt{ax})\quad(p>0)$	$s^{-p}e^{-a/s}$
83.	$J_0(x)$	$\dfrac{1}{\sqrt{s^2+1}}$
84.	$J_1(x)$	$\dfrac{\sqrt{s^2+1}-s}{\sqrt{s^2+1}}$
85.	$J_p(x)\quad(p>-1)$	$\dfrac{(\sqrt{s^2+1}-s)^p}{\sqrt{s^2+1}}$
86.	$x^p J_p(ax)\quad\left(p>-\dfrac{1}{2}\right)$	$\dfrac{(2a)^p \Gamma(p+\frac{1}{2})}{\sqrt{\pi}(s^2+a^2)^{p+(1/2)}}$
87.	$\dfrac{x^{p-1}}{\Gamma(p)}\quad(p>0)$	$\dfrac{1}{s^p}$

Transformadas de Laplace (*continuação*)

	$f(x)$	$F(s) = \mathscr{L}\{f(x)\}$
88.	$\dfrac{4^n n!}{(2n)!\sqrt{\pi}} x^{n-(1/2)}$	$\dfrac{1}{s^n \sqrt{s}}$
89.	$\dfrac{x^{p-1}}{\Gamma(p)} e^{-ax} \quad (p>0)$	$\dfrac{1}{(s+a)^p}$
90.	$\dfrac{1-e^{ax}}{x}$	$\ln \dfrac{s-a}{s}$
91.	$\dfrac{e^{bx}-e^{ax}}{x}$	$\ln \dfrac{s-a}{s-b}$
92.	$\dfrac{2}{x} \operatorname{senh} ax$	$\ln \dfrac{s+a}{s-a}$
93.	$\dfrac{2}{x}(1-\cos ax)$	$\ln \dfrac{s^2+a^2}{s^2}$
94.	$\dfrac{2}{x}(\cos bx - \cos ax)$	$\ln \dfrac{s^2+a^2}{s^2+b^2}$
95.	$\dfrac{\operatorname{sen} ax}{x}$	$\operatorname{arctg} \dfrac{a}{s}$
96.	$\dfrac{2}{x} \operatorname{sen} ax \cos bx$	$\operatorname{arctg} \dfrac{2as}{s^2-a^2+b^2}$
97.	$\operatorname{sen} |ax|$	$\left(\dfrac{a}{s^2+a^2}\right)\left(\dfrac{1+e^{-(\pi/a)s}}{1-e^{-(\pi/a)s}}\right)$

Apêndice B

Alguns Comentários sobre Tecnologia

OBSERVAÇÕES INTRODUTÓRIAS

Neste livro, apresentamos diversos métodos clássicos e respeitados ao longo do tempo para solucionar as equações diferenciais. Na prática, todas essas técnicas produziram soluções analíticas fechadas. Tais soluções são de natureza exata.

Entretanto, também discutimos outras abordagens em relação às equações diferenciais, as equações que não contém soluções exatas. No Capítulo 2, destacamos o conceito da abordagem qualitativa; o Capítulo 18 tratou dos métodos gráficos; os Capítulos 19 e 20 investigaram as técnicas numéricas.

No Capítulo 2, também tratamos a questão da modelagem. Na Fig. B-1, vemos o esquema do "ciclo de modelagem", introduzido naquele capítulo. O ramo "tecnologia" conduz do modelo (por exemplo, uma equação diferencial) à solução. Esse é (esperançosamente) o caso, especialmente quando a equação diferencial é muito difícil de ser resolvida manualmente.

A solução deve ter uma natureza exata ou deve ser dada na forma numérica, gráfica ou alguma outra forma.

A partir da última geração, calculadoras e pacotes de programas computacionais têm causado um grande impacto no campo das equações diferenciais, especialmente nas áreas computacionais.

A seguir, são descritas, de forma simplificada, duas ferramentas tecnológicas – a calculadora **TI-89** e o programa de cálculo computacional *MATHEMATICA*.

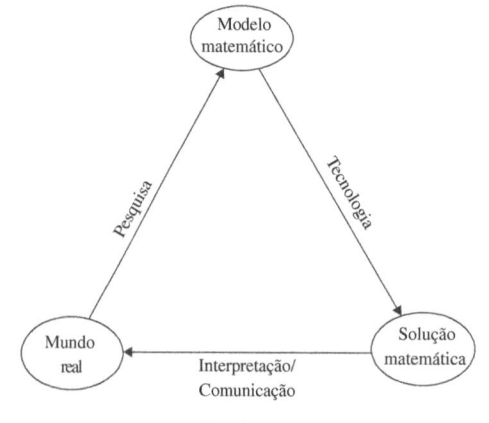

Figura B-1

TI-89

A *calculadora TI-89* é produzida pela Texas Instruments Incorporated (http://www.ti.com/calc). É portátil, mede aproximadamente 17,8 cm por 8,9 cm, com uma expessura de aproximadamente 2,54 cm. Sua tela mede aproximadamente 6,35 cm por 3,81 cm. A **TI-89** é alimentada por quatro pilhas AAA.

Em relação às equações diferenciais, a TI-89 é capaz de:

- fazer o gráfico de campos direcionais de equações de primeira ordem;
- transformar equações de ordem elevada em um sistema de equações de primeira ordem;
- aplicar os métodos de Euler e Runge-tutta;
- resolver simbolicamente diversos tipos de equações de primeira ordem;
- resolver simbolicamente diversos tipos de equações de segunda ordem.

MATHEMATICA

Existem muitas versões do **MATHEMATICA**. Ele é produzido pela Wolfram Research, Inc. (http://www.wolfram.com/). Com esse pacote, o usuário "interage" com o sistema de álgebra do computador.

O **MATHEMATICA** é extremamente robusto. E é capaz de fazer tudo que a **TI-89** pode fazer. Entre suas diversas outras capacidades, possui uma biblioteca de funções clássicas (por exemplo, os polinômios de Hermite, os polinômios de Laguerre etc.), resolve equações de diferença lineares, além dos seus gráficos ilustrarem tanto curvas como superfícies.

Respostas dos Problemas Complementares

CAPÍTULO 1

1.14 (a) 2; (b) y; (c) x

1.15 (a) 4; (b) y; (c) x

1.16 (a) 2; (b) s; (c) t

1.17 (a) 4; (b) y; (c) x

1.18 (a) n; (b) x; (c) y

1.19 (a) 2; (b) r; (c) y

1.20 (a) 2; (b) y; (c) x

1.21 (a) 7; (b) b; (c) p

1.22 (a) 1; (b) b; (c) p

1.23 (a) 6; (b) y; (c) x

1.24 (d) e (e)

1.25 (a), (c) e (e)

1.26 (b), (d) e (e)

1.27 (a), (c) e (d)

1.28 (d)

1.29 (a), (c) e (d)

1.30 (b) e (e)

1.31 (a), (c) e (d)

1.32 $c = 0$

1.33 $c = 1$

1.34 $c = e^{-2}$

1.35 $c = -3e^{-4}$

1.36 $c = 1$

1.37 c pode ser qualquer número real

1.38 $c = -1/3$

1.39 Não há solução

1.40 $c_1 = 2, c_2 = 1$; condições iniciais

1.41 $c_1 = 1, c_2 = 2$; condições iniciais

1.42 $c_1 = 1, c_2 = -2$; condições iniciais

1.43 $c_1 = c_2 = 1$; condições de contorno

1.44 $c_1 = 1, c_2 = -1$; condições de contorno

1.45 $c_1 = -1, c_2 = 1$; condições de contorno

1.46 Não existem valores; condições de contorno

1.47 $c_1 = c_2 = 0$; condições iniciais

1.48 $c_1 = \dfrac{-2}{\sqrt{3}-1}$, $c_2 = \dfrac{2}{\sqrt{3}-1}$, condições de contorno

1.49 Não existem valores; condições de contorno

1.50 $c_1 = -2, c_2 = 3$

1.51 $c_1 = 0, c_2 = 1$

1.52 $c_1 = 3, c_2 = -6$

1.53 $c_1 = 0, c_2 = 1$

1.54 $c_1 = 1 + \dfrac{3}{e}$, $c_2 = -2 - \dfrac{2}{e}$

CAPÍTULO 2

2.12 $T_C = \dfrac{5}{9}(T_F - 32)$

2.13 O volume e a temperatura são diretamente proporcionais. Quando um cresce, o outro também cresce; quando um decresce, o outro também decresce.

2.14 A força resultante que atua em um corpo é proporcional à aceleração do corpo. A massa é assumida como sendo constante.

2.15 Como t está aumentando e $T(576) = 0$, esse modelo é válido por 576 horas. Qualquer valor de tempo superior a este resultará em um radical negativo e, portanto, uma resposta imaginária, tornando, assim, o modelo sem utilidade.

2.16 Em $t = 10$, pois $T'(10) = 0$ e $T'(t) > 0$ para $t > 10$.

2.17 O movimento tem que ser periódico, pois sen $2t$ é uma função periódica de período π.

2.18 (*a*) $2 \cos 2t$;   (*b*) $-4 \operatorname{sen} 2t$

2.19 (*a*) y é uma constante;   (*b*) y está aumentando;   (*c*) y está diminuindo;   (*d*) y está aumentando.

2.20 $\dfrac{dX}{dt} = k(M - X)^3$, onde k é uma constante negativa.

2.21 As taxas de variação de litros de açúcar líquido por hora.

2.22 As taxas de variação dos barris (L/h) são afetadas pela quantidade de açúcar líquido presente nos mesmos, como mostra a equação. Os sinais e as magnitudes das constantes (*a*, *b*, *c*, *d*, *e* e *f*) determinarão se existe um acréscimo ou decréscimo de açúcar, dependendo do tempo. A unidade para *a*, *b*, *c*, *d* é (l/h); a unidade para *e* e *f* é (l/h).

CAPÍTULO 3

3.15 $y' = -y^2/x$

3.16 $y' = x/(e^x - 1)$

3.17 $y' = (\operatorname{sen} x - y^2 - y)^{1/3}$

3.18 Não pode ser reduzida para a forma padrão

3.19 $y' = -y + \ln x$

3.20 $y' = 2$ e $y' = x + y + 3$

3.21 $y' = \dfrac{y-x}{y^2}$

3.22 $y' = \dfrac{x+y}{x-y}$

3.23 $y' = \dfrac{y-x}{x+y}$

3.24 $y' = ye^{-x} - e^x$

3.25 $y' = -1$

3.26 Linear

3.27 Linear, separável e exata

3.28 Linear

3.29 Homogênea, Bernoulli

3.30 Homogênea, Bernoulli, separável e exata

3.31 Linear, homogênea e exata

3.32 Homogênea

3.33 Exata

3.34 Bernoulli

3.35 Linear e exata

CAPÍTULO 4

4.23 $y = \pm\sqrt{k - x^2}$, $k = 2c$

4.24 $y = \pm(k + 2x^2)^{1/4}$, $k = -4c$

4.25 $y = (k + 3x)^{-1/3}$, $k = -3c$

4.26 $y = -\left(\dfrac{1}{2}t^2 + t - c\right)^{-1}$

4.27 $y = kx$, $k = \pm e^{-c}$

4.28 $y = \ln\left|\dfrac{k}{x}\right|$, $c = \ln|k|$

4.29 $y = ke^{-x^2/2}$, $k = \pm e^c$

4.30 $2t^3 + 6t + 2y^3 + 3y^2 = k$, $k = 6c$

4.31 $y^3 t^4 = ke^y$, $k = \pm e^c$

4.32 $y = \operatorname{tg}(x - c)$

4.33 $y = 3 + 2\operatorname{tg}(2x + k)$, $k = -2c$

4.34 $\dfrac{1}{x^2}dx - \dfrac{1}{y}dy = 0$; $y = ke^{-1/x}$, $k = \pm e^{-c}$

4.35 $xe^x\,dx - 2y\,dy = 0$; $y = \pm\sqrt{xe^x - e^x - c}$

4.36 $y = \pm\sqrt{x^2 + 2x + k}$, $k = -2c$

4.37 $y = -1/(x - c)$

4.38 $x = -3/(t^3 + k)$, $k = 3c$

4.39 $x = kt$, $k = \pm e^c$

4.40 $y = -\dfrac{3}{5} + ke^{5t}$, $k = \pm\dfrac{1}{5}e^{5c}$

4.41 $y = -\sqrt{2 + 2\cos x}$

4.42 $y = e^{-1/3(x^3 + 3x + 4)}$

4.43 $\dfrac{1}{2}e^{x^2} + \dfrac{1}{6}y^6 - y = \dfrac{1}{2}$

4.44 $\dfrac{x^3}{3} - x - y = \ln|y| = 7$

4.45 $x = \dfrac{8}{3} + \dfrac{4}{3}e^{-3t}$

4.46 $y = x\ln|k/x|$

4.47 $y = kx^2 - x$

4.48 $y^2 = kx^4 - x^2$

4.49 Não-homogênea

4.50 $y^2 = x^2 - kx$

4.51 $3yx^2 - y^3 = k$

4.52 $-2\sqrt{x/y} + \ln|y| = c$

4.53 Não-homogênea

4.54 $y^2 = -x^2\left(1 + \dfrac{1}{\ln|kx^2|}\right)$

CAPÍTULO 5

5.24 $xy + x^2y^3 + y = c_2$

5.25 Não é exata

5.26 $y = c_2 e^{-x^3} + \dfrac{1}{3}$

5.27 $x^3y^2 + y^4 = c_2$

5.28 $xy = c_2$

5.29 Não é exata

5.30 $xy \operatorname{sen} x + y = c_2$

5.31 $y^2 = c_2 t$

5.32 $y = c_2 t^2$

5.33 Não é exata

5.34 $t^4 y^3 - t^2 y = c_2$

5.35 $y = \dfrac{-1}{t \ln|kt|}$

5.36 $x = \dfrac{1}{3}t^2 - \dfrac{c_2}{t}$

5.37 $2t^3 + 6tx^2 - 3x^2 = c_2$ ou $x = \pm\sqrt{\dfrac{c_2 - 2t^3}{6t - 3}}$

5.38 $x = \dfrac{k}{1 + e^{2t}}$

5.39 Não é exata

5.40 $t \cos x + x \operatorname{sen} t = c_2$

5.41 $I(x, y) = \dfrac{-1}{x^2};\ y = cx - 1$

5.42 $I(x, y) = \dfrac{1}{y^2};\ cy = x - 1$

5.43 $I(x, y) = -\dfrac{1}{x^2 + y^2};\ y = x \operatorname{tg}(x + c)$

5.44 $I(x, y) = \dfrac{1}{(xy)^3};\ \dfrac{1}{y^2} = 2x^2(x - c)$

5.45 $I(x, y) = \dfrac{1}{(xy)^2};\ \dfrac{1}{y} = \dfrac{1}{3}x^4 - cx$

5.46 $I(x, y) = e^{x^3};\ y = ce^{-x^3} + \dfrac{1}{3}$

5.47 $I(x, y) = e^{-y^2};\ y^2 = \ln|kx|$

5.48 $I(x, y) = \dfrac{1}{y};\ y^2 = 2(c - x^2)$

5.49 $I(x, y) = y^2;\ y^3 = \dfrac{c}{x}$

5.50 $I(x, y) = y^2;\ x^2 y^4 + \dfrac{x^2}{2} = c$

5.51 $I(x, y) = \dfrac{1}{(xy)^2};\ \ln|xy| = c - y$

5.52 $I(x, y) = 1$, (a equação é exata); $\dfrac{1}{2}x^2 y^2 = c$

5.53 $I(x, y) = -\dfrac{1}{x^2 + y^2};\ y = x \operatorname{tg}\left(\dfrac{1}{2}x^2 + c\right)$

5.54 $I(x, y) = \dfrac{1}{(xy)^2};\ 3x^3 y + 2xy^4 + kxy = -6$

5.55 $I(x, y) = e^{y^3/3};\ x^3 y^2 e^{y^3/3} = c$

5.56 $x(t) = \dfrac{t + \sqrt{t^2 + 16}}{2}$

5.57 $x(t) \equiv 0$

5.58 $x(t) = \dfrac{t - \sqrt{t^2 + 120}}{2}$

5.59 $xy + x^2 y^3 + y = -135$

5.60 $y(x) = -\dfrac{4}{3}e^{-x^3} + \dfrac{1}{3}$

5.61 Não há solução

5.62 $y(t) = -\sqrt{2t}$

5.63 $y(t) = -\dfrac{1}{2}t^2$

5.64 $x(t) = \dfrac{1}{3}t^2 + \dfrac{14}{3}\left(\dfrac{1}{t}\right)$

5.65 $x(t) = \dfrac{-2(1 + e^2)}{1 + e^{2t}}$

CAPÍTULO 6

6.20 $y = ce^{-5x}$

6.21 $y = ce^{5x}$

6.22 $y = ce^{0,01x}$

6.23 $y = ce^{-x^2}$

6.24 $y = ce^{-x^3}$

6.25 $y = ce^{x^3/3}$

6.26 $y = ce^{3x^5/5}$

6.27 $y = c/x$

6.28 $y = c/x^2$

6.29 $y = cx^2$

6.30 $y = ce^{-2/x}$

6.31 $y = ce^{7x} - \frac{1}{6}e^x$

6.32 $y = ce^{7x} - 2x - \frac{2}{7}$

6.33 $y = ce^{7x} - \frac{2}{53}\cos 2x - \frac{7}{53}\operatorname{sen} 2x$

6.34 $y = ce^{-x^3/3} + 1$

6.35 $y = ce^{-3x} - \frac{1}{3}$

6.36 $y = c + \operatorname{sen} x$

6.37 $\frac{1}{y} = ce^x + 1$

6.38 $y^2 = 1/(2x + cx^2)$

6.39 $y = (6 + ce^{-x^2/4})^2$

6.40 $y = 1/(1 + ce^x)$

6.41 $y = (1 + ce^{-3x})^{1/3}$

6.42 $y = e^{-x}/(c - x)$

6.43 $y = ce^{-50t}$

6.44 $z = c\sqrt{t}$

6.45 $N = ce^{kt}$

6.46 $p = \frac{1}{2}t^3 + 3t^2 - 2t \ln|t| + ct$

6.47 $Q = 4(20 - t) + c(20 - t)^2$

6.48 $T = (3,2t + c)e^{-0,04t}$

6.49 $p = \frac{4}{3}z + cz^{-2}$

6.50 $y = \frac{1}{4}(-x^{-2} + x^2)$

6.51 $y = 5e^{-3(x^2 - \pi^2)}$

6.52 $y = 2e^{-x^2} + x^2 - 1$

6.53 $\frac{1}{y^4} = -\frac{31}{16}x^8 + 2x^{10}$

6.54 $v = -16e^{-2t} + 16$

6.55 $q = \frac{1}{5}e^{-t} + \frac{8}{5}\operatorname{sen} 2t + \frac{4}{5}\cos 2t$

6.56 $N = \frac{1}{3}\left(t^2 + \frac{40}{t}\right)$

6.57 $T = -60e^{-0,069t} + 30$

CAPÍTULO 7

7.26 (a) $N = 250e^{0,166t}$; (b) 11,2 horas

7.27 (a) $N = 300e^{0,0912t}$; (b) 7,6 horas

7.28 (a) 2,45 kg; (b) 15,19 kg

7.29 Um aumento de 32 vezes

7.30 3,17 horas

7.31 (a) $N = 80e^{0,0134t}$ (em milhões); (b) 91,5 milhões

7.32 $N = 16.620e^{0,11t}$; $N_0 = 16.620$

7.33 (a) $N = 100e^{-0,026t}$; (b) 4,05 anos

7.34 $N = N_0 e^{-0,105t}$; $t_{1/2} = 6,6$ horas

7.35 $N = \dfrac{500}{1 + 99e^{-500kt}}$

7.36 R$15.219,62

7.37 R$16.904,59

7.38 R$14.288,26

7.39 8,67%

7.40 10,99%

7.41 20,93 anos

7.42 7,93 anos

7.43 12,78%

7.44 8,38 anos

7.45 $T = -100e^{-0,029t} + 100$; (a) 23,9 min; (b) 44°F

7.46 $T = 80e^{-0,035t}$; $T_0 = 80$°F

7.47 $T = -100e^{-0,029t} + 150$; $t_{100} = 23,9$ min

7.48 (a) 138,6°F; (b) 3,12 min

7.49 (a) 113,9°F; (b) 6,95 min

7.50 Mais 1,24 min

7.51 (a) $v = 9,81t$; (b) $4,905t^2$

7.52 (a) 5,53 s; (b) 5,53 s

7.53 (a) $9,81t + 10$; (b) 5,23s

7.54 (a) $9,81t + 3$; (c) 4,95s

7.55 30,58 s

7.56 326,20 m

7.57 (a) $\dfrac{dv}{dt} = -g$; (b) $v = -gt + v_0$; (c) $t_m = \dfrac{v_0}{g}$; (d) $x = -\dfrac{1}{2}gt^2 + v_0 t$; (e) $x_m = \dfrac{v_0^2}{2g}$

7.58 (a) $v = 147,15 - 147,15\, e^{-t/15}$; (b) $x = 147,15t + 2207,25 e^{-t/15} - 2207,25$

7.59 (a) $v = 30 - 27e^{-0,327t}$; (b) 6,472 s

7.60 150 m/s

7.61 0,392 m/s com $g = 9,81$ m/s^2

7.62 (a) $v = -98,1\, e^{-0,1t} + 98,1$; (b) $x = 981e^{-0,1t} + 98,1t - 981$; (c) 7,13 s

7.63 (a) $v = 1,2 - 1,2e^{-8,11t}$; (b) $x = 1,2t - 0,15e^{-8,11t} - 0,15$

7.64 (a) $v = 98,1 - 98,1e^{-t/10}$; (b) $x = 981e^{-t/10} + 98,1t - 981$

7.65 (a) $Q = -17,5e^{-0,2t} + 17,5$; (b) $\dfrac{Q}{V} = \dfrac{1}{2}(-e^{-0,2t} + 1)$

7.66 $Q = -(0,079)(20 - t)^2 + 1,8(20 - t)$; em $t = 10$, $Q = 25,9$ kg Observe que $a = 300\,(0,225) = 67,5$ kg

7.67 (a) $Q = 36e^{-0,039t}$; (b) 17,8 min

7.68 31,74 kg

7.69 111,1 g

7.70 80 g

7.71 (a) $-\dfrac{99}{2}e^{-10t}$; (b) 0 A

7.72 (a) $q = 2 + 3e^{-10t}$; (b) $I = -30e^{-10t}$

7.73 (a) $q = 10e^{-2,5t}$; (b) $I = -25e^{-2,5t}$

7.74 (a) $q = \dfrac{1}{50}(2\operatorname{sen} t - \cos t + e^{-2t})$;

(b) $I_s = \dfrac{1}{50}(2\cos t + \operatorname{sen} t)$

7.75 (a) $q = \dfrac{1}{5}(\operatorname{sen} 2t + 2\cos 2t + 23e^{-4t})$;

(b) $I_s = \dfrac{1}{5}(2\cos 2t - 4\operatorname{sen} 2t)$

7.76 (a) $I = \dfrac{1}{10}(1 - e^{-50t})$; (b) $I_s = \dfrac{1}{10}$

7.77 (a) $I = 10e^{-25t}$; (b) $I_t = 10e^{-25t}$

7.78 (a) $I = \dfrac{1}{10}(9 + 51e^{-20t/3})$;

(b) $I_t = \dfrac{51}{10}e^{-20t/3}$

7.79 $I = \dfrac{1}{626}(e^{-25t} + 25\operatorname{sen} t - \cos t)$

7.80 $A = \dfrac{2}{\sqrt{34}}$ $\phi = \operatorname{arctg} \dfrac{3}{5}$

7.81 $A = -\dfrac{3}{\sqrt{101}}$ $\phi = \operatorname{arctg} 10$

7.82 $xy = k$

7.83 $y^2 = -2x + k$

7.84 $x^2 y + \dfrac{1}{3} y^3 = k$

7.85 $x^2 + y^2 = kx$

7.86 $x^2 + \dfrac{1}{2} y^2 = k (k > 0)$

7.87 $N = \dfrac{1000}{1 + 9e^{-0,1158t}}$

7.88 $N = \dfrac{1.000.000}{1 + 999e^{-0,275t}}$

7.89 $\dfrac{2+v}{2-v} = 3e^{32t}$ ou $v = 2(3e^{32t} - 1)/(3e^{32t} + 1)$

CAPÍTULO 8

8.33 (e), (g), (j) e (k) são não-lineares; as demais são lineares. Note que (f) tem a forma $y' - (2 + x)y = 0$.

8.34 (a), (c) e (f) são homogêneas. Note que (l) tem a forma $y'' = -e^x$.

8.35 (b), (c) e (l) têm coeficientes constantes.

8.36 $W = 0$.

8.37 $W = -x^2$; o conjunto é linearmente independente.

8.38 $W = -x^4$; o conjunto é linearmente independente.

8.39 $W = -2x^3$; o conjunto é linearmente independente.

8.40 $W = -10x$; o conjunto é linearmente independente.

8.41 $W = 0$

8.42 $W = -4$; o conjunto é linearmente independente.

8.43 $W = e^{5x}$; o conjunto é linearmente independente.

8.44 $W = 0$

8.45 $W = 0$

8.46 $W = 0$

8.47 $W = 2x^6$; o conjunto é linearmente independente.

8.48 $W = 6e^{2x}$; o conjunto é linearmente independente.

8.49 $W = 0$

8.50 $[4]3x + [-3]4x \equiv 0$

8.51 $[1]x^2 + [1](-x^2) \equiv 0$

8.52 $[5](3e^{2x}) + [-3](5e^{2x}) \equiv 0$

8.53 $[-2]x + [7](1) + [1](2x - 7) \equiv 0$

8.54 $[3](x + 1) + [-2](x^2 + x)$
$\quad + [1](2x^2 - x - 3) \equiv 0$

8.55 $[-6]\operatorname{sen} x + [-1](2\cos x) + [2](3\operatorname{sen} x + \cos x) \equiv 0$

8.56 $y = c_1 e^{2x} + c_2 e^{-2x}$

8.57 $y = c_1 e^{2x} + c_2 e^{3x}$

8.58 $y = c_1 \operatorname{sen} 4x + c_2 \cos 4x$

8.59 $y = c_1 e^{8x} + c_2$

8.60 Como y_1 e y_2 são linearmente dependentes, não existe informação suficiente para exibir a solução geral.

8.61 $y = c_1 x + c_2 e^x + c_3 y_3$ onde y_3 é uma terceira solução particular, linearmente independente das outras duas.

8.62 Como o conjunto dado é linearmente dependente, não existe informação suficiente para exibir a solução geral.

8.63 $y = c_1 e^{-x} + c_2 e^x + c_3 e^{2x}$

8.64 $y = c_1 x^2 + c_2 x^3 + c_3 x^4 + c_4 y_4 + c_5 y_5$, onde y_4 e y_5 são duas outras soluções com a propriedade de que o conjunto $\{x^2, x^3, x^4, y_4, y_5\}$ é linearmente independente.

8.65 $y = c_1 \operatorname{sen} x + c_2 \cos x + x^2 - 2$

8.66 Como e^x e $3e^x$ são linearmente dependentes, não existe informação suficiente para determinar a solução geral.

8.67 $y = c_1 e^x + c_2 e^{-x} + c_3 x e^x + 5$

8.68 O Teorema 8.1 não se aplica; pois $a_0(x) = -(2/x)$ não é contínua na vizinhança de $x_0 = 0$.

8.69 Sim, $a_0(x)$ é contínua na vizinhança de $x_0 = 1$.

8.70 O Teorema 8.1 não se aplica; pois $b_1(x)$ é zero na origem.

CAPÍTULO 9

9.17 $y = c_1 e^x + c_2 e^{-x}$

9.18 $y = c_1 e^{-5x} + c_2 e^{6x}$

9.19 $y = c_1 e^x + c_2 x e^x$

9.20 $y = c_1 \cos x + c_2 \operatorname{sen} x$

9.21 $y = c_1 e^{-x} \cos x + c_2 e^{-x} \operatorname{sen} x$

9.22 $y = c_1 e^{\sqrt{7}x} + c_2 e^{-\sqrt{7}x}$

9.23 $y = c_1 e^{-3x} + c_2 x e^{-3x}$

9.24 $y = c_1 e^{-x} \cos \sqrt{2}x + c_2 e^{-x} \operatorname{sen} \sqrt{2}x$

9.25 $y = c_1 e^{[(3+\sqrt{29})/2]x} + c_2 e^{[(3-\sqrt{29})/2]x}$
$= e^{(3/2)x}\left(k_1 \cosh \dfrac{\sqrt{29}}{2}x + k_2 \operatorname{senh} \dfrac{\sqrt{29}}{2}x\right)$

9.26 $y = c_1 e^{-(1/2)x} + c_2 x e^{-(1/2)x}$

9.27 $x = c_1 e^{4t} + c_2 e^{16t}$

9.28 $x = c_1 e^{-50t} + c_2 e^{-10t}$

9.29 $x = c_1 e^{(3+\sqrt{5})t/2} + c_2 e^{(3-\sqrt{5})t/2}$

9.30 $x = c_1 e^{5t} + c_2 t e^{5t}$

9.31 $x = c_1 \cos 5t + c_2 \operatorname{sen} 5t$

9.32 $x = c_1 + c_2 e^{-25t}$

9.33 $x = c_1 e^{-t/2} \cos \frac{\sqrt{7}}{2} t + c_2 e^{-t/2} \operatorname{sen} \frac{\sqrt{7}}{2} t$

9.34 $u = c_1 e^t \cos \sqrt{3} t + c_2 e^t \operatorname{sen} \sqrt{3} t$

9.35 $u = c_1 e^{(2+\sqrt{2})t} + c_2 e^{(2-\sqrt{2})t}$

9.36 $u = c_1 + c_2 e^{36t}$

9.37 $u = c_1 e^{6t} + c_2 e^{-6t} = k_1 \cosh 6t + k_2 \operatorname{sen} 6t$

9.38 $Q = c_1 e^{5t/2} \cos \frac{\sqrt{3}}{2} t + c_2 e^{5t/2} \operatorname{sen} \frac{\sqrt{3}}{2} t$

9.39 $Q = c_1 e^{(7+\sqrt{29})t/2} + c_2 e^{(7-\sqrt{29})t/2}$

9.40 $P = c_1 e^{9t} + c_2 t e^{9t}$

9.41 $P = c_1 e^{-x} \cos 2\sqrt{2} x + c_2 e^{-x} \operatorname{sen} 2\sqrt{2} x$

9.42 $N = c_1 e^{3x} + c_2 e^{-8x}$

9.43 $N = c_1 e^{-5x/2} \cos \frac{\sqrt{71}}{2} x + c_2 e^{-5x/2} \operatorname{sen} \frac{\sqrt{71}}{2} x$

9.44 $T = c_1 e^{-15\theta} + c_2 \theta e^{-15\theta}$

9.45 $R = c_1 + c_2 e^{-5\theta}$

CAPÍTULO 10

10.16 $y = c_1 e^{-x} + c_2 e^x + c_3 e^{2x}$

10.17 $y = c_1 e^x + c_2 x e^x + c_3 e^{-x}$

10.18 $y = c_1 e^x + c_2 x e^x + c_3 x^2 e^x$

10.19 $y = c_1 e^x + c_2 \cos x + c_3 \operatorname{sen} x$

10.20 $y = (c_1 + c_2 x) \cos x + (c_3 + c_4 x) \operatorname{sen} x$

10.21 $y = c_1 e^x + c_2 e^{-x} + c_3 \cos x + c_4 \operatorname{sen} x$

10.22 $y = c_1 e^x + c_2 e^{-x} + c_3 x e^{-x} + c_4 x^2 e^{-x}$

10.23 $y = c_1 e^{-2x} + c_2 x e^{-2x} + c_3 e^{2x} \cos 2x + c_4 e^{2x} \operatorname{sen} 2x$

10.24 $y = c_1 + c_2 x + c_3 x^2 + c_4 e^{-5x}$

10.25 $y = (c_1 + c_3 x) e^{-(1/2)x} \cos \frac{\sqrt{3}}{2} x + (c_2 + c_4 x) e^{-(1/2)x} \operatorname{sen} \frac{\sqrt{3}}{2} x$

10.26 $y = c_1 e^{2x} \cos 2x + c_2 e^{2x} \operatorname{sen} 2x + c_3 e^{-2x} + c_4 x e^{-2x} + c_5 e^x + c_6 e^{-x}$

10.27 $x = c_1 e^{-t} + c_2 t e^{-t} + c_3 t^2 e^{-t} + c_4 t^3 e^{-t}$

10.28 $x = c_1 + c_2 t + c_3 t^2$

10.29 $x = c_1 \cos t + c_2 \operatorname{sen} t + c_3 \cos 3t + c_4 \operatorname{sen} 3t$

10.30 $x = c_1 e^{5t} + c_2 \cos 5t + c_3 \operatorname{sen} 5t$

10.31 $q = c_1 e^x + c_2 e^{-x} + c_3 \cos \sqrt{2} x + c_4 \operatorname{sen} \sqrt{2} x$

10.32 $q = c_1 e^x + c_2 e^{-x} + c_3 e^{\sqrt{2}x} + c_4 e^{-\sqrt{2}x}$

10.33 $N = c_1 e^{-6x} + c_2 e^{8x} + c_3 e^{10x}$

10.34 $r = c_1 e^{-\theta} + c_2 \theta e^{-\theta} + c_3 \theta^2 e^{-\theta} + c_4 \theta^3 e^{-\theta} + c_5 \theta^4 e^{-\theta}$

10.35 $y = c_1 e^{2x} + c_2 e^{8x} + c_3 e^{-14x}$

10.36 $y = c_1 + c_2 \cos 19x + c_3 \operatorname{sen} 19x$

10.37 $y = c_1 + c_2 x + c_3 e^{2x} \cos 9x + c_4 e^{2x} \operatorname{sen} 9x$

10.38 $y = c_1 e^{2x} \cos 9x + c_2 e^{2x} \operatorname{sen} 9x + c_3 x e^{2x} \cos 9x + c_4 x e^{2x} \operatorname{sen} 9x$

10.39 $y = c_1 e^{5x} + c_2 x e^{5x} + c_3 x^2 e^{5x} + c_4 e^{-5x} + c_5 x e^{-5x}$

10.40 $y = c_1 \cos 6x + c_2 \operatorname{sen} 6x + c_3 x \cos 6x + c_4 x \operatorname{sen} 6x + c_5 x^2 \cos 6x + c_6 x^2 \operatorname{sen} 6x$

10.41 $y = e^{-3x}(c_1 \cos x + c_2 \operatorname{sen} x + c_3 x \cos x + c_4 x \operatorname{sen} x) + e^{3x}(c_5 \cos x + c_6 \operatorname{sen} x + c_7 x \cos x + c_8 x \operatorname{sen} x)$

10.42 $y''' + 4y'' - 124y' + 224y = 0$

10.43 $y''' + 361y' = 0$

10.44 $y^{(4)} - 4y''' + 85y'' = 0$

10.45 $y^{(4)} - 8y''' + 186y'' - 680y' + 7225y = 0$

10.46 $y^{(5)} - 5y^{(4)} - 50y^{(3)} + 250y'' + 625y' - 3125y = 0$

10.47 $y = c_1 e^{-x} + c_2 x e^{-x} + c_3 x^2 e^{-x} + c_4 x^3 e^{-x}$

10.48 $y = c_1 \cos 4x + c_2 \sen 4x + c_3 \cos 3x + c_4 \sen 3x$

10.49 $y = c_1 \cos 4x + c_2 \sen 4x + c_3 x \cos 4x + c_4 x \sen 4x$

10.50 $y = c_1 e^{2x} + c_2 x e^{2x} + c_3 e^{5x} + c_4 x e^{5x}$

CAPÍTULO 11

11.15 $y_p = A_1 x + A_0$

11.16 $y_p = A_2 x^2 + A_1 x + A_0$

11.17 $y_p = A_2 x^2 + A_1 x + A_0$

11.18 $y_p = A e^{-2x}$

11.19 $y_p = A e^{5x}$

11.20 $y_p = A x e^{2x}$

11.21 $y_p = A \sen 3x + B \cos 3x$

11.22 $y_p = A \sen 3x + B \cos 3x$

11.23 $y_p = (A_1 x + A_0) \sen 3x + (B_1 x + B_0) \cos 3x$

11.24 $y_p = A_1 x + A_0 + B e^{8x}$

11.25 $y_p = (A_1 x + A_0) e^{5x}$

11.26 $y_p = x(A_1 x + A_0) e^{3x}$

11.27 $y_p = A e^{3x}$

11.28 $y_p = (A_1 x + A_0) e^{3x}$

11.29 $y_p = A e^{5x}$

11.30 $y_p = (A_2 x^2 + A_1 x + A_0) e^{5x}$

11.31 $y_p = A \sen \sqrt{2} x + B \cos \sqrt{2} x$

11.32 $y_p = (A_2 x^2 + A_1 x + A_0) \sen \sqrt{2} x$
$\quad + (B_2 x^2 + B_1 x + B_0) \cos \sqrt{2}$

11.33 $y_p = A \sen 3x + B \cos 3x$

11.34 $y_p = A \sen 4x + B \cos 4x + C \sen 7x + D \cos 7x$

11.35 $y_p = A e^{-x} \sen 3x + B e^{-x} \cos 3x$

11.36 $y_p = x(A e^{5x} \sen 3x + B e^{5x} \cos 3x)$

11.37 $x_p = t(A_1 t + A_0)$

11.38 $x_p = t(A_2 t^2 + A_1 t + A_0)$

11.39 $x_p = (A_1 t + A_0) e^{-2t} + Bt$

11.40 $x_p = t^2(A e^t)$

11.41 $x_p = t^2(A_1 t + A_0) e^t$

11.42 $x_p = At + (B_1 t + B_0) \sen t + (C_1 t + C_0) \cos t$

11.43 $x_p = (A_1 t + A_0) e^{2t} \sen 3t$
$\quad + (B_1 t + B_0) e^{2t} \cos 3t$

11.44 $y = c_1 e^x + c_2 x e^x + x^2 + 4x + 5$

11.45 $y = c_1 e^x + c_2 x e^x + 3 e^{2x}$

11.46 $y = c_1 e^x + c_2 x e^x - 2 \sen x$

11.47 $y = c_1 e^x + c_2 x e^x + \dfrac{3}{2} x^2 e^x$

11.48 $y = c_1 e^x + c_2 x e^x + \dfrac{1}{6} x^3 e^x$

11.49 $y = c_1 e^x + x e^x$

11.50 $y = c_1 e^x + x e^{2x} - e^{2x} - 1$

11.51 $y = c_1 e^x - \dfrac{1}{2} \sen x - \dfrac{1}{2} \cos x$
$\quad + \dfrac{2}{5} \sen 2x - \dfrac{1}{5} \cos 2x$

11.52 $y = c_1 e^x + c_2 x e^x + c_3 x^2 e^x + \dfrac{1}{6} x^3 e^x - 1$

CAPÍTULO 12

12.9 $y = c_1 e^x + c_2 x e^x + \dfrac{1}{12} x^{-3} e^x$

12.10 $y = c_1 \cos x + c_2 \operatorname{sen} x + (\cos x) \ln |\cos x| + x \operatorname{sen} x$

12.11 $y = c_1 e^{-x} + c_2 e^{2x} + \dfrac{1}{4} e^{3x}$

12.12 $y = c_1 e^{30x} + c_2 x e^{30x} + \dfrac{1}{80} e^{10x}$

12.13 $y = c_3 + c_2 e^{7x} + \dfrac{3}{7} x$

$\left(\text{com } c_3 = c_1 + \dfrac{3}{49} \right)$

12.14 $y = c_1 x + \dfrac{c_2}{x} + \dfrac{x^2}{3} \ln|x| - \dfrac{4}{9} x^2$

12.15 $y = c_1 + c_2 x^2 + x e^x - e^x$

12.16 $y = c_1 x + \dfrac{1}{2} x^3$

12.17 $y = c_1 e^{-x^2} + \dfrac{1}{2}$

12.18 $y = c_1 + c_2 x + c_3 x^2 + 2x^3$

12.19 $x = c_1 e^t + c_2 t e^t + \dfrac{e^t}{2t}$

12.20 $x = c_3 e^{3t} + c_2 t e^{3t} - e^{3t} \ln|t|$ (com $c_3 = c_1 - 1$)

12.21 $x = c_1 \cos 2t + c_2 \operatorname{sen} 2t - 1$
$+ (\operatorname{sen} 2t) \ln |\sec 2t + \operatorname{tg} 2t|$

12.22 $x = c_3 e^t + c_4 e^{3t} + \dfrac{e^t}{2} \ln(1 + e^{-t})$

$- \dfrac{e^{3t}}{2} \ln(1 + e^{-t}) + \dfrac{e^{2t}}{2}$

$\left(\text{com } c_3 = c_1 - \dfrac{1}{4}; c_4 = c_2 + \dfrac{3}{4} \right)$

12.23 $x = c_1 t + c_2 (t^2 + 1) + \dfrac{t^4}{6} - \dfrac{t^2}{2}$

12.24 $x = c_1 e^t + \dfrac{c_2}{t} - \dfrac{t^2}{3} - t - 1$

12.25 $r = c_1 e^t + c_2 t e^t + c_3 t^2 e^t + \dfrac{t^2}{2} e^t \ln|t|$

12.26 $r = c_1 e^{-2t} + c_2 t e^{-2t} + c_3 t^2 e^{-2t} + 2 t^3 e^{-2t}$

12.27 $r = c_1 e^{5t} + c_2 \cos 5t + c_3 \operatorname{sen} 5t - 8$

12.28 $z = c_1 + c_2 e^\theta + c_3 e^{2\theta}$

$+ \dfrac{1}{4} (1 + e^\theta)^2 [-3 + 2 \ln(1 + e^\theta)]$

12.29 $y = \dfrac{c_1}{t} + c_2 + c_3 t - \ln|t|$

12.30 $y = c_1 + c_2 x + c_3 x^2 + c_6 e^{2x} + c_5 e^{-2x} + x e^{2x}$

$\left(\text{com } c_6 = c_4 - \dfrac{7}{4} \right)$

CAPÍTULO 13

13.7 $y = \dfrac{1}{12} e^{-x} + \dfrac{2}{3} e^{2x} + \dfrac{1}{4} e^{3x}$

13.8 $y = \dfrac{13}{12} e^{-x} + \dfrac{2}{3} e^{2x} + \dfrac{1}{4} e^{3x}$

13.9 $y = e^{-x} + e^{2x}$

13.10 $y = \left(1 + \dfrac{1}{12} e^3 \right) e^{-(x-1)}$

$+ \left(1 - \dfrac{1}{3} e^3 \right) e^{2(x-1)} + \dfrac{1}{4} e^{3x}$

13.11 $y = -\cos 1 \cos x - \operatorname{sen} 1 \operatorname{sen} x + x$
$= -\cos(x-1) + x$

13.12 $y = -\dfrac{1}{6} \cos 2x + \dfrac{1}{4} \cos^2 2x$

$- \dfrac{1}{12} \cos^4 2x + \dfrac{1}{12} \operatorname{sen}^4 2x$

$= \dfrac{1}{12} (1 + \cos^2 2x - 2 \cos 2x)$

13.13 $y \equiv 0$

13.14 $y = -2 + 6x - 6x^2 + 2x^3$

13.15 $y = e^{-t}\left(\dfrac{3}{10}\cos t + \dfrac{11}{10}\operatorname{sen} t\right) + \dfrac{1}{10}\operatorname{sen} 2t - \dfrac{3}{10}\cos 2t$

CAPÍTULO 14

14.26 882,9 N/m

14.27 2124,85 N/m

14.28 0,13 N/m

14.29 19,6 N/m

14.30 $x = \dfrac{1}{6}\cos 8t$

14.31 $x = -\dfrac{1}{6}\cos 8t + \dfrac{1}{4}\operatorname{sen} 8t$

14.32 $x = 3\cos 12t + \dfrac{5}{6}\operatorname{sen} 12t$

14.33 $x = \operatorname{sen} 2t - \cos 2t$

14.34 (a) $\omega = 8$ Hz; (b) $f = 4/\pi$ Hz; (c) $T = \pi/4$ s

14.35 (a) $\omega = 12$ Hz; (b) $f = 6/\pi$ Hz; (c) $T = \pi/6$ s

14.36 (a) $\omega = 2$ Hz; (b) $f = 1/\pi$ Hz; (c) $T = \pi$ s

14.37 $x = x_0 \cos\sqrt{k/m}\, t + v_0 \sqrt{m/k}\, \operatorname{sen}\sqrt{k/m}\, t$

14.38 $x = -\dfrac{1}{3}\sqrt{3}e^{-4t}\operatorname{sen} 4\sqrt{3}\, t$

14.39 $x = -\dfrac{1}{2}e^{-4t} - 2te^{-4t}$

14.40 $x = \dfrac{3}{4}e^{-2t} - \dfrac{1}{4}e^{-6t}$

14.41 $x = -0{,}1e^{-4t} - 2{,}4te^{-4t}$

14.42 $x = -0{,}1e^{-4t}\cos\sqrt{0{,}02}\, t$
$\qquad - \dfrac{2{,}4}{\sqrt{0{,}02}}e^{-4t}\operatorname{sen}\sqrt{0{,}02}\, t$

14.43 $x = -8{,}62 e^{-3{,}86t} + 8{,}52 e^{-4{,}14t}$

14.44 $x = e^{-2t}\left(\dfrac{2}{5}\cos 2t - \dfrac{6}{5}\operatorname{sen} 2t\right)$
$\qquad + \dfrac{4}{5}\operatorname{sen} 4t - \dfrac{2}{5}\cos 4t$

14.45 $x = -\dfrac{4}{105}\operatorname{sen} 5t + \dfrac{2}{21}\operatorname{sen} 2t$

14.46 $x = \dfrac{1}{16}\operatorname{sen} 4t - \dfrac{1}{2}\cos 4t - \dfrac{t}{4}\cos 4t$

14.47 $x = e^{-4t}\cos 4\sqrt{3}\, t - \cos 8t$

14.48 $x = -\dfrac{5}{4}e^{-2t}\cos 4t - \dfrac{3}{4}e^{-2t}\operatorname{sen} 4t$
$\qquad + \dfrac{1}{2}\cos 2t + \dfrac{1}{4}\operatorname{sen} 2t$

14.49 $x_s = \dfrac{1}{2}\cos 2t + \dfrac{1}{4}\operatorname{sen} 2t = \dfrac{\sqrt{5}}{4}\cos(2t - 0{,}46)$

14.50 $x = -4e^{-3t}\cos\sqrt{3}\, t - 6\sqrt{3}e^{-3t}\operatorname{sen}\sqrt{3}\, t$
$\qquad + 4\cos 3t + 2\operatorname{sen} 3t$

14.51 $x_s = 4\cos 3t + 2\operatorname{sen} 3t = \sqrt{20}\cos(3t - 0{,}46)$

14.52 $q = \dfrac{1}{100}(3e^{-50t} - 15e^{-10t} + 12);$
$\qquad I = \dfrac{3}{2}(e^{-10t} - e^{-50t})$

14.53 $I = 10{,}09 e^{-50t}\operatorname{sen} 50\sqrt{19}\, t;\ q = \dfrac{11}{250}$
$\qquad \left(1 - e^{-50t}\cos 50\sqrt{19}\, t - \dfrac{1}{\sqrt{19}}e^{-50t}\operatorname{sen} 50\sqrt{19}\, t\right)$

14.54 $I = \dfrac{5}{4}(e^{-50t} - e^{-10t})$

14.55 $I = 24te^{-500t}$

14.56 $I = -\dfrac{2}{5}e^{-4t}\cos 6t + \dfrac{82}{15}e^{-4t}\operatorname{sen} 6t + \dfrac{2}{5}\cos 2t - \dfrac{6}{5}\operatorname{sen} 2t$

14.57 $I_s = \dfrac{2}{5}\cos 2t - \dfrac{6}{5}\operatorname{sen} 2t = \dfrac{\sqrt{40}}{5}\cos(2t + 1{,}25)$

14.58 $I = -\dfrac{150}{52}e^{-4t}\cos 3t - \dfrac{425}{52}e^{-4t}\operatorname{sen} 3t + \dfrac{150}{52}\cos 3t + \dfrac{225}{52}\operatorname{sen} 3t$

14.59 $I_s = \dfrac{150}{52}\cos 3t + \dfrac{225}{52}\operatorname{sen} 3t = 5{,}2\cos(3t - 0{,}983)$

14.60 $I = -e^{-200t}\cos 400t + \dfrac{11}{2}e^{-200t}\operatorname{sen} 400t + \cos 200t - 2\operatorname{sen} 200t$

14.61 $I_s = \cos 200t - 2\operatorname{sen} 200t = \sqrt{5}\cos(200t + 1{,}11)$

14.62 $q = \dfrac{30}{61}e^{-10t}\cos 50t + \dfrac{36}{61}e^{-10t}\operatorname{sen} 50t - \dfrac{30}{61}\cos 60t - \dfrac{25}{61}\operatorname{sen} 60t$

14.63 $q_s = -\dfrac{30}{61}\cos 60t - \dfrac{25}{61}\operatorname{sen} 60t = -0{,}64\cos(60t - 0{,}69)$

14.64 0

14.65 $\dfrac{1}{640.001}(6392\cos t + 320\operatorname{sen} t)$

14.66 0,3901 m submersos

14.67 $x = -\dfrac{1}{6}\cos 5t - \dfrac{1}{5}\operatorname{sen} 5t$

14.68 $x = -0{,}260\cos(5t - 0{,}876)$

14.69 0,2329 m submersos

14.70 $x = -0{,}236\cos 6{,}47t$

14.71 (a) $\omega = 6{,}47$ Hz; (b) $f = 1{,}03$ Hz; (c) $T = 0{,}97$ sec

14.72 (a) $\omega = 5$ Hz; (b) $f = 5/(2\pi)$ Hz; (c) $T = 2\pi/5$ sec

14.73 Não há posição de equilíbrio; o corpo afunda

14.74 Não há posição de equilíbrio; o corpo afunda

14.75 9,02 cm submersos

14.76 $x = -4{,}80\operatorname{sen} 10{,}42t$

14.77 $x = c_1\cos\sqrt{\dfrac{\pi\rho r^2}{m}}\,t + c_2\operatorname{sen}\sqrt{\dfrac{\pi\rho r^2}{m}}\,t;\quad T = \dfrac{2}{r}\sqrt{\dfrac{\pi m}{\rho}}$

14.78 0,0719 m

14.79 707, 9 N

14.80 $\ddot{x} + \dfrac{wl\rho}{m}x = 0$

14.81 (a) $T = 2\pi\sqrt{\dfrac{m}{wl\rho}}$; (b) o período é reduzido de $1/\sqrt{2}$

CAPÍTULO 15

15.18 $\begin{bmatrix} 3 & -1 \\ 2 & -1 \end{bmatrix}$

15.19 $\begin{bmatrix} 4 & 17 \\ -9 & -8 \end{bmatrix}$

15.20 $\begin{bmatrix} 2 & 5 & -2 \\ -3 & -3 & -1 \\ -1 & 1 & -3 \end{bmatrix}$

15.21 $\begin{bmatrix} 11 & 10 & 10 \\ 1 & -6 & 5 \\ 12 & 2 & 22 \end{bmatrix}$

15.22 Não definido

15.23 Não definido

15.24 (a) $\begin{bmatrix} 11 & -5 \\ -7 & 2 \end{bmatrix}$ (b) $\begin{bmatrix} 6 & 11 \\ 5 & 7 \end{bmatrix}$

15.25 $\begin{bmatrix} 1 & 0 \\ 0 & 1 \end{bmatrix} = \mathbf{I}$

15.26 $\begin{bmatrix} 2 & 3 \\ -1 & -2 \end{bmatrix}$

15.27 $\begin{bmatrix} -11 & -8 \\ 6 & -11 \end{bmatrix}$

15.28 (a) $\begin{bmatrix} 8 & 0 & 11 \\ -5 & 0 & -7 \\ 4 & 0 & 7 \end{bmatrix}$ (b) $\begin{bmatrix} 5 & 7 & 2 \\ 4 & 6 & 1 \\ 10 & 14 & 4 \end{bmatrix}$

15.29 (a) $\begin{bmatrix} -4 \\ 3 \end{bmatrix}$ (b) Não definido

15.30 Não definido

15.31 $\begin{bmatrix} 13 \\ -2 \\ 14 \end{bmatrix}$

15.32 $\lambda^2 - 1 = 0; \lambda_1 = 1, \lambda_2 = -1$

15.33 $\lambda^2 - 2\lambda + 13 = 0; \lambda_1 = 1 + 2\sqrt{3}i,$
$\lambda_2 = 1 - 2\sqrt{3}i$

15.34 $\lambda^2 - 2\lambda - 1 = 0; \lambda_1 = 1 + \sqrt{2}, \lambda_2 = 1 - \sqrt{2}$

15.35 $\lambda^2 - 9 = 0; \lambda_1 = 3, \lambda_2 = -3$

15.36 $\lambda^2 - 10\lambda + 24 = 0; \lambda_1 = 4, \lambda_2 = 6$

15.37 $(1 - \lambda)(\lambda^2 + 1) = 0; \lambda_1 = 1, \lambda_2 = -i, \lambda_3 = -i$
Cada autovalor tem multiplicidade um.

15.38 $(-\lambda)(\lambda^2 - 5\lambda) = 0; \lambda_1 = 0, \lambda_2 = 0, \lambda_3 = 5$
O autovalor $\lambda = 0$ tem multiplicidade dois, enquanto $\lambda = 5$ tem multiplicidade um.

15.39 $\lambda^2 - 3t\lambda + t^2 = 0; \lambda_1 = \left(\dfrac{3}{2} + \dfrac{1}{2}\sqrt{5}\right)t,$
$\lambda_2 = \left(\dfrac{3}{2} - \dfrac{1}{2}\sqrt{5}\right)t$

15.40 $(5t - \lambda)(\lambda^2 - 25t^2) = 0; \lambda_1 = 5t, \lambda_2 = 5t, \lambda_3 = -5t$

15.41 $\begin{bmatrix} 1 & 2t \\ 0 & 2 \end{bmatrix}$

15.42 $\begin{bmatrix} -2\operatorname{sen} 2t \\ (1 + 6t^2)e^{3t^2} \end{bmatrix}$

15.43 $\begin{bmatrix} \dfrac{1}{2}\operatorname{sen} 2 \\ \dfrac{1}{6}(e^3 - 1) \end{bmatrix}$

CAPÍTULO 16

16.13 $\lambda_1 = 2t, \lambda_2 = -3t; \begin{bmatrix} e^{2t} & 0 \\ 0 & e^{-3t} \end{bmatrix}$

16.14 $\lambda_1 = -t, \lambda_2 = 5t;$
$\dfrac{1}{6}\begin{bmatrix} 4e^{5t} + 2e^{-t} & 2e^{5t} - 2e^{-t} \\ 4e^{5t} - 4e^{-t} & 2e^{5t} + 4e^{-t} \end{bmatrix}$

16.15 $\lambda_1 = t, \lambda_2 = -t; \begin{bmatrix} 3e^t - 2e^{-t} & 3e^t - 3e^{-t} \\ -2e^t + 2e^{-t} & -2e^t + 3e^{-t} \end{bmatrix}$

16.16 $\lambda_1 = 2t, \lambda_2 = -4t;$
$\dfrac{1}{6}\begin{bmatrix} 4e^{2t} + 2e^{-4t} & e^{2t} - e^{-4t} \\ 8e^{2t} - 8e^{-4t} & 2e^{2t} + 4e^{-4t} \end{bmatrix}$

16.17 $\lambda_1 = -2t, \lambda_2 = -7t;$
$\dfrac{1}{5}\begin{bmatrix} 7e^{-2t} - 2e^{-7t} & e^{-2t} - e^{-7t} \\ -14e^{-2t} + 14e^{-7t} & -2e^{-2t} + 7e^{-7t} \end{bmatrix}$

16.18 $\lambda_1 = \lambda_2 = 2t; e^{2t}\begin{bmatrix} 1 & 0 \\ 0 & 1 \end{bmatrix}$

16.19 $\lambda_1 = \lambda_2 = 2t; e^{2t}\begin{bmatrix} 1 & t \\ 0 & 1 \end{bmatrix}$

16.20 $\lambda_1 = 2ti, \lambda_2 = -2ti;$
$\begin{bmatrix} \cos 2t + 2\sen 2t & (5/2)\sen 2t \\ -2\sen 2t & \cos 2t - 2\sen 2t \end{bmatrix}$

16.21 $\lambda_1 = 4it, \lambda_2 = -4it; \dfrac{1}{4}\begin{bmatrix} 4\cos 2t & \sen 4t \\ -16\sen 4t & 4\cos 4t \end{bmatrix}$

16.22 $\lambda_1 = \lambda_2 = -8t; e^{-8t}\begin{bmatrix} 1+8t & t \\ -64t & 1-8t \end{bmatrix}$

16.23 $\lambda_1 = \lambda_2 = -2t; e^{-2t}\begin{bmatrix} 1+2t & t \\ -4t & 1-2t \end{bmatrix}$

16.24 $\lambda_1 = 6it, \lambda_2 = -6it; \dfrac{1}{6}\begin{bmatrix} 6\cos 6t & \sen 6t \\ -36\sen 6t & 6\cos 6t \end{bmatrix}$

16.25 $\lambda_1 = (-4+3i)t, \lambda_2 = (-4-3i)t; \dfrac{e^{-4t}}{3}\begin{bmatrix} 3\cos 3t + 4\sen 3t & \sen 3t \\ -25\sen 3t & 3\cos 3t - 4\sen 3t \end{bmatrix}$

16.26 $\lambda_1 = (3+\sqrt{15}i)t, \lambda_2 = (3-\sqrt{15}i)t; \dfrac{e^{3t}}{\sqrt{15}}\begin{bmatrix} \sqrt{15}\cos\sqrt{15}t + \sen\sqrt{15}t & -2\sen\sqrt{15}t \\ 8\sen\sqrt{15}t & \sqrt{15}\cos\sqrt{15}t - \sen\sqrt{15}t \end{bmatrix}$

16.27 $\lambda_1 = \lambda_2 = \lambda_3 = 2t; e^{2t}\begin{bmatrix} 1 & t & t^2/2 \\ 0 & 1 & t \\ 0 & 0 & 1 \end{bmatrix}$

16.28 $\lambda_1 = \lambda_2 = \lambda_3 = 2t; e^{2t}\begin{bmatrix} 1 & 0 & 0 \\ 0 & 1 & t \\ 0 & 0 & 1 \end{bmatrix}$

16.29 $\lambda_1 = -t, \lambda_2 = \lambda_3 = 2t;$
$\dfrac{1}{9}\begin{bmatrix} 9e^{-t} & -3e^{-t}+3e^{2t} & e^{-t}-e^{2t}+3te^{2t} \\ 0 & 9e^{2t} & 9te^{2t} \\ 0 & 0 & 9e^{2t} \end{bmatrix}$

16.30 $\lambda_1 = \lambda_2 = \lambda_3 = 0; \begin{bmatrix} 1 & 0 & 0 \\ 0 & 1 & 0 \\ 0 & 0 & 1 \end{bmatrix}$
(ver Problema 16.12)

16.31 $\lambda_1 = \lambda_2 = 0, \lambda_3 = t; \begin{bmatrix} 1 & t & 0 \\ 0 & 1 & 0 \\ 0 & 0 & e^t \end{bmatrix}$

16.32 $\lambda_1 = \lambda_2 = 0, \lambda_3 = t; \begin{bmatrix} 1 & 0 & 0 \\ t & 1 & 0 \\ e^t - 1 & 0 & e^t \end{bmatrix}$

CAPÍTULO 17

17.10 $\mathbf{x}(t) = \begin{bmatrix} x_1(t) \\ x_2(t) \end{bmatrix}$ $\mathbf{A}(t) = \begin{bmatrix} 0 & 1 \\ -1 & 2 \end{bmatrix}$ $\mathbf{f}(t) = \begin{bmatrix} 0 \\ t+1 \end{bmatrix}$ $\mathbf{c} = \begin{bmatrix} 1 \\ 2 \end{bmatrix}$ $t_0 = 1$

17.11 $\mathbf{x}(t) = \begin{bmatrix} x_1(t) \\ x_2(t) \end{bmatrix}$ $\mathbf{A}(t) = \begin{bmatrix} 0 & 1 \\ -\dfrac{1}{2} & 0 \end{bmatrix}$ $\mathbf{f}(t) = \begin{bmatrix} 0 \\ 2e^t \end{bmatrix}$ $\mathbf{c} = \begin{bmatrix} 1 \\ 1 \end{bmatrix}$ $t_0 = 0$

17.12 $\mathbf{x}(t) = \begin{bmatrix} x_1(t) \\ x_2(t) \end{bmatrix}$ $\mathbf{A}(t) = \begin{bmatrix} 0 & 1 \\ t & 3/t \end{bmatrix}$ $\mathbf{f}(t) = \begin{bmatrix} 0 \\ \dfrac{\sen t}{t} \end{bmatrix}$ $\mathbf{c} = \begin{bmatrix} 3 \\ 4 \end{bmatrix}$ $t_0 = 2$

17.13 $\mathbf{x}(t) = \begin{bmatrix} y_1(t) \\ y_2(t) \end{bmatrix}$ $\mathbf{A}(t) = \begin{bmatrix} 0 & 1 \\ 2t & -5 \end{bmatrix}$ $\mathbf{f}(t) = \begin{bmatrix} 0 \\ t^2+1 \end{bmatrix}$ $\mathbf{c} = \begin{bmatrix} 11 \\ 12 \end{bmatrix}$ $t_0 = 0$

17.14 $\mathbf{x}(t) = \begin{bmatrix} y_1(t) \\ y_2(t) \end{bmatrix}$ $\mathbf{A}(t) = \begin{bmatrix} 0 & 1 \\ 6 & 5 \end{bmatrix}$ $\mathbf{f}(t) = \begin{bmatrix} 0 \\ 0 \end{bmatrix}$ $\mathbf{c}$ e t_0 não especificado

17.15 $\mathbf{x}(t) = \begin{bmatrix} x_1(t) \\ x_2(t) \\ x_3(t) \end{bmatrix}$ $\mathbf{A}(t) = \begin{bmatrix} 0 & 1 & 0 \\ 0 & 0 & 1 \\ 1 & -e^{-t} & te^{-t} \end{bmatrix}$ $\mathbf{f}(t) = \begin{bmatrix} 0 \\ 0 \\ 0 \end{bmatrix}$ $\mathbf{c} = \begin{bmatrix} 1 \\ 0 \\ 1 \end{bmatrix}$ $t_0 = -1$

17.16 $\mathbf{x}(t) = \begin{bmatrix} y_1(t) \\ y_2(t) \\ y_3(t) \end{bmatrix}$ $\mathbf{A}(t) = \begin{bmatrix} 0 & 1 & 0 \\ 0 & 0 & 1 \\ -2{,}5 & 2 & -1{,}5 \end{bmatrix}$ $\mathbf{f}(t) = \begin{bmatrix} 0 \\ 0 \\ 0{,}5t^2 + 8t + 10 \end{bmatrix}$ $\mathbf{c} = \begin{bmatrix} -1 \\ -2 \\ -3 \end{bmatrix}$ $t_0 = \pi$

17.17 $\mathbf{x}(t) = \begin{bmatrix} x_1(t) \\ x_2(t) \\ x_3(t) \end{bmatrix}$ $\mathbf{A}(t) = \begin{bmatrix} 0 & 1 & 0 \\ 0 & 0 & 1 \\ 0 & 0 & 0 \end{bmatrix}$ $\mathbf{f}(t) = \begin{bmatrix} 0 \\ 0 \\ t \end{bmatrix}$ $\mathbf{c} = \begin{bmatrix} 0 \\ 0 \\ 0 \end{bmatrix}$ $t_0 = 0$

17.18 $\mathbf{x}(t) = \begin{bmatrix} x_1(t) \\ x_2(t) \\ y_1(t) \\ y_2(t) \\ z_1(t) \end{bmatrix}$ $\mathbf{A}(t) = \begin{bmatrix} 0 & 1 & 0 & 0 & 0 \\ 0 & 1 & 0 & 1 & -1 \\ 0 & 0 & 0 & 1 & 0 \\ t & 0 & -2 & 1 & 0 \\ 1 & 0 & -1 & 1 & 1 \end{bmatrix}$ $\mathbf{f}(t) = \begin{bmatrix} 0 \\ t \\ 0 \\ t^2 + 1 \\ 0 \end{bmatrix}$ $\mathbf{c} = \begin{bmatrix} 1 \\ 15 \\ 0 \\ -7 \\ 4 \end{bmatrix}$ $t_0 = 1$

17.19 $\mathbf{x}(t) = \begin{bmatrix} x_1(t) \\ x_2(t) \\ y_1(t) \end{bmatrix}$ $\mathbf{A}(t) = \begin{bmatrix} 0 & 1 & 0 \\ 0 & 2 & 5 \\ 0 & -1 & -2 \end{bmatrix}$ $\mathbf{f}(t) = \begin{bmatrix} 0 \\ 3 \\ 0 \end{bmatrix}$ $\mathbf{c} = \begin{bmatrix} 0 \\ 0 \\ 1 \end{bmatrix}$ $t_0 = 0$

17.20 $\mathbf{x}(t) = \begin{bmatrix} x_1(t) \\ y_1(t) \end{bmatrix}$ $\mathbf{A}(t) = \begin{bmatrix} 1 & 2 \\ 4 & 3 \end{bmatrix}$ $\mathbf{f}(t) = \begin{bmatrix} 0 \\ 0 \end{bmatrix}$ $\mathbf{c} = \begin{bmatrix} 2 \\ -3 \end{bmatrix}$ $t_0 = 7$

CAPÍTULO 18

18.17 Ver Fig. 18-20.

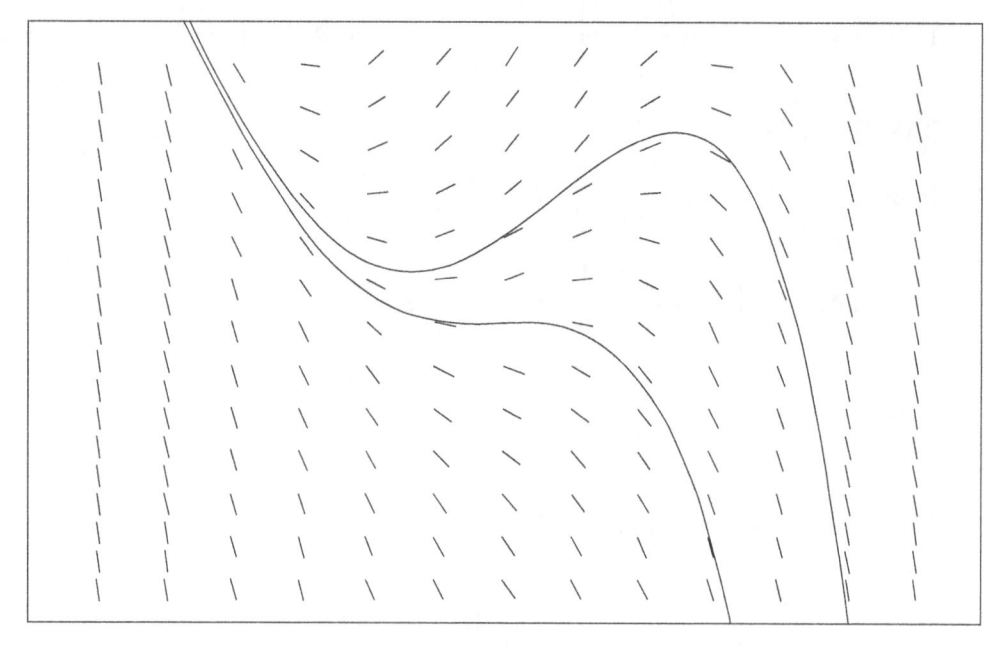

Figura 18-20

18.18 Ver Fig. 18-21.

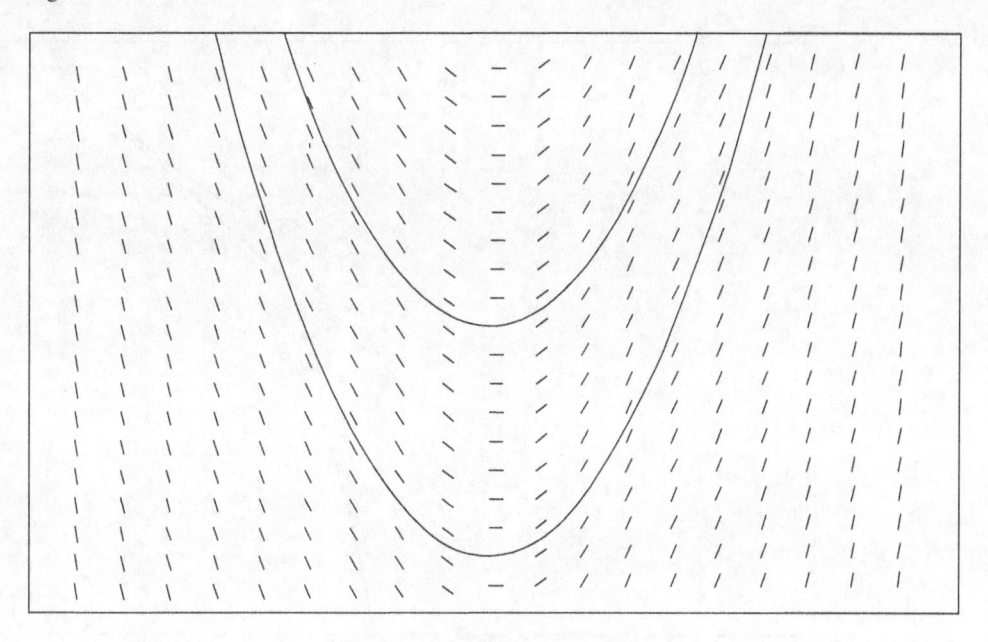

Figura 18-21

18.19 Ver Fig. 18-22.

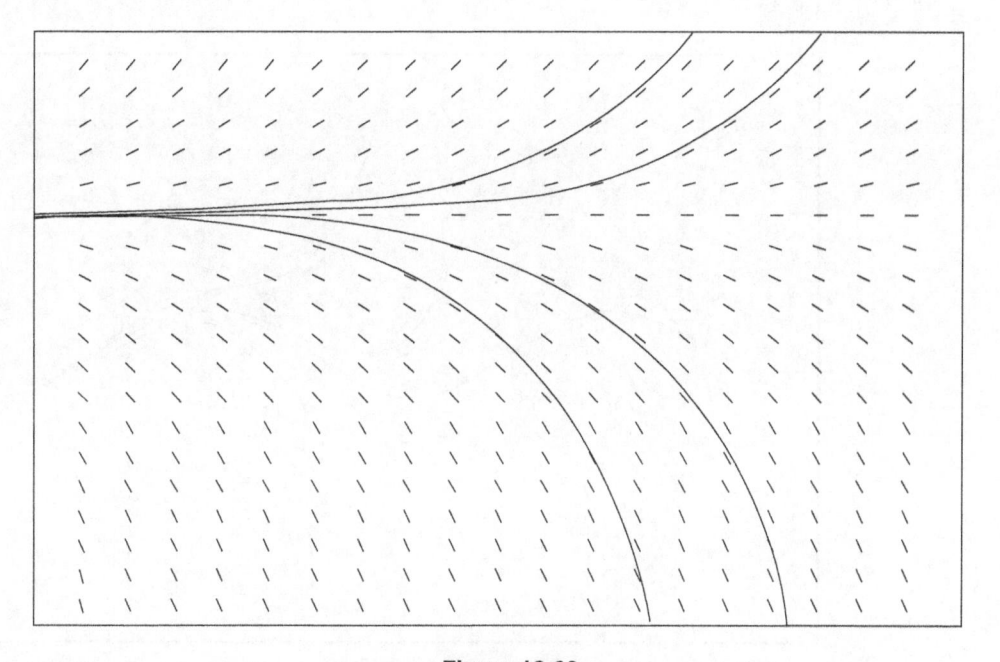

Figura 18-22

18.20 Ver Fig. 18-23.

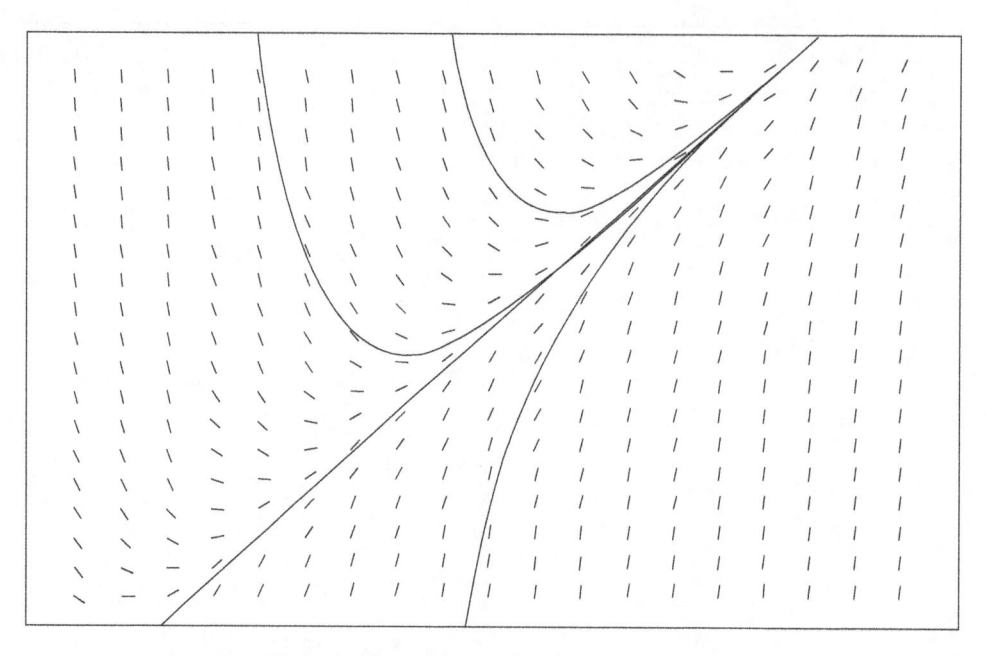

Figura 18-23

18.21 Ver Fig. 18-24.

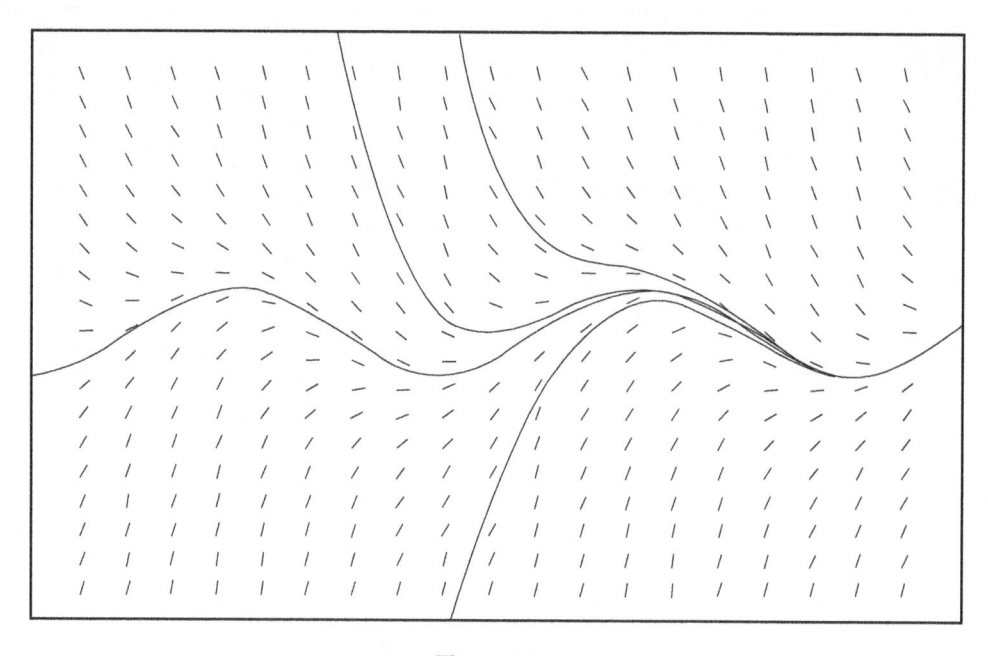

Figura 18-24

18.22 Quatro curvas são desenhadas começando nos pontos (1, 3), (1, –3), (–1, –3) e (–1, 3), respectivamente, e continuando na direção positiva de *x*. Veja a Fig. 18-25.

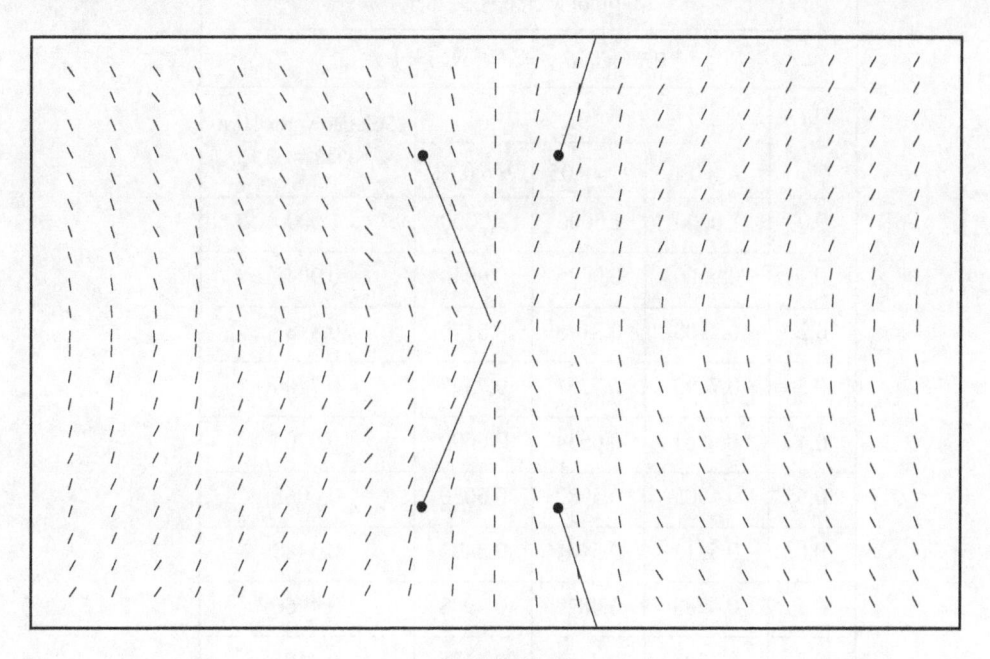

Figura 18-25

18.23 Ver Fig. 18-17.

18.25 Ver Fig. 18-15.

18.27 Ver Fig. 18-16.

18.29 Ver Fig. 18-14.

18.31 Ver Fig. 18-18.

18.24 Retas da forma $y = x + (1 - c)$

18.26 Retas verticais

18.28 Retas horizontais

18.30 Parábolas da forma $y = x^2 + c$

18.32 Curvas da forma $y = \operatorname{sen} x - c$

Para comparação com outros métodos a serem apresentados em capítulos subseqüentes, as respostas se estendem até $x = 1,0$ e são dadas para valores adicionais de *h*.

18.33

	Método: Método de Euler			
	Problema: $y' = -y;\ y(0) = 1$			
x_n	y_n			Solução verdadeira $Y(x) = e^{-x}$
	$h = 0{,}1$	$h = 0{,}05$	$h = 0{,}01$	
0,0	1,0000	1,0000	1,0000	1,0000
0,1	0,9000	0,9025	0,9044	0,9048
0,2	0,8100	0,8145	0,8179	0,8187
0,3	0,7290	0,7351	0,7397	0,7408
0,4	0,6561	0,6634	0,6690	0,6703
0,5	0,5905	0,5987	0,6050	0,6065
0,6	0,5314	0,5404	0,5472	0,5488
0,7	0,4783	0,4877	0,4948	0,4966
0,8	0,4305	0,4401	0,4475	0,4493
0,9	0,3874	0,3972	0,4047	0,4066
1,0	0,3487	0,3585	0,3660	0,3679

18.34

	Método: Método de Euler			
	Problema: $y' = 2x;\ y(0) = 2$			
x_n	y_n			Solução verdadeira $Y(x) = x^2$
	$h = 0{,}1$	$h = 0{,}05$	$h = 0{,}01$	
0,0	0,0000	0,0000	0,0000	0,0000
0,1	0,0000	0,0050	0,0090	0,0100
0,2	0,0200	0,0300	0,0380	0,0400
0,3	0,0600	0,0750	0,0870	0,0900
0,4	0,1200	0,1400	0,1560	0,1600
0,5	0,2000	0,2250	0,2450	0,2500
0,6	0,3000	0,3300	0,3540	0,3600
0,7	0,4200	0,4550	0,4830	0,4900
0,8	0,5600	0,6000	0,6320	0,6400
0,9	0,7200	0,7650	0,8010	0,8100
1,0	0,9000	0,9500	0,9900	1,0000

18.35

	Método: Método de Euler			
	Problema: $y' = -y + x + 2$; $y(0) = 2$			
x_n	y_n			Solução verdadeira $Y(x) = e^{-x} + x + 1$
	$h = 0{,}1$	$h = 0{,}05$	$h = 0{,}01$	
0,0	2,0000	2,0000	2,0000	2,0000
0,1	2,0000	2,0025	2,0044	2,0048
0,2	2,0100	2,0145	2,0179	2,0187
0,3	2,0290	2,0351	2,0397	2,0408
0,4	2,0561	2,0634	2,0690	2,0703
0,5	2,0905	2,0987	2,1050	2,1065
0,6	2,1314	2,1404	2,1472	2,1488
0,7	2,1783	2,1877	2,1948	2,1966
0,8	2,2305	2,2401	2,2475	2,2493
0,9	2,2874	2,2972	2,3047	2,3066
1,0	2,3487	2,3585	2,3660	2,3679

18.36

	Método: Método de Euler			
	Problema: $y' = 4x^2$; $y(0) = 0$			
x_n	y_n			Solução verdadeira $Y(x) = x^4$
	$h = 0{,}1$	$h = 0{,}05$	$h = 0{,}01$	
0,0	0,0000	0,0000	0,0000	0,0000
0,1	0,0000	0,0000	0,0001	0,0001
0,2	0,0004	0,0009	0,0014	0,0016
0,3	0,0036	0,0056	0,0076	0,0081
0,4	0,0144	0,0196	0,0243	0,0256
0,5	0,0400	0,0506	0,0600	0,0625
0,6	0,0900	0,1089	0,1253	0,1296
0,7	0,1764	0,2070	0,2333	0,2401
0,8	0,3136	0,3600	0,3994	0,4096
0,9	0,5184	0,5852	0,6416	0,6561
1,0	0,8100	0,9025	0,9801	1,0000

CAPÍTULO 19

19.13

	Método: Método de Euler modificado		
	Problema: $y' = -y + x + 2$; $y(0) = 2$		
x_n	$h = 0,1$		Solução verdadeira $Y(x) = e^{-x} + x + 1$
	py_n	y_n	
0,0	—	2,000000	2,000000
0,1	2,000000	2,005000	2,004837
0,2	2,014500	2,019025	2,018731
0,3	2,037123	2,041218	2,040818
0,4	2,067096	2,070802	2,070320
0,5	2,103722	2,107076	2,106531
0,6	2,146368	2,149404	2,148812
0,7	2,194463	2,197210	2,196585
0,8	2,247489	2,249975	2,249329
0,9	2,304978	2,307228	2,306570
1,0	2,366505	2,368541	2,367879

19.14

	Método: Método de Euler modificado		
	Problema: $y' = -y$; $y(0) = 1$		
x_n	$h = 0,1$		Solução verdadeira $Y(x) = e^{-x}$
	py_n	y_n	
0,0	—	1,0000000	1,0000000
0,1	0,9000000	0,9050000	0,9048374
0,2	0,8145000	0,8190250	0,8187308
0,3	0,7371225	0,7412176	0,7408182
0,4	0,6670959	0,6708020	0,6703201
0,5	0,6037218	0,6070758	0,6065307
0,6	0,5463682	0,5494036	0,5488116
0,7	0,4944632	0,4972102	0,4965853
0,8	0,4474892	0,4499753	0,4493290
0,9	0,4049777	0,4072276	0,4065697
1,0	0,3665048	0,3685410	0,3678794

19.15

Método: Método de Euler modificado			
Problema: $y' = \dfrac{x^2+y^2}{xy}$; $y(1) = 3$			
x_n	\multicolumn{2}{c}{$h = 0{,}2$}	Solução verdadeira
	py_n	y_n	$Y(x) = x\sqrt{9 + \ln x^2}$
1,0	—	3,0000	3,0000
1,2	3,6667	3,6716	3,6722
1,4	4,3489	4,3530	4,3542
1,6	5,0393	5,0429	5,0444
1,8	5,7367	5,7399	5,7419
2,0	6,4404	6,4432	6,4456

19.16 A solução verdadeira é $Y(x) = x^2/2 - 1$, um polinômio de segundo grau. Como o método de Euler modificado é um método de segunda ordem, gera a solução exata.

19.17

Método: Método de Euler modificado			
Problema: $y' = -4x^3$; $y(2) = 6$			
x_n	$h = 0{,}2$		Solução verdadeira
	py_n	y_n	$Y(x) = x^4 - 10$
2,0	—	6,0000	6,0000
2,2	12,4000	13,4592	13,4256
2,4	21,9776	23,2480	23,1776
2,6	34,3072	35,8080	35,6976
2,8	49,8688	51,6192	51,4656
3,0	69,1808	71,2000	71,0000

19.18

| \multicolumn{3}{c}{**Método:** Método de Runge-Kutta} |

\multicolumn{3}{c}{**Método:** Método de Runge-Kutta}
\multicolumn{3}{c}{**Problema:** $y' = y + x + 2$; $y(0) = 2$}
x_n	$h = 0,1$ y_n	Solução verdadeira $Y(x) = e^{-x} + x + 1$
0,0	2,000000	2,000000
0,1	2,004838	2,004837
0,2	2,018731	2,018731
0,3	2,040818	2,040818
0,4	2,070320	2,070320
0,5	2,106531	2,106531
0,6	2,148812	2,148812
0,7	2,196586	2,196585
0,8	2,249329	2,249329
0,9	2,306570	2,306570
1,0	2,367880	2,367879

19.19

\multicolumn{3}{c}{**Método:** Método de Runge-Kutta}
\multicolumn{3}{c}{**Problema:** $y' = -y$; $y(0) = 1$}
x_n	$h = 0,1$ y_n	Solução verdadeira $Y(x) = e^{-x}$
0,0	1,0000000	1,0000000
0,1	0,9048375	0,9048374
0,2	0,8187309	0,8187308
0,3	0,7408184	0,7408182
0,4	0,6703203	0,6703201
0,5	0,6065309	0,6065307
0,6	0,5488119	0,5488116
0,7	0,4965856	0,4965853
0,8	0,4493293	0,4493290
0,9	0,4065700	0,4065697
1,0	0,3678798	0,3678794

19.20

Método: Método de Runge-Kutta		
Problema: $y' = \dfrac{x^2 + y^2}{xy}$; $y(1) = 3$		
x_n	$h = 0,2$ y_n	Solução verdadeira $Y(x) = x\sqrt{9 + \ln x^2}$
1,0	3,0000000	3,0000000
1,2	3,6722028	3,6722045
1,4	4,3541872	4,3541901
1,6	5,0444406	5,0444443
1,8	5,7418469	5,7418514
2,0	6,4455497	6,4455549

19.21 Como a solução verdadeira $Y(x) = x^4 - 10$ é um polinômio de quarto grau, o método de Runge-Kutta, que é um método numérico de quarta ordem, gera uma solução exata.

19.22

Método: Método de Runge-Kutta		
Problema: $y' = 5x^4$; $y(0) = 0$		
x_n	$h = 0,1$ y_n	Solução verdadeira $Y(x) = x^5$
0,0	0,0000000	0,0000000
0,1	0,0000104	0,0000100
0,2	0,0003208	0,0003200
0,3	0,0024313	0,0024300
0,4	0,0102417	0,0102400
0,5	0,0312521	0,0312500
0,6	0,0777625	0,0777600
0,7	0,1680729	0,1680700
0,8	0,3276833	0,3276800
0,9	0,5904938	0,5904900
1,0	1,0000042	1,0000000

19.23

	Método: Método de Adams-Bashforth-Moulton		
	Problema: $y' = y$; $y(0) = 1$		
x_n	\multicolumn{2}{c}{$h = 0{,}1$}	Solução verdadeira $Y(x) = e^{-x}$
	py_n	y_n	
0,0	—	1,0000000	1,0000000
0,1	—	1,1051708	1,1051709
0,2	—	1.2214026	1,2214028
0,3	—	1,3498585	1,3498588
0,4	1,4918201	1,4918245	1,4918247
0,5	1,6487164	1,6487213	1,6487213
0,6	1,8221137	1,8221191	1,8221188
0,7	2,0137473	2,0137533	2,0137527
0,8	2,2255352	2,2255418	2,2255409
0,9	2,4595971	2,4596044	2,4596031
1,0	2,7182756	2,7182836	2,7182818

19.24

	Método: Método de Adams-Bashforth-Moulton		
	Problema: $y' = -y + x + 2$; $y(0) = 2$		
x_n	$h = 0{,}1$		Solução verdadeira $Y(x) = e^{-x} + x + 1$
	py_n	y_n	
0,0	—	2,000000	2,000000
0,1	—	2,004838	2,004837
0,2	—	2,018731	2,018731
0,3	—	2,040818	2,040818
0,4	2,070323	2,070320	2,070320
0,5	2,106533	2,106530	2,106531
0,6	2,148814	2,148811	2,148812
0,7	2,196587	2,196585	2,196585
0,8	2,249330	2,249328	2,249329
0,9	2,306571	2,306569	2,306570
1,0	2,367880	2,367878	2,367879

19.25

Método: Método de Adams-Bashforth-Moulton			
Problema: $y' = -y;\ y(0) = 1$			
x_n	$h = 0{,}1$		Solução verdadeira $Y(x) = e^{-x}$
	py_n	y_n	
0,0	—	1,0000000	1,0000000
0,1	—	0,9048375	0,9048374
0,2	—	0,8187309	0,8187308
0,3	—	0,7408184	0,7408182
0,4	0,6703231	0,6703199	0,6703201
0,5	0,6065332	0,6065303	0,6065307
0,6	0,5488136	0,5488110	0,5488116
0,7	0,4965869	0,4965845	0,4965853
0,8	0,4493302	0,4493281	0,4493290
0,9	0,4065706	0,4065687	0,4065697
1,0	0,3678801	0,3678784	0,3678794

19.26

Método: Método de Adams-Bashforth-Moulton			
Problema: $y' = \dfrac{x^2 + y^2}{xy};\ y(1) = 3$			
x_n	$h = 0{,}2$		Solução verdadeira $Y(x) = x\sqrt{9 + \ln x^2}$
	py_n	y_n	
1,0	—	3,0000000	3,0000000
1,2	—	3,6722028	3,6722045
1,4	—	4,3541872	4,3541901
1,6	—	5,0444406	5,0444443
1,8	5,7419118	5,7418465	5,7418514
2,0	6,4455861	6,4455489	6,4455549

19.27

	Método: Método de Milne		
	Problema: $y' = -y + x + 2;\ y(0) = 2$		
x_n	h = 0,1		Solução verdadeira $Y(x) = e^{-x} + x + 1$
	py_n	y_n	
0,0	—	2,000000	2,000000
0,1	—	2,004838	2,004837
0,2	—	2,018731	2,018731
0,3	—	2,040818	2,040818
0,4	2,070323	2,070320	2,070320
0,5	2,106533	2,106531	2,106531
0,6	2,148814	2,148811	2,148812
0,7	2,196588	2,196585	2,196585
0,8	2,249331	2,249329	2,249329
0,9	2,306571	2,306570	2,306570
1,0	2,367881	2,367879	2,367879

19.28

	Método: Método de Milne		
	Problema: $y' = -y;\ y(0) = 1$		
x_n	h = 0,1		Solução verdadeira $Y(x) = e^{-x}$
	py_n	y_n	
0,0	—	1,0000000	1,0000000
0,1	—	0,9048375	0,9048374
0,2	—	0,8187309	0,8187308
0,3	—	0,7408184	0,7408182
0,4	0,6703225	0,6703200	0,6703201
0,5	0,6065331	0,6065307	0,6065307
0,6	0,5488138	0,5488114	0,5488116
0,7	0,4965875	0,4965852	0,4965853
0,8	0,4493306	0,4493287	0,4493290
0,9	0,4065714	0,4065695	0,4065697
1,0	0,3678807	0,3678791	0,3678794

CAPÍTULO 20

20.15 $y' = z$, $z' = -y$; $y(0) = 1$, $z(0) = 0$

20.16 $y' = z$, $z' = y + x$; $y(0) = 0$, $z(0) = -1$

20.17 $y' = z$, $z' = 2xyz - (\text{sen } x)y^3 + \dfrac{3}{y}$; $y(1) = 0$, $z(1) = 15$

20.18 $y' = z$, $z' = w$, $w' = xw - \dfrac{z^2 y}{x}$; $y(0) = 1$, $z(0) = 2$, $w(0) = 3$

20.19

	Método: Método de Euler		
	Problema: $y'' + y = 0$; $y(0) = 1$, $y'(0) = 0$		
x_n	$h = 0{,}1$		Solução verdadeira $Y(x) = \cos x$
	y_n	z_n	
0,0	1,0000	0,0000	1,0000
0,1	1,0000	−0,1000	0,9950
0,2	0,9900	−0,2000	0,9801
0,3	0,9700	−0,2990	0,9553
0,4	0,9401	−0,3960	0,9211
0,5	0,9005	−0,4900	0,8776
0,6	0,8515	−0,5801	0,8253
0,7	0,7935	−0,6652	0,7648
0,8	0,7270	−0,7446	0,6967
0,9	0,6525	−0,8173	0,6216
1,0	0,5708	−0,8825	0,5403

20.20 Como a solução verdadeira $Y(x) = -x$ é um polinômio de primeiro grau, o método de Euler é exato e gera a solução verdadeira $y_n = -x_n$ em cada x_n.

20.21

	Método: Método de Runge-Kutta		
	Problema: $y'' + y = 0$; $y(0) = 1$, $y'(0) = 0$		
x_n	\multicolumn{2}{c}{$h = 0{,}1$}	Solução verdadeira
	y_n	z_n	$Y(x) = \cos x$
0,0	1,0000000	0,0000000	1,0000000
0,1	0,9950042	−0,0998333	0,9950042
0,2	0,9800666	−0,1986692	0,9800666
0,3	0,9553365	−0,2955200	0,9553365
0,4	0,9210611	−0,3894180	0,9210610
0,5	0,8775827	−0,4794252	0,8775826
0,6	0,8253359	−0,5646420	0,8253356
0,7	0,7648425	−0,6442172	0,7648422
0,8	0,6967071	−0,7173556	0,6967067
0,9	0,6216105	−0,7833264	0,6216100
1,0	0,5403030	−0,8414705	0,5403023

20.22 Como a solução verdadeira é $Y(x) = -x$, um polinômio de primeiro grau, o método de Runge-Kutta é exato e gera a solução verdadeira $y_n = -x_n$ em cada x_n.

20.23

	Método: Método de Adams-Bashforth-Moulton				
	Problema: $y'' - 3y' + 2y = 0$; $y(0) = -1$, $y'(0) = 0$				
x_n	\multicolumn{4}{c}{$h = 0{,}1$}	Solução verdadeira
	py_n	pz_n	y_n	z_n	$Y(x) = e^{2x} - 2e^x$
0,0	—	—	−1,0000000	0,0000000	−1,0000000
0,1	—	—	−0,9889417	0,2324583	−0,9889391
0,2	—	—	−0,9509872	0,5408308	−0,9509808
0,3	—	—	−0,8776105	0,9444959	−0,8775988
0,4	−0,7582805	1,4670793	−0,7581212	1,4674067	−0,7581085
0,5	−0,5793682	2,1386965	−0,5791739	2,1390948	−0,5791607
0,6	−0,3243735	2,9954802	−0,3241340	2,9959702	−0,3241207
0,7	0,0273883	4,0822712	0,0276819	4,0828703	0,0276946
0,8	0,5015797	5,4542298	0,5019396	5,4549628	0,5019506
0,9	1,1299923	7,1791788	1,1304334	7,1800757	1,1304412
1,0	1,9519493	9,3404498	1,9524898	9,3415469	1,9524924

20.24

	Método: Método de Adams-Bashforth-Moulton				
	Problema: $y'' + y = 0$; $y(0) = 1$, $y'(0) = 0$				
x_n	$h = 0{,}1$				Solução verdadeira $Y(x) = \cos x$
	py_n	pz_n	y_n	z_n	
0,0	—	—	1,0000000	0,0000000	1,0000000
0,1	—	—	0,9950042	−0,0998333	0,9950042
0,2	—	—	0,9800666	−0,1986692	0,9800666
0,3	—	—	0,9553365	−0,2955200	0,9553365
0,4	0,9210617	−0,3894147	0,9210611	−0,3894184	0,9210610
0,5	0,8775837	−0,4794223	0,8775827	−0,4794259	0,8775826
0,6	0,8253371	−0,5646396	0,8253357	−0,5646431	0,8253356
0,7	0,7648439	−0,6442153	0,7648422	−0,6442186	0,7648422
0,8	0,6967086	−0,7173541	0,6967066	−0,7173573	0,6967067
0,9	0,6216119	−0,7833254	0,6216096	−0,7833284	0,6216100
1,0	0,5403043	−0,8414700	0,5403017	−0,8414727	0,5403023

20.25 Como a solução verdadeira é $Y(x) = -x$, um polinômio de primeiro grau, o método de Adams-Bashforth-Moulton é exato e gera a solução verdadeira $y_n = -x_n$ em cada x_n.

20.26

	Método: Método de Milne				
	Problema: $y'' - 3y' + 2y = 0$; $y(0) = -1$, $y'(0) = 0$				
x_n	$h = 0{,}1$				Solução verdadeira $Y(x) = e^{2x} - 2e^x$
	py_n	pz_n	y_n	z_n	
0,0	—	—	−1,0000000	0,0000000	−1,0000000
0,1	—	—	−0,9889417	0,2324583	−0,9889391
0,2	—	—	−0,9509872	0,5408308	−0,9509808
0,3	—	—	−0,8776105	0,9444959	−0,8775988
0,4	−0,7582563	1,4671290	−0,7581224	1,4674042	−0,7581085
0,5	−0,5793451	2,1387436	−0,5791820	2,1390779	−0,5791607
0,6	−0,3243547	2,9955182	−0,3241479	2,9959412	−0,3241207
0,7	0,0274045	4,0823034	0,0276562	4,0828171	0,0276946
0,8	0,5015908	5,4542513	0,5019008	5,4548828	0,5019506
0,9	1,1299955	7,1791838	1,1303739	7,1799534	1,1304412
1,0	1,9519398	9,3404286	1,9524049	9,3413729	1,9524924

20.27

x_n	Método: Método de Milne				Solução verdadeira
	Problema: $y'' + y = 0$; $y(0) = 1$, $y'(0) = 0$				
	$h = 0,1$				$Y(x) = \cos x$
	py_n	pz_n	y_n	z_n	
0,0	—	—	1,0000000	0,0000000	1,0000000
0,1	—	—	0,9950042	−0,0998333	0,9950042
0,2	—	—	0,9800666	−0,1986692	0,9800666
0,3	—	—	0,9553365	−0,2955200	0,9553365
0,4	0,9210617	−0,3894153	0,9210611	−0,3894183	0,9210610
0,5	0,8775835	−0,4794225	0,8775827	−0,4794254	0,8775826
0,6	0,8253369	−0,5646395	0,8253358	−0,5646426	0,8253356
0,7	0,7648437	−0,6442148	0,7648423	−0,6442178	0,7648422
0,8	0,6967086	−0,7173535	0,6967069	−0,7173564	0,6967067
0,9	0,6216120	−0,7833245	0,6216101	−0,7833272	0,6216100
1,0	0,5403047	−0,8414690	0,5403024	−0,8414715	0,5403023

20.28 preditores: $py_{n+1} = y_n + hy'_n$

$pz_{n+1} = z_n + hz'_n$

corretores: $y_{n+1} = y_n + \dfrac{h}{2}(py'_{n+1} + y'_n)$

20.29 $y_{n+1} = y_n + \dfrac{1}{6}(k_1 + 2k_2 + 2k_3 + k_4)$

$z_{n+1} = z_n + \dfrac{1}{6}(l_1 + 2l_2 + 2l_3 + l_4)$

$w_{n+1} = w_n + \dfrac{1}{6}(m_1 + 2m_2 + 2m_3 + m_4)$

onde $k_1 = hf(x_n, y_n, z_n, w_n)$

$l_1 = hg(x_n, y_n, z_n, w_n)$

$m_1 = hr(x_n, y_n, z_n, w_n)$

$k_2 = hf\left(x_n + \dfrac{1}{2}h, y_n + \dfrac{1}{2}k_1, z_n + \dfrac{1}{2}l_1, w_n + \dfrac{1}{2}m_1\right)$

$l_2 = hg\left(x_n + \dfrac{1}{2}h, y_n + \dfrac{1}{2}k_1, z_n + \dfrac{1}{2}l_1, w_n + \dfrac{1}{2}m_1\right)$

$m_2 = hr\left(x_n + \dfrac{1}{2}h, y_n + \dfrac{1}{2}k_1, z_n + \dfrac{1}{2}l_1, w_n + \dfrac{1}{2}m_1\right)$

$$k_3 = hf\left(x_n + \frac{1}{2}h, y_n + \frac{1}{2}k_2, z_n + \frac{1}{2}l_2, w_n + \frac{1}{2}m_2\right)$$

$$l_3 = hg\left(x_n + \frac{1}{2}h, y_n + \frac{1}{2}k_2, z_n + \frac{1}{2}l_2, w_n + \frac{1}{2}m_2\right)$$

$$m_3 = hr\left(x_n + \frac{1}{2}h, y_n + \frac{1}{2}k_2, z_n + \frac{1}{2}l_2, w_n + \frac{1}{2}m_2\right)$$

$$k_4 = hf(x_n + h, y_n + k_3, z_n + l_3, w_n + m_3)$$

$$l_4 = hg(x_n + h, y_n + k_3, z_n + l_3, w_n + m_3)$$

$$m_4 = hr(x_n + h, y_n + k_3, z_n + l_3, w_n + m_3)$$

20.30 Mesmas equações dadas no Problema 20.15, com o acréscimo de

$$pw_{n+1} = w_{n-3} + \frac{4h}{3}(2w'_n - w'_{n-1} + 2w'_{n-2})$$

$$w_{n+1} = w_{n-1} + \frac{h}{3}(pw'_{n+1} + 4w'_n + w'_{n-1})$$

CAPÍTULO 21

21.27 $\dfrac{3}{s}$

21.28 $\dfrac{\sqrt{5}}{s}$

21.29 $\dfrac{1}{s-2}$

21.30 $\dfrac{1}{s+6}$

21.31 $\dfrac{1}{s^2}$

21.32 $-\dfrac{8}{s^2}$

21.33 $\dfrac{s}{s^2+9}$

21.34 $\dfrac{s}{s^2+16}$

21.35 $\dfrac{s}{s^2+b^2}$

21.36 $\dfrac{1}{(s+8)^2}$

21.37 $\dfrac{1}{(s-b)^2}$

21.38 $\dfrac{6}{s^4}$

21.39 $\dfrac{1-e^{-2s}}{s^2}$

21.40 $\dfrac{1-e^{-s}}{s} + \dfrac{e^{-(s-1)} - e^{-4(s-1)}}{s-1}$

21.41 $\dfrac{2}{s}(1-e^{-3s})$

21.42 $\dfrac{2(1-e^{-2s})}{s^2}$

21.43 $\dfrac{7!}{s^8}$

21.44 $\dfrac{s^2-9}{(s^2+9)^2}$

21.45 $\dfrac{120}{(s+1)^6}$

21.46 $\sqrt{\dfrac{\pi}{s}}$

21.47 $\dfrac{1}{1+3s}$

21.48 $\dfrac{15}{1+3s}$

21.49 $2\left[\dfrac{6}{s(s^2+12)}\right] = \dfrac{12}{s^3+12s}$

21.50 $\dfrac{8}{s+5}$

21.51 $3\dfrac{1/2}{s^2+1/4} = \dfrac{6}{4s^2+1}$

21.52 $\dfrac{-s}{s^2+19}$

21.53 $-0.9\sqrt{\pi}s^{-3/2}$

21.54 $\dfrac{2}{(s+1)^2+4}$

21.55 $\dfrac{2}{(s-1)^2+4}$

21.56 $\dfrac{s-1}{(s-1)^2+4}$

21.57 $\dfrac{s-3}{(s-3)^2+4}$

21.58 $\dfrac{s-3}{(s-3)^2+25}$

21.59 $\dfrac{\sqrt{\pi}}{2}(s-5)^{-3/2}$

21.60 $\dfrac{\sqrt{\pi}}{2}(s+5)^{-3/2}$

21.61 $\dfrac{2}{(s+2)[(s+2)^2+4]}$

21.62 $\dfrac{6}{s^4}+\dfrac{3s}{s^2+4}$

21.63 $\dfrac{5}{s-2}+\dfrac{7}{s+1}$

21.64 $\dfrac{2}{s}+\dfrac{3}{s^2}$

21.65 $\dfrac{3}{s}-\dfrac{8}{s^3}$

21.66 $\dfrac{2}{s^2}+\dfrac{15}{s^2+9}$

21.67 $\dfrac{2s-3}{s^2+9}$

21.68 $\dfrac{4s(s^2+3)}{(s^2-1)^3}$

21.69 $\dfrac{4(s+1)[(s+1)^2+3]}{[(s+1)^2-1]^3}$

21.70 $\dfrac{8(3s^2-16)}{(s^2+16)^3}$

21.71 $\dfrac{1}{2}\sqrt{\pi}(s-2)^{-3/2}$

21.72 $\dfrac{s}{(s^2-1)^2}$

21.73 $\dfrac{1}{s}\left[\dfrac{s-3}{(s-3)^2+1}\right]$

21.74 $\dfrac{1}{s(1+e^{-s})}$

21.75 $\dfrac{1-e^{-s}-se^{-2s}}{s^2(1-e^{-2s})}$

21.76 $\dfrac{(s+1)e^{-2s}+s-1}{(1-e^{-2s})}$

CAPÍTULO 22

22.20 x

22.21 $2x$

22.22 x^2

22.23 $x^2/2$

22.24 $x^3/6$

22.25 e^{-2x}

22.26 $-2e^{2x}$

22.27 $4e^{-3x}$

22.28 $\dfrac{1}{2}e^{3x/2}$

22.29 $\dfrac{1}{2}x^2e^{2x}$

22.30 $2x^3e^{-5x}$

22.31 $\dfrac{3}{2}(\operatorname{sen} x + x\cos x)$

22.32 $\dfrac{\sqrt{3}}{6}(\operatorname{sen}\sqrt{3}x+\sqrt{3}x\cos\sqrt{3}x)$

22.33 $\dfrac{1}{2}\operatorname{sen} 2x$

22.34 $\dfrac{2}{3}e^{2x}\operatorname{sen} 3x$

22.35 $e^{-x}\cos\sqrt{5}x-\dfrac{1}{\sqrt{5}}e^{-x}\operatorname{sen}\sqrt{5}x$

22.36 $2e^x\cos\sqrt{7}x + \dfrac{3}{\sqrt{7}}e^x\operatorname{sen}\sqrt{7}x$

22.37 $\dfrac{1}{\sqrt{2}}\operatorname{sen}\dfrac{1}{\sqrt{2}}x$

22.38 $e^x \operatorname{sen} x$

22.39 $e^{-x}\cos 2x + e^{-x}\operatorname{sen} 2x$

22.40 $e^{(1/2)x}\cos 2x + \dfrac{1}{4}e^{(1/2)x}\operatorname{sen} 2x$

22.41 $e^{-(3/2)x}\cos\dfrac{\sqrt{11}}{2}x - \dfrac{1}{\sqrt{11}}e^{-(3/2)x}\operatorname{sen}\dfrac{\sqrt{11}}{2}x$

22.42 $e^x + \cos x + \operatorname{sen} x$

22.43 $\dfrac{1}{2}e^x - \dfrac{1}{2}e^{-x}$

22.44 $\cos x - e^x + xe^x$

22.45 $x + x^2$

22.46 $-x + 3x^2$

22.47 $x^2/2 + x^4/8$

22.48 $2x^3 + \dfrac{8}{\sqrt{\pi}}x^{5/2}$

22.49 $-1 + e^{2x}\cos 3x$

22.50 $2e^{(1/2)x}\cos\dfrac{\sqrt{3}}{2}x - \dfrac{2}{\sqrt{3}}e^{(1/2)x}\operatorname{sen}\dfrac{\sqrt{3}}{2}x$

22.51 $\dfrac{1}{6}x \operatorname{sen} 3x$

22.52 $-\dfrac{1}{2}e^x + \dfrac{1}{2}e^{(1/2)x}\cosh\dfrac{\sqrt{5}}{2}x + \dfrac{1}{2\sqrt{5}}e^{(1/2)x}\operatorname{senh}\dfrac{\sqrt{5}}{2}x$

22.53 $\dfrac{1}{2}e^{-x}\cos\dfrac{1}{2}x - e^{-x}\operatorname{sen}\dfrac{1}{2}x$

CAPÍTULO 23

23.20 $x^3/6$

23.21 x^2

23.22 $e^{2x} - (2x+1)$

23.23 $\dfrac{1}{6}(e^{4x} - e^{-2x})$

23.24 $e^x - x - 1$

23.25 $xe^{-x} + 2e^{-x} + x - 2$

23.26 $\dfrac{3}{2}(1 - \cos 2x)$

23.27 $1 - \cos x$

23.28 $e^{2x} - e^x$

23.29 x

23.30 $2(1 - e^{-x})$

23.31 $\dfrac{1}{13}(e^{5x} - e^{-8x})$

23.32 $x - \dfrac{1}{\sqrt{3}}\operatorname{sen}\sqrt{3}x$

23.33 $\dfrac{1}{4}(1 - \cos 2x)$

23.34 $1 - \cos 3x$

23.35 $x - \dfrac{1}{3}\operatorname{sen} 3x$

23.36 Ver Fig. 23-9.

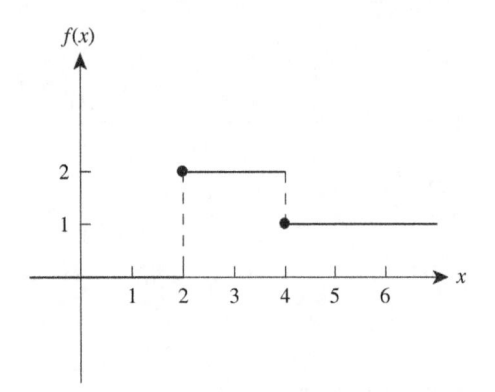

Figura 23-9

23.37 Ver Fig. 23-10.

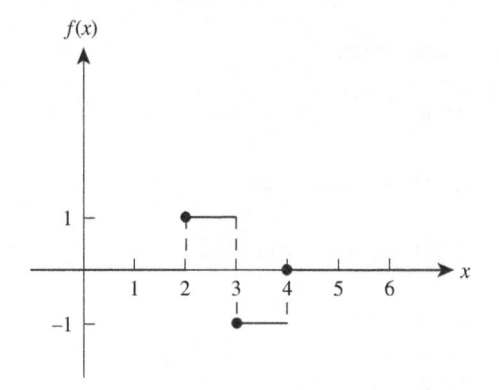

Figura 23-10

23.38 $u(x) - u(x-c)$

23.39 Ver Fig. 23-11.

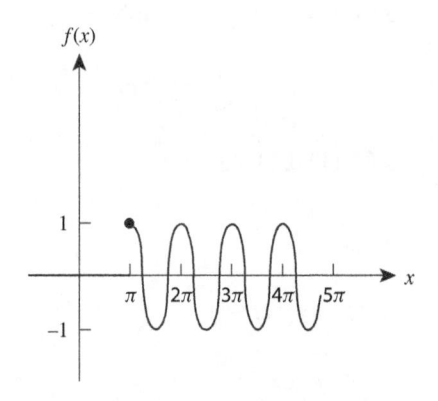

Figura 23-11

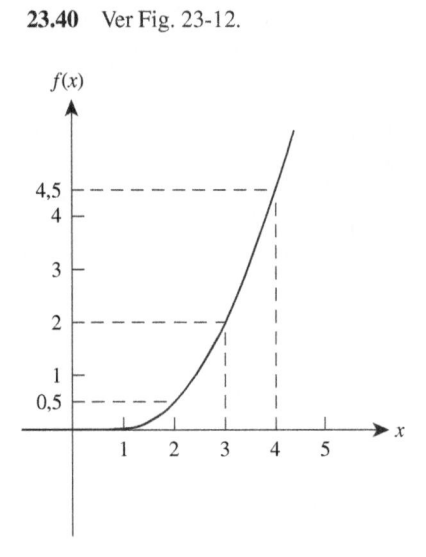

23.40 Ver Fig. 23-12.

23.41 $\dfrac{e^{-s}}{s^2+1}$

Figura 23-12

23.42 $\dfrac{e^{-3s}}{s^2}$

23.43 $g(x) = u(x-3)f(x-3)$ se $f(x) = x+3$

Então $G(s) = e^{-3s}\left(\dfrac{1}{s^2} + \dfrac{3}{s}\right)$

23.44 $g(x) = u(x-3)f(x-3)$ se $f(x) = x+4$.

23.45 $\dfrac{e^{-5s}}{s-1}$

23.46 $\dfrac{e^{-5(s-1)}}{s-1}$

23.47 $\dfrac{e^{-2s-3}}{s-1}$

23.48 $g(x) = u(x-2)f(x-2)$
se $f(x) = x^3 + 6x^2 + 12x + 9$.

Então $G(s) = e^{-2s}\left(\dfrac{6}{s^4} + \dfrac{12}{s^3} + \dfrac{12}{s^2} + \dfrac{9}{s}\right)$

23.49 $u(x-3)\cos 2(x-3)$

23.50 $\dfrac{1}{2}u(x-5)\operatorname{sen} 2(x-5)$

23.51 $\dfrac{1}{2}u(x-\pi)\operatorname{sen} 2(x-\pi)$

23.52 $2u(x-2)e^{3(x-2)}$

23.53 $8u(x-1)e^{-3(x-1)}$

23.54 $u(x-2)$

23.55 $(x-\pi)u(x-\pi)$

23.57 $y(x) = -3e^{-x} + 3e^{x} - 6x$

23.58 $y(x) = e^x + xe^x$

23.59 $y(x) = \cos x$

23.60 $y(x) = 0$

CAPÍTULO 24

24.17 $y = e^{-2x}$

24.18 $y = 1$

24.19 $y = \dfrac{2}{3}e^{-2x} + \dfrac{1}{3}e^x$

24.20 $y = e^{-2(x-1)}$

24.21 $y = 0$

24.22 $y = 2e^{5x} + xe^{5x}$

24.23 $y = -2e^{-x} + \dfrac{x^2}{2}e^{-x}$

24.24 $y = \dfrac{1}{2}\operatorname{sen} x - \dfrac{1}{2}\cos x + d_0 e^{-x}$ $\left(d_0 = c_0 + \dfrac{1}{2}\right)$

24.25 $y = \dfrac{1}{101}(609e^{-20x} + 30\operatorname{sen} 2x - 3\cos 2x)$

24.26 $y = e^x$

24.27 $y = \dfrac{3}{4}e^x - \dfrac{3}{4}e^{-x} - \dfrac{1}{2}\operatorname{sen} x$

24.28 $y = \dfrac{1}{4}e^x + \dfrac{3}{4}e^{-x} + \dfrac{1}{2}xe^x$

24.29 $y = \dfrac{1}{10}e^x - \dfrac{1}{26}e^{-3x} - \dfrac{4}{65}\cos 2x - \dfrac{7}{65}\operatorname{sen} 2x$

24.30 $y = \dfrac{5}{2}\operatorname{sen} x - \dfrac{1}{2}x\cos x$

24.31 $y = 4e^{-(1/2)x}\cos\dfrac{\sqrt{3}}{2}x - \dfrac{2}{\sqrt{3}}e^{-(1/2)x}\operatorname{sen}\dfrac{\sqrt{3}}{2}x$

24.32 $y = \dfrac{3}{5}e^{-2x} + \dfrac{2}{5}e^{-x}\cos 2x + \dfrac{13}{10}e^{-x}\operatorname{sen} 2x$

24.33 $y = \left[-\dfrac{1}{3} + \dfrac{1}{3}e^{-(5/2)(x-4)}\cosh\dfrac{\sqrt{37}}{2}(x-4)\right.$

$\left. + \dfrac{5}{3\sqrt{37}}e^{-(5/2)(x-4)}\operatorname{senh}\dfrac{\sqrt{37}}{2}(x-4)\right]u(x-4)$

24.34 $y = \operatorname{sen} x$

24.35 $y = -5 + \dfrac{5}{3}e^x + \dfrac{10}{3}e^{-(1/2)x}\cos\dfrac{\sqrt{3}}{2}x$

24.36 $y = \dfrac{1}{4}e^x + \dfrac{1}{4}e^{-x} + \dfrac{1}{2}\cos x$

24.37 $y = e^x\left(1 + x + \dfrac{x^5}{60}\right)$

24.38 $N = 5000e^{0{,}085t}$

24.39 $T = 100e^{3t}$

24.40 $T = 70e^{-3t} + 30$

24.41 $v = d_0 e^{-2t} + 16 \quad (d_0 = c_0 - 16)$

24.42 $q = -\dfrac{4}{5}e^{-t} + \dfrac{8}{5}\operatorname{sen} 2t + \dfrac{4}{5}\cos 2t$

24.43 $x = \dfrac{1}{5}e^{-7t} - \dfrac{1}{5}e^{-2t}$

24.44 $x = 2(1 + t)\, e^{-2t}$

24.45 $x = -2e^{-4(t-\pi)} \operatorname{sen} 3t$

24.46 $q = \dfrac{1}{500}(110e^{-2t} - 101e^{-7t} + 13\operatorname{sen} t - 9\cos t)$

CAPÍTULO 25

25.7 $u(x) = x^2 + x \quad v(x) = x - 1$

25.8 $u(x) = e^{2x} + 2e^{-x} \quad v(x) = e^{2x} + e^{-x}$

25.9 $u(x) = 2e^x + 6e^{-x} \quad v(x) = e^x + 2e^{-x}$

25.10 $y(x) = 1 \quad z(x) = x$

25.11 $y(x) = e^x \quad z(x) = e^x$

25.12 $w(x) = e^{5x} - e^{-x} + 1$
$y(x) = 2e^{5x} + e^{-x} - 1$

25.13 $w(x) = \cos x + \operatorname{sen} x$
$y(x) = \cos x - \operatorname{sen} x \quad z(x) = 1$

25.14 $u(x) = -e^x + e^{-x} \quad v(x) = e^x - e^{-x}$

25.15 $u(x) = e^{2x} + 1 \quad v(x) = 2e^{2x} - 1$

25.16 $w(x) = x^2 \quad y(x) = x \quad z(x) = 1$

25.17 $w(x) = \operatorname{sen} x \quad y(x) = -1 + \cos x$
$z(x) = \operatorname{sen} x - \cos x$

CAPÍTULO 26

26.9 $x = \dfrac{1}{3}e^{-4(t-1)} + \dfrac{2}{3}e^{2(t-1)}$

26.10 $x = \dfrac{1}{6}e^{-4t} + \dfrac{1}{3}e^{2t} - \dfrac{1}{2}$

26.11 $x = \dfrac{1}{6}e^{-4(t-1)} + \dfrac{1}{3}e^{2(t-1)} - \dfrac{1}{2}$

26.12 $x = \dfrac{1}{6}e^{-4t} + \dfrac{4}{3}e^{2t} - \dfrac{1}{2}$

26.13 $x = \dfrac{1}{2}e^{-4t} + \dfrac{1}{2}e^{2t} - e^{-t}$

26.15 $x = k_1 \cos t + k_2 \operatorname{sen} t$

26.16 $x = 0$

26.17 $x = -\cos(t-1) + t$

26.18 $y = k_3 e^{-t} + k_4 e^{2t}$

26.19 $y = e^{-t} + e^{2t}$

26.20 $y = \dfrac{13}{12}e^{-t} + \dfrac{2}{3}e^{2t} + \dfrac{1}{4}e^{3t}$

26.21 $y = \dfrac{1}{12}e^{-t} + \dfrac{2}{3}e^{2t} + \dfrac{1}{4}e^{3t}$

26.22 $z = \dfrac{1}{500}(13\operatorname{sen} t - 9\cos t - 90e^{-2t} + 99e^{-7t})$

26.23 $x = e^{2t} + 2e^{-t}$ $y = e^{2t} + 2e^{-t}$

26.24 $x = 2e^t + 6e^{-t}$ $y = e^t + 2e^{-t}$

26.25 $x = t^2 + t$ $y = t - 1$

26.26 $x = k_3 e^{5t} + k_4 e^{-t}$ $y = 2k_3 e^{5t} - k_4 e^{-t}$

26.27 $x = \frac{1}{4}t^4 + 6t^2$

26.28 $x = -e^t + e^{-t}$ $y = e^t - e^{-t}$

26.29 $x = -8\cos t - 6\sin t + 8 + 6t$ $y = 4\cos t - 2\sin t - 3$

CAPÍTULO 27

27.26 Ponto ordinário

27.27 Ponto ordinário

27.28 Ponto singular

27.29 Ponto singular

27.30 Ponto singular

27.31 Ponto singular

27.32 Ponto ordinário

27.33 Ponto singular

27.34 Ponto singular

27.35 $y = a_0 + a_1\left(x + \frac{x^2}{2} + \frac{x^3}{6} + \cdots\right) = c_1 + c_2 e^x$, onde $c_1 = a_0 - a_1$ e $c_2 = a_1$

27.36 Fórmula de recorrência: $a_{n+2} = \frac{-1}{(n+2)(n+1)} a_{n-1}$

$$y = a_0\left(1 - \frac{1}{6}x^3 + \frac{1}{180}x^6 + \cdots\right) + a_1\left(x - \frac{1}{12}x^4 + \frac{1}{504}x^7 + \cdots\right)$$

27.37 Fórmula de recorrência: $a_{n+2} = \frac{2}{(n+2)} a_n$

$$y = a_0\left(1 + x^2 + \frac{1}{2}x^4 + \frac{1}{6}x^6 + \cdots\right) + a_1\left(x + \frac{2}{3}x^3 + \frac{4}{15}x^5 + \frac{8}{105}x^7 + \cdots\right)$$

27.38 Fórmula de recorrência: $a_{n+2} = \frac{-1}{(n+2)} a_{n-1}$

$$y = a_0\left(1 - \frac{1}{3}x^3 + \frac{1}{18}x^6 + \cdots\right) + a_1\left(x - \frac{1}{4}x^4 + \frac{1}{28}x^7 + \cdots\right)$$

27.39 Fórmula de recorrência: $a_{n+2} = \frac{n-1}{(n+2)(n+1)} a_{n-1} + \frac{1}{(n+2)(n+1)} a_n$

$$y = a_0\left(1 + \frac{1}{2}x^2 + \frac{1}{24}x^4 + \frac{1}{20}x^5 + \cdots\right) + a_1\left(x + \frac{1}{6}x^3 + \frac{1}{12}x^4 + \frac{1}{120}x^5 + \cdots\right)$$

27.40 Fórmula de recorrência: $a_{n+2} = \dfrac{-2}{(n+2)(n+1)} a_{n-2}$

$$y = a_0\left(1 - \frac{1}{6}x^4 + \frac{1}{168}x^8 + \cdots\right) + a_1\left(x - \frac{1}{10}x^5 + \frac{1}{360}x^9 + \cdots\right)$$

27.41 Fórmula de recorrência: $a_{n+2} = \dfrac{n-1}{n+2} a_n$

$$y = a_0\left(1 - \frac{1}{2}x^2 - \frac{1}{8}x^4 - \frac{1}{16}x^6 - \cdots\right) + a_1 x$$

27.42 Fórmula de recorrência: $a_{n+2} = \dfrac{1}{(n+2)(n+1)} a_{n-1}$

$$y = a_0\left(1 + \frac{1}{6}x^3 + \frac{1}{180}x^6 + \cdots\right) + a_1\left(x + \frac{1}{12}x^4 + \frac{1}{504}x^7 + \cdots\right)$$

27.43 Fórmula de recorrência: $a_{n+2} = \dfrac{1}{(n+2)(n+1)}(a_n + a_{n-1})$

$$y = a_0\left[1 + \frac{1}{2}(x-1)^2 + \frac{1}{6}(x-1)^3 + \frac{1}{24}(x-1)^4 + \cdots\right]$$

$$+ a_1\left[(x-1) + \frac{1}{6}(x-1)^3 + \frac{1}{12}(x-1)^4 + \cdots\right]$$

27.44 Fórmula de recorrência: $a_{n+2} = \dfrac{n-2}{(n+2)(n+1)} a_{n-1} - \dfrac{4n}{(n+2)(n+1)} a_n + \dfrac{4}{n+2} a_{n+1}$

$$y = a_0\left[1 - \frac{1}{6}(x+2)^3 - \frac{1}{6}(x+2)^4 + \cdots\right]$$

$$+ a_1\left[(x+2) + 2(x+2)^2 + 2(x+2)^3 + \frac{2}{3}(x+2)^4 + \cdots\right]$$

27.45 Fórmula de recorrência: $a_{n+2} = \dfrac{n^2 - n + 1}{4(n+2)(n+1)} a_n, \quad n > 1$

$$y = \left(\frac{1}{24}x^3 - \frac{7}{1920}x^5 + \cdots\right) + a_0\left(1 - \frac{1}{8}x^2 + \frac{1}{128}x^4 + \cdots\right) + a_1\left(x - \frac{1}{24}x^3 + \frac{7}{1920}x^5 + \cdots\right)$$

27.46 Fórmula de recorrência: $a_{n+2} = \dfrac{n}{(n+2)(n+1)} a_n, \quad n > 2$

$$y = -\frac{1}{2}(x-1)^2 + a_0 + a_1\left[(x-1) + \frac{1}{6}(x-1)^3 + \frac{1}{40}(x-1)^5 + \cdots\right]$$

27.47 Fórmula de recorrência: $a_{n+2} = \dfrac{n}{(n+2)(n+1)} a_n + \dfrac{(-1)^n}{n!(n+2)(n+1)}$

$$y = \left(\frac{1}{2}x^2 - \frac{1}{6}x^3 + \frac{1}{8}x^4 - \frac{1}{30}x^5 + \cdots\right) + a_0 + a_1\left(x + \frac{1}{6}x^3 + \frac{1}{40}x^5 + \cdots\right)$$

27.48 $y = 1 - x - \dfrac{1}{3}x^3 - \dfrac{1}{12}x^4 - \cdots$

27.49 $y = 2(x-1) + \dfrac{1}{2}(x-1)^2 + (x-1)^3 + \cdots$

CAPÍTULO 28

28.25 Fórmula de recorrência: $a_n = \dfrac{1}{[2(\lambda+n)-1][(\lambda+n)-1]} a_{n-1}$

$$y_1(x) = a_0 x \left(1 + \frac{1}{3}x + \frac{1}{30}x^2 + \frac{1}{630}x^3 + \cdots\right)$$

$$y_2(x) = a_0 \sqrt{x}\left(1 + x + \frac{1}{6}x^2 + \frac{1}{90}x^3 + \cdots\right)$$

28.26 Fórmula de recorrência: $a_n = \dfrac{-1}{2(\lambda+n)-1} a_{n-1}$

$$y_1(x) = a_0 x\left(1 - \frac{1}{3}x + \frac{1}{15}x^2 - \frac{1}{105}x^3 + \cdots\right)$$

$$y_2(x) = a_0 \sqrt{x}\left(1 - \frac{1}{2}x + \frac{1}{8}x^2 - \frac{1}{48}x^3 + \cdots\right)$$

28.27 Fórmula de recorrência: $a_n = \dfrac{-1}{[3(\lambda+n)+1][(\lambda+n)-2]} a_{n-2}$

$$y_1(x) = a_0 x^2\left(1 + \frac{1}{26}x^2 + \frac{1}{1976}x^4 + \cdots\right)$$

$$y_2(x) = a_0 x^{-1/3}\left(1 - \frac{1}{2}x^2 - \frac{1}{40}x^4 - \frac{1}{2640}x^6 - \cdots\right)$$

28.28 Por conveniência, multiplique primeiro a equação diferencial por x. Então,

Fórmula de recorrência: $a_n = \dfrac{-1}{(\lambda+n)^2} a_{n-1}$

$$y_1(x) = a_0 x\left(1 + x + \frac{1}{4}x^2 + \frac{1}{36}x^3 + \cdots\right)$$

$$y_2(x) = y_1(x)\ln x + a_0\left(-2x - \frac{3}{4}x^2 + \cdots\right)$$

28.29 Fórmula de recorrência: $a_n = \dfrac{-1}{(\lambda+n)^2} a_{n-3}$

$$y_1(x) = a_0\left(1 - \frac{1}{9}x^3 + \frac{1}{324}x^6 + \cdots\right)$$

$$y_2(x) = y_1(x)\ln x + a_0\left(\frac{2}{27}x^3 - \frac{1}{324}x^6 + \cdots\right)$$

28.30 Fórmula de recorrência: $a_n = \dfrac{-1}{(\lambda+n)+1} a_{n-1}$

$$y_1(x) = a_0 x\left(1 + \frac{1}{3}x + \frac{1}{12}x^2 + \frac{1}{60}x^3 + \cdots\right) = \frac{2}{x}a_0(e^x - 1 - x)$$

$$y_2(x) = a_0 x^{-1}\left(1 + x + \frac{1}{2!}x^2 + \frac{1}{3!}x^3 + \cdots\right) = a_0 x^{-1} e^x$$

28.31 Por conveniência, multiplique primeiro a equação diferencial por x. Então,

Fórmula de recorrência: $a_n = \dfrac{1}{(\lambda+n)-2} a_{n-1}$

$$y_1(x) = a_0 x^2\left(1 + x + \frac{1}{2!}x^2 + \frac{1}{3!}x^3 + \cdots\right) = a_0 x^2 e^x$$

$$y_2(x) = -y_1(x)\ln x + a_0(1 - x - x^2 + 0x^3 + \cdots)$$

28.32 Fórmula de recorrência: $a_n = \dfrac{-1}{2(\lambda+n)-1} a_{n-1}$

$$y_1(x) = a_0\sqrt{x}\left(1 - \frac{1}{2}x + \frac{1}{8}x^2 - \frac{1}{48}x^3 + \cdots\right)$$

$$y_2(x) = \frac{1}{2}y_1(x) + a_0 x^{-1/2}\left(1 - \frac{1}{8}x^2 + \frac{3}{32}x^3 + \cdots\right)$$

28.33 Fórmula de recorrência: $a_n = \dfrac{-1}{(\lambda+n)-2} a_{n-1}$

$$y_1(x) = a_0 x^2 \left(1 - x + \frac{1}{2!}x^2 - \frac{1}{3!}x^3 + \cdots\right) = a_0 x^2 e^{-x}$$

$$y_2(x) = y_1(x)\ln x + a_0 x^2\left(x - \frac{3}{4}x^2 + \frac{11}{36}x^3 + \cdots\right)$$

28.34 $y = c_1 x^{1/2} + c_2 x^{-1/2}$

28.35 $y = c_1 x^2 + c_2 x^2 \ln x$

28.36 $y = c_1 x^{-1/2} + c_2 x^{-4}$

28.37 $y = c_1 x^{-1} + c_2 x^2$

28.38 $y = c_1 + c_2 x^7$

CAPÍTULO 29

29.9 $\int_{-\infty}^{\infty}(4x^2 - 2)(8x^3 - 12x)e^{-x^2}dx = 0$

29.10 $H_5(x) = 32x^5 - 160x^3 + 120x$

29.11 $P_5(x) = \dfrac{1}{8}(63x^5 - 70x^3 + 15x)$

29.12 $P_6(x) = \dfrac{1}{16}(231x^6 - 315x^4 + 105x^2 - 5)$

29.14 $T_5(x) = 16x^5 - 20x^3 + 5x$

29.15 $\dfrac{2}{7}$

29.16 4

29.18 $H_1(x) = 2x$

29.19 $L_3^2(x) = -6x + 18; \; L_4^1(x) = 4x^3 - 48x^2 + 144x - 96$

29.20 (a) não; (b) sim (3 e 6); (c) não; (d) sim (7 e 8); (e) sim (2 e 11)

CAPÍTULO 30

30.19 1,4296

30.20 2,6593

30.21 7,1733

30.22 −0,8887

30.23 3,0718

30.24 $\dfrac{1}{3}\Gamma\!\left(\dfrac{1}{3}\right)$

30.25 $\dfrac{1}{2}\Gamma(2) = \dfrac{1}{2}$

30.26. Separe primeiro o termo $k = 0$ da série, faça então a mudança de variáveis $j = k - 1$, e finalmente mude o índice de j para k.

30.29 (b). $\dfrac{1}{2}[J_0^2(1) + J_1^2(1)]$

CAPÍTULO 31

31.16 (a) harmônica; (b) harmônica; (c) não é harmônica; (d) harmônica; (e) não é harmônica

31.17 $x \cos y + f(y)$, onde $f(y)$ é qualquer função diferenciável de y

31.18 $\operatorname{sen} y + f(x)$, onde $f(x)$ é qualquer função diferenciável de x

31.19 $3y + 4x + 1$

31.20 $x^2 y + x + \cosh y$

31.21 $\dfrac{3}{2} x^2 + xg(y) + h(y)$, onde $g(y)$ e $h(y)$ são quaisquer funções diferenciáveis de y

31.22 $u(x, y) = x^2 y^4 + g(x) + h(y)$, onde $g(x)$ é uma função diferenciável de x e $h(y)$ é uma função diferenciável de y

31.23 $u(x, y) = -x^2 y + g(x) + xh(y)$, onde $g(x)$ é uma função diferenciável de x e $h(y)$ é uma função diferenciável de y

31.24 $u(x, t) = 5 \operatorname{sen} 3x \cos 3kt - 6 \operatorname{sen} 8x \cos 8kt$

CAPÍTULO 32

32.22 $y \equiv 0$

32.23 $y = x - \dfrac{\pi}{2} \operatorname{sen} x$

32.24 $y = \operatorname{sen} x$

32.25 $y = x + \left(1 - \dfrac{1}{2}\pi\right) \operatorname{sen} x - \cos x$

32.26 $y = B \cos x$, B arbitrário

32.27 Não há solução

32.28 Não há solução.

30.29 $y = x + B \cos x$, B arbitrário

32.30 $\lambda = 1$, $y = c_1 e^{-x}$

32.31 Não existem autovalores ou autofunções

32.32 $\lambda = 2$, $y = c_2 x e^{-2x}$ e $\lambda = \dfrac{1}{2}$, $y = c_2(-3 + x) e^{-x/2}$

32.33 $\lambda = 1$, $y = c_2 e^{-x}$ (c_2 arbitrário)

32.34 $\lambda_n = -n^2 \pi^2$, $y_n = A_n \operatorname{sen} n\pi x$ $(n = 1, 2, \ldots)$ (A_n arbitrário)

32.35 $\lambda_n = \left(\dfrac{1}{5}n - \dfrac{1}{10}\right)^2 \pi^2$, $y_n = B_n \cos\left(\dfrac{1}{5}n - \dfrac{1}{10}\right)\pi x$ $(n = 1, 2, \ldots)$ (B_n arbitrário)

32.36 $\lambda_n = n^2$, $y_n = B_n \cos nx$ $(n = 1, 2, \ldots)$ (B_n arbitrário)

32.37 Sim

32.38 Não, $p(x) = \operatorname{sen} \pi x$ é zero em $x = \pm 1, 0$.

32.39 Não, $p(x) = \operatorname{sen} x$ é zero em $x = 0$.

32.40 Sim

32.41 Não, a equação não é equivalente a (29.6).

32.42 Não, $w(x) = \dfrac{3}{x^2}$ não é contínua em $x = 0$.

32.43 Sim

32.44 $I(x) = e^x$; $(e^x y')' + xe^{-x}y + \lambda e^{-x}y = 0$

32.45 $I(x) = x$; $(xy')' + \lambda y = 0$

32.46 $\lambda_n = n^2$; $e_n(x) = \cos nx$ $(n = 0, 1, 2, \ldots)$

32.47 $\lambda_n = \dfrac{n^2}{4}$; $e_n(x) = \operatorname{sen}\dfrac{nx}{2}$ $(n = 1, 2, \ldots)$

CAPÍTULO 33

33.12 $\dfrac{2}{\pi}\displaystyle\sum_{n=1}^{\infty}\dfrac{1}{n}[1-(-1)^n]\operatorname{sen} n\pi x$

33.13 $-\dfrac{6}{\pi}\displaystyle\sum_{n=1}^{\infty}\dfrac{(-1)^n}{n}\operatorname{sen}\dfrac{n\pi x}{3}$

33.14 $\dfrac{1}{3}\pi^2 + 4\displaystyle\sum_{n=1}^{\infty}\dfrac{(-1)^n}{n^2}\cos nx$

33.15 $\dfrac{2}{3} - \dfrac{4}{\pi}\displaystyle\sum_{n=1}^{\infty}\dfrac{1}{n}\operatorname{sen}\dfrac{2n\pi}{3}\cos\dfrac{n\pi x}{3}$

33.16 1

33.17 $\displaystyle\sum_{n=1}^{\infty}\left(\dfrac{4}{n^2\pi^2}\operatorname{sen}\dfrac{n\pi}{2} + \dfrac{2}{n\pi}\cos\dfrac{n\pi}{2} - \dfrac{4}{n\pi}\cos n\pi\right)\operatorname{sen}\dfrac{n\pi x}{2}$

33.18 $-\dfrac{2}{\pi}\displaystyle\sum_{n=1}^{\infty}\dfrac{(-1)^n}{n-\dfrac{1}{2}}\cos\left(n-\dfrac{1}{2}\right)x$

33.19 $-\dfrac{2}{\pi}\displaystyle\sum_{n=1}^{\infty}\dfrac{(-1)^n}{\left(n-\dfrac{1}{2}\right)^2}\operatorname{sen}\left(n-\dfrac{1}{2}\right)x$

33.20 (a) sim; (b) não, $\displaystyle\lim_{\substack{x\to 2 \\ x>2}} f(x) = \infty$; (c) não, $\displaystyle\lim_{\substack{x\to 2 \\ x>2}} f(x) = \infty$; (d) sim, $f(x)$ é contínua em $[-1, 5]$.

33.21 (a) sim; (b) sim; (c) não, pois $\displaystyle\lim_{\substack{x\to 0 \\ x>0}} \ln|x| = -\infty$ (d) não, pois $\displaystyle\lim_{\substack{x\to 1 \\ x>1}} \dfrac{1}{3(x-1)^{2/3}} = \infty$

CAPÍTULO 34

34.17 (a) n; (b) u; (c) 7; (d) não-linear; (e) homogênea

34.18 (a) k; (b) w; (c) 1; (d) não-linear; (e) não-homogênea

34.19 (a) t; (b) z; (c) 3; (d) linear; (e) homogênea

34.20 (a) m; (b) g; (c) 13; (d) linear; (e) homogênea

34.24 $k(-17)^n$, onde k é uma constante arbitrária

34.25 $c_1(-1)^n + c_2(12)^n$, onde c_1 e c_2 são constantes arbitrárias

34.26 $c_1(10)^n + c_2 n(10)^n$, onde c_1 e c_2 são constantes arbitrárias

34.27 $\dfrac{1}{2}(6)^n$

34.28 $k(2)^n - n^2 - 2n - 3$, onde k é uma constante arbitrária

34.29 $10(2)^n - n^2 - 2n - 3$

34.30 $\dfrac{1}{2\sqrt{5}}\left[\left(\dfrac{1+\sqrt{5}}{2}\right)^{n+1} - \left(\dfrac{1-\sqrt{5}}{2}\right)^{n+1}\right]$

34.31 $ 18.903,10

Índice

Abordagem qualitativa para modelagem, 24
Adição de matrizes, 145-146
Amplitude, 131-132
Ângulo de fase, 80, 131-132
Aplicações:
   a circuitos elétricos, 66, 129
   a problemas de crescimento e decaimento, 64
   a problemas de diluição, 66
   a problemas de flutuação, 130
   a problemas de molas, 128
   a problemas de queda dos corpos, 65
   a problemas de resfriamento, 64
   a problemas de temperatura, 64
   de equações de primeira ordem, 64
   de equações de segunda ordem, 128
   trajetórias ortogonais, 67
Autofunções, 320-321, 324, 332-333
Autovalores:
   de um problema de Sturm-Liouville, 324
   de um problema de valor de contorno, 320-321, 324
   de uma matriz, 147

Campos de direção, 171
Ciclo de modelagem, 23, 24, 350
Circuito RL, 59
Circuitos elétricos, 66, 129
Circuitos RC, 59
Circuitos RCL, 129
Coeficientes constantes, 87, 97, 103, 108-109, 268
Coeficientes indeterminados, método dos,
   para equações de diferença, 340
   para equações diferenciais, 108-109
Coeficientes variáveis, 87, 276-277, 289
Complemento de quadrados, método do, 238-239
Comprimento natural de uma mola, 129
Condições de contorno, 16-17, 323
Condições de contorno homogêneas, 323
Condições de contorno não-homogêneas, 323

Condições iniciais, 16-17, 162-163
Constante da mola, 129
Constante de Euler, 313-314
Convolução, 242
Corrente de estado estacionário, 79, 131
Corrente transitória, 79, 131

Dependência linear de funções, 88-89
Derivada:
   de uma matriz, 146-147
   de uma transformada de Laplace, 225
Diferença, 339-340

e^{At}, 154-155, 268
Elemento de linha, 171
Equação característica:
   de uma equação diferencial linear, 97, 103
   de uma matriz, 147
Equação de Bernoulli, 28-29, 56-57
Equação de calor, 318
Equação de diferença linear, 339-340
Equação de diferença não-homogênea, 339-340
Equação de Euler, 301
Equação de onda, 318
Equação diferencial, 15-16
   com condições de contorno, 16-17, 323
   com condições iniciais, 16-17, 124
   de Bernoulli, 56-57
   exata, 29, 45-46
   forma diferencial, 28-29
   homogênea, 29, 35, 87 (*ver também* Equação diferencial linear homogênea)
   linear, 28-29, 56-57, 87 (*ver também* Equações diferenciais lineares)
   ordem de uma, 15-16
   ordinária, 15-16
   parcial, 15-16, 318
   separável, 29, 35

sistemas de, *ver* Sistemas de equações diferenciais
solução de, *ver* Soluções de equações diferenciais ordinárias
Equação diferencial de Chebyshev, 304-305
Equação diferencial de Hermite, 304-305
Equação diferencial de Laguerre, 304-305
Equação diferencial de Laplace, 319
Equação diferencial de Legendre, 283, 304-305
Equação diferencial linear homogênea, 87
    com coeficientes constantes, 97, 103, 268
    com coeficientes variáveis, 276-277, 289
    equação característica, 97, 103
    solução de, *ver* Soluções de equações diferenciais ordinárias
Equação hipergeométrica, 302
Equação indicial, 290-291
Equações de Bessel, de ordem p, 310
    de ordem zero, 313
Equações de diferença, 23, 339-340
Equações de diferença homogêneas, 339-340
Equações diferenciais de primeira ordem:
    aplicações, 64
    Bernoulli, 28-29, 56-57
    exata, 29, 45-46
    fatores integrantes, 46
    forma diferencial, 28-29
    forma padrão, 29
    homogêneas, 29, 36, 43
    linear, 28-29, 56-57, 87
    métodos gráficos, 171
    separáveis, 29, 35
    sistemas de, *ver* Sistemas de equações diferenciais
    soluções numéricas, *ver* Métodos numéricos
    teorema da existência e unicidade, 33
Equações diferenciais lineares não-homogêneas, 87
    coeficientes indeterminados, 108-109
    existência de soluções, 88-89
    soluções em séries de potências, 277-278
    soluções por matrizes, 268
    variação de parâmetros, 117-118
Equações diferenciais lineares:
    aplicações, 64, 128
    com coeficientes constantes, 87, 97, 103, 268
    com coeficientes variáveis, 87, 276-277, 289
    de ordem n, 103
    equação característica, 97, 103
    equação diferencial parcial, 318
    existência e unicidade da solução, 87
    homogêneas, 87, 276-277
    não-homogêneas, 87, 108-109, 117-118
    ponto ordinário, 276-277
    ponto singular, 276-277
    ponto singular regular, 289
    primeira-ordem, 28-29, 56-57
    segunda-ordem, 97, 276-277, 289
    sistemas, *ver* Sistemas de equações diferenciais
    solução em séries de, *ver* Soluções em séries
    solução geral, 88-89 (*ver também* Soluções de equações diferenciais ordinárias)
    soluções, 87 (*ver também* Soluções de equações diferenciais ordinárias)
    superposição de soluções, 93-94
Equações diferenciais parciais quase-lineares, 318
Equações integrais de convolução, 252-253
Equações lineares de segunda ordem, 97, 276-277, 289 (*ver também* Equações diferenciais lineares)
Equações separáveis, 29, 35
Existência de soluções:
    de equações de primeira ordem, 33
    de problemas lineares de valor inicial, 87
    na vizinhança de um ponto ordinário, 276-277
    na vizinhança de um ponto singular regular, 289
Exponencial de uma matriz, 154-155

Fatores integrantes, 46
Fatorial, 280, 312
Fatorial de zero, 312
Forma padrão, 28-29
Fórmula de recorrência, 277-278
Fórmula de Rodrigues, 304-305
Frações parciais, método das, 238-239
Freqüência circular, 131-132
Freqüência natural, 131-132
Função de peso, 305
Função degrau unitário, 247-248
Função Gama, 309-310
    tabela, 311
Função harmônica, 322
Função homogênea de grau n, 43
Função parcialmente contínua, 332-333
Função parcialmente suave, 332-333
Função periódica, 226
Funções analíticas, 276-277
Funções de Bessel, 309-310

Independência linear:
    de funções, 88-89
    de soluções de uma equação diferencial linear, 88-89
Instabilidade numérica, 172
Integral de uma matriz, 146-147
Isóclina, 171

$J_p(x)$, *ver* Funções de Bessel

L(y), 87
Lei de Boyle, 24
Lei de Charles, 25-26
Lei de Hooke, 129
Lei de Kirchhoff do laço, 130
Lei de Newton do resfriamento, 64
Lei do gás perfeito, 24

Mathematica ®, 351
Matrizes, 145-146
    e^{At}, 154-155, 268
Meia-vida, 71
Método das séries de potências, 277-278
Método de Adams-Bashforth-Moulton, 191
    para sistemas, 210, 221

Método de Euler, 172
　modificado, 191
　para sistemas, 210
Método de Frobenius, 289
　soluções gerais pelo, 290-291
Método de Milne, 191
　para sistemas, 221
Método de Runge-Kutta, 191
　para sistemas, 210
Métodos gráficos para soluções, 171
Métodos numéricos, 189
　estabilidade de, 172
　método de Adams-Bashforth-Moulton, 191, 210, 221
　método de Euler, 172, 210
　método de Euler modificado, 191
　método de Milne, 191, 221
　método de Runge-Kutta, 191, 210
　ordem de, 192
　para sistemas, 209-210
　valores de partida, 192
Métodos preditor-corretor, 190
Modelagem, *ver* Modelos matemáticos
Modelo de população logística, 25-26, 71
Modelo predador-presa, 25-26
Modelos matemáticos, 23
Molas vibrantes, 128
Movimento amortecido, 131
Movimento criticamente amortecido, 131
Movimento de estado estacionário, 131
Movimento harmônico simples, 131-132
Movimento livre, 131
Movimento oscilatório amortecido, 131
Movimento subamortecido, 131
Movimento superamortecido, 131
Movimento transitório, 131
Multiplicação de matrizes, 146-147
Multiplicação escalar, 146-147
Multiplicidade de um autovalor, 147

$n!$, 280, 312
Números de Fibonacci, 340-343

Ordem:
　de um método numérico, 192
　de uma equação de diferenças, 339-340
　de uma equação diferencial ordinária, 15-16
　de uma equação diferencial parcial, 318
Ortogonalidade de polinômios, 305

Período, 131-132
Polinômios de Chebyshev, 305
Polinômios de Hermite, 305
Polinômios de Laguerre, 305
　polinômios associados, 308
Polinômios de Legendre, 283, 305
Ponto de equilíbrio:
　de um corpo flutuante, 130
　de uma mola, 128

Ponto ordinário, 276-277
Ponto singular, 276-277
Ponto singular regular, 289
Potências de uma matriz, 146-147
Princípio de Arquimedes, 130
Problema de queda dos corpos, 65
Problemas de crescimento, 64
Problemas de decaimento, 64
Problemas de diluição, 66
Problemas de flutuação, 130
Problemas de mola, 128
Problemas de resfriamento, 64
Problemas de Sturm-Liouville, 324
Problemas de Sturm-Liouville, 324, 332-333
Problemas de temperatura, 64
Problemas de valor de contorno homogêneos, 323
　problemas de Sturm-Liouville, 324
Problemas de valor de contorno, definição, 16-17, 323
Problemas de valor de contorno não-homogêneos, 323
Problemas de valor inicial, 16-17
　solução, 16-17, 35, 124, 256, 268, 278

Redução a um sistema de equações diferenciais, 162-163
Relações de Euler, 101-102
Ressonância, 135-136
Ressonância pura, 135-136

Segunda lei de Newton do movimento, 65, 129
Separação de variáveis para equações diferenciais parciais, método
　319-320
Série hipergeométrica, 302
Séries de Fourier de co-senos, 333-334
Séries de Fourier de senos, 333-334
Séries de Taylor, 177, 286-287
Sistemas de equações diferenciais, 263
　em notação matricial, 162-163
　homogêneos, 268
　soluções de, 209-210, 263, 268
Solução complementar, 88-89
Solução geral, 88-89 (*ver também* Soluções de equações diferenciais ordinárias)
Solução particular, 88-89
Solução trivial, 320-321, 324
Soluções de equações de diferença:
　geral, 340
　particular, 340
Soluções de equações diferenciais ordinárias, 16-17, 87
　complementar, 88-89
　de sistemas, 209-210, 263, 268
　equações lineares de primeira ordem, 56-57
　equações separáveis, 35
　exata, 45-46
　existência de, *ver* Existência de soluções
　geral, 88-89, 290-291
　homogênea, 35, 88-89, 97, 103
　linearmente independente, 88-89
　particular, 88-89
　pela equação característica, 97, 103

pelo método de Frobenius, 289
por coeficientes indeterminados, 108-109
por fatores integrantes, 46
por métodos gráficos, 171
por métodos matriciais, 268
por métodos numéricos, *ver* Métodos numéricos
por séries de potências, 277-278
por séries infinitas, *ver* Soluções em séries
por superposição, 93-94
por transformadas de Laplace, 256
por variação de parâmetros, 117-118
problemas de valor de contorno, 16-17, 323
problemas de valor inicial, 16-17, 87, 124
unicidade de, *ver* Unicidade de soluções
vizinhança de um ponto ordinário, 276-277
vizinhança de um ponto singular regular, 289
Soluções em séries:
equação indicial, 290-291
existência, teoremas para, 277-278
fórmula de recorrência, 277-278
método da série de Taylor, 286-287
método de Frobenius, 289
vizinhança de um ponto ordinário, 277-278
vizinhança de um ponto singular regular, 290-291
Soluções não-triviais, 320-321, 324
Superposição, 93-94

Tamanho do passo, 172
Teorema de Cayley-Hamilton, 147

TI-89 ®, 351
Trajetórias ortogonais, 67
Transformadas de Laplace, 225
aplicações a equações diferenciais, 256
da função degrau unitário, 248
de convolução, 247-248
de derivadas, 256
de funções periódicas, 226
de integrais, 226
derivadas das, 225
inversa, 238-239
para sistemas, 263
tabela, 344

Unicidade de soluções:
de equações de primeira ordem, 33
de equações lineares, 87
de problemas de valor de contorno, 324

Valor característico, *ver* Autovalores
Valores de partida, 192
Variação de parâmetros, método da, 117-118
Variáveis separáveis
para equações diferenciais ordinárias, 29
para equações diferenciais parciais, 319-320
Velocidade limite, 66
Vetores, 145-146

Wronskiano, 88-89